产品设计创意表达丛书

产品设计创意表达·SolidWorks

刘春荣　主编
刘春荣 钟家珍　著

机械工业出版社
CHINA MACHINE PRESS

本书紧密结合案例，重点讲述基于SolidWorks软件平台进行产品造型的三维建模与表达的思路、方法及过程。

全书共有八个部分。前两个部分介绍SolidWorks的基本特点、工作效率提高方法，以及草图这一建模基础；此后的每个部分各讲解一个典型产品造型的建模与表达案例，细致地探讨和展现产品形体建模的思路、方法和工具。在内容的组织上，全书着重以从草图到特征、从零件建模到装配体建模，以及从实体特征建模到曲面特征建模为脉络，逐步深入而又系统地对主要知识点加以安排；以建模思路和方法的剖析为主线，有机地对功能、工具及其操作加以组织。另外，还将思路、方法、工具的分析和选择作为重要出发点，力图在特定设计意图和产品形体的条件下，找到较合适的建模路径；通过一些特别的环节设置，传达实际的建模思维过程，讲解建模过程中面临的问题及其处理方法。本书的这些特点和安排，有助于读者理解思路、学会方法、掌握软件工具，从而有效地完成产品造型的三维建模与表达。

本书适合用作高等院校工业设计专业的本科生教材，也可供产品设计和工程技术人员、设计爱好者阅读参考。此外，亦可在相关专业培训中用作教程。

图书在版编目（CIP）数据

产品设计创意表达·SolidWorks / 刘春荣主编. —北京：机械工业出版社，2011.12
（产品设计创意表达丛书）
ISBN 978-7-111-36560-0

Ⅰ.①产… Ⅱ.①刘… Ⅲ.①产品—计算机辅助设计—应用软件，SolidWorks Ⅳ.①TB472-39

中国版本图书馆CIP数据核字（2011）第241283号

机械工业出版社（北京市百万庄大街22号 邮政编码100037）
策划编辑：冯春生 责任编辑：冯春生 张丹丹
责任校对：纪 敬 责任印制：乔 宇
三河市国英印务有限公司印刷
2012年4月第1版第1次印刷
210mm×285mm·18.5印张·544千字
标准书号：ISBN 978-7-111-36560-0
定价：39.80元

凡购本书，如有缺页、倒页、脱页，由本社发行部调换

电话服务
社服务中心：（010）88361066
销售一部：（010）68326294
销售二部：（010）88379649
读者购书热线：（010）88379203

网络服务
门户网：http://www.cmpbook.com
教材网：http://www.cmpedu.com

序

产品设计的过程是设计师对产品形态持续深入地探索过程。无论是设计师最初笔下快速简捷的构思速写和草图，还是计算机中精确建模的数字模型及动画，抑或是更为直观的实物模型和样机，这些都是设计师为了更好、更有效地寻求设计创意而常用的形态创意表达方法和手段。事实上，当设计师在白纸上画上第一根线条时，对产品形态的探索之路就已经启程。

设计实践告诉人们，设计师探索产品创意过程中会经历一个由浅入深、由表及里和由简单到复杂的渐进过程。对应不同设计阶段中对产品形态创意探求的需要，设计师会运用不同的创意表达方法和手段，使头脑中的设计构想逐步清晰和完善起来。产品的形状是什么，产品的功能与构造是否匹配，色彩和材质如何处理，形态的风格和特征是否适合用户，等等，所有这些问题都会随着创意表达的深入展开而逐渐得到明晰的解答。总之，产品设计创意表达的过程是设计师寻求好的设计创意的必然途径，是演绎设计理念、进行设计交流的重要工具和手段。

从20世纪80年代起，我国开始了现代设计教育的探索。30年来，随着社会设计观念的转变和各级政府及教育部门的大力支持，我国的设计教育事业取得了令人振奋的快速发展。设计教育体制和设计理论体系不断完善，教学方法和手段不断创新，教学水平不断提升，为振兴我国设计产业，实现“把我国建成创新型国家”的战略目标培养了大批优质的设计创新型人才。同样可喜的是，许多长期工作在设计教育第一线的教师，本着对设计教育的执着与热爱，在对设计理论艰苦求索和实践经验积累的基础上，编写和出版了一批批起点高、视角新、实践性强的设计类教材。今天，与广大读者见面的这套“产品设计创意表达”丛书就是属于这样一类的教材。

“产品设计创意表达”丛书由《产品设计创意表达·速写》、《产品设计创意表达·草图》、《产品设计创意表达·CorelDRAW & Photoshop》、《产品设计创意表达·SolidWorks》和《产品设计创意表达·模型》组成。该丛书内容基本上涵盖了整个产品设计创意阶段所涉及的创意表达方法与技巧，以满足产品设计教学中培养学生不同设计创意表达方法和技巧的需要，使读者在学习设计创意表达技能的过程中，能得到更加系统完整的理论与方法的指导。该丛书的作者都是在设计院校内长期担任这些课程教学的教师，他们根据课堂教学的实际出发，以及针对产品设计创意各阶段中的实际需要，结合当今计算机技术飞速发展的时代特点，在各自长期积累的教学经验基础上，融合了各类设计创意表达方法中最新的内容和研究成果，对整个设计创意表达的理论与方法进行了系统的优化与整合，使这套教材在内容和指导方法上形成了应用性、针对性强，时代性鲜明，学生易于学习、易于掌握等特点。随着技术的发展，虚拟现实、互动媒体等形式逐步成为产品设计创意表达的重要手段，但手绘草图、三维建模及渲染、实物模型等依然是设计创意表达的基本功，具有不可替代的作用。

真切地希望这套丛书能为我国设计界的广大学生、教师带来新的启示和帮助。

是为序。

教育部工业设计专业教学指导分委员会主任委员

中国工业设计协会教育委员会主任委员

中国机械工业教育协会工业设计学科教学委员会主任委员

湖南大学设计艺术学院院长

何人可　教授

前 言

在数字化产品设计与制造的大背景下，工业设计人员越来越多地借助数字化三维建模手段，主动地控制、准确地表达产品形态；产品设计实践活动中，数字化三维建模能力已成为他们的重要技能。工业设计专业的学生有必要在这方面提前打下良好的能力基础。

SolidWorks是基于参数化特征造型技术的主流CAD软件之一。首款SolidWorks 95软件，成为“第一种可在Windows平台上运行的3D CAD技术”软件包，具有界面友好、结构清晰，尤其是易于使用等特点——笔者当初在科研中使用SolidWorks 97 Plus等版本时，对这些特点就很有体会。“易于使用”的理念，持续不断地被DS SolidWorks公司应用于新版软件的开发及扩展过程。现在，SolidWorks也已经广为工业设计专业的师生、设计人员所使用。

然而，专门面向工业设计领域的读者而编写的SolidWorks教材，一直较为少见。在计算机辅助工业设计课程中，笔者多年来承担着以SolidWorks为平台，讲授参数化特征造型这种实体造型技术的教学工作，常驻足书店，却感到难以找到合适的相关书籍用作课程教材，由此萌发撰写这样一本书的想法。现在，本书终于如愿得以顺利出版。

本书共有八个部分。其中，前两个部分介绍SolidWorks的基本特点、工作效率提高方法，以及建模基础——主要是草图的创建与编辑方面的基础；此后的六个部分，各讲解一个产品形体建模与表达的案例，每个案例都以典型的工业产品为原型，细致地探讨和展现了产品形体建模的思路、方法和工具。在内容的组织上，全书着重以从草图到特征、从零件建模到装配体建模，以及从实体特征建模到曲面特征建模为脉络，逐步深入而又系统地对主要知识点加以安排；以建模思路和方法的剖析为主线，有机地对功能、工具及其操作加以组织。本书还将思路、方法及工具的分析和选择作为重要出发点，力图在特定设计意图和产品形体的条件下，找到较合适的建模路径；书中通过一些特别的环节设置（例如形体及其尺度的修改、出错的更正等），传达实际的建模思维过程，讲解建模过程中面临的问题及其处理方法。

这些特点与安排，是基于让读者既“知其然”、更“知其所以然”的撰写理念而形成的，希望能有助于读者理解思路、学会方法、掌握软件工具，从而有效地完成产品形态的三维建模与表达。另一方面，正是鉴于这些特点与安排，软件版本方面的一些差异对本书内容适用性的影响，应是十分有限的。

本书获评为上海交通大学教材立项项目，得到该项目的支持。湖南大学设计艺术学院何人可教授对整套丛书的构成提出了宝贵建议，并欣然接受笔者之邀为丛书作序。在本书第八部分内容的写作过程中，娄增给予了大力协助。在本书出版过程中，机械工业出版社冯春生等老师付出了辛勤的劳动。谨一并在此表示衷心的感谢。此外，书中引用了几个真实产品，用来参照其造型，以讲解产品形体建模与表达，在此对这些作品的拥有者致以谢意。

本书适合用作高等院校工业设计专业的本科生教材，也可供产品设计和工程技术人员、设计爱好者阅读参考。此外，亦可在相关专业培训中用作教程。

本书第一至第七部分由刘春荣撰写，第八部分由钟家珍撰写。书中内容虽为作者多年来相关教学工作的总结与体会，但限于作者的水平，难免有错误与不足之处，敬请广大读者批评指正。

刘春荣

于上海交通大学

目 录

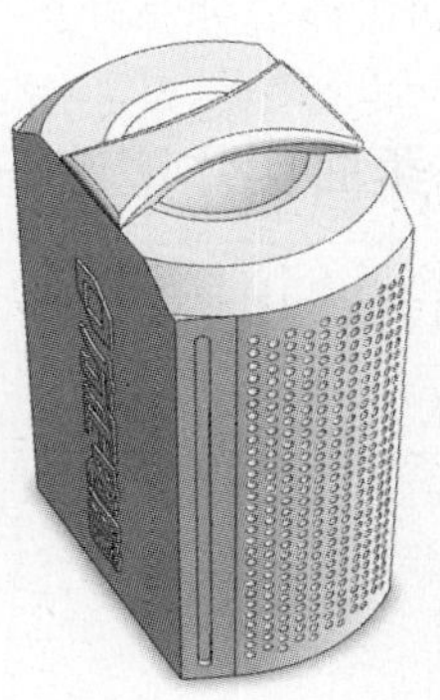

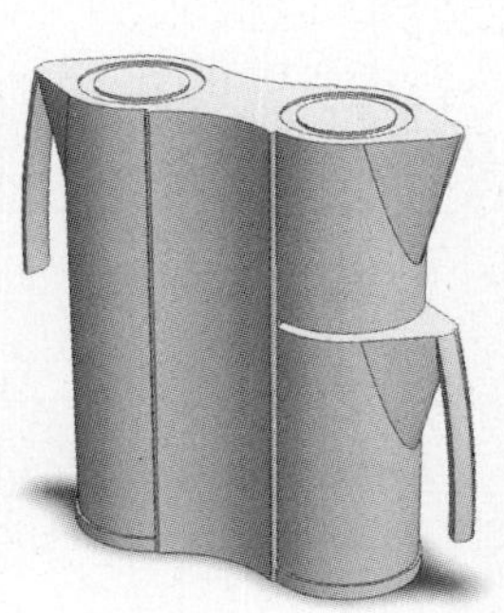

从零件到装配体——EC1电话机建模/121

在装配层次开始——电话机建模/174

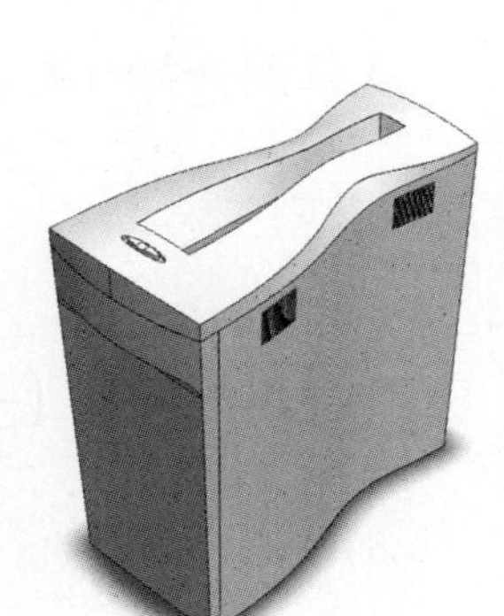

柔曲实体塑造——碎纸机建模/198

用曲面特征思维——剃须刀建模/233

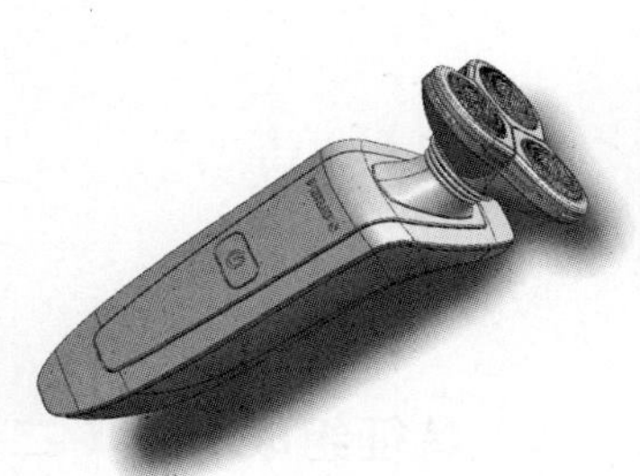

SolidWorks基础

SolidWorks建模特点

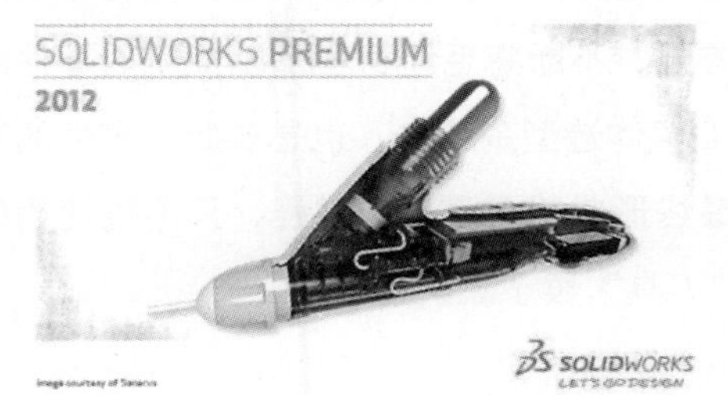

SolidWorks软件（图1–1、图1–2）是以参数化特征造型技术为基础的主流CAD软件之一。首款SolidWorks 95软件，成为“第一种可在Windows平台上运行的3D CAD技术”及软件包⊖。其“易于使用”的理念，持续不断地被DS SolidWorks公司应用于新版软件的开发及扩展过程。现在，SolidWorks已广为工业设计专业的师生、设计人员所使用。借助SolidWorks能快速按照自己的设计意图绘制草图，尝试运用特征与尺寸参数建立三维模型，制作详细工程图。

目前，三维CAD软件主要是采用实体造型、曲面造型方法，或两者兼有的混合造型方法，来构建三维、数字化模型的。参数化特征造型是实体造型方法中最新理论和方法的应用。在SolidWorks中，既可用参数化特征造型方法建立模型，也可用混合造型方法建立模型。

图 1–1

图 1–2

⊖ 引自www.solidworks.com.cn。

基本概念与术语

• 特征

特征是指具有一定工程语义的几何形状。根据工程语义的种类不同，特征也被分成不同的种类。具有设计语义或功能语义的形状称为设计特征，具有制造语义的形状称为制造特征，类似地还有装配特征、工艺特征等。与实体造型相关的主要是设计特征。

简要地说，特征是各种单独的加工形状，当将它们组合起来时就形成各种零件（还可以将一些类型的特征添加到装配体中）。1976年A.R.Grayer把特征定义为：一个可用机床操作加工的几何区域。这个概念被认为是今天特征概念的起源。可以想象在机加工设备上通过车、铣、刨、磨、镗等加工方式，不断将毛坯材料加工成所需零件的过程。在基于特征建模的CAD实体造型系统中，也是如此。零件的造型过程就是不断生成特征、最终形成所要零件的过程，只不过使用的是“数字化”的“材料”和“刀具”罢了。

• 参数与尺寸驱动

常规的实体造型系统所建立的几何模型具有确定的形状及大小，一旦建立，即使形状和结构相似，但如果有所改变，只能重新建模，因此常规的实体造型系统是一种静态造型系统或几何驱动系统。

参数化造型系统使用约束来定义和修改几何模型。这些约束可以是尺寸约束、拓扑约束和工程约束等，它们反映了设计时要考虑的因素。参数是用来定义已命名的草图或特征（经常是尺寸）的变量，例如长方形的长度和宽度。定义几何模型的一组参数与这些约束保持一定的关系。当输入这组参数的新值时，也将保持这些约束关系并获得一个新的几何模型。借此设计师可以依照自己的设计意图创造性地进行新产品或系列化产品设计。参数化造型系统也被称为动态造型系统。

参数化造型系统可分为尺寸驱动系统和变量设计系统两类。尺寸驱动系统只考虑几何约束（尺寸及拓扑）。尺寸驱动的几何模型由几何元素、尺寸约束、拓扑约束三部分组成；改变尺寸值就能改变图形和形体，即草图和特征等。变量设计系统不仅考虑图形变动，即尺寸约束和拓扑约束方面，还考虑工程应用中表达设计对象原理、性能等的工程约束。通过约束管理，识别约束不足或过约束等问题。通过将约束划分为较小方程组，进而联立求解得到每个几何元素特定点（如直线的两个端点）的坐标，从而得到一个具体的几何模型。它是一种约束驱动系统。

• 参数化特征造型

特征造型系统是以实体模型为基础，用特征作为造型（建模）的基本单元，建立零部件的几何模型。而将参数化造型的思想用到特征造型中来，用尺寸驱动或变量设计的方法定义特征并进行操作，就形成了参数化特征造型方法。由于将特征采用参数化定义，因此对形状、尺寸、公差、表面粗糙度等均可随时修改，从而修改零部件。

目前主流的工程设计CAD系统都引入了参数化尺寸驱动和特征造型的功能。

• SolidWorks常用术语

SolidWorks有很多重要术语，多数是CAD方面通用的，有些是其特有的。比较重要、需要了解的有：文档、模型、重建模型、参数化；草图、特征、零（部）件、装配体、工程图；坐标系、原点、基准轴、基准面、参考几何体；点、顶点、边线、面、曲面；几何关系、推理、约束（定义）；装配、配合、自上而下的设计、自下而上的设计，等等。在此不展开说明，后面应用过程中涉及时再作具体介绍，有利于理解。

SolidWorks模型的组成

SolidWorks模型类型是3D 实体零件和装配体。2D工程图主要是从零件和装配体模型生成的。

SolidWorks环境中，3D实体建模通常从绘制2D草图开始，然后生成一个基体特征，并在模型上添加更多的特征（也可以从输入的曲面或几何实体开始），通过编辑特征以及将特征重新排序而进一步完善设计。若干特征生成零件，零件可组装在装配体中。

具体一点地讲，SolidWorks设计和建模的思路基本为：草图→特征→零件→装配→工程图，即从建立草图开始，逐步建立零件（由多个特征组成），再对相关零件进行虚拟装配形成产品或部件（由多个零件组成）。此后借助零件和装配体的3D几何模型，根据需要生成工程图。工程图从模型导出或通过在工程图文档中绘图而创建，基本上不需另外重绘。使用者随时可在设计过程中生成工程图或装配体。零件、装配体和工程图是几何模型的不同表现形式（图1–3）。

借助参数化特征造型方法，草图的变更会导致特征、零件自动重建和更新；零件的变更也会导致其参与装配的装配体自动更新。总之，由于零件、装配体及工程图的相关性，当其中一个文档或视图改变时，其它所有文档和视图也自动相应改变。

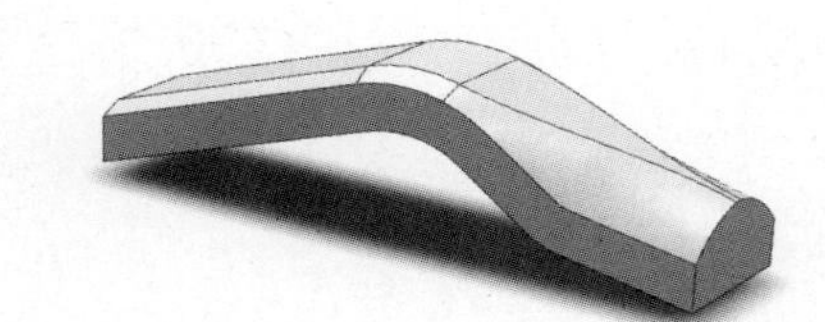

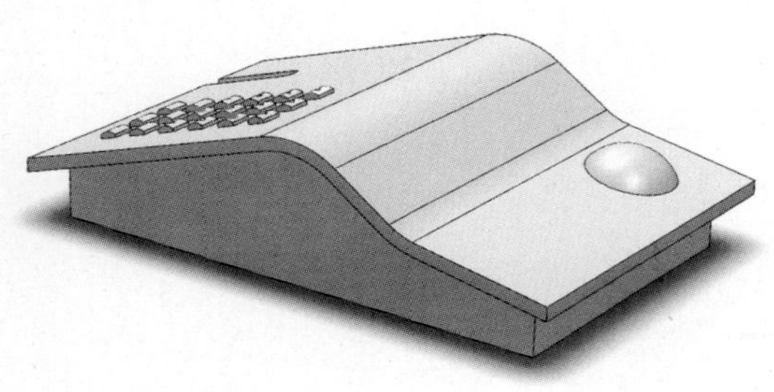

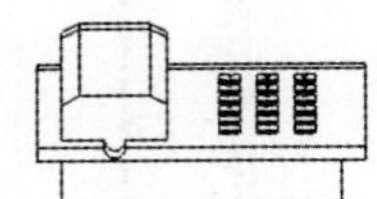

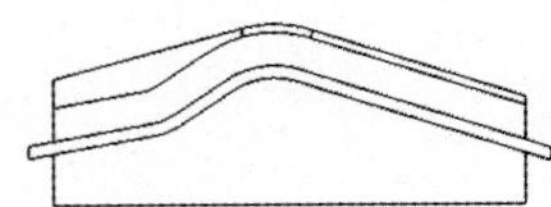

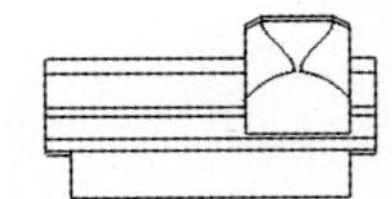

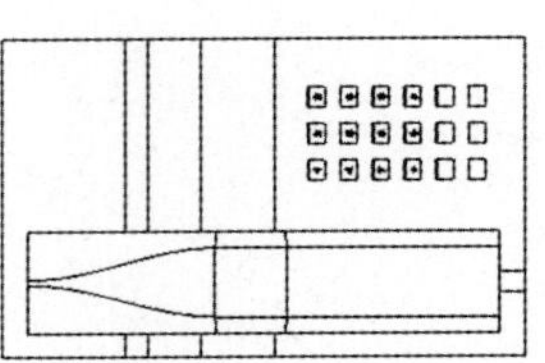

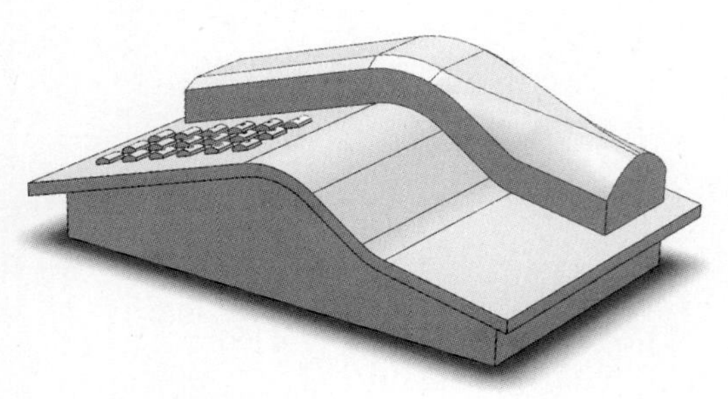

图 1–3

SolidWorks用户界面

• 界面总览

启动SolidWorks（图1–1，有多种启动界面）后，可以选择新建或打开零件、装配体、工程图等类型文件（图1–4）。SolidWorks的整个用户界面如图1–5所示（图中为装配体文件）。

用户界面中，最上方一行是（主）菜单栏，包含“文件”、“编辑”、“视图”、……、“帮助”菜单项。单击“帮助”菜单项后面的图钉图标，将取消菜单栏的展开保持状态，菜单栏随后向左收起并显示向右三角箭头；单击此箭头可再次展开菜单栏，继而单击图钉图标，则可再次保持菜单栏展开。

在菜单栏后面，显示的是“标准”工具栏；在菜单栏下方，有（主）工具栏和命令管理器（CommandManager）。命令管理器就是命令图标栏，对应于其下方的“装配”（装配体建模时）、“特征”、“草图”（零件建模时）等不同功能标签，分别列出对应的命令图标，如图1–5中所列出的是“装配”功能的多种零件操作命令（工具）。

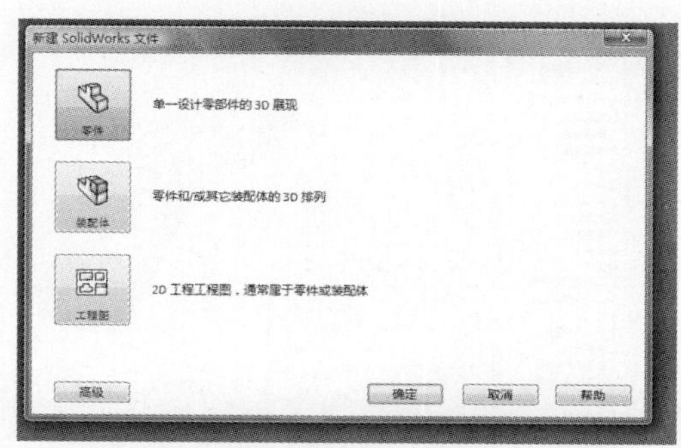

图 1–4

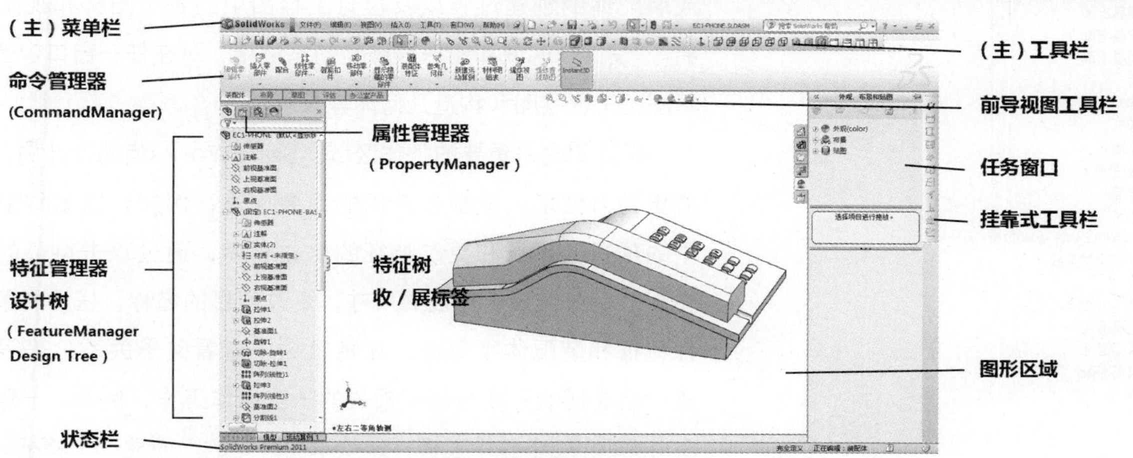

图 1–5

用户界面中左边的一窄列，默认状态下，列出的是SolidWorks的“特征管理器设计树”（FeatureManager Design Tree，可简称为设计树）。也可转换到并列的“属性管理器”（PropertyManager）等。除了默认地列出了坐标原点和三个坐标平面（基准面）外，零件或装配体的建模过程（建模命令序列）都将在特征树中依次列出。单击位于设计树右边界中部、含三个三角箭头的标签，可以向左收起（隐藏）设计树；反之，可向右展开（显示）设计树。设计树中建模过程序列较长时，可拖动右侧的滚动条或单击向上/向下三角箭头来浏览。

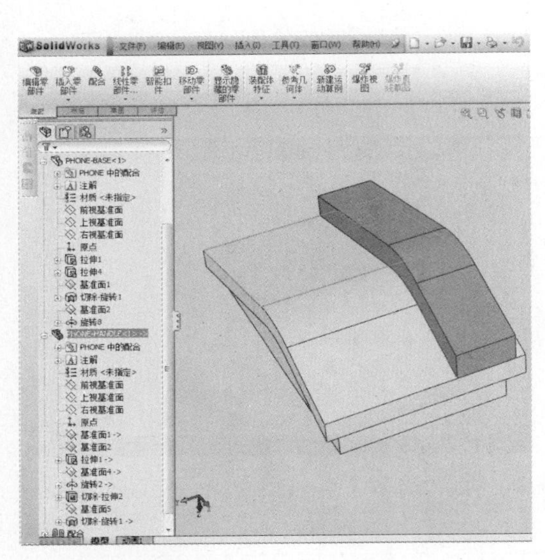

图 1-6

图1-5中软件界面上显示几何模型的大块区域，就是建模工作场所，即图形区域，所建几何模型就显示在此区域中。在其上部有一行前导视图工具栏，包含视图缩放、视图定向、显示样式等辅助工具，帮助提高工作效率，例如，通过视图定向、视图缩放等工具，可便捷地从不同角度观看几何模型及其细节。在设计树中点取项目后，将在图形区域对应地显示（图1-6）。通常情况下，既可在设计树中，也可在图形区域中选取特征、零件等对象。

图1-5中右边的一窄列是任务窗口，列有“SolidWorks资源”、“设计库”、“文件探索器”等任务入口。其默认状态下是收起的。单击一个任务，如设计库，将展开任务窗口，当单击用户界面其他区域时，任务窗口自动向右收起。但在任务窗口展开后，单击其右上角的图钉图标，则可将其展开状态保持。

• 特征管理器设计树

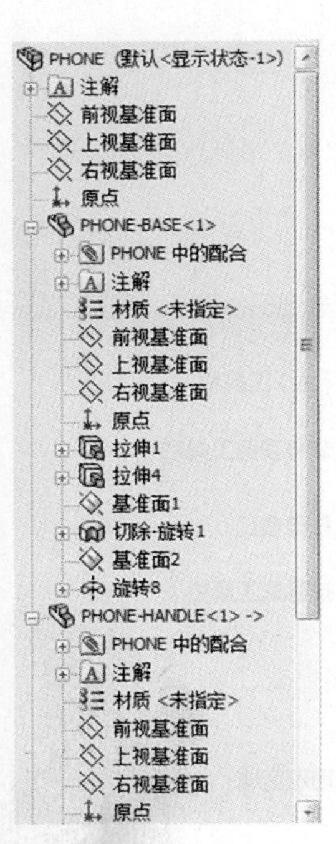

图 1-7

设计树是SolidWorks软件环境下重要的组织工具和工作区域(图1-6、图1-7）。

设计树提供选取零件、装配体或工程图的大纲视图，使观看模型或装配体的创建过程以及检查工程图中的各个图样和视图变得更容易。 设计树区域和图形区域为动态链接。可在任一窗口中选择特征、草图、工程视图和构造几何体等对象。

设计树也是重要的工作区域。SolidWorks借助设计树，帮助使用者更为方便地完成很多常用的重要操作，例如，以名称来选择模型中的项目，确认和更改特征的生成顺序，通过双击特征的名称从而在图形视窗中显示特征的尺寸，更改项目的名称，压缩和解除压缩零件特征和装配体零部件，在特征树中查看父子关系，等等。设计树还帮助或辅助完成与建模相关的一些操作工作，例如，一般来说，在SolidWorks中着手建模，是从草图开始的。新建一个特征时，要在设计树中选取基准面放置并进而创建草图。

（1）设计树中，项目图标左边的⊞符号表示该项目包含关联项，如特征项目下包含的草图。单击⊞，符号转而显示为⊟符号，将展开该项目并显示其内容。如图1-7所示，展开了参与装配体装配的零部件“PHONE-BASE”和零部件“PHONE-HANDLE”的特征建模过程。

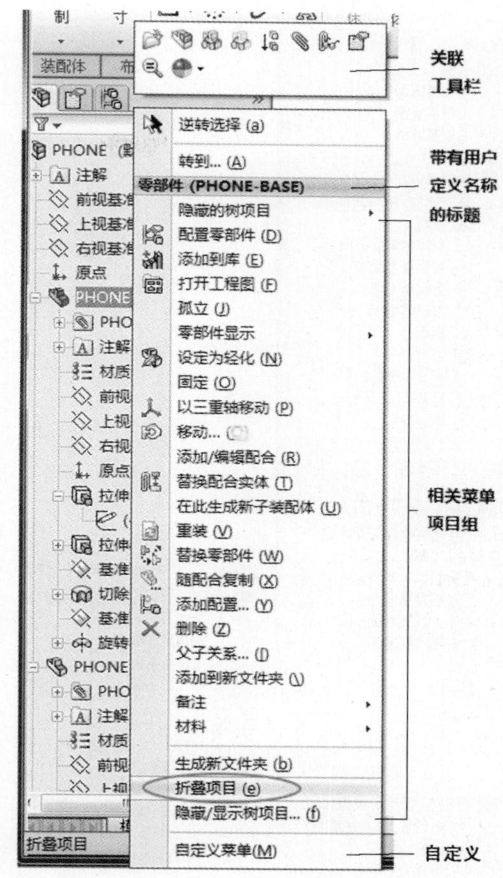

图 1-8

> 提示：按〈Shift+C〉键，可一次折叠所有展开的项目。或用右键单击设计树中处于相对顶部的文档名称（如“PHONE-BASE”），然后选择右键快捷菜单中的“折叠项目”选项，如图1-8所示。

草图、装配体的零部件、装配配合的前面带有(+)、(–)或(?)等符号，表示不同的含义。

对于草图项目，(+)符号表示“过定义”，(–)符号表示“欠定义”（图1-9），(?)符号表示“无解”。草图项前面如果没有前缀（没有符号），则表示草图处于“完全定义”。至于装配体的零部件，对其位置，用(+)符号表示“过定义”，(–)符号表示“欠定义”，(?)符号表示“无解”，还用(f)符号表示“固定（锁定到位）”。对于装配配合，用(+)符号表示“涉及过定义装配体中零部件的位置”，用(?)符号表示“无解”。

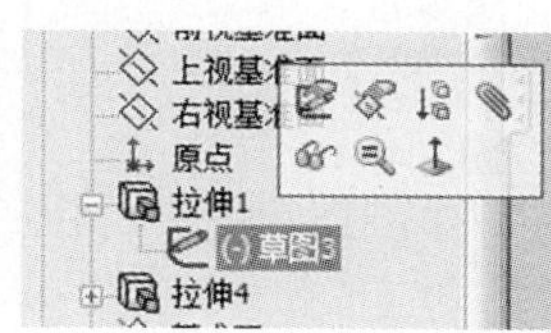

图 1-9

（2）当在设计树单击项目（如某一草图）时，在其右上方将弹出对此项目可用的“关联工具栏”（图1-8、图1-9），可（供需要时）对此项目进一步操作（如对草图进行“编辑草图”操作）。此时，图形区域中对应项目（如草图）也会相应地高亮显示出来（图1-10）。顺便说明一下，在图形区域中单击项目也会弹出关联工具栏。

> 提示：在本书中，“单击”指用鼠标左键一次点击；“点取”指单击，从而选取项目或对象；“单击并保持”指单击并保持鼠标左键持续按下；“右键单击”指用鼠标右键一次点击；“双击”指用鼠标左键较快地连续两次点击。

（3）项目的名称是由软件系统根据项目类型默认地依序给出的，如草图1、草图2，拉伸1、拉伸2等。通常，可将项目重新命名为有特定意义的名称，使其起到提示性作用。可缓慢地连续两次单击项目名，使项目名处于可更改状态（图1-10），然后输入新的名称。

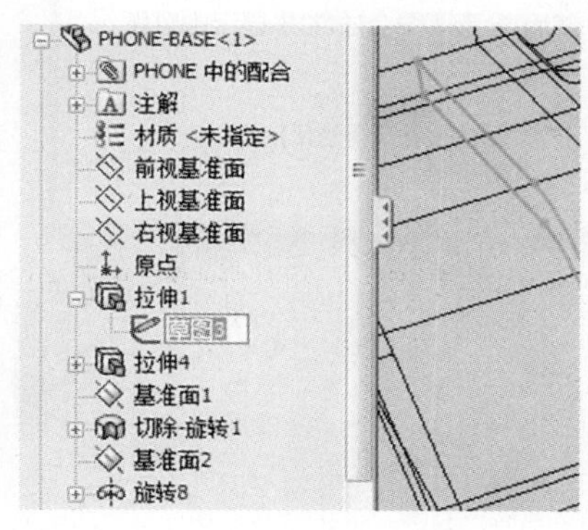

图 1-10

（4）对项目作了编辑更改之后，系统提示要求重建模型，特征、零件及装配体之前显示（“重建模型”）。如图1-11所示，整个模型（装配体“PHONE”）是由两个零部件（“PHONE-BASE”和“PHONE-HANDLE”）通过装配建模而形成的。当对零部件“PHONE-BASE”的第一个特征“拉伸1”所包含的“草图3”进行“编辑草图”操作（删除了该草图中的一条边）后，此时设计树中特征“拉伸1”名称及相关项目（即该特征上层的零件“PHONE-BASE”、顶部的装配体“PHONE”）之前出现要求重建模型的（“重建模型”）符号。

在编辑草图后，若有错误发生（这里有意删除了该草图中一线段，图1-12a），设计树中，错误和警告符号将在相应的模型（装配体、零件）、特征或草图等项目之前出现，用符号表示“模型有错”，符号表示“特征有错”，符号表示“节点下有警告”，符号表示“特征有警告”（图1-13）。

如果此时单击主工具栏上的（“重建模型”），将弹出警示对话框（图1-12a)，如果单击“退出草图并继续重建”选项并继续，将弹出“什么错”对话框(图1-12b、c)，系统提示了错误发生在什么项目和特征上，并且用文字说明了出错原因以及纠错的可能途径，对初学者来说这是帮助解决问题的有用信息提示。

（5）建模完成后，特征管理器设计树项目的最后面有一根横杆，它被称为“退回控制棒”。当把鼠标放到退回控制棒上时，光标变成手形，此时按住鼠标左键上下移动，可将退回控制棒放到设计树项目序列的某处（图1-14）。退回控制棒下面的项目图标颜色变成灰色，且不可使用，同时，图形区域中这些项目也不会显示出来。实际上，退回控制棒是将建模过程退回到先前某一步的工具。

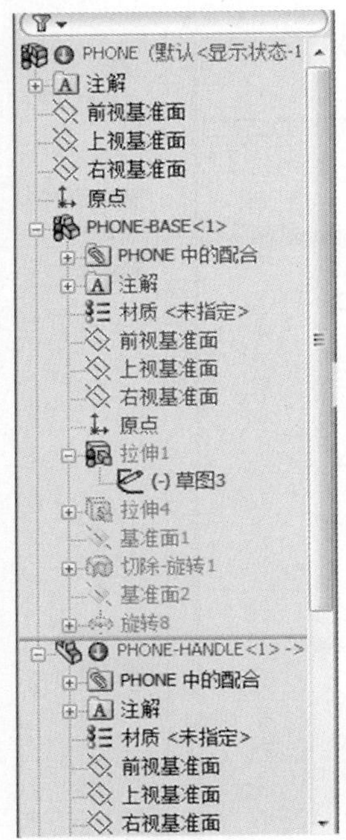

图 1-11

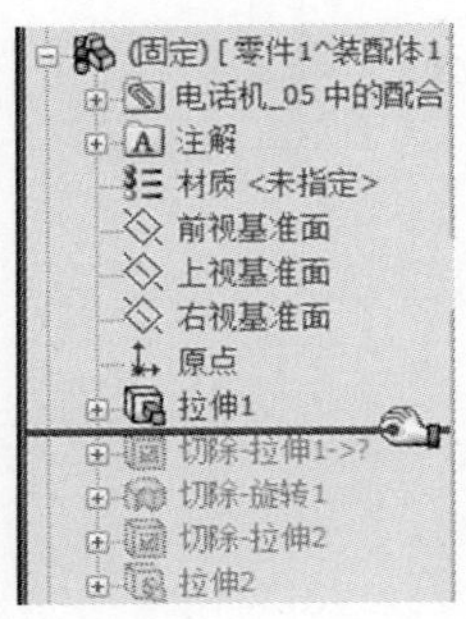

图 1-14

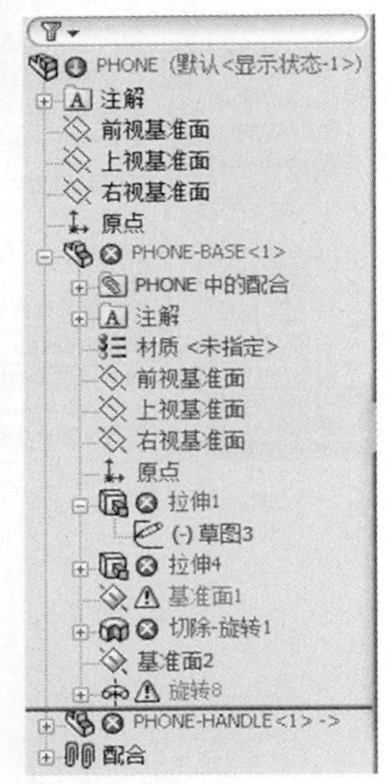

图 1-13

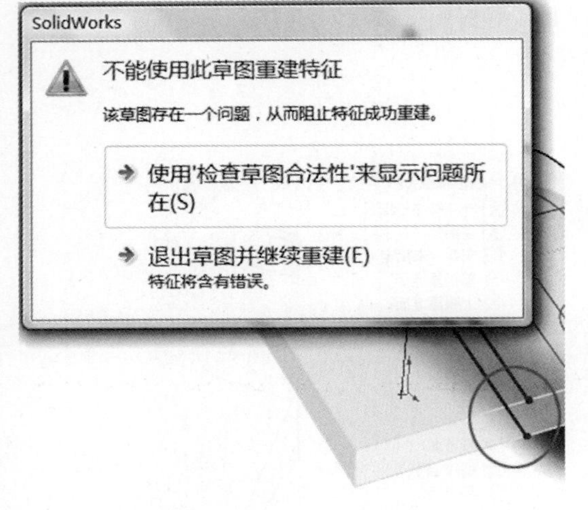

a）

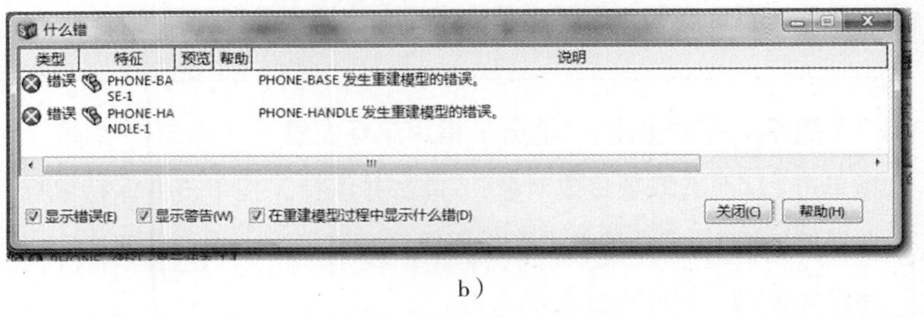

b）

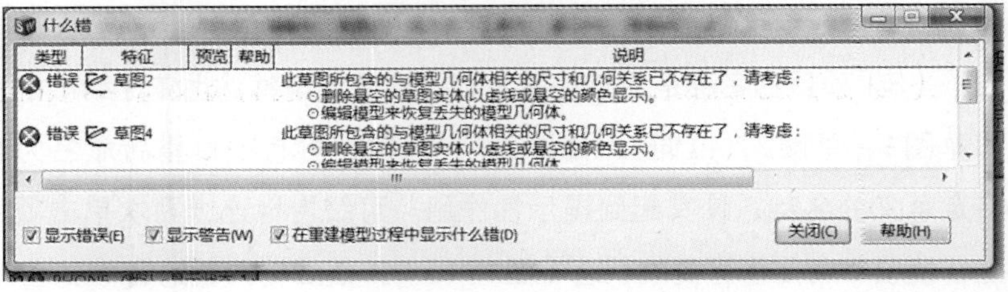

c）

图 1-12

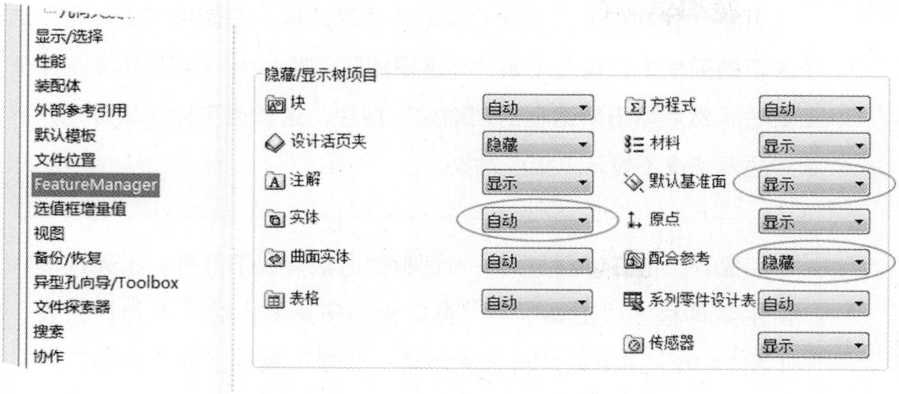

图 1-15

（6）另外，通过系统设置，还可控制设计树项目的显示/隐藏（图1-15）。

• 用户界面的定制

像其他很多软件一样，SolidWorks软件的图形用户界面也并不是一成不变的。可以根据任务需要和个人喜好，设置自己习惯的工作界面，即所谓界面定制。SolidWorks提供了极大的界面定制可能性。工具条、主菜单甚至右键快捷菜单等均可以由使用者自行定制。

用户界面的定制除了可满足使用者的个性化需求外，也是帮助使用者提高工作效率的重要手段。

如何提高工作效率

通过进行特定的设定，使用者可以极大地提高自己的建模工作效率。在SolidWorks环境下，提高工作效率的手段主要有用户界面定制、视图操作、系统设置、显示设置等。

• 界面布局（工具栏）的定制

图1-5显示了用户界面的总体布局。用户界面上的工具栏可以定制。一个工具栏由同类命令的图标放在一起而成。当在菜单栏、命令管理器或工具栏上右键单击时，会弹出如图1-16所示的工具栏列表。勾选或取消勾选（如“CommandManager”）、单击某一工具栏使其压下或单击使其弹起（如图中的“屏幕捕获”、“标准视图”等），将在软件用户界面中显示或不显示它。

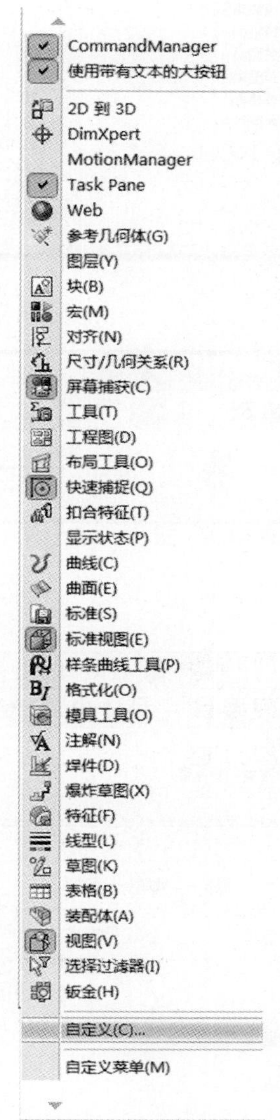

图 1-16

另外一种方法是，打开“自定义“对话框，在其中“工具栏”选项卡下的列表中，勾选（如“标准视图”，图1–17）或取消勾选某一工具栏，然后单击对话框的“确定”按钮。这样也可以在软件用户界面中显示（或不显示）相应对象。

提示：打开“自定义”对话框的方法有以下几种：①通过单击主菜单栏上“工具”→“自定义”子菜单；②在工具栏列表（图1–16）中点取“自定义”项；③在工具栏上的“标准”工具栏中，单击（“选项”）打开下拉式命令列表，点取“自定义”项（图1–18）。

还可以定制界面中一个工具栏里的命令图标，控制其是否显示在用户界面中。在“自定义”对话框中打开“命令”选项卡，在“类别”列表框中点取一个工具栏，右边的“按钮”区域列出了标准视图工具栏的全部命令图标，例如图1–19中列出“视图”工具栏全部命令。

此时，在一个命令图标（如“二视图–竖直”）上单击并保持，将此图标拖到用户界面某个工具栏（当然，通常是其所属的工具栏，这里指“标准视图”工具栏）中的一定位置处，此时在此处显示一根粗黑线条，光标显示为符号。释放鼠标左键，命名图标将被添加（显示）到相应工具栏中（图1–20）。随后关闭对话框即可。

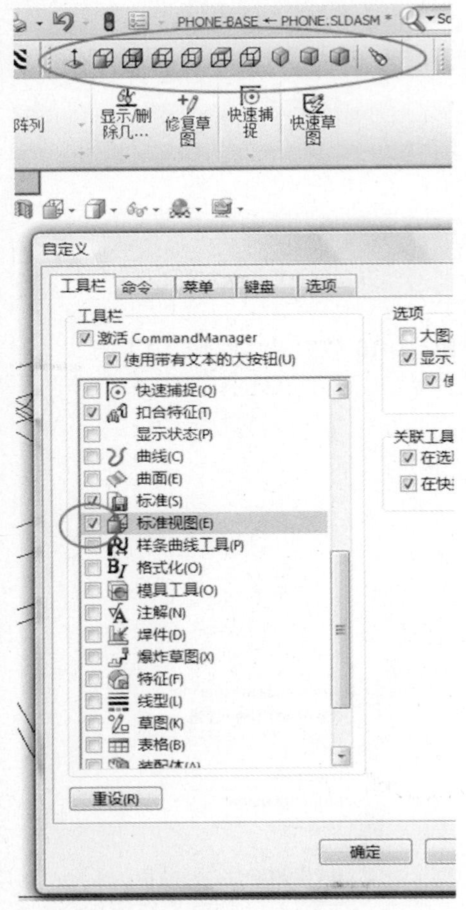

图 1–17

图 1–18

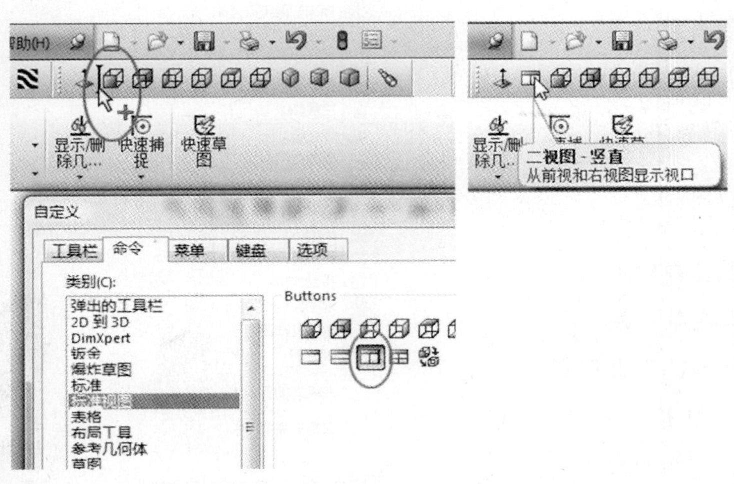

图 1–20

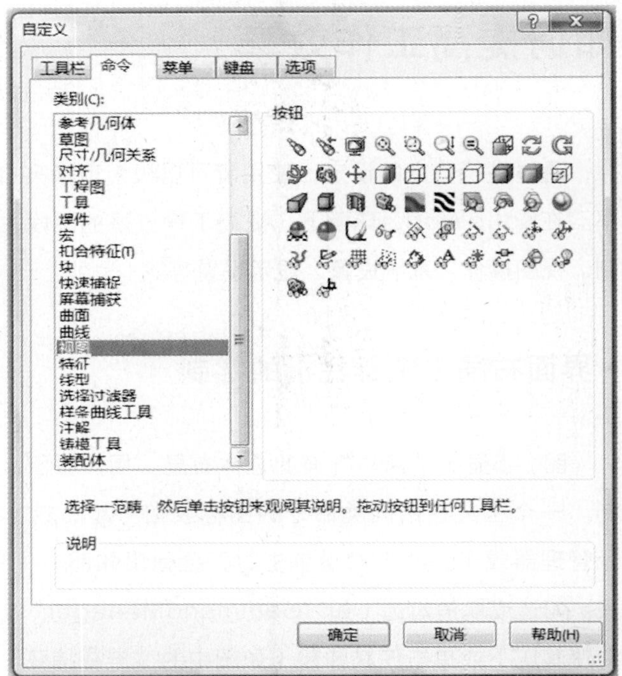

图 1–19

反之，如果想从当前用户界面工具栏中删除（使其不显示）不常用命令图标时，首先打开“自定义”对话框，使其显示出来。然后在欲删除的命令图标上单击并保持，将此图标拖到图形区域任意处，此时光标显示为符号。释放鼠标左键，此命令图标将被从相应工具栏删除（不显示）。另外，还可在命令图标上单击并保持、拖放，以调整它在同组图标中的位置。最后关闭对话框即可。

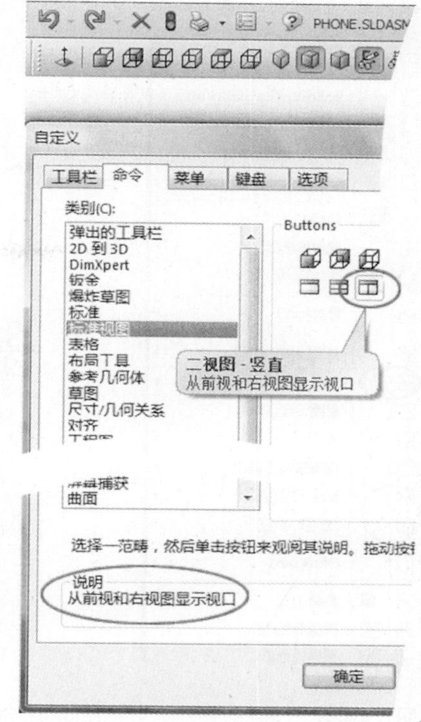

图 1-21

> 提示：当单击一个命令图标（如“二视图-竖直”）后，对话框的“说明”区域会显示出此命令的含义说明文字（图1-21），另外，当把光标放在命令图标上稍作停留时，还会弹出提示便签（图1-21），同时显示出此命令的含义说明文字。同样，把光标放在用户界面的任一命令图标上稍作停留，都会弹出提示便签（图1-20）。这对了解命令很有帮助。

分别循环地按〈F9〉、〈F10〉键，还可将设计树、所有工具栏加以显示/隐藏，循环地按〈F11〉键，则可进入/退出全屏模式。

顺便提及一下，SolidWorks可将工具栏从用户界面上分离出，成为独立的小窗口；反向操作，则将分离的小窗口放回并停靠到用户界面。

• 菜单的定制

1. 菜单条目的显示定制

单击“文件”、“编辑”、“视图”直到“帮助”等主菜单项的任一项，如“工具”项，将列出当前可用的子菜单项，子菜单项后边若带有向右三角箭头，单击三角箭头还可展开下一级的菜单项（图1-22）。

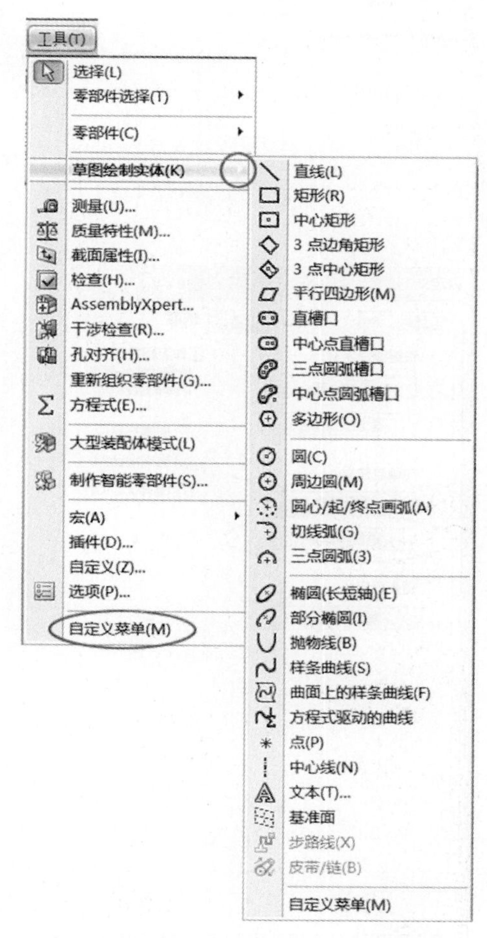

图 1-22

可看到，图1-22中子菜单项列表中最后有“自定义菜单”一项，以“工具”主菜单为例，当单击该项时，如图1-23所示，将弹出“工具”主菜单项下的子菜单项，前面的方框内有勾选符的，是在单击“工具”主菜单项时能被下拉式列出的各项（子菜单项）。可将一些项目打上勾选符，如图1-23所示的“草图工具”、“标注尺寸”、“几何关系”等项。在图形区域空白处单击后，将退出自定义菜单操作。当再次单击“工具”主菜单项时，将看到“草图工具”等三项显示在了下拉式菜单列表中（图1-24）。反之，当取消一些子菜单项的勾选符后，下拉式菜单列表中将不显示它们。

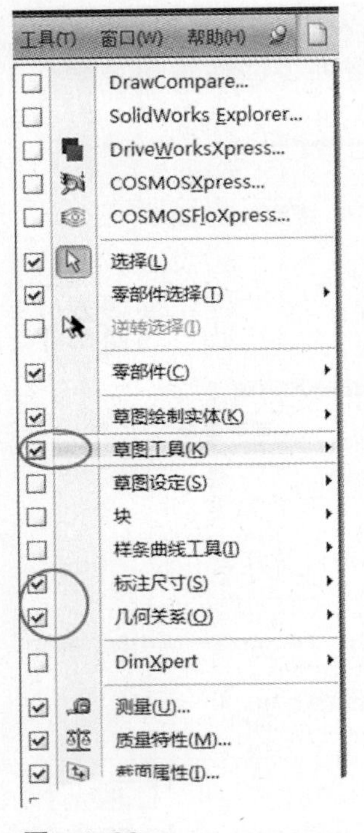

图 1-23

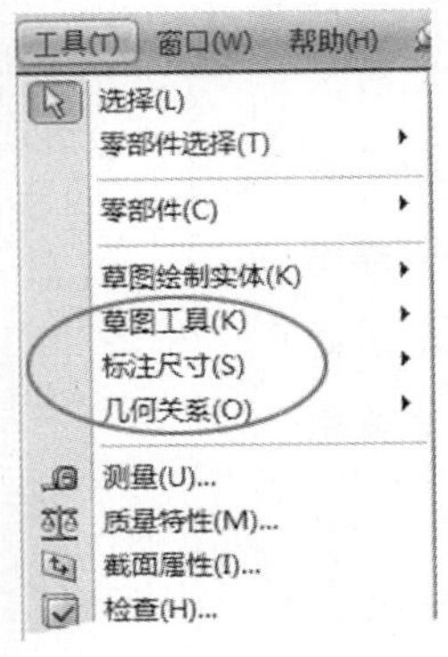

图 1-24

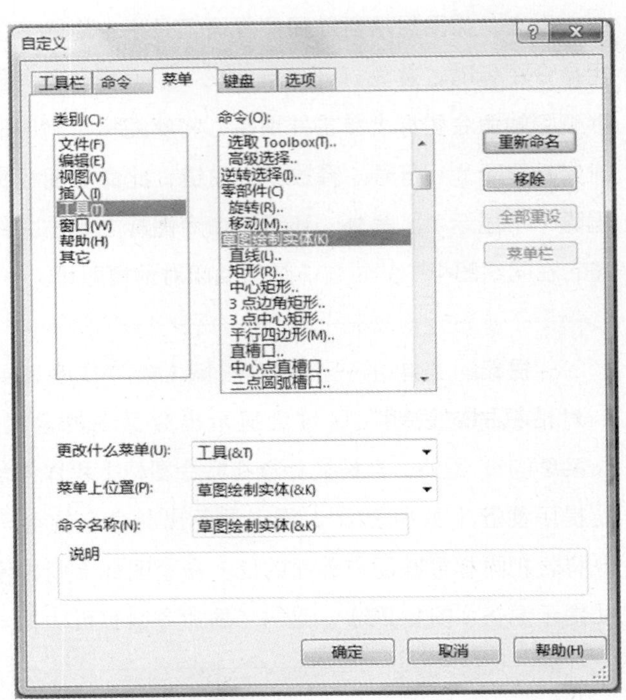

图 1-25

2. 菜单条目的定制

打开“自定义”对话框。在对话框中打开“菜单”选项卡后（图1-25），点取某一菜单类别（如“工具”）下的命令（如“草图绘制实体”），即可对此命令（即子菜单项）进行重新命名、移除或添加、改变其在下拉式菜单上的位置等。单击对话框上的“确定”按钮，即可保存这些变更。如果想取消自己的定制和变更，从而恢复系统的默认设定，则在“自定义”对话框的“选项”选项卡（图1-26）中，单击“菜单自定义”下的“重设到默认”按钮，然后单击“确定”按钮即可（实际上，将“快捷键自定义”、“键盘自定义”重设到系统默认状态，也是在此处进行）。

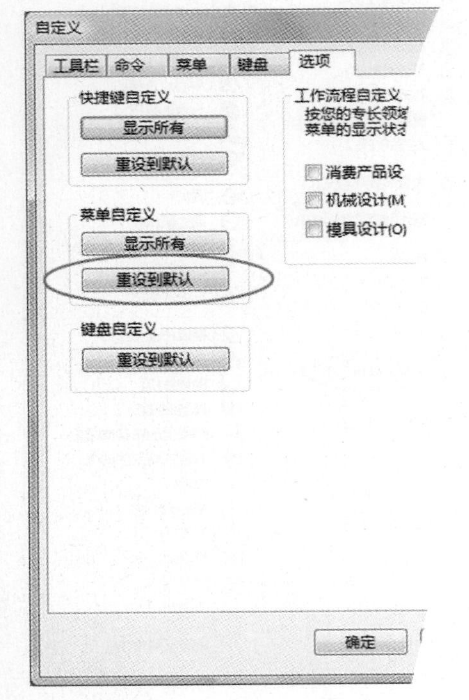

图 1-26

• 右键快捷菜单的定制

前面已看到，在工具栏等上面右键单击时，会弹出工具栏列表（图1-16）。对这种通过右键单击而快捷弹出的所谓右键快捷菜单，也可以加以定制。

右键快捷菜单有助于使用者快捷地调用命令或定制界面。在软件用户界面的不同地方和对象上右键单击，会弹出不同的右键快捷菜单。主要有以下三种：

（1）如前所述，在工具栏、主菜单和命令管理器上右键单击，会弹出右键快捷菜单。具体用法前面已经述及。

（2）在设计树中项目上，或在图形区域几何模型上右键单击，也会弹出右键快捷菜单。两者相似。

虽然依右键单击的设计树项目（如草图、特征、零件、装配体等）的不同，右键快捷菜单也有所不同，但是都含有两部分，即关联工具栏（图1–8、图1–9）和快捷菜单组。后者由带有用户定义名称（或默认名称）的标题、相关项目菜单组等组成。如图1–27~图1–30所示，可看到分别对应于草图、特征、（装配体中的）零部件、装配体四种对象的右键快捷菜单，这些快捷菜单是在建模工作时经常会用到的。在右键快捷菜单中，右边有三角箭头的菜单项，还可展开次一级菜单。单击快捷菜单组底部（或顶部）的双箭头，可完全查看菜单项。可看到最后一项也是“自定义菜单”，单击它，打开右键快捷菜单列表，同样可通过勾选（或取消勾选）来定制右键快捷菜单的显示项目。

当在设计树中右键单击一个项目后，该项目在图形区域也会高亮显示出来；反过来，在图形区域右键单击几何模型时，设计树中的对应项目也会被选取。两种情况下所出现的右键快捷菜单基本相同（图1–29、图1–31）。

（3）在图形区域空白处右键单击，弹出的右键快捷菜单如图1–32所示。其中的菜单项主要是视图操作命令工具，如平移、旋转视

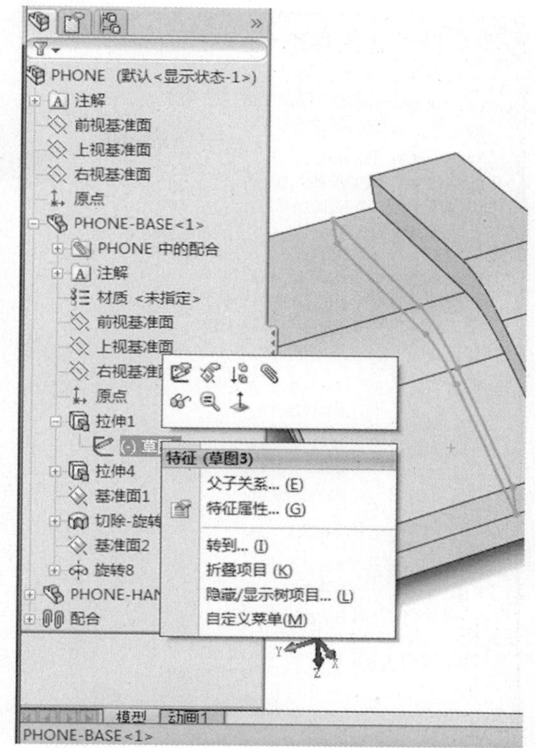

图 1–27

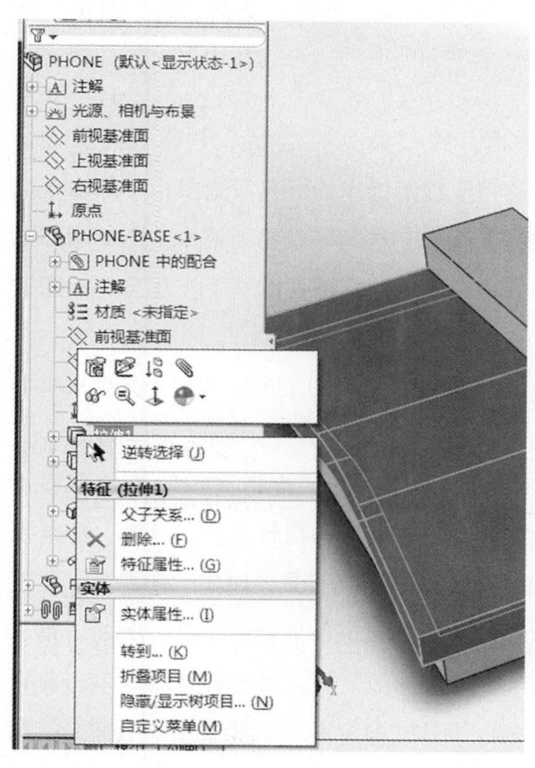

图 1–28

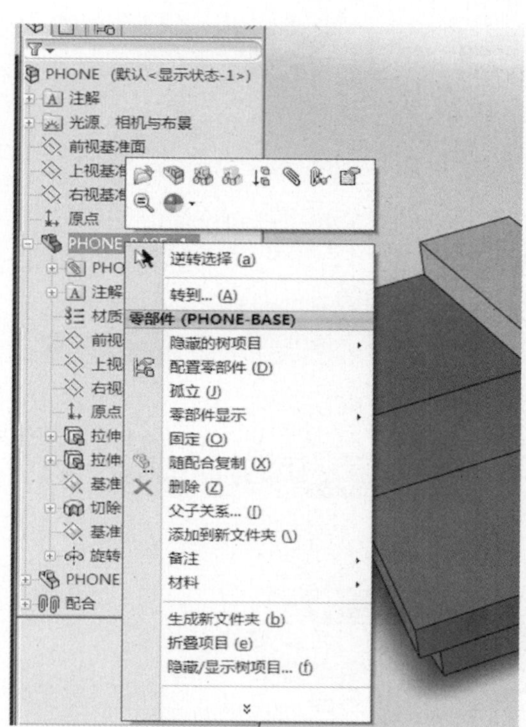

图 1–29

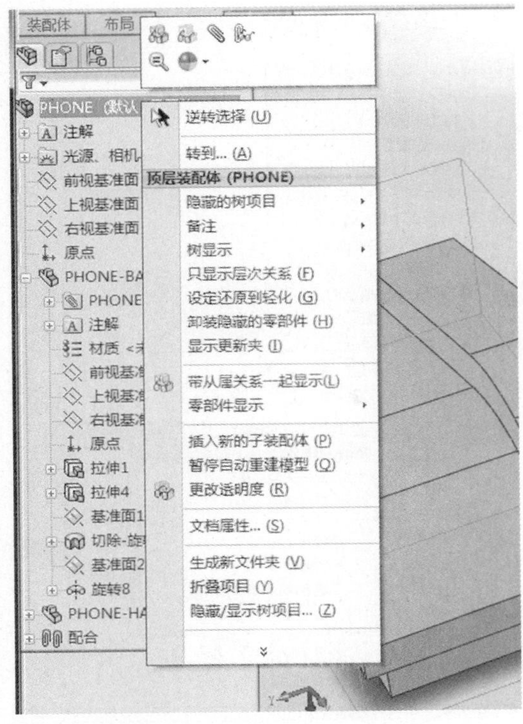

图 1-30

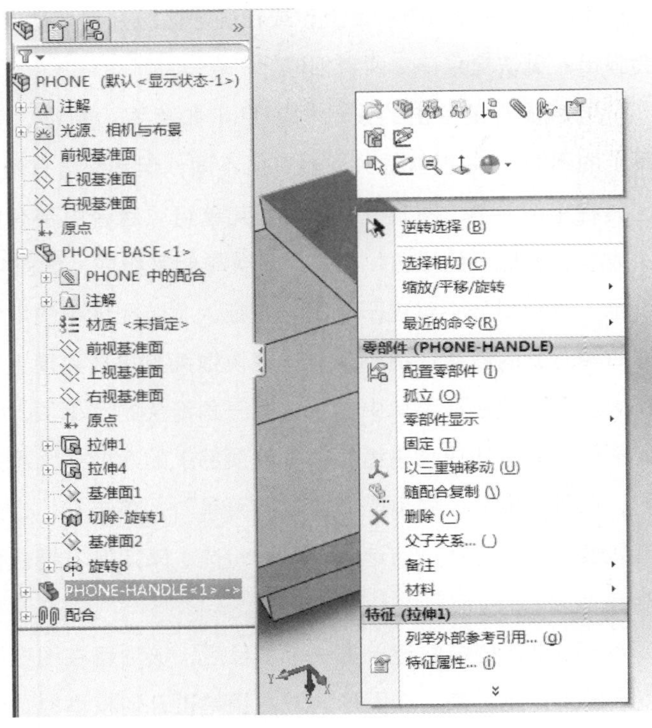

图 1-31

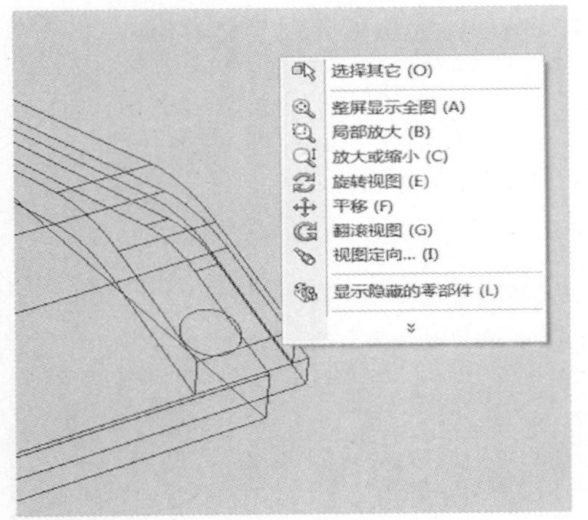

图 1-32

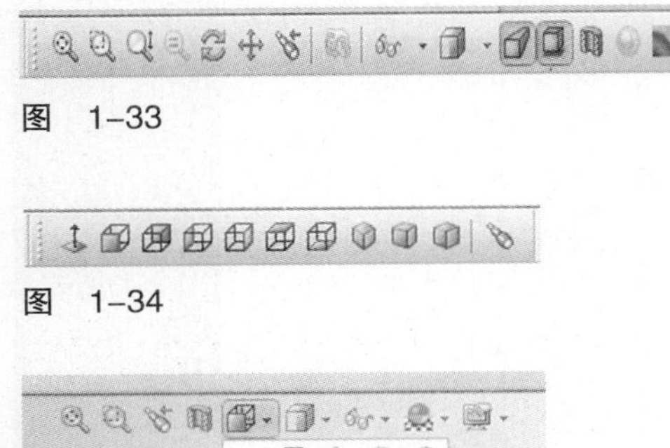

图 1-33

图 1-34

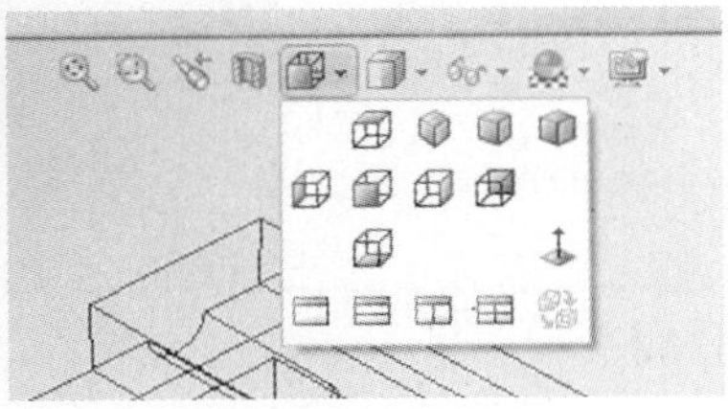

图 1-35

图等，帮助使用者快速而有效地变换对图形区域中几何模型的观看角度和远近等。这些工具与工具栏和前导视图工具栏上的对应工具作用相同。

• 视图操作

打开“自定义”对话框，在“命令”选项卡下选取类型“视图”，视图工具栏可包含的用于视图操作的所有命令图标（即命令按钮）都列了出来（图1–19）。可依前述方法，将所需命令图标增加到工具栏上的视图工具栏中。命令类别“标准视图”下，还含有视图定向和图形区域划分的命令工具（图1–20、图1–21）。

视图操作工具有几种， 一般既可从视图工具栏调用，又可从前导视图工具栏调用。

（1）视图工具栏（图1–33）含有“旋转视图”、“平移视图”、“整屏显示全图”、“局部放大”等操作工具。另外，标准视图工具栏（图1–34）还有用于视图定向的工具，例如“前视”、“左视”、“正视于”等，以及将图形区域进行划分的工具，例如“单一视图”、“二视图–竖直”、“四视图”等。另一种方式是单击前导视图工具栏中的“视图定向”下拉式命令图标，然后点取所需的视图定向命令（图1–35）。

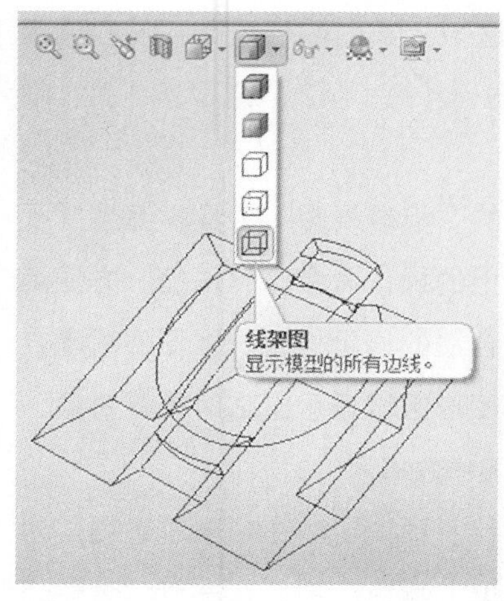

图 1-36

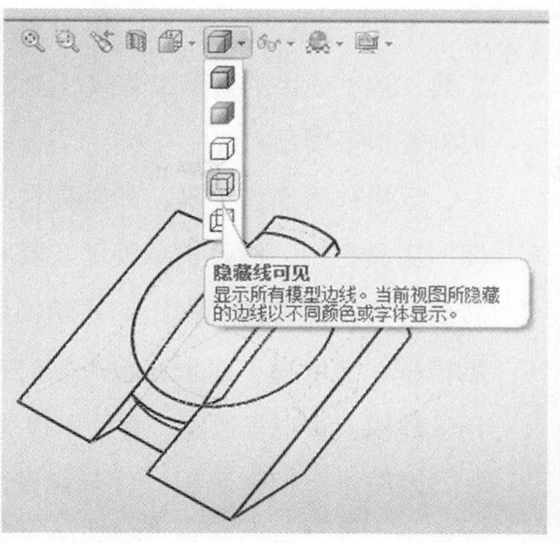

图 1-37

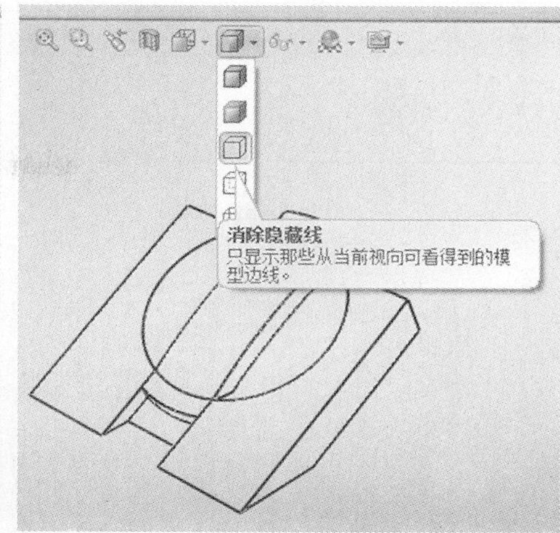

图 1-38

提示：视图操作和定向只是改变观看的视点位置、角度和远近，并不改变几何模型的大小及在坐标空间中的位置和定向。

在前导视图工具栏上右键单击，可定制该工具栏上显示的项目。

（2）几何模型显示样式以及视图设定。前者以线架图（图1-36）、隐藏线可见（图1-37）、消除隐藏线（图1-38）、上色（图1-39）、带边线上色（图1-40）、斑马条纹等形式来显示图形区域中的几何模型，方便使用者视觉查看、评估模型和选取几何对象等；后者含有“上色模式中的阴影”、“透视图”显示形式（图1-41），帮助使用者消除平行投影（即关闭“透视图”显示形式时）带来的不自然感，增强图形区域的空间感等。

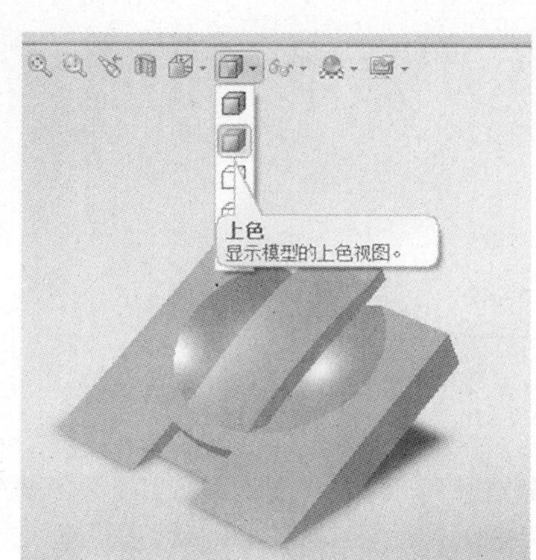

图 1-39

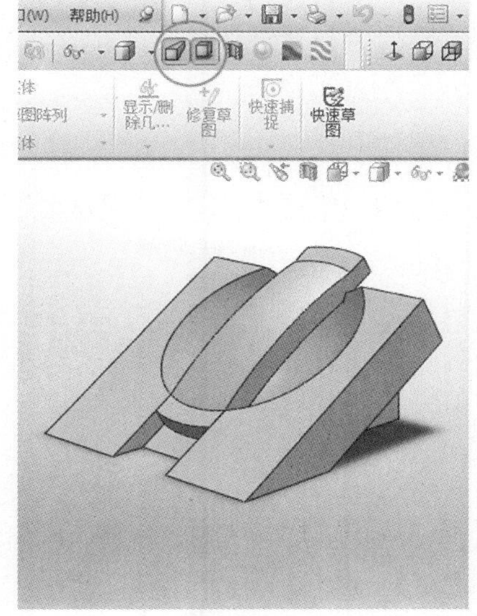

图 1-41

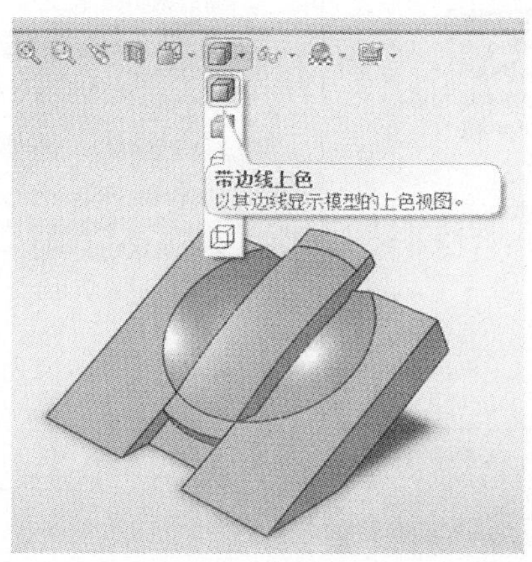

图 1-40

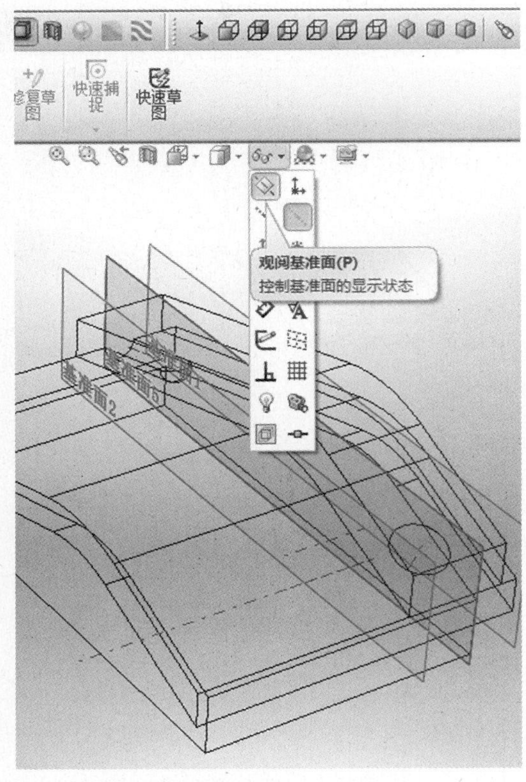

图 1-42

（3）隐藏/显示项目。可在图形区域上部的前导视图工具栏调用工具，控制项目的显示或隐藏。例如显示（图1-42）/隐藏基准面、临时轴等很多项目。

运用视图操作工具，即工具栏上的“标准视图”工具栏组、“视图”工具栏组，以及前导视图工具栏上的操作命令，可快捷、方便地转到合适视点位置和视距，并切换到合适的显示样式，以便清晰地查看模型、选取模型对象，也可临时在图形区域显示出临时轴等对象，用于建模、查询等过程，有助于提高工作效率。

系统也为图形区域的显示背景进行了预设定。在“系统选项”对话框中，在“系统选项”选项卡下点取“颜色”项，在右侧“背景外观”项下选择“使用文档布景背景”选项时（图1-43），使用者可单击前导视图工具栏上的“应用布景”工具，展开布景列表，选取合适的图形区域显示背景（图1-44）。

图 1-43

应用布景
循环使用或应用特定的布景。

三点米色
三点蓝色
三点渐褪
三点绿色
三点橙色
背景 - 白色环境
背景 - 带完整光源的黑色
背景 - 带顶光源的灰色
背景 - 灯箱工作间
背景 - 工作间
背景 - 带完整光源的工作间
柔光箱
柔光聚光灯
柔光罩
暖色厨房
仅限环境光
单白色
院落
工厂
办公场所
屋顶
漆黑
反射黑地板
反射方格地板
工厂地板
古老粉尘色
雾状蓝色石板
条状光
灯卡
格栅光
交通灯
环境封闭
厨房背景
院落背景
工厂背景
办公场所背景

图 1-44

• 系统设置

1. 系统选项的设置

通过单击主菜单栏上“工具”→“选项”子菜单，或在工具栏上的“标准”工具栏中，单击（“选项”）打开下拉式命令列表，点取“自定义”项，均可打开“系统选项”对话框，如图1-43所示。可在“系统选项”选项卡下，对系统的很多方面进行设置。一般会对其中“普通”、“颜色”、“草图”、“性能”、“文件位置”、“FeatureManager”、“选值框增量值”、“备份/恢复”等项给予关注，进行自己合适的设置。例如，在“颜色”项下进行各种要素的颜色方案设置、背景外观设置等（图1-43）；在“草图”的“几何关系/捕捉”下，打开（或关闭）多种极为有用的草图捕捉形式（图1-45）；在“FeatureManager”项下设定设计树中项目的显隐状态（图1-15）。“系统选项”选项卡下，设置项目和选项较多，但各个选项的文字描述是较清晰的，不妨对各选项逐一了解一下。

图 1-45

2. 文档属性的设置

在“文档属性”选项卡下，可对“出详图”、“单位”、“图像品质”等方面进行设置（图1-46）。在“网格线/捕捉”项下，通过勾选（打开）“显示网格线”，草图绘制时可在图形区域显示网格线作为辅助之用，还可对主网格大小和划分加以设定。

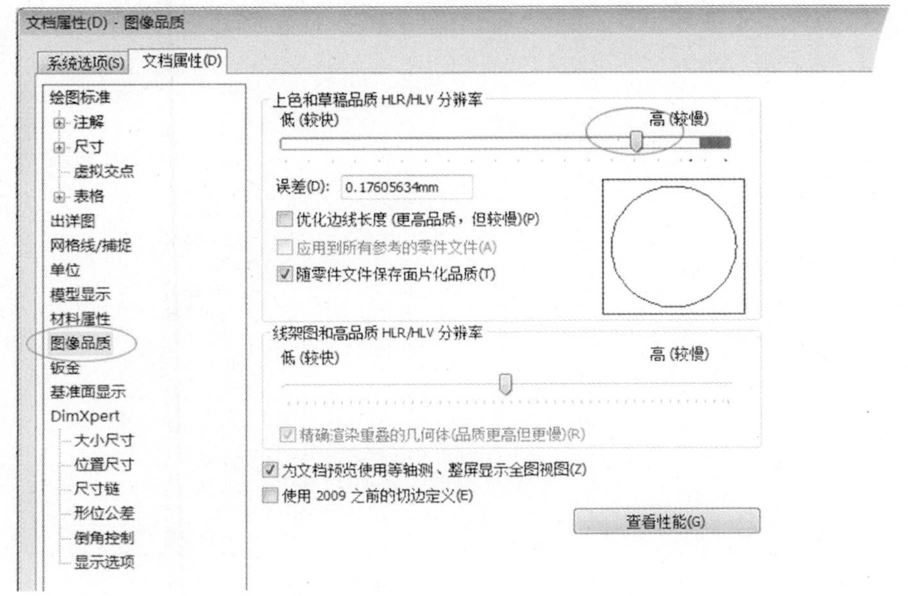

图 1-46

“图像品质”的设定决定了图形区域几何体的显示精度。可通过滑动“上色和草稿品质HLR/HLV分辨率”下的滑块，来调节图像品质，同时可在右下方的预览框中看到效果：越向右，显示得越精确（图1-46）；越向左，几何体将显示得越粗糙（图1-47）。设定完毕后，单击对话框的“确定”按钮保存设置并关闭对话框。

适当地显示精度，可保持对象（如样条曲线）显示出来的光顺性，有助于更清晰地观察几何对象的形体，更准确地选取对象进行操作等。

如果把滑块滑进最右边的红色区域（图1-48），会导致文件大小增加，并引起计算机的图形性能变得缓慢。因此，设定“图像品质”时，也需考虑和结合自己计算机的硬件配置。

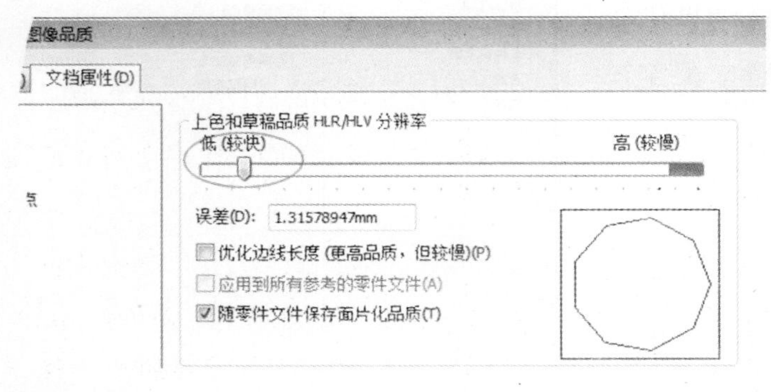

图 1-47

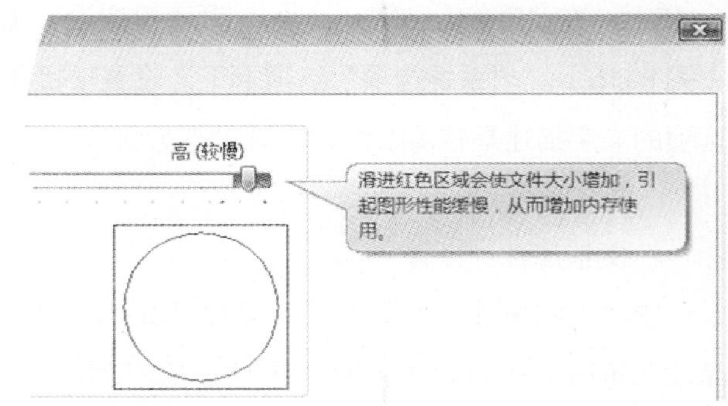

图 1-48

从草图开始

草图

SolidWorks环境下三维建模一般是从草图开始的。SolidWorks中的草图绘制是生成特征的基础，特征是生成零件的基础，零件可放置在装配体中。草图实体也可添加到工程图。

2D草图表现的是基准面或面上的直线和其它2D物体，是形成基体或凸台等特征的基础。3D草图则为空间轮廓，可用于许多范围，例如引导扫描或放样。若无加以特别说明，本书中草图一般指的是2D草图。

设计意图在生成 SolidWorks模型时是重要的考虑因素。SolidWorks 捕捉设计的意图，包括几何关系、参数及模型行为等。因此绘制草图时作好计划很重要。

一般而言，最好是使用不太复杂的草图几何体而更多地使用特征。较简单的草图更容易生成、标注尺寸、护理、修改以及理解。而且较简单草图的模型重建也将更快一些。

• 草图绘制的一般过程

当打开一个新零件的文件时，首先建立草图。可在任一默认基准面（前视基准面、上视基准面及右视基准面）上生成草图，也可在使用者创建的参考基准面上或在3D几何模型的平面上生成草图。

绘制草图的一般过程为：

（1）选取一个用于绘制草图的基准面或平面。

（2）通过以下操作之一进入草图模式（草图状态）：①单击草图绘制工具栏上的“草图绘制” ；②在草图工具栏上选取一草图工具

（如“矩形”）；③单击“特征”命令管理器上的“拉伸凸台/基体”或“旋转凸台/基体”；④在设计树中，用右键单击一现有草图，然后在关联工具栏选择“编辑草图”。

（3）绘制和生成草图。

（4）添加尺寸和几何关系（可大致绘制，然后标注准确尺寸）。

（5）生成特征（这将关闭草图）。

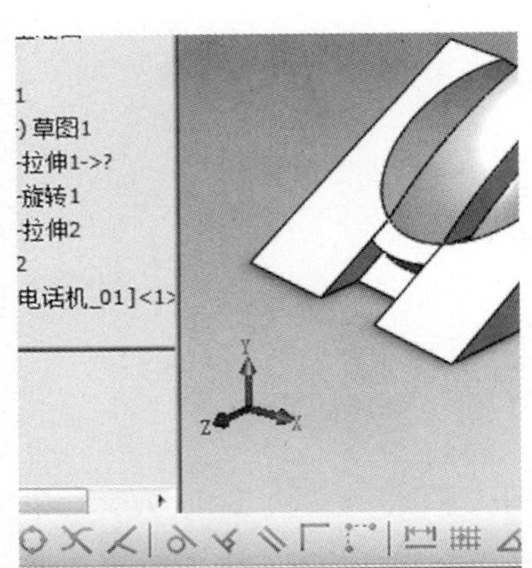

图 2-1

• 坐标系、原点与基准面

SolidWorks 使用带原点的坐标系系统。

整个零件或装配体文件包含一个坐标系和一个坐标原点，此坐标系可以理解为全局坐标系，在用户界面中是以一个三维参考三重轴（图2-1）来显示的，它位于图形区域左下角，分别以红/绿/蓝（R/G/B）代表X/Y/Z方向。三维参考三重轴可让使用者定向到零件和装配体文档中的X轴、Y轴和Z轴方向。

当选择基准面或平面新建一个草图，或进入现有草图的编辑状态时，一个红色的二维坐标系和原点将生成或显示出来（图2-2）。同时，在图2-2中还可看到此时全局坐标系的显示状态，以及“右视”的提示。草图的坐标系与草图所在的基准面或平面对齐，可以理解为局部坐标系。其原点可用为草图实体的定位点，并有助于定向轴心透视图。

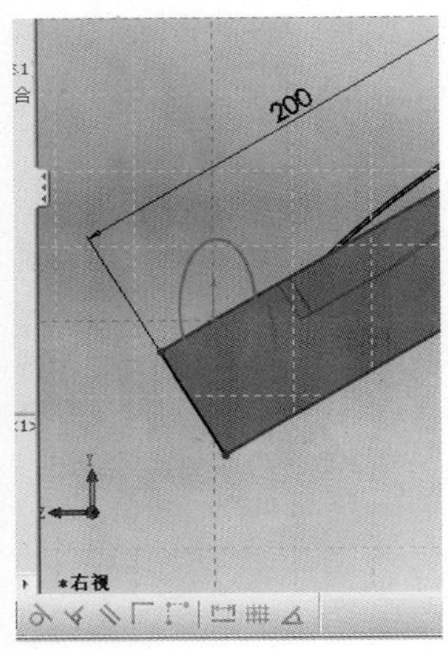

图 2-2

当新建一个零件或装配体文档时，设计树中默认地有“前视基准面”、“上视基准面”、“右视基准面”和“原点”。实际上，这三个基准面就是默认的坐标系平面，当然也是制图中的几个投影平面。可以直接点取某个基准面、在它上面绘制草图。

另外，在绘制草图时，还可创建和利用另一类基准面来放置草图。在“自定义”对话框中打开“参考几何体”工具栏，使其显示在用户界面（图2-3）。在后面会经常用到，可以利用三个默认的基准面、3D几何模型上的平面等，生成新的参考基准面来放置草图。

当然，基准面还可以起到其它作用，例如利用基准面来进行几何体位置关系的定位等。

图 2-3

• 草图几何体的类型

在“自定义”对话框的“草图”命令类别下，完整列出了基本草图几何体（也可称为草图实体）的类型和草图工具（图2-4）。工具栏上也列出了常用草图命令图标，如前所述，可把自己常用和任务所需要的命令图标定制地放到工具栏上，方便使用。

基本草图几何体包括直线、矩形、多边形、圆、圆弧、椭圆、抛物线、样条曲线、曲面上的样条曲线（一般称为COS，即Curve—on—Surface）、文字等。其中一些草图几何体又有几种生成方式，例如圆弧、圆、矩形、椭圆等。

草图工具则是对基本草图实体进行编辑、修改，从而产生新的草图实体或改变其状态。例如，在两个满足一定条件的草图实体间绘制倒角、绘制圆角等；对草图实体进行镜像复制、等距偏移复制、阵列复制等；对草图实体进行延伸、裁剪以及移动、缩放等。也可利用曲面或三维几何体生成草图实体，例如用曲面的交线生成草图、提取曲面的等参线生成草图、提取三维几何体的边线生成草图等。

• 草图几何体之间的几何关系

草图几何关系是草图几何体之间或草图几何体与基准面、基准轴、边线或顶点之间的几何约束。顾名思义，这种约束是指几何上的限制，或相互关联和影响的关系。在SolidWorks中，几何关系是创建和实现使用者设计意图的一个重要手段，例如绘制两个圆，如果对它们指定一个“同轴心”几何关系，然后移动一个圆，那么另一个圆将随之移动，即保持此“同轴心”几何关系。可用自动或手动两种方式添加几何关系。

2D草图的多种几何关系及其图标符号见表2-1。几何关系图标符号显示了系统推理产生或使用者添加的草图几何关系。

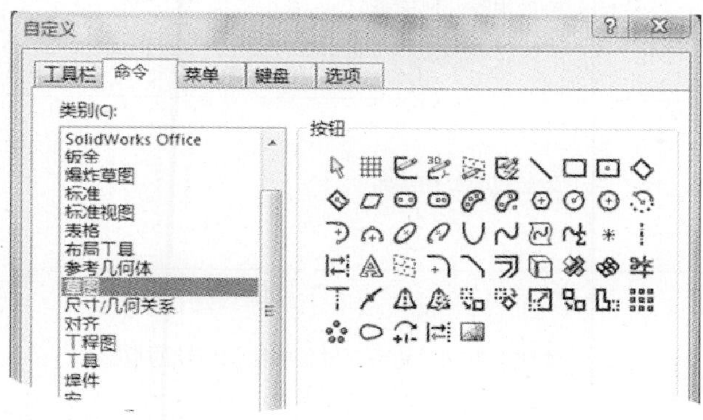

图 2-4

提示：可以单击主菜单栏上“视图”→“草图几何关系”来打开或关闭几何关系图标在图形区域的显示。

表2-1

几何关系	图　标	类　型	说　明
水平		推理	绘制水平线
垂直		推理	按垂直于第一条直线的方向绘制第二条直线 草图工具处于激活状态，因此草图捕捉中点显示在直线上
平行		推理	按平行几何关系绘制两条直线
水平和相切		推理	添加切线弧到水平线
水平和重合		推理	绘制第二个圆 草图工具处于激活状态，因此草图捕捉的象限显示在第二个圆弧上
竖直、水平相交和相切		推理和添加	按中心推理到草图原点绘制圆（竖直） 水平线与圆的象限相交 添加相切几何关系
水平、竖直和相等		推理和添加	推理水平和竖直几何关系 添加相等几何关系
同轴心		添加	添加同心几何关系
水平		添加	添加水平几何关系到样条曲线型值点的控标

下述情况下，系统一般会建立几何关系：

（1）在绘制草图时，系统推理生成草图几何关系。

（2）运用“草图捕捉”和“快速捕捉”将在草图实体之间添加几何关系。

（3）当使用“等距实体”及“转换实体引用”工具时，额外的几何关系会自动生成。

另外，使用者可以在创建草图几何体后，进行“添加几何关系”操作，使草图几何体间产生几何关系。

草图几何体之间可以具有多种几何关系。选取不同的草图，它们之间能够产生的几何关系又不尽相同。例如一条直线与一个圆之间、一条直线与另一条直线之间，所能产生的几何关系是不同的。2D草图几何体之间各种可能的几何关系见表2-2。

表2-2

几何关系	要选取的几何体	所产生的几何关系
水平或竖直	一条或多条直线，或两个或多个点	直线会变成水平或竖直（由当前草图的局部坐标系定义），而点会水平或竖直对齐
共线	两条或多条直线	项目位于同一条无限长的直线上
全等	两个或多个圆弧	项目会共用相同的圆心和半径
平行	两条或多条直线	项目相互平行
垂直	两条直线	两条直线相互垂直
正切	一圆弧、椭圆或样条曲线，以及一直线或圆弧	两个项目保持相切
同轴心	两个或多个圆弧，或一个点和一个圆弧	圆弧共用同一圆心
中点	两条直线或一个点和一条直线	点保持位于线段的中点
交叉	两条直线和一个点	点保持于直线的交叉点处
等距	两条或多条直线，和两个或多个圆弧	直线长度或圆弧半径保持相等
重合	一个点和一直线、圆弧或椭圆	点位于直线、圆弧或椭圆上
对称	一条中心线和两个点、直线、圆弧或椭圆	项目保持与中心线相等距离，并位于一条与中心线垂直的直线上
相等曲率	两条样条曲线	曲率半径和向量（方向）在两条样条曲线之间相符
固定	任何几何体	几何体的大小和位置被固定。但固定直线的端点可以自由地沿其下无限长的直线移动。并且，圆弧或椭圆段的端点可以随意沿基本全圆或椭圆移动
穿透	一个草图点和一个基准轴、边线、直线或样条曲线	草图点与基准轴、边线或曲线在草图基准面上穿透的位置重合。穿透几何关系用于引导线扫描中
合并点	两个草图点或端点	两个点合并成一个点

> 提示：对现已存在的几何关系，可以通过“显示/删除几何关系”操作，查看并加以编辑。

• 捕捉与推理

所谓捕捉是针对草图点和几何关系而言的，通过对一些特殊性的草图点和几何关系的自动跟踪、直观显示，帮助使用者（需要时）更准确、更快捷地绘制草图，实现自己的设计意图。

草图捕捉在默认情况下是打开的。如未打开，可以在“系统选项”对话框中打开相关捕捉工具（图1-45），在“自定义”对话框中勾选“快速捕捉”工具栏类型，使其显示在用户界面，以便辅助绘制草图几何体，也可在草图绘制状态，单击工具栏上的“快速捕捉”下拉列表，点取捕捉工具。“快速捕捉”工具栏如图2-5所示，快速捕捉下拉列表如图2-6所示。

可以捕捉点、中心点、中点、象限点、交叉点、最近点、水平点/垂直点、网格点（仅当网格显示时）等类型点，也可进行平行、垂直、相切、水平/垂直、长度、角度等几何关系捕捉。

图 2-5

推理线及显示推理的指针显示，是几何关系和特殊几何对象的一种直观提示。所谓推理，是系统根据目前光标位置、现有其它草图几何体的位置，推测使用者下一步的绘制意图，从而为使用者提供一条或多条推理线，辅助使用者快捷、准确地完成绘制。推理是通过推理线（以虚线显示）、推理指针显示（带铅笔符号的光标符号），以及特殊几何对象（如中点、端点等）的高亮显示提示，来（以几何关系图标）显示几何关系的。系统综合地使用草图捕捉及几何关系、推理线与推理指针显示，从而用图形形式显示草图实体之间如何相互影响。

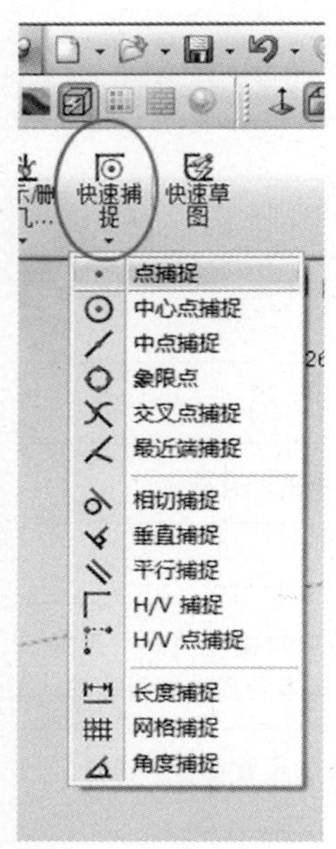

图 2-6

举一个简单例子。假定草图中已有一条直线（图2-7）。单击“直线”绘制工具，开始绘制第二条直线时，先把光标放到第一条直线上，它以橘黄色显示，并显示出起点、中点和终点。再把光标放在中点（或终点）上，水平地（或竖直地）移动鼠标，会显示水平的（或竖直的）推理线。当移动到与终点（或中点）在竖直（或水平）方向对齐时，会显示另一条推理线（图2-7，呈“竖直、水平”推理指针显示）。此时单击，确定第二条直线的起点。当再移动鼠标、准备确定（第二条）直线的终点时，系统又会显示出与第一条直线有平行、垂直等几何关系的推理线（图2-8，显示为浅橘黄色、虚线的推理线）。这里选择垂直关系，在第一条直线的垂直方向移动鼠标，仍可继续捕捉第一条直线上的特殊点（如起点，图2-8）。此时光标呈“垂直、水平”推理指针显示，单击，确定第二条直线的终点（图2-9，呈直线绘制的推理指针显示），绘制出第二条直线。

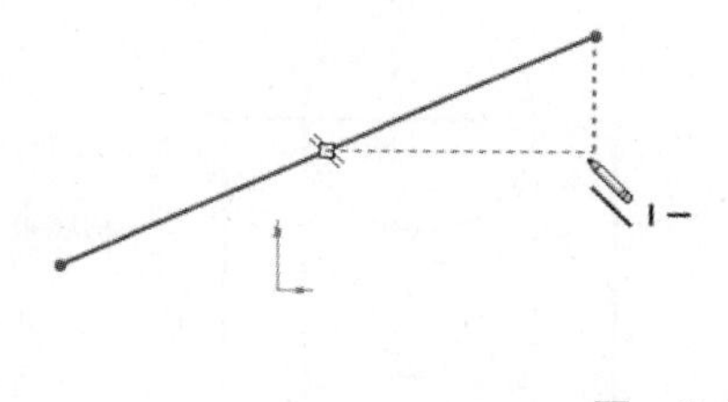

图 2-7

当然，在绘制第二条直线的起点时，也可以把光标放在第一条直线上或其特殊点上，单击，把起点直接捕捉在直线上或此特殊点上。

在这个简单例子中，说明了推理和捕捉的具体操作，看到了推理线（虚线）和推理指针显示，以及显示捕捉几何关系的图标符号。

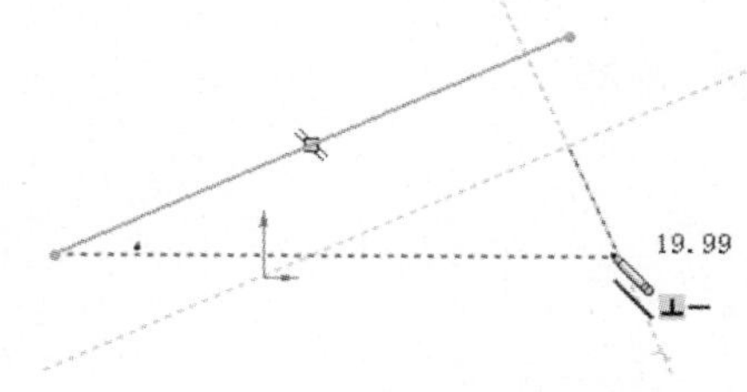

图 2-8

图2-10~图2-22列举出了一些常见的推理指针显示的图例，例如绘制直线：“水平”（图2-10）、“竖直”（图2-11）、“垂直”（图2-12）、“中点”（图2-13）、“正切”（图2-14）、“重合于线上”（图2-15）、“竖直与水平”或“水平与竖直”（图2-16、图2-17）、“同圆心与水平”（图2-18）、“竖直与相切”（图2-19）、“竖直、相切与水平”（图2-20）；例如绘制圆和圆弧：“同心、垂直与平行”（图2-21）、“角度”（图2-22）。

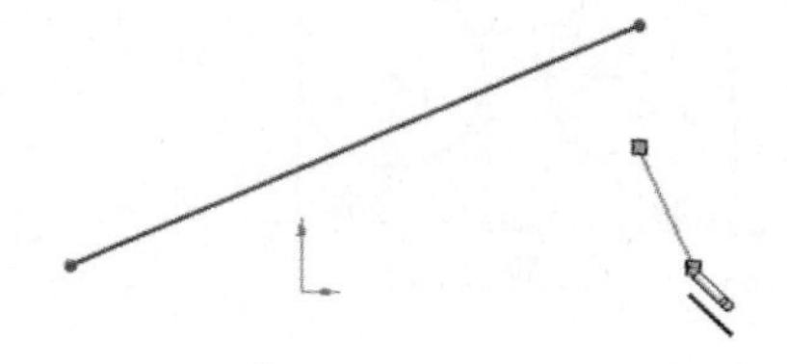

图 2-9

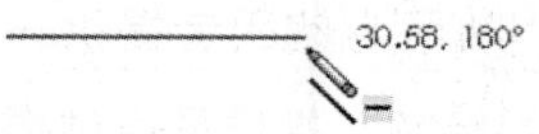

30.58, 180°

图 2-10

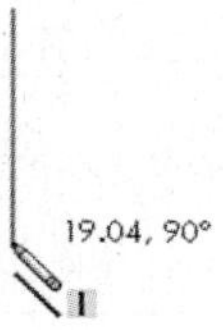

19.04, 90°

图 2-11

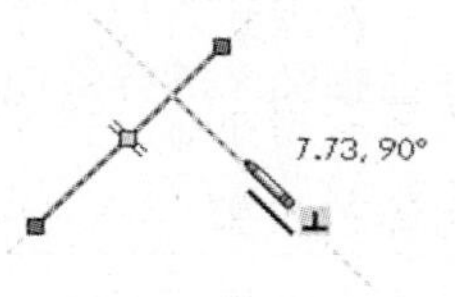

7.73, 90°

图 2-12

图 2-13

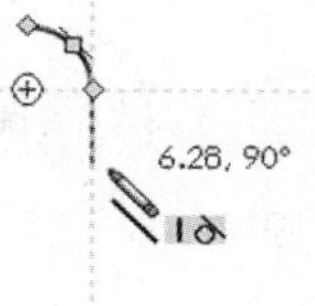

6.28, 90°

图 2-14

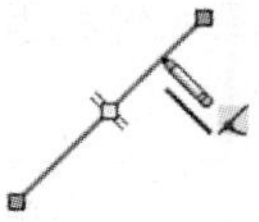

图 2-15

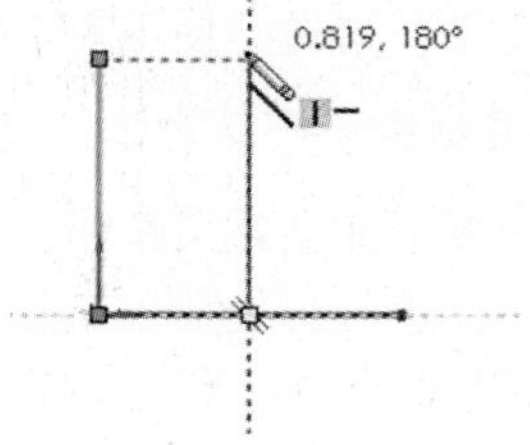

0.819, 180°

图 2-16

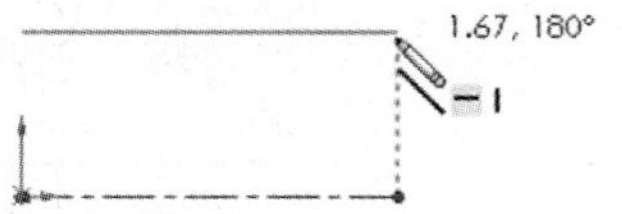

1.67, 180°

图 2-17

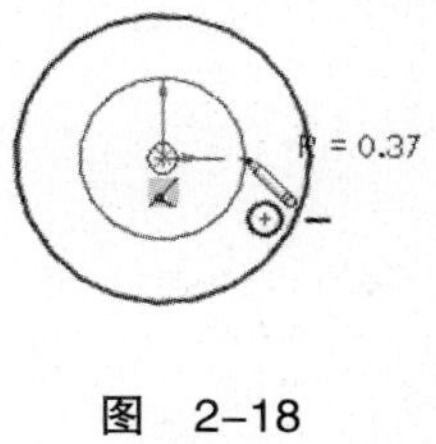

R = 0.37

图 2-18

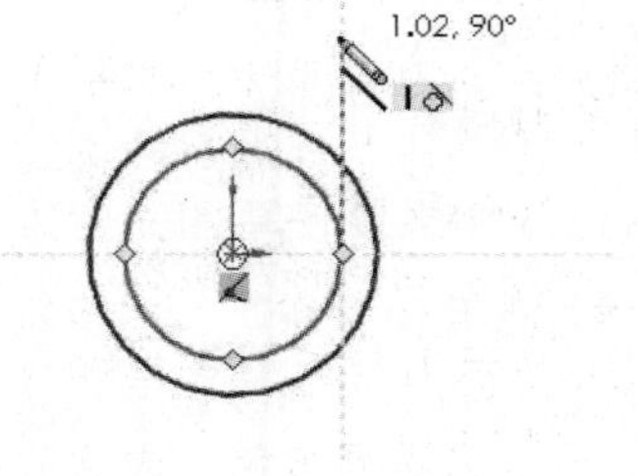

1.02, 90°

图 2-19

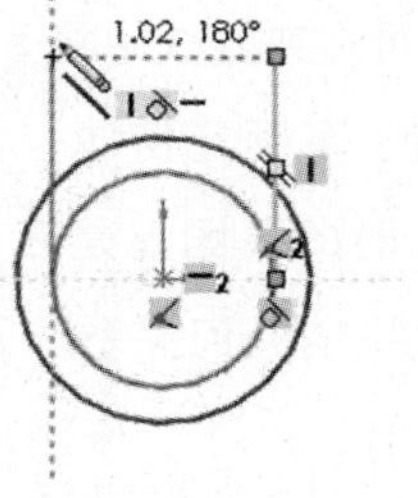

1.02, 180°

图 2-20

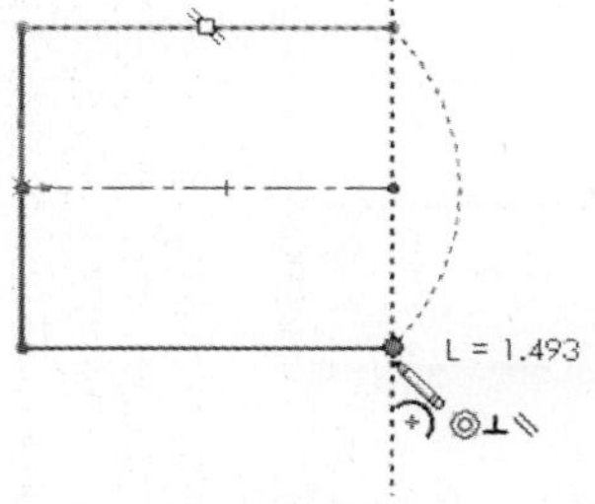

L = 1.493

图 2-21

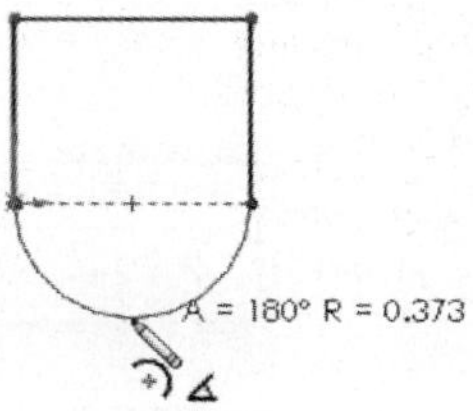

A = 180° R = 0.373

图 2-22

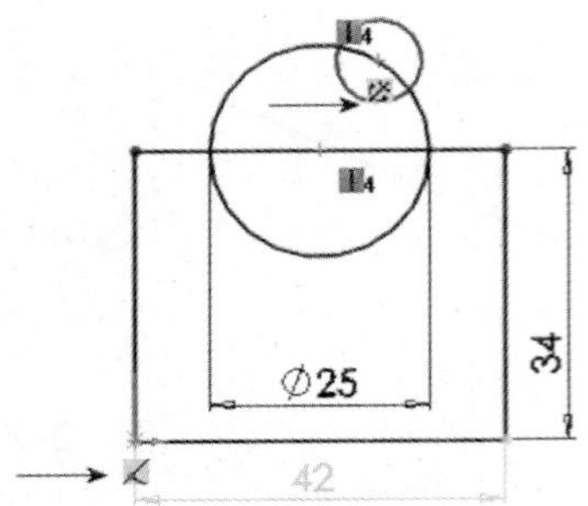

图 2-23

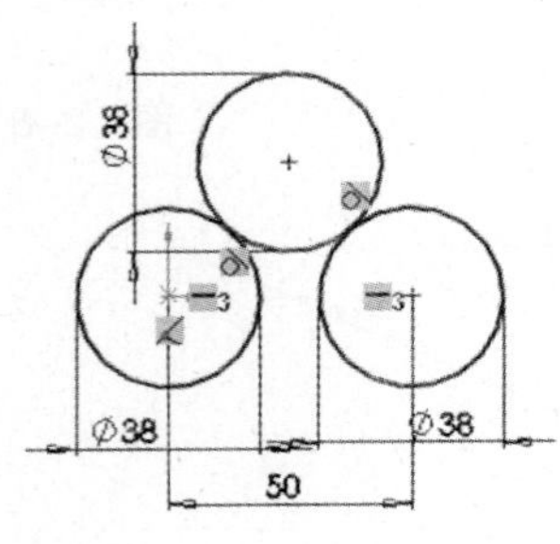

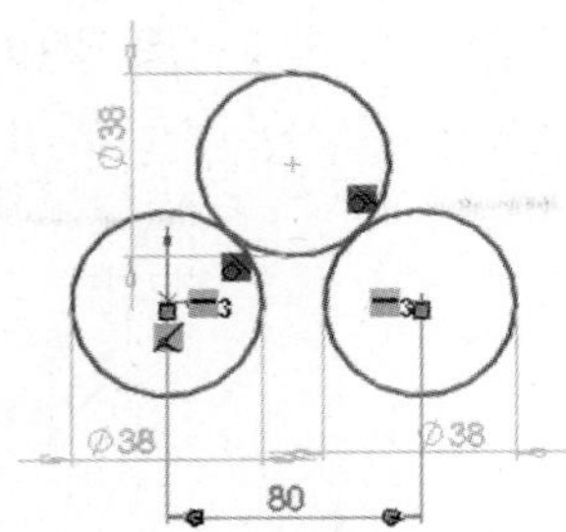

图 2-24

• 草图几何体的状态

草图包含状态信息。草图可能处于以下五种基本状态中的任何一种，不同状态以不同颜色显示，以便识别。草图的状态显示于SolidWorks 用户界面底端的状态栏上。

1. 完全定义

草图中所有的直线和曲线及其位置，均由尺寸或几何关系，或两者确定下来。草图状态下，在图形区域中以黑色出现。

2. 欠定义

草图中的一些尺寸和（或）几何关系未确定，可以随意改变。草图几何体的形状仍可变动。草图状态下，在图形区域中以蓝色显示。

3. 过定义

有些尺寸或几何关系、或两者处于冲突中或多余。草图状态下，在图形区域中以黄色出现（图2-23）。

4. 没有找到解

草图未解出。显示导致草图不能解出的几何体、几何关系和尺寸。草图状态下，在图形区域中以红色出现（图2-24）。

5. 发现无效的解

草图虽解出但会导致无效的几何体，如零长度线段、零半径圆弧或自相交叉的样条曲线。草图状态下，在图形区域中以黄色出现。

提示：如果想总是使用完全定义的草图来生成特征，单击主菜单栏上“工具”→“选项”，打开“系统选项”对话框，在其“系统选项”→“草图”下，勾选“使用完全定义草图”选项。

顺便说明一下，本书侧重于产品形体的建模表达及其思路与过程，因此案例中一般未要求完全定义草图。

• 尺寸及其标注

在 SolidWorks环境下，尺寸驱动模型几何体；更改尺寸将更改模型的形状；还可在方程式中将多个尺寸相互关联起来。

只要绘制了草图几何体，实际上它就已经具有了一定的大小尺寸。当然，此时的草图还是在欠定义的状态。如果要使草图完全定义，可使用“尺寸/几何关系”工具栏上的“添加几何关系”、“智能尺寸”工具（图2-25），来添加几何关系并标注尺寸。尺寸有多种类

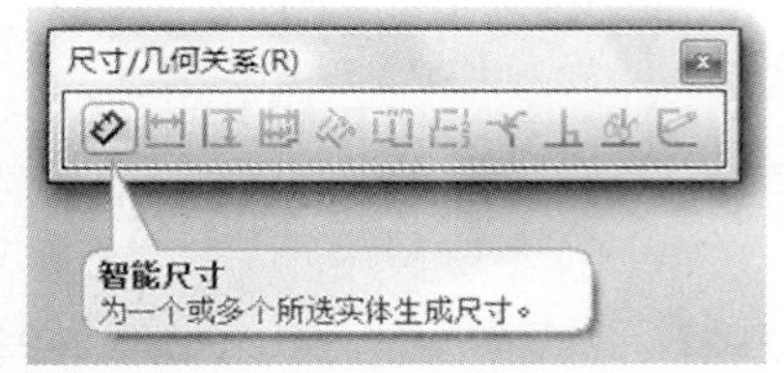

图 2-25

型，例如“水平尺寸”、“竖直尺寸”、“基准尺寸”，还有水平、竖直等尺寸链。

下面来直观地了解一下尺寸标注和操作的具体过程，以对如图2-26所示的一个矩形草图进行尺寸标注为例。

> 提示：当绘制了这个矩形草图几何体后，其中的几何关系（两个“垂直”、两个“平行”）已经确定。

单击“尺寸/几何关系”工具栏上的（“智能尺寸”）工具（图2-25）后，将光标放到要标注尺寸的几何体元素上（图2-26），单击，然后移动鼠标，可预览地看到不同类型尺寸标注（图2-27、图2-28、图2-29），这也正是“智能”之意。当出现所需要标注的线段长度尺寸时，移动鼠标将移动标注（图2-30），在合适位置处（图2-31）再次单击，尺寸标注即固定下来（标注显示为黑色），并随即弹出“修改”对话框（图2-32）。同时在显示出的“PropertyManager”（属性管理器）中，列出了“尺寸”属性的各种选项设置。

> 提示：当可预览不同尺寸类型时，指针显示为。在出现要标注的尺寸类型时，右键单击（指针显示变为），就锁定了此尺寸类型，移动光标将尺寸标注放到合适的位置即可。

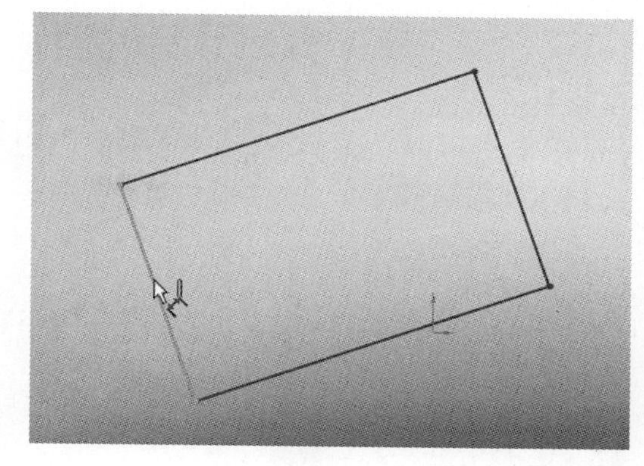

图 2-26

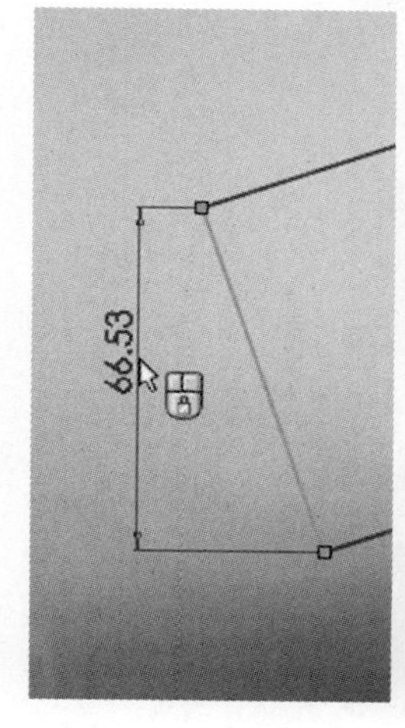

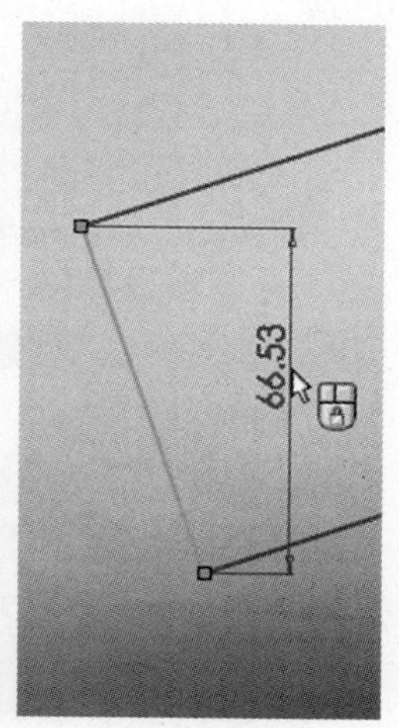

图 2-27

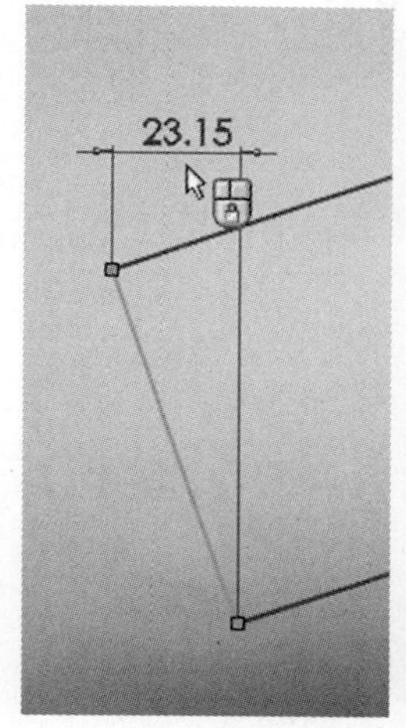

图 2-28

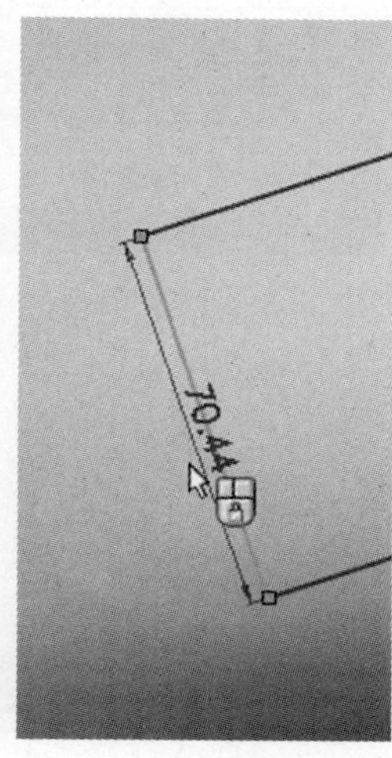

图 2-29

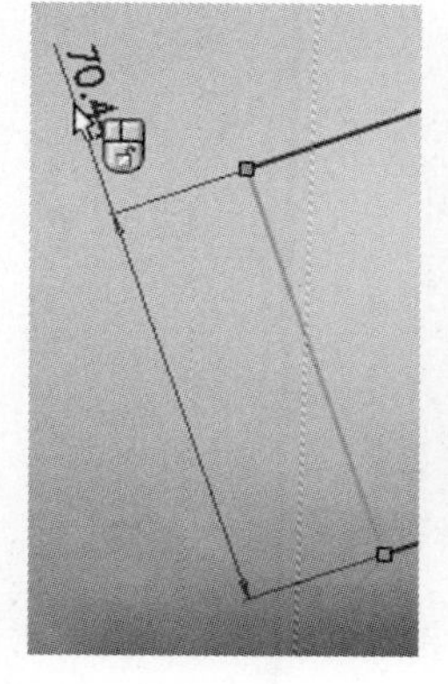

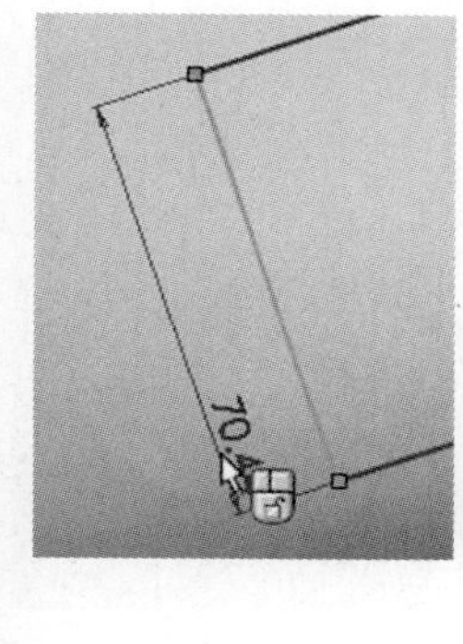

图 2-30

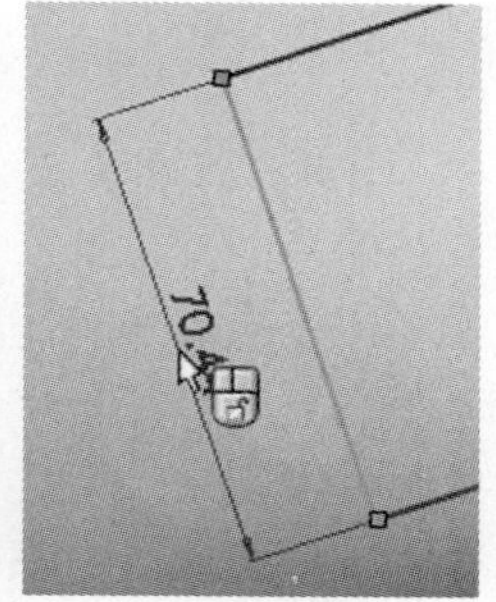

图 2-31

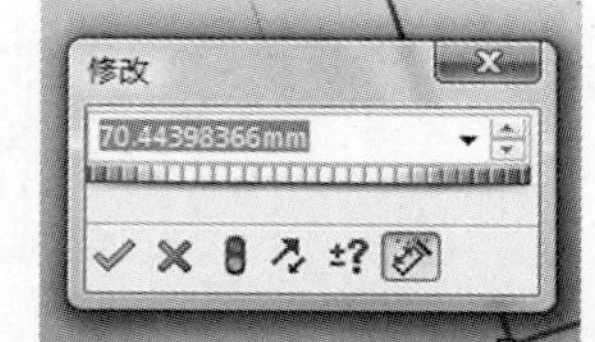

图 2-32

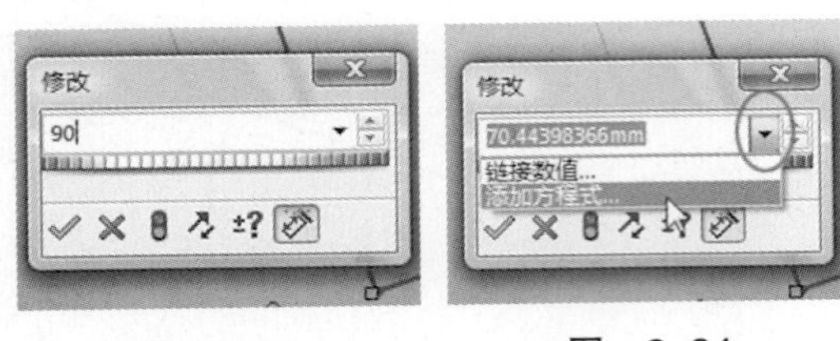

图 2-33　　图 2-34

“修改”对话框中的选值框（即数值输入框）显示的就是当前的尺寸值（图2-32）。可以直接输入新的值（图2-33）来更改该尺寸，也可单击选值框右边的向下三角箭头，在下拉列表中点取“添加方程式”来定义该尺寸值，如图2-34所示，或在选值框下面的旋钮上单击并保持，拖动鼠标，改变该尺寸值。

输入新值后，如果单击该对话框上的▮（“以当前的数值重建模型”）按钮（图2-35），可在图形区域预览到草图在该尺寸上的形体变动，而对话框仍不关闭；如果单击✖（“恢复原始值并退出此对话框”）按钮（图2-36），将不以输入的新值对原尺寸值进行更改，并退出和关闭对话框；如果单击✔（“保存当前的数值并退出此对话框”）按钮（图2-37），将确认尺寸的修改，并退出和关闭对话框。另外，还可以单击↗（“反转尺寸方向”），将尺寸值变为负值，直线段反转方向（图2-38）。

这里，确认把此尺寸值修改为90，对话框关闭。图形区域中，对应的线段变长了，其尺寸值标注为90。当此时把光标放在此尺寸标注之上时，还可看到光标的变化，它提示此尺寸参数的名称和所属关系，即“草图1”上的尺寸参数“D1”（图2-39）。

在某个尺寸标注上单击并保持，移动鼠标，可将尺寸标注的位置进行随意的调整（图2-40），放到合适的位置后释放鼠标键，在图形区域任意空白处单击，确定尺寸标注（黑色显示，图2-41）。

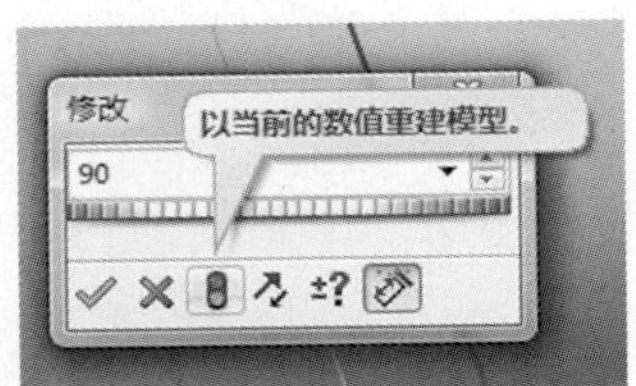

图 2-35

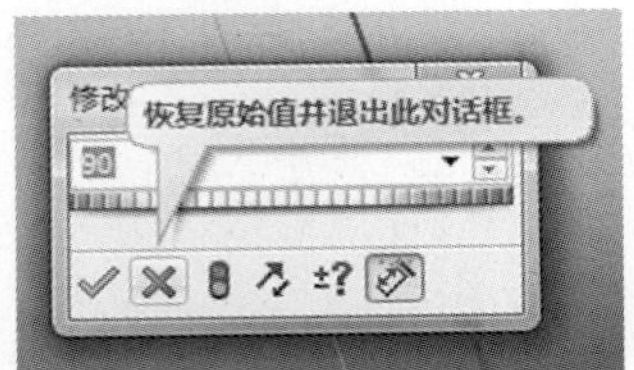

图 2-36

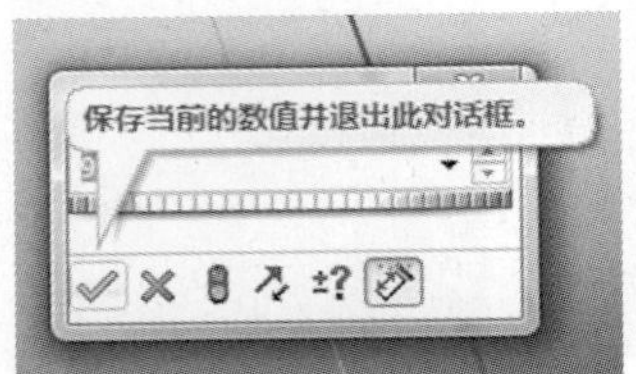

图 2-37

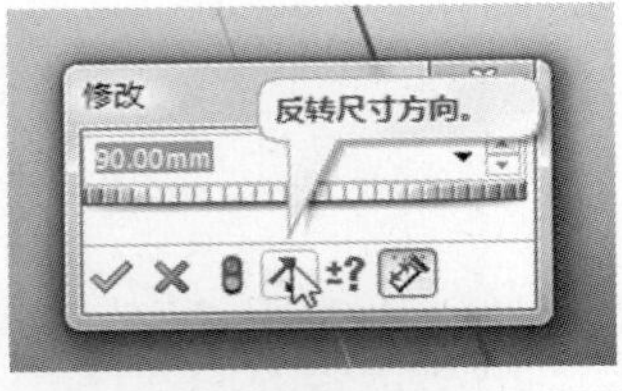

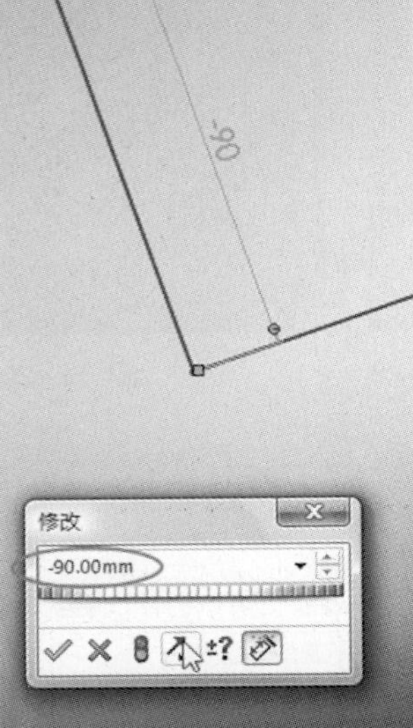

图 2-38

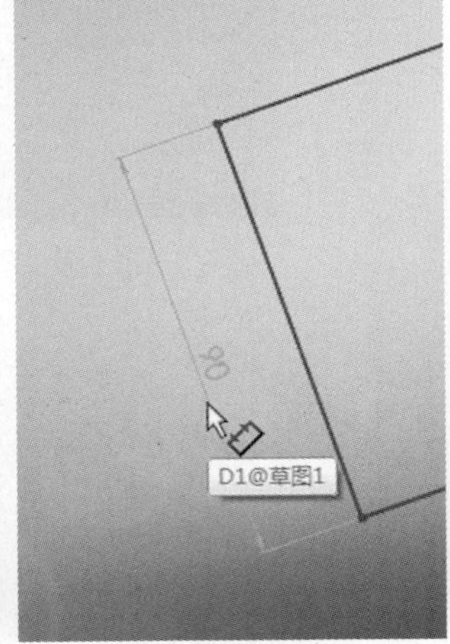

图 2-39

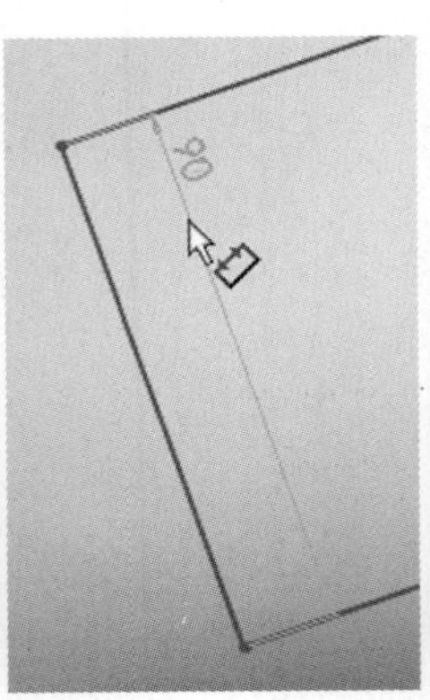

图 2-40

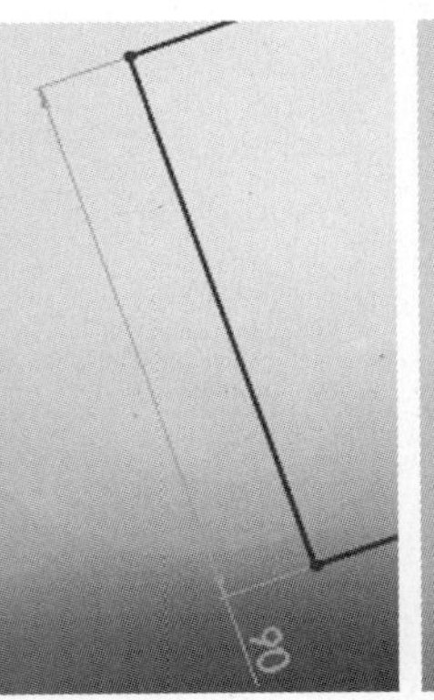

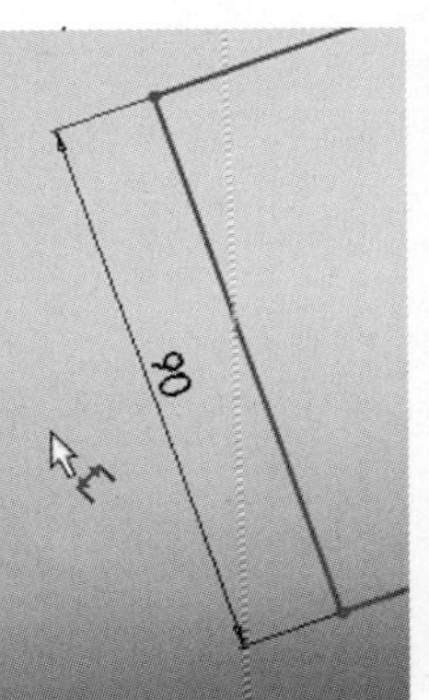

图 2-41

> 提示：其实在前面刚开始尺寸标注时，移动鼠标也可把标注位置加以调整（图2-30）而放到合适之处（图2-31）。但可看到光标显示的不同。

当完成矩形长度、宽度的尺寸标注后，草图还未完全定义，因为矩形还可旋转和平移。可以继续通过几种方式加以尺寸标注，例如标注两个角点到草图原点的水平距离等。当草图被完全定义后，将由欠定义状态的蓝色显示改变为黑色显示。单击“重建模型”，退出草图。模型的图形区域中草图将以灰色显示，并看不见尺寸标注。

对此草图，还可根据需要再修改其尺寸。进入该草图编辑状态后，在要修改的尺寸上（例如尺寸“90”）双击，即可重新打开“修改”对话框（及其“尺寸”属性管理器，图2-42），如前所述，可以修改尺寸值后确认。

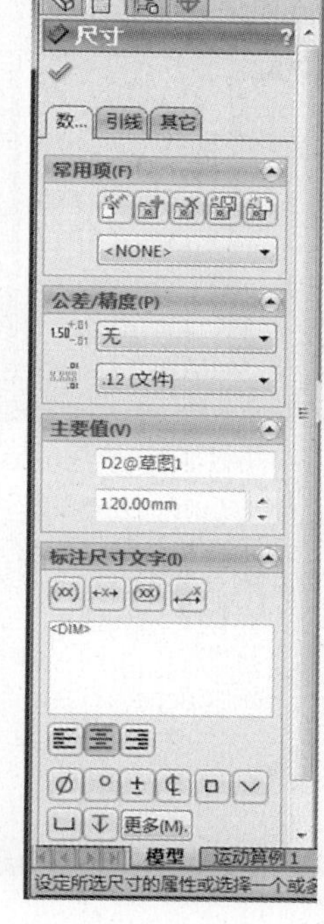

图 2-42

> 提示：当“属性管理器”显示时，设计树将显示在图形区域的左上角，可将它展开，如图2-43所示。这提供了使用上的便利性，例如仍可通过设计树点取项目。

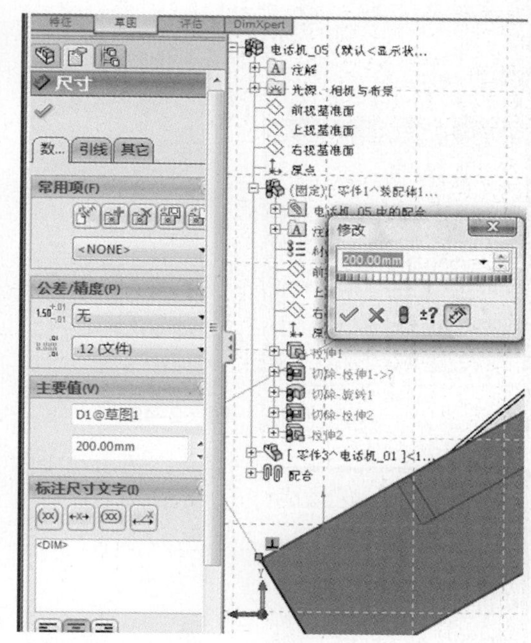

图 2-43

这里进一步解释一下“修改”对话框中的±?（“重设选值框增量值”）工具（图2-44）的功能。在选值框右边有一对向上/向下微调三角箭头，单击它们时，可对选值框中的值进行增大/减小的微调（图2-45）。所谓增量值就是指每次微调或转动旋钮时的数值变化量。单击±?（“重设选值框增量值”）按钮时，弹出“增量”对话框，其中默认的增量值是10，根据需要，输入新的增量值（图2-46中的“20”）后，关闭此对话框将退回到“修改”对话框，此时再次单击向上/向下微调三角箭头，可以看到，每单击一次，选值框中的数值将以新的增量值（这里是20）增大/减小一次。

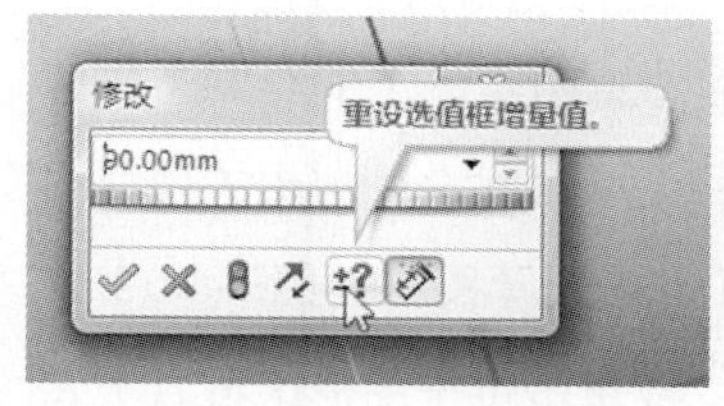

图 2-44

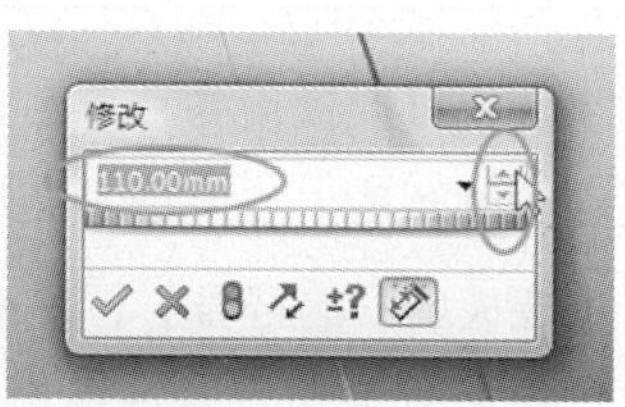

图 2-45

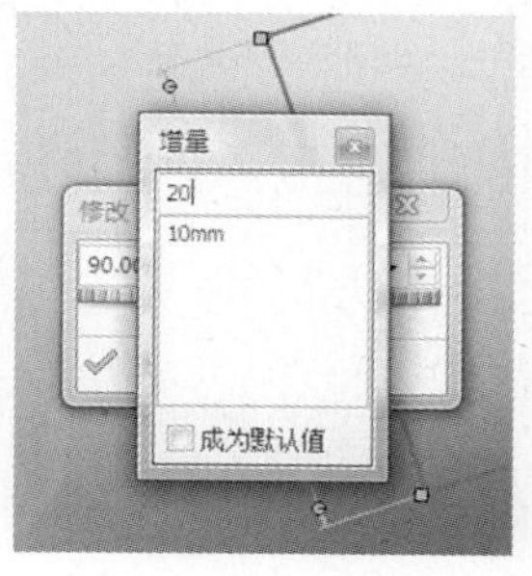

图 2-46

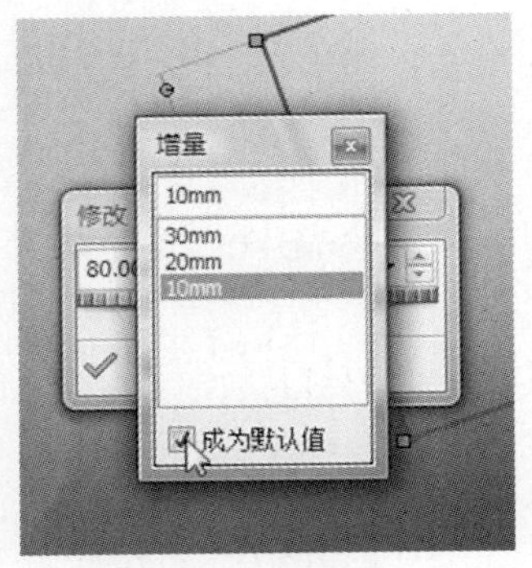

图 2-47

> 提示：如果在“增量”对话框中，设定了多个增量值，可先勾选“成为默认值”选项（图2-47），再点取一个值，该值即成为默认的微调增量值。

不妨继续试一试对其它草图几何体（例如圆、圆弧等）和几何体之间（例如点到直线的距离、直线与直线的距离或夹角等）的尺寸进行标注。

图 2-48

草图绘制与编辑

• 草图几何体的绘制

SolidWorks环境下，2D草图的绘制都是在2D的基准面和平面上进行的。前面已经谈到草图绘制的一般过程，下面介绍具体操作。

当新建一个零件文档后，设计树中默认地建有“前视基准面”等三个坐标平面和一个原点。在设计树中单击一个基准面，例如“前视基准面”，会弹出关联工具栏。图形区域将显示出一个直观的基准面符号，如图2-48所示。然后，可以使用命令管理器上的（“草图绘制”）工具（图2-49），或关联工具栏上的“草图绘制”工具（图2-49）进入草图绘制状态，系统默认地将此草图命名为“草图1”。可看到设计树中，此时“草图1”位于退回控制棒的下方（图2-50）。同时，图形区域中显示出此草图的坐标原点（图2-48）。

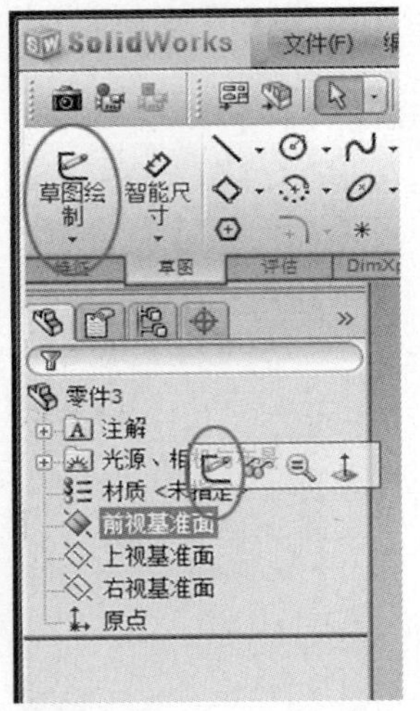

图 2-49

> 提示：图形区域中的基准面符号虽然具有一定大小，但表示的是无限延伸、无限大的坐标平面。
>
> 当进入草图绘制状态后，“草图”命令管理器上的“草图绘制”命令（图2-49）自动改变为“退出草图”命令（图2-50）；反之亦然。

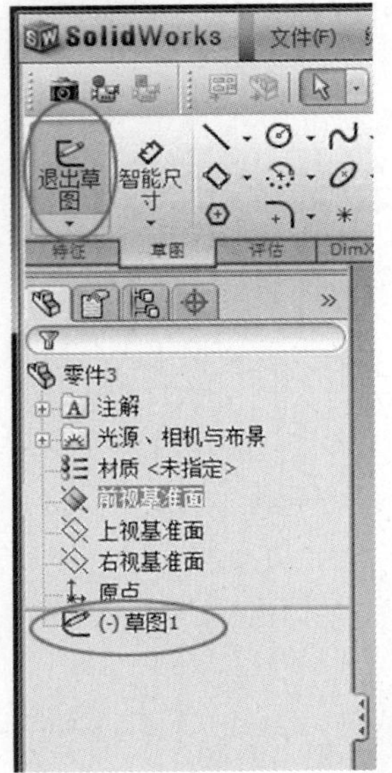

图 2-50

接下来，就可以使用各种草图几何体（草图实体）的绘制工具，在图形区域绘制草图。当完成草图绘制后（可看到设计树相关项目前面出现“重建模型”的符号），单击（“退出草图”，图2-50），或单击工具栏上的（“重建模型”），或单击位于图形区域右上角的（“退出草图”）图标，均可退出草图绘制状态。当然，绘制时可以借助捕捉和几何关系推理来辅助。

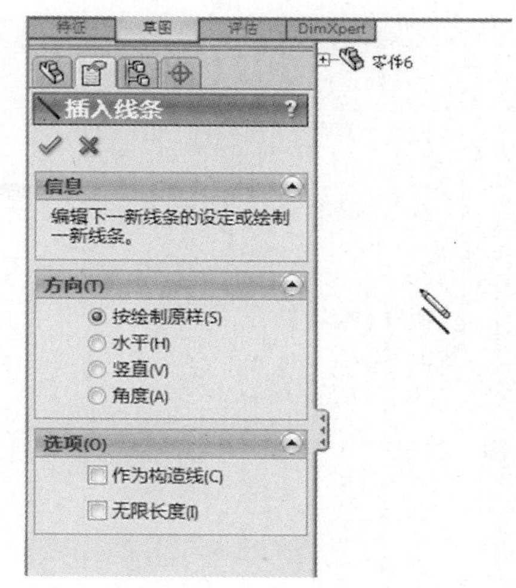

图 2-51

1.“直线”的绘制

为了看得清晰，先将图形区域背景改以白色显示。

在草图绘制下，在命令管理器上单击（“直线”）。看到设计树转换为“插入线条”属性管理器，设计树显示到图形区域，光标也变成直线绘制的推理指针显示（图2-51）。

在属性管理器中的“方向”项下，列出了四种直线绘制方式，即“按绘制原样”、“水平”、“竖直”、“角度”。

（1）先选择第一种方式。“按绘制原样”就是指按使用者定义的起点和终点绘制直线。

在图形区域某处单击，确定了直线的第一个端点（即起点）。移动鼠标，此时出现“线条属性”属性管理器（图2-52），但由于直线并没有确定下来，其中各项均显示为灰色（不可用状态），在图形区域中则出现预览的直线，光标为直线绘制和线段长度的推理指针显示（图2-53）。当然，系统可以推理并捕捉几何关系，例如“水平”（图2-54），指针显示也有所变化。

图 2-52

当继续移动鼠标，可以利用由捕捉和几何关系功能辅助找到的许多特殊点位，例如捕捉到“竖直”（图2-55）、与原点保持“竖直”（图2-56）、与原点“重合”（图2-57）、捕捉到特殊角度值（图2-58）。假如其中之一点位符合绘制意图，则单击，确定直线另一端点（即终点）。

（2）如果选择“方向”项下的“水平”或“竖直”方式，显然，绘制直线时，终点只能与起点保持水平或竖直，从而绘制出水平或竖直的直线段。

（3）如果选择“方向”项下的“角度”方式，则通常先在“参数”项下“长度”、“角度”的数值输入框内输入特定值（图2-59），例如“长度”为120、“角度”为65，再绘制起点。此时，直线的终点只有两个可能位置（图2-60），选择其中一个方位后，不管鼠标拖放多远，线段长度也不会变化了。单击确定终点。

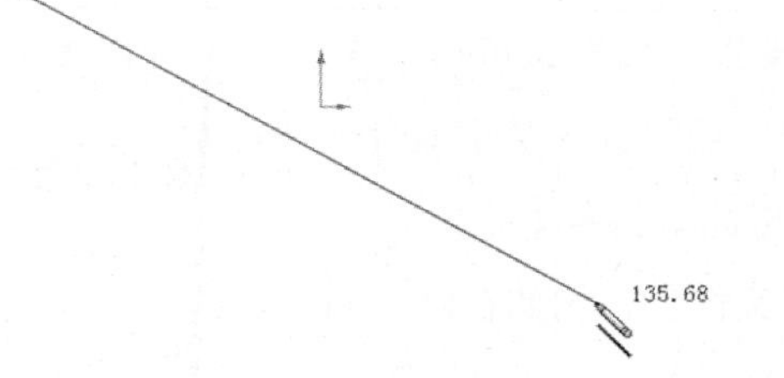

图 2-53

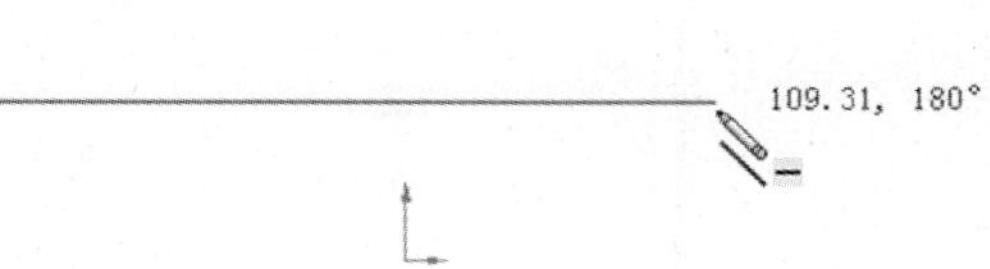

图 2-54

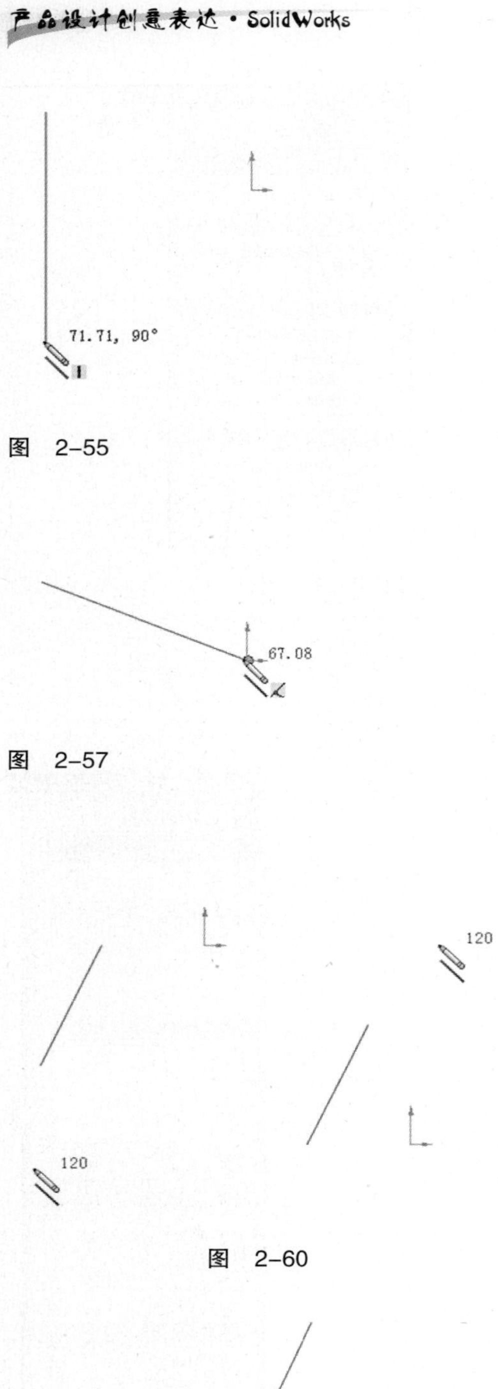

图 2-55

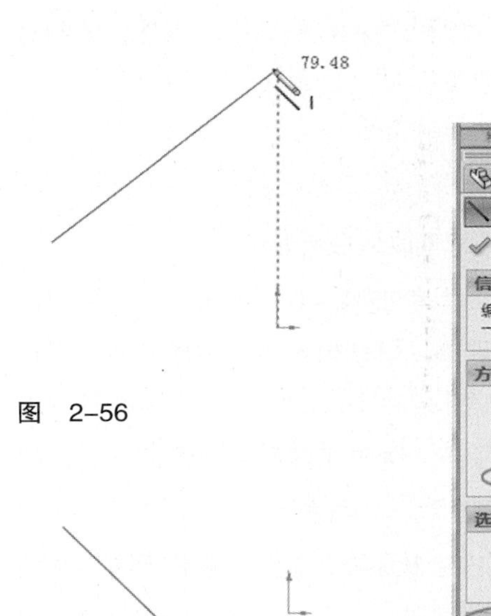

图 2-56

图 2-57

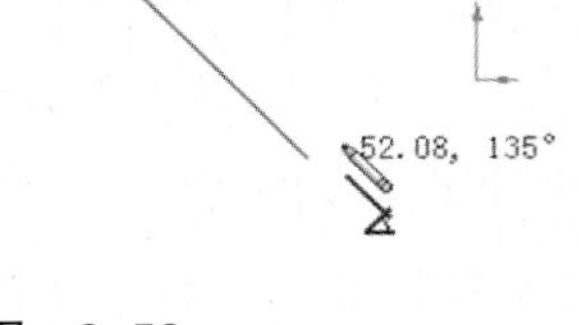

图 2-58

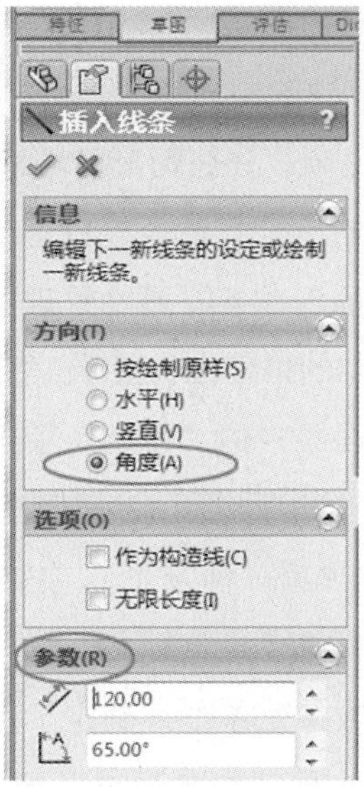

图 2-59

图 2-60

图 2-61

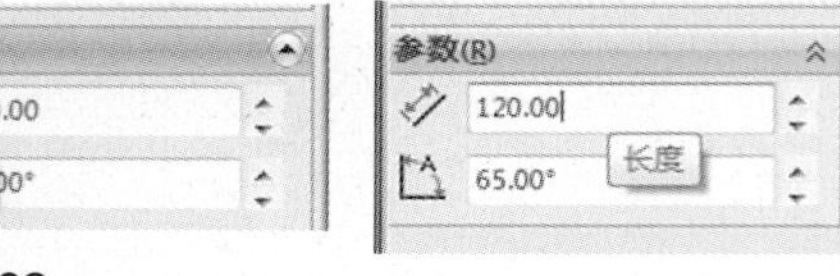

图 2-62

> 提示：绘制草图时，可利用组合键进入动态视图操作状态，例如，按下并保持鼠标中键，将动态地旋转视图（单击“正视于”又返回正视于草图平面）；按下〈Shift〉键的同时按下并保持鼠标中键，将动态地缩放视图（图2-61）；按下〈Ctrl〉键的同时，按下并保持鼠标中键，将动态地移动视图，等等。释放组合键，则返回绘制。使用组合键能极大地提高效率。
>
> 将鼠标在“插入线条”属性管理器“参数”项下的“长度”、“角度”图标或数值输入框上稍作停留，也会弹出提示便签（图2-62）。其它类似处均会如此。

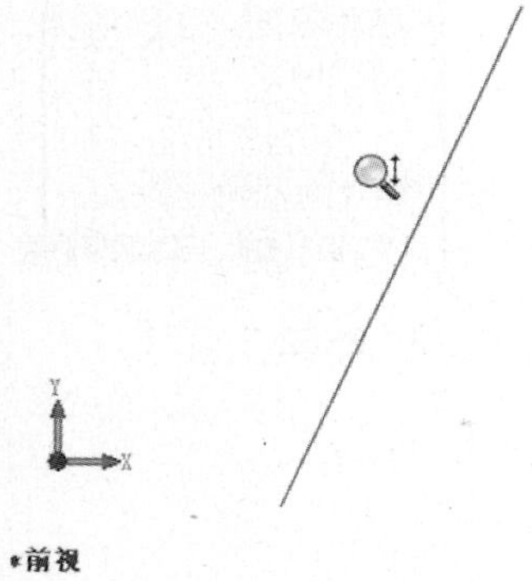

当草图几何体的绘制刚刚完成时（例如上述刚确定角度直线的终点），右键单击，将弹出右键快捷菜单，包含关联工具栏和相关菜单项目组等，图2-63所示为角度直线的右键快捷菜单。可以单击关联工具栏中的工具（例如“使水平”）改变该角度直线的几何关系（例如对应于“使水平”，变成水平线）；也可用“草图绘制实体”、“所选实体”等菜单组分别进行进一步的草图绘制或编辑操作，或者对刚绘制的草图实体进行删除等操作。如果认可该草图实体，直接单击相关菜单项目组上端的“选择”项，或者单击属性管理器左上角的✓（“关闭对话框”），即可完成此草图实体的绘制。

草图状态下，在已有草图实体上，例如在刚绘制完成的角度直线上，如果单击，将弹出关联工具栏（图2-64）；如果右键单击，将弹出右键快捷菜单（图2-65），但与图2-63所示的有所不同，主要是相关菜单项目组有较大不同，意味着可进行的操作不太相同。如果要删除已有草图几何体，也可点取它，按键盘上的〈Delete〉（删除）键；如果要改变其形状，可在顶点或线段上单击并保持，拖动到新的位置。

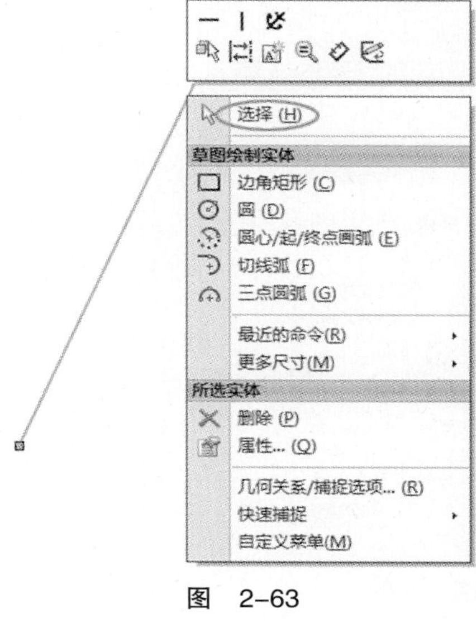

图 2-63

2. “矩形”和“多边形”的绘制

（1）在草图状态下，单击□（“边角矩形”），显示出“矩形”属性管理器（图2-66）。在其中的“矩形类型”项下，列出了含平行四边形在内的五种矩形绘制方式；“参数”项下，四组（x，y）值则表示的是四个顶点的坐标位置（当然，针对的是草图局部坐标）。对“中心矩形”、“3点中心矩形”绘制方式来说，“参数”项下还有中心点的一组（x，y）值。此时推理指针显示如图2-66所示。同样，设计树临时地显示到图形区域中。

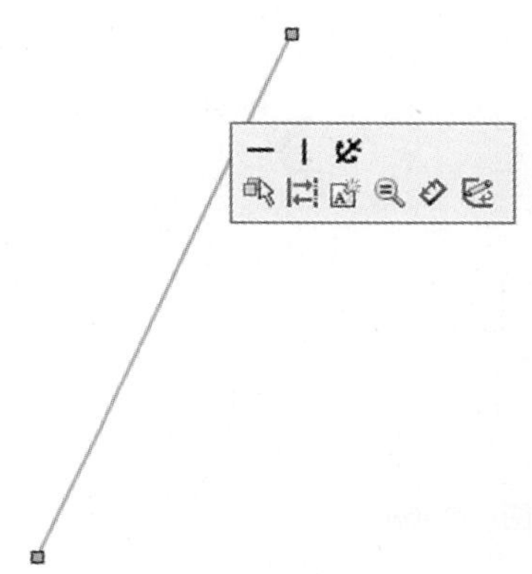
图 2-64

单击确定第一个顶点，指针显示包含了矩形长度和宽度信息，拖动鼠标，参数下的坐标值也随着动态改变显示（图2-66）。在合适处再次单击，即可确定该矩形。此时，可在参数的数值输入框内输入新的值，改变顶点坐标值，从而改变矩形的大小。

如果认可，单击✓（“关闭对话框”），关闭“矩形”属性管理器而完成绘制。

不妨试一试其它类型矩形的绘制过程。

（2）单击⊙（“多边形”），进行多边形草图几何体的绘制。“多边形”属性管理器如图2-67所示。在其中“参数”项下，可以自

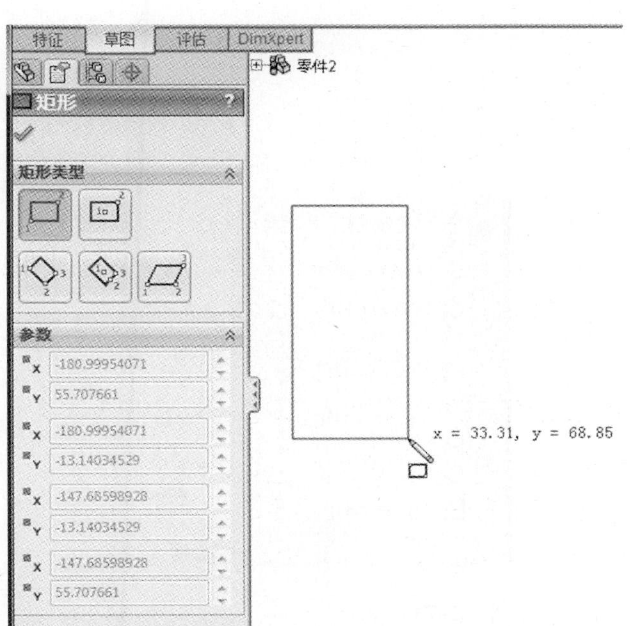

图 2-66

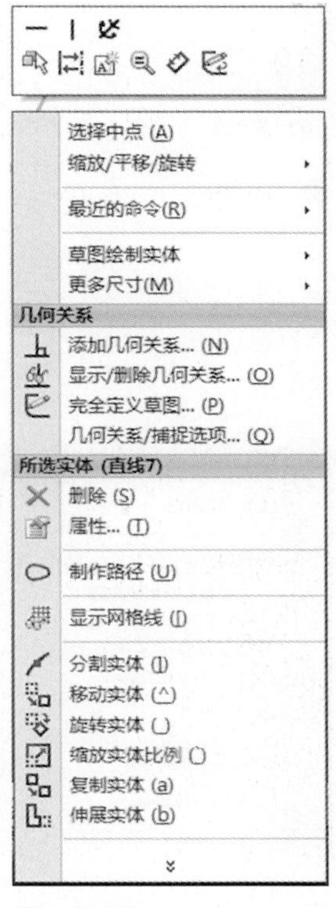

图 2-65

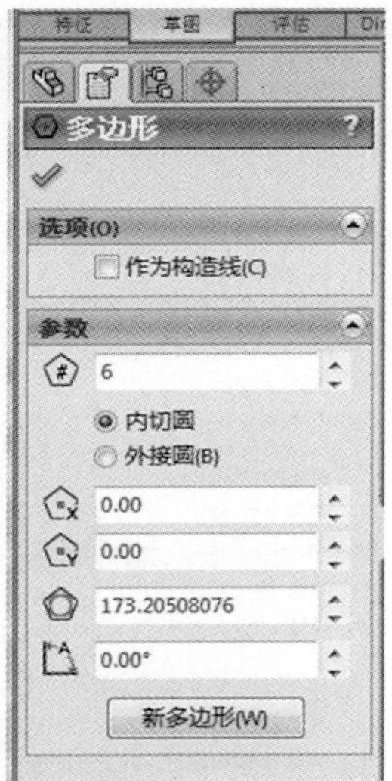

图 2-67

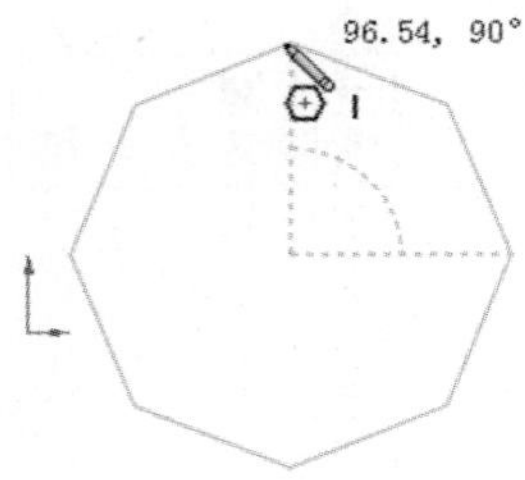

图 2-68

图 2-69

行定义多边形的边数、圆心坐标位置等，并选择“内切圆”、“外接圆”方式之一，定义圆直径值等。

图2-68所示为绘制八边形时亮黄色的预览显示，可看到推理指针显示包含了圆半径值和“参数”项下“角度”值。“角度”是指圆心到光标点的直线与过圆心的、正向水平轴的夹角，并在预览中显示夹角度数。

3. 圆、椭圆和抛物线的绘制

对于圆、椭圆，系统分别列入了两种和三种绘制方式（图2-69）。

（1）可以用（“圆”）、（“周边圆”）两种方式绘制圆。前者用两点定义出圆心和圆周上一点，即可绘制出圆。后者用三点定义圆周，即可绘制，当然，圆心位置也随之确定。“圆”属性管理器的“参数”项下，只有圆心的（x，y）选值框、半径值的选值框等。

（2）可以用（“椭圆”）绘制完整的椭圆，三次单击可分别定义椭圆的中心、主轴和次轴长度；可以用（“部分椭圆”）绘制一段椭圆，第三次单击既定义了一个轴的长度，也定义了该部分椭圆的起点，第四次单击定义了其终点。“椭圆”和“部分椭圆”属性管理器中“参数”项分别如图2-70、图2-71所示。

（3）抛物线也在此命令组内。单击（“抛物线”），在图形区域四次单击分别定义抛物线的焦点、顶点、抛物线线段的起始点和终

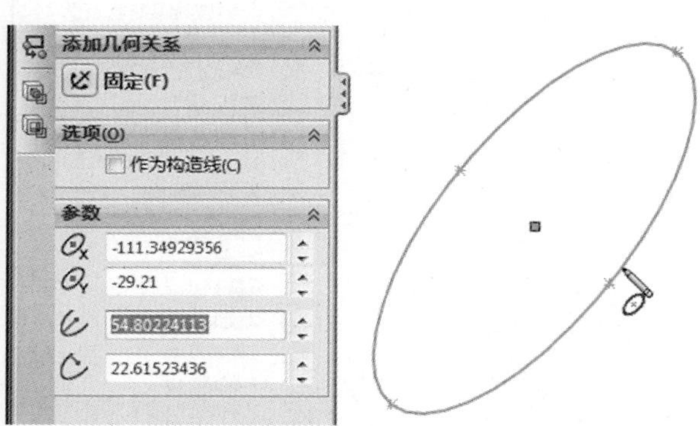

图 2-70

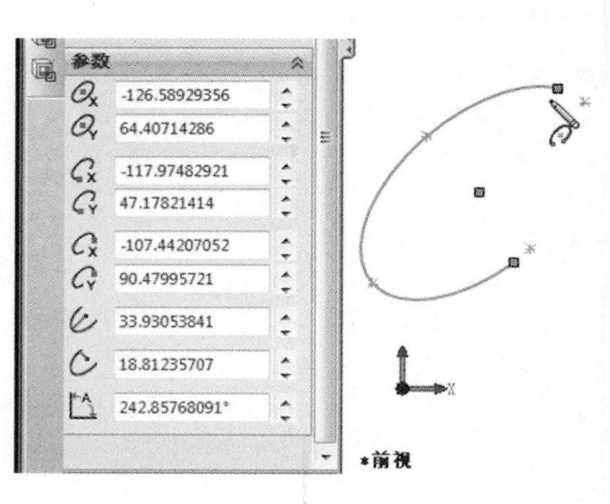

图 2-71

止点。“抛物线”属性管理器中“参数”项如图2-72（抛物线绘制过程中）、图2-73（抛物线绘制完成）所示。

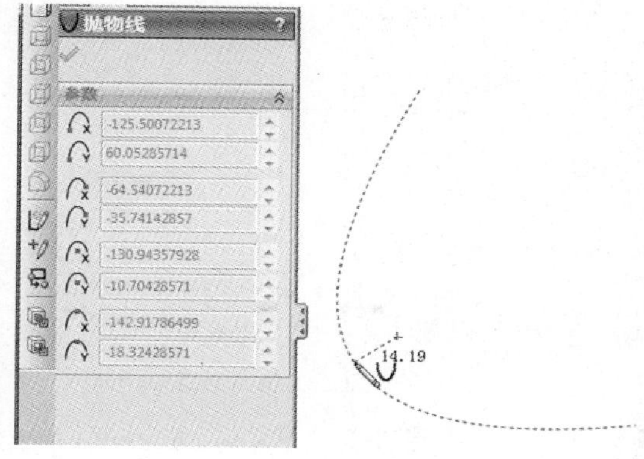

图　2-72

4. 圆弧的绘制

对于圆弧，系统列入了三种绘制方式，即可以用（“圆心/起/终点画弧”）、（“切线弧”）、（“3点圆弧”）方式绘制圆弧。切线弧方式有一个前提，就是利用已有草图几何体的端点开始绘制圆弧。通常，使用切线弧方式绘制圆弧，是想使该弧线与已有草图几何体在相接处有相切几何关系（图2-74）。

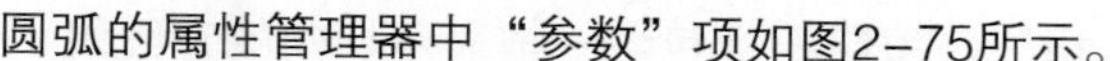

圆弧的属性管理器中“参数”项如图2-75所示。

5. 样条曲线的绘制

在SolidWorks下，简单地讲，样条曲线将经过使用者定义的点（即样条曲线控制点），并保持点间光顺过渡。要绘制样条曲线，至少需要定义三个控制点。

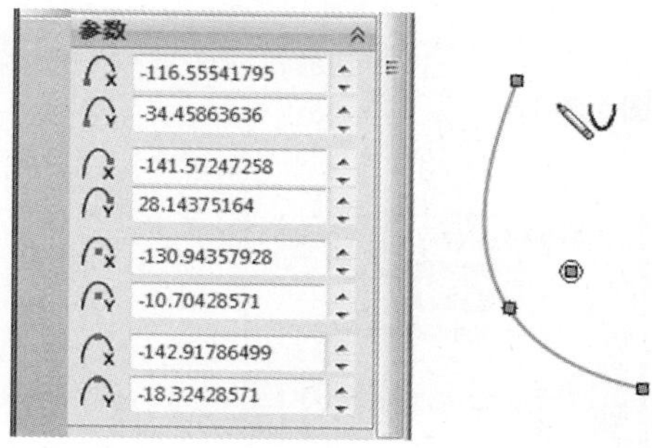

图　2-73

单击（“样条曲线”），这里用四个控制点定义、绘制了如图2-76所示的样条曲线。其中起点、终点用圆点表示，中间各控制点用“*”符号表示。当单击控制点或样条曲线时，会弹出基本相同的关联工具栏，如图2-77、图2-78所示。当在控制点上单击并保持，拖动鼠标可移动控制点，进而调整曲线。

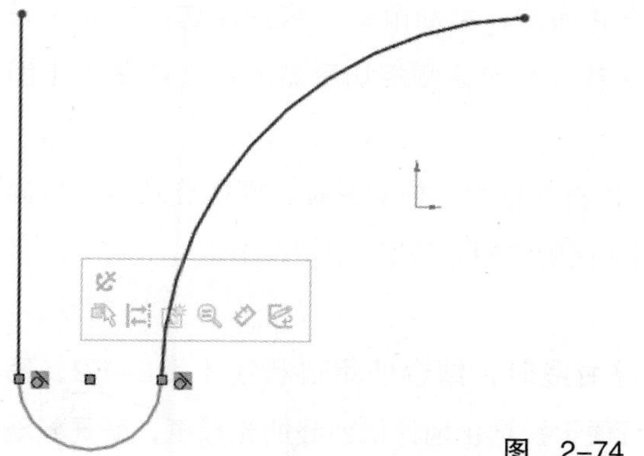
图　2-74

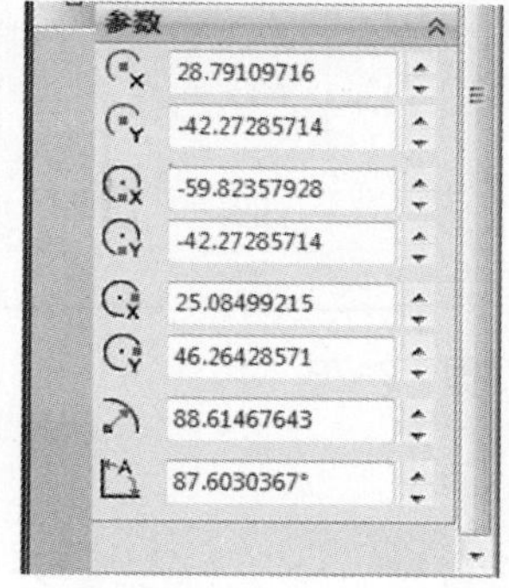

图　2-75

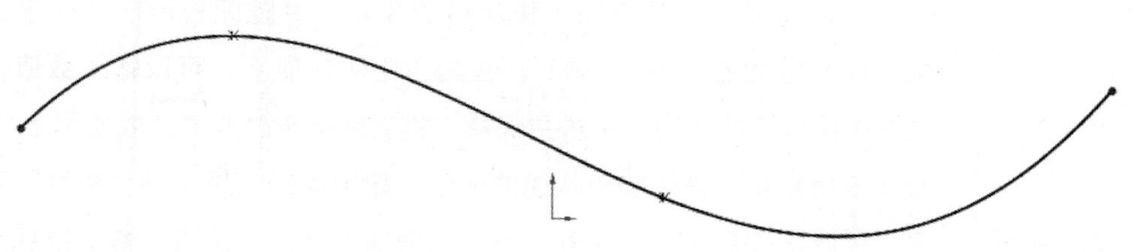
图　2-76

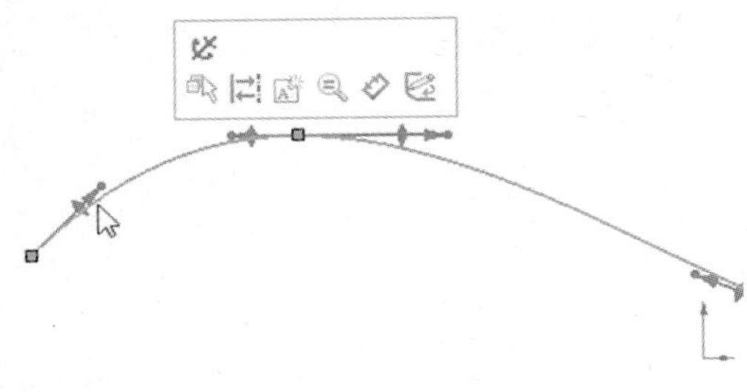

图　2-77

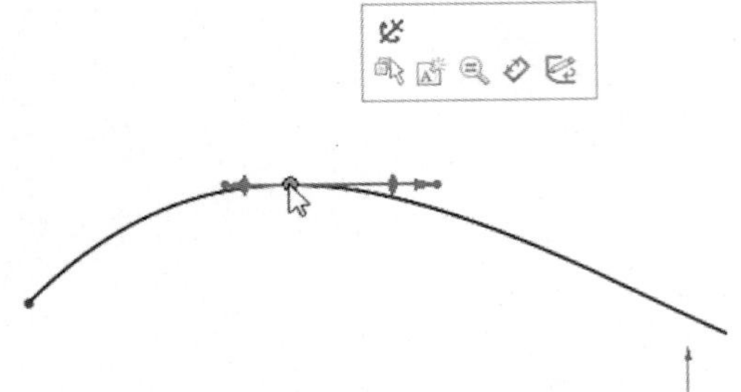

图　2-78

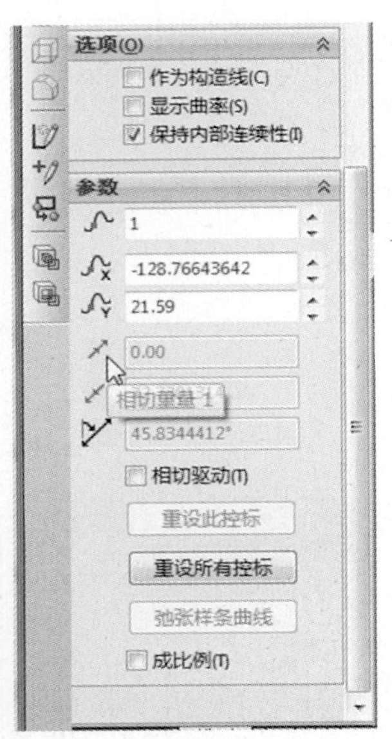

图　2-79

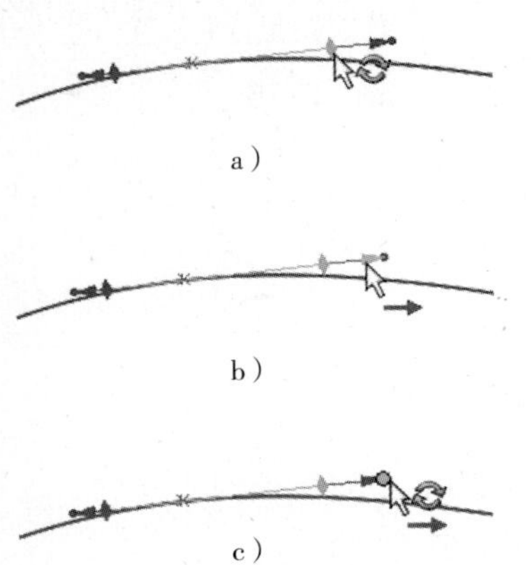

图　2-80

当点取样条曲线或曲线上控制点的操纵图标后，显示出“样条曲线”属性管理器，其“参数”项如图2-79所示，其中，显示了控制点的序号，控制点的x、y坐标，控制点（默认地显示第一个控制点）两侧的“相切重量”，相切径向方式等选值框。而当点取一个控制点，显示出的是“点”属性管理器，其“参数”项下仅有x、y坐标选值框两行。

这里重点介绍使用控标和梳状线，对样条曲线加以调整的过程。

点取刚绘制的样条曲线（图2-76），可看到曲线起点和终点的内侧，以及中间的每个控制点两侧，均显示了一组用于控制该控制点的图标符号，即“控标”。每组控标包含一根表示切向的直线段，上面有一个小菱形、小箭头、小圆点三个图标（图2-80）。把光标放在小菱形上，光标显示带有蓝色的旋转符（图2-80a）；放在小箭头上，光标显示带有红色的箭头符（图2-80b）；放在末端的小圆点上，光标同时显示旋转符和箭头符（图2-80c）。

在某个小菱形上单击并保持，拖动鼠标，将旋转表示切向的直线段，意味着改变此控制点该侧切向的方向；光标符号还显示了旋转的方向及其角度值信息（图2-81a）。此时整个曲线形状发生了变化，系统还用灰色线表示变化前的曲线形状（图2-81），便于使用者进行对比。如果释放鼠标，曲线形状变化并确定下来。

单击“参数”项下“重设此控标”按钮（图2-79），可使对此点的改变取消；而单击“重设所有控标”按钮（图2-79），则可使对所有控制点的改变都取消，曲线形状复原。

在某个小箭头上单击并保持，拖动鼠标，将沿原切向方向拉长或缩短切向直线段，意味着控制点该侧相切重量的变大或变小（图2-81b）。

在某个末端小圆点上单击并保持，拖动鼠标，既能旋转表示切向的直线段，又能改变控制点该侧的相切重量（图2-81c）。

通常情况下，在调整曲线时，结合使用梳状线（图2-82、图2-83）工具为宜。这样可便于视觉化地评估曲线的光顺度，既更好地获取了想要的曲线形状，又能保证曲线的质量。

点取样条曲线，其属性管理器出现，在“选项”（图2-79)下勾选“显示曲率”，就打开了梳状线的显示，并随即显示出“曲率比例”属性管理器（图2-84），在其“比例”项下，可以输入数值，或在选值框下的旋钮上单击并保持、拖动鼠标来改变值，或使用上/下微调三角箭头，来改变梳状线的比例，即梳齿的长短。在“密度”项下，可以输入数值，或在选值框下的滑块上单击并保持、拖动鼠标来改变值，或使用上/下微调三角箭头改变值，从而改变梳状线的密度，即梳齿的疏密。认可后，单击✓（“关闭对话框”），退回。

再次点取样条曲线，曲线周边将显示出梳状线。操纵曲线控制点的控标时，梳状线显示为浅黄色并会相应地变动（图2–82，此处为清晰起见，临时使用了“反射黑地板”背景）。依靠对梳状线的视觉判断和使用者的操作经验，将更快、更好地确定曲线形状。

如果认可曲线形状，再次单击属性管理器中“选项”下的“显示曲率”选项前的复选框，取消对该选项的勾选，即可关闭梳状线的显示。

如何理解梳状线呢？ 其实，梳状线的一根梳齿，是曲线上对应处曲率的直观表示。梳齿越长，表示此处曲率越大，即曲线此处的理论半径越小（因为曲率与半径成反比），说明曲线此处越凸出或凹进；相反，则说明曲线此处越平坦。梳齿长度的变化及变化是否渐进，代表了曲线各处曲率的变化及曲率变化是否均匀，反映出曲线的光顺程度。而梳齿从位于曲线的一侧向位于另一侧的转变点，代表的就是曲线方向变化的拐点（图2–83中的黑色“蝴蝶结”符号）。利用样条曲线右键快捷菜单的相关工具，还可添加控标、插入控制点（型值点)、控制多种对象的显示/关闭状态等（图2–85）。

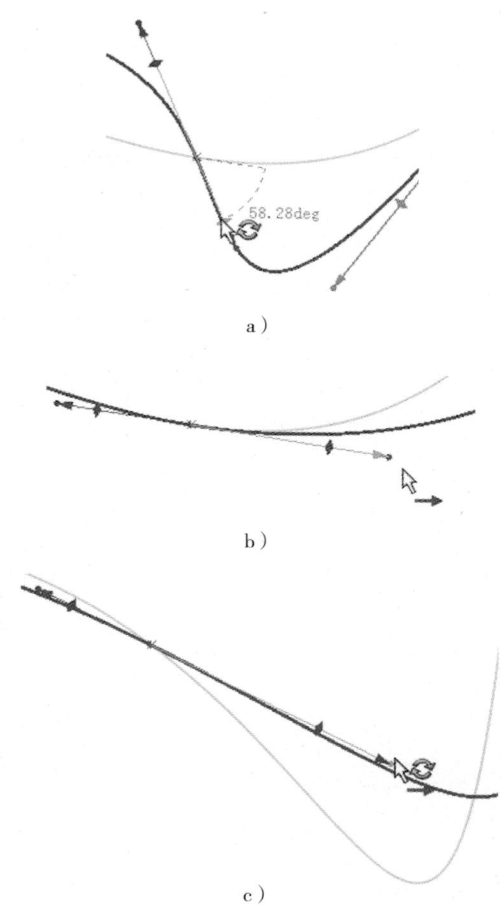

图 2–81

> 提示：梳状线显示的打开和关闭状态、其比例和密度等，是针对单根样条曲线的，可根据需要单独加以设定。

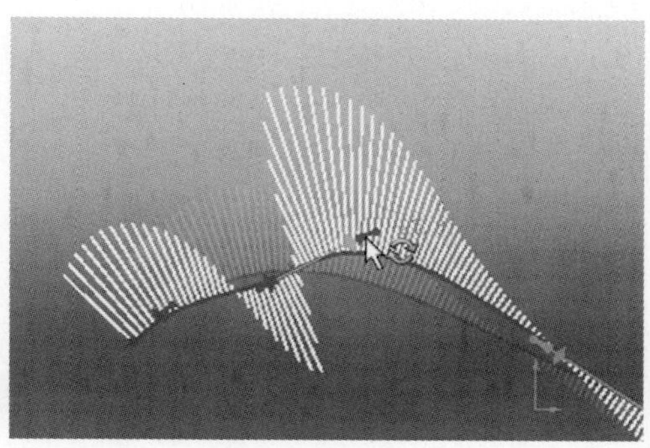

图 2–82

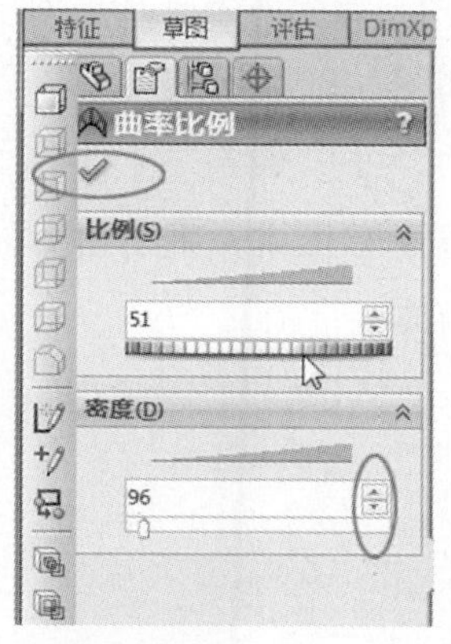

图 2–84

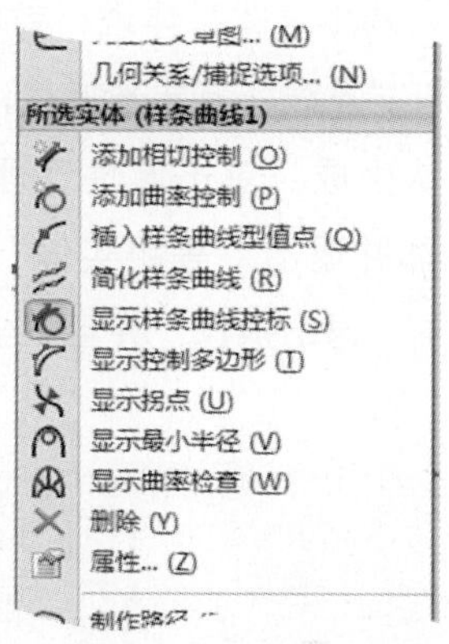

图 2–85

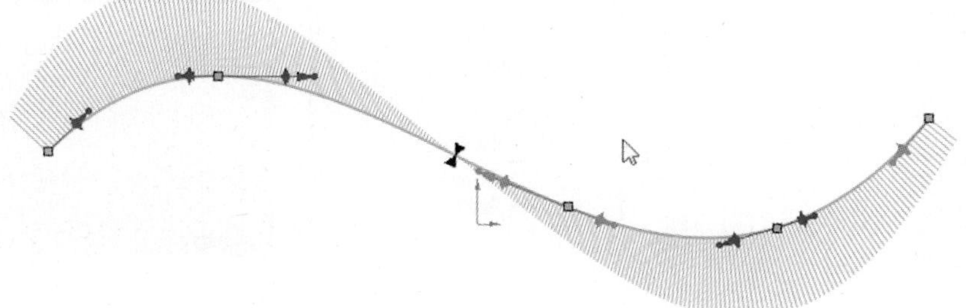

图 2–83

在草图绘制工具下，还有（“槽口”）、（“文字”）以及（“点”）、（“中心线”）等。在此暂不加以展开说明。

• 草图几何体的生成

借助2D草图的绘制工具，可创建多种类型的草图几何体。同样，利用一些添加和生成工具，还可以创建其它一些草图几何体，例如圆角、等距（草图）实体等。

1. 等距实体的生成

利用将草图实体进行等距离的偏移并复制，可以产生新的草图几何体。以对前面绘制的样条曲线进行“等距实体”操作、生成新的草图几何体为例。

先进入其编辑状态。点取样条曲线，单击（“等距实体”），显示出“等距实体”属性管理器（图2-86a），同时图形区域中预览显示新生成的草图实体。单击“参数”项下（“等距距离”）选值框的微调按钮，将按默认值改变等距距离值，图形区域也会更新预览。

如果勾选“反向”选项，将在另一侧生成等距实体。

如果勾选“双向”选项（当然，此时“反向”选项就不可用了），将在原曲线的两侧生成新草图实体；并且，此时“顶端加盖”选项变得可用，如果勾选该选项，将分别在新生成的草图实体两个起点、两个终点端用草图实体进行封闭，默认地用“圆弧”方式加盖封闭，也可点取“直线”方式来加盖，预览结果如图2-86b所示。

如果确认生成，单击属性管理器左上角的（“确定”），则生成等距实体并退出“等距实体”操作；如果不想生成，则单击（“关闭”），退出操作，并且不会生成等距实体。

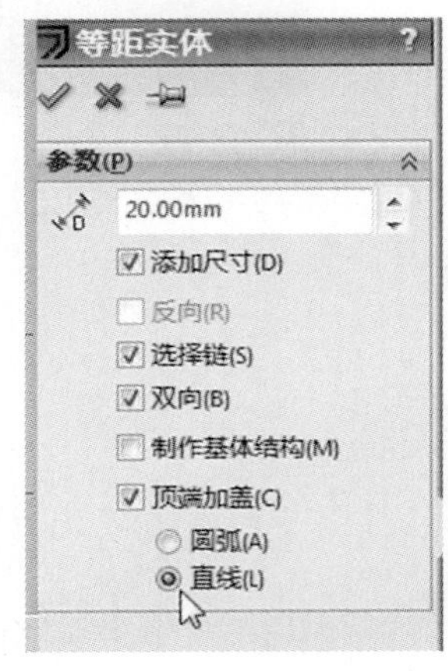

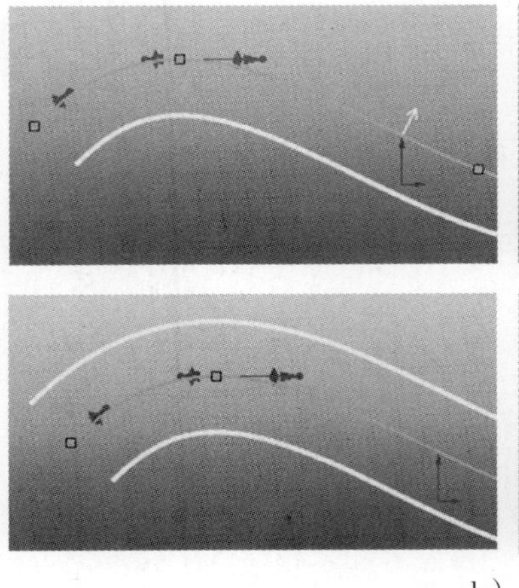

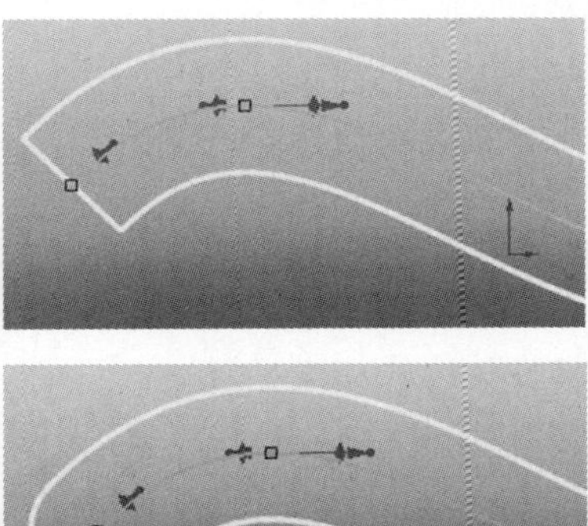

图 2-86　a)　b)

2. 圆角和倒角的生成

（1）在两个草图实体的交叉处剪裁掉角部，从而生成一个切线弧，即圆角。在草图编辑状态下，单击 （“绘制圆角”），显示出“绘制圆角”属性管理器，较为简单。在“圆角参数”项下，将“半径”选值框调到合适值，如30（图2-87a）。在图形区域依次点取草图对象（图2-87b，这里以相交的直线为例），即可生成圆角草图实体（图2-88）。单击属性管理器上的“撤消”按钮，可取消此次的圆角生成操作。

相对于交叉处，两个草图对象上被点取部分形成的角部，将生成圆角。图2-88所示为相对于两根线形成的交叉处，在竖直线的上部、水平线的右部点取后生成的圆角。图2-89所示为相对于两根线形成的交叉处，在竖直线的下部、水平线的右部点取后生成的圆角。

圆角还可在直线与曲线之间生成。另外，相对于参与操作的两个几何体的尺寸及其相对位置，只有设定合适的半径值，才能正确地生成圆角。例如，对图2-87所示两根直线，生成如图2-90所示角部的圆角时，如果使用半径值30，就会在光标处弹出“无法添加此圆角，因为指定的半径值将会删除其中一个实体”的提示便签。这里，会被删除的草图实体是其中的水平线。此时须适当改小半径值（如改为10），才能生成圆角。这是受限制于基本几何性要求的缘故。

（2）在两个草图实体的交叉处剪裁掉角部，从而生成一个直线段，即倒角。单击 （“绘制倒角”），显示出“绘制倒角”属性管理器（图2-91），其中，“倒角参数”项下有“角度距离”、“距离-距离”两种方式。

同样，相对于交叉处，两草图对象上被点取的部分形成的角部，将生成倒角（图2-92）。

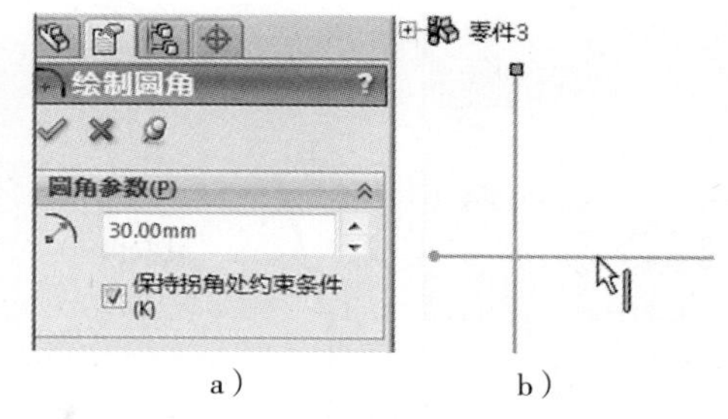

图 2-87

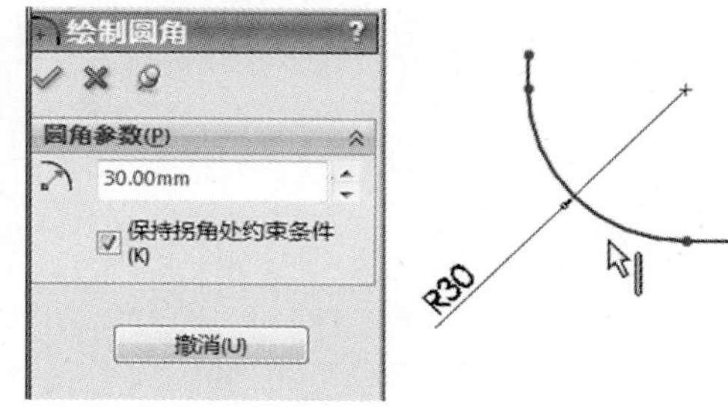

图 2-88

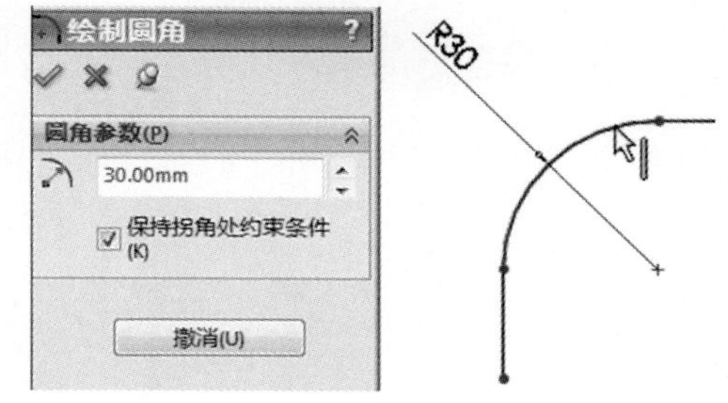

图 2-89

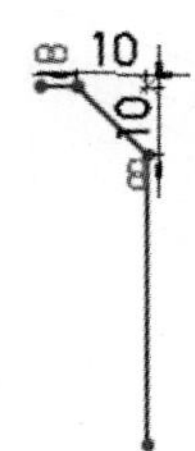

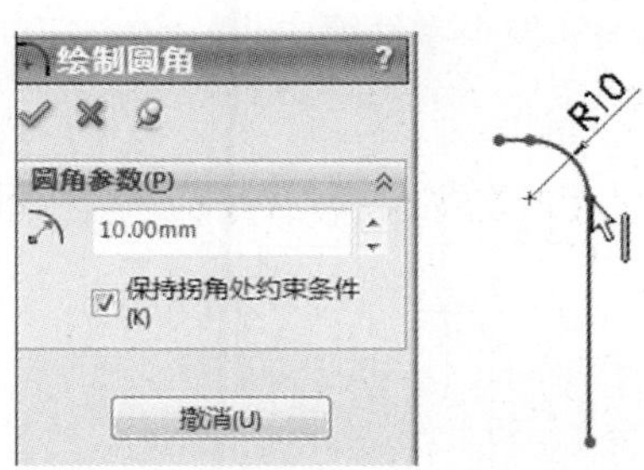

图 2-90

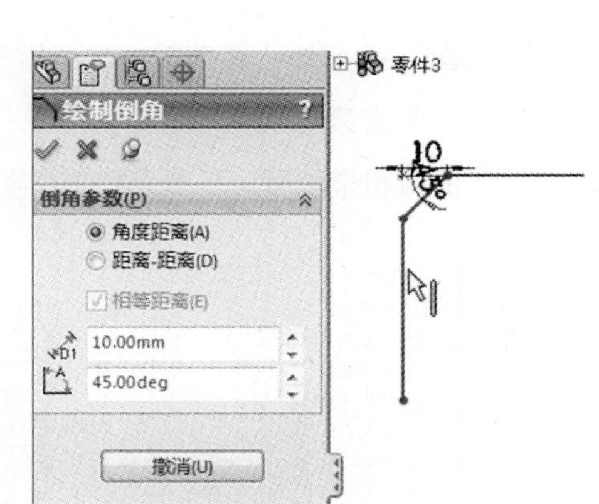

图 2-91

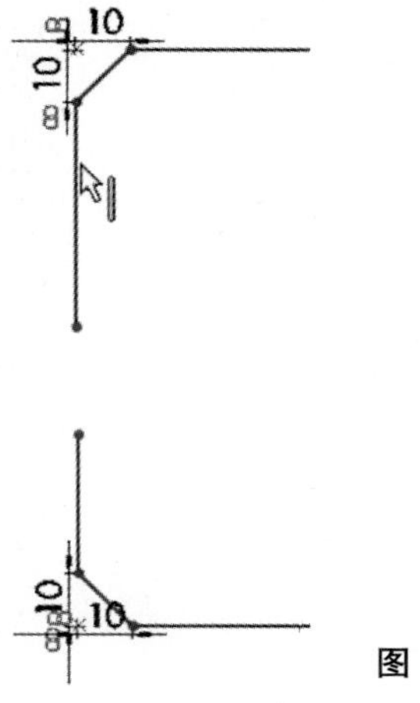

图 2-92

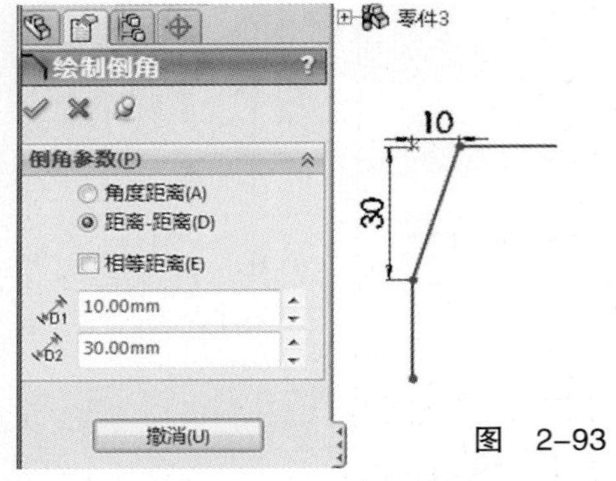

图　2-93

“角度距离”方式下，倒角的生成结果与点取草图对象时的次序相关，即倒角距离应用到第一个被点取对象（图2-91先点取的对象是水平线）。“距离-距离”方式下，如果不勾选“相等距离”项，将运用“距离1”、“距离2”选值框中的值，分别对先后被点取的草图对象裁剪掉不同的长度（图2-93先点取水平线，再点取竖直线）。

3. 通过“转换实体引用”生成

使用（“转换实体引用”）工具生成草图实体，是很常用的。所谓“转换实体引用”，是指将文档中现有3D模型的边线、环、面、曲线等投射到当前草图的基准面上， 从而在草图中生成一个或多个草图实体。

显然，“转换实体引用”生成的草图实体与其来源模型相关联，具有一定的几何关系。通常，来源模型更改时，这种关联使生成的草图实体更新。

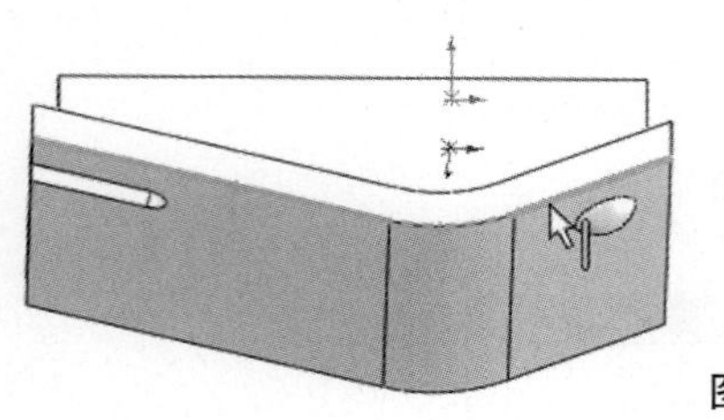

图　2-95

如图2-94所示，假如点取草图平面（图中“基准面3”），并单击“草图绘制”进入草图（即图中“草图8”）绘制状态。零件文档中已创建了一定几何模型，现在想借助模型上的边线，生成新的草图实体，则先点取模型上的边线（图2-95），再单击（“转换实体引用”），将在草图平面上生成新草图实体（图2-96）。可看到新草图实体是以黑色显示的，表示是完全定义的。

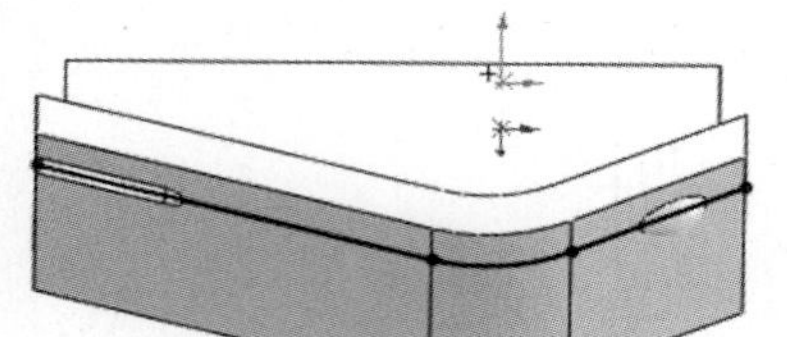

图　2-96

提示：按住键盘上的〈Ctrl〉键，点取模型边线，可选取多条边线（在图2-95中，选取了3条边线）。按住〈Ctrl〉键时，再次单击已被选取的边线，可取消对其的选取。

4. 使用“交叉曲线”、“面部曲线”生成

（1）使用（“交叉曲线”）工具，可借助模型中已有的基准面、3D实体、曲面等，在当前草图平面上生成草图几何体。能借助的两个交叉对象可以是下列之一：基准面和曲面或模型面、两个曲面、曲面和模型面、基准面和整个零件、曲面和整个零件等。

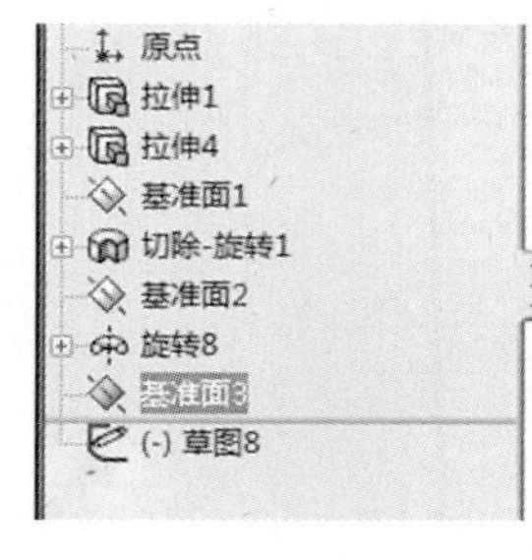

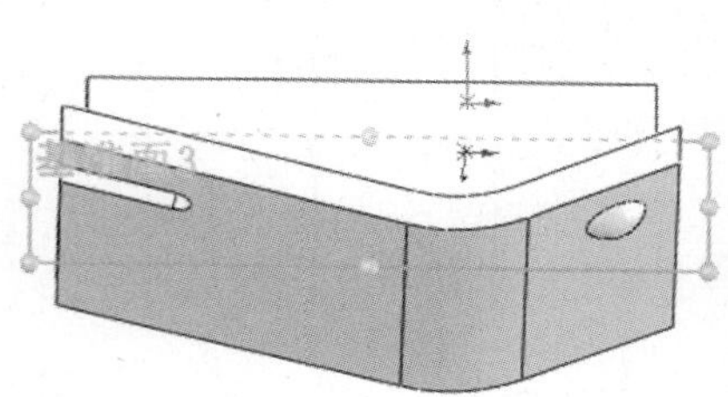

图　2-94

（2）使用（“面部曲线”）工具，可从曲面中提取等参线，生成新的曲线。显然，借助3D曲面时，因其等参线是3D的，因此生成的是3D草图曲线。

提示：曲面理论上是没有厚度的3D几何体（2D平面是其特例），用*U*、*V*描述其两个坐标方向，每个方向的坐标值范围都是[0，1]。等参线（ISOPARM）的“等参”正是指*U*向（或*V*向）坐标值相等。等参线就是指曲面上*U*向（或*V*向）上具有相同坐标值的、面上的点形成的曲线。显然，等参线位于曲面上，并有无数根。

5. 使用阵列生成

对于草图实体，可以通过阵列工具，按线性排列或圆周排列的方式，复制所选的源草图实体。

（1）线性草图阵列。假定当前草图中已绘制了一个六边形草图实体，要对此六边形进行线性阵列。

在该草图编辑状态下，单击（“线性草图阵列”），显示出“线性阵列”属性管理器（图2–97），其中有“方向1”、“方向2”、“要阵列的实体”、“可跳过的实例”等项。可以在“要阵列的实体”项下的（“要阵列的实体”）项后的空白列表框上单击，在图形区域点取草图实体（对于六边形，要逐一点取六条边），它们将列入此列表框中。在“方向1”（或“方向2”）项下的（“间距”）项、（“实例数”）项对应的数值框中，输入（或微调改变）值，另外，默认的阵列方向各为“x–轴”、“y–轴”。此时阵列预览也依照上述设定，出现在图形区域中（图2–98），其中，用粗立体箭头表示了阵列方向，亮黄色显示的则是复制出的实例。在预览中，两个阵列方向上还都引出一个快捷输入框，也可在此处的数值输入框中双击（例如方向二的“间距”，如图2–98所示），输入新的值，这是快捷的方式。

还可以有选择地进行复制。在“可跳过的实例”项下的（“要跳过的实例”）项后的空白列表框上单击，将光标放在图形区域中代表实例的某个紫色圆点上时，光标显示为符号，并附带显示该实例处于“（第几列，第几行）”的信息。此时单击，该实例将从预览中消失，表示不再复制它（再次单击，该实例又出现在预览中，表示将被复制），并在“可跳过的实例”项后的列表框中列出。图2–99显示了已跳过（3，2）实例、将要跳过（2，2）实例的情形。图2–100显示了这时线性阵列的结果。

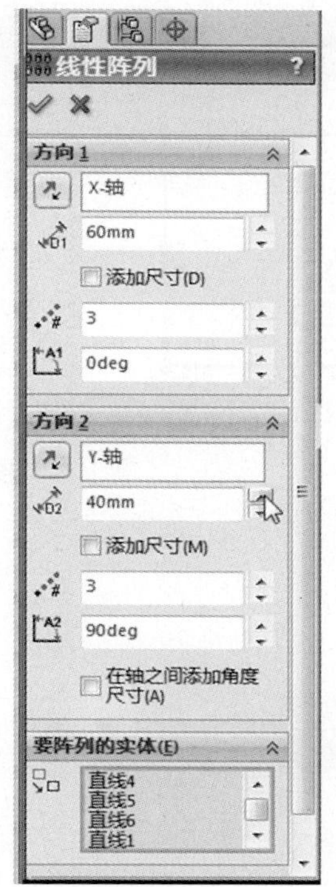

图 2–97

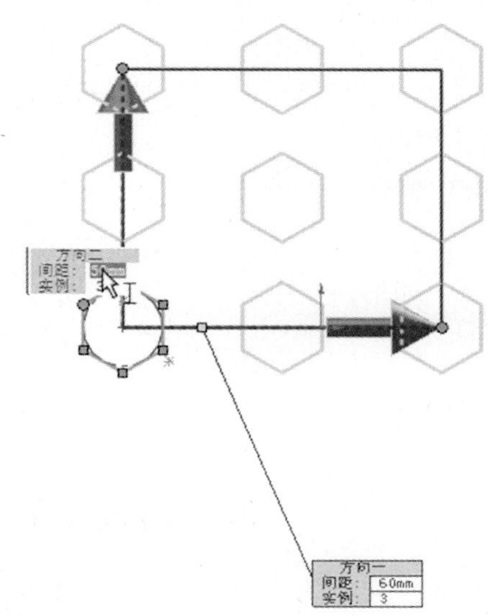

图 2–98

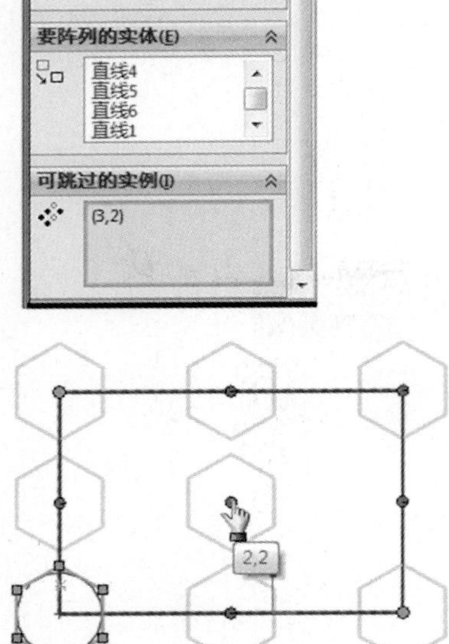

图　2-99

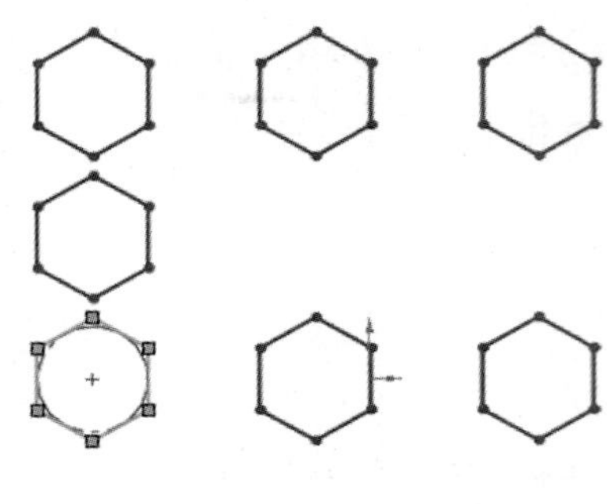

图　2-100

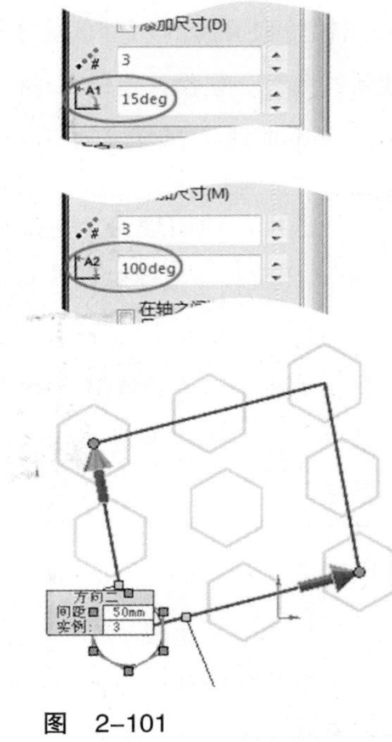

图　2-101

此外，在“方向1”（或“方向2”）项下的（“角度”）项后的数值框中，可以输入、设定阵列时对于“x-轴”、“y-轴”的偏离角度。图2-101所示为各偏离了15°、10°（x-轴的角度默认值为0，y-轴的角度默认值为90）的情形。

阵列方向除了默认的“x-轴”、“y-轴”方向外，也可根据需要加以设定。可以利用其它一些直线，例如3D实体的边线，作为阵列方向（图2-102）。另外，可以单击“方向1”、“方向2”项下的（“反向”）工具，改变阵列方向，并设定合适的实例间距等（图2-103）。

（2）圆周草图阵列。同样，假定当前草图中已绘制了一个六边形草图实体，要对此六边形进行圆周阵列。

在该草图编辑状态下，单击（“圆周草图阵列”），显示出“圆周阵列”属性管理器（图2-104），其下有“参数”、“要阵列的实体”、“可跳过的实例”等项。

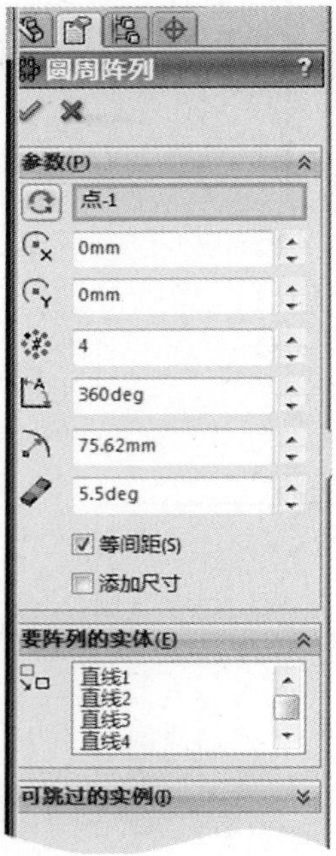

图　2-104

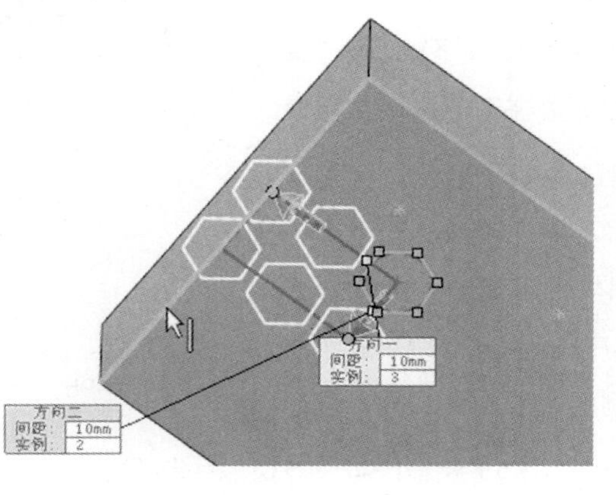

图　2-102

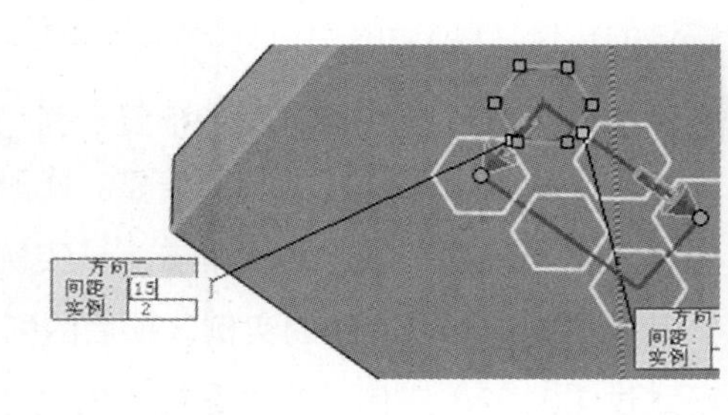

图 2-103

“参数”项下，在“反向旋转”项下显示为“点-1”，“中心x”、“中心y”项下的默认值均为0，阵列中心默认的是草图坐标原点（0，0）。“中心x”、“中心y”项下的值，是阵列中心相对于草图坐标原点的偏离值，可根据需要设定该偏离值。“半径”项下的值，是要被阵列六边形的中心到阵列中心（圆心）连线的距离，“圆弧角度”项下的值则是此连线与水平线的夹角值。“间距”设定阵列涵盖的总度数范围。默认的设定和预览结果如图2-104、图2-105所示。

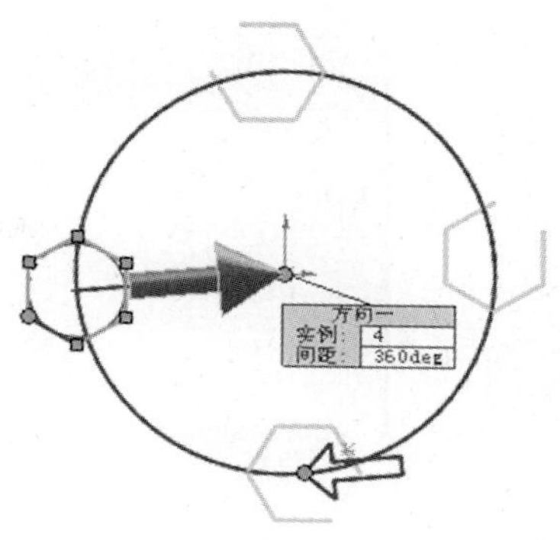

图 2-105

提示：由其定义可知，“半径”、“圆弧角度”项的值与中心点、“中心x”、“中心y”项是联动的；但改变前者，也会反向地影响“中心x”、“中心y”项的值。

在图形区域的预览显示中，同样，粗立体箭头显示的阵列方向上还引出快捷输入框，圆周上的蓝色空心箭头则显示了旋转方向。

在如图2-106所示情形下，将中心设定在（30，30），实例的数量设定为6个。可以看到预览结果的变化，以及改变中心对半径、圆弧角度值的自动影响（图2-107）。

还可以单击（“反向旋转”），改变圆周阵列时的旋转方向。当将“间距”值设定为小于360°，例如180°，而其它值的设定不变时，由反向旋转带来的阵列结果差异是显而易见的（图2-108a、图2-108b）。

也可以借助已有的点，来设定阵列中心。如图2-109所示，点取当前草图中一已有矩形的顶点（这里为图2-109中属性管理器中所列的“点12”）作为中心点，可看到“中心x”、“中心y”、“半

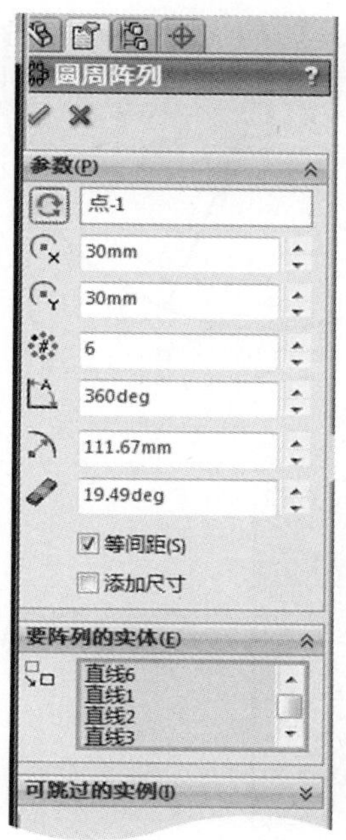

图 2-106

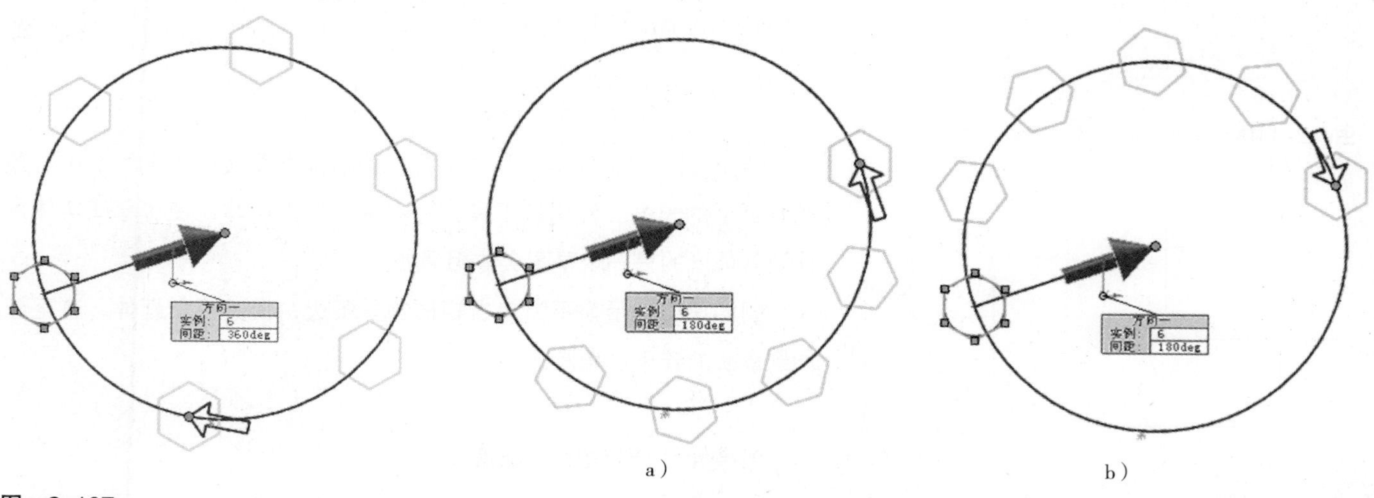

图 2-107

a） b）

图 2-108

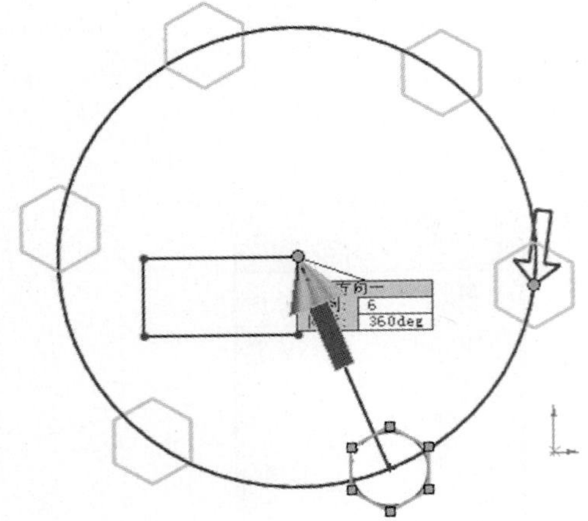

图 2-109

径”、“圆弧角度”项下的值自动进行变更。但当将“中心x”、“中心y”项下的值均再改为0时，尽管所列出的还是“点12”，但中心点改变到哪里了呢？可看到，又使用草图坐标原点了，并且相关各项的值也自动更新了。

“要阵列的实体”项、“可跳过的实例”项的操作类似于线性草图阵列。

• 草图几何体的修改

对草图实体，系统还提供了有用的修改工具，可以对草图实体的形状、位置、作用等进行修改。主要有“剪裁实体”、“延伸实体”、“分割实体”、“镜像实体”、变换实体、“构造几何线”等。

1. 使用“剪裁实体”修改

使用（“剪裁实体”）工具，可对草图实体进行分割并删除其一部分。“剪裁”属性管理器如图2-110所示，其“信息”项下，显示了操作提示。“选项”项下，有五种剪裁方式供选择。

“强劲剪裁”实际上又含有三种方式：①单击并保持，在要被剪裁的草图线段上拖过（图2-111）；②单击一草图实体后，单击作为剪裁边界的实体或单击图形区域空白处；③按下键盘上的〈Shift〉键后，在草图实体上单击并保持，拖动鼠标。

“边角”方式涉及两个实体，类似于绘制圆角和倒角操作，剪裁结果与单击时所在角部有关。

“在内剪除”、“在外剪除”都先点取两个实体作为边界。结果分别是被剪裁实体的、位于边界之内或之外的部分被剪除掉。

“剪裁到最近端”则可依据实体间的交叉点实现剪裁，光标显示为符号（图2-112）。

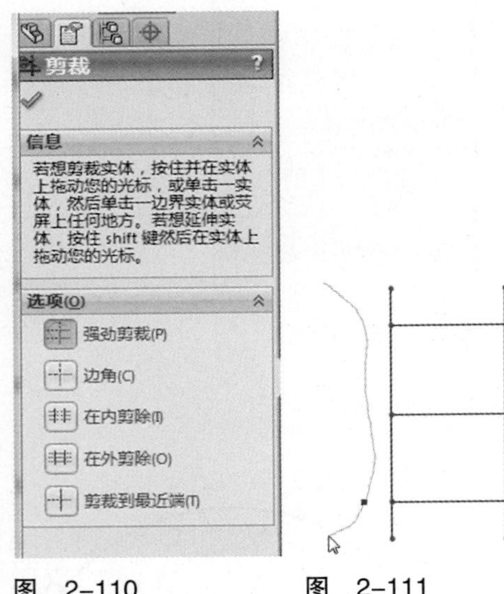

图 2-110　　图 2-111

2. 使用“延伸实体”修改

使用（“延伸实体”）工具，可增加草图实体（直线、中心线或圆弧）的长度。使用该工具，每次单击草图实体，使该草图实体延伸到与最近的另一个草图实体相遇处。

图2-113所示为不断单击矩形的一条边，使其不断延伸，直至延伸到最长的若干过程及结果。

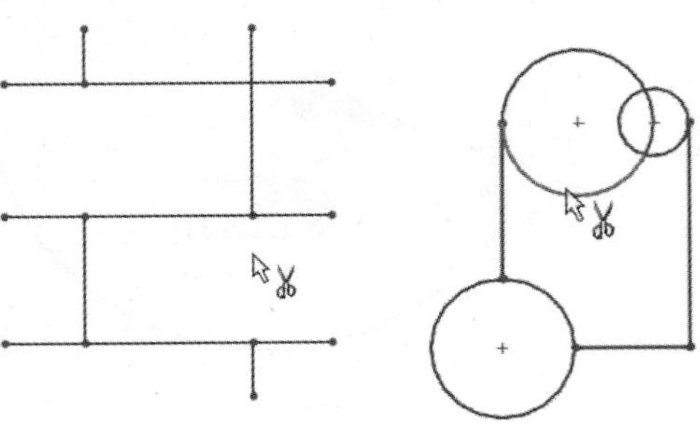

图 2-112

3. 使用“分割实体”修改

使用（“分割实体”）工具，可分割一草图实体，以生成两个草图实体。反之，可以删除一个分割点，将两个草图实体合并成一个单一草图实体。常常使用两个分割点来分割一个圆（图2-114）、完整椭圆或闭合样条曲线。

点取（“分割实体”），单击草图实体上的分割位置，该草图实体就被分割成两个实体，并且这两个实体之间会添加一个分割点。

要将两个被分割的草图实体合并成一个实体，退出操作命令，在草图上点取分割点，按〈Delete〉键删除该点即可。

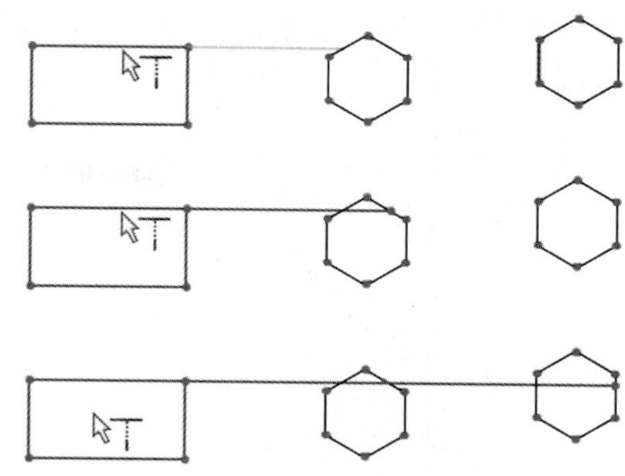

图 2-113

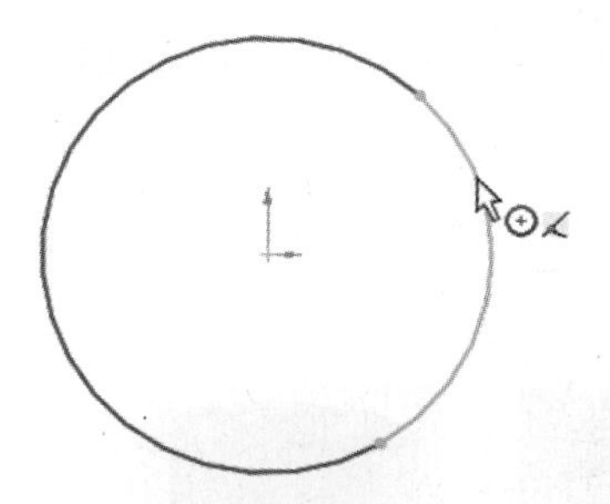

图 2-114

4.使用“镜像实体”修改

镜像实体分为（“镜像实体”）和（“动态镜像实体”）两种，操作上略有差异。

进行“镜像实体”操作前，先完成了草图实体，并单击（“中心线”）以完成中心线的绘制。单击（“镜像实体”），显示出“镜像”属性管理器（图2-115），点取要镜像的草图后，光标显示为符号，如图2-116所示。右键单击，转到“镜像点”项下。点取中心线，光标显示为符号，如图2-117所示。再次执行快捷操作，即右键单击，草图即可被镜像复制。如果取消勾选“复制”选项，则只镜像，不复制。

进行“动态镜像实体”操作时，单击（“动态镜像实体”），点取直线草图实体或中心线，或点取模型边线，其两端出现标识符号（图2-118）。再点取草图绘制工具进行草图实体的绘制，可以看到草图实体一边被绘制，一边就被镜像复制（图2-118）。

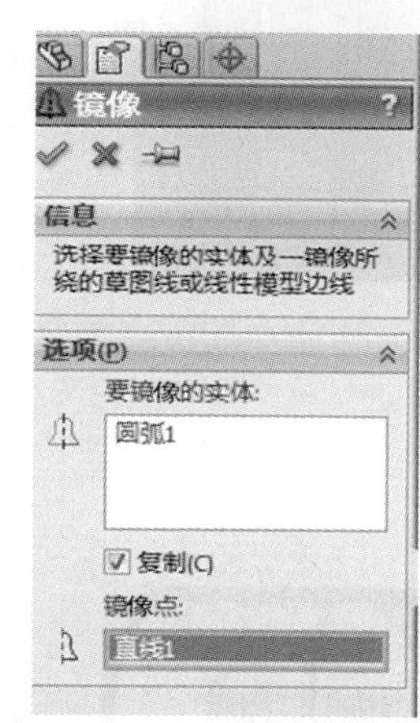

图 2-115

> 提示：假如草图中没有草图实体或没有合适的草图实体，则先绘制，再单击（“动态镜像实体”）工具进行操作。

另外，还可对草图实体进行变换，包括（“移动实体”）、（“旋转实体”）、（“缩放实体比例”），还可进行（“复制实体”）、（“伸展实体”）等操作；也可进行（“构造几何线”）操作，使草图实体转换成辅助性的构造几何线，或反之。

不妨试一试这些工具的具体操作。

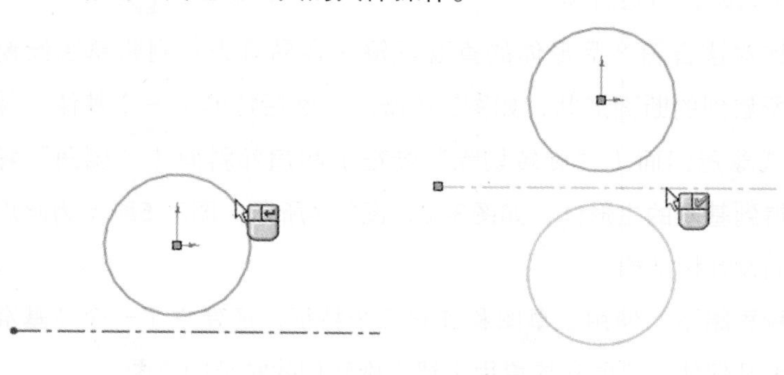

图 2-116　　图 2-117

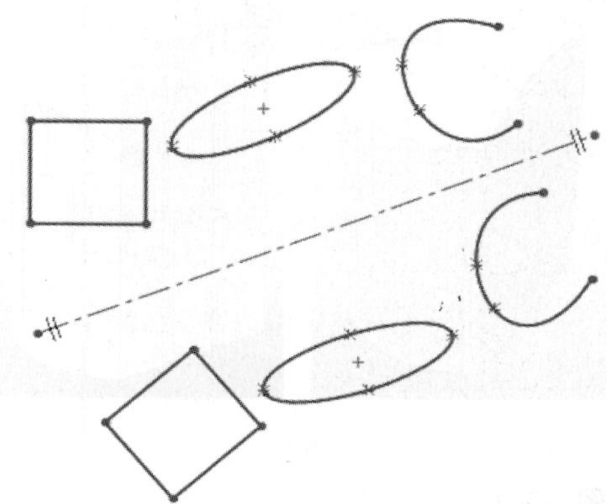

图 2-118

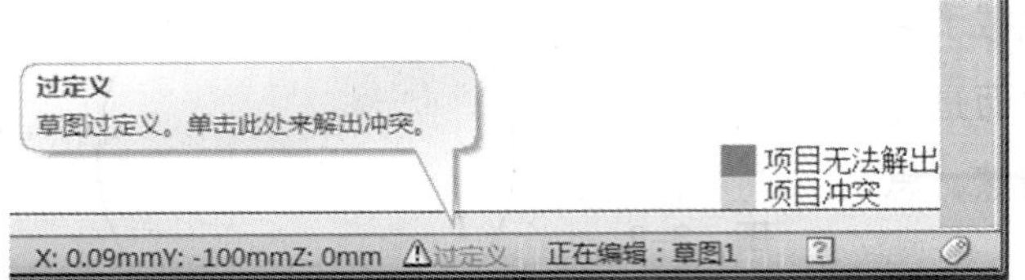

图 3-8

图 3-9

图 3-10

示）、图形区域右下角以及状态栏右端（图3-8)等处，都将有“过定义”的提示信息和视觉信息显示出来，提醒使用者加以解决。在“现有几何关系”项下，单击一种几何关系，例如“固定”，按键盘上的〈Delete〉键删除它，过定义状态得以解除。

（2）打开命令管理器上的“特征”选项卡，切换到“特征”命令管理器，上面列出了特征建模工具。看到对当前草图，可用的特征命令仅有（“拉伸凸台/基体”）、（“旋转凸台/基体”），而其它则不可调用，以灰色显示（图3-9）。

尽管打开了“特征”选项卡，但仍在草图绘制和编辑状态。设计树相关项目名称前有“重建模型”符号。

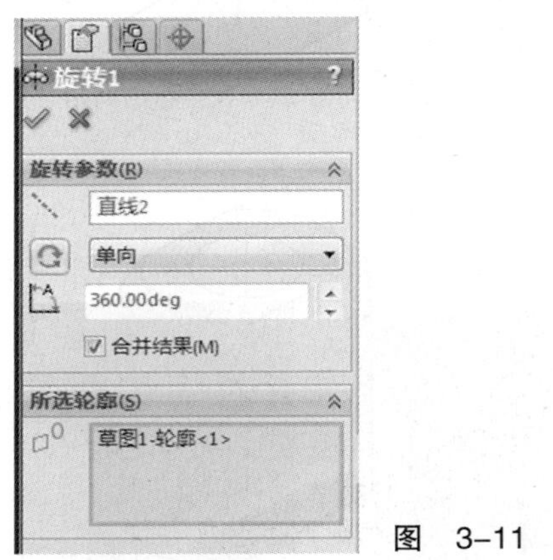

图 3-11

> 提示：如果不想让命令管理器上显示出命令名称，从而腾出空间，可在命令管理器上右键单击，取消对“使用带有文本的大按钮”项的勾选即可（图3-9、图3-10）。再次勾选，则又显示命令名称。

图 3-12

（3）单击（“旋转凸台/基体”），显示出“旋转”属性管理器（图3-11）。在“旋转参数”项下，不改变默认的“单向”旋转类型、“360”度旋转角度。对旋转的（“旋转轴”）项，默认状态下，其右侧的列表框已被选择（以浅蓝底色、蓝色边框显示），此时直接在图形区域点取直线型草图几何体对象，作为旋转轴线。现在用作旋转轴的草图几何体（这里是“直线2”）已列于列表框中。将要建立的第一个特征的3D形体也在图形区域预览出来（图3-12，结果参见

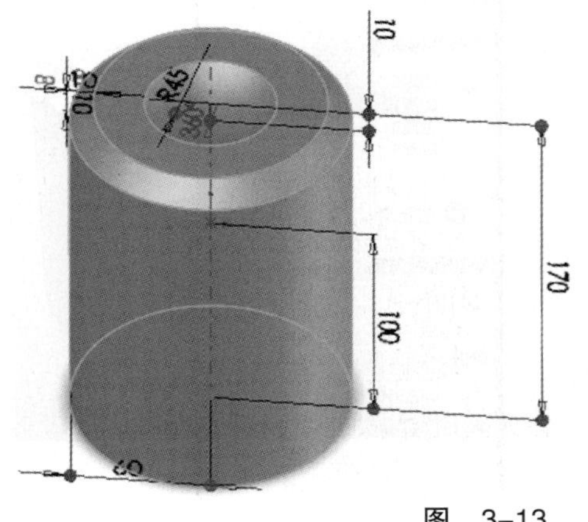

图 3-13

> 提示：属性管理器中，当前被系统默认地选择的（或被使用者点取的）列表框以浅蓝底色、蓝色边框显示，以便于直观提示。
>
> 如果要更换旋转轴，则在旋转轴列表框中点取轴线（例如这里的“直线2”），按键盘上的〈Delete〉键即可除去现有轴线设定，重新在图形区域点取轴线。其它类似操作，方法与此相同。

图3-13）。

对于旋转，有几种“旋转类型”，默认地使用“单向”类型。

“单向”，是指从草图以单一方向生成旋转。

“两侧对称”，是指从草图基准面以顺时针和逆时针方向生成旋转。显然，此时草图基准面位于（“旋转角度”）项下设定角度的中央位置。

“双向”，是指从草图基准面以顺时针和逆时针方向生成旋转。此时可以分别设定（“方向1角度”）、（“方向2角度”）项下的值。

旋转的（“角度”）是以顺时针从所选草图测量的。默认值为360°。

另外，从2011版起还增加了一些新的类型，参见第四部分中壶身顶部的形体细节——旋转切除特征。

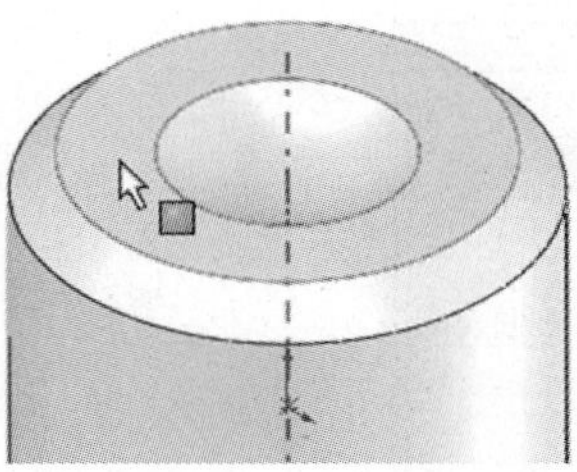

图 3-14

（4）在属性管理器左上角处，单击（“确定”），退出草图，生成特征。这样，文档中就建立了第一个特征。

可以在设计树上将默认的特征名（例如“旋转1”）更改为有意义一些的名称；当在设计树上点取该特征时，图形区域的特征模型上还会显示出该特征及其所含草图的尺寸标注（图3-13）。

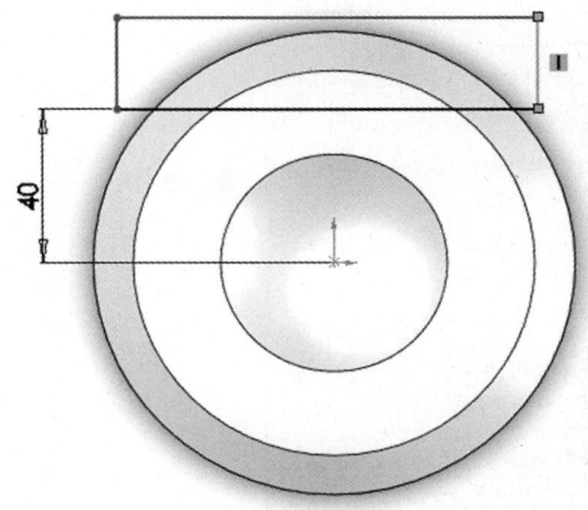

图 3-15

• 减去材料——“拉伸切除”特征

下面通过建立“拉伸切除”特征，进一步形成音箱主形体。“拉伸切除”特征与“拉伸”特征的操作类似，但它是减去一些材料。

（1）点取如图3-14所示的平面。以几何模型上的这一平面作为草图基准面。

（2）单击（“草图绘制”），进入草图绘制状态。单击（“正视于”），视图定向到正视于草图平面。单击（“边角矩形”），绘制如图3-15所示矩形草图。矩形的大小虽然没有特别的关系，但以刚好框住将被切除的区域为宜。将矩形下边与草图原点的竖直距离标注为40（图3-15）。

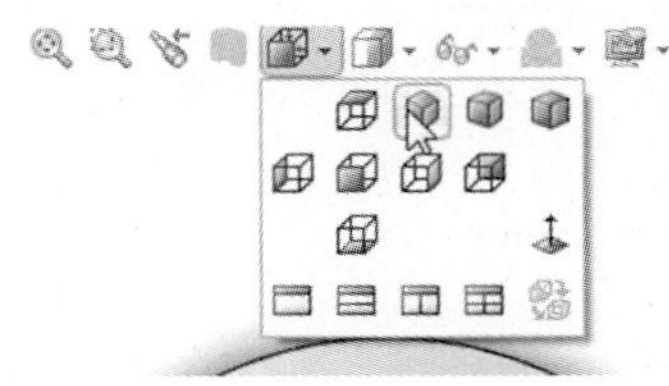

图 3-16

（3）单击命令管理器上的“特征”标签，切换到“特征”命令管理器。单击（“拉伸切除”），在图形区域生成了拉伸切除特征的预览。将视图切换到“等轴测”视图（图3-16），可以更清楚地预览，如图3-17所示。

此时的拉伸深度预览是根据属性管理器中的默认选项和默认值（图3-18）给出的。此属性管理器中，在“从”项下使用默认的“草

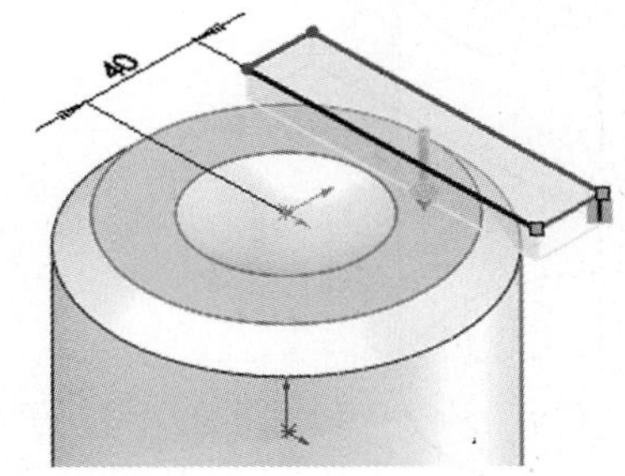

图 3-17

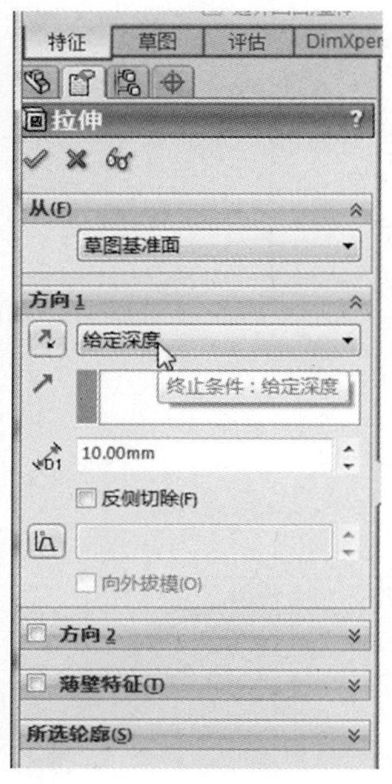

图 3-18

图基准面”，意思是从草图所在的草图基准面或草图平面开始拉伸。当然，这里是减去材料，也就是拉伸出一个负的空间实体。

如图3-18所示，在“方向1”项下，对定义出拉伸停止处的“终止条件”项，默认地使用“给定深度”选项；对拉伸的（“深度”）项，默认地给定深度值10。预览中的粗立体箭头，则指示出拉伸方向。单击“终止条件”项右端的三角箭头，展开下拉列表，可看到多个终止条件选项，如图3-19所示。这里对它们的含义作一基本解释。

“给定深度”，是指从草图的基准面，以指定的距离延伸特征。

“完全贯穿”，是指从草图的基准面拉伸特征，直到贯穿所有现有的几何体。

“成形到下一面”，是指从草图的基准面拉伸特征到下一面（隔断整个轮廓），从而生成特征（下一面必须在同一零件上）。

“成形到一顶点”，是指从草图基准面拉伸特征到一个平面，这个平面平行于草图基准面且穿越指定的顶点。草图顶点是成形到顶点拉伸的可用选择。

“成形到一面”，是指从草图的基准面拉伸特征到所选的曲面（平面是其特例），从而生成特征。

“到离指定面指定的距离”，是指从草图的基准面拉伸特征到某面（或曲面）之特定距离平移处，从而生成特征。

“成形到实体”，是指从草图的基准面延伸特征至指定的实体。可与装配体、多实体零件等使用成形到实体。

“两侧对称”，是指从草图基准面向两个方向对称地拉伸特征。

图 3-19

在该属性管理器中，当勾选“方向2”项的时候，可以沿着另一个方向同时拉伸。“方向2”项与“方向1”项的主要内容相同。但当“方向1”项下的“终止条件”设定为“两侧对称”时，属性管理器中不出现“方向2”项。这也是显然的。

（4）在“终止条件”项的下拉列表中，点取“完全贯穿”方式。预览结果变化了，如图3-20所示（为清晰起见，此时“显示样式”切换为“隐藏线可见”），拉伸特征以淡黄色实体的方式预览显示。

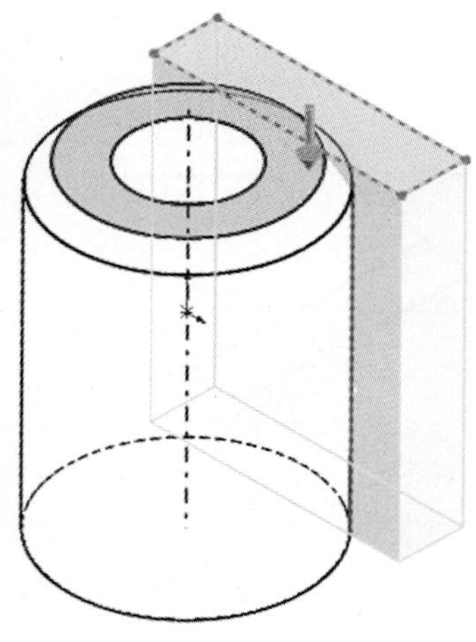

图 3-20

如果要改变拉伸的方向，单击（“反向”）。

如果要拉伸切除的是另一侧，勾选“反侧切除”选项，预览结果（如图3-21所示）中，显示出另一个粗立体箭头（位于草图平面上），以指示出侧向。

（5）这里，不需勾选“反侧切除”选项。单击（“确定”），退出属性管理器，完成拉伸切除，结果如图3-22所示。

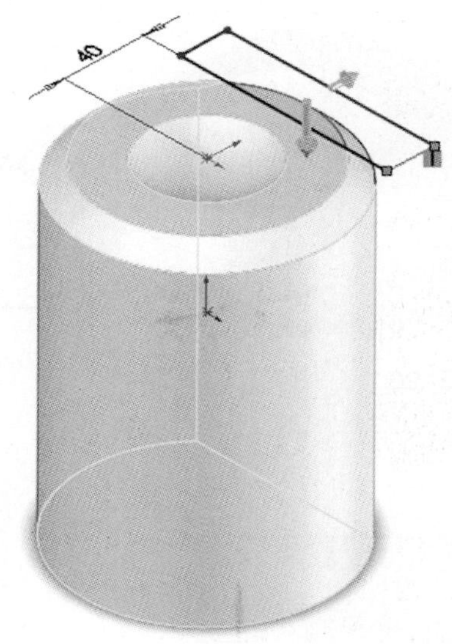

图 3-21

接下来，来生成另一个拉伸切除特征。

（6）在如图3-14所示的平面上，单击（“边角矩形”），绘制草图并标注距离尺寸（此次竖直距离值为36），如图3-23所示。

（7）单击（“拉伸切除”），使用此草图进行拉伸切除，同样会以默认状态预览地显示结果。

（8）在“终止条件”项下拉列表中，点取“成形到一面”。系统自动转到（“面/平面”）项。

（9）按下鼠标中键并移动鼠标（建议使用三键鼠标，从而利用这样的快捷方式），进行（“旋转视图”）操作（旋转视图使得主形体的底面可见）。点取该面，它以紫色显示。拉伸也预览出来，如图3-24所示。

（10）可看到，此时光标显示为符号。此种光标是一种直观的暗示，右键单击将确认并完成此特征。当然，也可以在属性管理器左上角，单击（“确定”），作用一样。

两次拉伸切除后，建模的结果如图3-25所示。

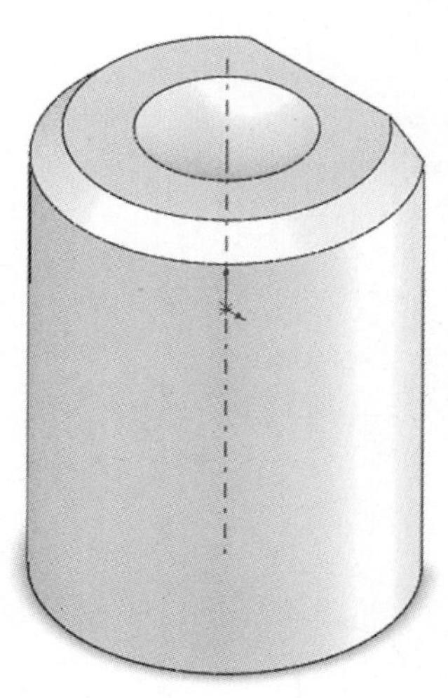

图 3-22

• 保持相切与对称——楔形体建模

在主箱体的两个弧面上，靠近有“方正电脑”字样的平面一侧，各有一个凸出的形体。每个均呈楔形形状，一面与字样所在平面对齐，一面与弧面光顺地过渡，具有相切的连续性。

由于楔形体的一端处于箱体高度方向的中间位置，首先需要建立

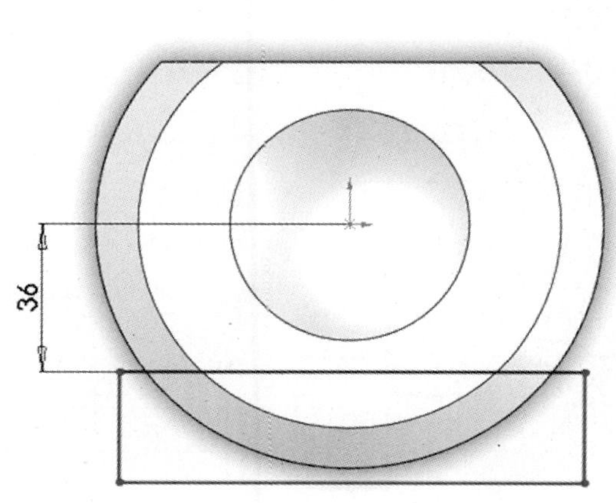

图 3-23

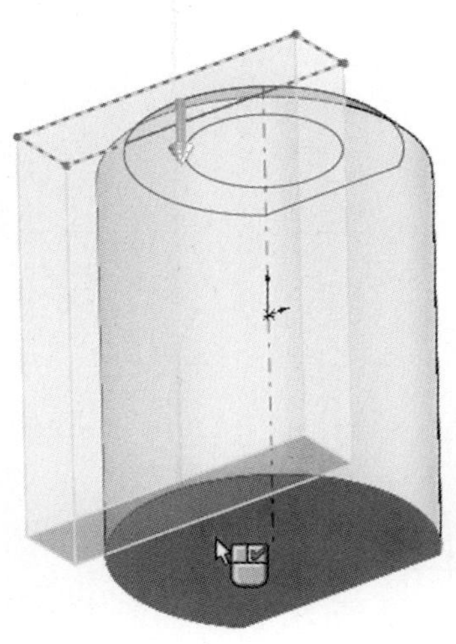

图 3-24

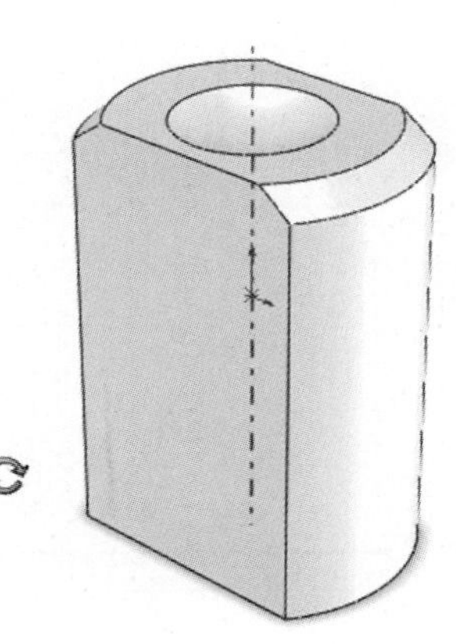

图 3-25

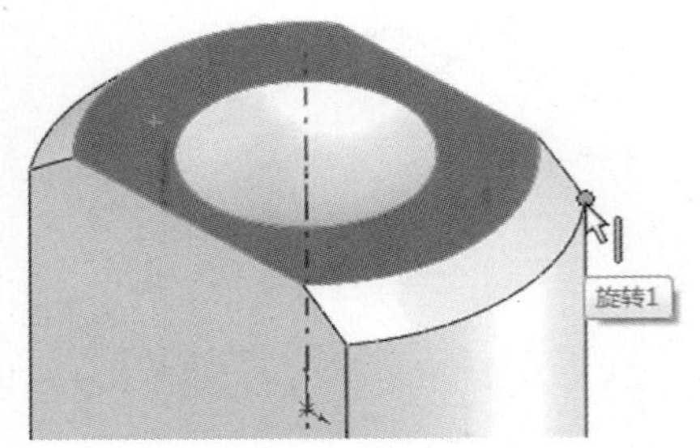

图 3-26

一个起定位作用的面，即作为“参考几何体”之一的“基准面”。

（1）如有必要，单击（“重建模型”），以确保退出草图。单击命令管理器上的“特征”标签，切换到“特征”命令管理器。在（“参考几何体”）命令组的下拉列表中，点取（“基准面”）。“基准面”属性管理器（图3-27）显示出来，系统自动处于“选择”项下的（“参考实体”）项。

（2）这里，使用（“点和平行面”）的基准面生成方法。如图3-26所示，在图形区域中，先后点取主形体顶部的平面，以及边线处的顶点。这两项将显示在（“参考实体”）项的列表框中，如图3-27所示。同时图形区域预览显示一个基准面，它以浅黄色长方形预览地显示。

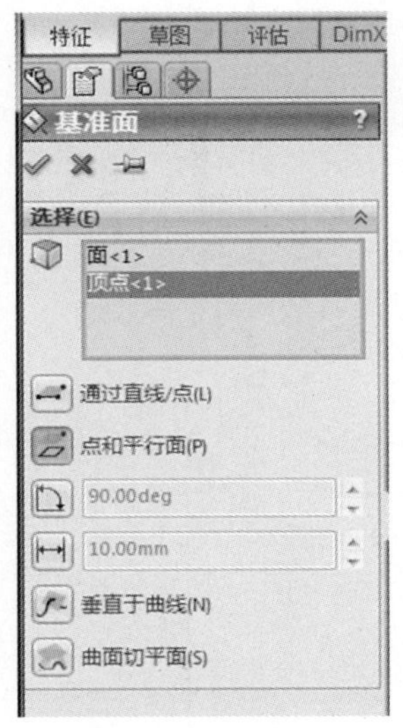

图 3-27

（3）此时光标显示为符号。右键单击，或单击（“确定”），就退出当前操作并生成一个基准面，基准面上还显示了名称（系统默认地将其命名为“基准面1”），如图3-28所示。

（4）刚生成的基准面处于被选取的状态。此时，单击（“草图绘制”），进入草图绘制状态。单击（“正视于”），视图转换到正视于草图平面的方向。单击（“直线”），绘制一条水平直线，起点捕捉在已有模型的顶点上，如图3-29所示。

（5）先在图形区域中，点取如图3-30所示的3D几何模型的边线，再单击（“转换实体引用”），生成一根弧线草图实体。

（6）单击（“直线”），绘制另一根斜向的直线（图3-31）。

（7）单击（“剪裁实体”），使用“剪裁到最近端”方式将

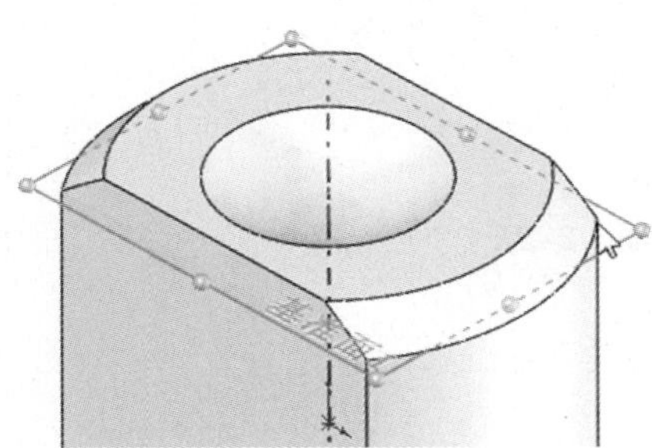

图 3-28

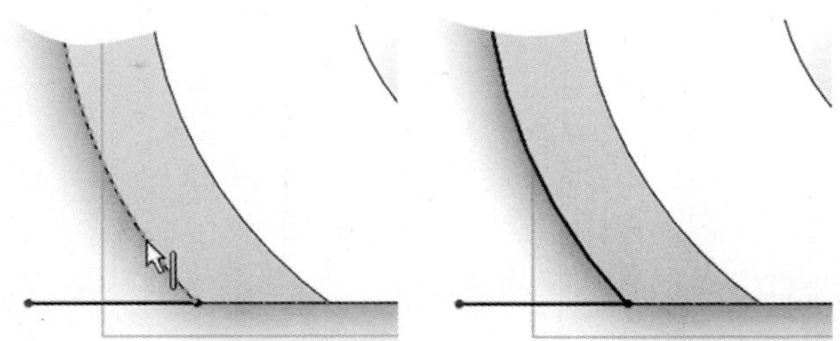

图 3-30

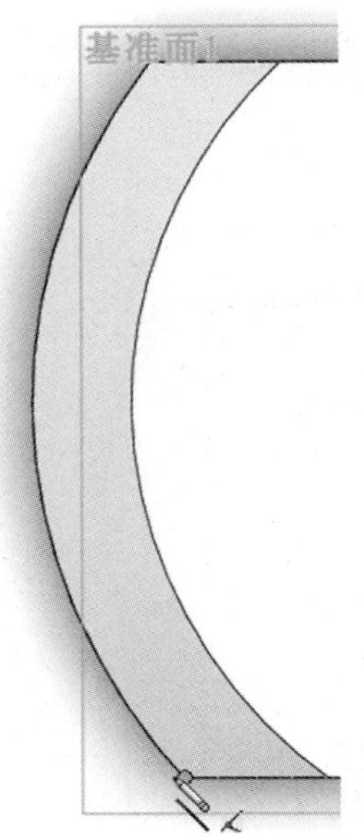

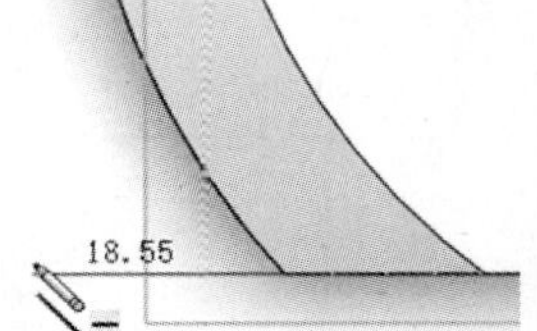

图 3-29

这两根直线加以相互剪裁，如图3-31所示。剪裁好后，在属性管理器左上角单击✓（“确定”），或在图形区域右上角单击✓符号（图3-32），退出当前的剪裁操作，结果如图3-33所示。

（8）单击◇（“智能尺寸”），标注水平线段的长度值为6（图3-33）。

（9）在图形区域中，点取刚才转换实体引用而生成的弧线，按下键盘上的〈Shift〉键，继续点取斜向直线段。此时，显示出“属性”属性管理器，在其“所选实体”项下，列出了刚才点取的两个草图实体，如图3-34所示。

（10）可看到，在“添加几何关系”项下，列出了“相切”、“固定”两种几何关系。单击◇（“相切”），使斜向直线与圆弧线两者之间保持相切关系。现在，在“现有几何关系”项下，列出了刚才增加的“相切”关系，如图3-34所示。

> 提示：依据所选取的两个草图实体的不同类型，列出的几何关系的种类和多少均会不同。可参见前面相关章节内容。

（11）单击▣（“剪裁实体”），将斜向直线与圆弧线加以相互剪裁，结果如图3-35所示。

这样，准备好了建立一侧楔形体的草图。由于两侧的楔形体是左右对称的，在此利用“镜像实体”工具生成新的对称草图实体。

（12）单击▣（“中心线”），绘制一根竖直方向的中心线，如图3-35所示。绘制时，通过推理和捕捉，使其与坐标原点在竖直方向对齐。

（13）单击▣（“镜像实体”），在“镜像”属性管理器中，系统默认地处在“要镜像的实体”项，在图形区域点取两根直线、一根圆弧线，该项后的列表框同时列出了这三个草图实体名称。

（14）此时光标显示为▣符号，右键单击，或单击“镜像点”项

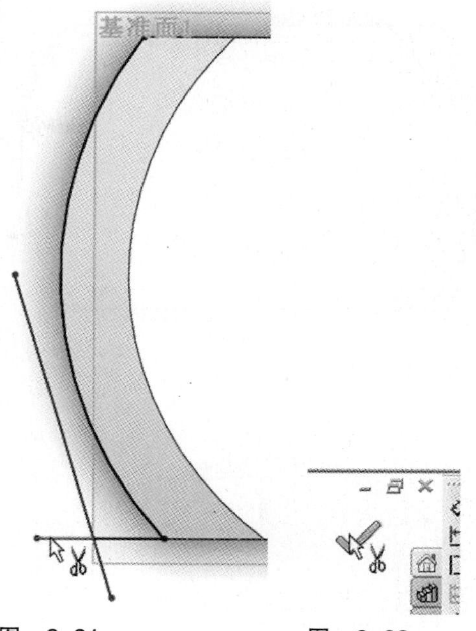

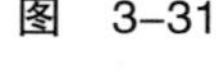

图　3-31　　　　图　3-32

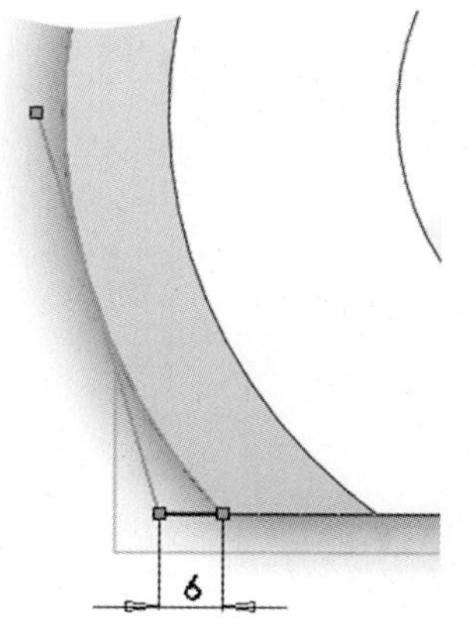

图　3-33

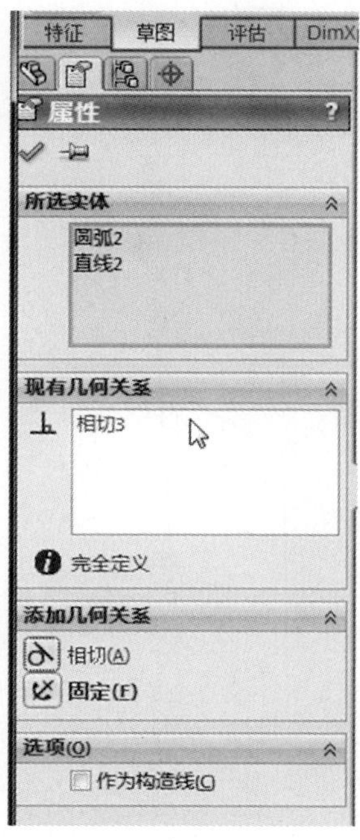

图　3-34

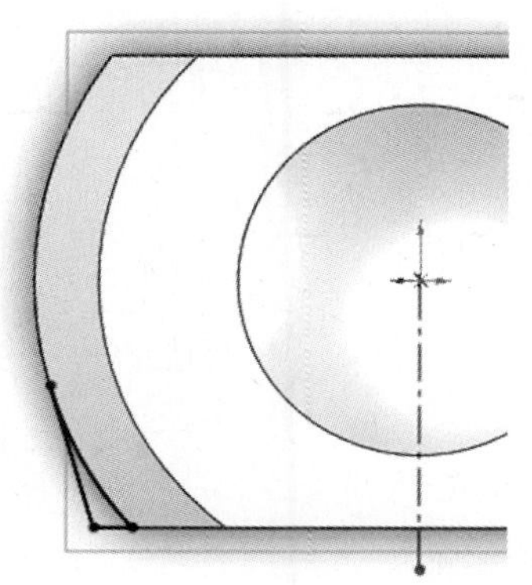

图　3-35

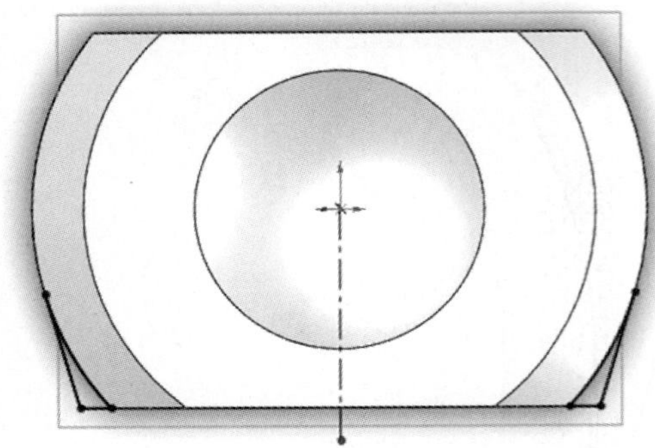

图 3-36

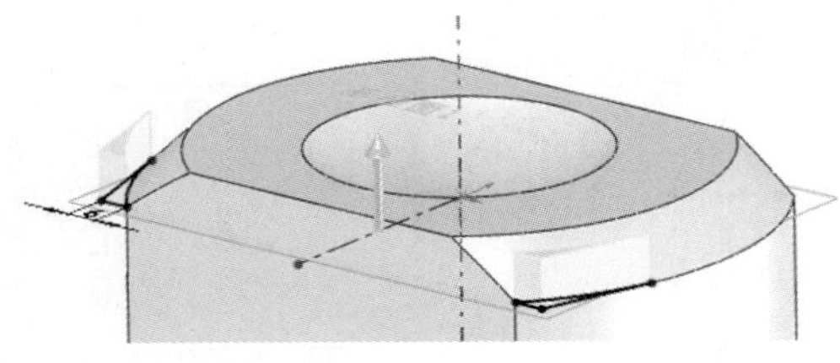

图 3-37

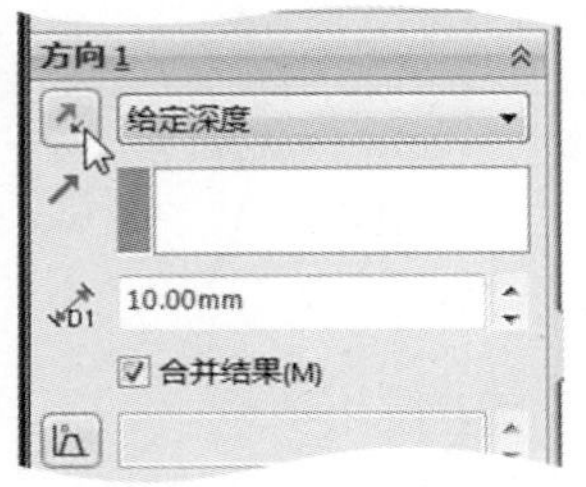

图 3-38

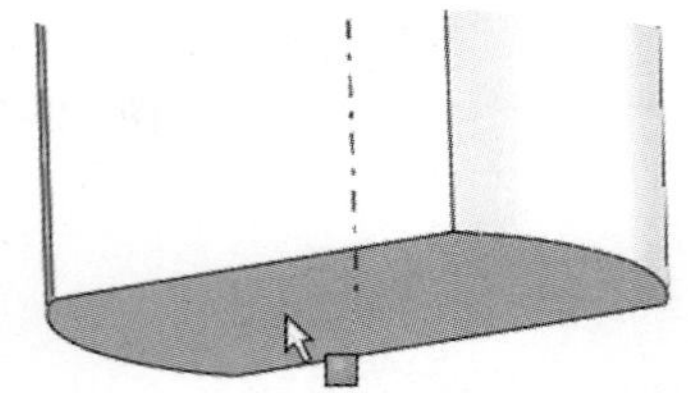

图 3-39

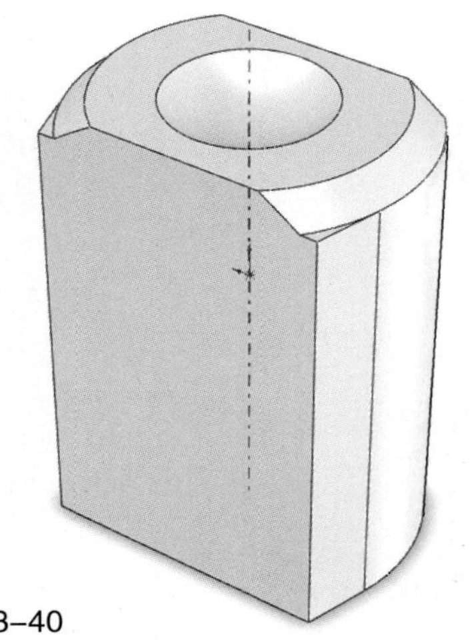

图 3-40

后的列表框，系统转到“镜像点”项。在图形区域中点取刚才绘制的中心线。该项后的列表框同时列出了此线性实体的名称。

（15）此时光标显示为符号，右键单击，或在属性管理器上，单击（“确定”），生成了镜像的对称草图实体，如图3-36所示。

提示：在此次“镜像实体”操作中，确认属性管理器“选项”项下“复制”选项是被勾选的。默认状态下该选项是被勾选的。

（16）切换到“特征”命令管理器。单击（“拉伸凸台/基体”），图形区域生成了拉伸特征（楔形体）的预览。将视图切换到“等轴测”视图，可以更清楚地预览，如图3-37所示。

（17）此时，默认的拉伸方向并不是想要的。因此，单击“方向1”项下的（“反向”），即可如愿，如图3-38所示。

（18）再次使用“成形到一面”的终止条件选项，系统自动转到（“面/平面”）项。

（19）旋转视图，使主箱体的底面可见。点取该面（图3-39），显示预览。

（20）同样，在鼠标没有移动时，光标显示为符号。右键单击，或单击（“确定”），完成此拉伸特征。

主箱体形体建模表达结果如图3-40所示。

提示：图形区域中，基准面（也是一个特征）也显示出来（图3-41）。对不再用到或暂时不用的基准面，可在设计树中此基准面项目上单击，或右键单击，在关联工具栏上单击（“隐藏”）即可。需再次用到它时，再次单击（“显示”）即可。也可随时打开或关闭临时轴等对象的显示。

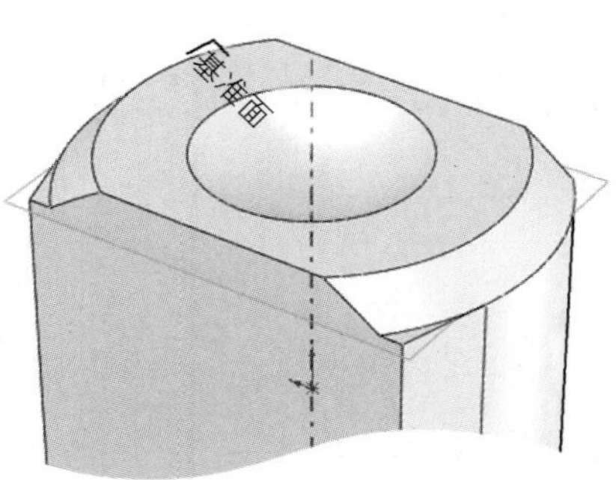

图 3-41

把握复杂因素——手柄

（1）首先建立一个基准面，放置草图。如有必要，单击（“重建模型”），以确认退出草图。单击命令管理器上的“特征”标签，切换到“特征”命令管理器。在（“参考几何体”）命令组的下拉列表中，点取（“基准面”）工具。

（2）再次使用（“点和平行面”）生成方法。如图3-42所示，在图形区域中，点取3D模型上的侧面平面以及坐标原点，基准面预览出来，光标显示为符号。右键单击，生成基准面。

（3）此时，基准面仍处在被选取的状态。这样，直接单击（“草图绘制”），进入草图绘制状态。

（4）单击（“正视于”），视图定向到正视于草图平面。单击（“圆”），绘制一个圆，如图3-43所示。绘制时，通过推理和捕捉，使圆心与坐标原点竖直方向对齐；确定半径时，使圆周点捕捉到线上端点。

（5）单击（“圆”），绘制第二个圆，如图3-44所示。绘制时，使其圆心在第一个圆的圆心之上，并通过推理和捕捉，使其圆心与坐标原点在竖直方向对齐。确定半径时，使圆周点捕捉到线上的特定点。

（6）确认视图定向到正视于草图平面。单击（“智能尺寸”），分别标注两个圆心到主箱体顶部平面轮廓线的竖直距离值，并分别修改和设定距离值为130（第一个圆）、90（第二个圆），如图3-45所示。

（7）点取如图3-46所示轮廓线。单击（“转换实体引

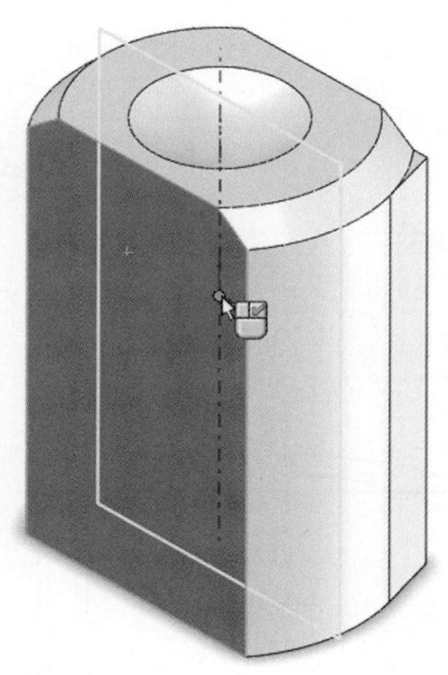

图 3-42

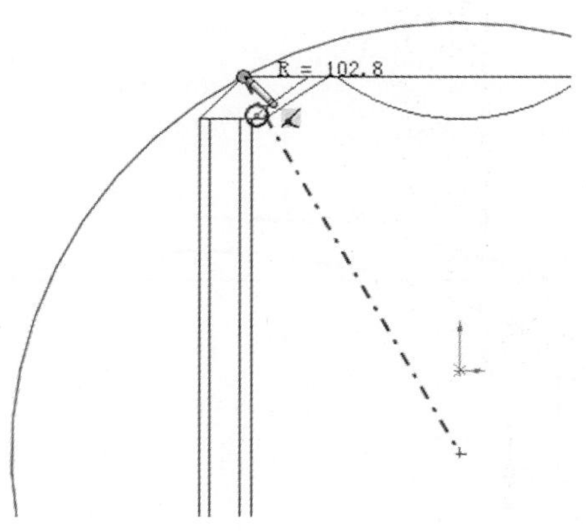

图 3-43

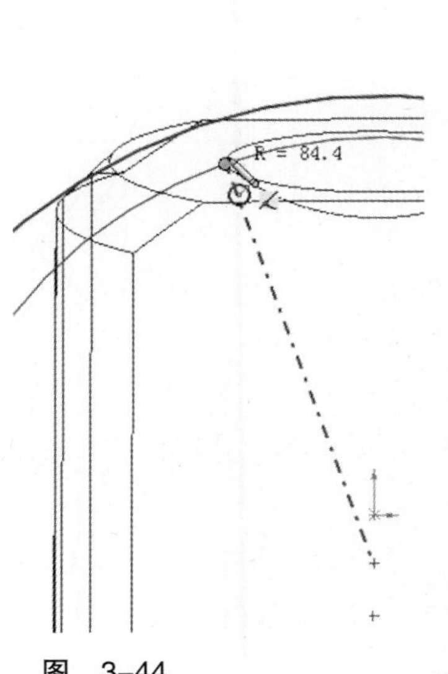

图 3-44

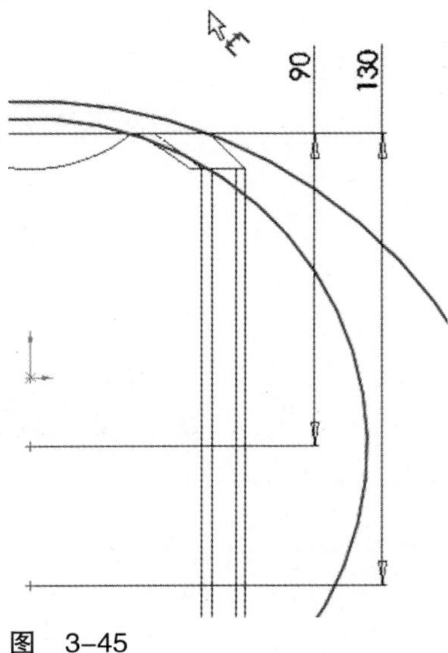

图 3-45

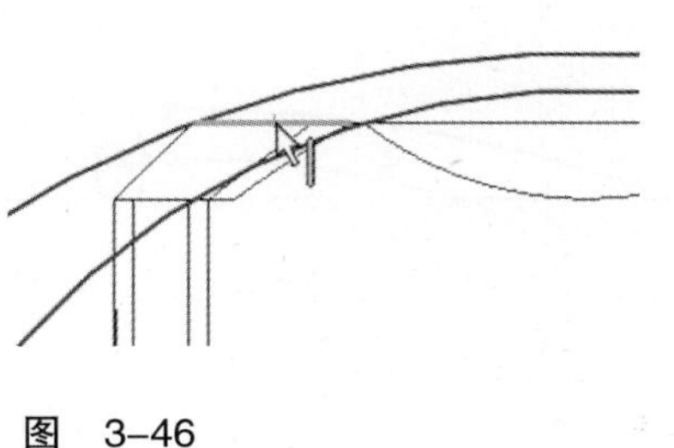

图 3-46

用”），生成新直线草图实体。

（8）单击（“剪裁实体”），使用“强劲剪裁”方式，按下键盘上〈Shift〉键的同时，在该直线实体上单击并保持，向右拖动鼠标，如图3–47所示，使该直线向右延长到适当位置，释放〈Shift〉键和鼠标。结果如图3–48所示。

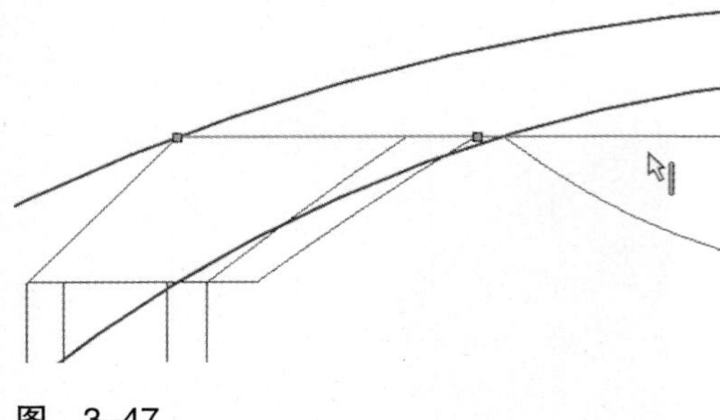
图 3–47

（9）单击（“直线”），绘制一根竖直直线（图3–48），绘制起点时，通过推理和捕捉，竖向对齐到坐标原点。

（10）单击（“剪裁实体”），使用“剪裁到最近端”方式，对草图实体进行剪裁，如图3–49所示。剪裁结果如图3–50所示。

（11）切换到“特征”命令管理器。单击（“旋转凸台/基体”），显示出“旋转”属性管理器。此时默认的设定是：“单向”旋转类型、360度旋转角度、“合并结果”选项勾选。不改变这些默认设定。

（12）对（“旋转轴”）项，在图形区域点取那段竖直直线，如图3–51所示，显示预览，此时光标显示为符号，右键单击，或在属性管理器上单击（“确定”），生成旋转体，它是手柄的雏形。结果如图3–52所示。

图 3–48

（13）在“保持相切与对称——楔形体建模”部分的第（3）步骤，已建立一个基准面（默认名称为“基准面1”）。现在，点取该基准面（若已隐藏，则先使其显示），然后单击（“草图绘制”），进入草图绘制状态。

（14）确认视图定向到正视于草图平面的方向。单击（“中心线”），如图3–53所示，捕捉坐标原点，绘制一根竖直方向的中心线。

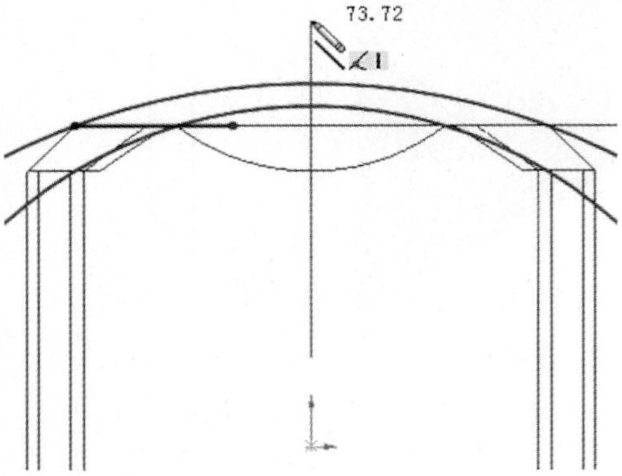

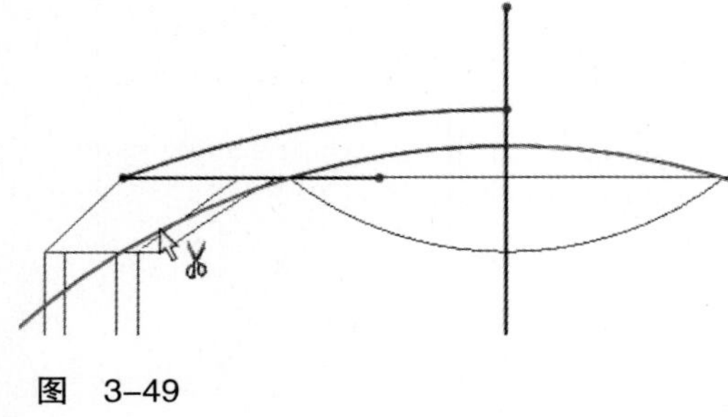
图 3–49

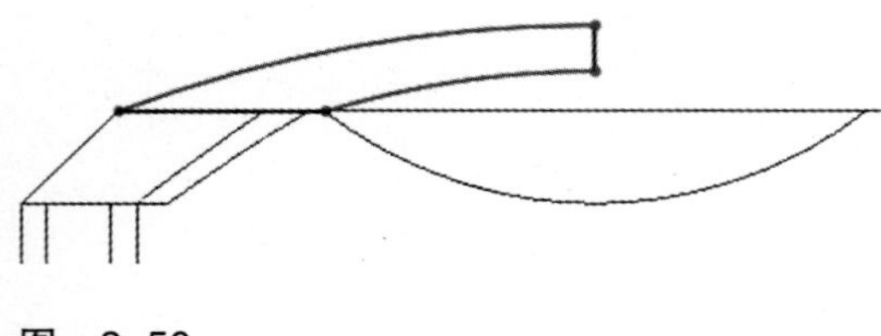
图 3–50

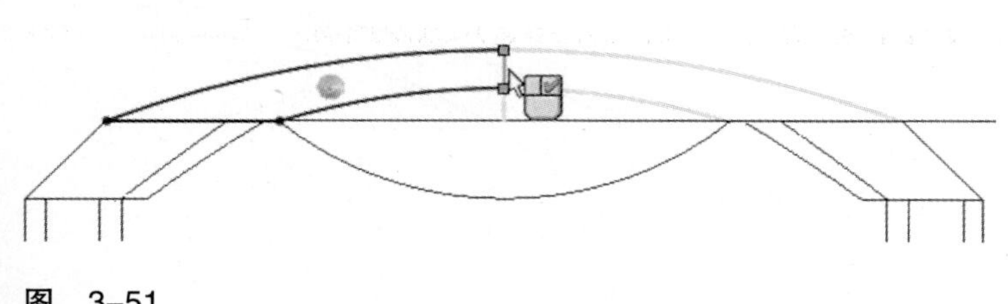
图 3–51

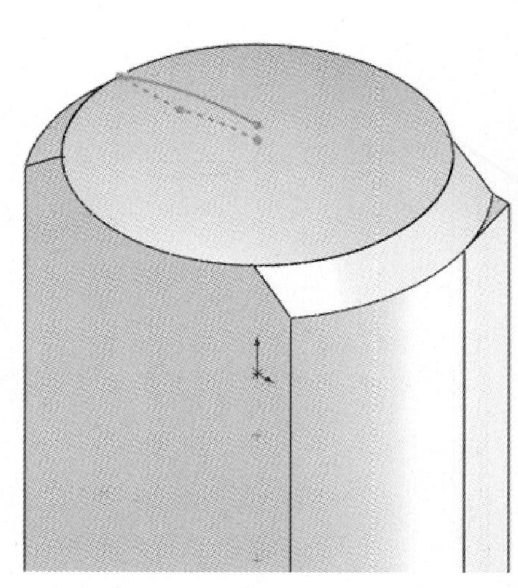
图 3–52

（15）单击![]（“圆”），在图3-54所示方位放置圆心，绘制一个圆。

（16）单击![]（“智能尺寸”），分别标注和修改设定圆的直径值，圆心与坐标原点的水平、竖直方向的距离值（这里分别为150、85、8），如图3-54所示。

（17）点取如图3-55所示的几何模型边线后，单击![]（“转换实体引用”），生成两根直线。

（18）单击![]（“剪裁实体”），使用“剪裁到最近端”方式，对草图实体进行剪裁，如图3-56所示。

（19）单击![]（“镜像实体”），在图形区域点取两条直线和圆弧线，此时光标显示为![]符号，右键单击。点取[刚才第（14）步骤中绘制的]中心线，如图3-57所示，显示预览，光标显示为![]符号，右键单击，或在属性管理器上，单击![]（“确定”）。生成镜像的对称草图实体，结果如图3-58所示。

（20）切换到“特征”命令管理器。单击![]（“拉伸切除”），使用此草图进行拉伸切除。此时默认地设定“给定深度”、“深度”为10、拉伸方向向下，显示预览。

> 提示：如果退出了该草图，则先在设计树中点取该草图，再单击![]（“拉伸切除”）。

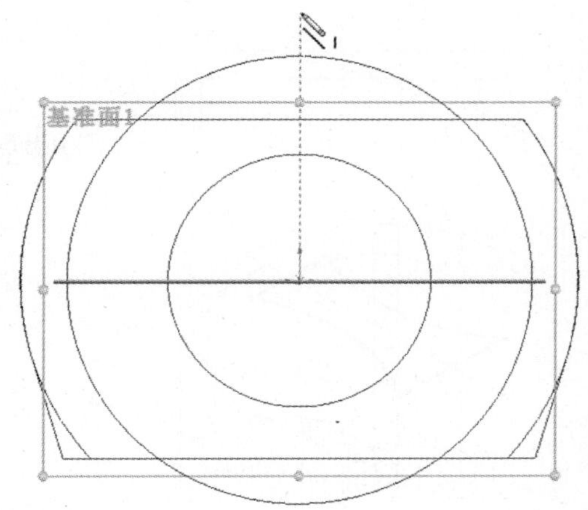

图 3-53

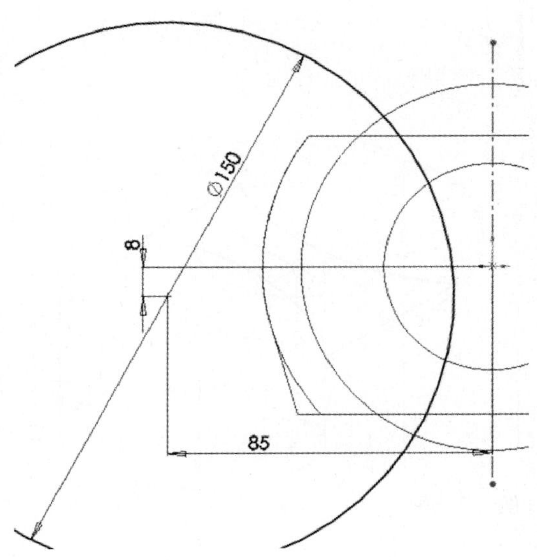

图 3-54

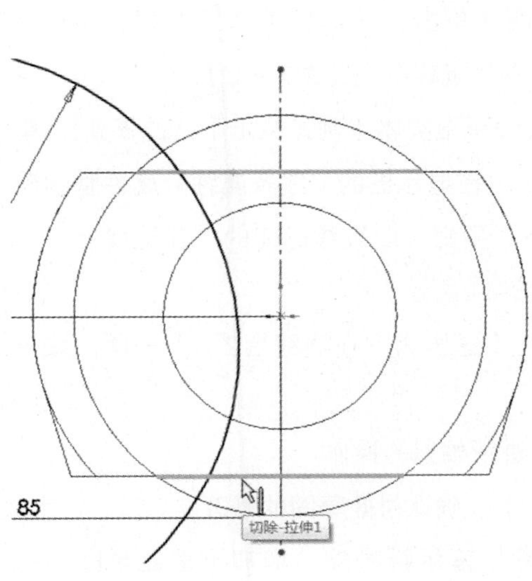

图 3-55

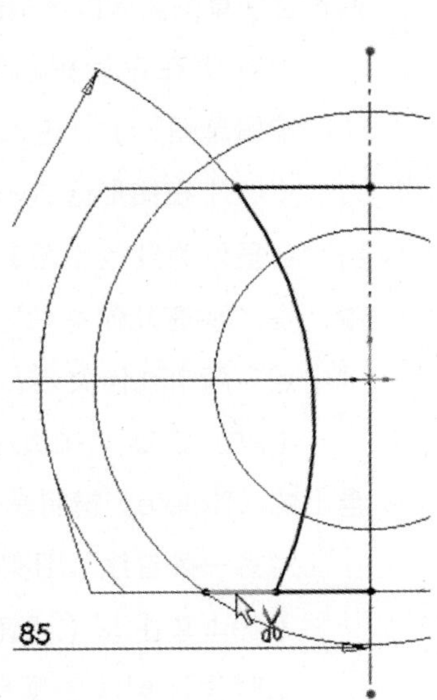

图 3-56

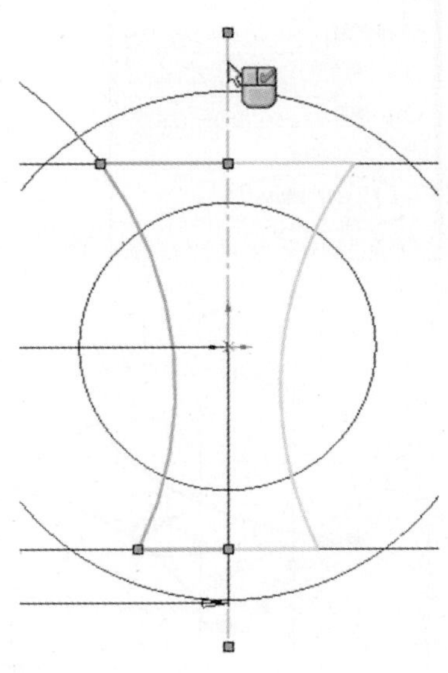
图 3-57

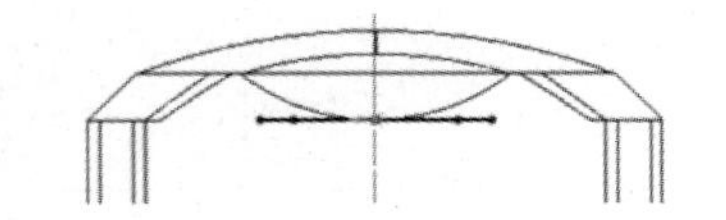

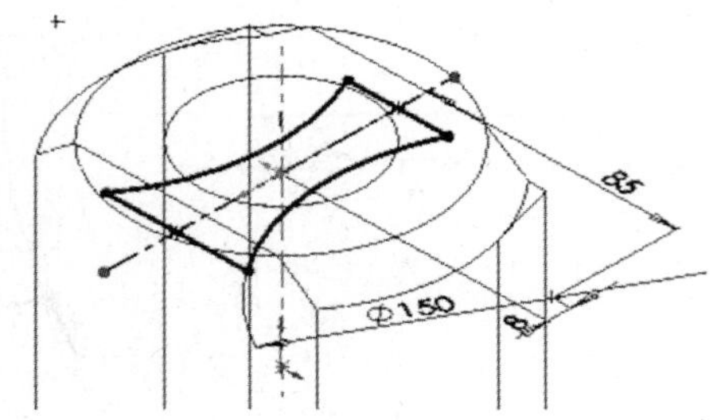

图 3-58

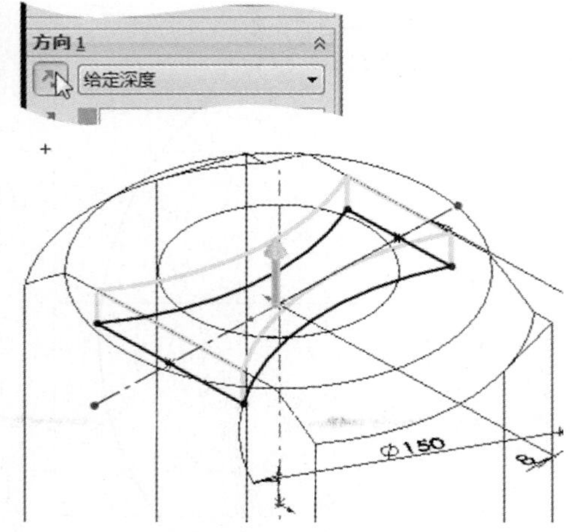

图 3-59

图 3-60

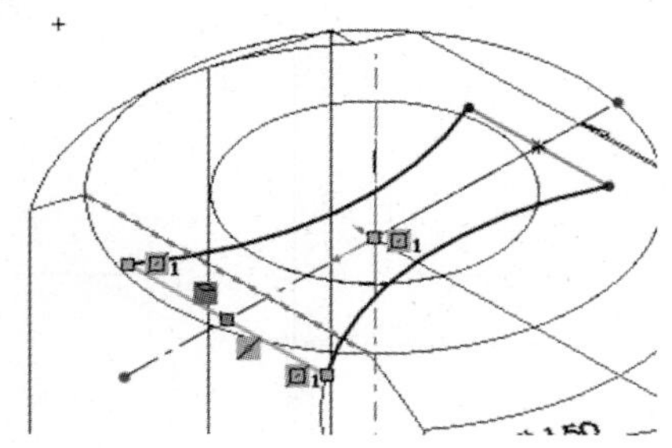

图 3-61

（21）如图3-59所示，在属性管理器的“方向1”项下，单击（“反向”），使拉伸方向向上。因为要在上部的、作为手柄雏形的旋转体上减去材料，形成手柄。预览发生改变。

（22）如果使用“给定深度”作为终止条件，深度值要设定得足够大，以向上贯穿此旋转体。当然，使用“完全贯穿”更加合适。再恰当确定“反侧切除”选项。此时，如果单击（“确定”），结果如何呢？如果尝试一下，会发现得到的不是正确的形体结果，主箱体部分也会被切除到。

（23）如果进行了尝试，在（主）工具栏上单击（“撤消”），撤消拉伸切除操作；如果没有尝试，则先在属性管理器上单击（“取消”），退出“拉伸切除”操作。单击（“重建模型”），确保退出草图状态。

要确保此次拉伸切除仅对手柄雏形的旋转体减去材料，形成手柄。

（24）在设计树中，单击此（手柄雏形）旋转体，显示出关联工具栏，单击（“编辑特征”），进入特征编辑状态，“旋转”属性管理器重新显示出来。在“旋转参数”项下，看到“合并结果”选项目前是被勾选的。

这里，不妨回头看看刚才第（11）步骤中的默认设定情况。

取消对“合并结果”选项的勾选，如图3-60所示。这意味着手柄雏形旋转体将成为独立的特征实体（此后零件就是多实体零件）。

单击（“确定”），确认对此旋转特征的修改，并退出。

（25）可看到，设计树中第（19）步骤中生成的草图（这里为“草图7”）项前，标记了警告性的⚠符号，表明此草图出现了问题。两根直线草图实体以浅褐色显示，正表明了问题所在，如图3-61所示。

（26）在设计树的此草图上单击，显示出关联工具栏，单击（“编辑草图”），进入该草图的编辑状态（图3-62）。

（27）在图形区域一条直线草图实体（例如位于下方的那条)上单击，它显示为红色（图3-61）。在显示出的“线条属性”属性管理器中，在“现有几何关系”项下，列出了此直线已有的“在边线上”、“中点”两个几何关系，如图3-63所示。

（28）点取“在边线上”（这里为“在边线上2”）一项，按键盘上的〈Delete〉键将其删除。

对另一条直线草图实体，进行相似的操作。

（29）单击（“确定”），确认对此草图的修改。

此时设计树草图项前，除了警示符号外，增加了重建草图的符号，如图3-64所示。

（30）单击（“重建模型”），退出草图编辑状态。这样，解决了该草图的出错问题。

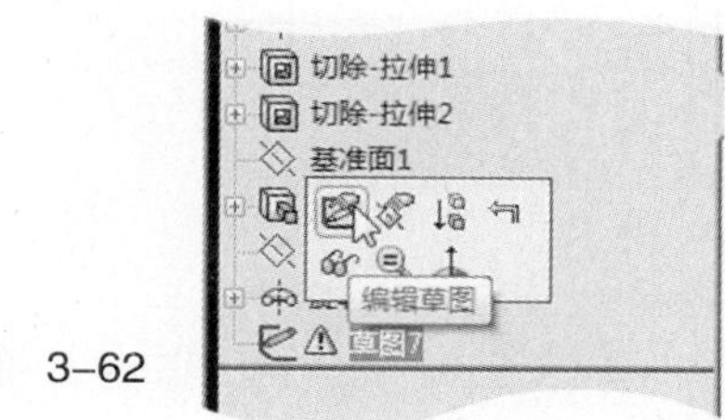

图 3-62

下面重新回到对手柄锥形旋转体进行拉伸切除的操作过程。

（31）确认切换到“特征”命令管理器。在设计树中，点取该草图，再单击（“拉伸切除”），使用此草图进行拉伸切除。

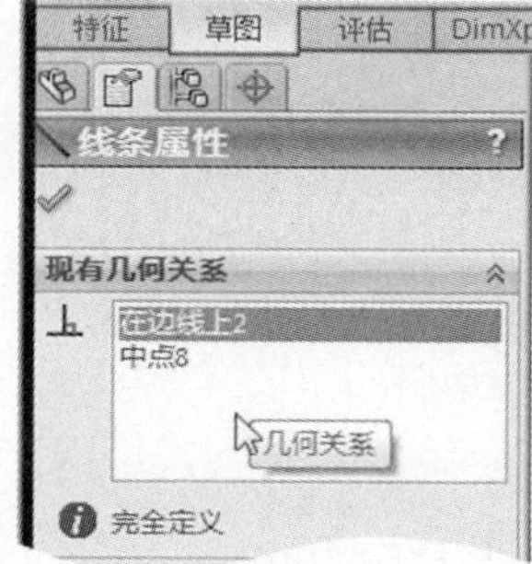

图 3-63

（32）再来顺便看一看另一个出错的状况。在“给定深度”的终止条件、“深度”值为10的默认状态下，即使拉伸方向反向而向上拉伸切除（图3-65），但单击“确定”后，系统仍会显示出“重建模型错误”的提示便签，如图3-66所示，提示“所想进行的切除不与模型相交”。显然，向上拉伸深度值为10时，不足以拉伸切除到手柄锥形旋转体。因此，此种情况下，使用“完全贯穿”往往是较好的选择，即使以后再对旋转体进行了编辑修改，例如加大旋转体的隆起厚度，也不会出错。

（33）将“终止条件”设定为“完全贯穿”，使用（“反向”）确保拉伸方向向上。如果此时确认拉伸切除操作，结果将会如图3-67所示。因此，要确认勾选“反侧切除”选项。

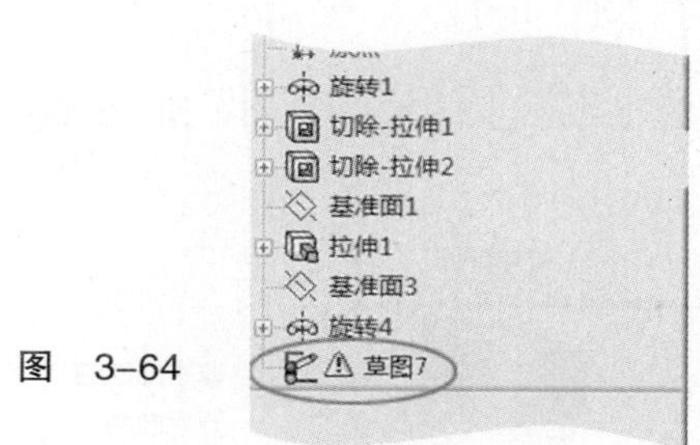

图 3-64

（34）现在，单击（“确定”），得到了想要的正确手柄形体。手柄形体建模表达的结果如图3-68所示。

在“拉伸”属性管理器（图3-69)下，有“从”、“方向1”、“方向2”、“所选轮廓”、“特征范围”五项。

在“从”项下，下拉列表中有四种开始条件，即“草图基准面”、“曲面/面/基准面”、“顶点”、“等距”。

“草图基准面”，就像在前面几次使用过程中所看到的情况那样，是指从草图所在的基准面开始拉伸。

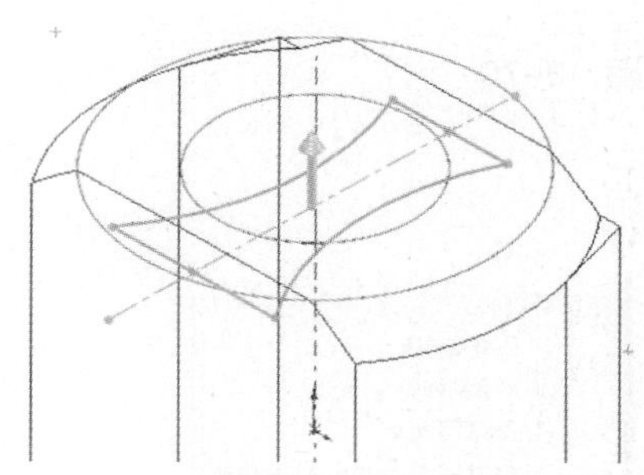
图 3-65

“曲面/面/基准面”，是指从这些实体之一开始拉伸。此时要在（“曲面/面/基准面”）项下，选取有效的实体。实体可以是平面或非平面，平面实体不必与草图基准面平行，草图必须完全包含在曲面（或平面）的边界内。草图在开始曲面处，依从曲面的形状，如图3-70所示。

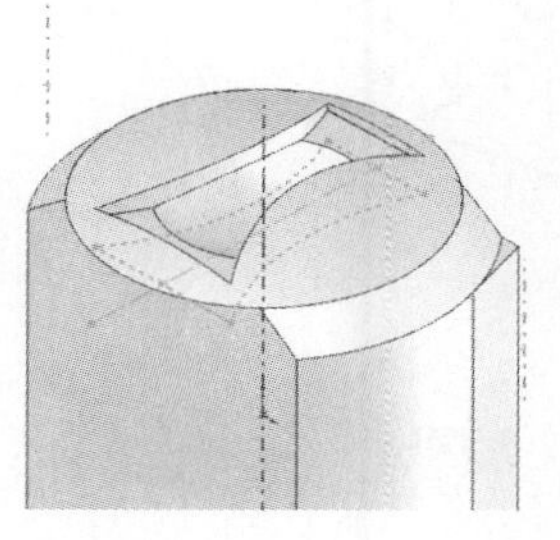
图 3-67

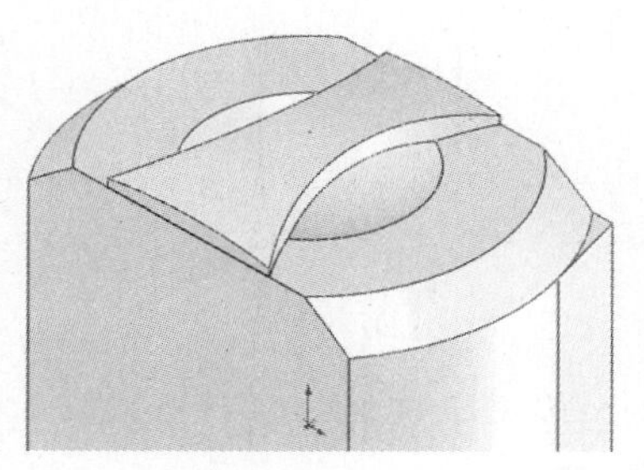
图 3-68

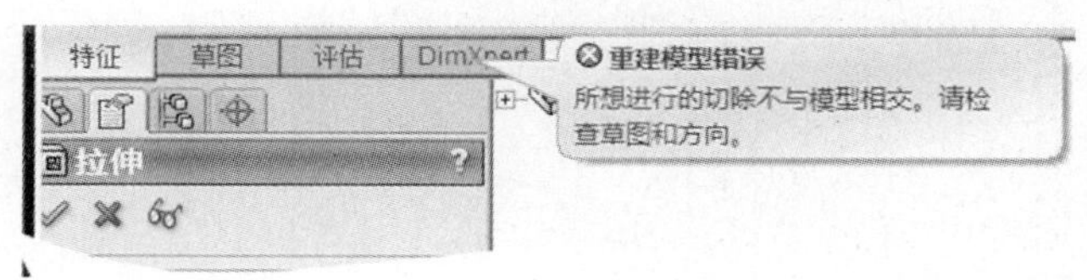

图 3-66

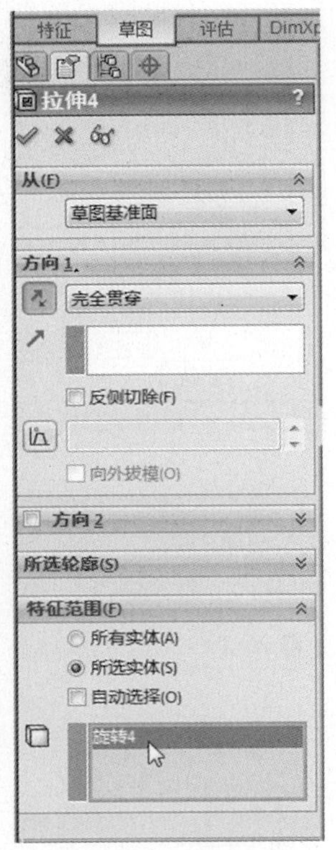

图 3-69

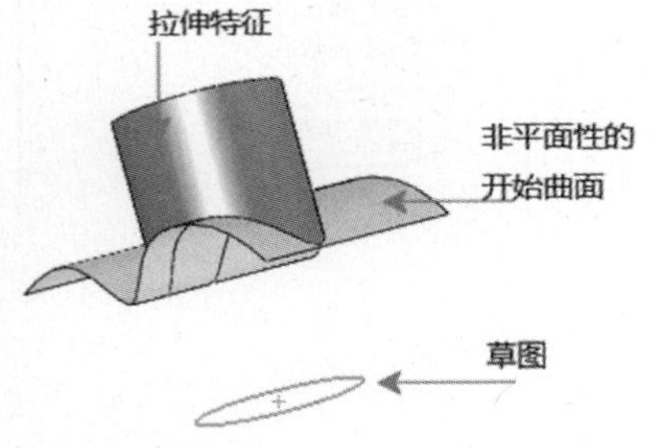

图 3-70

"顶点"，是指从选取的顶点开始拉伸。此时要在（"顶点"）项下，选取一个顶点。

"等距"，是指从与当前草图基准面等距的一个基准面上开始拉伸。在"输入等距值"数值输入框中设定等距距离（显然这个基准面与当前草图基准面平行）。

在"特征范围"项下，可以选择当前的特征（操作）是对此前已有的"所有实体"起作用，或对其中"所选实体"起作用。这两者是排它的，须两者选一，所指"实体"是当前特征之前已存在的3D特征实体。

"所有实体"，是指将当前的特征应用到所有的特征实体。

"所选实体"，是指将当前的特征应用到使用者所选取的特征实体。

当选择"所选实体"，且取消勾选"自动选择"时，可在（"受影响的实体"）项下，在图形区域的模型上点取已有3D实体，指定将被拉伸切除（即受影响)的实体，它（们）将在（"受影响的实体"）项后的列表框中列出，如图3-69所示。

"自动选择"，是指将自动处理所有相关的交叉零件。

如果在第（33）步骤时，在"特征范围"项下，将手柄锥形旋转体（"旋转体4"）指定为受影响的实体（图3-69、图3-71），那么在勾选或取消勾选"反侧切除"选项时，图形区域中的预览显示有所不同，当前（拉伸切除）特征仍以淡黄色显示预览，而所选实体则以鲜绿色显示预览，分别如图3-71、图3-72所示。

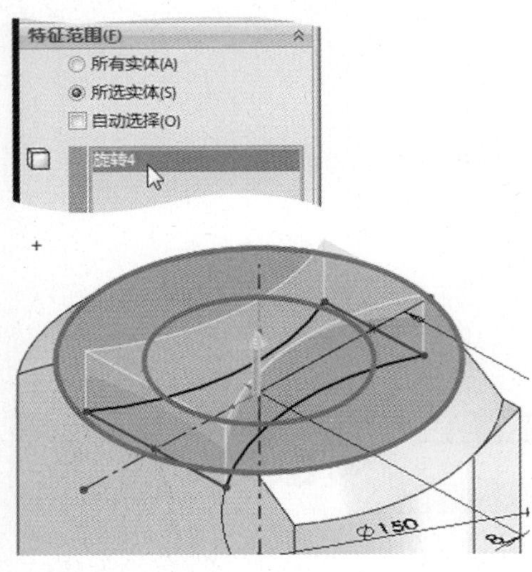

图 3-71

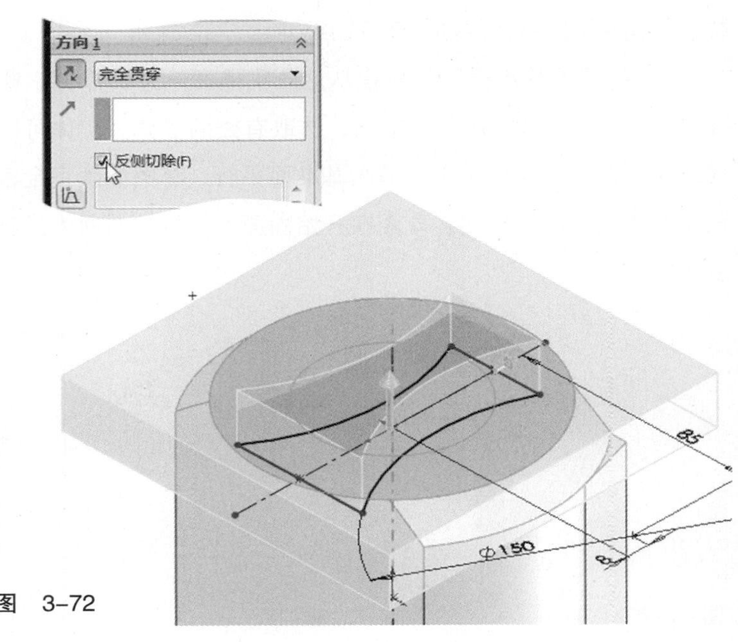

图 3-72

虚实空间——缠线盒

在此音箱产品形体的背面，有一个将电源线缠绕、收起的盒状空间，实际上是一个负的空间实体（虚空间），建模时是在主箱体上“减去材料”形成的。

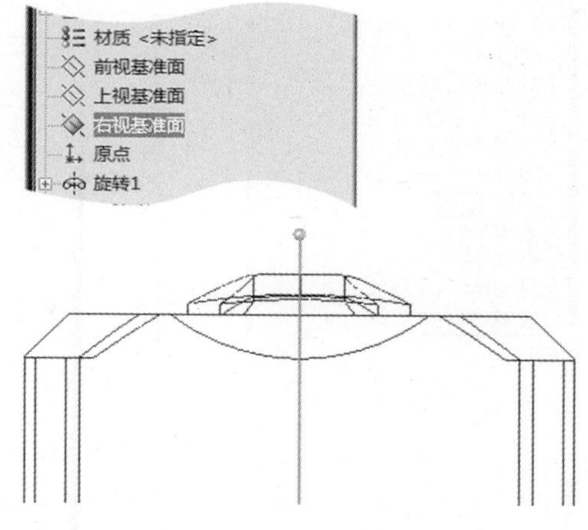

图　3-73

• 缠线空间的形成

（1）在设计树中，点取“右视基准面”，并将视图定向到“前视”，即从侧面观看右视基准面，如图3-73所示。

（2）确认处在“特征”命令管理器，在（“参考几何体”）命令组的下拉列表中，点取（“基准面”）。“基准面”属性管理器（图3-74)显示出来，“选择”项下的（“参考实体”）项的列表框中，已列入“右视基准面”。

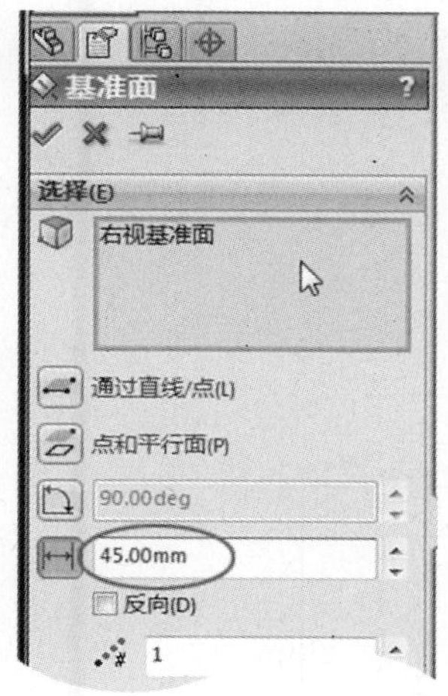

图　3-74

这一次，使用（“等距距离”）的基准面生成方法。在（“等距距离”）项右侧的三角箭头微调按钮上，可逐次单击，以增、减距离值，同时在图形区域预览和判断新基准面的位置是否合适。这里，在（“等距距离”）项后的数值输入框内输入距离值45，其它默认设置不变（图3-74），按〈Enter〉键，预览更新（图3-75）。

（3）单击（“确定”），生成一个新的基准面（这里为“基准面4”）。

此时，该基准面仍在被选取状态。将视图定向为“正视于”，就可直接进入新的草图绘制状态。但是，在正视于此基准面时，从比例上看，需要将已建立的楔形体尺度修改得小一点。

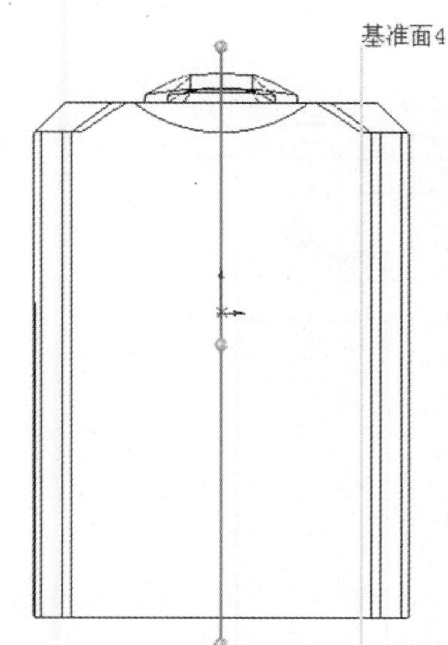

图　3-75

（4）在设计树中，对楔形体的拉伸特征（“拉伸1”）的草图进行（“编辑草图”）操作，将原标注的水平长度值从“6”修改为“3”，如图3-76、图3-77所示。观察到，草图变动时，斜直线与圆弧线仍保持相切关系。

（5）单击（“重建模型”），确保退出草图状态。

（6）再次点取刚生成的新基准面（“基准面4”），单击（“正视于”），视图定向到正视于此基准面。

（7）单击（“草图绘制”），进入草图绘制状态。单击（“边角矩形”），绘制一个矩形，如图3-78所示。

这里没有使用镜像工具。

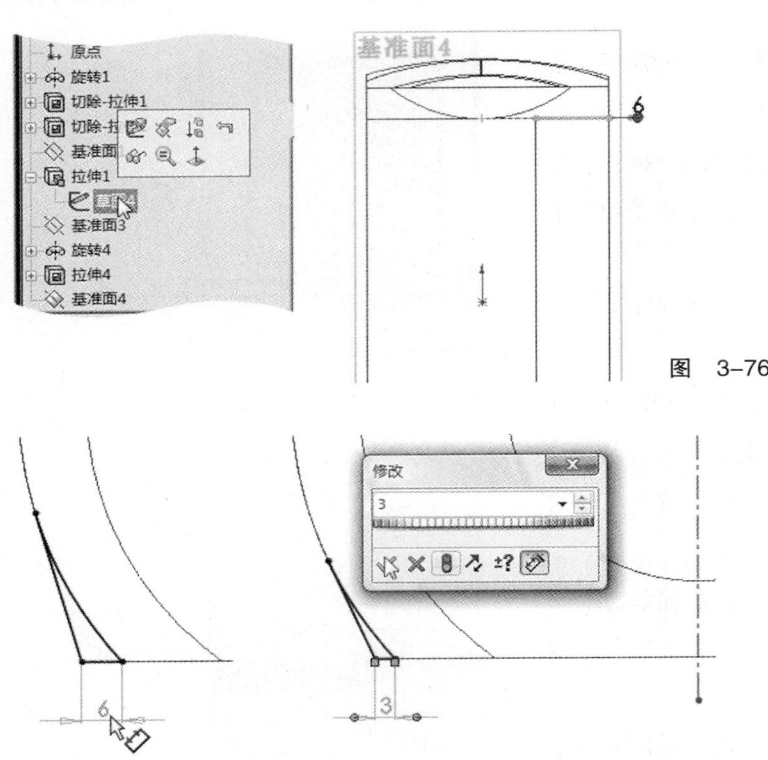

图 3-76

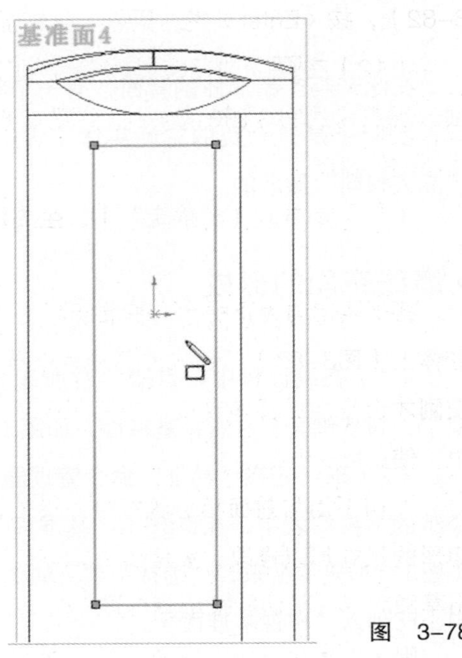

图 3-78

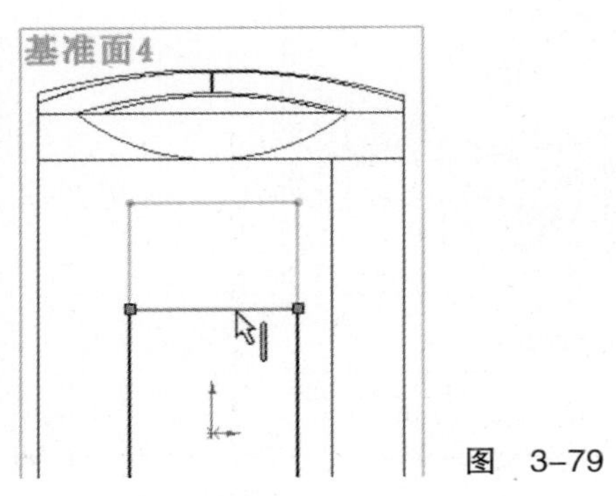

图 3-77

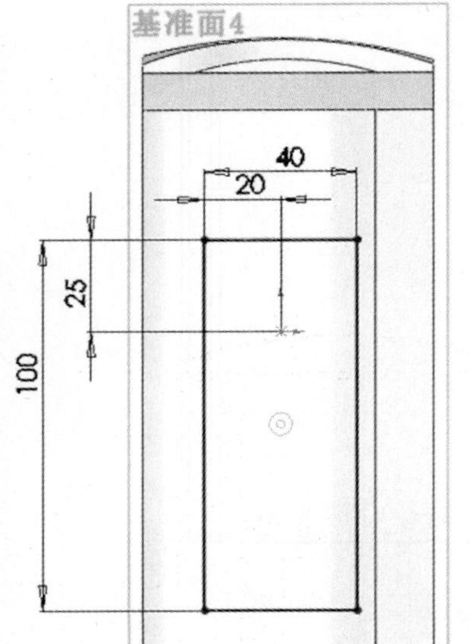

图 3-79

（8）在草图实体元素上，例如矩形的上边，单击并保持，拖动鼠标，可移动它（图3-79）。释放鼠标，将对矩形的高度大小加以修改。这里，对矩形尺寸和位置精确地加以设定。单击（“智能尺寸”），作如图3-80所示的尺寸标注。

（9）切换到“特征”命令管理器。单击（“拉伸切除”），使用此草图进行拉伸切除。

（10）在属性管理器中，在“方向1”项下，将“终止条件”改为“完全贯穿”。单击（“反向”），使拉伸方向向外。预览结果如图3-81所示。显然，要在主箱体中、从当前草图基准面向外减去材料，形成虚空间。

（11）同样，在“方向1”项下，单击（“拔模开/关”）项，

基准面4
40
20
25
100

图 3-80

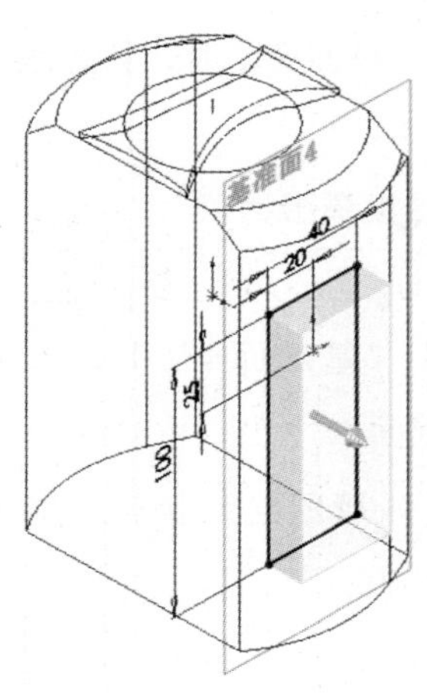

图 3-81

其右侧的“拔模角度”数值输入框变得可用，在其中输入值45（图3-82），按〈Enter〉键，预览也会更新（图3-83）。

（12）在（“拔模开/关”）项下，还有一个“向外拔模”选项。现在勾选它（图3-84），预览更新（图3-85）。这正是想要的虚空间的形状。

（13）单击（“确定”），生成拉伸切除特征（图3-86）。

图 3-82

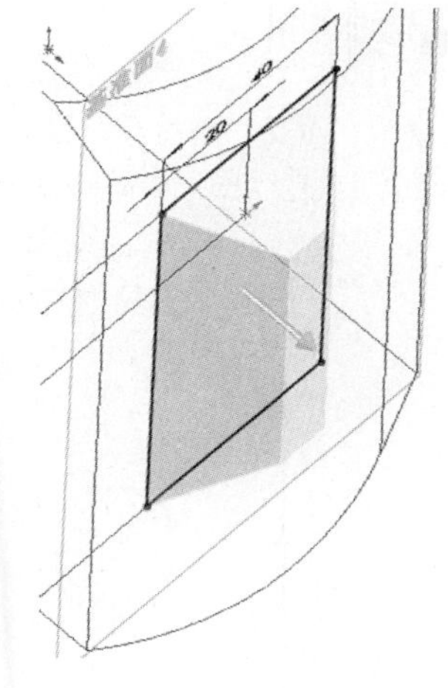
图 3-83

将视图定向为正视于“基准面4”，可看到此时虚空间切除到了楔形体上（图3-87），这与产品形体设计意图不符，需要修改：可以改变刚才设定的拔模角度值，也可以改变用来拉伸切除的草图大小。这里，使用后一方法。

（14）用与前面相似的方法，进入相应草图的草图编辑状态。将矩形的尺寸加以修改，如图3-88所示。单击（“重建模型”），退出草图状态，确认特征编辑结果（图3-89）。

由于前面没有使用镜像工具，而直接绘制矩形，这里要修改两个水平尺寸，以保持矩形位置相对坐标原点的左右对称性。可见，应用镜像工具把握对称性特点，更为有利。

图 3-84

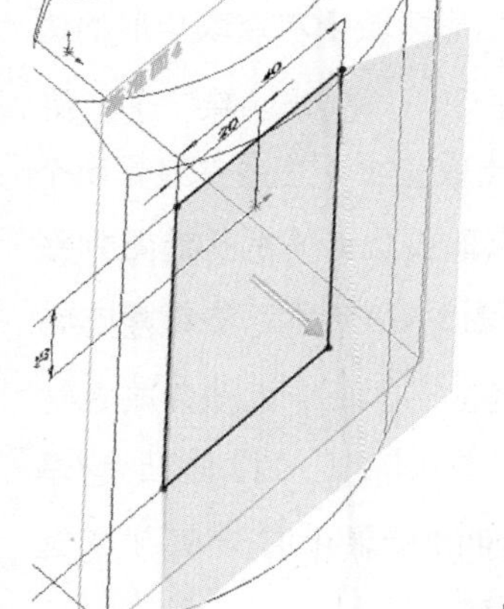
图 3-85

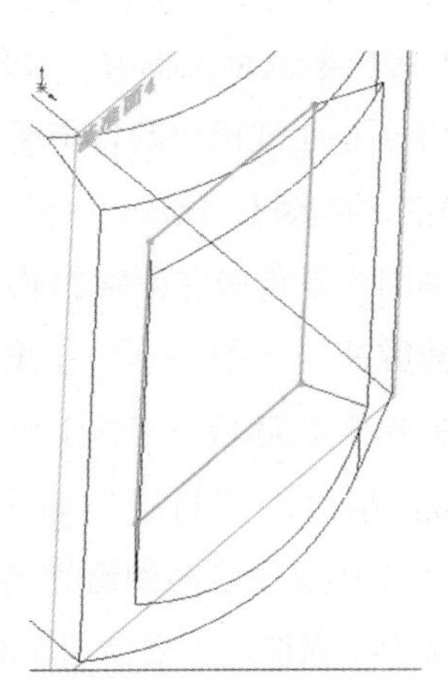
图 3-86

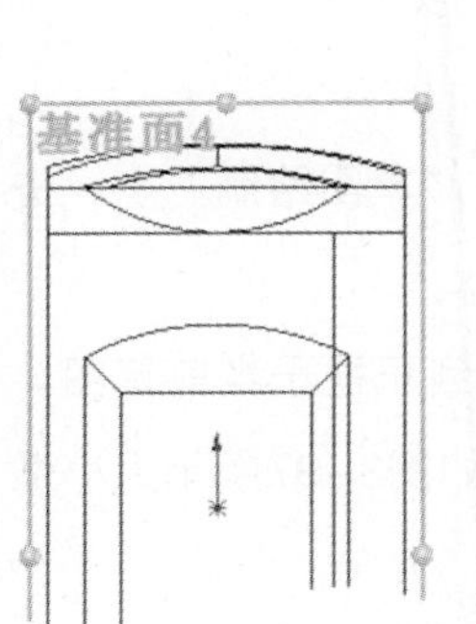

图 3-87

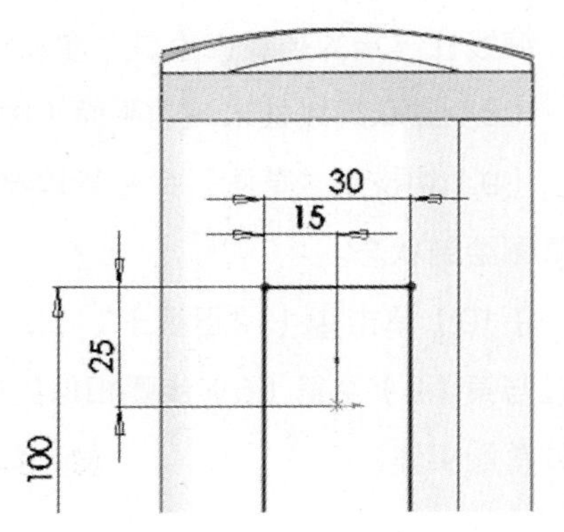

图 3-88

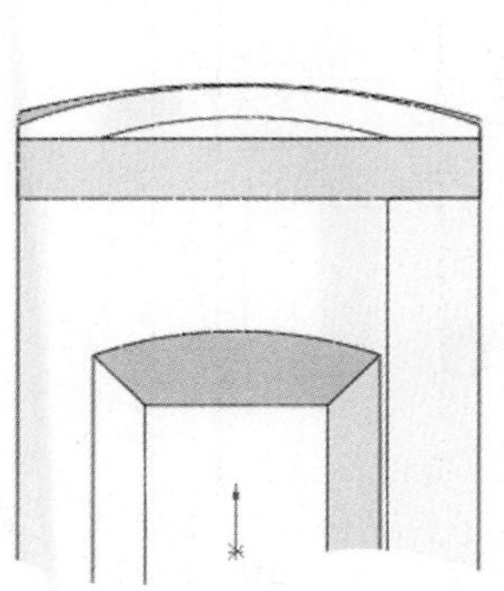
图 3-89

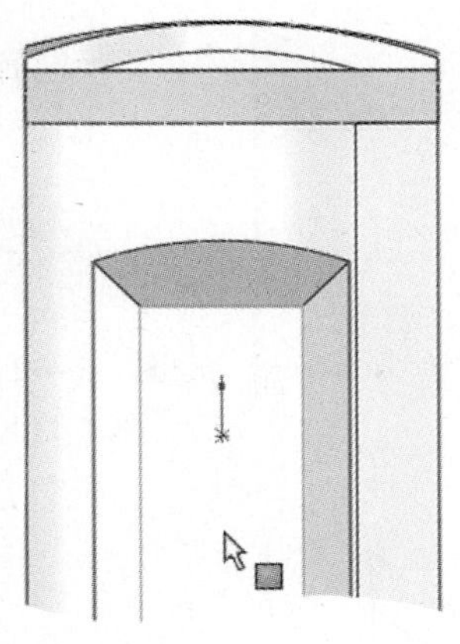

图　3-90

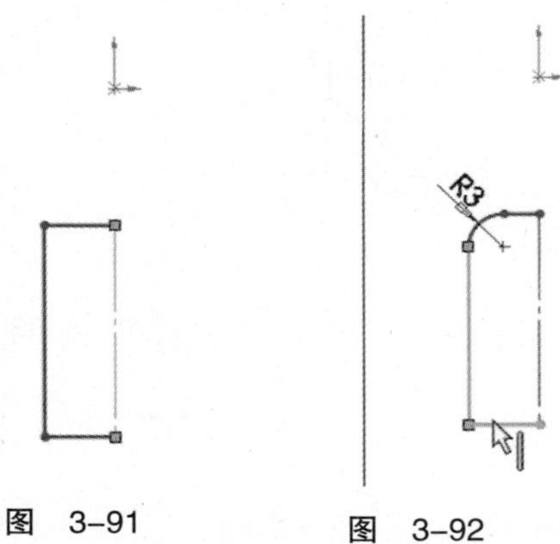

图　3-91　　图　3-92

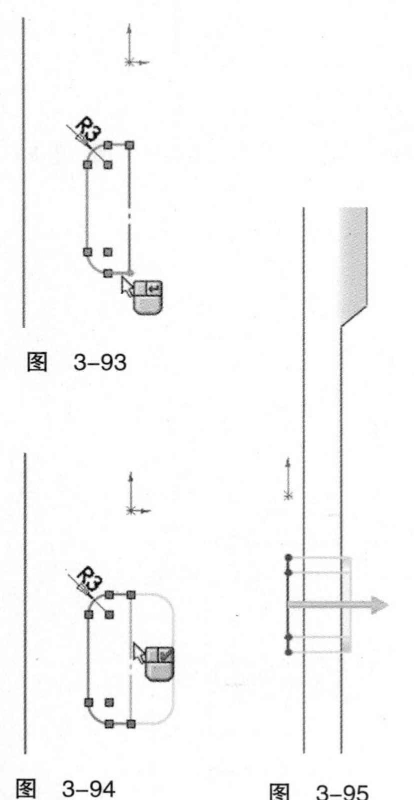

图　3-93

图　3-94　　图　3-95

• 缠线体的生成

缠线体由缠线柱和挡板构成。先来对缠线柱进行建模。

（1）点取缠线盒虚空间的底面，并正视于它，如图3-90所示。

（2）单击（“边角矩形”），绘制大小合适的矩形草图实体。绘制时，通过推理和捕捉，使所定义的第二个角点与坐标原点竖直方向对齐，如图3-91所示。

（3）点取矩形的右竖直边，单击（“构造几何线”），将此边转化为辅助性的构造性实体（图3-91）。

> 提示：根据使用者需要，可将任意草图实体转化为构造几何线；反过来，可将构造几何线转化为草图实体。但草图实体中的（“点”）和（“中心线”）始终是构造性实体。
>
> 构造几何线仅用来协助生成草图实体和几何体，这些项目最终会结合在零件中。当草图被使用来生成特征时，构造几何线被忽略。构造几何线与中心线使用相同的线条样式。

（4）单击（“绘制圆角”），在属性管理器“圆角参数”项下的“半径”数值输入框内，输入值3。在图形区域依次点取矩形的边（图3-92），生成两个圆角草图实体。

（5）单击（“镜像实体”），依次点取五个（三条直线、两个圆角）草图实体作为“要镜像的实体”，点取转化而来的构造几何线作为“镜像点”（图3-93），镜像预览如图3-94所示。右键单击，镜像地生成草图实体。

（6）切换到“特征”命令管理器，单击（“拉伸凸台/基体”），并将视图定向到合适方向预览拉伸的结果（图3-95）。这里，在（“深度”）项使用了默认的深度值10。

（7）单击（“确定”），生成拉伸特征。结果如图3-96所示。

缠线柱末端的挡板，也是“增加材料”生成的实空间。

（8）点取缠线柱末端的平面（图3-96）。

（9）切换到“草图”命令管理器。单击（“草图绘制”），进入草图绘制状态。

（10）单击（“正视于”），将视图定向到正视于当前草图。通过与第（2）至第（5）步骤相似的过程，生成如图3-97所示大小适当的草图实体。

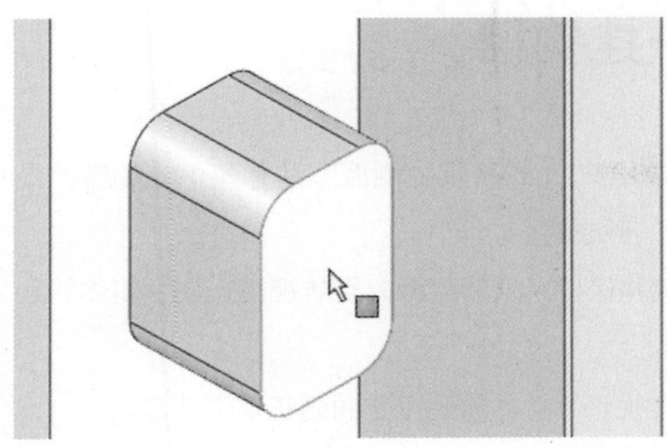

图 3-96

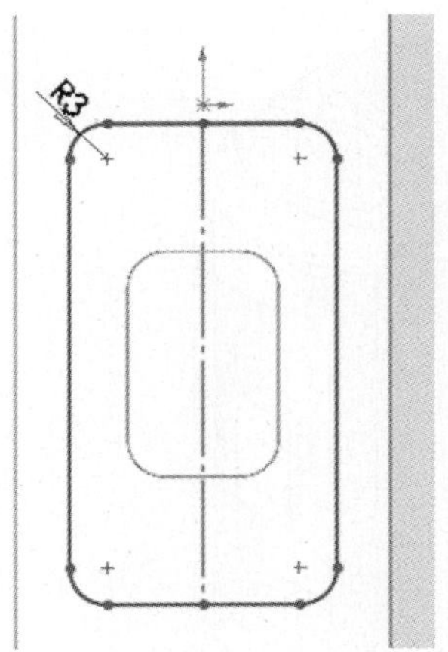

图 3-97

（11）切换到“特征”命令管理器。单击（“拉伸凸台/基体”）。这一次使用“成形到一面”的终止条件选项（图3-98）。在图形区域点取主箱体的背部曲面（图3-99），该曲面以紫色显示，并且被列入（“面/平面”）项后的列表框中（图3-98）。

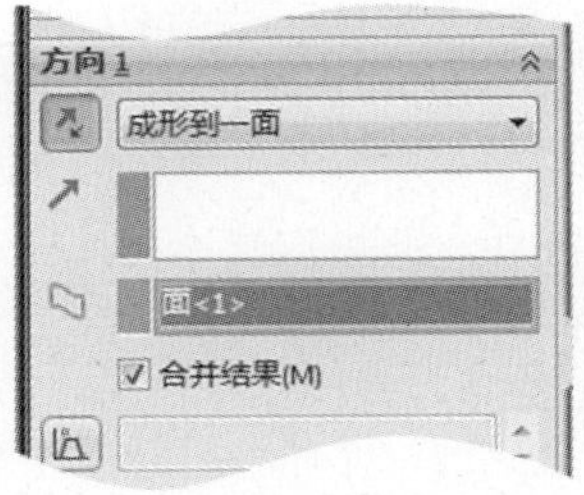

图 3-98

（12）此时光标显示为符号。但此时不要右键单击、生成特征。显然，拉伸方向不对。

（13）单击“方向1”项下的（“反向”，图3-98），预览如图3-100所示。

（14）单击（“确定”），生成拉伸特征（挡板形体）。结果如图3-101所示。这样，挡板端面形状与主箱体背面保持吻合与呼应。至此，音箱产品的形体建模结果如图3-102所示。

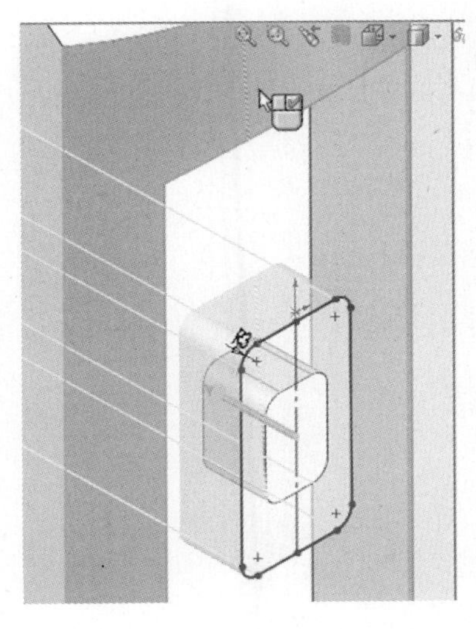

图 3-99

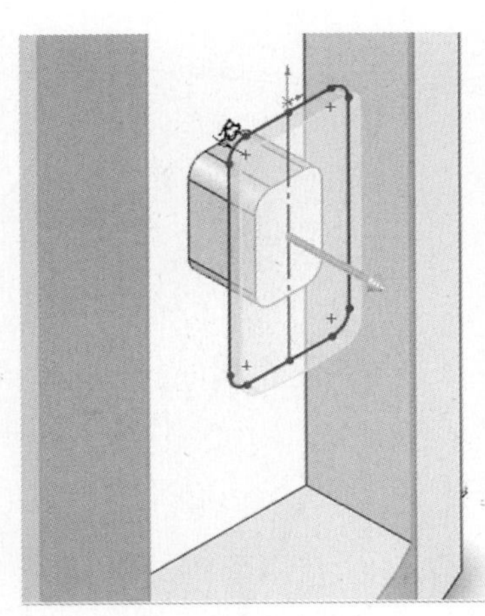

图 3-100

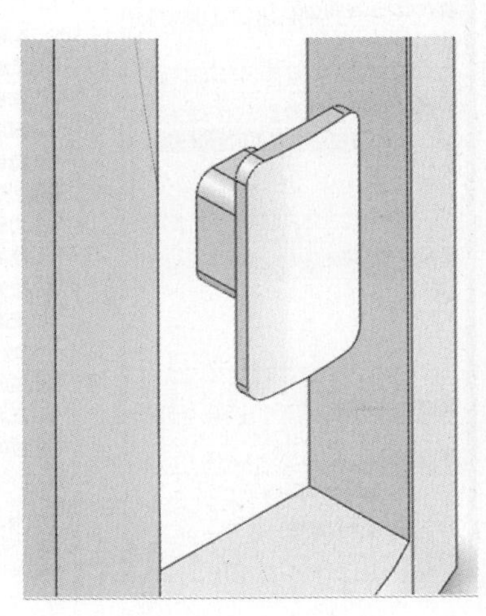

图 3-101

镜像特征——挂钩槽

在此音箱产品形体如图3-102所示的侧面上，有两个挂钩槽，是在主箱体上“减去材料”形成的。

（1）单击鼠标中键并保持，拖动鼠标以旋转视图，使主箱体的底面可见。点取此底面。

（2）单击（“正视于”），将视图定向到正视于此底面。

（3）切换到“草图”命令管理器。单击（“草图绘制”），进入草图绘制状态。

（4）单击（“边角矩形”），在适当位置绘制一个矩形。绘制时，第一角点捕捉到主箱体底面的上部边线（图3-103）。

（5）单击（“智能尺寸”），标注该矩形的水平宽度值为7、高度值为3。

（6）切换到“特征”命令管理器。单击（“拉伸切除”），使用此草图进行拉伸切除。在（“深度”）项后输入130作为深度值，按〈Enter〉键确认，预览将更新。

（7）单击（“确定”），生成拉伸切除特征（第一个挂钩槽形体），如图3-104所示。

接下来，使用特征的“镜像”工具，生成另一个挂钩槽。

（8）单击（“线性阵列”）下的三角箭头，展开下拉列表。

（9）点取（“镜像”），显示出“镜像”属性管理器，如图3-105所示，展开此时“谦让地”显示在图形区域的设计树。在（“要镜像的特征”）项下，在设计树中点取刚才生成的挂钩槽（这里为“拉伸11”）。

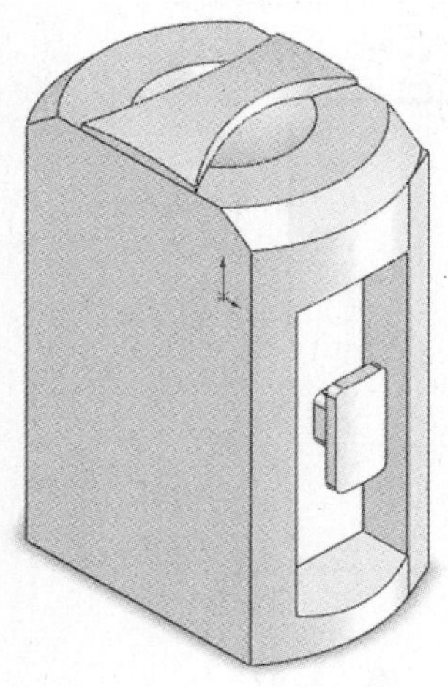

图 3-102

图 3-103

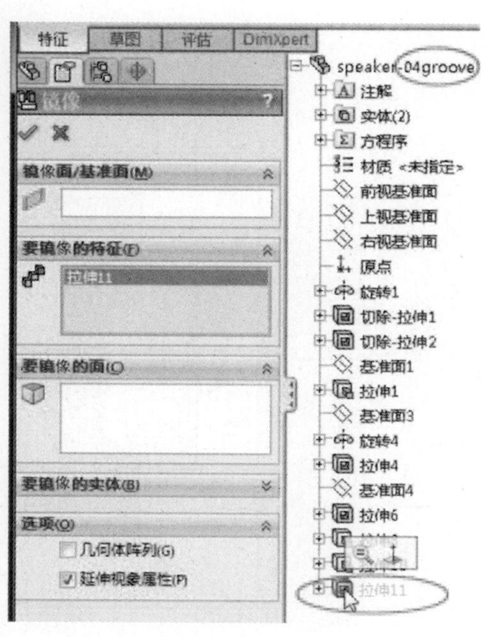

图 3-105

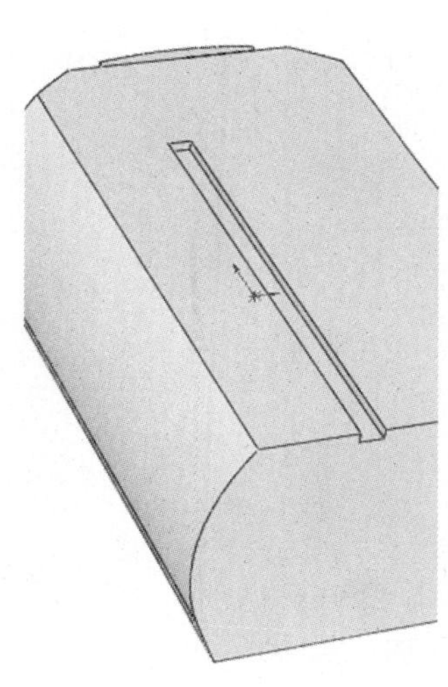

图 3-104

（10）在（“镜像面/基准面”）项下，在设计树中点取“右视基准面”（图3-106），预览结果如图3-107所示。

（11）此时光标显示为符号。右键单击，或单击（“确定”）。生成镜像特征，结果如图3-108所示。

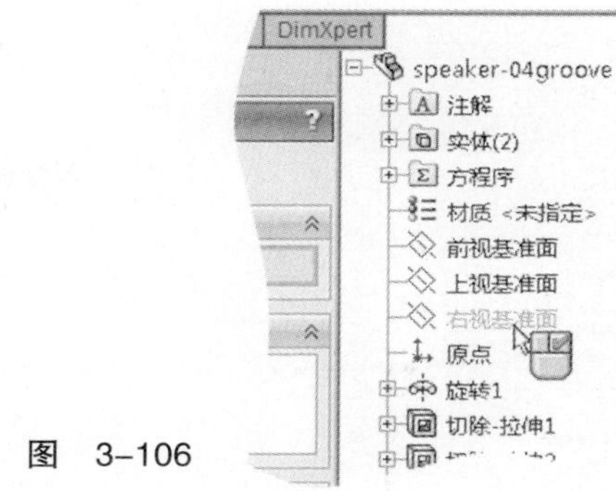

图 3-106

总体来说，可对特征、构成特征的面、带有多实体之零件的实体等对象进行镜像。

在（“要镜像的特征”）项下，在模型中或在展开的设计树中，单击一个或多个特征，可镜像所选取的特征。

通过（“要镜像的实体”）项，在图形区域中点取一模型，可镜像整个模型。

在（“要镜像的面”）项下，在图形区域中点取想镜像的特征的面，可镜像特征的面。

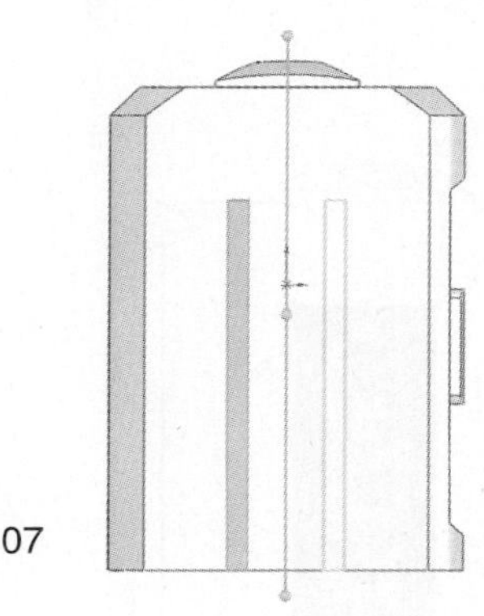
图 3-107

提示：当电源、计算机硬件、计算机操作系统、应用软件等方面出现故障时，都有可能导致突然死机或系统卡壳等意外情况发生。因此，还是在做了一定阶段的操作后，及时地存储中间过程文件为好。文件名可用有提示意义的名称和过程序号命名，如图3-105所示。

多实体零件——标识体

在此音箱产品形体的另一侧面，有浮雕效果的商标、“方正电脑”字样等标识立体形。

（1）回顾一下“SolidWorks基础”部分相关内容，通过自定义，将“草图”命令类别中的（“草图图片”）命令图标放置到“草图”命令管理器的相应工具栏中。

（2）旋转视图，使主箱体上挂钩槽对面的侧面可见。点取此侧面，单击（“正视于”），将视图定向到正视于此侧面。

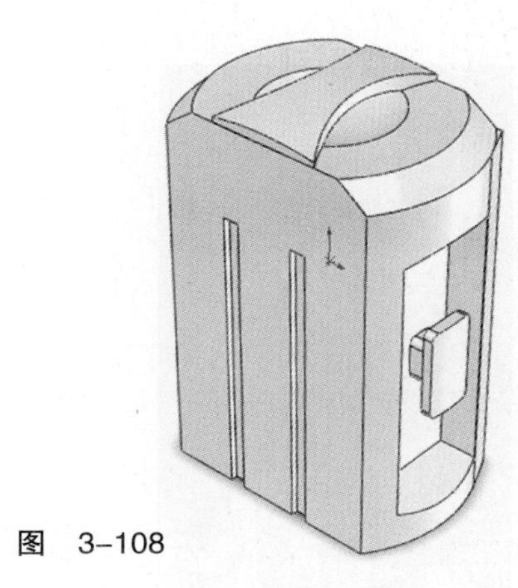
图 3-108

提示：正视于此侧面后，如果此时该侧面被遮挡，则再次单击（“正视于”），即可旋转视图，使其处在前面。

（3）确认切换到“草图”命令管理器。单击（“草图绘制”），进入草图绘制状态。

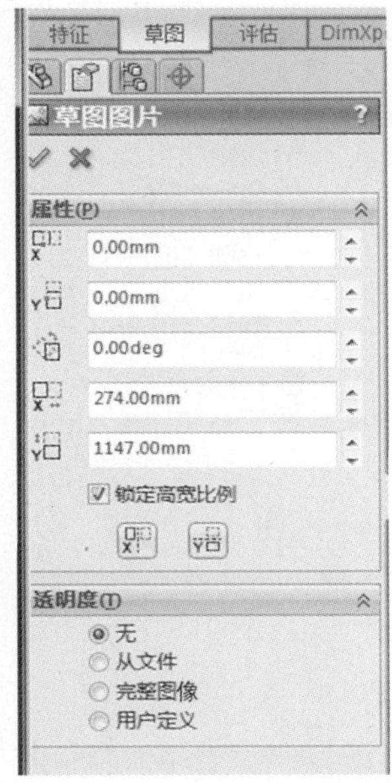

图 3-109

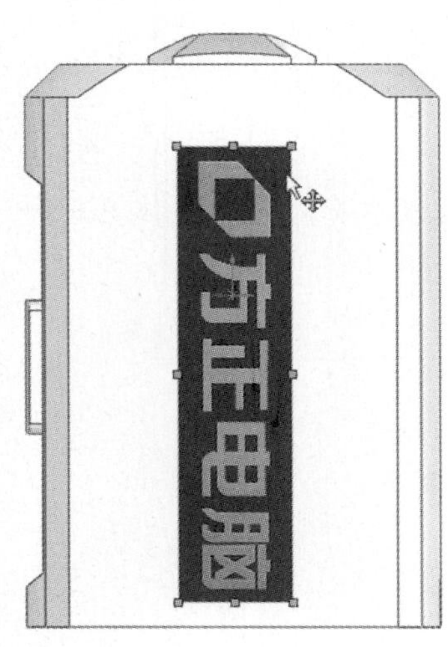

图 3-110

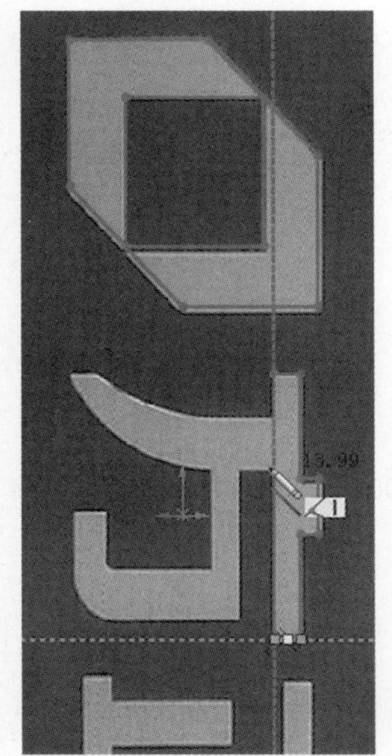

图 3-111

（4）单击 （“草图图片”），出现“打开”浏览器。浏览到标识图片的存放路径后，点取标识图片，单击浏览器上的“打开”按钮。

（5）标识图片出现在当前草图基准面（即草图平面）上，同时显示出“草图图片”属性管理器（图3-109）。

可看到，默认情况下，标识图片的左下角被放置在草图坐标原点处，并以原始图片尺寸显示；同时，在属性管理器中“属性”项下，“原点X位置”、“原点Y位置”、“角度”等项后的值均为0，而“宽度”、“高度”项后则显示出图片的尺寸大小。还可以锁定或不锁定图片比例、在水平或竖直方向反转图片、改变图片的透明程度等。

提示：草图图片的格式可为“.bmp”、“.gif”、“.jpg”（“.jpeg”）、“.tif”、“.wmf”等。

系统不能识别CMYK颜色模式的图片。

（6）默认情况下，“属性”项下“锁定高宽比例”选项是被勾选的（图3-109）。此时，在“宽度”（或“高度”）项后，输入合适的尺寸，按〈Enter〉键可预览，直至图形区域中图片大小合适。

如果要重新编辑图片的尺寸、位置等，则在草图图片上双击，再次选择它（图片四周出现方框控制柄），如图3-110所示。此后，当光标再次放在图片上时，显示为 符号，此时单击并保持，拖动鼠标，即可移动图片位置；把光标放在图片四周的方框控制柄上，单击并保持，拖动鼠标，即可改变图片尺寸。如果取消勾选“锁定高宽比例”选项，则会同时改变图片的比例。

当移动图片或改变图片大小时，属性管理器内相应的值会实时地跟着改变。

这里，原始图片中标识图案放得较正，便不需在“角度”项后输入角度值以旋转图片。

单击 （“确定”），确认对草图图片的编辑。

（7）此时仍处在草图绘制状态。通过运用多种草图工具（例如，绘制直线，样条曲线，绘制圆角，进行剪裁等），临摹（图3-111）、绘制和编辑完成标识草图，结果如图3-112所示。这一过程需要细心和耐心来完成。

（8）草图图片完成了其使命。现在，在草图图片上右键单击，在右键快捷菜单中点取“删除”，出现“确认删除”对话框，单击

> 提示：当把产品设计方案的位图作为“草图图片”放置到草图基准面后，可以用来作为草图绘制、建模的起始依据。

“是”按钮，删除草图图片。

（9）此时仍处在草图状态。切换到“特征”命令管理器，单击（“拉伸凸台/基体”）。在显示出来的属性管理器中，先将拉伸的（“深度”）项的值设定为1。

单击（“确定”）来确认拉伸，但出现如图3-113所示的警示对话框，提示“此草图有自相交叉的轮廓线”。

单击“确定”按钮，关闭警示信息的显示。

（10）在属性管理器中（“所选轮廓”）项（图3-114）下的空白列表框上，单击。

（11）在图形区域的草图上，当把光标移动到封闭性的草图实体区域内时，光标显示为符号，封闭区域则以粉红色显示，在粉红色草图轮廓区域单击，出现拉伸预览（图3-115）；同时，所点取的草图轮廓被列在列表框中，如图3-114所示。

继续依次点取所有的草图轮廓。

（12）单击（“确定”），确认拉伸。但是，这次出现了“重建模型错误”的警示信息，提示“不能生成此特征，因为这将导致厚度为零的几何体”，如图3-116所示。

尽管一再被警示，但其实此时，离完成仅有“一点点”距离了。

（13）如图3-116所示，可看到，目前“合并结果”选项是默认地勾选了的。现在，单击而取消勾选此选项（顺便确认一下深度值，应该仍为1）。

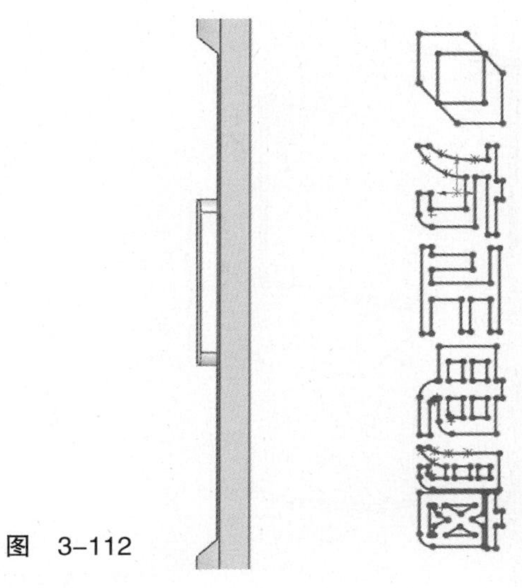

图　3-112

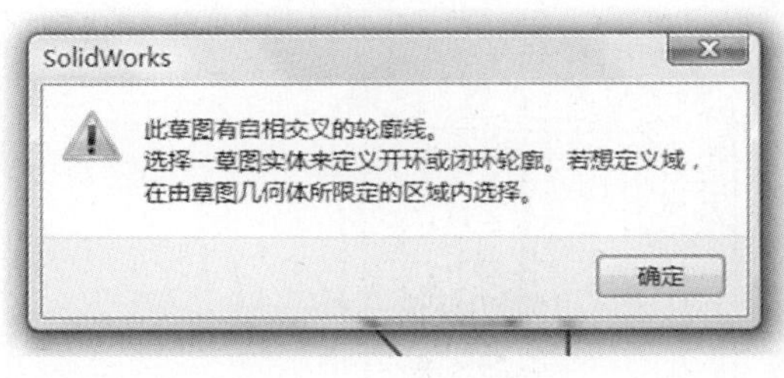

图　3-113

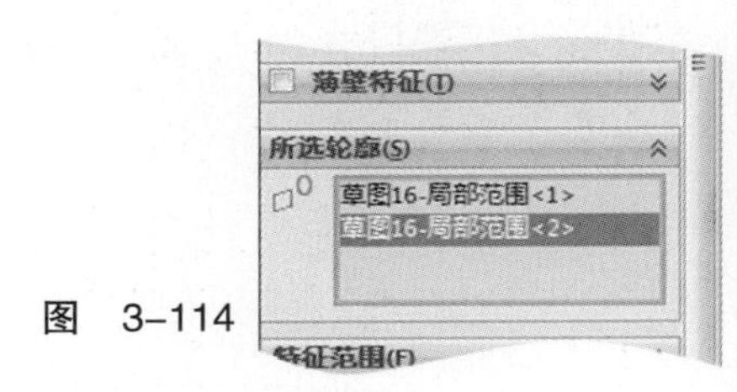

图　3-114

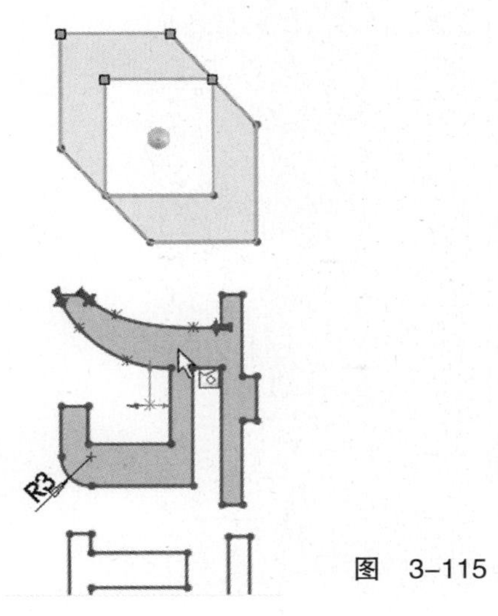

图　3-115

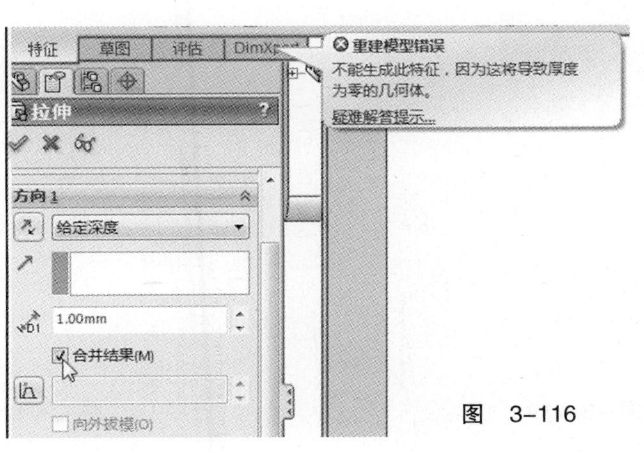

图　3-116

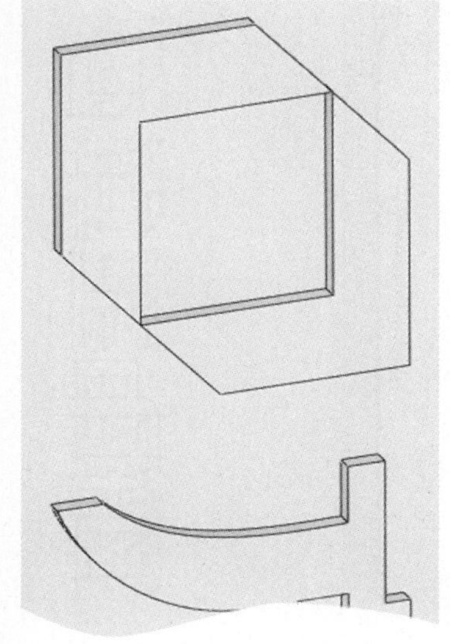
图 3-117

（14）单击✓（“确定”），确认拉伸。

正确地生成了标识的浮雕立体效果（图3-117）。

阵列特征——前面板

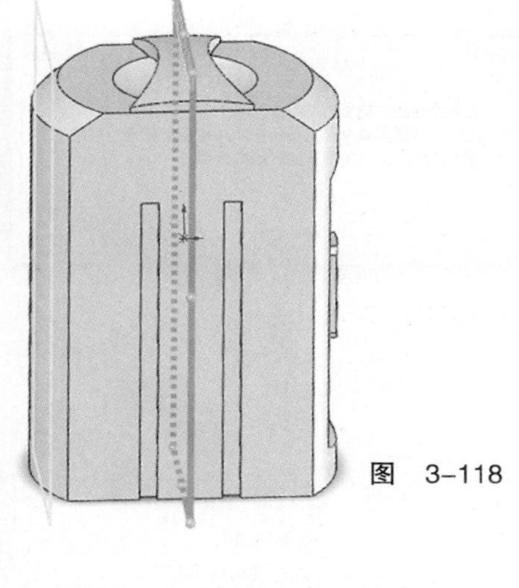
图 3-118

前面板主要包含音孔和灯光槽。下面来建立透出声音的音孔。

（1）点取◈（“基准面”），使用与前面相似的步骤．借助“右视基准面”，以“等距距离”方式，生成一个新基准面（这里为“基准面5”）。此次，将等距距离设定为55，勾选“反向”选项。图3-118所示为其预览。

（2）单击▣（“左视”），视图定向到左视于此新基准面的方向。相当于两次单击“正视于”的视图定向效果（图3-119）。

（3）单击▣（“草图绘制”），进入草图绘制状态。

（4）单击⊙（“圆”）。如图3-119所示，绘制圆时，通过推理和捕捉，使圆心与坐标原点竖向对齐，先绘制一个较小的圆（图3-119a）。标注、设定圆心到楔形体上部平面的轮廓线的竖直尺寸（距离）值为10。在属性管理器中，设定圆的半径值为1.5。

（5）切换到“特征”命令管理器。单击▣（“拉伸切除”），以“完全贯穿”作为终止条件。单击✓（“确定”）后，生成一个透声音孔，结果如图3-120所示。

下面借助拉伸切除特征，生成排列于整个面板的透声音孔。

（6）在设计树中，点取音孔拉伸切除特征（这里为“拉伸19”）项。

（7）单击▦（“线性阵列”），显示出“线性阵列”属性管理器（图3-121）。在“要阵列的特征”项下的列表框中，列出了该特征名称。

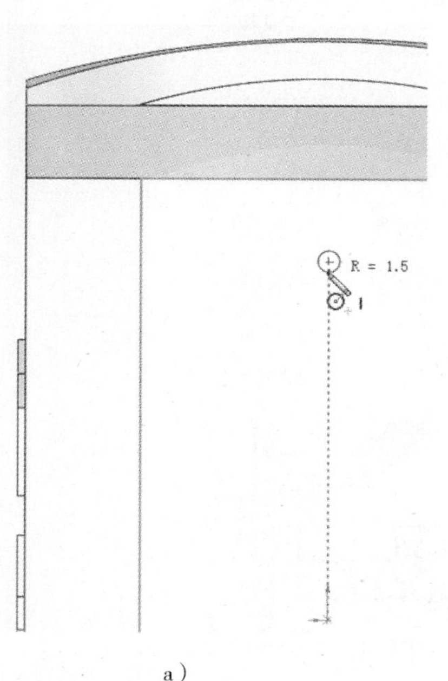

a）

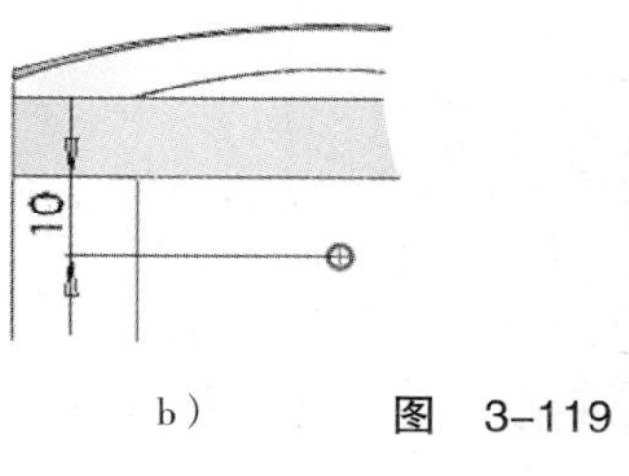

b）

图 3-119

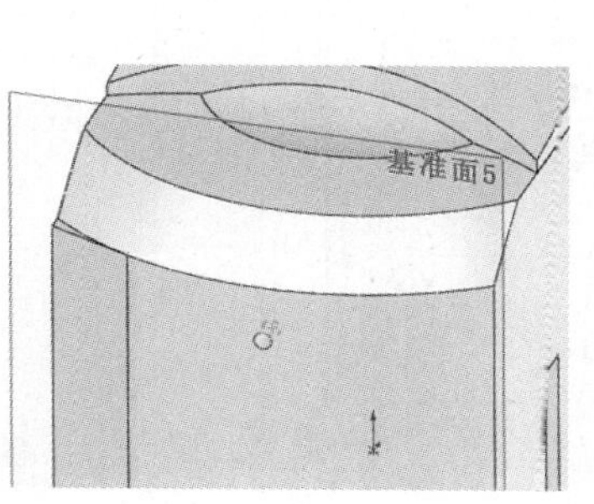

图 3-120

（8）系统自动处在“方向1”项下（“反向”)项后的“阵列方向”列表框，在图形区域中点取如图3-122所示的主箱体模型的边线，出现粗立体箭头指示阵列方向；在作为阵列方向的边线上，还引出了一个快捷输入框，如图3-122所示。

在（“间距”）项后，输入阵列实例之间的距离值为8。

在（“实例数”）项后，根据音孔面板高度和预览结果，这里设定阵列复制的实例数量为19（图3-121，此数量包含源特征在内）。也可在快捷输入框输入上述两项的值，按〈Enter〉键确认输入值，其中的值与属性管理器对应值是相互联动的。

此时阵列方向正是朝下的[必要时，可单击（“反向”），使阵列方向正确]。预览如图3-122所示。

（9）单击（“确定”），生成一竖排用来透出声音的音孔。

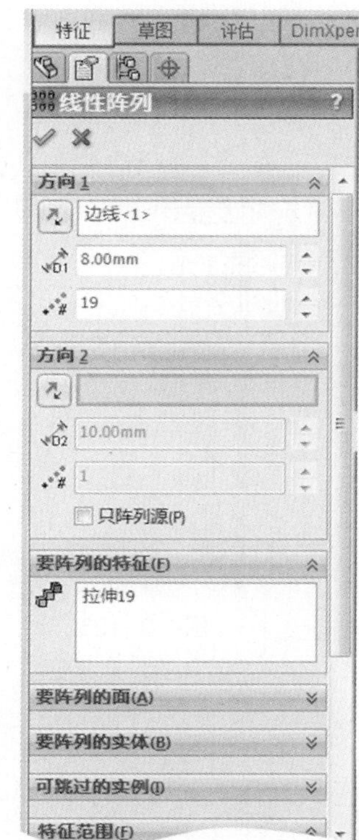

图 3-121

音孔在竖向是直线分布的，而在横向，它们是沿着圆柱面分布的。

（10）在前导视图工具栏中，点取“观阅临时轴”（图3-123），使主箱体等圆柱体的中心轴线临时地显示出来，供下面使用。

（11）在设计树中，点取刚生成的线性阵列特征项，这里即“阵列（线性）1”。

（12）在（“线性阵列”）命令组的下拉列表中，点取（“圆周阵列”），显示出“圆周阵列”属性管理器，如图3-124所示。在“要阵列的特征”项下的列表框中，列出了该特征的名称。

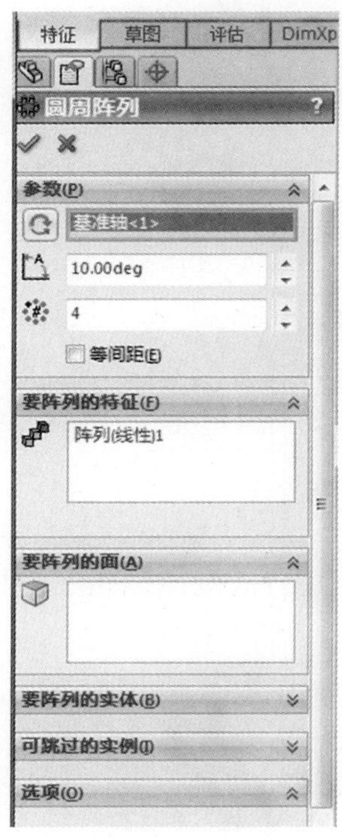

图 3-124

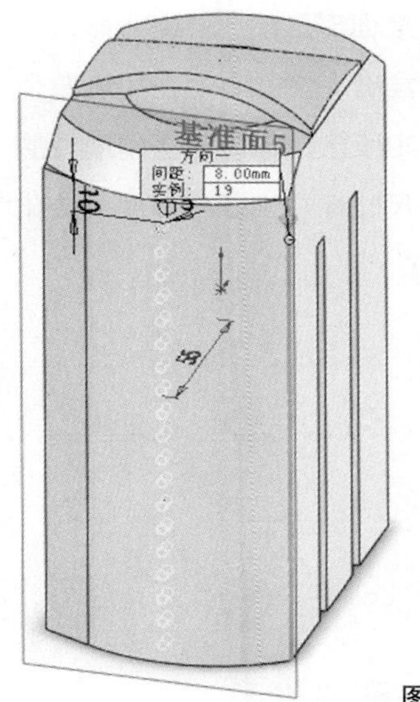

图 3-122

图 3-123

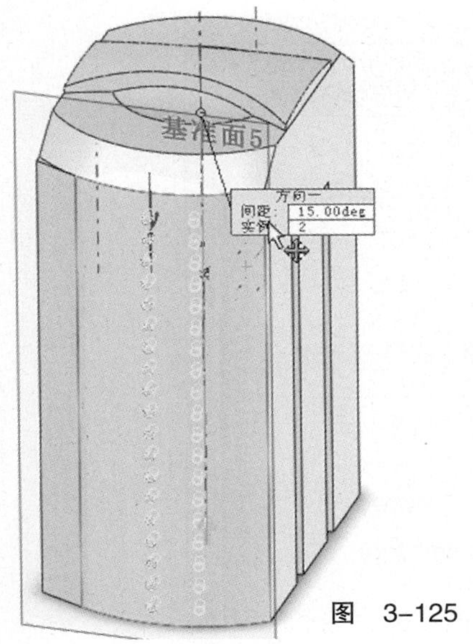

图 3-125

（13）此时系统自动处在“参数”项下（“反向”)项后的“阵列轴”列表框，在图形区域中点取主箱体的中心轴线，在阵列轴线上引出了一个快捷输入框。默认情况下预览如图3-125所示。此时阵列方向朝右。

（14）借助预览，根据音孔排列与面板宽度的关系，确定在属性管理器中的（“角度”）项后输入值7，（“实例数”)项后输入6[同样，此数量包括了源特征，即“阵列（线性）1”]。预览如图3-126所示。也可在快捷输入框输入上述两项的值，按〈Enter〉键确认。

> 提示：将光标置于快捷输入框上，光标显示为符号时，单击并保持，拖动鼠标，可以改变其放置位置，如图3-125所示。

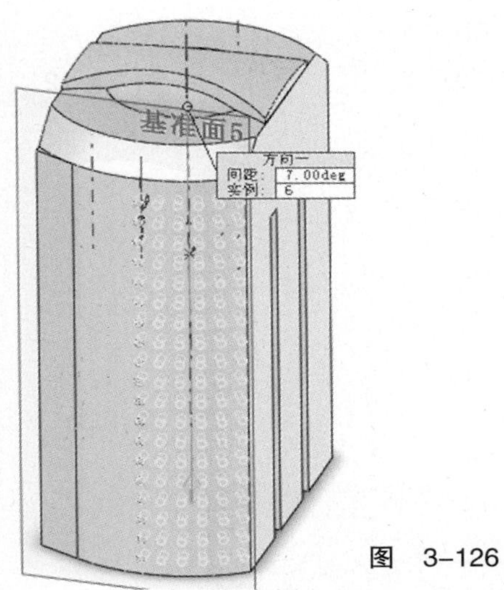

图 3-126

（15）仍然借助那一竖排的音孔[即“阵列（线性）1”]，点取（“圆周阵列”），通过相似的操作，生成另一圆周阵列特征。此次，单击（“反向”），确认阵列方向朝左；仍在（“角度”）项后输入值7，但在（“实例数”)项后输入4。单击（“确定”），生成的结果如图3-127所示。

在属性管理器中的“可跳过的实例”项下，设定要跳过（即不复制）的实例。方法类似于草图“镜像实体”操作过程，可参见“从草图开始”部分的相关内容。

下面再来建立高度位置略低的音孔。似乎可以采用相同的方法和过程，但是先不要开始动手操作，而是先来分析一下。

在第（1）步骤生成的基准面（“基准面5”）上，绘制第二个圆，如图3-128所示。绘制圆时，设法较准确地使圆心处在周边四个已有音孔（特征）的中间位置，如图3-129所示，借助一些辅助性的线来标注尺寸。之后，删除所有辅助线和尺寸标注（或将辅助线转化为构造几何线）。同样，设定相同的半径值。

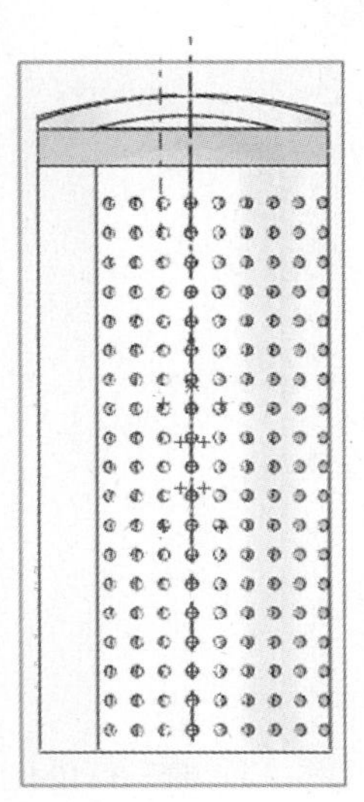
图 3-127

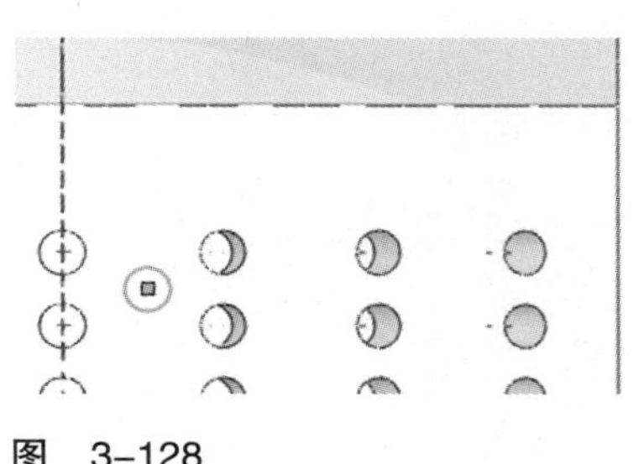
图 3-128

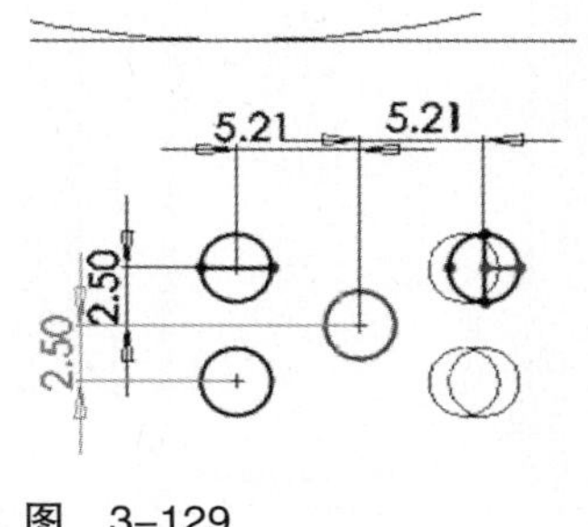

图 3-129

然后通过拉伸切除，生成一个透声音孔。接下来，通过进行三个阵列操作，即一次▦（“线性阵列”）、两次▦（“圆周阵列”），设置合适的值和方向，即可完成。

图 3-130

但是，要精确地定位这些音孔，使音孔在圆柱面状的主箱体前面板上排列得完全规范，就需要找到更好、更严谨的办法，要多费一些功夫，使这第二个圆能建立在恰当的基准面上。下面动手实现这一意图。

（16）在设计树中，点取“前视基准面”。

（17）确认处在“特征”命令管理器。在▦（“参考几何体”）命令组的下拉列表中，点取▦（“基准面”）。“基准面”属性管理器显示出来，“选择”项下▦（“参考实体”）项后的列表框中，“前视基准面”已列入。

（18）此次使用▦（“两面夹角”）的基准面生成方法。单击▦（“两面夹角”），其后的数值输入框从灰色变得可用，如图3-130所示，输入值3.5（是前面圆周阵列“角度”值“7”的一半）。

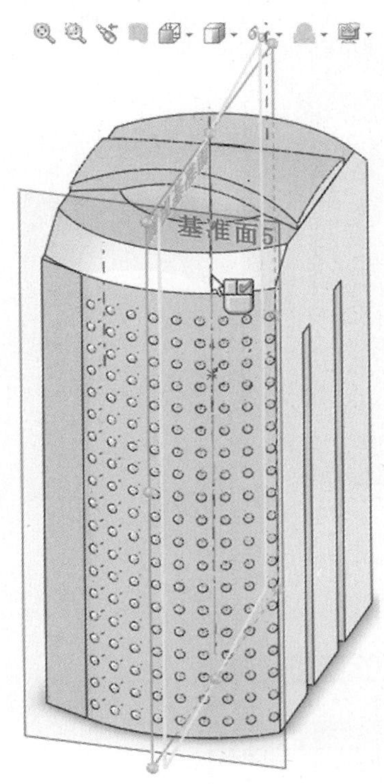

图 3-131

（19）在图形区域中，点取主箱体的中心轴线，▦（“参考实体”）项后的列表框中，列出该轴线名称。图形区域中出现新基准面的预览，如图3-131所示。

（20）此时光标显示为▦符号。右键单击，或在属性管理器上，单击✓（“确定”），生成新基准面（这里为“基准面6”），将视图定向到“上视”方向，观察它与前面板圆柱面、坐标轴向的关系，如图3-132所示。

（21）此时在设计树中，此新基准面仍是被选取的（若不然，则确认点取了它）。

（22）切换到“草图”命令管理器。单击▦（“交叉曲线”）。稍候，显示出“交叉曲线”属性管理器（图3-133）。

（23）在图形区域中，点取前面板圆柱面（图3-134）。它列入到属性管理器“选取实体”项下的列表框中（图3-133）。

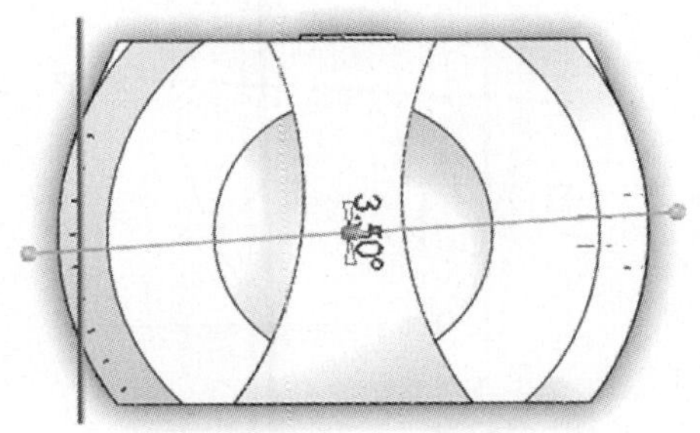

图 3-132

图 3-133

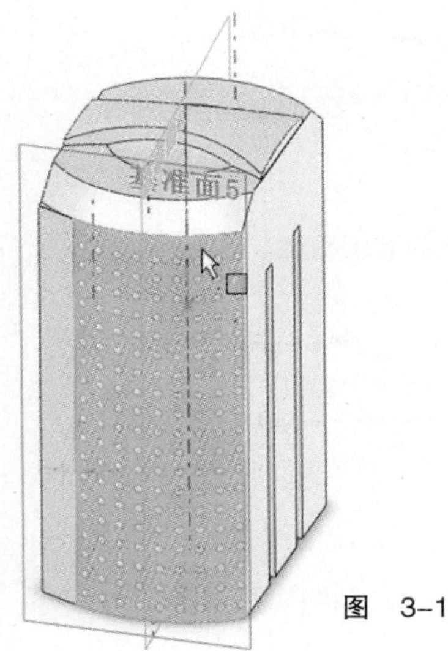

图 3-134

（24）单击✓（“确定”）。生成“基准面6”与圆柱面的交叉曲线，如图3-135所示。需再单击✕（“取消”），退出操作。

（25）单击（“重建模型”），退出草图状态。

（26）在（“参考几何体”）命令组的下拉列表中，点取（“基准面”）。显示出“基准面”属性管理器（图3-136），它较简单，只有“选择”项。

（27）这一次使用（“曲面切平面”）的基准面生成方式。在属性管理器中，单击（“曲面切平面”），如图3-136所示。

如图3-137所示，在图形区域中，点取主箱体的圆柱面，它以蓝色显示；点取刚生成的交叉曲线的上部端点。

随着被点取，它们都被列入“选择”项下（“参考实体”）项后的列表框中（图3-136）。

（28）此时光标显示为符号。右键单击，或在属性管理器上单击✓（“确定”），生成新基准面（这里为“基准面7”）。

视图定向到“上视”方向，观察它与“基准面6”、坐标轴向的关系，此新基准面如图3-138所示。

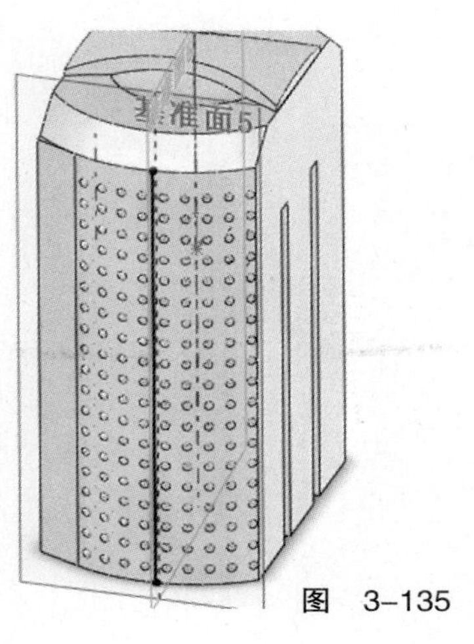

图 3-135

此新的基准面就是放置第二个圆的平面。借助它可以在空间上精确地定位音孔，而不是在正视图方向粗略地定位音孔。

（29）为了清晰起见，先在设计树中，将“基准面6”隐藏。

（30）在设计树中，点取最新生成的基准面（“基准面7”）。

（31）切换到“草图”命令管理器。单击（“草图绘制”），进入草图绘制状态。

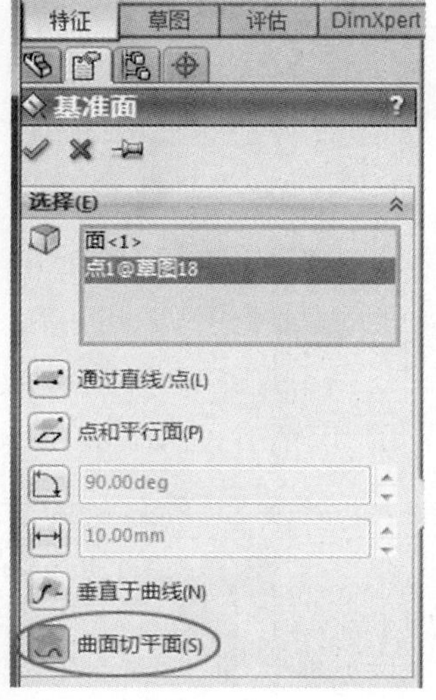

图 3-136

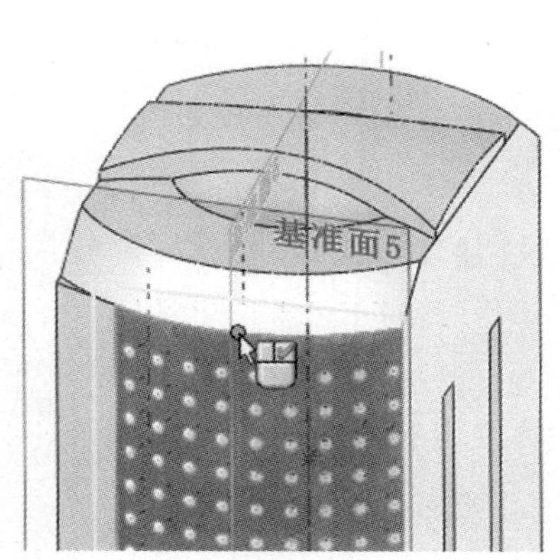

图 3-137

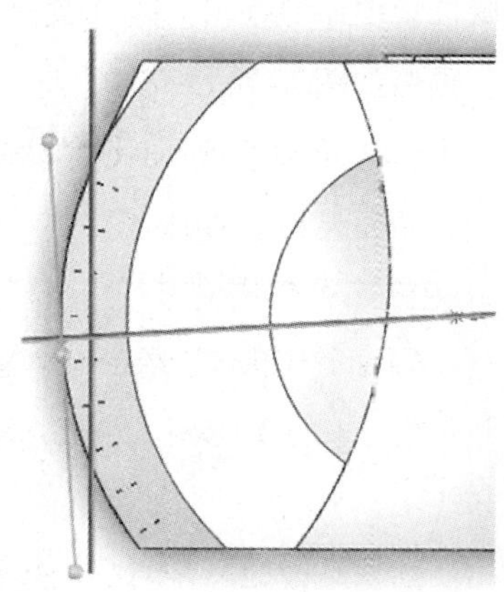

图 3-138

（32）单击（“圆”），如图3-139所示。绘制圆时，使圆心捕捉在交叉曲线上。标注圆心到楔形体上部平面的轮廓线的竖直尺寸，设定此距离值为14（是图3-119所示的竖直距离值“10”，加上先前线性阵列“间距”值“8”的一半）。同样，在属性管理器中设定圆的半径值为1.5。

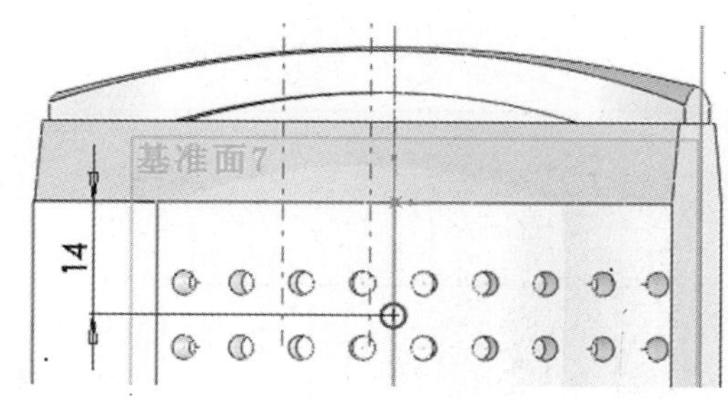

图 3-139

（33）切换到“特征”命令管理器。单击（“拉伸切除”），以“给定深度”作为终止条件，设定合适的“深度”值（例如6）。单击（“确定”），生成又一个透声音孔（这里为“拉伸20”）。

（34）可在设计树中，点取交叉曲线将其隐藏（但不能删除）。

（35）在设计树中，点取最近生成的拉伸切除特征（音孔）。

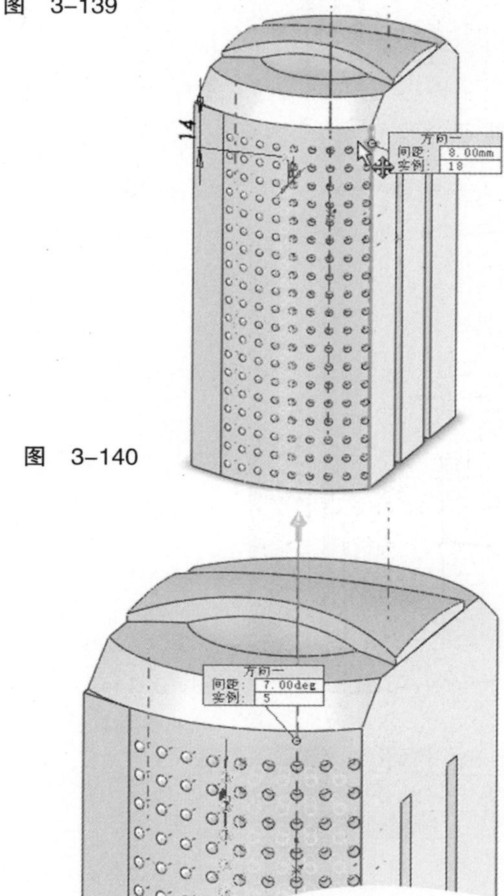

图 3-140

下面采用与前面相似的方法和步骤，生成音孔排列。

（36）单击（“线性阵列”）。在“方向1”项（“间距”）项后，仍输入阵列实例之间的距离值为8。在（“实例数”）项后，输入实例数量为18（是前面线性阵列中的实例数量减1）。也可在快捷输入框输入上述两项的值，按〈Enter〉键确认输入。必要时，可单击（“反向”），使阵列方向朝下。预览如图3-140所示。

（37）单击（“确定”），再次生成一竖排透声音孔[“阵列（线性）2”]。

确认使临时轴显示出来。

（38）在设计树中，确认点取了刚生成的线性阵列特征，这里即“阵列（线性）2”。

图 3-141

（39）在（“线性阵列”）命令组的下拉列表中，点取（“圆周阵列”）。必要时，单击（“反向”），确认阵列方向朝右。在属性管理器（“角度”）项后，仍输入值7，但在（“实例数”)项后，输入5（是前面对应圆周阵列实例数减1）。

预览如图3-141所示。

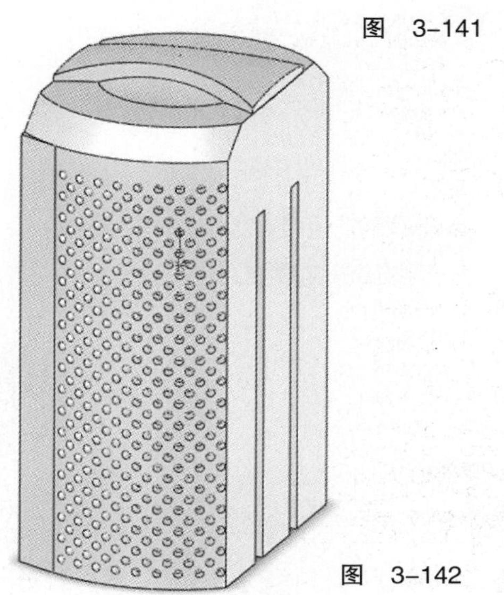
图 3-142

（40）仍然点取新近生成的那一竖排音孔[这里为“阵列（线性）2”]，点取（“圆周阵列”），通过相似的操作，生成另一圆周阵列特征。可单击（“反向”），确认阵列方向朝左；在（“角度”）项后输入值7，在（“实例数”)项后输入4。单击（“确定”）生成。结果如图3-142所示。

下面快速建立显示灯的灯槽形体。

（41）点取楔形体的前面平面作为草图基准面，绘制草图。使用

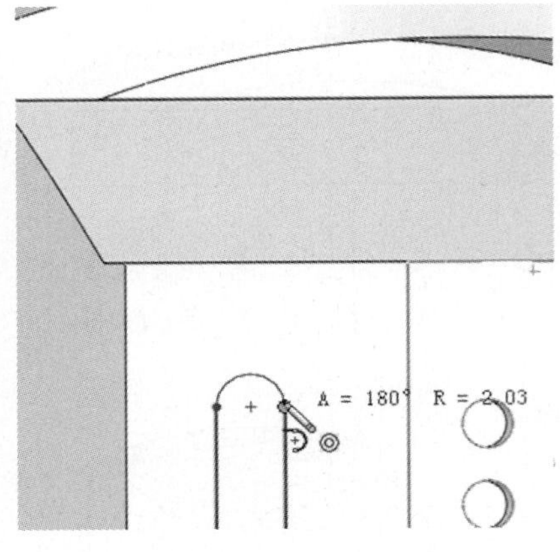

图 3-143

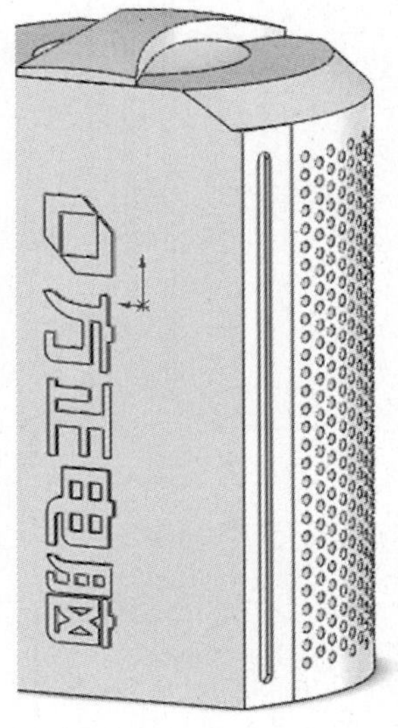

图 3-144

（“直线”）工具，绘制两条竖直直线，使第二条直线的上、下端点分别与第一条对齐。再使用（“切线弧”）封闭两端，如图3-143所示。

（42）使用（“拉伸切除”）工具，设定合适的深度值（例如1），形成灯槽形体，如图3-144所示。

圆角特征——细节刻画

该音箱的手柄既是产品形体的有机部分，又可用来移动音箱。手柄上有些圆角过渡，会使手感舒服一些。借助手柄，来看看圆角特征及其一些参数变化。

（1）在“特征”命令管理器上，单击（“圆角”）。弹出“圆角”属性管理器，并默认地处在“手工”倒圆角的状态。“圆角类型”项下，默认地为“等半径”选项。在“圆角项目”项下的（“半径”）项后，输入值1（图3-145）。

（2）处在“圆角项目”项下的（“边线、面、特征和环”）项时，如图3-146所示，在图形区域中，依次点取手柄顶端曲面的四条边线。随着被点取，它们逐一被列入该项后的列表框中（图3-145）。

或者，不是点取手柄顶端曲面的四条边线，而是直接点取手柄顶端的曲面，也可。

（3）此时光标显示为符号。右键单击，或在属性管理器上，单击（“确定”），生成圆角（图3-147）。

也可以给手柄倒变半径圆角。

图 3-145

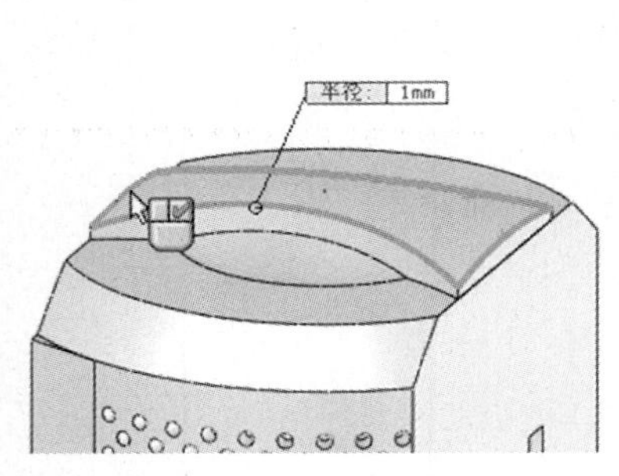

图 3-146

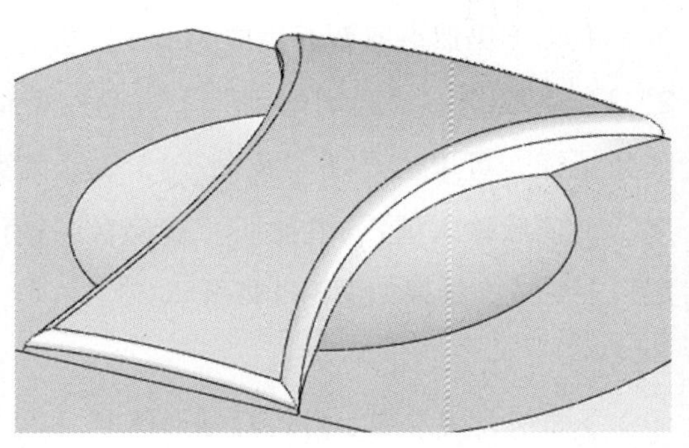

图 3-147

（4）在设计树中，删除刚生成的圆角特征。

（5）在“特征”命令管理器上，单击（“圆角”）。在属性管理器中，确认在“手工”倒圆角的状态。“圆角类型”项下，点取“变半径”选项（图3–148）。

（6）在图形区域中，点取手柄顶端曲面的一条长边线。如图3–149所示，边线的起始、终止端点上各引出了一个快捷输入框，并标明“变半径”的值还“未指定”；边线上以浅紫色（默认地）显示了三个控制点。同时，该边线名称也列入到“圆角项目”项下的（“边线、面、特征和环”）项后的列表框中。

（7）如图3–148所示，在属性管理器“变半径参数”项下，（“附加的半径”）项后的列表框中，列出了所点取边线的两个端点（分别用“V1”、“V2”指代）。

点取“V1”，在（“半径”)项后的数值输入框中，输入值2，按〈Enter〉键确认。看到在（“附加的半径”）项后的列表框中也会有所更新，即在“V1，”后显示出半径值“2mm”，而图形区域中对应端点上引出的快捷输入框以紫色底色显示，并将半径值更新为“2mm”，如图3–150所示。

（8）对边线终止点处的圆角半径，在快捷输入框中输入值2，如图3–150所示，可看到在（“附加的半径”）项后的列表框中也会同时更新，即由原来显示的“V2，”变更显示为“V2，2mm”。

（9）在属性管理器的“圆角项目”项下，点取“完整预览”选项（默认地是处在“无预览”选项上），如图3–151所示。看到图形区域以两条亮黄色线预览地显示出圆角的边界。

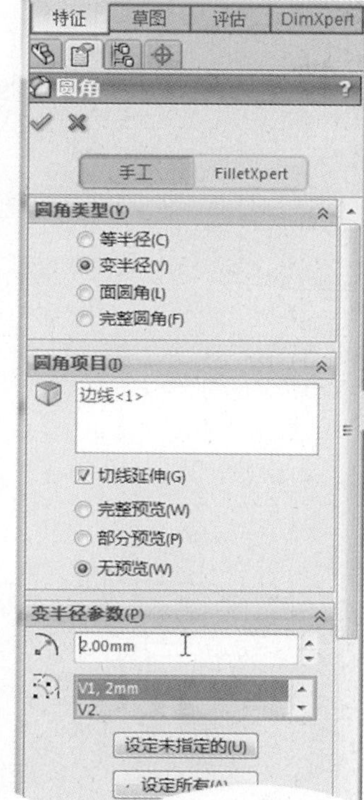

图 3–148

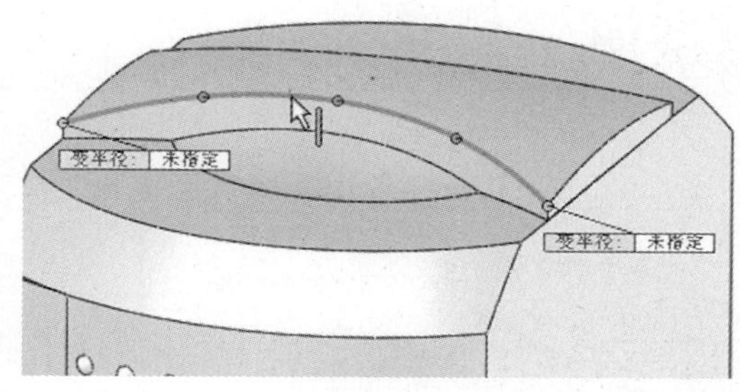

图 3–149

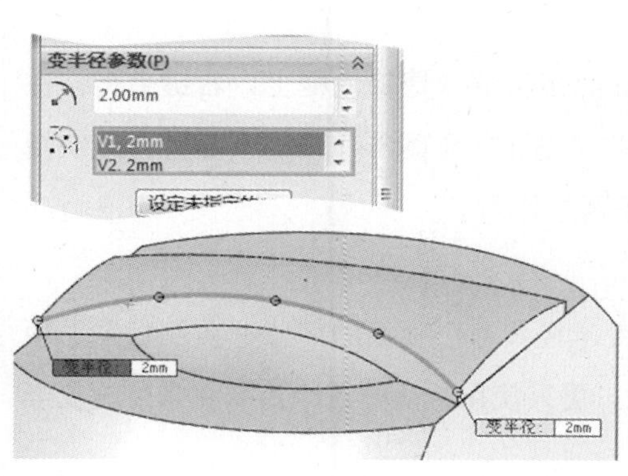

图 3–150

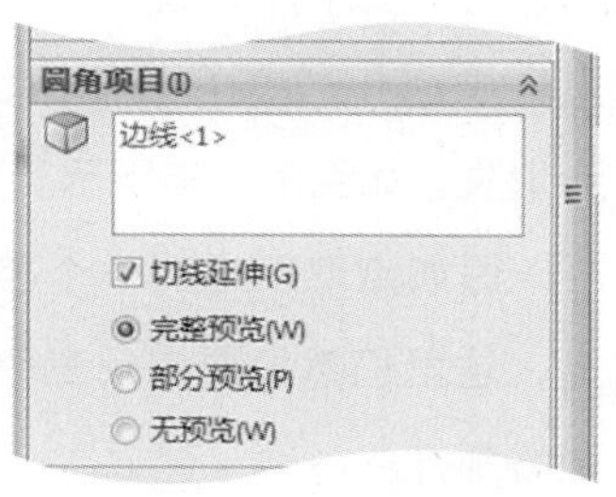

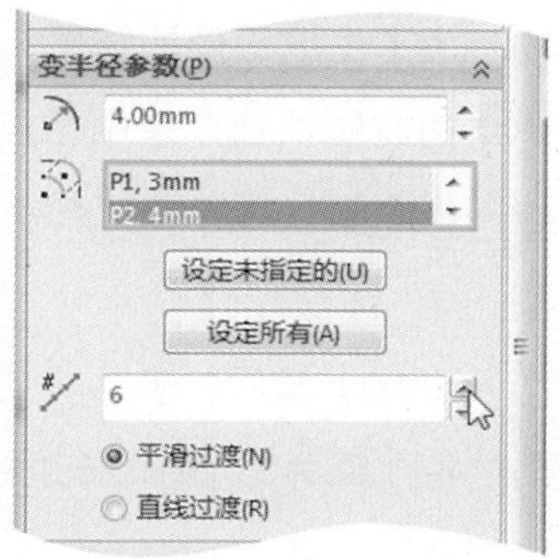

图 3–151

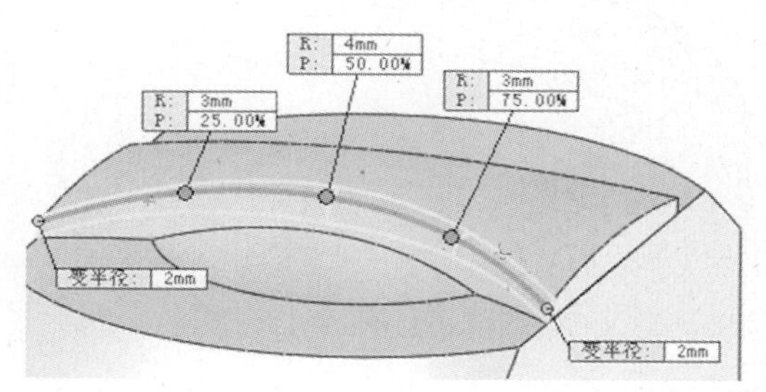

图 3–152

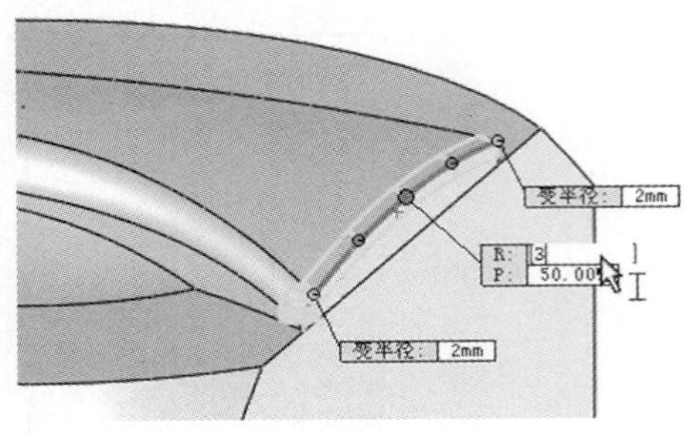

图 3-153

（10）在边线的控制点上单击，会在该控制点引出快捷输入框。如图3-152所示，控制点的快捷输入框包含“R”（即该控制点处的半径）、“P”（即该控制点在其所处边线上位置的百分比）两项。引出快捷输入框后，控制点（以P1、P2、P3指代)的位置上转而以稍大的蓝色圆点覆盖、显示。

依次在三个控制点的快捷输入框的“R”后，分别输入值3、4、3。可看到，在（“附加的半径”）项后的列表框中，对应地增列出“P1，3mm”等（图3-151)。预览如图3-152所示。

（11）单击（“确定”），生成变半径圆角。

（12）手柄上端曲面的（两条）短边线处，以如图3-153所示的设定（起始点、终止点处半径为2，居中控制点半径值为3），生成变半径圆角。

（13）与第一条长边线一样，对面另一条长边线处设定同样的变半径值，过程如图3-154所示。

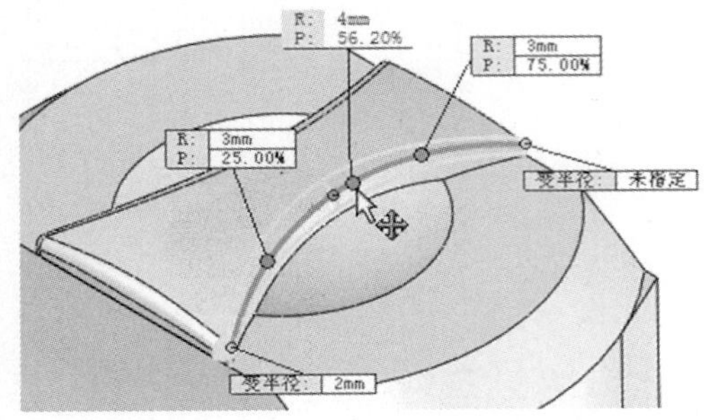

图 3-154

如图3-154所示，在中间（第二个）控制点快捷输入框的蓝色圆点上，单击并保持，光标显示为符号。移动鼠标，可移动控制点的位置，即重新设定该控制点在边线上的相对位置（输入框中“P”后的值也会联动着改变，显示新的百分比值），此处原有的紫色控制点，因没有了稍大蓝色圆点的覆盖而再次显示出来。

如果要取消刚作的位置变更，在输入框中“P”后输入50（即50%），按〈Enter〉键确认即可。

边线起始点、终止点之间的控制点数量默认地为3。如图3-151所示，将“变半径参数”项下的（“实例数”）项后的值改为6，边线上会显示出6个紫色控制点，而先前已经引出、设定的快捷输入框也不会消失，如图3-155所示。

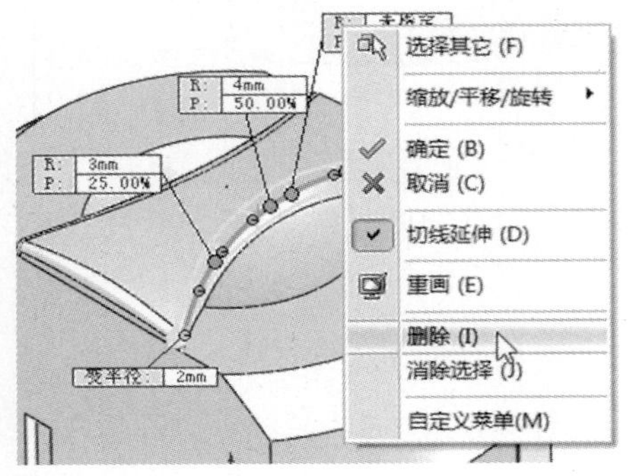

图 3-155

假如点取新增的一个控制点，当然，会引出快捷输入框。但实际上，这里仍然只要使用三个控制点来控制变半径圆角，像对第一条长边线那样。

为了生成正确的结果，在此多余的快捷输入框上，右键单击，在弹出的右键快捷菜单中，点取“删除”（图3-155），即可将此快捷输入框删除，对应控制点就不再起作用了。

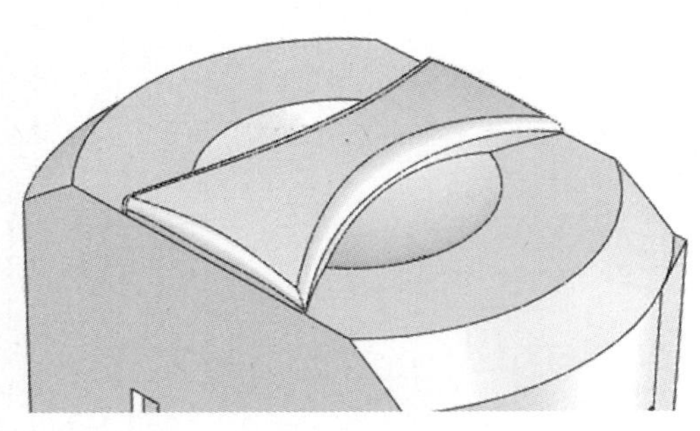
图 3-156

（14）最后，确认将“变半径参数”项下的（“实例数”）项后的值改回为3，对此长边线，仍只使用默认的三个控制点来生成变半径圆角。

（15）单击（“确定”）。手柄圆角的最后结果如图3-156

所示。

对缠线盒处也作了等半径圆角，如图3–157所示。对其它各处还可视情况作一定圆角处理。

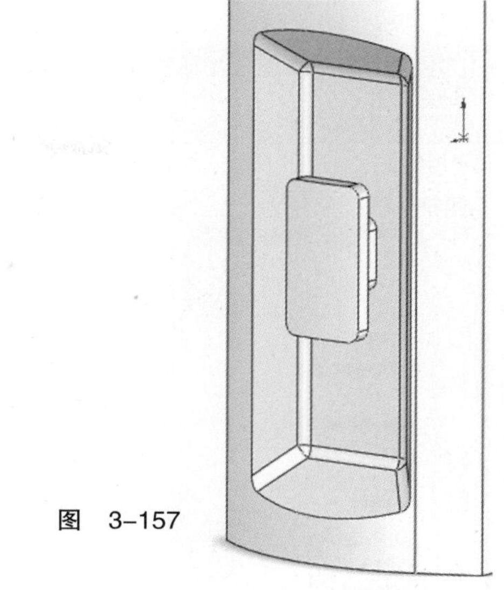
图 3–157

退回控制棒——插入形体修改

至此，基本完成了该产品形体的建模表达过程。不过，检视一下原型产品，发现在主箱体顶面与凹球冠面的转接处，还有一个明显的斜直面，它不是一个可省略的细节，而是一个明显的形体“特征”。但在前面的形体建模过程中，“漏掉”了这一步。当前，两者间只是以一条线交接的（图3–158）。

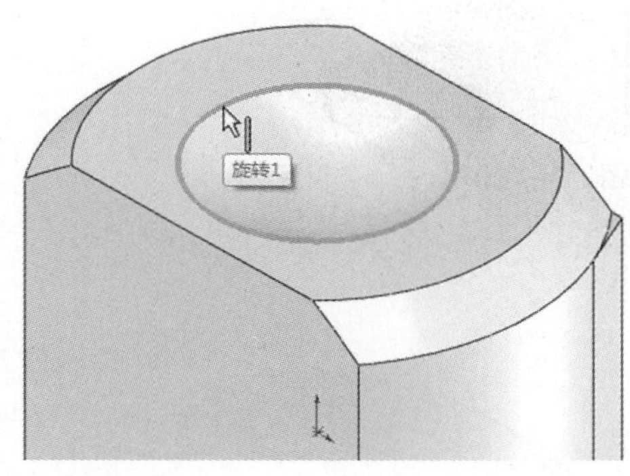

图 3–158

那么，要完成它，总不想从头再来过一遍吧。正好，借此机会来看看退回控制棒是如何发挥作用的。

（1）现在设计树已经较长了，向下拖动设计树右侧的滑杆到最底处。

（2）把光标放在设计树最底端的横杆上，它显示为符号。此时，单击并保持，向上移动鼠标，将退回控制棒放到设计树中手柄雏形特征（“旋转4”）之前时，释放鼠标。设计树中，退回控制棒以下的特征序列都以灰色显示，如图3–159所示。几何模型自动重建，退回到手柄雏形生成之前的形体状态（图3–158）。

（3）在“特征”命令管理器（“圆角”）命令组的下拉列表中，点取（“倒角”）。显示出“倒角”属性管理器，如图3–160所示，默认情况下，“倒角参数”项下处在“角度距离”方式。这里，使用此默认的倒角方式。

（4）在图形区域中，点取如图3–158所示的交接线。出现如图3–161所示的粗立体箭头，并引出快捷输入框，然而没有出现预览结果。但是属性管理器的“倒角参数”项下，却是处在“部分预览”（而不是“无预览”）状态的，如图3–160所示。

这是由于在“角度距离”方式下，默认的（“距离”，10）与默认的（“角度”，45）不能满足当前几何模型的几何条件，具体地说，不能在此交接线处正确生成距离为10、角度为45°的倒角，即斜切平面。

如果此时单击（“确定”），会出现“重建模型错误”的警示信息（图3–162）。

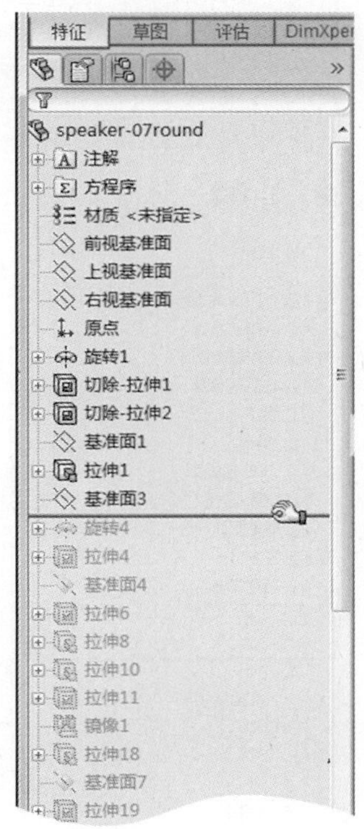

图 3–159

其实没有正确地预览结果，已经提示出了问题。

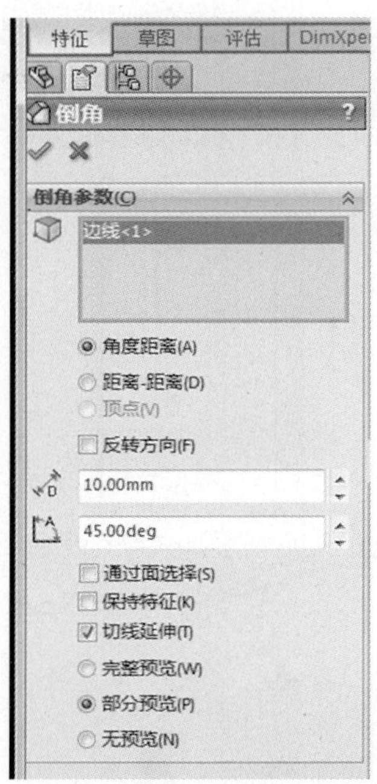

图 3-160

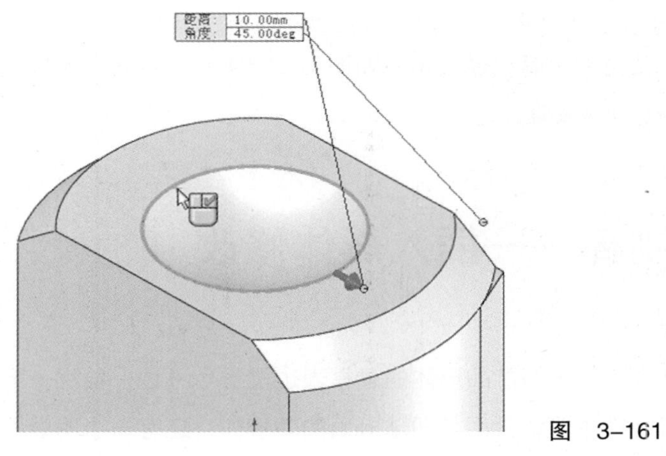

图 3-161

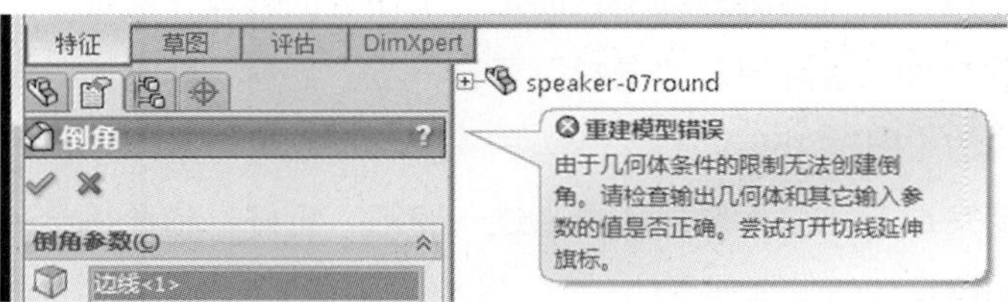

图 3-162

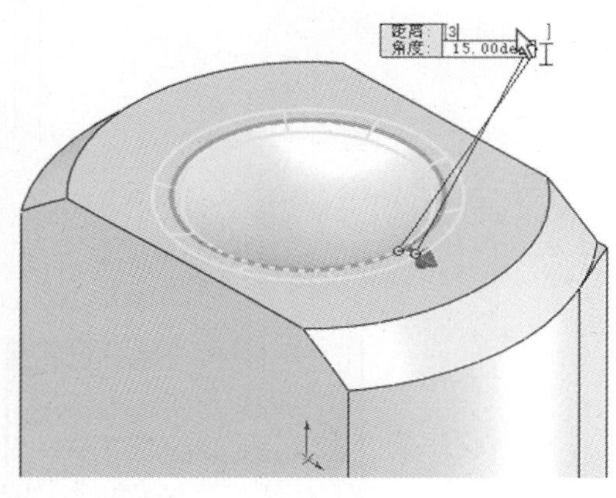

图 3-163

（5）这里，将“距离”值设定为3，“角度”值设定为15。预览结果如图3-163所示。

（6）单击✓（“确定”）。这样，就插入、生成了过渡性的斜面区域（倒角特征）。

（7）在设计树中，将退回控制棒下拉一个项目。这里，就是使退回控制棒处在手柄锥形（“旋转4”）之后，过程如图3-164所示。

（8）现在该特征变得可见、可编辑，如图3-165所示，展开该特征。在其下属的草图（这里为“草图6”）上单击，在关联工具栏上单击（“编辑草图”），进入草图编辑状态。

（9）确认将视图定向到正视于草图平面。点取如图3-166所示的几何模型轮廓线后，使用（“转换实体引用”)工具，生成新的草图实体。

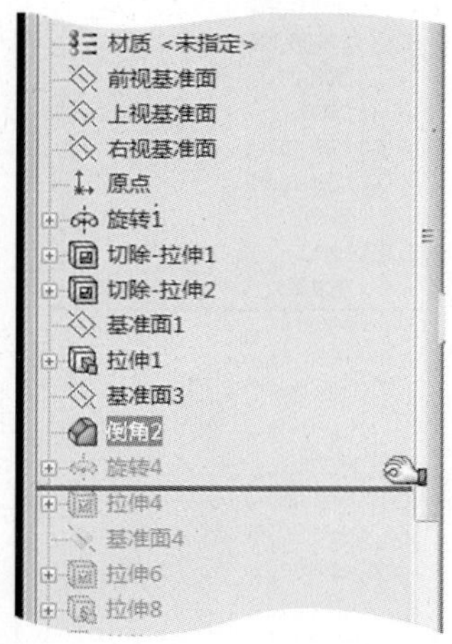

图 3-164

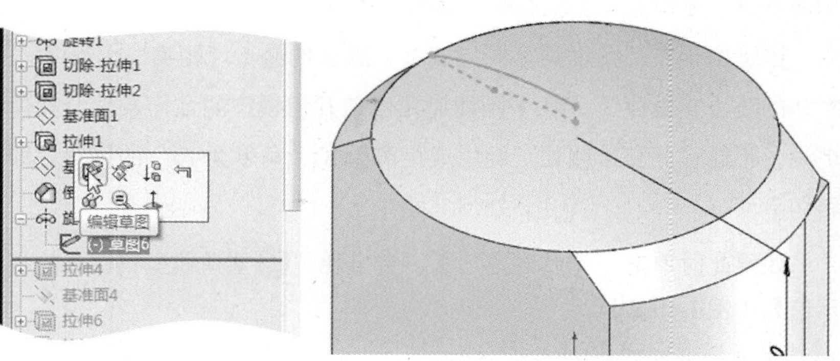

图 3-165

（10）单击 （“圆”），绘制一个圆，如图3–167所示。绘制时，通过推理和捕捉，使圆心在竖向对齐到坐标原点，圆周点则捕捉到刚生成的草图实体的右下端点。

（11）单击 （“智能尺寸”），标注并修改，设定此圆圆心与主箱体顶面之间的竖直距离为70（图3–168）。

（12）单击 （“剪裁实体”），使用“剪裁到最近端”方式将这草图实体相互剪裁。剪裁结果如图3–169所示。

（13）单击 （“重建模型”）。对手柄雏形（“旋转4”）加以重建。

（14）在设计树中，将退回控制棒下拉一个项目。这里，就是使退回控制棒处在手柄雏形被拉伸切除（“拉伸4”）之后。

现在，看到手柄与由倒角而成的斜面之间很好地吻合（图3–170）。

（15）最后，再将退回控制棒下拉，直到设计树的最底部。整个几何模型将被重建。也许能在状态栏上看到重建进度显示（图3–171）；稍候，完成重建。

这样，就通过使用“退回控制棒”，使几何模型（和建模步骤）暂时退回到先前某个状态，进行特征建模，修改几何模型的形体。

这里，插入的特征仅影响到手柄雏形（“旋转4”）。如果影响面较大，则在重建、还原模型时，有可能引起较多的重建模型错误，解决这些错误，有时可能要很费功夫。

至此，以该音箱产品设计为原型，完成了该音箱形体创意的建模表达，最后的形体结果如图3–1所示。

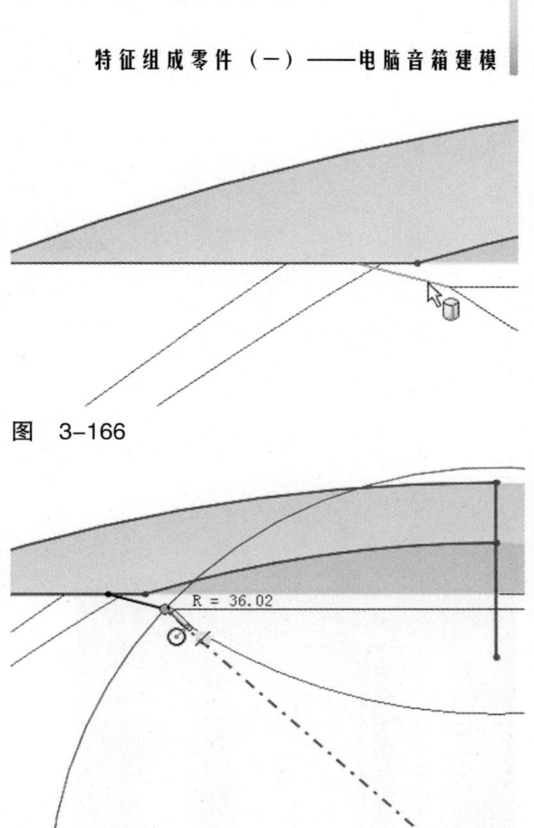

图 3–166

图 3–167

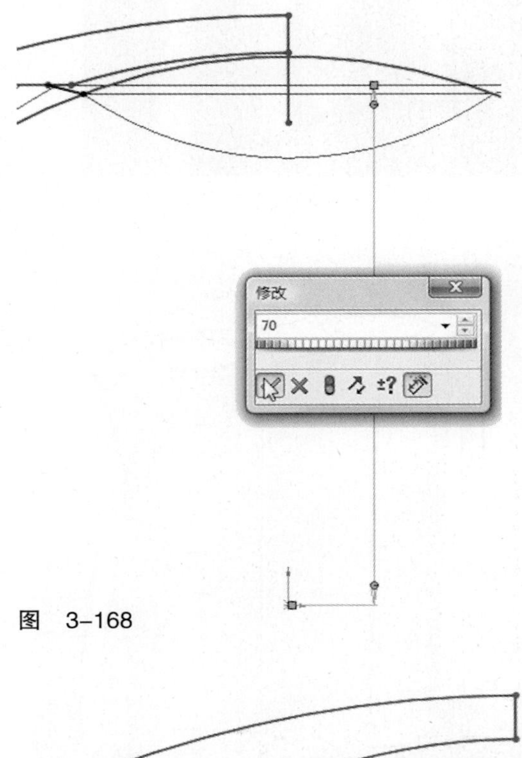

图 3–168

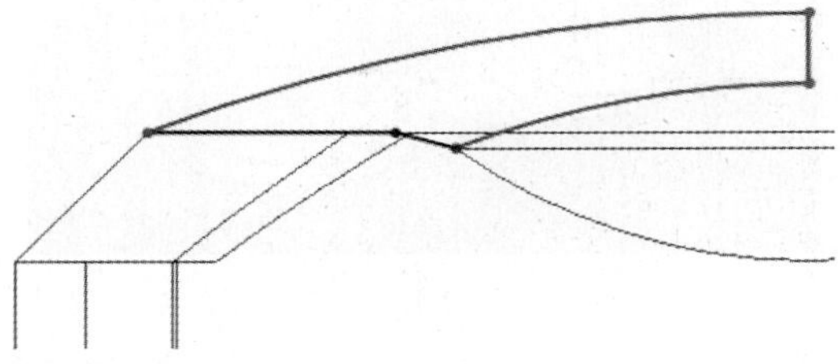

图 3–169

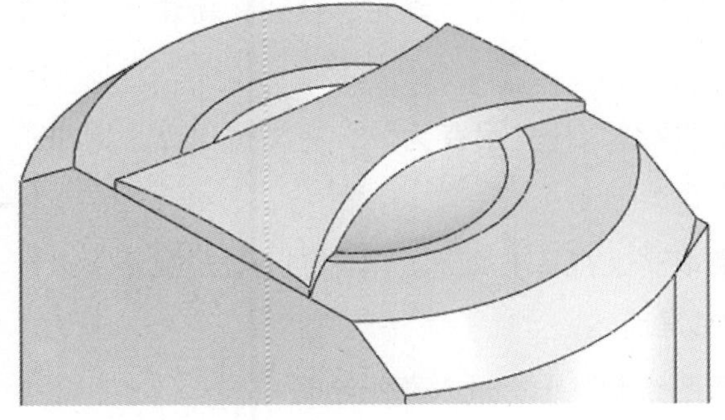

图 3–170

图 3–171

特征组成零件（二）——壶具建模

a）

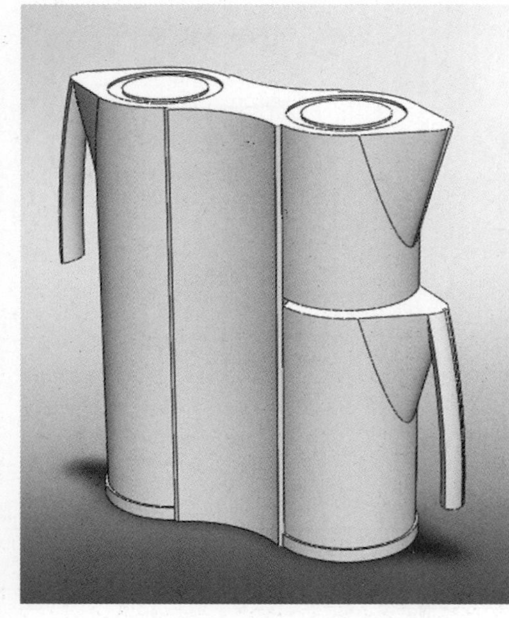

b）

图 4-1

从草图到特征——壶身形体

这里以某款咖啡壶产品作为原型参考（图4-1a，形体建模表达结果如图4-1b所示），在SolidWorks平台下，从草图开始建立特征，分析主要形体建模表达的过程。

对这一产品造型仍从形体表达的角度，将整个产品作为一个零件来加以建模。

• 镜像草图实体——在草图中确定对称性

观察原型产品，可看到形体的左右对称性特点。可以通过特征或草图的镜像工具，建立对称性的实体。这里，在草图中实现该产品的左右对称性形体。

（1）单击主菜单栏上“文件”→“新建”，或单击位于主菜单栏右侧的标准工具栏（“新建”），弹出“新建SolidWorks文件”对话框。点取“零件”文件类型，单击“确定”按钮，新建一个零件文档。

在主菜单栏上单击“文件”→“另存为”，将文件保存，例如，存为“S-Kettle.sldprt”。

（2）在设计树中点取“上视基准面”。单击（“正视于”），将视图定向到正视于该基准面。

（3）单击（“草图绘制”），进入草图绘制状态。

（4）单击（“圆”），绘制一个圆。如图4-2所示，绘制时，先将鼠标放在坐标原点上，捕捉原点，再向左移动鼠标，通过水平向推理，使圆心与坐标原点水平方向对齐。

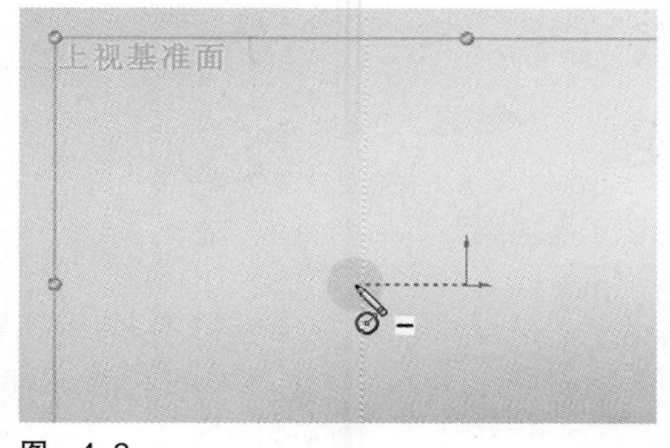

图 4-2

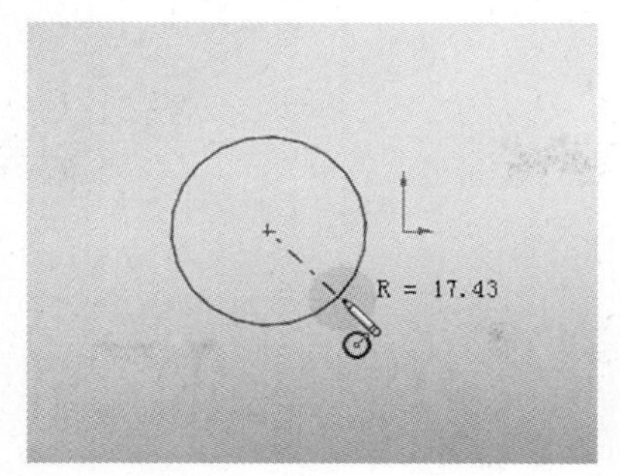

图 4-3

图 4-4

单击，确定圆的圆心位置。拖动鼠标，预览圆（图4-3），显示出的“圆”属性管理器如图4-4所示，“参数”项下各项参数值显示为灰色。

单击，确定圆周上的点，完成圆的绘制。此时“圆”属性管理器出现一些变化。其中，“参数”项下各项参数值可以加以设定了（图4-5）。

（5）在“参数”项下的（“半径”）项后输入半径值25（图4-5），按〈Enter〉键确认输入。

（6）在属性管理器上，单击（“确定”）。生成了一个草图（这里为“草图1”），它含有一个圆草图实体。

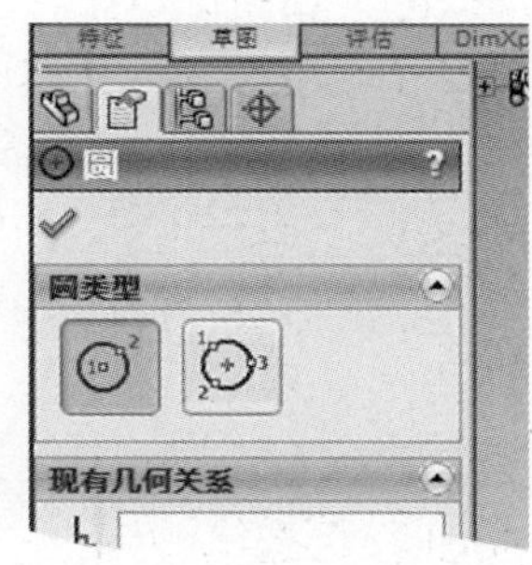

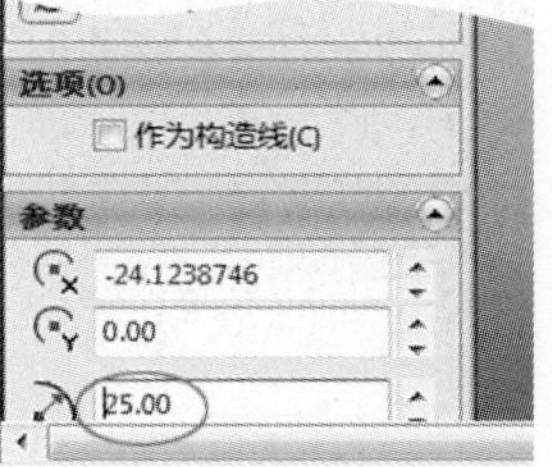

图 4-5

通过移动圆心位置，可对圆的位置进行变动。如图4-6所示，在该圆的圆心上，单击并保持，维持水平向推理的同时，向左移动鼠标，圆被移动（在移动圆心的过程中，会显示出“点”属性管理器），并在新的位置预览地显示（而在原始位置也仍以淡蓝色显示）。在合适处，释放鼠标，即可确定圆的新位置。

（7）单击（“中心线”）。绘制时，通过推理和捕捉，使其起点与草图坐标原点重合，并向上沿着竖直向推理线移动鼠标，在合适处单击而确定终点。

右键单击，在右键快捷菜单中点取“选择”（图4-7），完成此竖直向中心线的绘制。

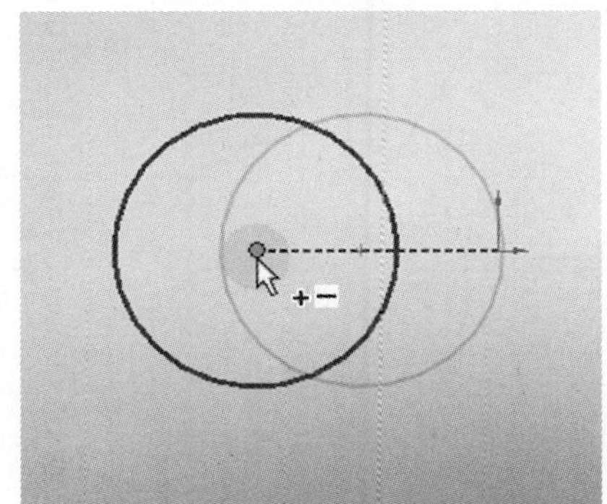

图 4-6

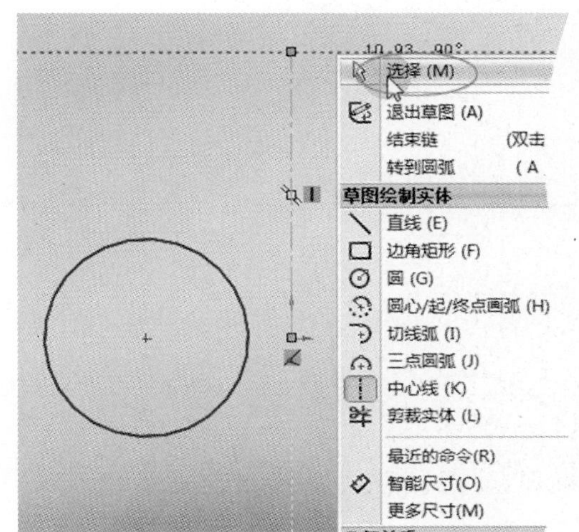

图 4-7

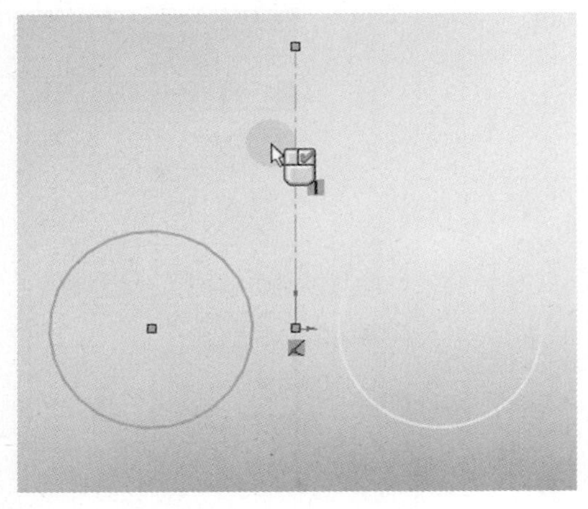

图 4-8

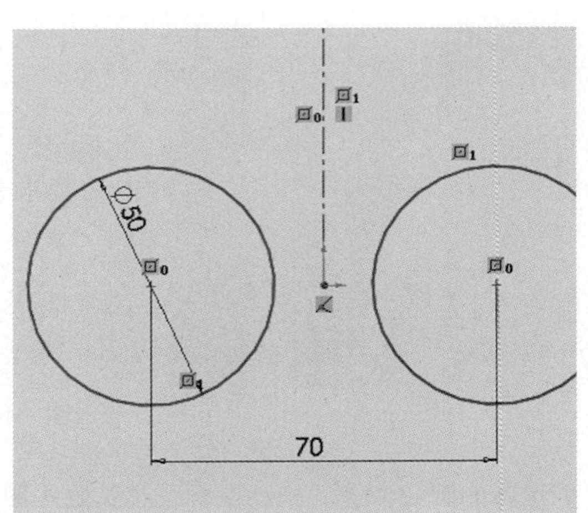

图 4-9

（8）单击[镜像实体图标]（“镜像实体”），在图形区域分别点取圆作为“要镜像的实体”，点取中心线作为“镜像点”，预览结果如图4-8所示，光标显示为[光标图标]符号，右键单击，或在属性管理器上，单击✓（“确定”）。镜像生成对称草图实体，结果如图4-9所示。

（9）单击[智能尺寸图标]（“智能尺寸”），分别标注、设定圆的直径值为50，两圆心之间的水平距离值为70，如图4-9所示。

（10）单击[直线图标]（“直线”），绘制直线。绘制时，使其起点捕捉到中心线上（图4-10），终点捕捉到（通过镜像所得的）圆的圆心上。

（11）单击[智能尺寸图标]（“智能尺寸”），标注、设定该直线起点与草图坐标原点之间的竖直距离值为55，如图4-10所示。

（12）单击[圆心/起/终点画弧图标]（“圆心/起/终点画弧”）。捕捉直线的起点并单击，确定圆弧的圆心。向右下拖动鼠标，出现虚线的圆的预览，如图4-11所示大致位置，捕捉到直线上，单击以确定圆弧的起点；向左顺时针地移动鼠标，捕捉到中心线上（图4-12），单击以确定圆弧的终点。

右键单击，在右键快捷菜单中点取“选择”，完成此圆弧的绘

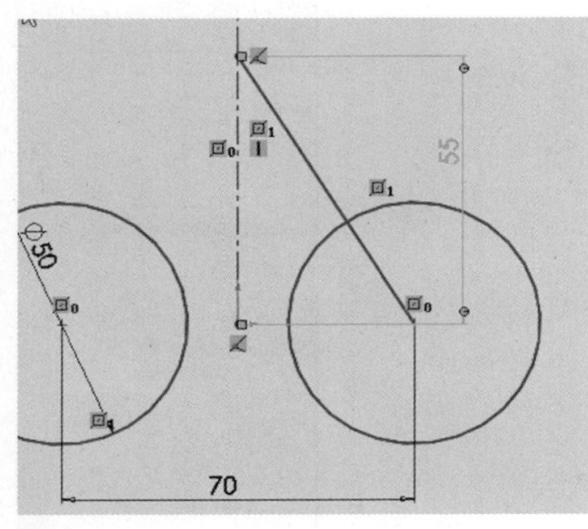

图 4-10

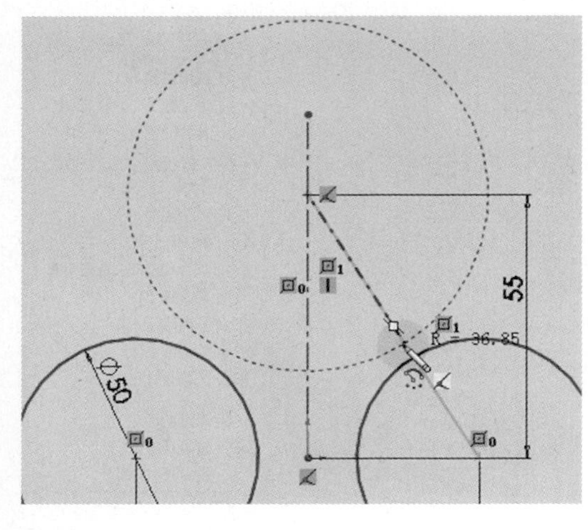

图 4-11

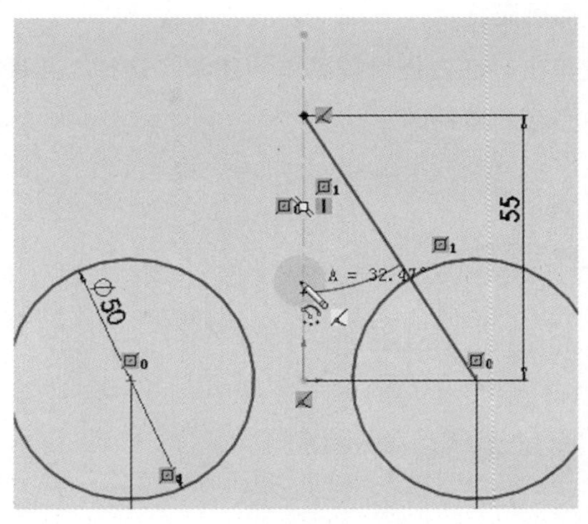

图 4-12

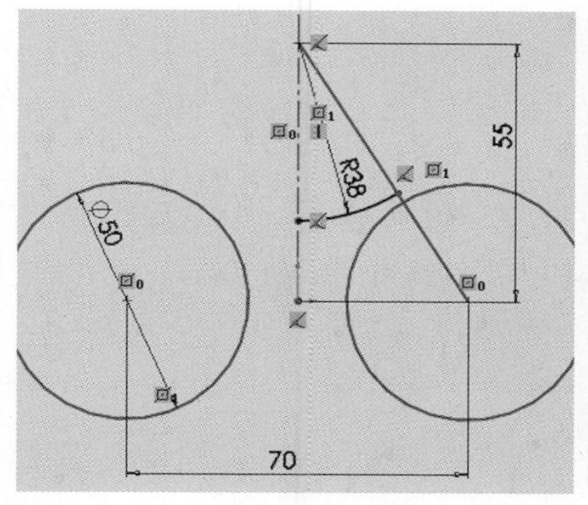

图 4-13

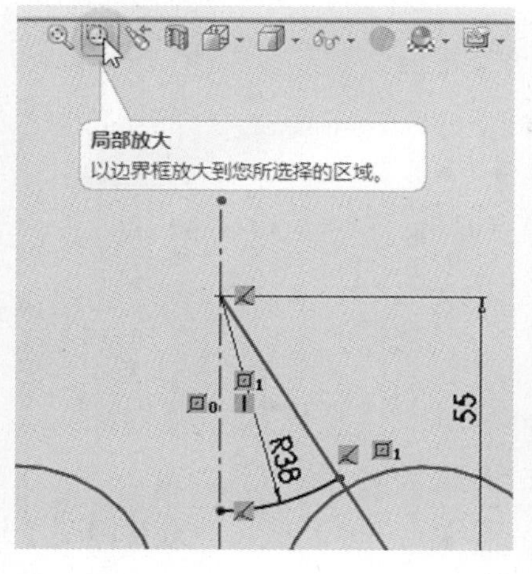

图 4-14

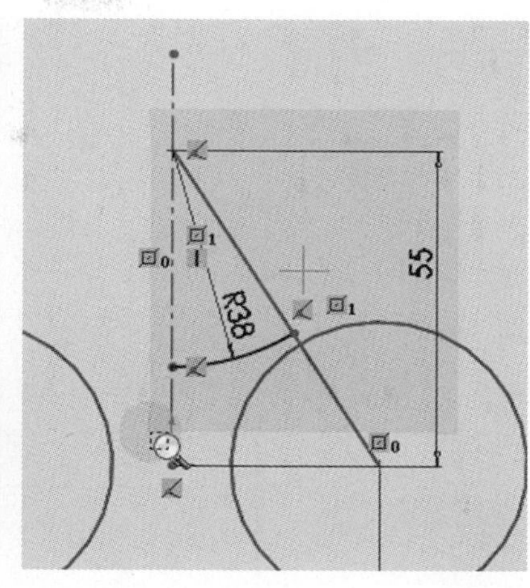

图 4-15

制。结果如图4-13所示。

（13）单击（“智能尺寸”），标注、设定圆弧的半径值为38，如图4-13所示。

（14）在前导视图工具栏上，点取（“局部放大”）工具（图4-14）。

如图4-15所示，在图形区域右上方合适处，单击并保持，向左下方拖动鼠标至合适处，释放鼠标，将对框住区域（图4-15，该区域以灰蓝色显示）内的几何模型加以放大地显示。

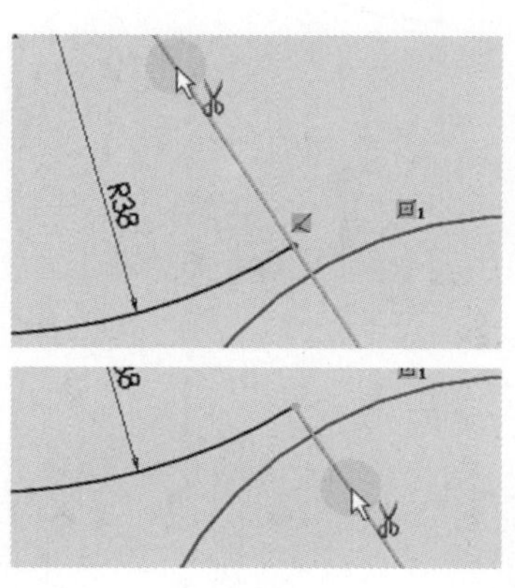

图 4-16

提示：在系统默认状态设置下，此时，并不自动退出“局部放大”操作，光标仍显示为符号。右键单击，在右键快捷菜单中点取“选择”，退出该操作，如图4-23所示。

（15）单击（“剪裁实体”），使用“剪裁到最近端”方式，如图4-16所示过程，对直线进行剪裁，仅留下上述圆弧与右边圆之间的短直线。

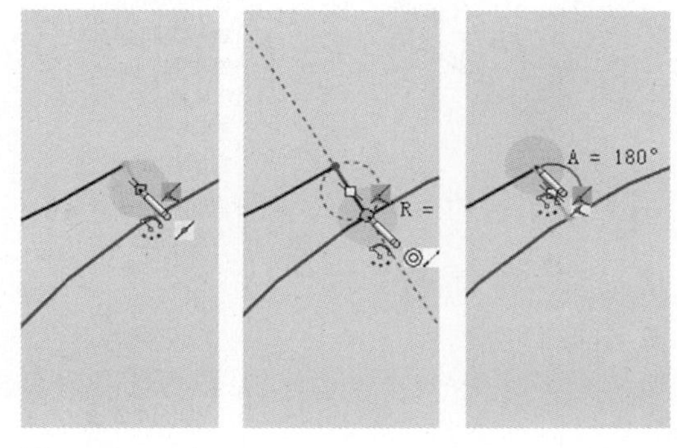

图 4-17

（16）再次单击（“圆心/起/终点画弧”）。分别捕捉该短直线的中点、右下方端点、左上方端点作为圆心、起点、终点，绘制圆弧过程，如图4-17所示。

（17）单击（“智能尺寸”），标注圆弧的半径（保持现值，这里为“R1.10”），如图4-18所示。

（18）点取短直线（图4-18），在显示出的关联工具栏上单击（“构造几何线”，图4-19），将其转变为构造几何线。

（19）在前导视图工具栏上单击（“整屏显示全图”）工具

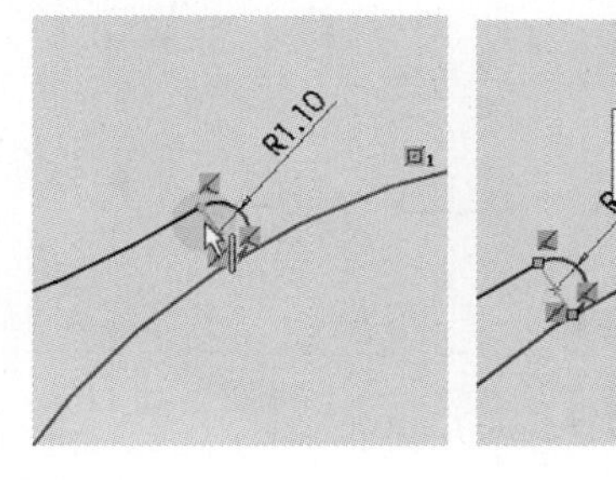

图 4-18

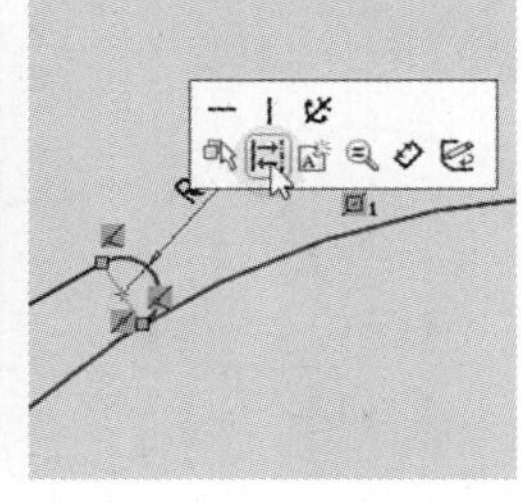
图 4-19

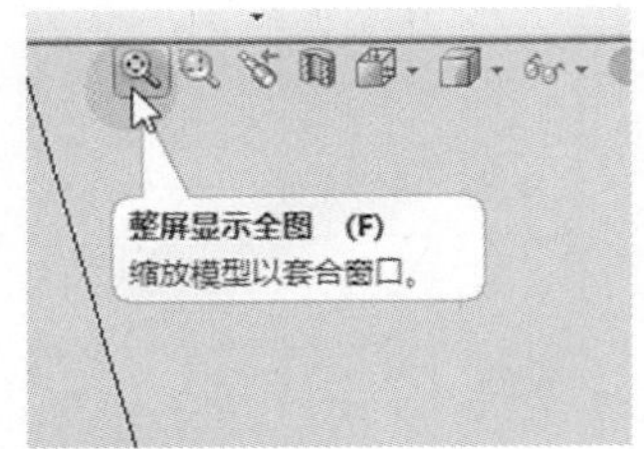

图 4-20

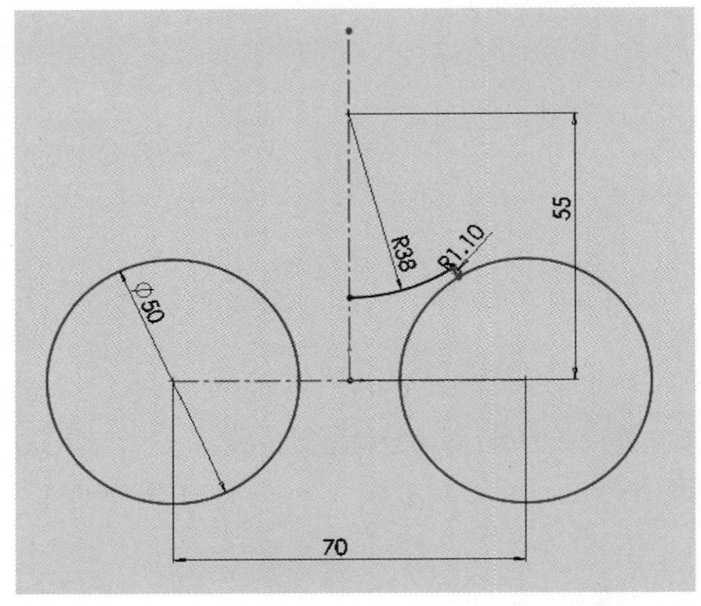

图 4-21

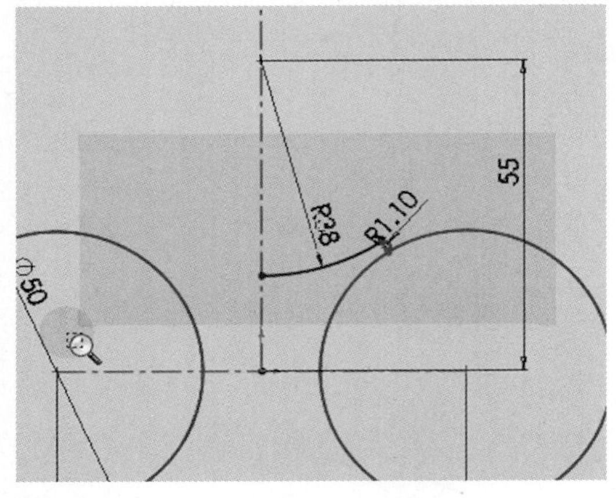

图 4-22

（图4-20）。这使整个草图（以系统设定的比例）最大化地显示在整个图形区域。

（20）单击（“中心线”）。捕捉两个圆的圆心，绘制一条水平向的中心线，如图4-21所示。

如果觉得草图的几何关系图标可见，影响了清晰性，则单击主菜单栏上“视图”→“草图几何关系”，关闭几何关系图标的显示即可。

至此阶段，草图实体及尺寸标注如图4-21所示。

（21）当前图形区域中，第（16）步骤所绘的圆弧显示得较小，为方便下面的操作，在前导视图工具栏上，再次点取（“局部放大”）工具（图4-14），对该圆弧所在区域进行“局部放大”显示的操作（图4-22）。然后右键单击，在右键快捷菜单中点取“选择”，退出该操作，如图4-23所示。

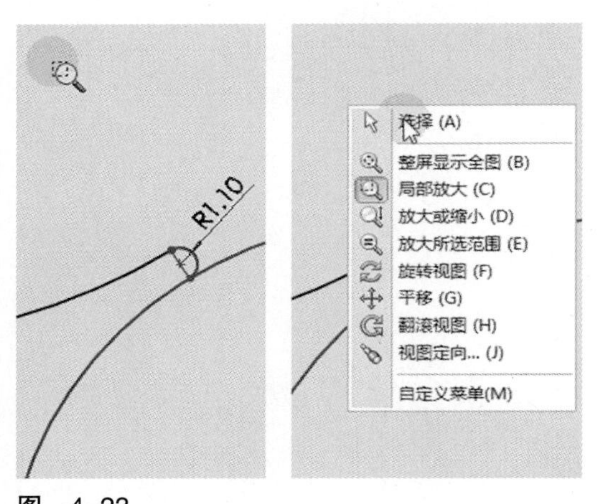

图 4-23

提示：也可利用〈Shift〉键+鼠标中键、〈Ctrl〉键+鼠标中键，分别动态地进行缩放、移动视图操作。将两者结合起来，能极大地提高建模操作效率。

（22）使用（“镜像实体”）工具，对第（12）步骤、第（16）步骤所绘的两个圆弧向左加以镜像、复制，结果如图4-24所示。

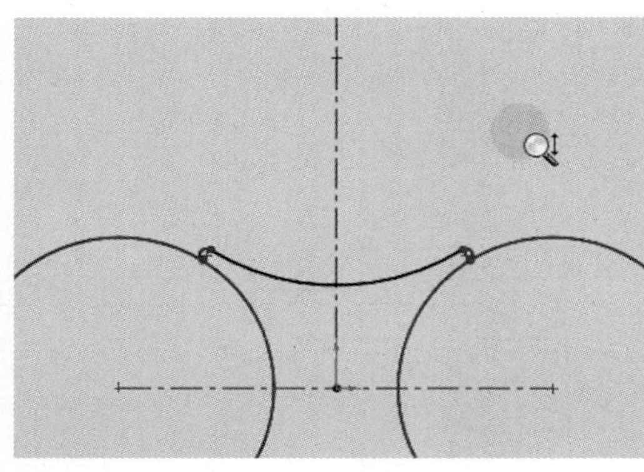

图 4-24

再次使用（“镜像实体”）工具，向下镜像（预览如图4-25所示）、复制，生成新的草图实体。

（23）单击（“剪裁实体”），使用“剪裁到最近端”方式，如图4-26所示过程，对草图实体进行相互剪裁，结果如图4-27所示。

通过草图的“镜像实体”工具，确定了壶身对称形体的基础。

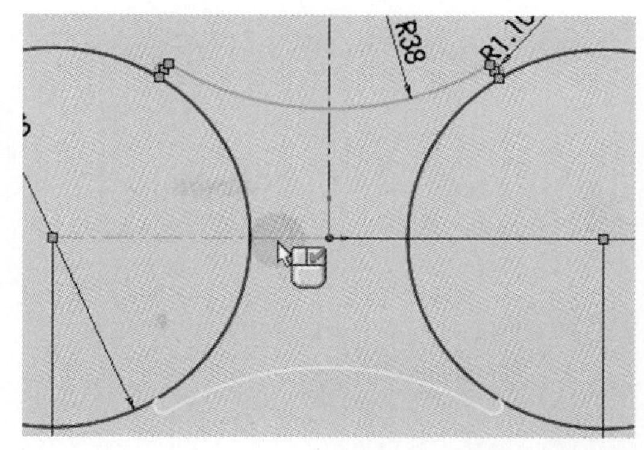

图 4-25

• 动态调整拉伸深度——壶身基本形体

（1）切换到“特征”命令管理器。单击（“拉伸凸台/基体”），在“拉伸”属性管理器中，默认的是在“方向1”上进行拉伸，且深度值为10。拉伸特征以此深度值预览地生成。

（2）将光标放在表示拉伸方向的粗立体箭头上，光标显示为符号。此时单击并保持，粗立体箭头右侧出现刻度尺（图4-27），如果向上、向下移动鼠标，则由黄色轮廓线显示的预览也会发生变化。

（3）向上移动鼠标至刻度“120”处，释放鼠标。此时光标显示为符号，右键单击，或在属性管理器上，单击（“确定”），生成拉伸特征（这里为“拉伸1”）。

形成壶身的基本形体，结果如图4-28所示。

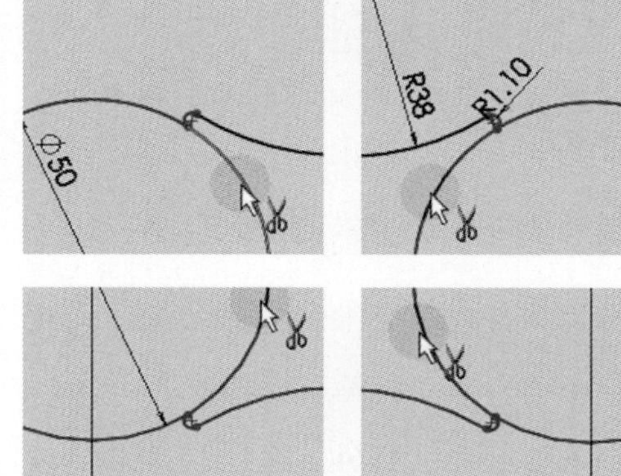

图 4-26

> 提示：利用刻度值，等效于在“拉伸”属性管理器中“方向”项下输入相应的拉伸深度值。

图 4-27

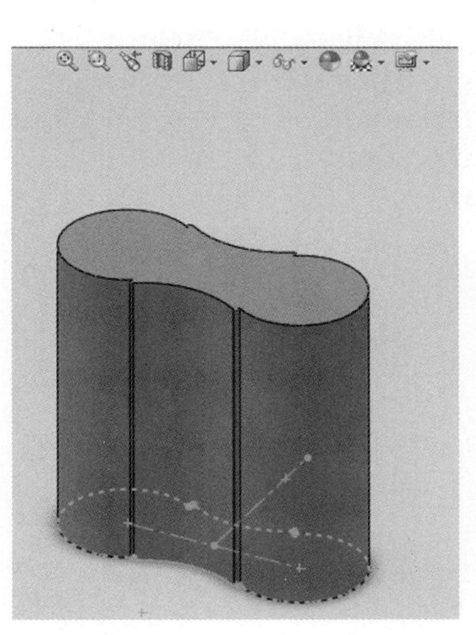

图 4-28

形体的主动控制——壶嘴状形体

壶嘴形体（其实是壶嘴状的形体）的建模表达过程是本例重点，重点体现在主动地对壶嘴形体加以控制，保证形体设计意图。

• 添加几何关系——草图准备

（1）如图4-29所示，在图形区域中，点取壶身形体的上部端面，在显示出的关联工具栏上，单击（“正视于”），将视图定向到正视于该平面。

（2）切换到“草图”命令管理器。单击（“草图绘制”），进入草图绘制状态。

（3）将几何模型显示样式改为“线架图”显示样式。

单击（“中心线”），绘制中心线。绘制时，使其起点与草图坐标原点重合，并向右沿着水平向推理线移动鼠标，在合适处单击而确定终点。右键单击，在右键快捷菜单中点取“选择”，完成此水平向中心线的绘制，结果如图4-30所示。

（4）若需要，则局部放大相应区域。单击（“圆”），绘制一个圆。如图4-30所示，绘制时，使圆心捕捉到中心线上。

（5）单击（“智能尺寸”），标注、设定圆的直径值为15，圆心与草图坐标原点之间的水平距离值为75，如图4-30所示。

（6）若需要，可使用〈Shift〉键+鼠标中键，动态地放大显示该圆附近区域。点取壶身的上部端面（图4-31）后，单击（“转换实体引用”），借助该端面的边线，生成草图实体，结果如图4-32所示。

（7）单击（“直线”），绘制一根直线。直线的大致位置和长短如图4-32所示。

（8）按下〈Ctrl〉键，点取该直线和转换实体引用得来的圆弧线，两者被同时选取（图4-32）。在显示出的关联工具栏上单击（“相切”）。直线位置发生变化，与圆弧线之间具有“相切”几何关系（图4-33）。

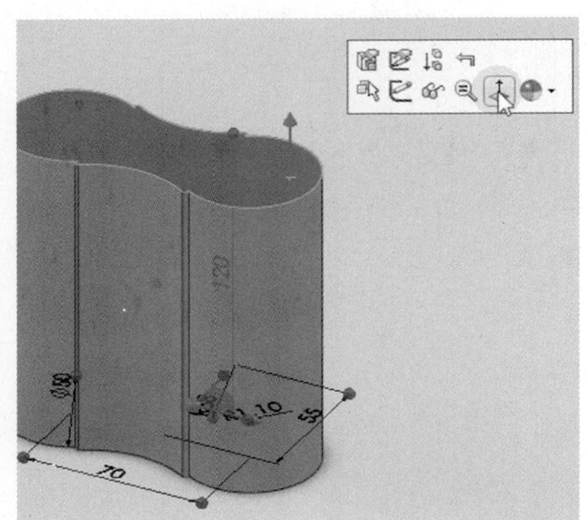

图 4-29

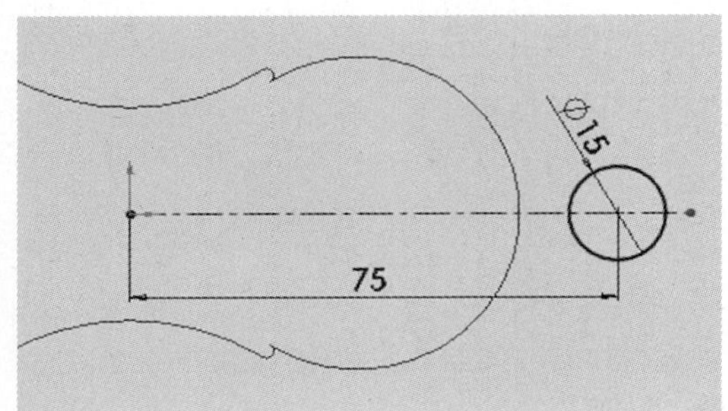

图 4-30

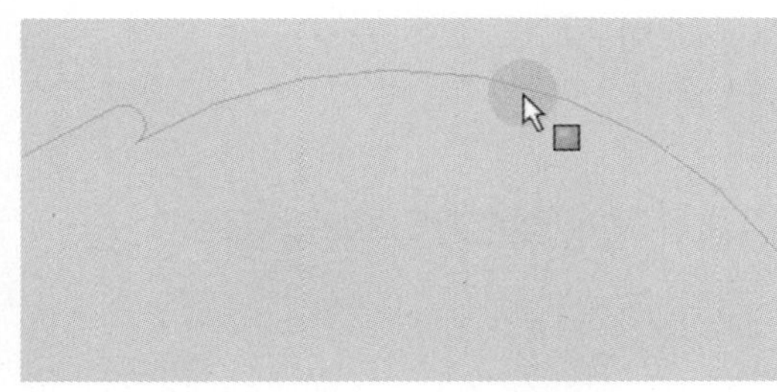
图 4-31

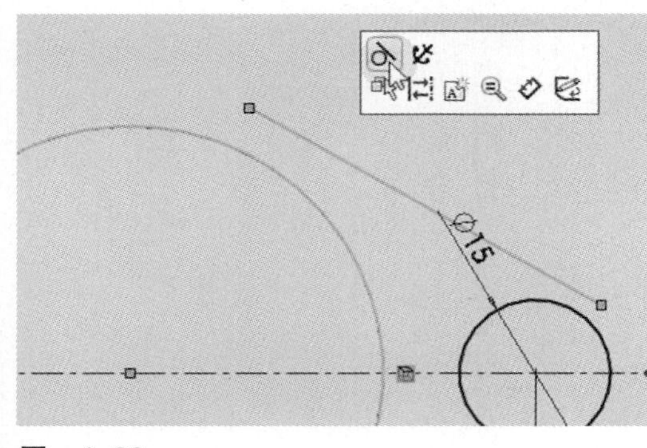

图 4-32

> 提示：同时点取直线和圆弧线后，“属性”属性管理器也会显示出来（其中“所选实体”项下的列表框中，已列入这两个实体）。在“添加几何关系”项下，列出了对当前操作对象（这里，即为直线和圆弧线）之间可以添加的几何关系。点取（“相切”），同样也可使直线与圆弧线之间添加“相切”的几何关系（图4–34）。

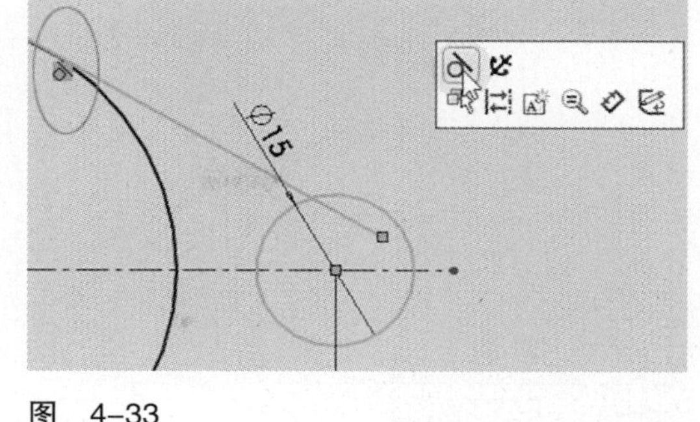

图 4–33

在此直线与圆弧线之间添加“相切”几何关系的另一操作途径是，在此直线上（或圆弧线上）右键单击，显示出右键快捷菜单。在其中“几何关系”项下点取“添加几何关系”（图4–35），显示出“添加几何关系”属性管理器（图4–36）。该属性管理器的“所选实体”项下的列表框中，已列入该直线（或该圆弧线）。

在图形区域中点取圆弧线（或直线），它也被列入“所选实体”项下的列表框。

在属性管理器的“添加几何关系”项下，列出了对当前两个实体对象之间可以添加的几何关系（这里有两个，即“相切”、“固定”）。点取（“相切”），同样也可使两者之间添加“相切”几何关系。

图 4–34

（9）类似地，为该直线与绘制的圆之间添加“相切”几何关系，结果如图4–37所示。

（10）类似地，在下方对应地绘制一根直线，并在它与转换实体引用得来的圆弧线、绘制的圆之间，分别添加“相切”几何关系（图4–37）。

（11）单击（“剪裁实体”），使用“剪裁到最近端”方式，

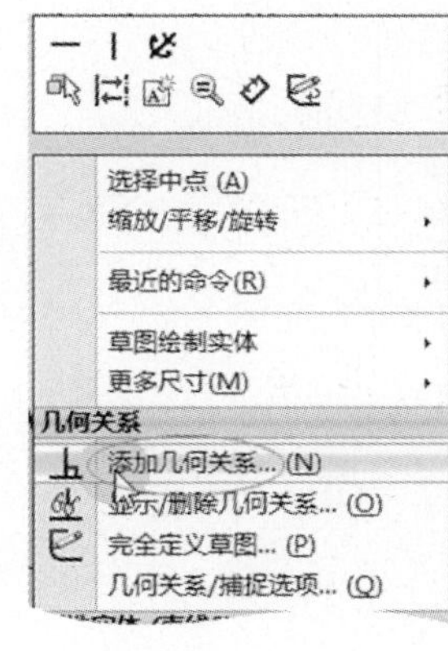

图 4–35

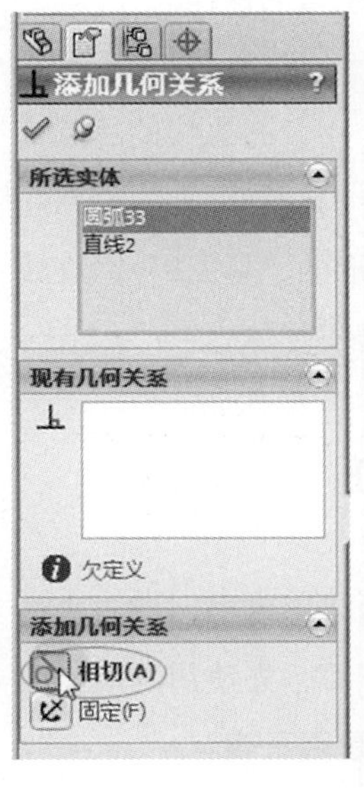

图 4–36

图 4–37

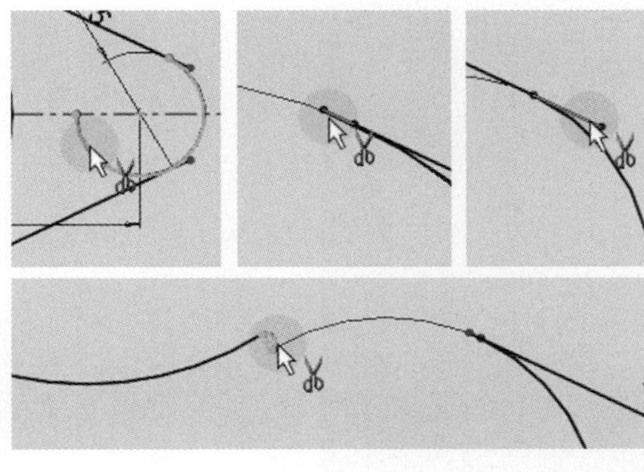

图 4–38

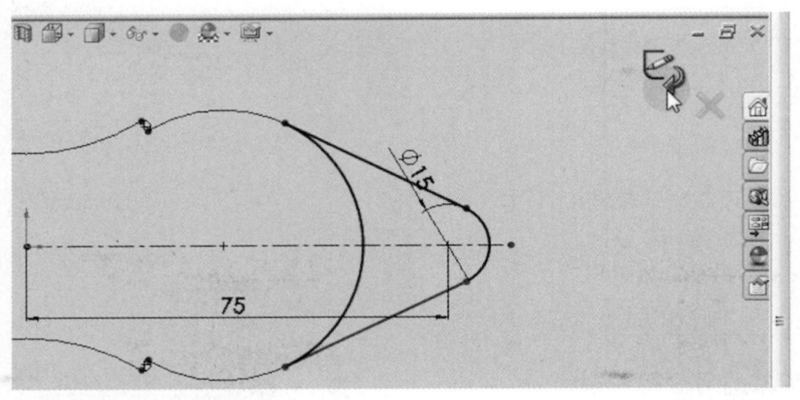

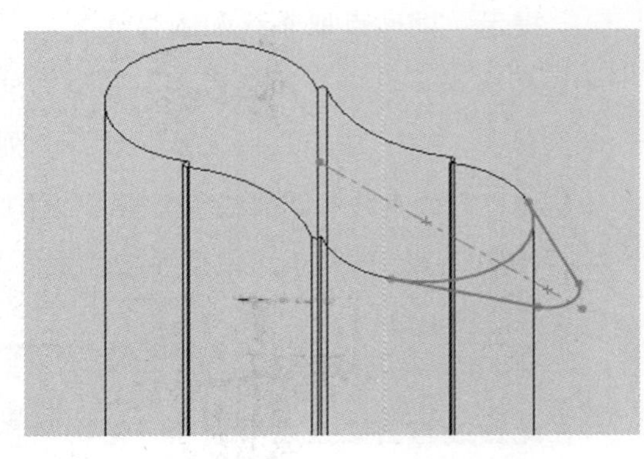

图 4-39　　图 4-40

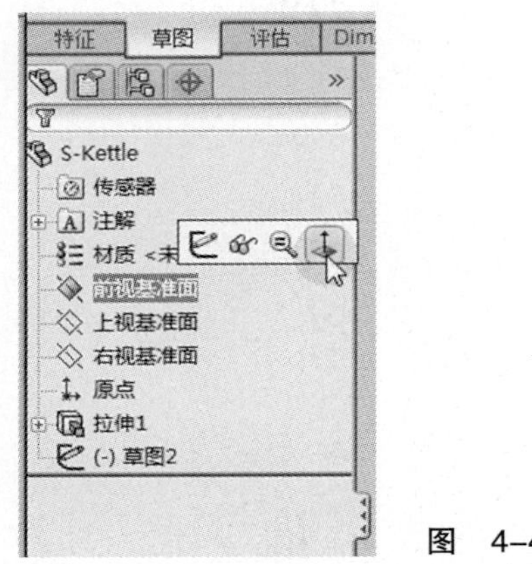

图 4-41

如图4-38所示基本过程，仔细地对草图实体进行相互剪裁，最后仅留下燕尾形草图实体，结果如图4-39、图4-40所示。

（12）在图形区域的右上角处，单击（“退出草图”，图4-39），退出草图状态。完成草图（这里为“草图2”，图4-41），结果如图4-40所示。

（13）在设计树中，点取“前视基准面”，在显示出的关联工具栏上单击（“正视于”，图4-41），将视图定向到正视于该基准面。

（14）单击（“草图绘制”），进入草图绘制状态。

（15）单击（“直线”），绘制直线，绘制时，小心地使其起点捕捉到“草图2”中圆弧实体的燕尾形头部的尖点上（推理指针含有“交叉点”、“在线上”几何关系，图4-42）。

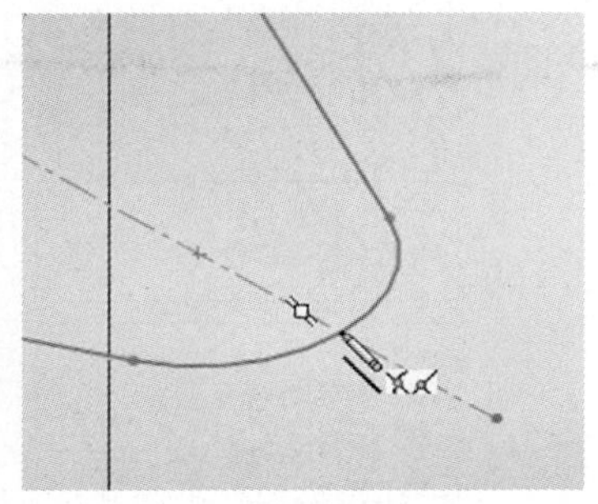

图 4-42

> 提示：在正视图方向，不方便捕捉。此时按下鼠标中键，对视图进行旋转至合适角度（图4-42）后，释放鼠标中键。这种视图操作（包括“正视于”）并不终止当前的草图绘制操作。

（16）如图4-43所示，单击（“正视于”），将直线的终点捕捉到壶身轮廓边线的中点，完成该草图（这里为“草图3”）的绘制。

这样，准备、完成了两个草图（这里为燕尾形的“草图2”、直线形的“草图3”），以它们为基础，来尝试建立壶嘴形体。

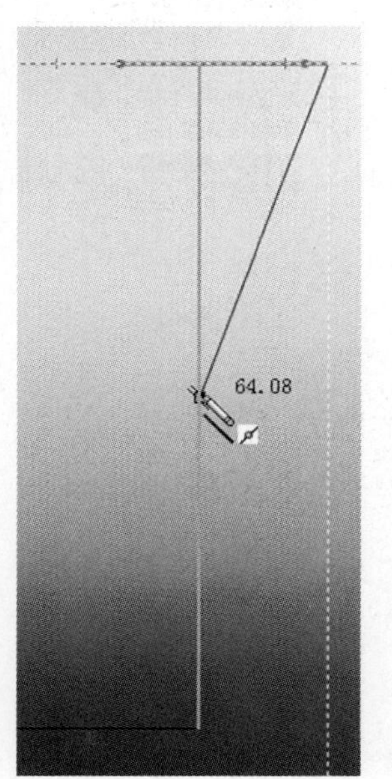

图 4-43

• 尝试壶嘴状形体的建模——扫描特征

壶嘴状形体看似由一个截面形沿直线扫掠而成。这里，建立壶嘴状形体时，使用新的特征——“扫描”特征。下面，先使用刚准备的两个草图生成扫描特征，看看所形成的形体结果是否正确。

（1）单击（“重建模型”），并退出草图状态。

（2）切换到“特征”命令管理器。单击（“扫描”），显示出“扫描”属性管理器，系统默认地处于“轮廓和路径”项下的（“轮廓”）项列表框上。

在图形区域中，点取燕尾形的草图（即“草图2”），它作为扫描操作时的截面轮廓，列入“轮廓”列表框中。此后，系统自动转到（“路径”）项的列表框上。在图形区域中，点取直线形草图（即“草图3”），它作为扫描时轮廓的运动路径，列入“路径”列表框中，此时，“扫描”属性管理器如图4-44所示。

图 4-44

图形区域中，则显示出扫描特征的预览，如图4-45所示。

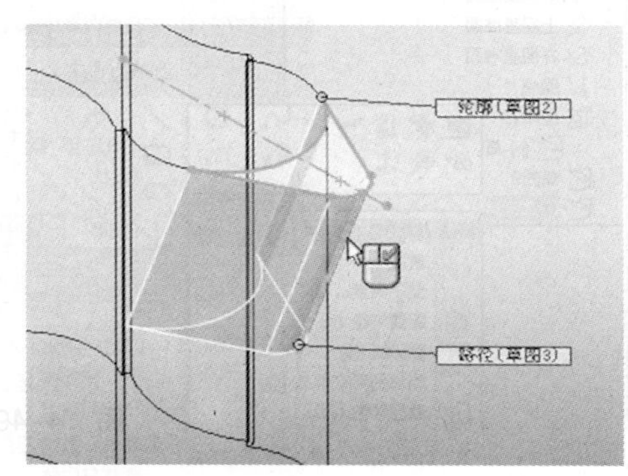

图 4-45

扫描是通过沿着一条路径移动轮廓（截面）来生成基体、凸台、切除（以及曲面）。可形象地理解为沿着路径放置无数个截面，从而连接成为三维实体。需要注意的是，对于基体或凸台扫描特征，轮廓必须是闭环的；路径可以为开环或闭环，起点必须位于轮廓的基准面上；不论是轮廓（截面）、路径或所形成的实体，都不能出现自相交叉的情况。此外，路径必须与轮廓的平面交叉，引导线必须与轮廓或轮廓草图中的点重合。

（3）在属性管理器左上角，单击（“确定”），生成了一个扫描特征（这里为“扫描1”），结果如图4-46所示，形成了壶嘴形体。

但是对比原型产品，可看到当前壶嘴状形体是不符合形体设计意图的。这从它与壶身交线的形状上可清楚地看到，如图4-46中白色插图箭头所指。

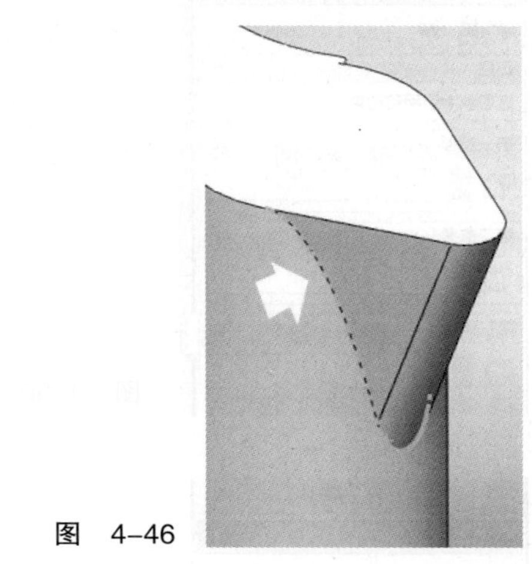
图 4-46

由于扫描的截面草图的数量是一个，因此，改用“放样”特征来形成壶嘴状形体。

（4）在设计树中“扫描1”项上右键单击，弹出右键快捷菜单，点取“删除”选项（图4-47）。

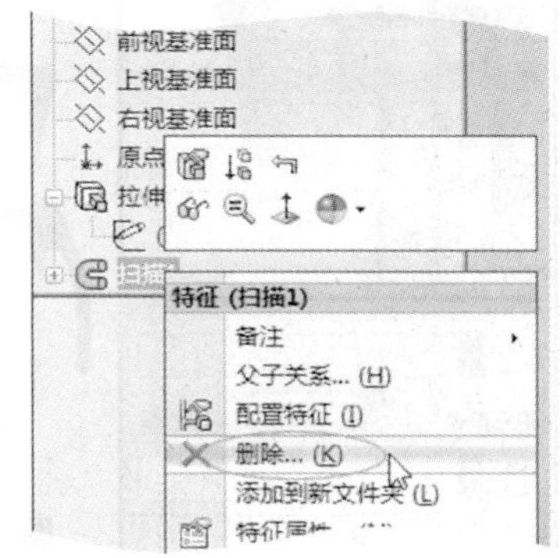

图 4-47

（5）此时，显示出“确认删除”对话框（图4-48），询问是否真的要删除所选的特征，以及所有的相关项目（目前，没有与“扫描1”相关的项目，故列表框中未列出任何项目）。

在列表框下方，如果勾选“同时删除内含的特征”选项，则将所选的特征所内含的特征一并删除。这里，所选的特征为“扫描1”，只需删除它，而要保留它所内含的草图特征，因此，在此不勾选该选项。

（6）单击对话框上的“是”按钮（图4-48），将“扫描1”特征删除。

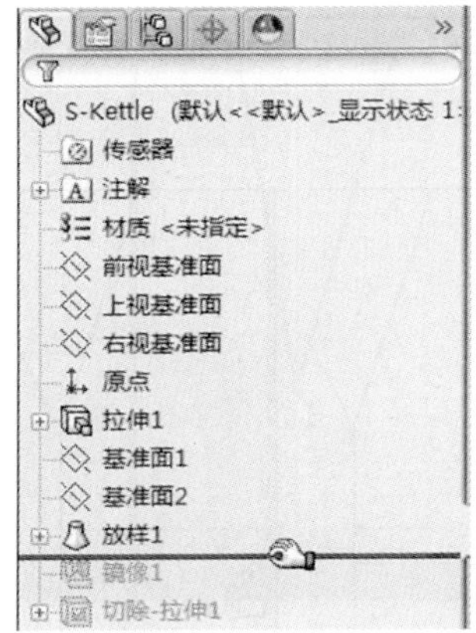

图 4-108

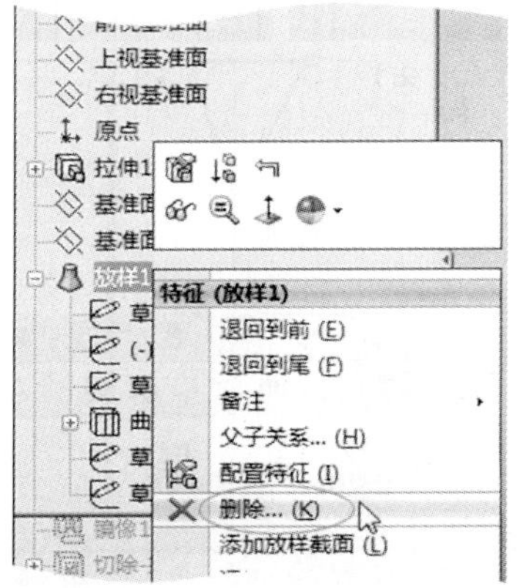

图 4-109

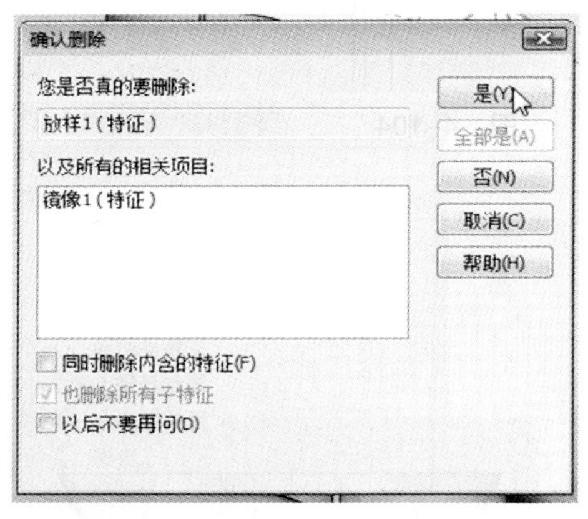

图 4-110

• 壶嘴形体尺度调整——特征的再编辑

仔细观察原型产品发现，相对于壶身，现在模型中壶嘴形体过多地伸出到壶身之外。接下来编辑修改放样特征，来加以调整。

（1）在设计树中的退回控制棒上，单击并保持，向上拖动退回控制棒到“放样1”项之后的地方（图4-108）。

（2）在“放样1”项上，右键单击，在显示出的右键快捷菜单上，点取“删除”项（图4-109）。

（3）系统显示出“确认删除”对话框（图4-110），询问是否真的要删除所选项目，以及此项目所有的相关项目。此处，列表框中列出“镜像1”特征，它是将被删除的“放样1”特征的相关项目。

对话框中还有“同时删除内含的特征”勾选项。此处，不要勾选此选项，因为需要保留“放样1”所含有的六个草图。

单击对话框上的“是”按钮，确认删除操作。

决定壶嘴伸出到壶身之外多少的，主要是“草图2”的尺寸。

（4）进入编辑“草图2”的状态。

（5）在值为75的尺寸标注上双击，显示出尺寸“修改”对话框。

在其选值框（即数值输入框）输入新的值65。

单击该对话框上的（“以当前的数值重建模型”）按钮，在图形区域预览到草图由该尺寸改变引起的变动。可看到，草图变动时，原有的草图实体间的几何关系——两直线与燕尾形左侧曲线的相切关系——仍是被保持的。

单击对话框上的（“保存当前的数值并退出此对话框”）按钮，确认尺寸的修改，退出和关闭对话框。

（6）在“尺寸”属性管理器上单击（“关闭对话框”），或在图形区域的空白处单击，退出尺寸标注。

新的尺寸标注结果如图4-111所示。

（7）单击（“重建模型”），退出草图状态。完成了对“草图2”的修改。

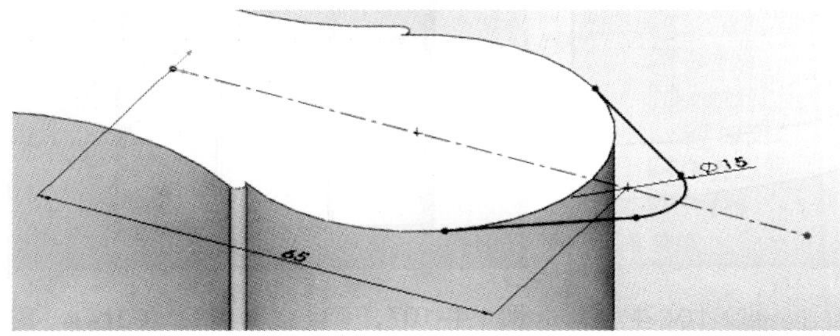

图 4-111

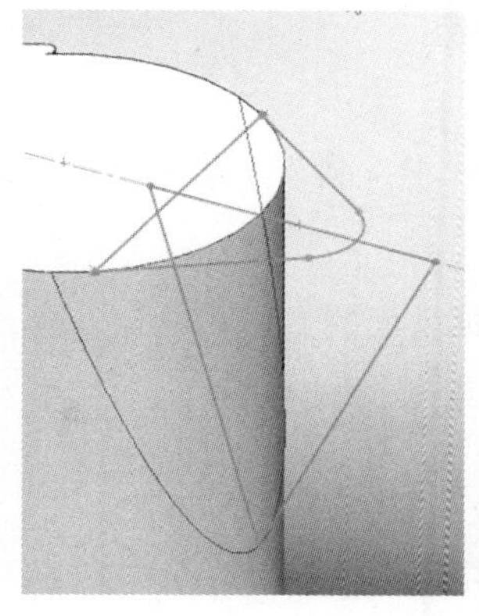

图 4-112

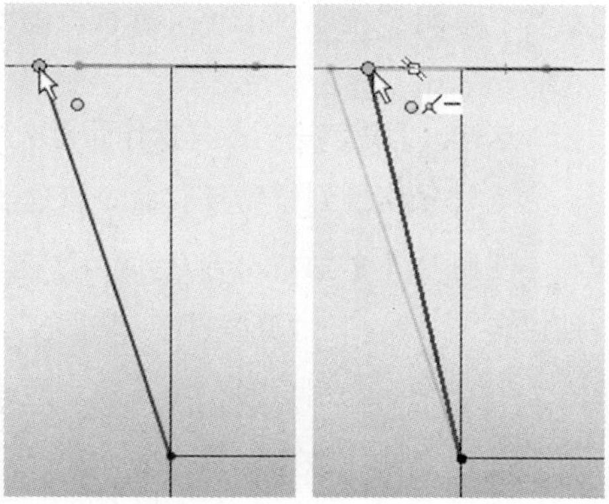

图 4-113

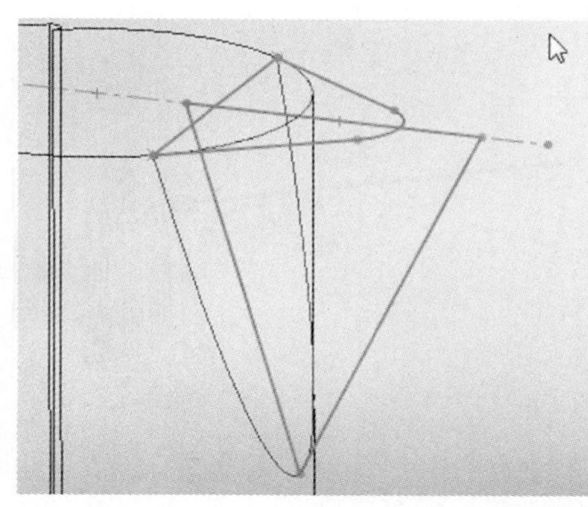

图 4-114

此时，“草图2”与“草图7”的相互位置和尺度关系如图4-112所示。可看到，“草图3”、“草图7”位置未动。而仅含有点草图实体的两个草图（这里为“草图4”、“草图5”），以及“草图6”都随之发生了移动，这是由于这三个草图的实体在建立时捕捉了“草图2”的特定点。

需要继续编辑“草图3”、“草图7”，以便重新进行放样操作。先将“显示样式”改成“线架图”。

（8）进入编辑“草图3”的状态。

（9）单击（“正视于”）两次。

（10）移动直线实体的上方端点（图4-113），直至捕捉到“草图2”中燕尾形的末端端点。

（11）单击（“重建模型”），退出草图状态。（“草图3”带动的）“曲线1”现在重新与“草图2”具有正确的位置关系，如图4-114所示。

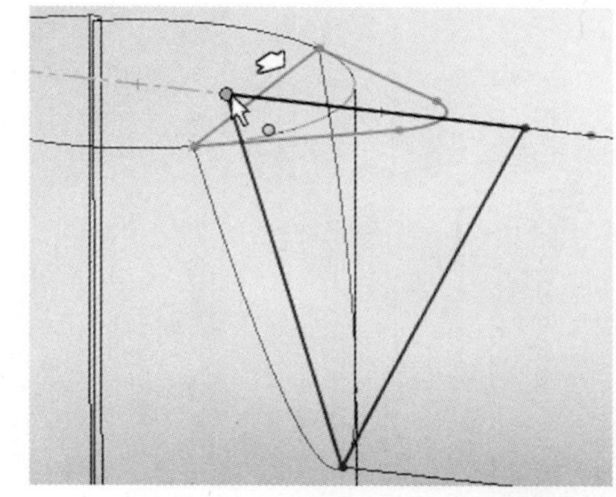

图 4-115

（12）最后，进入编辑“草图7”的状态。

（13）按下〈Shift〉键，同时点取当前草图中两直线实体的交点（图4-115），以及“草图6”中的那条直线实体（图4-115中白色插图箭头所指）。

在显示出的“属性”属性管理器中，上述两实体已列入“所选实体”项下的列表框中。在“添加几何关系”项下，显示有可施加于这两个实体之间的几何关系，此处为（，“穿透”）几何关系。

单击（“穿透”，图4-116），当前草图中两直线实体的交点，移动到与“草图6”的直线实体相交的位置，结果如图4-117所示。

（14）对上方的另一个两直线的交点，可通过类似的“穿透”几何关系，或借助推理和捕捉来移动该点，使其捕捉到“草图2”中圆弧实体的燕尾形尖点上，如图4-117所示。

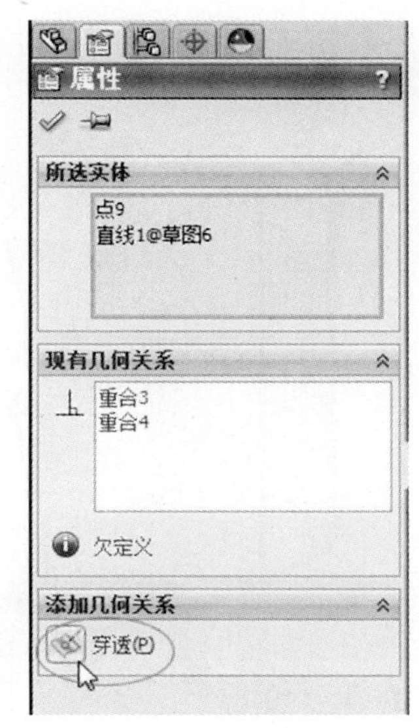

图 4-116

（15）单击（“重建模型”），退出草图状态。“草图7”重

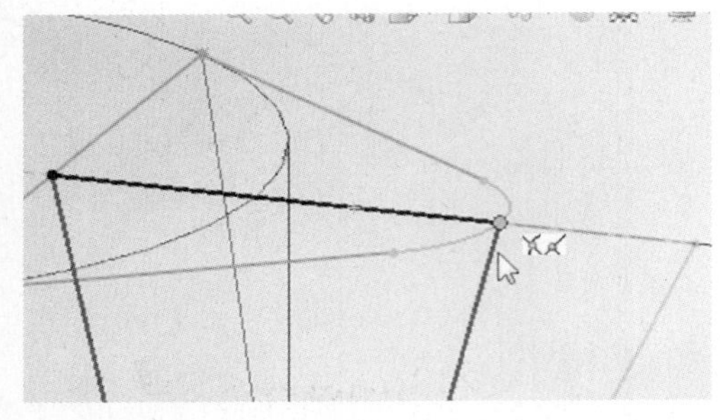

图 4-117

新与“草图2”、“草图6”具有正确的位置关系。

这样，为重新进行放样操作而再次生成壶嘴形体，做好了草图准备。

（16）切换到“特征”命令管理器。

使用（“放样凸台/基体”）工具，依据前面的方法和设定，分别指定“草图4”、“草图7”、“草图5”为轮廓草图，“曲线1”、“草图2”、“草图6”为引导线，重新建立放样特征。

（17）在“放样”属性管理器上，单击（“确定”）。生成了一个放样特征，形成壶嘴形体。

并且，在设计树中将此特征重新编号，命名为“放样1”。

（18）使用（“镜像”）工具，依据前面相应的方法和设定，即以“右视基准面”作为“镜像面/基准面”，以“放样1”作为“要镜像的特征”，重新建立镜像特征。

（19）在“镜像”属性管理器上，单击（“确定”）。生成了一个镜像特征（这里为“镜像1”），形成壶具左侧上部把手的基本形体。

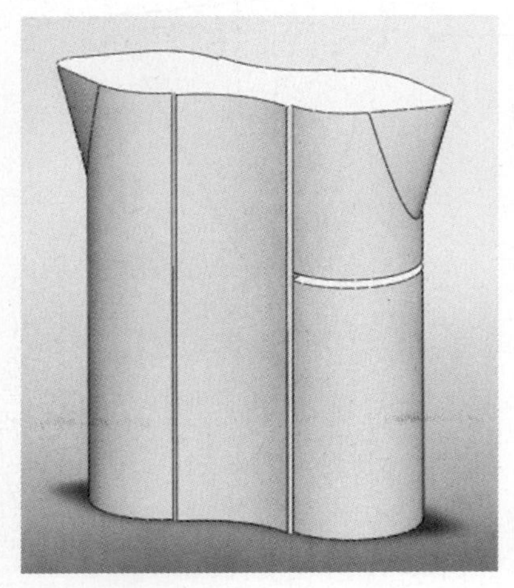

图 4-118

（20）在设计树中，向下拖动退回控制棒到最底部，模型得到重建。

至此，完成了对壶嘴形体的再次调整，及由此引起的相关修改。在“带边线上色”的显示样式下，结果如图4-118所示。

形体深化——把手形体

• 右侧把手的基本形体——再次放样特征操作

分别生成六个草图，这里依次为“草图9”、“草图10”（包含在“曲线2”项下）、“草图11”、“草图12”、“草图13”、“草图14”。从草图实体的形状来看，分别对应于前面“草图2”、“草图3”、“草图4”、“草图5”、“草图6”、“草图7”。

然后，对照“放样1”特征的生成过程以及最终所用的参数和尺寸设定，建立壶身右侧把手的基本形体。在形体上，它与其上方的壶嘴是完全一样的。在“带边线上色”的显示样式下，结果如图4-119所示。

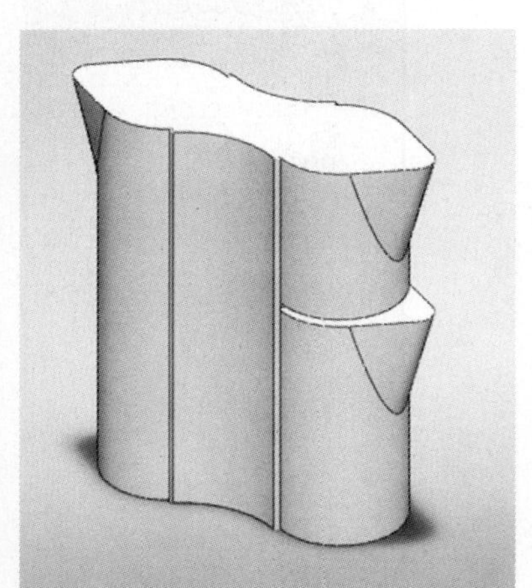

图 4-119

• 右侧把手的手柄——扫描特征

接下来，继续使用扫描特征，建立手柄形体。先准备两个草图。

为了清晰起见，将“显示样式”设为“线架图”。

(1) 切换到“草图”命令管理器，在设计树中点取“前视基准面”。

(2) 单击（“正视于”），将视图定向到正视于该基准面。

(3) 单击（“草图绘制”），进入草图绘制状态。

(4) 使用（“样条曲线”）工具，绘制一条三个控制点的样条曲线。绘制时，使其起点捕捉到如图4-120所示位置。

(5) 使用（“智能尺寸”）工具，标注、设定第二个控制点与起点（第一个控制点）之间的水平、竖直距离值各为5.5、 32。标注、设定第三个控制点与起点之间的水平、竖直距离值各为7.5、 74（图4-120）。

(6) 单击（“重建模型”），退出草图状态，生成新的草图（这里为“草图15”）。

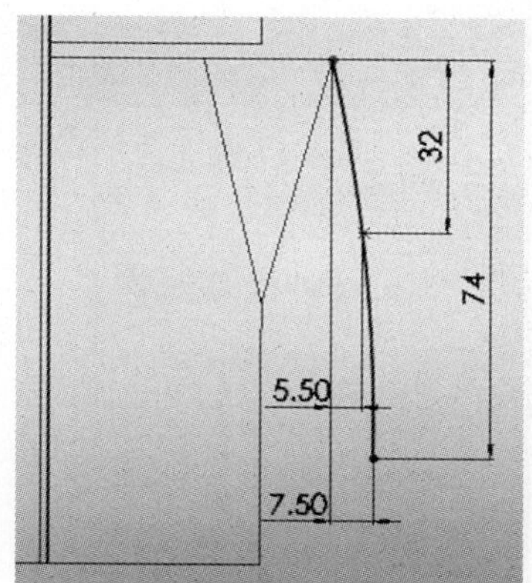

图 4-120

(7) 在图形区域中，点取如图4-121所示的平面。

(8) 单击（“正视于”），将视图定向到正视于该平面。

(9) 单击（“草图绘制”），进入草图绘制状态。

(10) 如图4-122所示，在图形区域中，点取把手基本形体的边线。使用（“转换实体引用”）工具，生成燕尾形圆弧实体，结果如图4-123所示。

(11) 使用（“圆”）工具，绘制一个圆。如图4-123所示，绘制时，使圆心捕捉到燕尾形尖点。

(12) 使用（“智能尺寸”）工具，标注、设定圆的直径值为15（图4-123）。

(13) 使用（“剪裁实体”）工具，使用“剪裁到最近端”方式（图4-124），对草图实体进行剪裁，直至仅剩下如图4-125所示的叶子形草图实体。

(14) 单击（“重建模型”），退出草图状态，生成新的草图

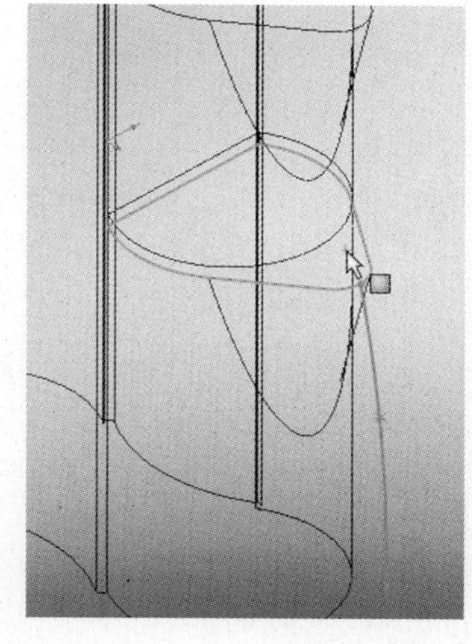
图 4-121

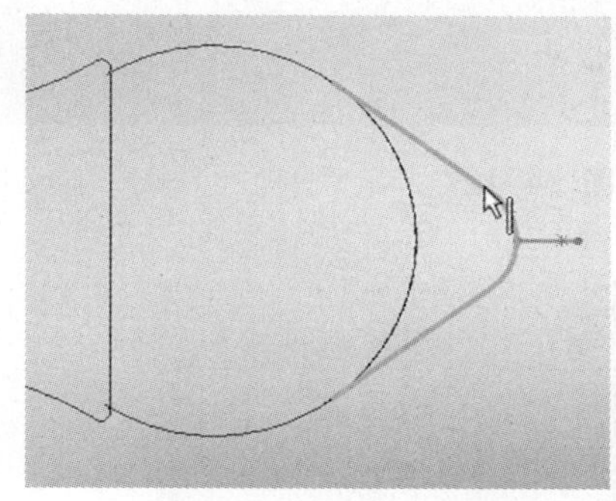
图 4-122

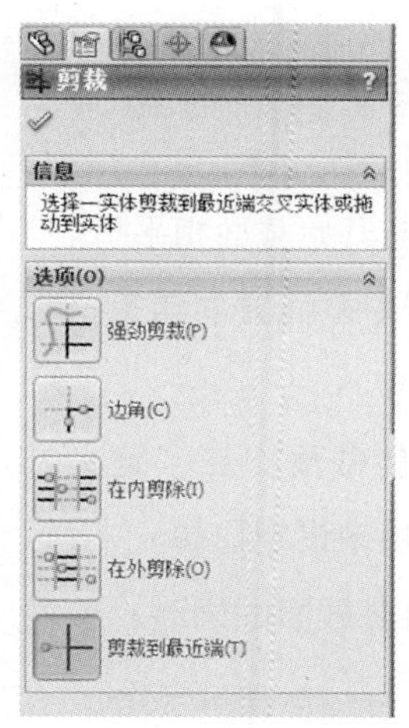

图 4-124

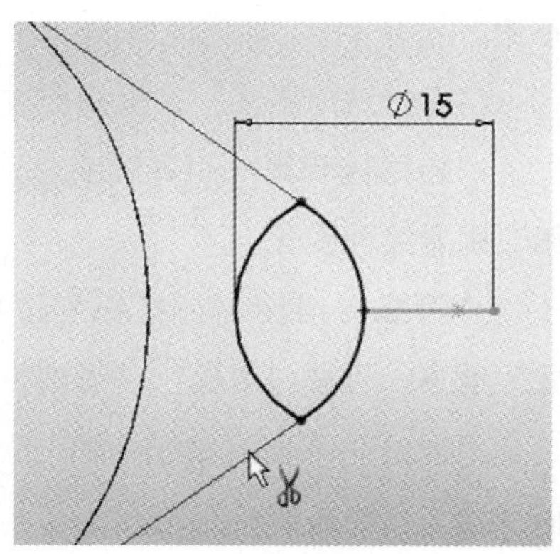

图 4-125

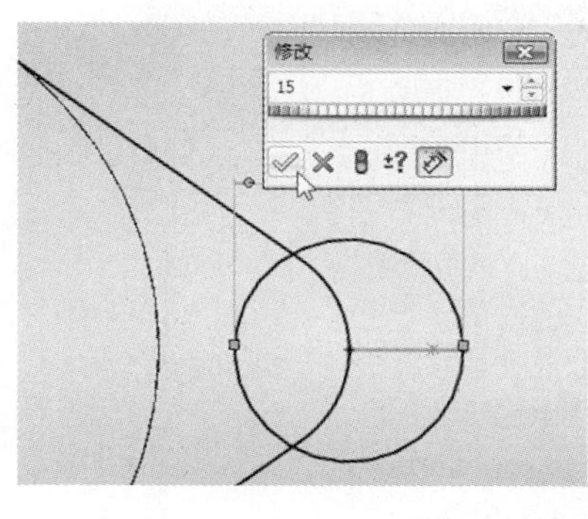

图 4-123

图 4-126

（这里为“草图16”）。

这样，为扫描操作准备好了两个草图。

（15）切换到“特征”命令管理器。

单击（“扫描”），显示出“扫描”属性管理器（图4-126），系统默认地处于“轮廓和路径”项下（，“轮廓”）项的列表框上。

在图形区域中，点取叶子形的草图（即“草图16”），它作为扫描操作时的截面轮廓，被列入“轮廓”列表框中。

此后，系统自动转到（，“路径”）项的列表框上。在图形区域中，点取样条曲线草图（即“草图15”），它作为扫描时轮廓的运动路径，被列入“路径”列表框中，如图4-126所示。

图形区域中，则显示出扫描特征的预览（图4-127）。

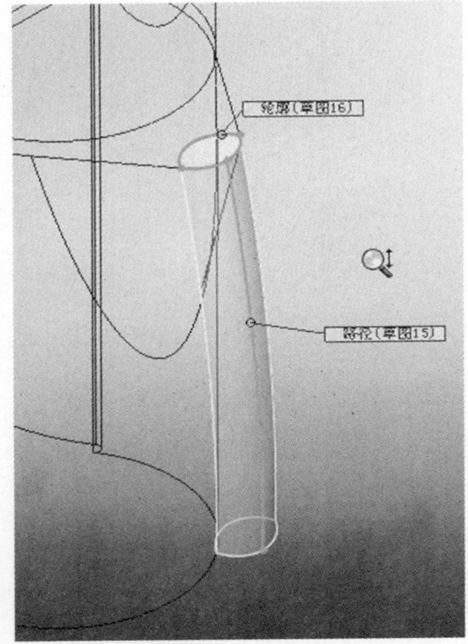

图 4-127

“扫描”属性管理器中，除了“轮廓和路径”项之外，还有“选项”、“引导线”、“起始处/结束处相切”等项（图4-128），以及“薄壁特征”选项。

在“轮廓和路径”项下，（“轮廓”）项用来设定用于生成扫描特征的草图轮廓（截面）。用作“轮廓”的草图，是在基准面或平面上绘制的一个闭环的非自相交的草图。（“路径”）项用来定义轮廓将遵循的扫描路线。用作“路径”的草图，可使用草图、现有的模型边线或曲线。

展开“选项”项（仅当分别设定了作为轮廓、路径的草图后，该项才可被展开），其下有“方向/扭转控制”、“路径对齐类型”等设定，以及“显示预览”、“合并结果”等选项。

“方向/扭转控制”控制轮廓在沿路径扫描时的取向。默认地设定为“随路径变化”。展开下拉三角箭头（图4-128），可设定为其它取向选项。

“随路径变化”，指扫描过程中截面相对于路径的角度关系保持不变。

“保持法向不变”，指扫描过程中截面始终与开始截面相平行。

“随路径和第一引导线变化”，指扫描过程中截面方向随第一和第二引导线而变化。

“沿路径扭转”，指扫描过程中沿路径扭转截面。在“定义方式”项下，可按“度数”、“弧度”或“旋转”选项来设定扭转。

“以法向不变沿路径扭曲”，指在沿路径扭曲截面的同时，使截面保持与开始截面相平行。

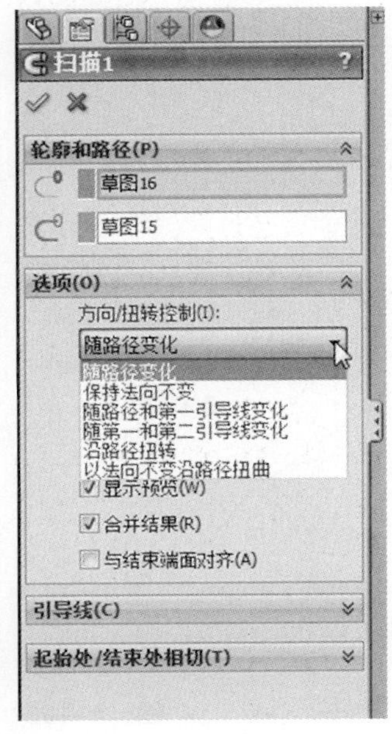

图 4-128

（16）在此次扫描操作中，仅指定轮廓和路径。

“选项”项下的“方向/扭转控制”设定为默认的“随路径变化”。其余选项也为默认的设定或未加指定。

在属性管理器上，单击✔（“确定”），生成了一个扫描特征，确认将其命名为“扫描1”。

至此，在壶具右下把手基本形体的基础之上，完成了手柄形体。这样，完成了右侧、下部把手的形体。此时，在“带边线上色”的显示样式下，壶具建模表达的结果如图4–129所示。

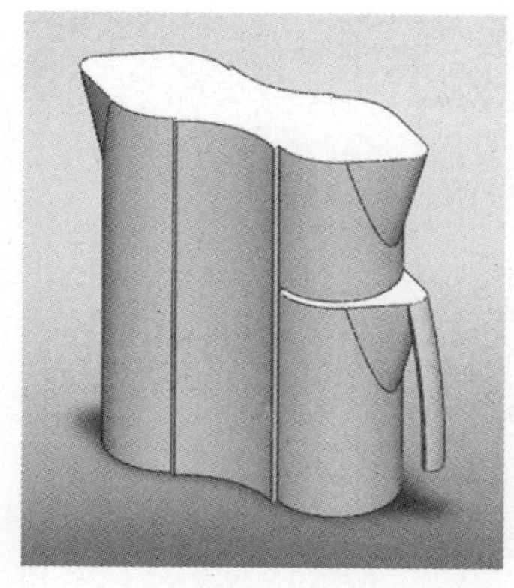

图 4–129

（17）将视图定位到右视方向（图4–130），壶具建模表达的结果如图4–131所示。

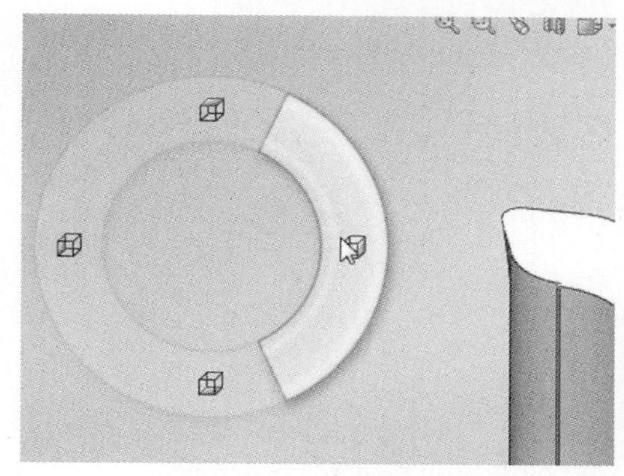

图 4–130

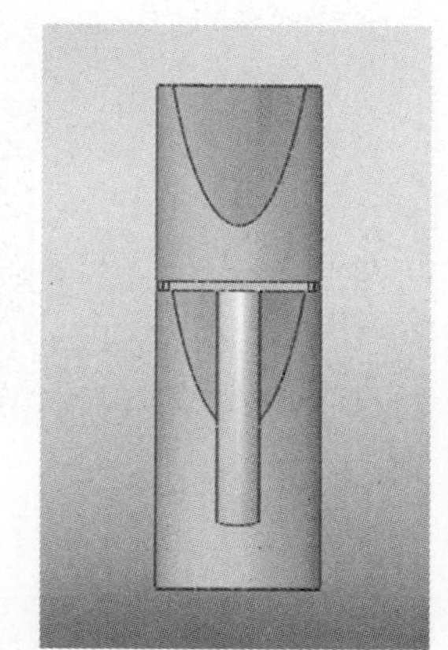

图 4–131

• 左侧把手的手柄——再次扫描特征操作

接下来，以类似方法，在以镜像特征方法形成的把手基本形体上，完成左侧上部手柄形体。

先确认“显示样式”设定为“线架图”样式。

（1）如图4–132所示，在设计树中“前视基准面”上右键单击，单击关联工具栏中的（“草图绘制”），进入草图绘制状态。

（2）单击（“正视于”），将视图定向到正视于该草图（这里为“草图17”）。

（3）使用（“样条曲线”）工具，绘制一条三个控制点的样条曲线。绘制时，使其上部的起点捕捉到如图4–133所示位置。在右键菜单中点取“选择”项，完成样条曲线绘制。

（4）但是，起点自动跑到了如图4–134所示的位置。

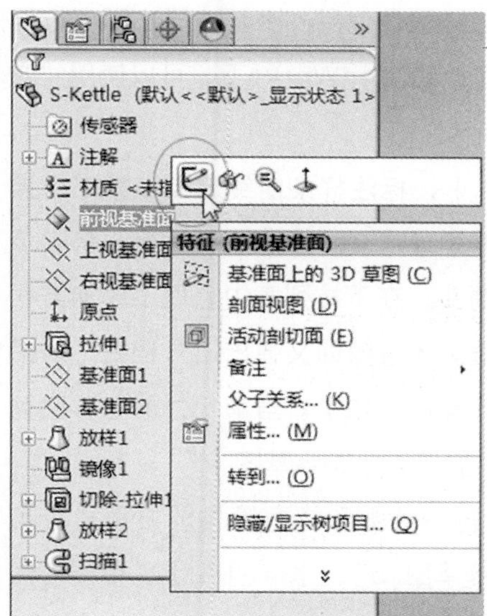

图 4–132

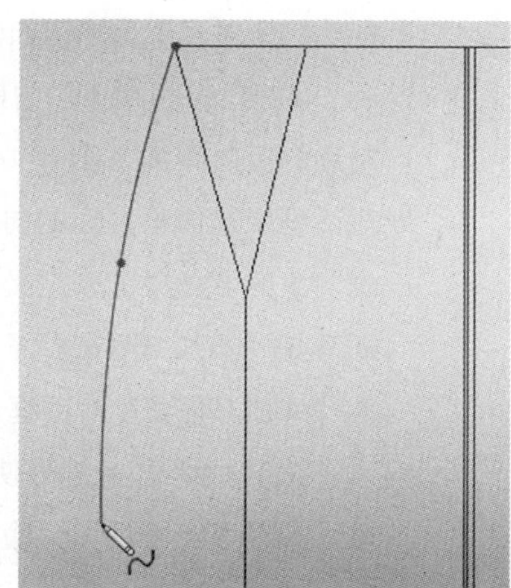

图 4–133

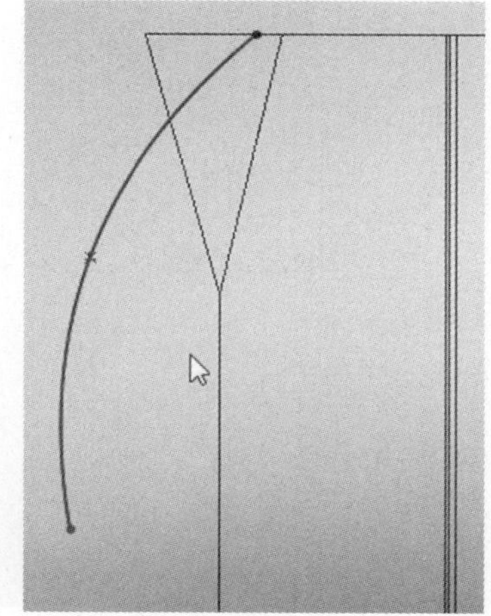

图 4–134

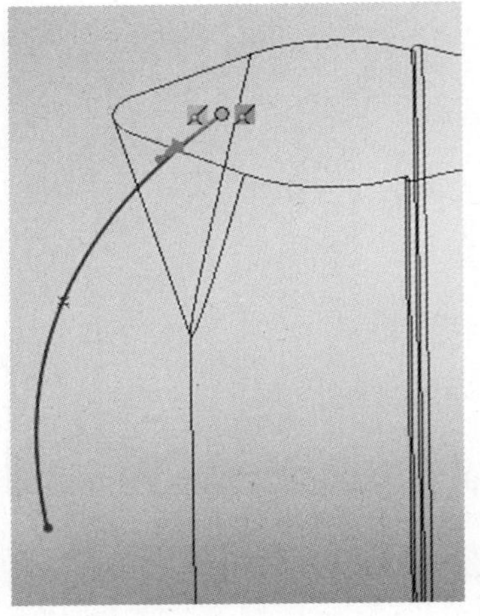

图 4-135

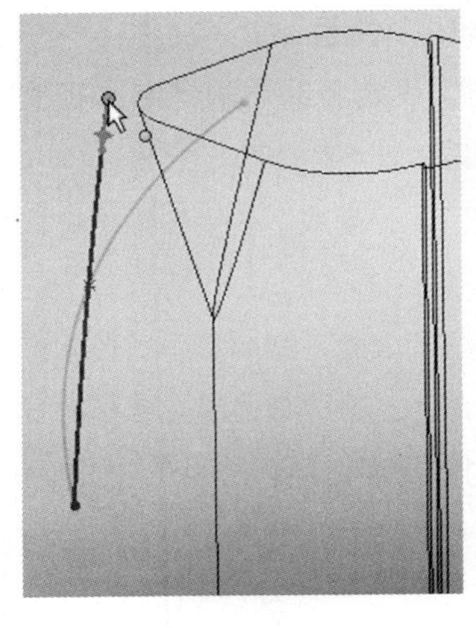

图 4-136

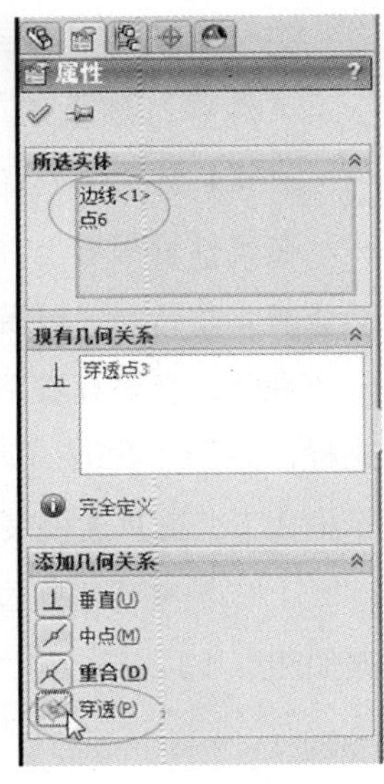

图 4-137

在图形区域中点取该起点（图4-135），在显示出的“点”属性管理器中，可看到在“现有几何关系”项下列有两个“重合”关系。用〈Delete〉键，将它们删除。

现在该起点可以被自由移动了（图4-136）。

（5）按下〈Shift〉键，在图形区域中同时点取该起点及镜像特征的燕尾形边线。

显示出“属性”属性管理器，“所选实体”项下列入了该点和边线。

如图4-137所示，在“添加几何关系”项下勾选（“穿透”）几何关系。

此时，该起点移动并与边线相穿透（图4-138）。

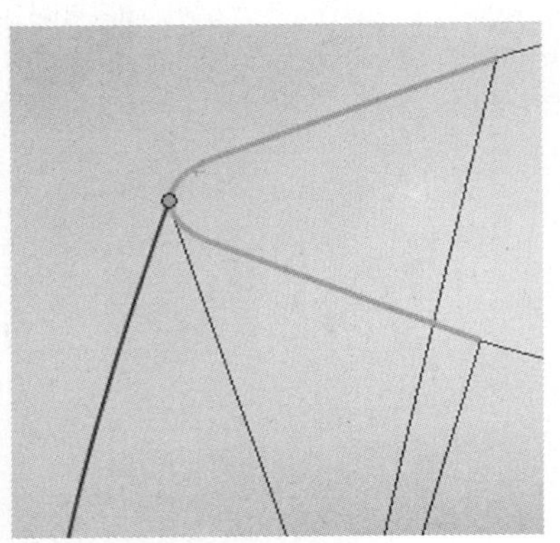

图 4-138

对于该样条曲线草图实体，可以使用（“智能尺寸”）工具，参照图4-120所示的“草图15”的尺寸，对应地标注、设定如图4-139所示的各相同尺寸值。但这里，使用一个新功能，即“方程式”，来定义该样条曲线的尺寸值。在SolidWorks下，可以使用“方程式”来对两个尺寸值加以关联和定义。

（6）单击（“智能尺寸”），标注样条曲线起点和第二个控制点的竖向距离（图4-140），并弹出尺寸“修改”对话框。单击该对话框中选值框右边的向下三角箭头，在下拉列表中点取“添加方程式”（图4-141）来定义该尺寸值。系统随即又弹出“方程式”对话框及其“添加方程式”子对话框（图4-142）。当前尺寸的名称已列入“添加方程式”对话框（这里，显示为“D1@草图17” = ）。

在此对话框上，可使用运算符、函数和常数等构成方程式。这里，在等号符号后面，输入“D1@草图15”（图4-142），单击“确定”按钮，关闭“添加方程式”对话框。

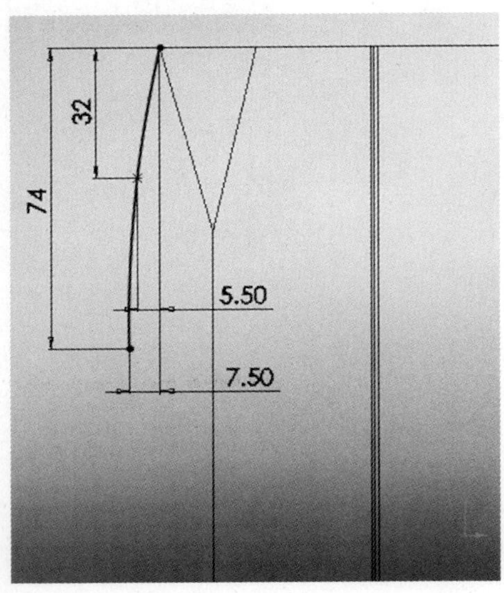

图 4-139

系统此时退回到“方程式”对话框。其中，列出了刚添加的“D1@草图17” = “D1@草图15”这一方程式（图4-143），其中的“估计到”一栏下，显示方程式的求解值，并用图标表示每个方程式的状态，其中✓（“解出”）表明方程式无错地解出。

单击“确定”按钮，关闭“方程式”对话框。

这样，借助方程式，使“草图17”的一个尺寸值（即D1）与“草图15”的对应尺寸值建立了关联（这里是使两者相等）。此时尺寸标注的结果如图4-144所示，在尺寸值“32”之前，有一个Σ（“方程式”）符号，即“Σ32”。

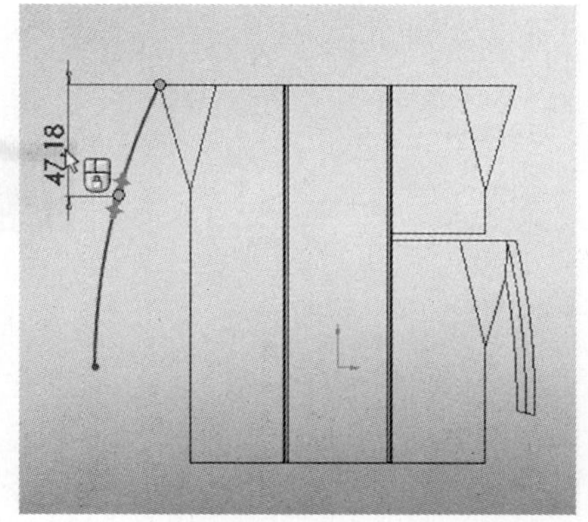

图 4-140

（7）同样地，使用方程式（这里为“D2@草图17” = “D2@草图15”）标注起点与第三个控制点之间的竖向距离尺寸值“Σ74”。

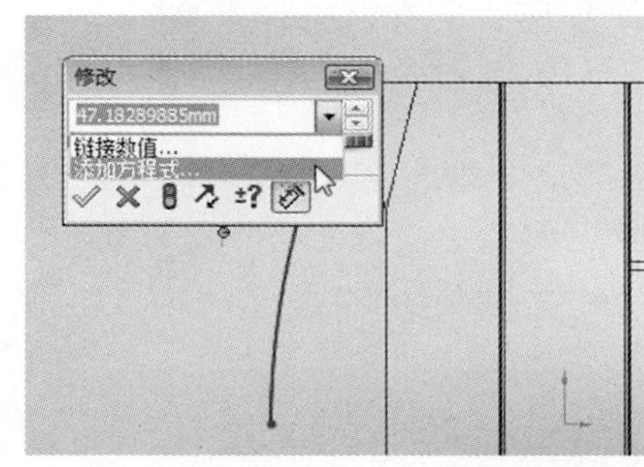

图 4-141

（8）使用（“智能尺寸”）工具，分别标注起点与第二个控制点、第三个控制点之间的水平距离的具体尺寸值。

（9）对于已经使用（“智能尺寸”）工具标注了具体尺寸值的尺寸标注，例如，起点与第二个控制点之间的水平距离尺寸，下面来对其使用方程式加以定义。

在图形区域中点取该尺寸标注，单击主菜单栏上“工具”→“方程式”。系统弹出“方程式”对话框，单击其上“添加”按钮，系统进一步弹出“添加方程式”对话框。添加方程式（这里为“D3@草图

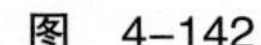
图 4-142

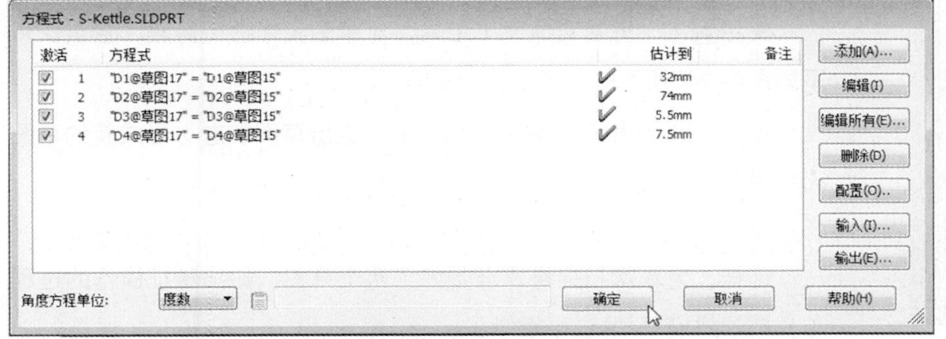

图 4-143

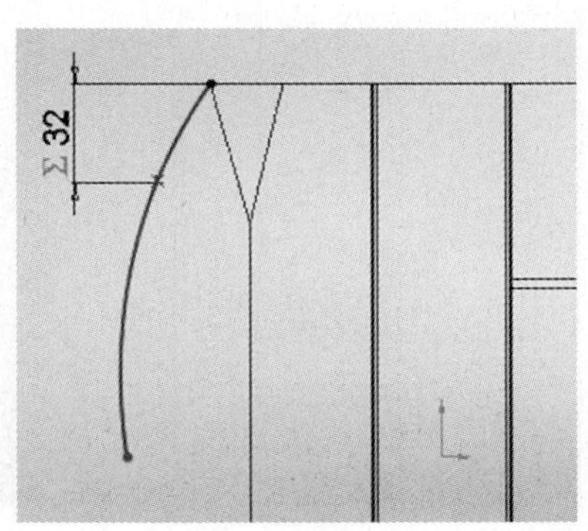

图 4-144

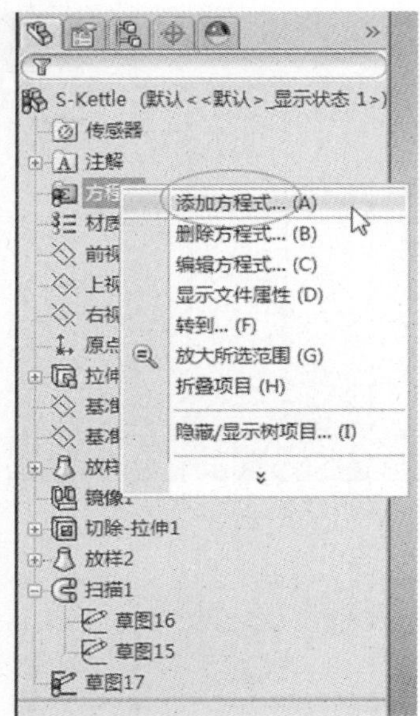

图 4-145

17” = “D3@草图15”）后，分别单击“确定”按钮并关闭两个对话框。尺寸标注显示为“Σ5.50”。

这是添加方程式的另一种途径。

（10）还能以第三种途径添加方程式。例如，对起点与第三个控制点之间的水平距离尺寸，改而使用方程式来加以定义。

在设计树中“方程式”文件夹项目上右键单击，在右键快捷菜单上点取“添加方程式”选项（图4-145）。在“添加方程式”对话框中，此时输入整个方程式（这里为“D4@草图17” = “D4@草图15”）。单击“确定”按钮并关闭此对话框。

系统退回到“方程式”对话框，此时列出了该方程式及已有方程式（图4-143），它们都正确地解出。单击“确定”按钮并关闭此对话框。尺寸标注显示为“Σ7.50”，样条曲线形状得以更新。

对四个尺寸值都使用方程式加以定义后，尺寸标注结果如图4-146所示。

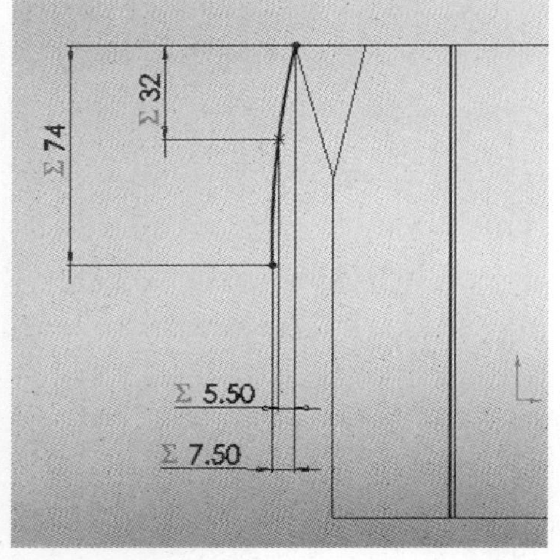

图 4-146

提示：在“方程式”对话框中，可对方程式加以编辑、删除等操作，也可从外部文本文件输入方程式，或输出方程式到外部文本文件（图4-143）。

可在“方程式”文件夹项目的右键快捷菜单上，点取添加、删除、编辑方程式等选项以进行相应操作（图4-145）。

（11）单击（“重建模型”），退出草图状态。生成新的草图（这里为“草图17”）。

接下来准备另一个草图。与前面准备“草图16”过程相似。

（12）以如图4-147所示的平面作为草图平面，点取关联工具栏中的（“草图绘制”），进入草图绘制状态。

使用（“转换实体引用”）工具，生成燕尾形圆弧实体。

使用（“圆”）工具、（“智能尺寸”）工具，标注、设定圆的直径值为15。

使用（“剪裁实体”）工具，对草图实体进行剪裁，直至仅剩下如图4-148所示的叶子形草图实体。

（13）单击（“重建模型”），退出草图状态。生成新的草图（这里为“草图18”）。

图 4-147

这样，为本次扫描操作准备好了两个草图。扫描特征操作的过程与生成“扫描1”的过程相似。

（14）在“特征”命令管理器上，使用（“扫描”）工具，使用叶子形的草图（即“草图18”）作为截面轮廓，使用样条曲线草图（即“草图17”）作为路径。

（15）在“扫描”属性管理器上，单击（“确定”），生成新的扫描特征（这里为“扫描2”），即左上部的手柄形体。

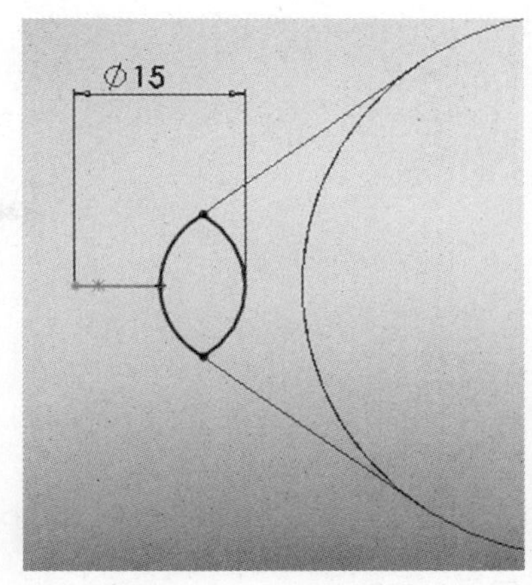

图 4-148

此时，咖啡壶产品主要形体基本上建模完成，如图4-149、图4-150所示。

下面将继续完成一些细节形体。

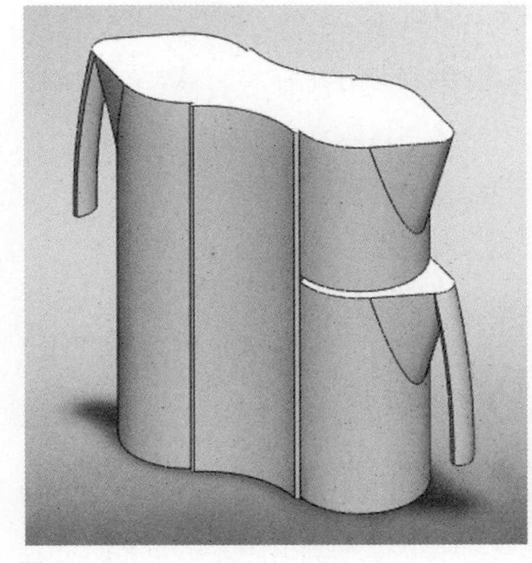
图 4-149

完善形体——细节刻画

观察原型产品形体，可看到壶嘴状形体上带有一根凸起的棱条，而两个手柄上则带有凹下的棱条。这些棱条逐渐变细，最终汇聚到一点。另外，左、右壶身柱面的底部外凸而形成凸缘，加强整个壶具的稳定性。

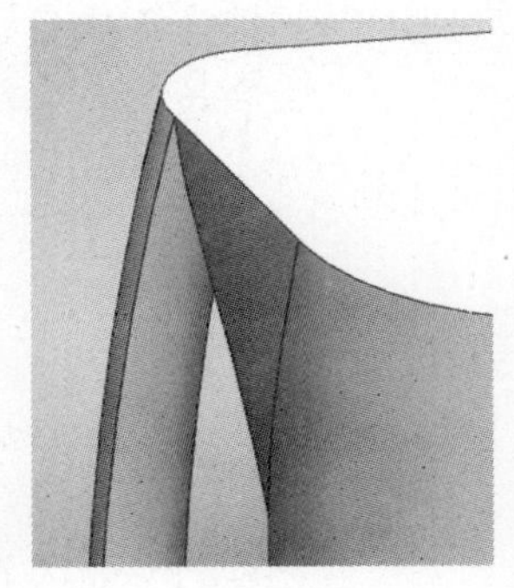
图 4-150

• 壶嘴上的凸棱——放样特征

（1）在设计树中点取“前视基准面”，在其关联工具栏上单击（“草图绘制”），进入草图绘制状态。系统也自动切换到“草图”命令管理器。

（2）单击（“正视于”），将视图定向到正视于该基准面和草图。

（3）在图形区域中点取如图4-151所示的模型轮廓边线后，使用（“转换实体引用”）工具，生成一条直线草图实体。

（4）单击（“重建模型”），退出草图状态。生成新的草图（这里为“草图19”）。

为便于操作，将“显示样式”改为“线架图”。

（5）再次在设计树中点取“前视基准面”，在其关联工具栏上单击（“草图绘制”），进入草图绘制状态。

（6）单击（“点”，图4-67），绘制一个点草图实体。绘制时，借助推理和捕捉，捕捉到“草图19”中直线实体的下部端点。

（7）单击（“重建模型”），退出草图状态。生成新的、仅含

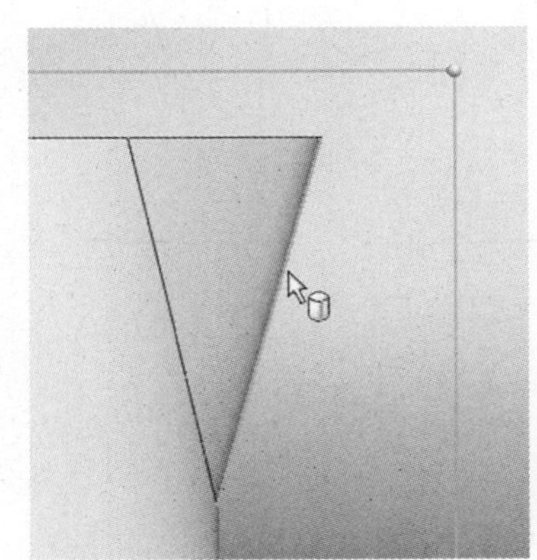
图 4-151

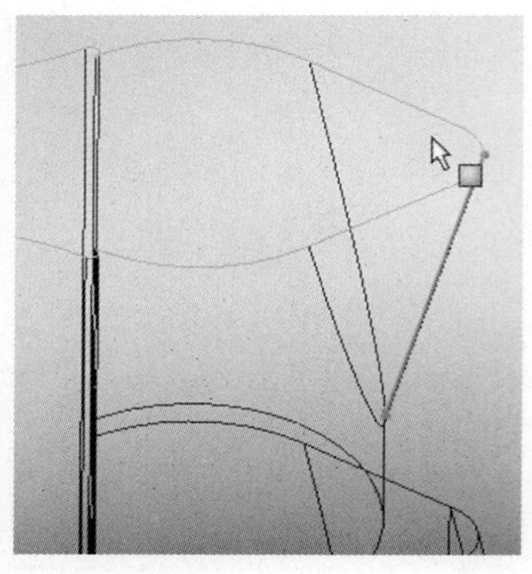
图 4-152

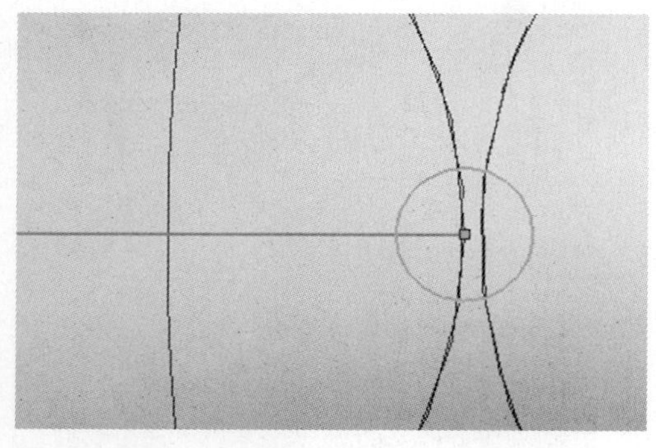
图 4-153

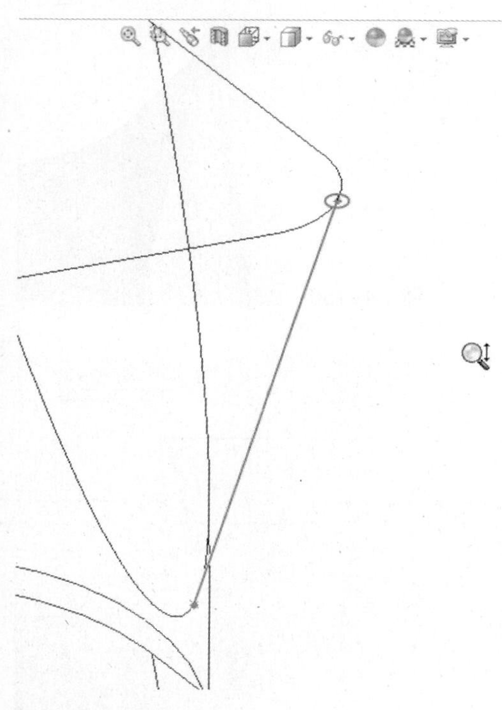
图 4-154

有一个点草图实体的草图（这里为“草图20”）。

（8）在图形区域中点取如图4-152所示的右侧壶身的上端面。单击（“草图绘制”），进入草图绘制状态。

（9）单击（“正视于”），将视图定向到正视于该草图及草图平面。

（10）动态缩放视窗，以便于准确地操作。

使用（“圆”）工具，绘制一个圆。绘制时，使圆心捕捉到壶嘴边线的尖点上。

在显示出的“圆”属性管理器中，输入、设定半径值为1。结果如图4-153所示。

（11）单击（“重建模型”），退出草图状态。生成新的草图（这里为“草图21”）。

在前导视图工具栏中，将“应用布景”状态从“屋顶”改为“单白色”，可以清晰地看到以上所准备的三个草图（图4-154）。

借助它们，采用放样特征来生成凸棱形体。

将“应用布景”状态改回“屋顶”。

（12）在“特征”命令管理器上，单击（“放样凸台/基体”），显示出“放样”属性管理器。

展开显示在图形区域的设计树，点取“草图21”、“草图20”作为轮廓，点取“草图19”作为引导线。

（13）在属性管理器上，单击（“确定”）。生成了一个放样特征（这里为“放样3”），形成壶嘴状形体上的凸起棱条。

将“显示样式”改为“带边线上色”后，结果如图4-155所示。

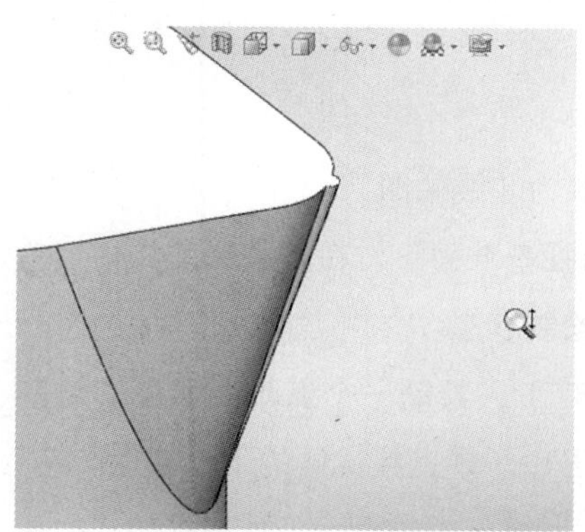
图 4-155

• 手柄上的凹棱——两个放样切除特征

下面生成右侧下部把手手柄上的凹棱。先准备三个草图。

（1）在设计树中点取“前视基准面”，在其关联工具栏上单击（“草图绘制”），进入草图绘制状态。

（2）单击（“正视于”），将视图定向到正视于该基准面和草图。

（3）在图形区域中点取如图4-156所示的模型轮廓边线后，使用（“转换实体引用”）工具，生成曲线草图实体。

（4）单击（“重建模型”），退出草图状态。生成新的草图（这里为“草图22”）。

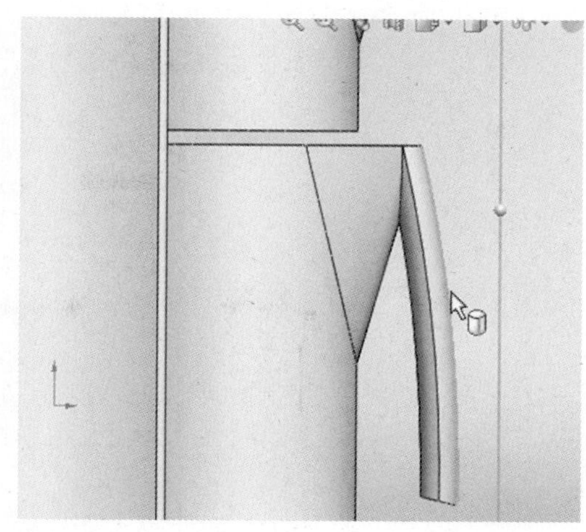

图 4-156

将“显示样式”改为“线架图”，以方便操作。

（5）再次在设计树中点取“前视基准面”，在其关联工具栏上单击（“草图绘制”），进入草图绘制状态。

（6）单击（“点”），绘制一个点草图实体。绘制时，借助推理和捕捉，捕捉到“草图22”中曲线的下部端点。

（7）单击（“重建模型”），退出草图状态。生成新的、仅含有一个点草图实体的草图（这里为“草图23”）。

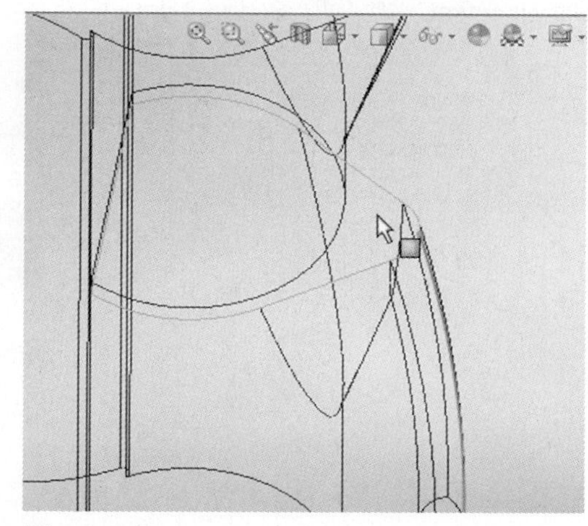

图 4-157

（8）在图形区域中点取如图4-157所示模型的端面。单击（“草图绘制”），进入草图绘制状态。

（9）单击（“正视于”），将视图定向到正视于该草图及草图平面。

（10）使用（“圆”）工具，绘制一个圆。绘制时，使圆心捕捉到把手形体边线的尖点上。同样，输入、设定半径值为1。

（11）单击（“重建模型”），退出草图状态。生成新的草图（这里为“草图24”）。

将“应用布景”从“屋顶”改为“单白色”后，可看到以上所准备的三个草图，结果如图4-158所示。

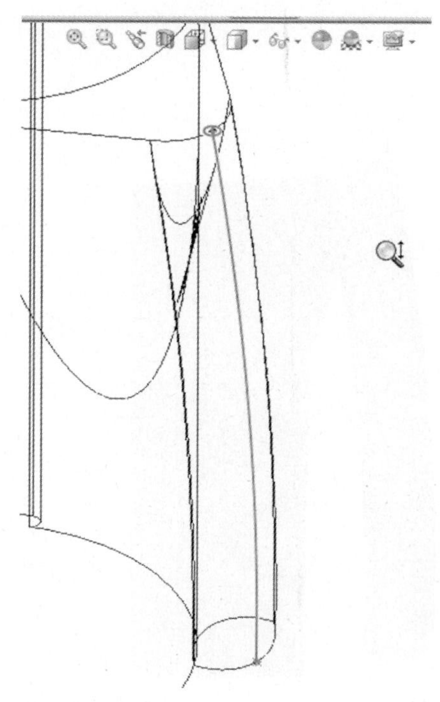

图 4-158

借助这三个草图，接下来生成放样切除特征，形成凹棱。先将“应用布景”改回“屋顶”方式。

（12）在“特征”命令管理器上，单击（“放样切割”，图4-159），将使用放样方式减去材料。

展开临时显示于图形区域的设计树，对应于“切除-放样”属性管理器，分别在设计树中点取、设定“草图24”、“草图23”作为轮

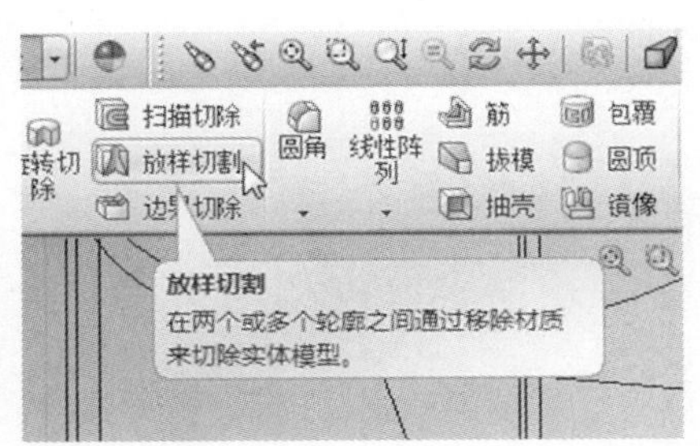

图 4-159

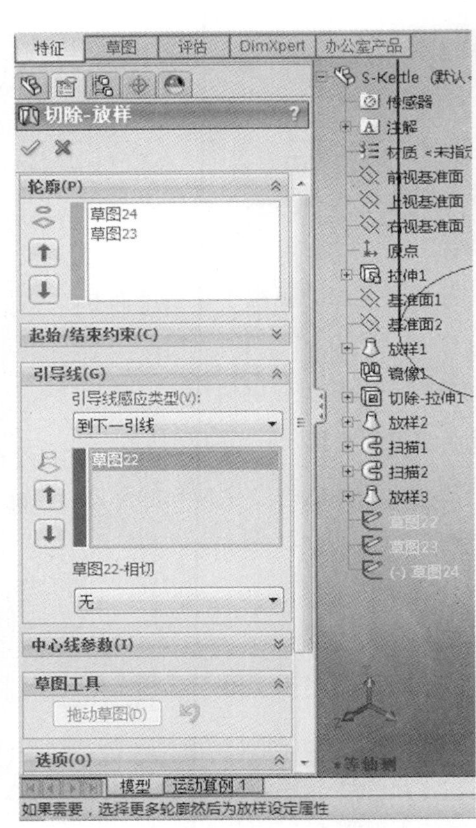

图 4-160

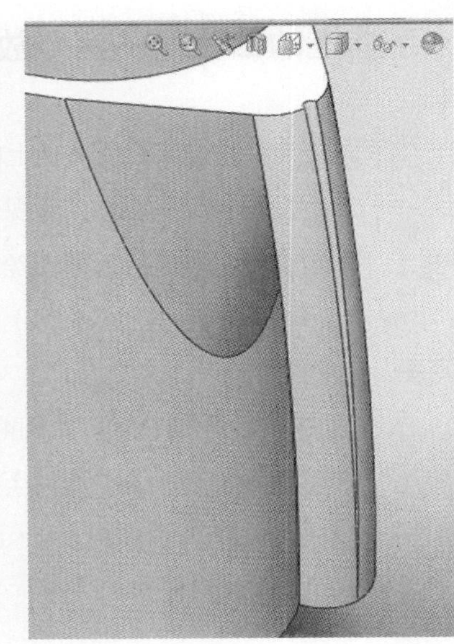

图 4-161

廓，“草图22”作为引导线（图4-160）。

（13）在“切除-放样”属性管理器上，单击✓（“确定”）。生成了一个放样切除特征（这里为“切除-放样1”），形成右下部手柄形体上的凹下棱条。

将“显示样式”改为“带边线上色”后，结果如图4-161所示。

对于左侧上部把手手柄上的凹棱形体，采取相同的方法过程和参数值加以建立。先准备三个草图，这里为“草图25”、“草图26”、“草图27”，它们分别含有曲线草图实体、点草图实体、圆草图实体。然后，以“草图27”、“草图26”作为轮廓，以“草图25”作为引导线，生成放样切除特征（这里为“切除-放样2”），形成另一个凹棱。

结果如图4-162所示。

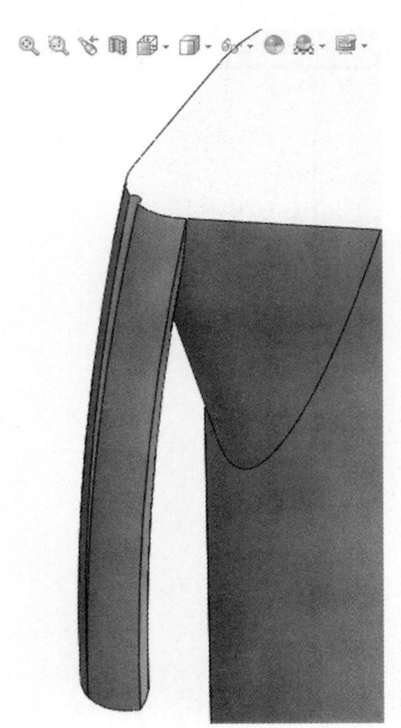

图 4-162

• 壶身顶部的形体细节——旋转切除特征

（1）在设计树中点取“前视基准面”，在其关联工具栏上单击（“草图绘制”），进入草图绘制状态。

(2) 单击（“正视于”），将视图定向到正视于该基准面和草图。

将“应用布景”从“屋顶”改为“单白色”，并将“显示样式”改为“线架图”。在前导视图工具栏上的“隐藏/显示项目”中，打开

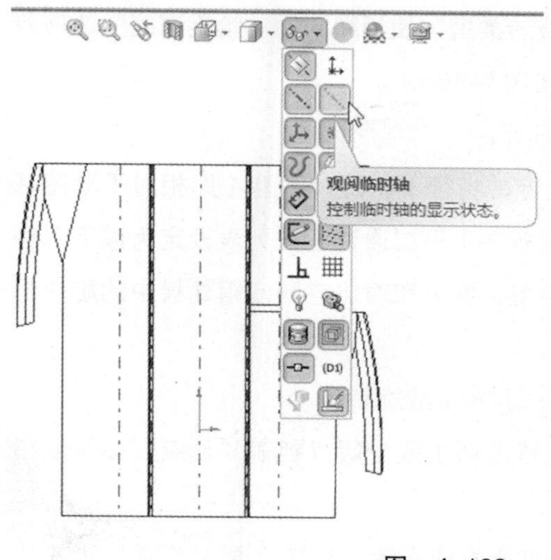

图 4-163

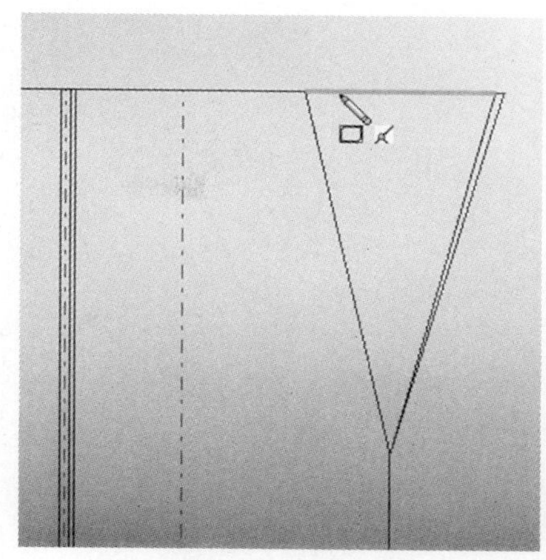
图 4-164

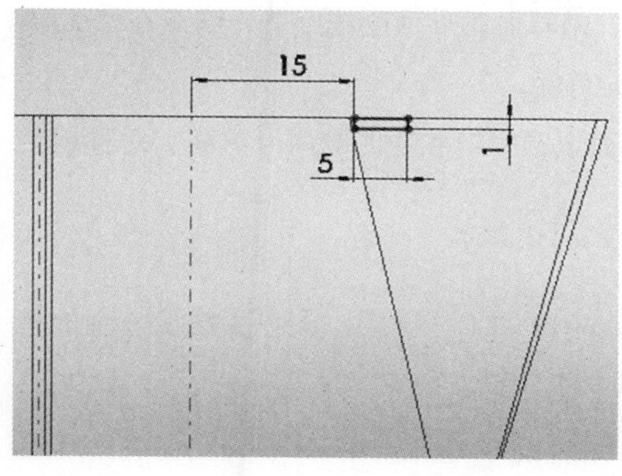

图 4-165

“观阅临时轴”。可清晰地看到临时轴在图形区域中显示出来，如图4-163所示。这些临时轴是模型中各柱面的中心轴。

将“应用布景”改回“屋顶”方式，继续绘制草图。

（3）单击□（“边角矩形”），绘制一个边角矩形。绘制时，从捕捉到壶身轮廓边线之处（图4-164）开始，向左下方绘制。

（4）使用◇（“智能尺寸”）工具，标注、设定矩形的水平宽度值、竖直高度值分别为5和1，标注、设定左侧竖直边到临时轴的水平距离值为15（图4-165）。

这样，绘制了一个新的草图（这里为“草图28”）。

图 4-166

（5）切换到“特征”命令管理器。单击▣（“旋转切除”），将使草图绕轴线旋转而切除掉材料。

显示出的“切除-旋转”属性管理器（图4-166）中，系统自动处在“旋转轴”项下的▣（“旋转轴”）项列表框上。在图形区域中点取如图4-167所示相关的临时轴作为旋转轴，它随即列入列表框中（图4-166）。

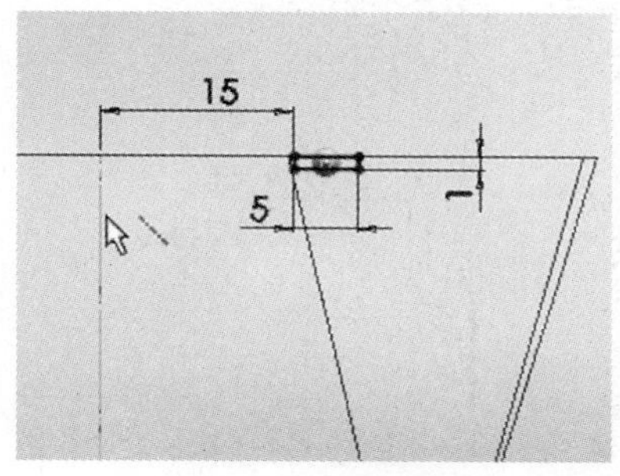

图 4-167

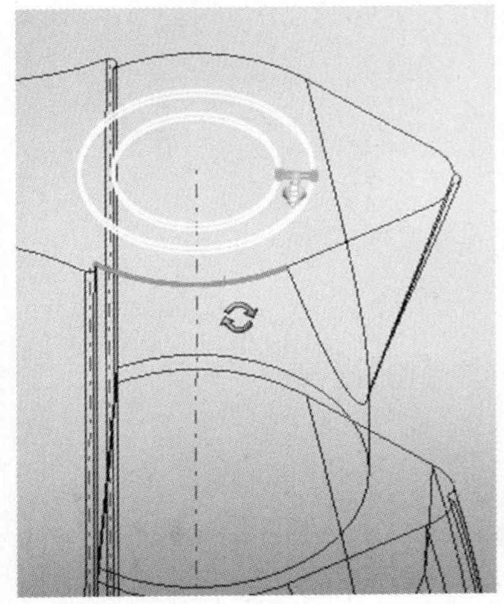

图 4-168

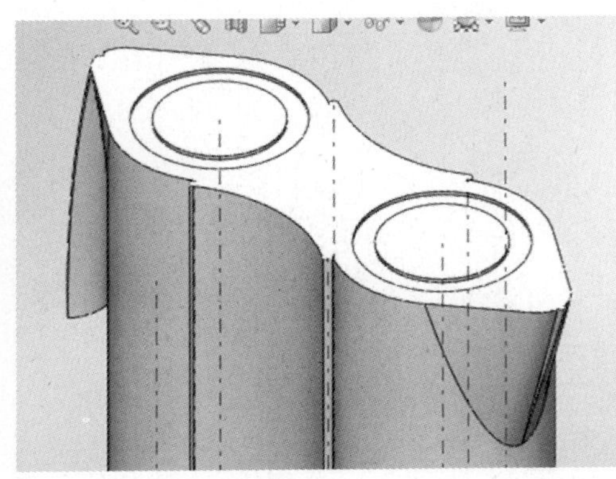

图 4-169

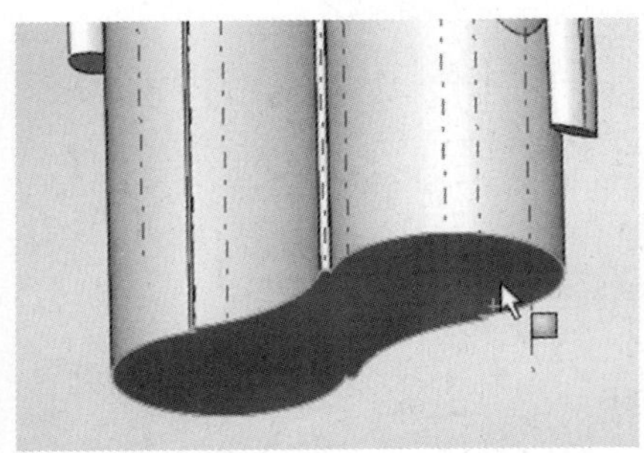

图 4-170

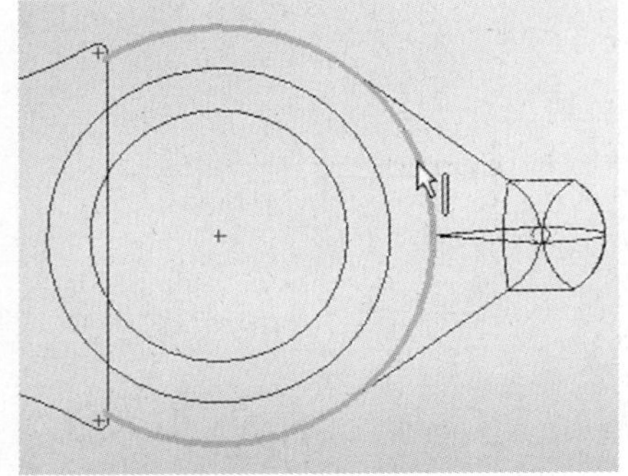

图 4-171

在“方向1”项下，“旋转类型”使用默认的“给定深度”选项，并保持默认的360° 角度值（图4-166）。

此时，预览如图4-168所示。

对于旋转切除特征（及旋转特征），旋转类型（即相对于草图基准面/平面而设定的旋转终止条件）可以通过下拉列表设定为以下几种（从2011版起新增了一些类型，参见和对比电脑音箱建模中的旋转特征内容）：

给定深度：从草图以单一方向生成旋转。

成形到一顶点：从草图基准面生成旋转，到在“顶点”项中所指定的顶点。

成形到一面：从草图基准面生成旋转，到在“面/基准面”项中所指定的面。

到离指定面指定的距离：从草图基准面生成旋转，到离在“面/基准面”项中所指定的面的指定等距。

两侧对称：从草图基准面以顺时针和逆时针两个方向、对称地生成旋转。

（6）在属性管理器上，单击✔（“确定”）。生成了一个旋转切除特征（这里为“切除-旋转1”）。

以类似的方法过程和参数设定，在壶身左侧生成另一个旋转切除特征（这里为“切除-旋转2”）。

将“显示样式”改为“带边线上色”后，结果如图4-169所示。

• 壶身底部的凸缘形体——扫描特征与镜像特征

为生成壶身底部起稳定作用的凸缘形体，先准备草图。

（1）至合适视点，在图形区域中点取壶身底部平面（图4-170），在其关联工具栏上单击（“草图绘制”），进入草图绘制状态。

（2）单击（“正视于”），将视图定向到正视于该平面。

（3）将“显示样式”改为“线架图”。

在图形区域中点取如图4-171所示的边线后，使用（“转换实体引用”）工具，生成曲线草图实体。

（4）单击（“重建模型”），退出草图状态。生成新的草图（这里为“草图30”）。

（5）在设计树中点取“前视基准面”，在其关联工具栏上单击（“草图绘制”），进入草图绘制状态。

（6）单击（“正视于”），将视图定向到正视于该基准面。

（7）使用（“边角矩形”）工具，绘制一个边角矩形。绘制时，左下角捕捉到壶身边线角点，向右上方（即向外）绘制（图4-172）。

（8）使用（“智能尺寸”）工具，标注、设定矩形的宽度值为1、高度值为5（图4-172）。

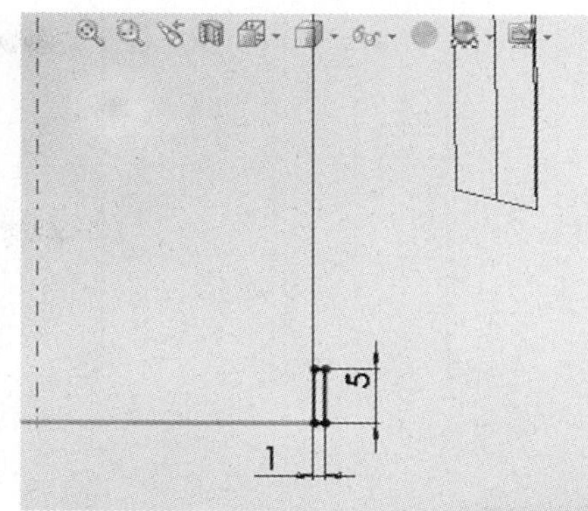

图 4-172

（9）单击（“重建模型”），退出草图状态。此时系统自动切换到“特征”命令管理器。

这样，生成新的草图（这里为“草图31”）。

（10）在“特征”命令管理器上，使用（“扫描”）工具，以“草图31”作为轮廓，以“草图30”作为路径，并且，在“选项”项下的“方向/扭转控制”项中，在下拉列表中点取“沿路径扭转”选项。

（11）在“扫描”属性管理器上，单击（“确定”）。生成新的扫描特征（这里为“扫描3”）。

从结果上看，它形成为半个凸缘形体（图4-173）。下面借助镜像特征，生成另外半个凸缘形体。

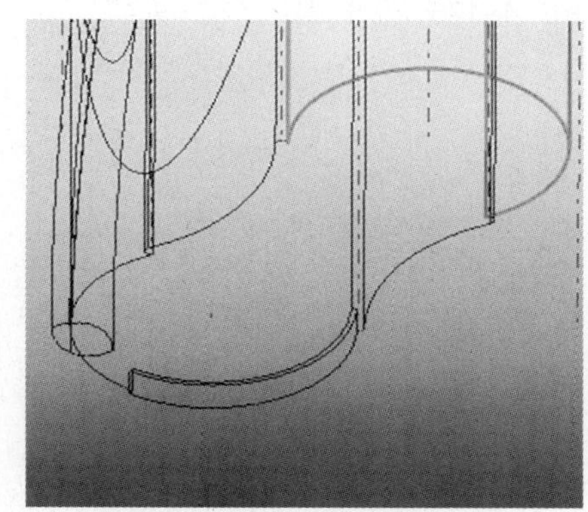
图 4-173

（12）在“特征”命令管理器上，单击（“镜像”）。点取“前视基准面”项，作为“镜像面/基准面”。点取“扫描3”作为“要镜像的特征”。此时属性管理器和设计树的状态如图4-174所示。

预览如图4-175所示。

（13）在“镜像”属性管理器上，单击（“确定”）。生成了一个镜像特征（这里为“镜像2”）。

在前导视图工具栏上的“隐藏/显示项目”中，关闭“观阅临时轴”。

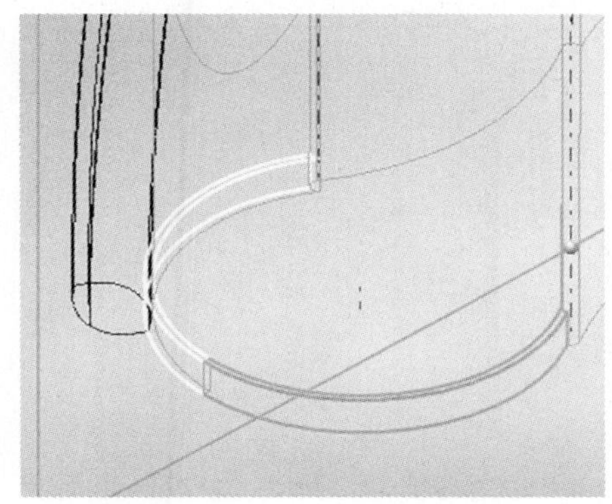
图 4-175

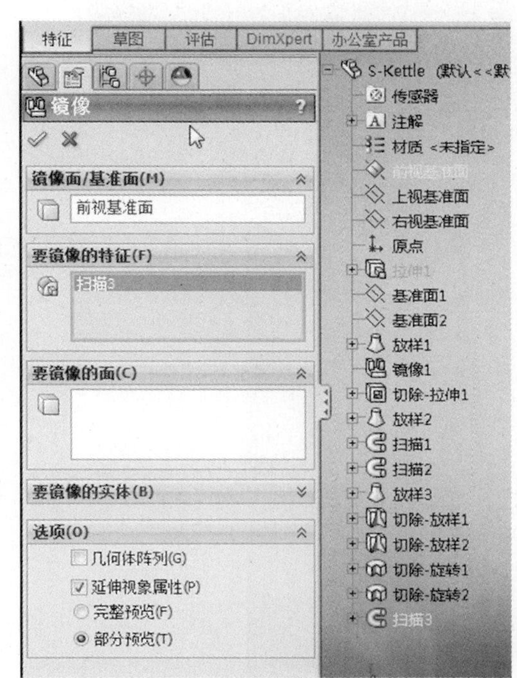

图 4-174

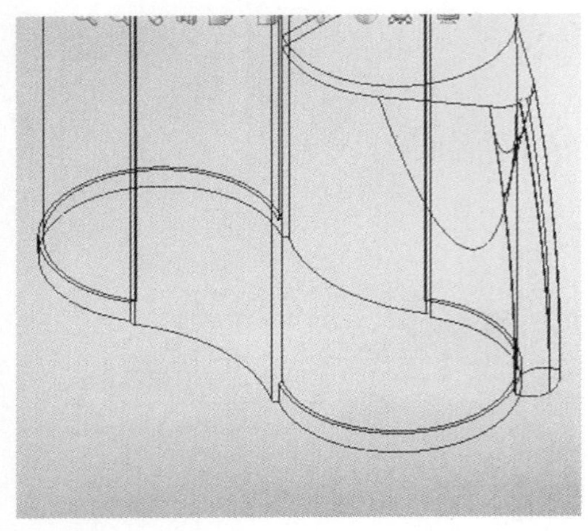

图 4-176

对于壶身左侧底部的凸缘，采用类似的方法过程和参数设定，先准备两个草图（这里为“草图32”，即转换实体引用而得到的曲线草图实体，以及“草图33”，即矩形草图实体）。

而后，使用（“扫描”）工具，生成一个扫描特征（这里为“扫描4”）。

最后，使用（“镜像”）工具，生成一个镜像特征（这里为“镜像3”）。

这样就形成壶身左侧底部完整的凸缘形体。

此时两侧的完整凸缘形体，如图4-176所示。

至此，完成了整个壶具形体的建模和表达（对于其它一些细节，如圆角等，可继续深入刻画）。

将“显示样式”改为“带边线上色”。整个壶具形体结果如图4-177~图4-180所示。

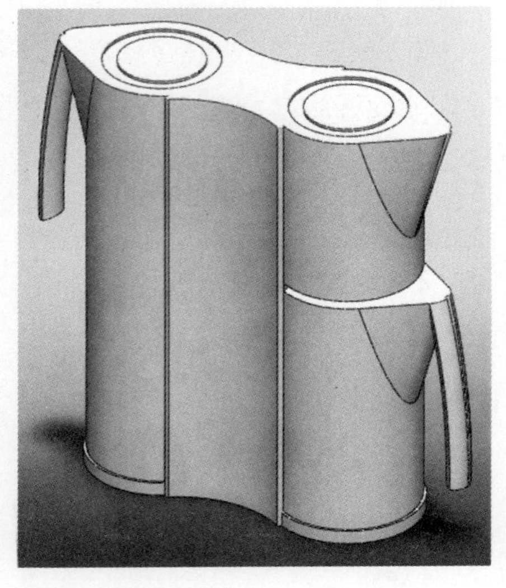

图 4-177

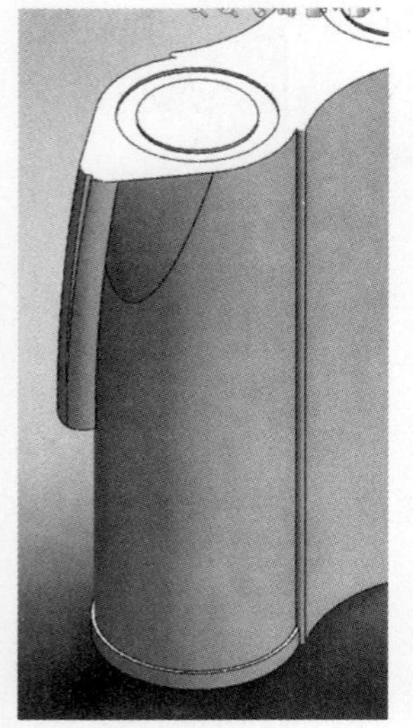

图 4-178

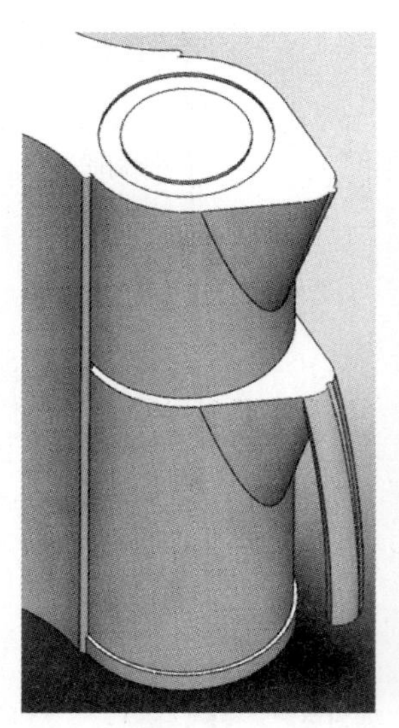

图 4-179

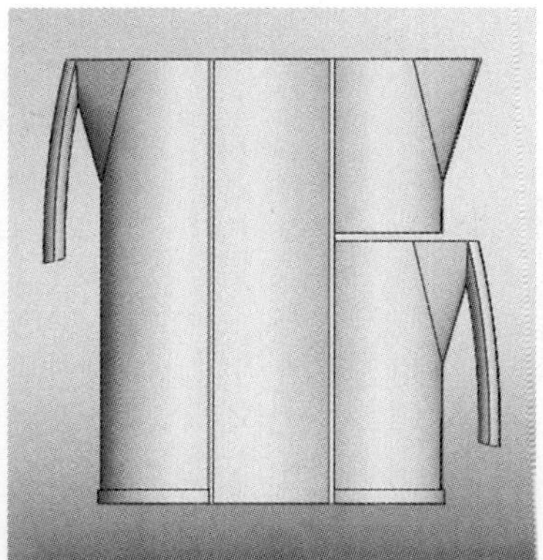

图 4-180

从零件到装配体
——EC1电话机建模

传达形态特点——电话机底座

这里以EC1电话机产品为原型参考（图5-1a，形体建模表达结果如图5-1b所示），从零件建模思路对比开始，分析从零件到装配体的形体塑造思路、零件形体建模过程中的主要思路及其选择（图5-247）。

对于该产品，从形体建模表达的角度，将其简化地视为由电话机底座（即电话机机体）和电话机听筒两个零件体构成。

a）

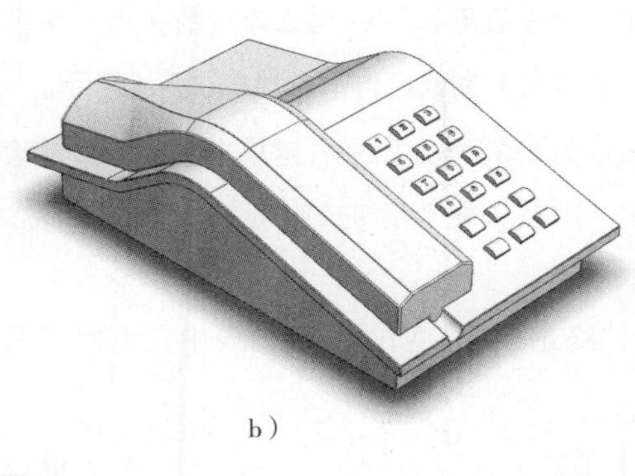

b）

图 5-1

• 电话机底座（思路一）——从基座开始

由于听筒部分放置、扣合于底座部分之上，故先建立底座零件的形体。

对于底座（即机体）部分，从整体上来看其形体，它是由基座、上盖体、按键等主要部分组成的。在建模思路上，可以从基座着手，也可以从上盖体着手。当然，这反映出不同的设计意图。借此也可探讨不同的建模思路和命令工具使用过程。

1. 基座部分

下面先从基座开始。在主菜单栏上单击“文件”→“新建”，选择“零件”类型，新建一零件文档；再单击“文件”→“另存为”，将此文件保存，例如，另存为“EC1-PHONE-BASE.sldprt”。

（1）在设计树中，点取“前视基准面”。单击（“正视于”），将视图定向到正视于该基准面。

单击（“草图绘制”），进入草图绘制状态。使用“直线”草图实体绘制工具，生成如图5-2所示的草图实体。注意其中在左下角

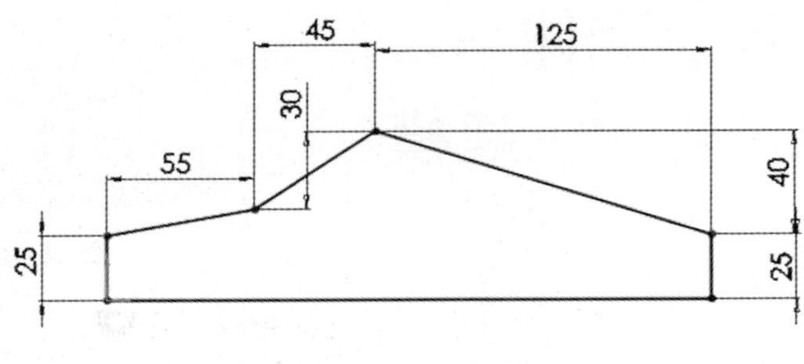

图 5-2

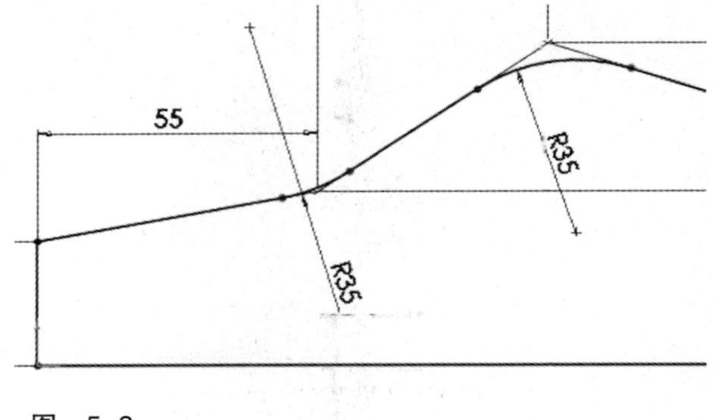

图 5-3

处对草图原点的捕捉，且底边为水平线。

单击（“智能尺寸”），标注、设定该图中所示尺寸。

（2）单击（“绘制圆角”）。如图5-3所示，以半径值35，在两处分别生成一凹、一凸两个圆角。

（3）单击命令管理器上的“特征”标签，切换到“特征”命令管理器。

（4）单击（“拉伸凸台/基体”），显示出“拉伸”属性管理器，“终止条件”默认地设定为“给定深度”。图形区域中，视图定向转换到三维空间视点方向，并清楚地显示出粗立体箭头，指示出拉伸方向（“方向1”），以及三维形体的预览（当然，默认的拉伸深度为10）。

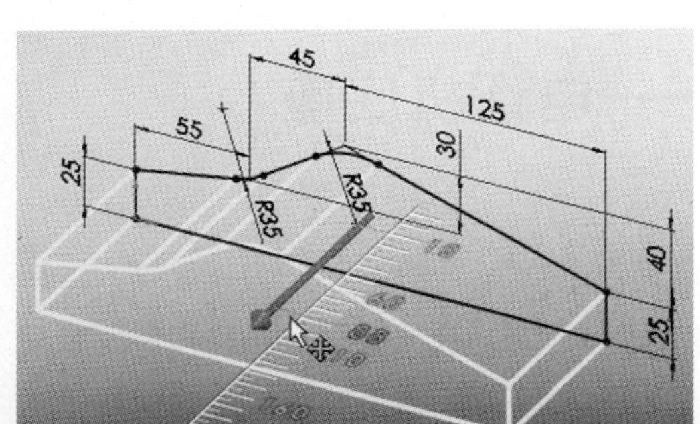

图 5-4

在粗立体箭头上，单击并保持，移动鼠标，可实时、动态地改变拉伸深度，并以标尺及刻度数值直观地显示拉伸深度值，如图5-4所示。同时，“拉伸”属性管理器中“方向1”项下对应的深度值也会联动地改变。

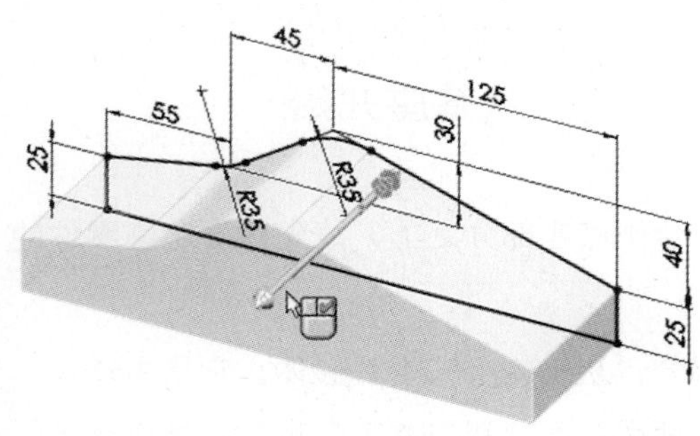

图 5-5

释放鼠标键，此时光标显示为符号，预览中还新增显示出粗立体双箭头，指示出第二个拉伸方向（“方向2”），如图5-5所示。此时如果右键单击，或在属性管理器上，单击（“确定”），则将生成拉伸特征。

这里，先不生成拉伸特征，而是在新出现的粗立体双箭头上，单击并保持，移动鼠标，可在第二个方向上生成拉伸。预览如图5-6所示。

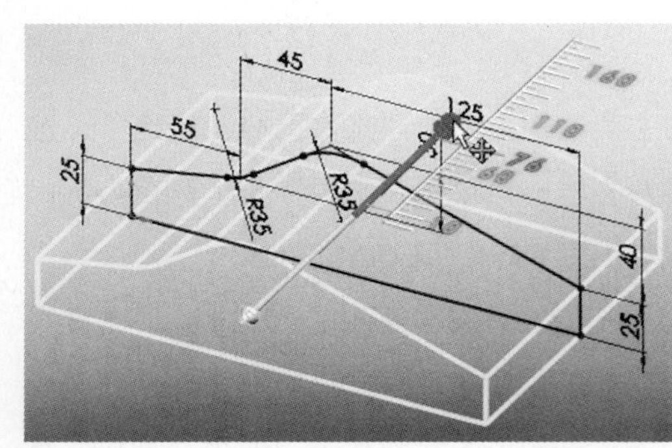

图 5-6

释放鼠标键，此时光标显示为符号，如果右键单击，或在属性管理器上，单击（“确定”），则将从两个方向拉伸而生成拉伸特征。

这里，先不要生成拉伸特征。

（5）在“方向1”项下“终止条件”项的下拉列表中，点取“两侧对称”方式。

将拉伸的（“深度”）项的值设定为145，并按〈Enter〉键，如图5-7所示。

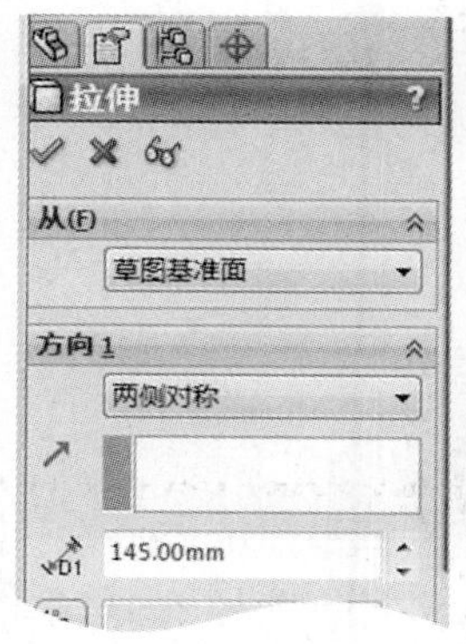

图 5-7

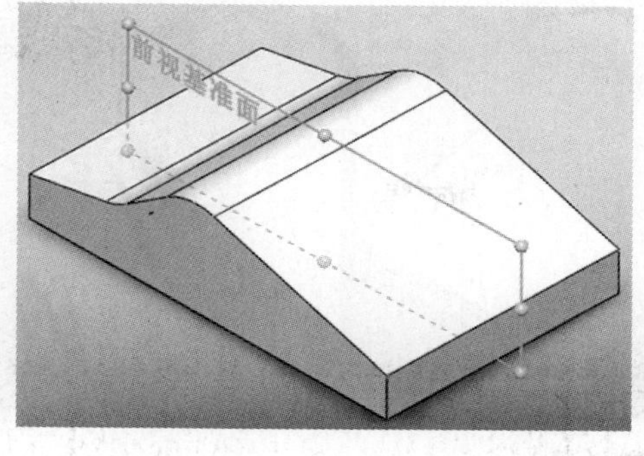

图 5-8

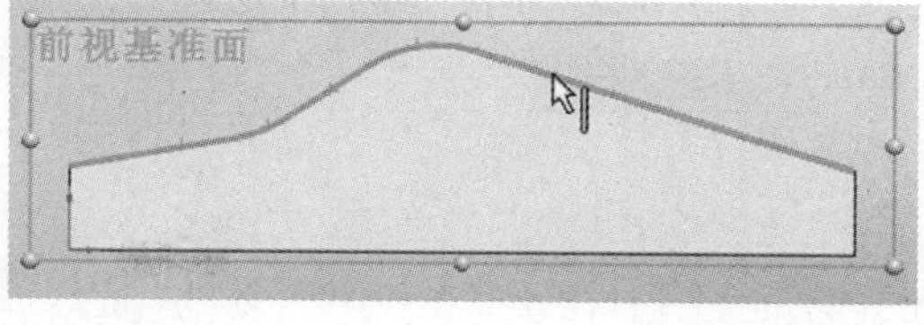

图 5-9

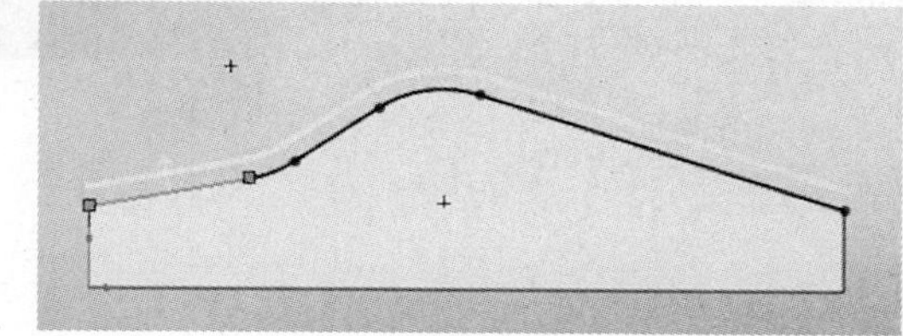

图 5-10

（6）在属性管理器左上角处，单击✓（“确定”），生成拉伸特征（这里为“拉伸1”），即电话机体的基座部分，结果如图5-8所示。

2. 上盖体部分

在建立了基座形体之后，接下来采用两种思路建立上盖体部分的形体，加以对比分析。

（1）在设计树中，点取“前视基准面”。图形区域中的显示如图5-8所示。单击（“正视于”），将视图定向到正视于此基准面。

（2）单击（“草图绘制”），进入草图绘制状态。

按下〈Ctrl〉键，依次点取如图5-9所示轮廓线。单击（“转换实体引用”），生成草图实体。结果如图5-10所示。

（3）单击（“等距实体”），在“等距实体”属性管理器的“参数”项下的（“等距距离”）项，设定等距距离值为6。

预览如图5-10所示。

（4）单击（“直线”），在合适处，绘制一条竖直向的直线，如图5-11所示。

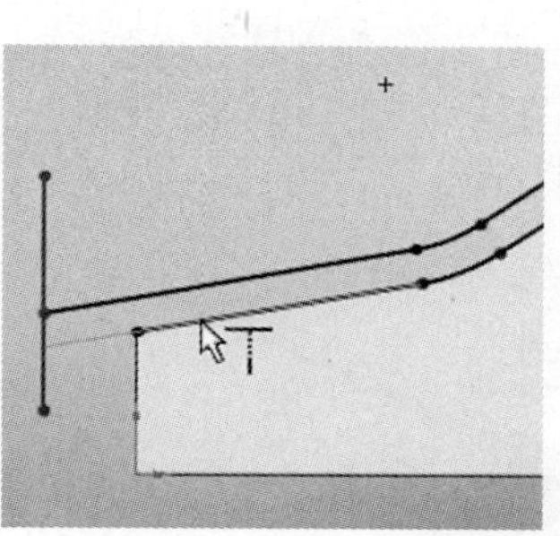

图 5-11

（5）单击（“延伸实体”），将步骤（2）和（3）中生成的草图实体延伸到此直线，如图5-11所示。

（6）单击（“智能尺寸”），将此竖直向直线与基座竖直向轮廓线之间的水平距离标注、设定为12，如图5-12所示。延伸线会随之变化、更新。

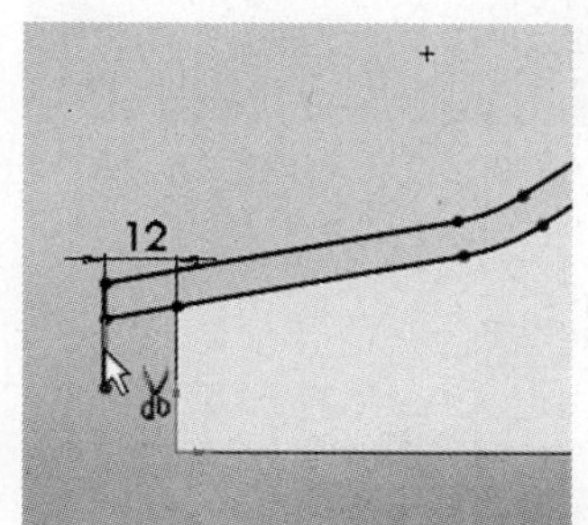

图 5-12

（7）单击（“剪裁实体”），使用“剪裁到最近端”方式，对草图实体进行剪裁，如图5-12所示。

（8）在另一端，做类似操作。但此次，先在（新的）竖直向直线与第（2）步骤中生成的草图的端点之间，标注、设定水平距离为12，再作“延伸实体”操作。

完成的草图实体（这里为“草图2”）如图5-13所示。

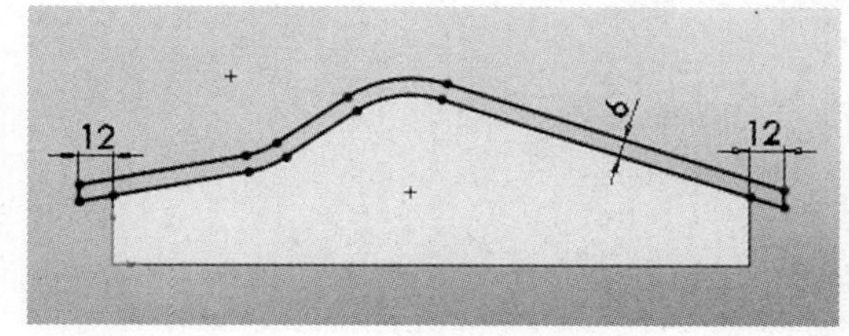

图 5-13

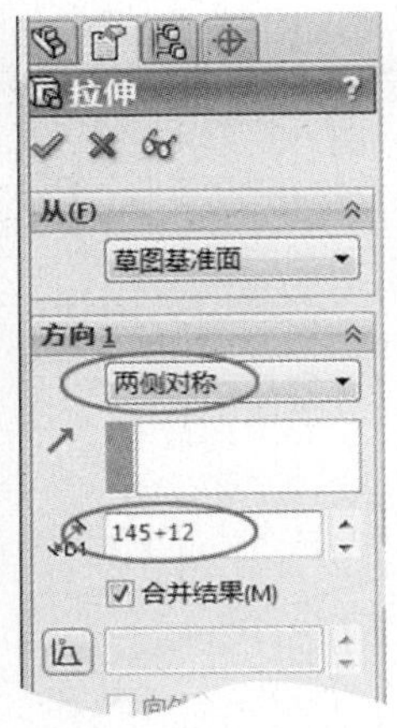

图 5-14

图 5-15

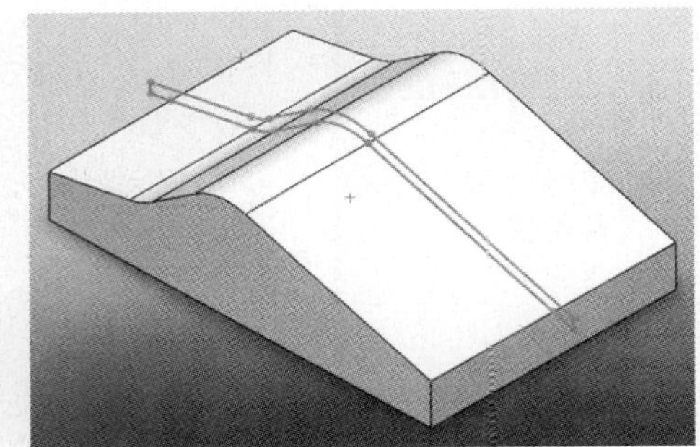
图 5-16

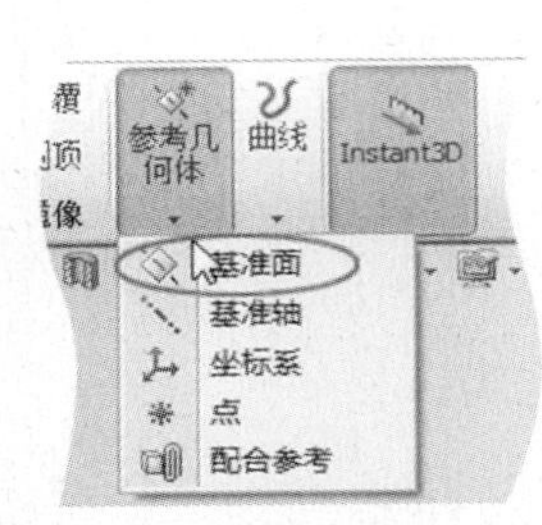

图 5-17

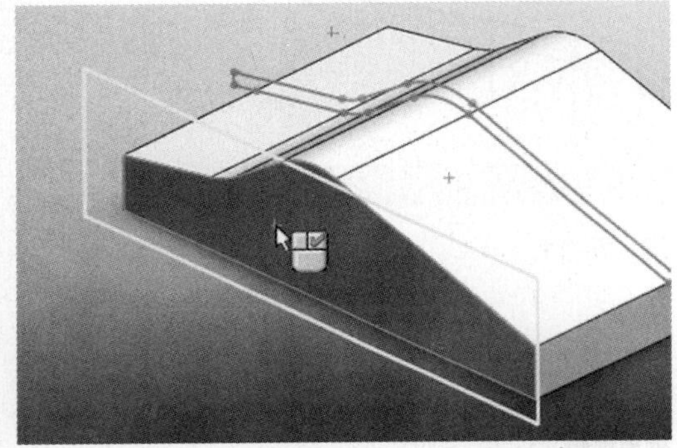
图 5-18

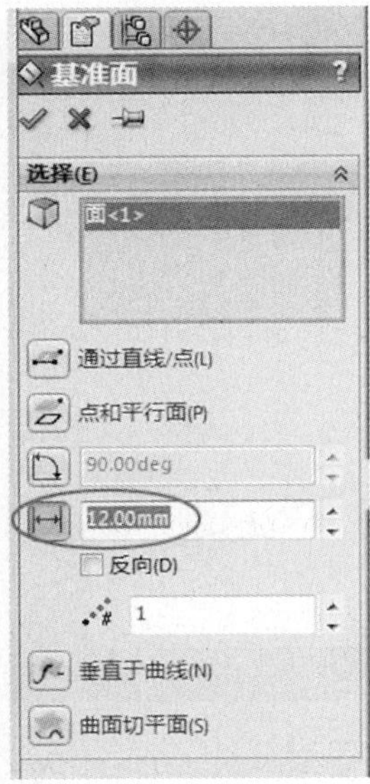

图 5-19

下面先看建立上盖体的第一种思路过程。

（9）切换到“特征”命令管理器。单击（“拉伸凸台/基体”），在“拉伸”属性管理器，将“终止条件”设定为“两侧对称”。

在（“深度”）项下的数值输入框中，可以输入表达式。这里，输入表达式“145+12”。其中，值145是同样以“两侧对称”拉伸方式生成基座形体时设定的值（基座总宽度的一半）；值12是上盖体在宽度上超出基座的宽度值，这里设计意图是使该值与步骤（6）和（8）中设定的值相同，如图5-14所示。

（10）在属性管理器左上角处，单击（“确定”），生成拉伸特征（这里为“拉伸2”）。

此时生成的电话机底座结果如图5-15所示。

下面，再来看建立上盖体的第二种思路过程。这种思路是以两个参考基准面来控制上盖体的宽度，而这两个基准面与基座侧面之间，又是通过几何关系相关联的。

先回撤到图5-13[第（8）步骤处]所示的模型状态，即图5-16所示的状态。

（11）确认切换到“特征”命令管理器。在（“参考几何体”）命令组的下拉列表中，点取（“基准面”）工具，如图5-17所示。

（12）在图形区域中，点取基座左侧的端面，随即光标显示为符号，如图5-18所示。此时，不进行右键单击操作，而是在“基准面”属性管理器（“等距距离”）项后的数值输入框内，输入距离值12，如图5-19所示。

（13）单击（“确定”），生成一个新的基准面（这里为“基准面1”），结果如图5-20所示。

（14）以同样方法，借助基座另一侧端面，生成另一新基准面

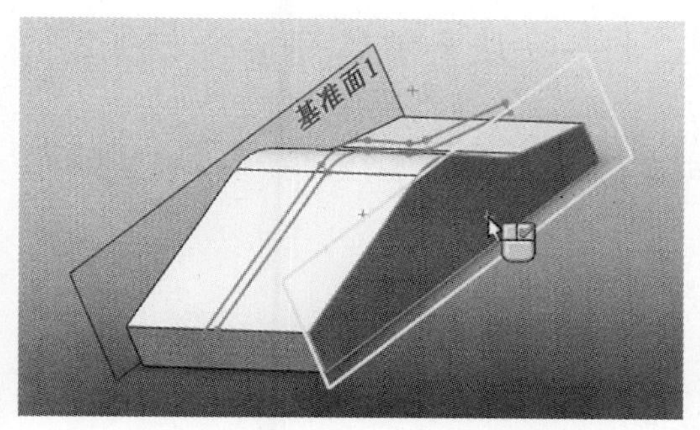

图 5-20

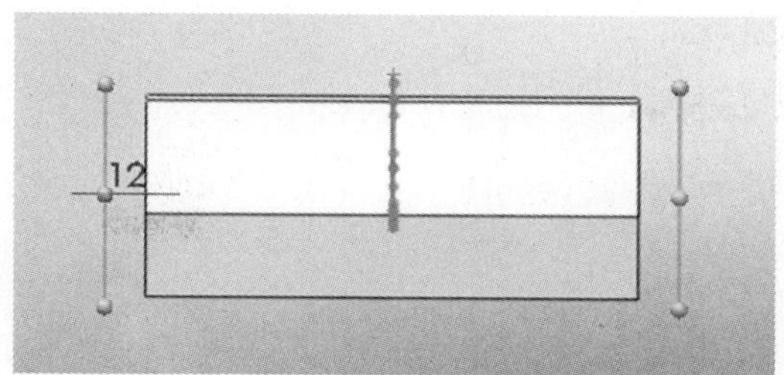

图 5-21

（这里为“基准面2”）。预览如图5-20所示。

所生成的两个基准面如图5-21和图5-22所示。

（15）在设计树中，点取用于生成上盖体的草图，即“草图2”。在图形区域中，它以高亮度方式显示，表示被选取，如图5-22所示。

（16）确认切换到“特征”命令管理器。单击（“拉伸凸台/基体”），显示出“拉伸”属性管理器。

（17）在“方向1”项下，将“终止条件”设定为“成形到一面”，系统自动转到（“面/平面”）项的列表框，如图5-23所示。

在图形区域中，点取“基准面1”，它被列入（“面/平面”）项后的列表框，图形区域中，拉伸的预览如图5-23所示。

此时，光标显示为符号，如图5-23所示。此时不进行右键单击操作。

（18）在属性管理器的“方向2”项前面的复选框上单击，勾选“方向2”，使其变得可用，如图5-24所示。

图形区域中，也显示出表示第二个方向的粗立体双箭头。

（19）在“方向2”项下，将“终止条件”设定为“成形到一面”，系统自动转到（“面/平面”）项的列表框。

在图形区域中，点取“基准面2”，它被列入（“面/平面”）项后的列表框（图5-24）。图形区域中，拉伸的预览如图5-25所示。

（20）此时，光标显示再次为符号。此时右键单击，或单击（“确定”），生成拉伸特征（这里为“拉伸2”）。

形成的上盖体和电话机底座的结果如图5-26所示。当然，在形体上，与图5-15所示的结果是一致的。

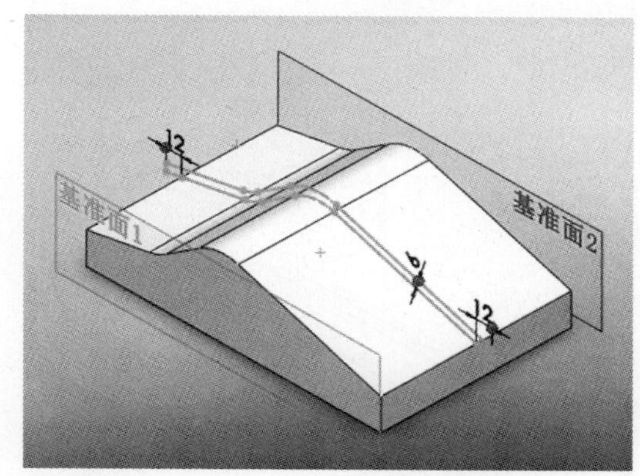

图 5-22

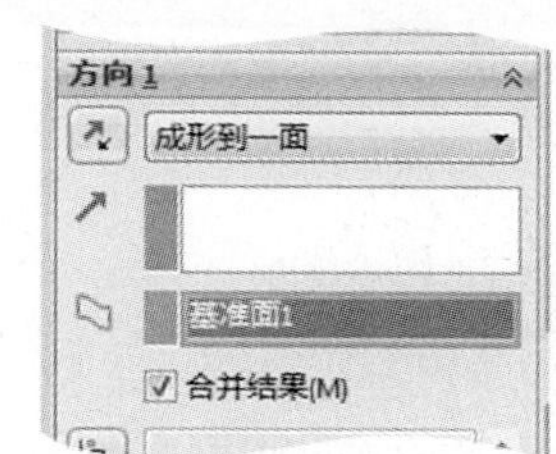

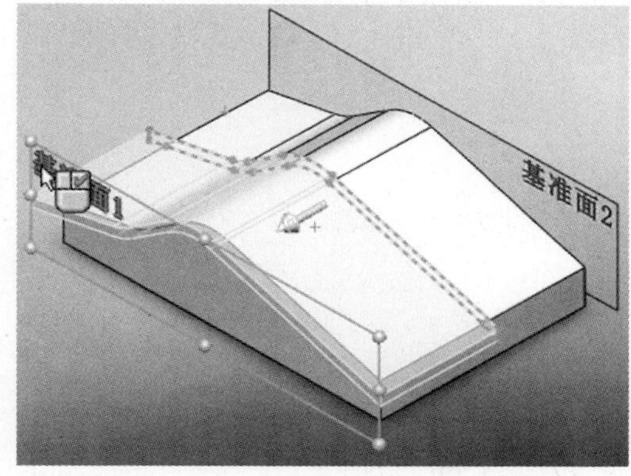

图 5-23

至此，在先建立基座形体的思路下进行上盖体形体建模表达时，又对比地以两种思路建立了上盖体形体。反映的是不同的设计意图，从参数化和修改方便性来看，第二种建立上盖体的思路更为可取。

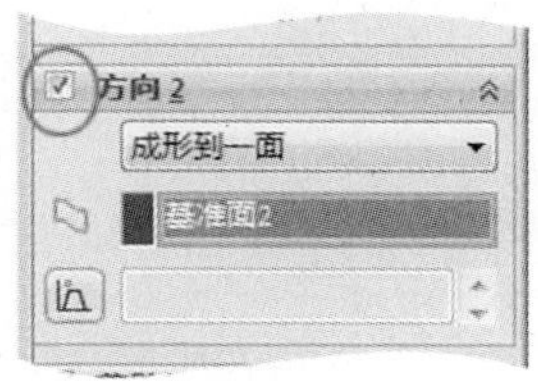

图 5-24

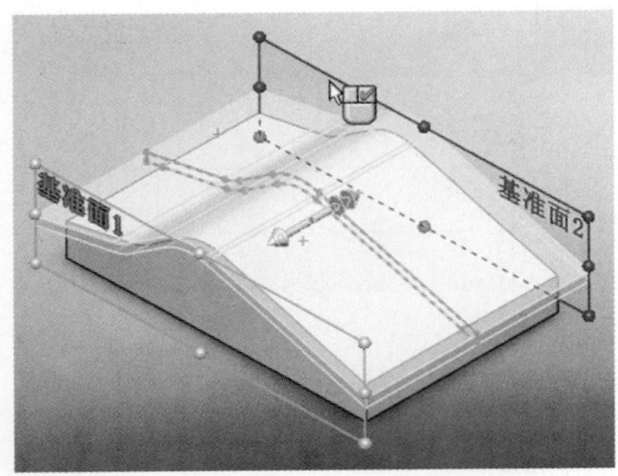

图 5-25

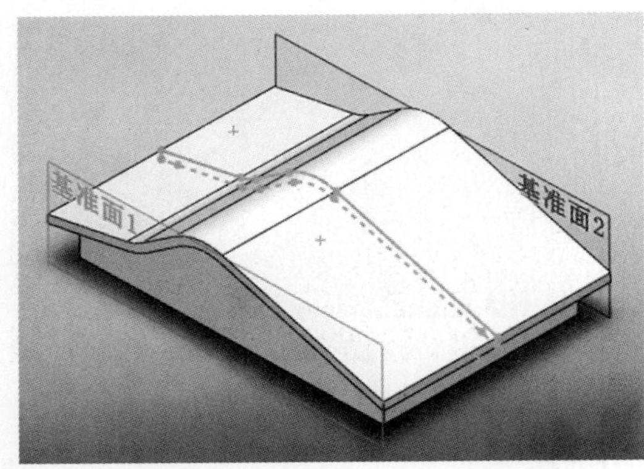

图 5-26

• 电话机底座（思路二）——从上盖体开始

电话机底座的建立也可从上盖体开始。

1. 上盖体部分

（1）新建一零件文档，（可在另一路径）将此文件另存为“EC1-PHONE-BASE.sldprt”。

（2）在设计树中，点取“前视基准面”。单击（“正视于”），将视图定向到正视于该基准面。

（3）单击（“草图绘制”），进入草图绘制状态。同前，使用“直线”草图实体绘制工具，生成如图5-2所示的草图实体。注意其中在左下角处对草图原点的捕捉，且底边为水平线。

单击（“智能尺寸”），标注、设定该图中所示尺寸。

为了使思路一和思路二建立的电话机机体的形体一致，便于对比、分析，先对此草图作些修改。

（4）删除三个草图实体（两条竖直直线、底部水平直线），结果如图5-27所示。删除时，会显示出“草图实体删除确认”对话框，提示被删除的项目“有关联尺寸或已在草图之外参考引用”，如图5-28所示，单击“是”按钮，即可删除草图实体。

当然，也可不删除它们，而使用“构造几何线”工具，将此三个草图实体转化成构造几何线。

（5）单击（“绘制圆角”）。如图5-27所示，以半径值35，在两处分别生成一凹、一凸两个圆角。

（6）单击（“等距实体”），在“等距实体”属性管理器的“参数”项下的（“等距距离”）项，设定等距距离值为6。并勾选“反向”项，使等距方向箭头朝上。预览如图5-29所示。

（7）参照图5-11～图5-13所示过程，将草图加以修改。草图（这里为“草图1”）结果如图5-30所示。

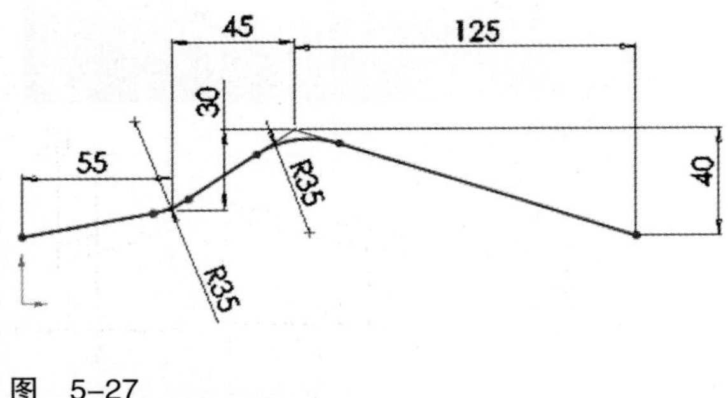

图 5-27

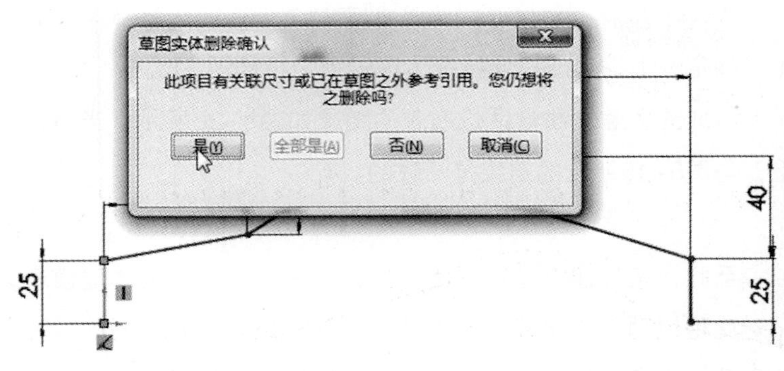

图 5-28

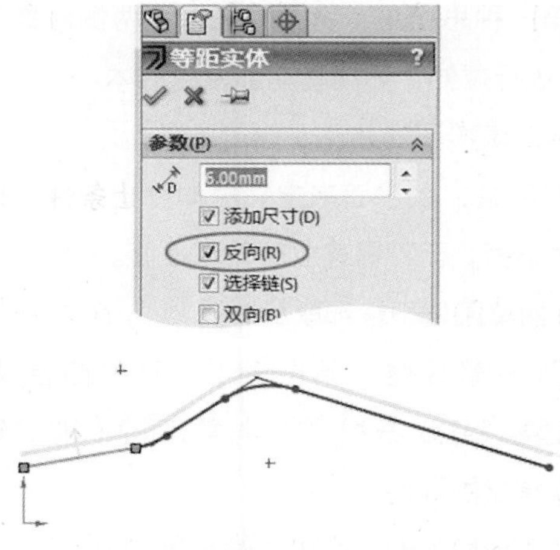

图　5-29

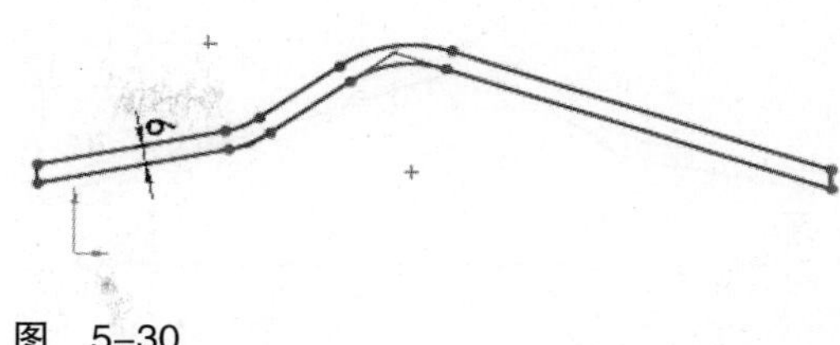

图　5-30

（8）切换到“特征”命令管理器。单击（“拉伸凸台/基体”），在“拉伸”属性管理器，将“终止条件”设定为“两侧对称”。在（“深度”）项下的数值输入框中，输入值157，如图5-31所示。

（9）单击（“确定”），生成拉伸特征（这里为“拉伸1”），即电话机机体的上盖体，如图5-32所示。

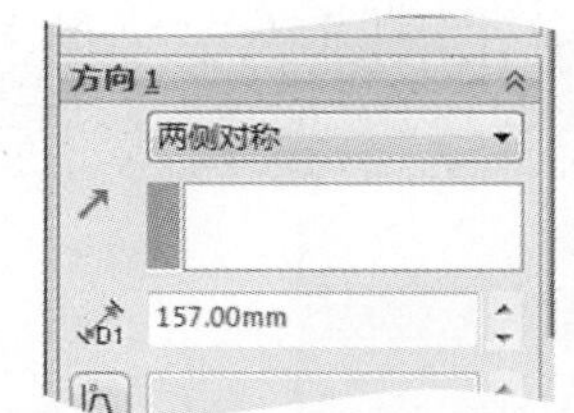

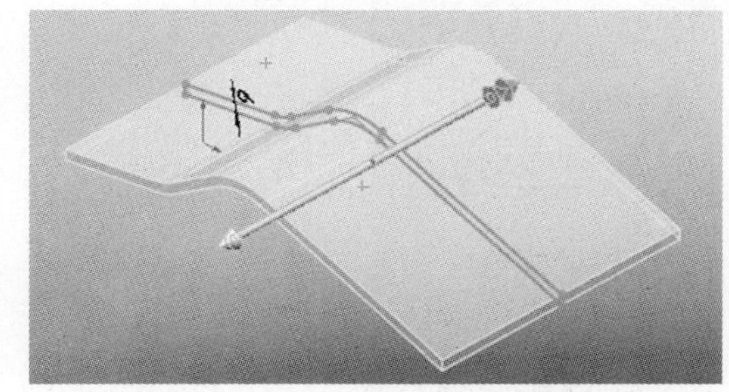

图　5-31

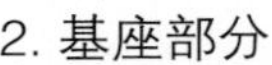

2. 基座部分

可以以多种思路建立电话机机体的基座形体。

（1）在设计树中，点取“前视基准面”。单击（“正视于”），将视图定向到正视于该基准面。单击（“草图绘制”），进入草图绘制状态。

（2）如图5-33~图5-35所示，通过转换实体引用，结合捕捉与推理绘制直线，进行尺寸标注、“剪裁实体”等操作，生成如图5-36所示的草图（这里为“草图2”。其左下角捕捉草图原点，且底边为水平线）。

图　5-32

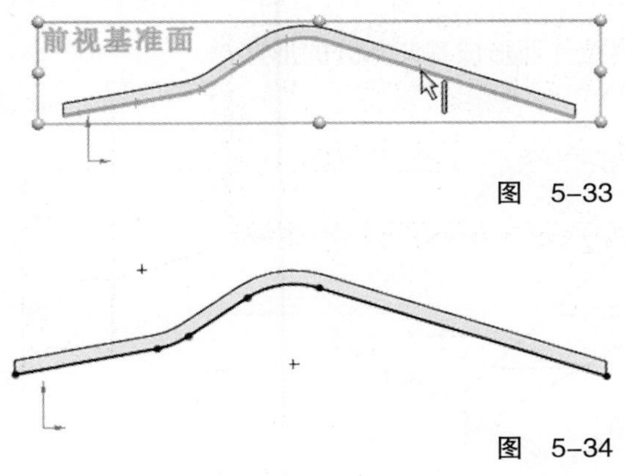

图　5-33

图　5-34

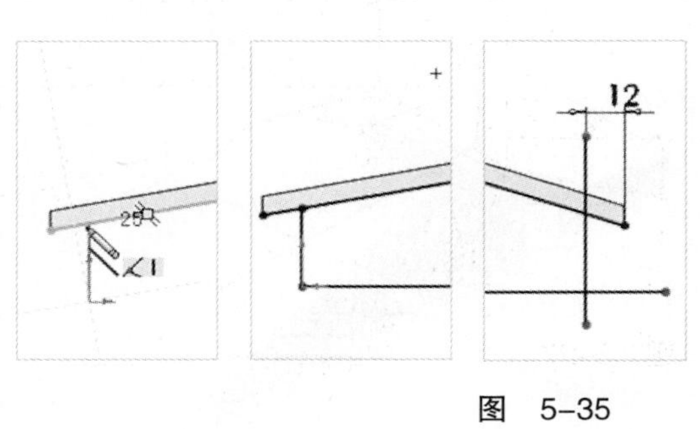

图　5-35

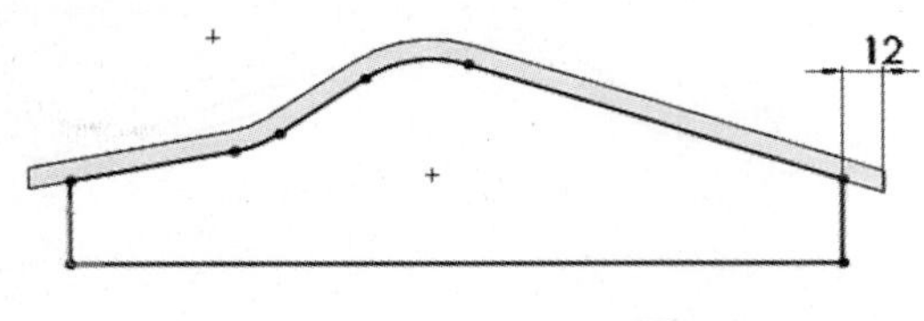

图 5-36

此后，建立基座形体的第一种思路是，将此草图以“两侧对称”的方式、以“深度”值145，进行拉伸，形成基座部分的形体。

建立基座形体的第二种思路是，以平面来定义拉伸终止条件。这里，正好能利用上盖体的相关端面，而不需建立新的基准面。

（3）确认如图5-36所示的草图处于被选取状态。

（4）切换到“特征”命令管理器。单击（“拉伸凸台/基体”），在“拉伸”属性管理器（图5-37）“方向1”项下，将“终止条件”设定为“到离指定面指定的距离”。

在（“等距距离”）项下的数值输入框中，输入值12。

此时，系统仍处于（“面/平面”）项后的列表框。在图形区域中，点取上盖体的左侧端面（图5-38），该平面即列入此列表框中。

图形区域显示预览。同时，光标显示为符号（图5-38）。

但是，此时先不进行右键单击的操作。

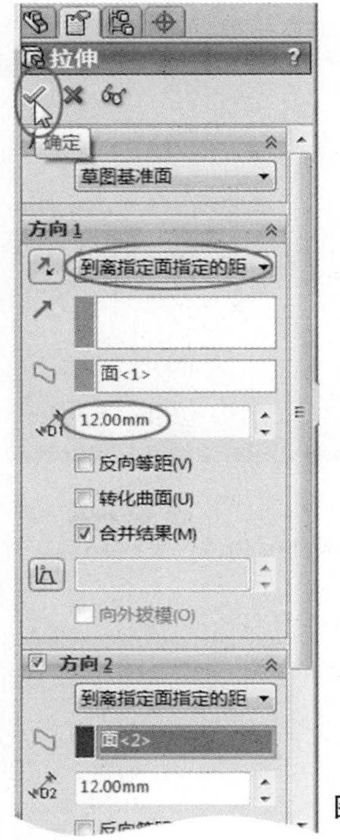

图 5-37

（5）勾选“方向2”项，使其变得可用（图5-37）。

类似地，在“方向2”项下，将“终止条件”设定为“到离指定面指定的距离”，设定等距距离值为12。

在图形区域中，点取上盖体的另一侧端面，图形区域显示方向2上的拉伸预览。

两个方向的预览如图5-39所示。

（6）此时，光标显示为符号。右键单击，或在属性管理器左上角处，单击（“确定”，图5-37），生成拉伸特征（这里为“拉伸2”），即基座形体。

结果如图5-40、图5-41所示。当然，在形体上，与前面图5-15和图5-26所示的结果是一致的。

建立基座形体的第三种思路，与刚才两种思路不同，是在“上视基准面”上建立草图，再拉伸而形成基座部分的形体。

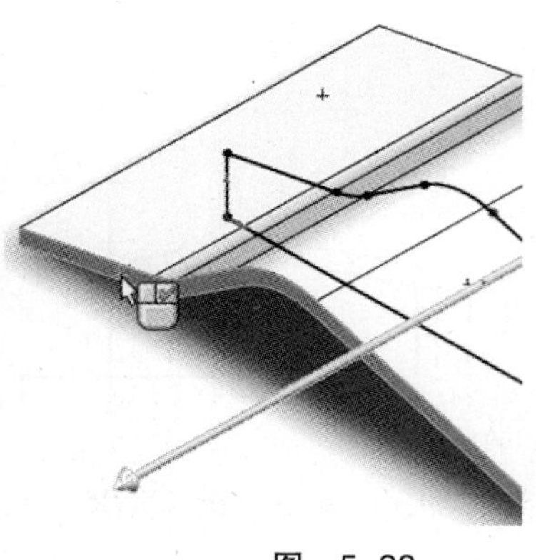

图 5-38

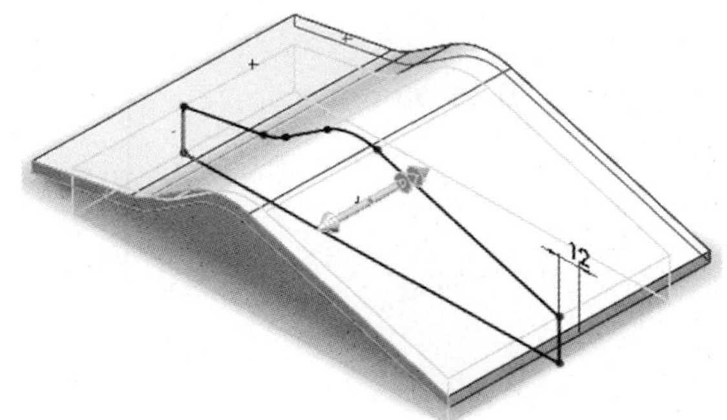

图 5-39

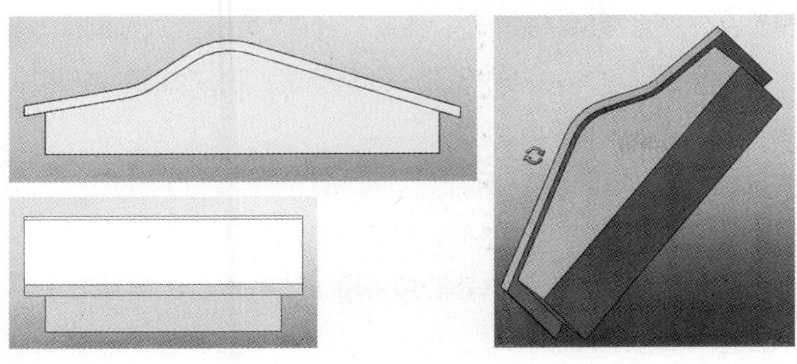

图 5-40

图 5-41

先将模型退回到图5-32所示状态（此时已完成上盖体部分）。

（7）在设计树中，点取“上视基准面”。单击（“正视于”），将视图定向到正视于该基准面。

（8）确认切换到“草图”命令管理器。单击（“草图绘制”），进入草图绘制状态。

（9）单击（“中心线”），借助对草图原点的捕捉、推理，绘制一条水平方向的中心线，过程如图5-42所示。

（10）单击（“动态镜像实体”）。在图形区域中，点取此中心线，其两端出现标识符号，如图5-43所示。

（11）单击（“直线”），如图5-44所示过程，借助捕捉、推理，在中心线的上方，先绘制一条竖直方向的直线和一条水平方向的直线。

再绘制一条竖直方向的直线，并将其终点捕捉到中心线上（图5-45）。

随着绘制的进行，它们也被镜像到中心线的下方。

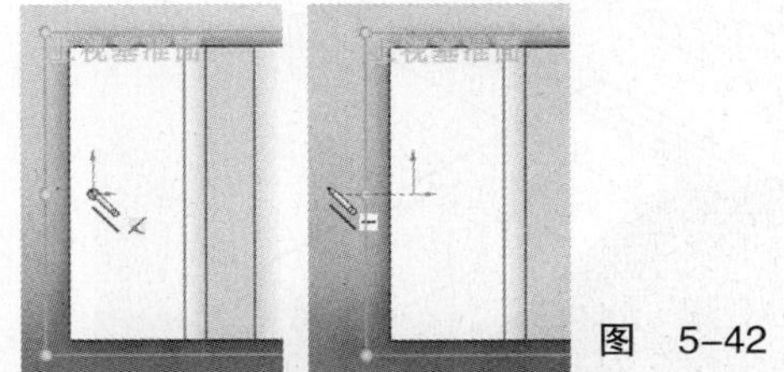

图 5-42

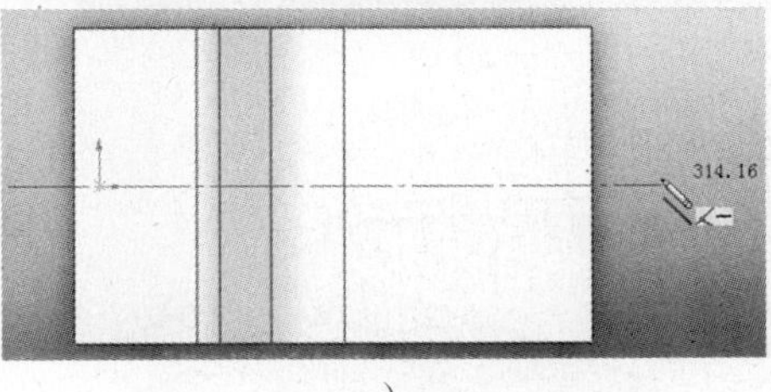

a）

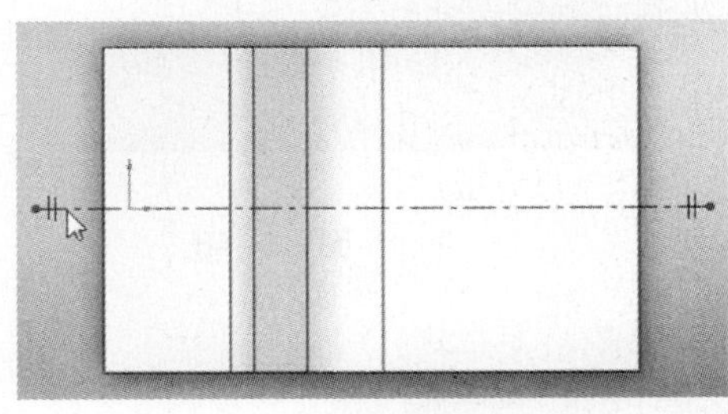

b）

图 5-43

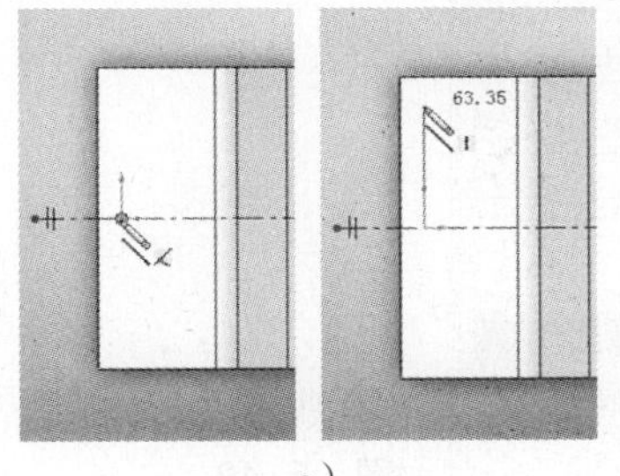

a）

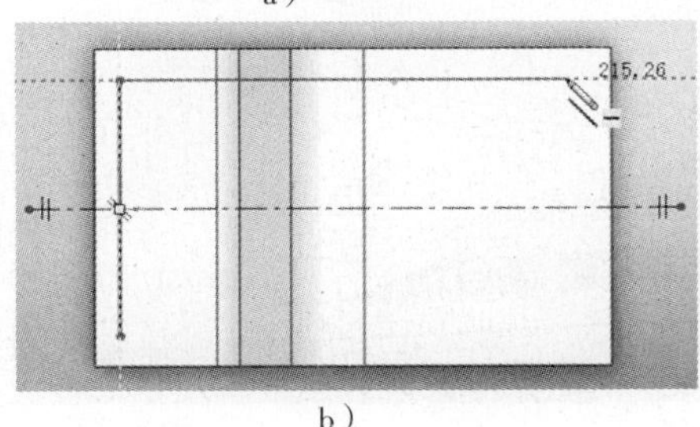

b）

图 5-44

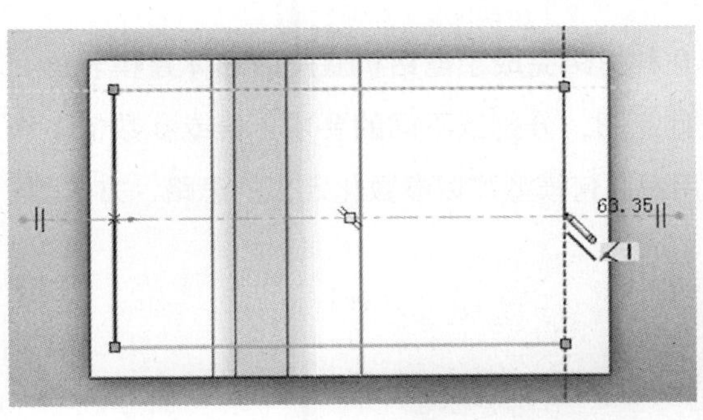

图 5-45

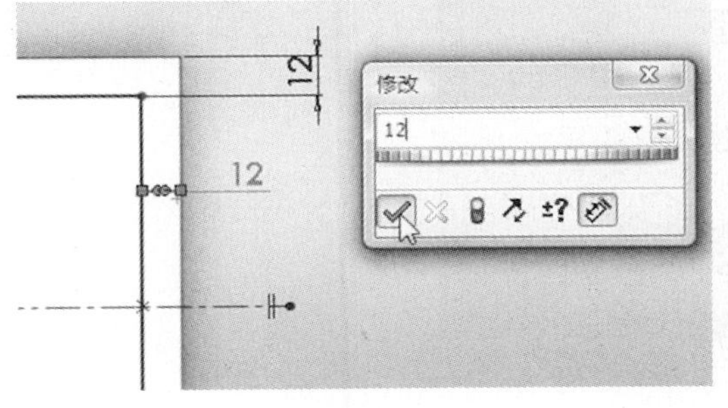

图 5-46

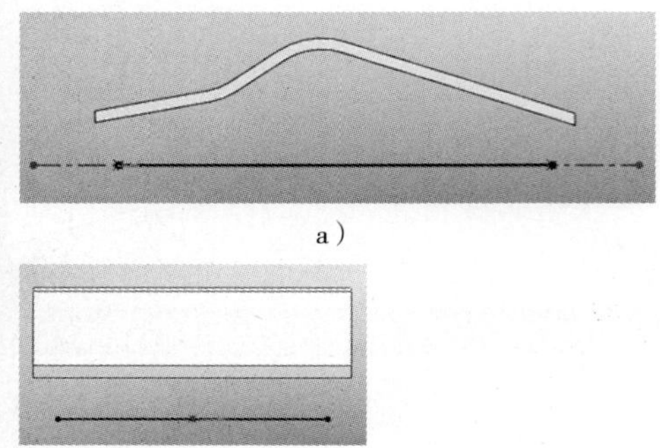

a）

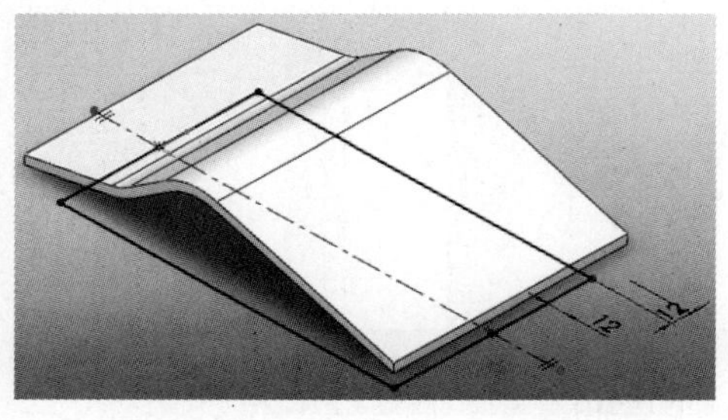

b）

图 5-47

右键单击，在右键快捷菜单中，点取“选择”项，完成绘制。

（12）单击（“智能尺寸”），分别标注、设定如图5-46所示两处的竖直、水平尺寸值，均为12。

所完成的草图如图5-47所示。

（13）切换到“特征”管理器。单击（“拉伸凸台/基体”），显示出“拉伸”属性管理器。

这一次，如果使用“成形到一面”作为拉伸的“终止条件”，当在图形区域中点取一个面时（如图5-48中所示的面），将不能得到正确的结果（图5-48）。

此处原因是，上盖体背部的表面不是一个面，而是由几个面连成的。

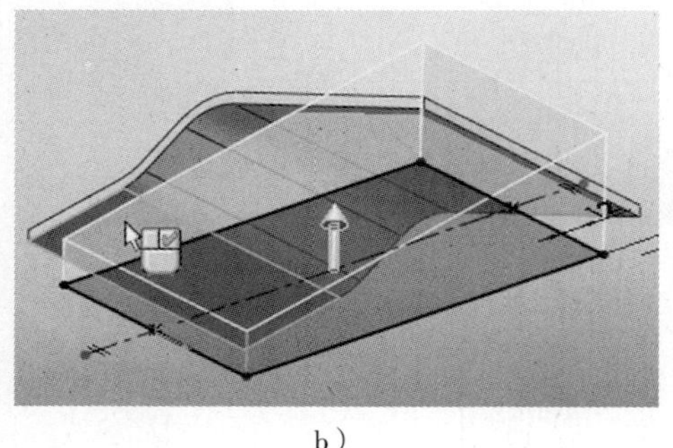

a）

b）

图 5-48

（14）在“方向1”项下，将“终止条件”设定为“成形到实体”（图5-49），系统自动转到（“实体/曲面实体”）项后的列表框。

在图形区域中，点取上盖体（这里为“拉伸1”，图5-50），它被列入（“实体/曲面实体”）项后的列表框。

图形区域中，拉伸的预览如图5-51所示。

（15）此时，光标显示为符号。右键单击，或单击（“确定”），生成拉伸特征，即基座形体。

结果如图5-52所示。从形体上，与图5-15、图5-41等所示结果相同。

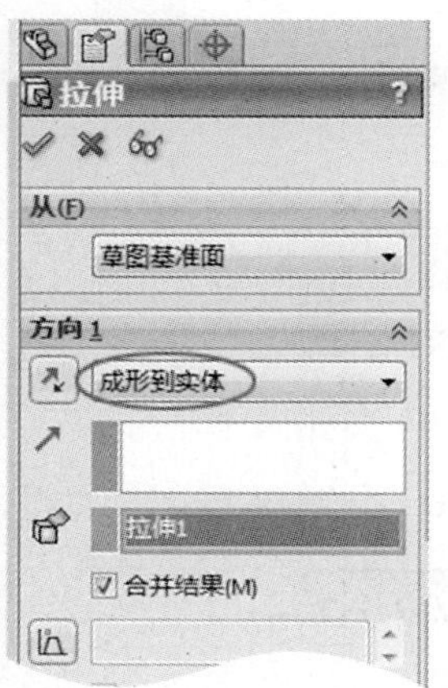

图 5-49

图 5-50

这里，对比地使用几种思路完成了电话机底座的形体建模表达。这些思路体现不同的设计意图，分别以不同的要求（值或参数值）作为出发点。建议优先使用对几何模型加以参数化定义的思路、方法。

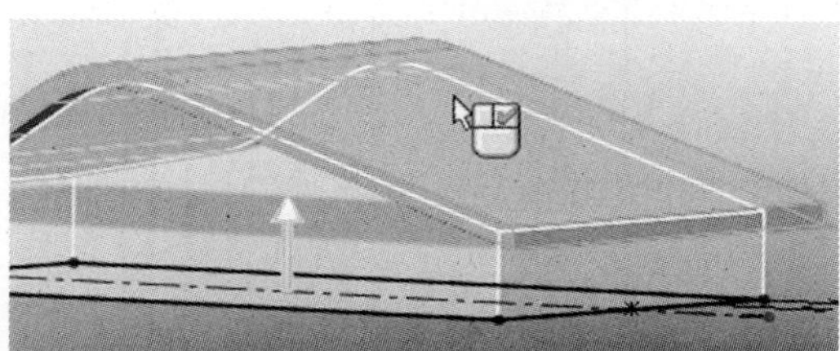

图 5-51

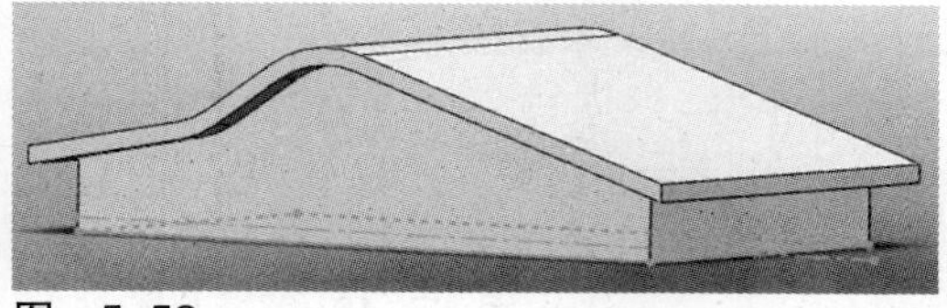

图 5-52

强大工具——装配建模

正如开始时所陈述的，可以将此电话机简化地视为由底座和听筒两个零件体构成。前面已经完成了电话机底座的建模工作。

实际上，电话机听筒通过送话器、耳机、下部外表面等处与底座的扣合关系，贴合地、稳定地放置于电话机底座之上。换言之，听筒与底座之间通过配合关系，形成整部电话机产品。

这里，涉及一个强大的建模工具——“装配”。

在产品的实际制造中，一个产品通常由几个或多个零件组装而成。SolidWorks环境下，由许多零部件所组成的几何体模型，称为“装配体”。这些零部件可以是零件体，也可以是其它装配体（此时称为“子装配体”）。当 SolidWorks 打开装配体时，将查找零部件文件，以在装配体中显示。零部件中的更改自动反映在装配体中。SolidWorks中，装配体的文档名称扩展名为“.sldasm”。

后面将具体探讨基于装配概念进一步建模的多种思路和方法。实际上，概括地讲，对于由两个零部件装配而成的该电话机产品，可以采取以下任意一种装配建模的思路：

（1）将两个零部件分别完成建模，再在新的装配体文档中，“装”入（使用“插入”菜单项）已在外部存在的这两个零部件。借助“配合”，将它们装配在一起。

（2）完成其中一个零部件（如底座）的建模后，新建所谓装配体文档，在此装配体中，“装”入该零部件。再“装”入一个新的零部件（实际上是空的，不含有几何体），完成其建模。借助“配合”，将它们装配在一起。

（3）新建一个装配体文档，先后“装”入两个内容为空的零部件，各自完成其建模。借助“配合”，将它们装配在一起。

显然，这几种思路是有差异的。第（1）种方法中，好比搭积木，全部使用已有的一些积木，通过搭接关系，装成新的立体造型。即先设计并完成零件的造型，然后将之插入装配体，接着使用配合来定位这些零件。这种思路和方法，有一个术语来加以描述，那就是“自下而上设计方法”。它是比较传统的方法。若想更改零件，必须单独编辑零件。这些更改随后可在装配体中看到和显示。

与此相对，上述第（3）种方法中，完全从一个空的装配体文档开始，完成装配体中各零部件的建模，继而完成整个装配体。这就是所谓的“自上而下设计法”。在自上而下装配体设计中，设计意图（特征大小、装配体中零部件的放置、与其它零件的靠近等）来自顶层

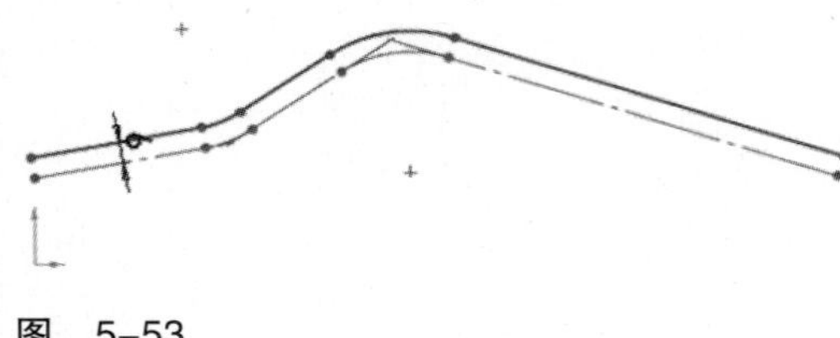

图 5-53

（装配体）并下移（到零件中），因此称为“自上而下”，即从顶层（装配体）到底层（零部件）。在此设计方法中，零件的形状、大小及位置可在装配体中设计。可以在零件的某些特征上、完整零件上，或整个装配体上使用自上而下设计方法技术。

上述第（2）种方法，则兼有自下而上设计和自上而下设计方法。

将具体对这几种过程进行操作、对比。第（1）、（2）种方法过程在下面讲述，而第（3）种方法将在后续其它产品形体建模表达中讲述。

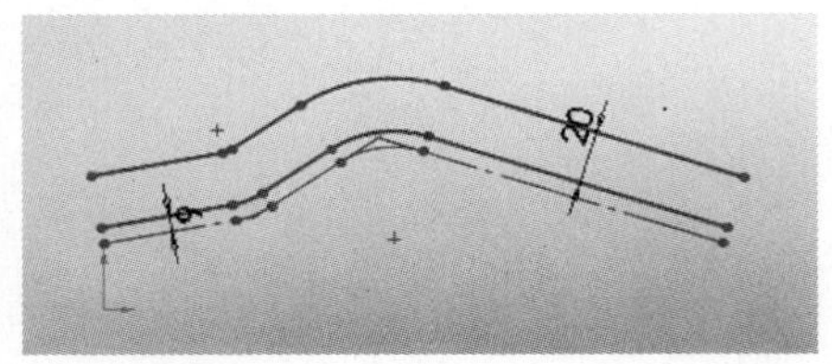

图 5-54

保持扣合关系——电话机听筒

已经建立了电话机底座零件，现在来建立电话机听筒零件（这是建立该零件的第一种思路）。

新建一零件文档，将此文件另存为“EC1-PHONE-HANDLE.sldprt”。

1.草图准备

（1）在设计树中，点取“前视基准面”。单击（“正视于”），将视图定向到正视于该基准面。

单击（“草图绘制”），进入草图绘制状态。参照图5-2~图5-4所示方法和尺寸，绘制草图。

删除底部水平线和两端竖直线，仅保留上部分，并将其转化为几何构造线（图5-53的下部）。

使用（“等距实体”），设定等距距离值为6，并使等距方向箭头朝上，生成新的草图实体，结果如图5-53上部所示。

听筒是搁置、扣合在底座之上的。在此思路一中，借助底座尺寸准备上述草图，就是为了保证这一吻合关系。

（2）借助刚生成的等距实体，使用（“等距实体”），设定等距距离值为20，并使等距方向箭头朝上，再次生成如图5-54所示新的草图实体。

（3）单击（“直线”），借助捕捉、推理，绘制两条竖直直线，分别使其与位于下方的构造几何线的两个端点对齐，如图5-55所示。

（4）按下〈Ctrl〉键，点取这两条竖直直线，单击（“构造几何线”），将它们转化成构造几何线。

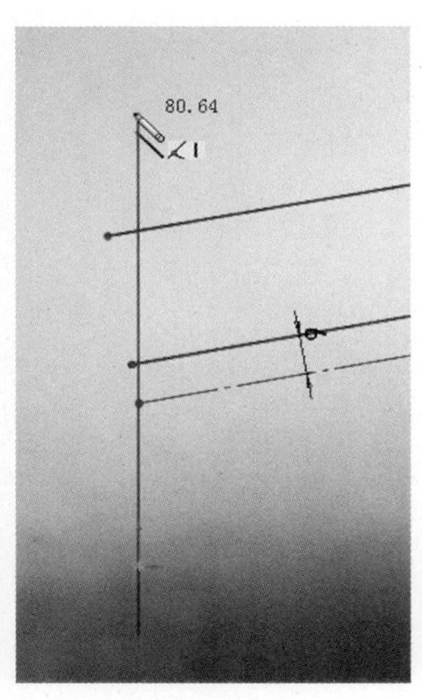

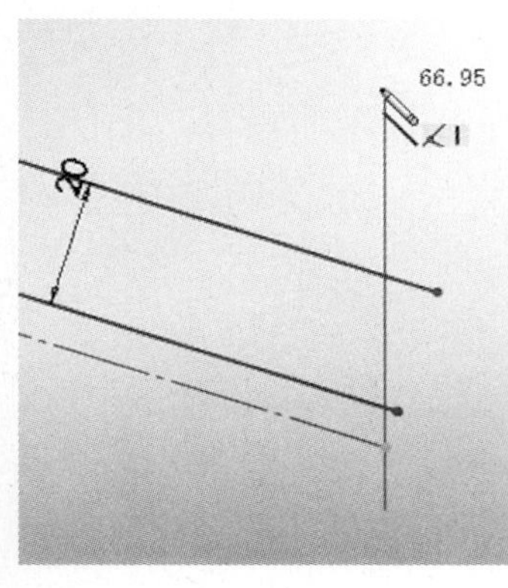

图 5-55

（5）单击（“剪裁实体”），以这两条竖直方向的构造几何线为界，使用“剪裁到最近端”方式将相关直线加以剪裁，如图5-56所示。

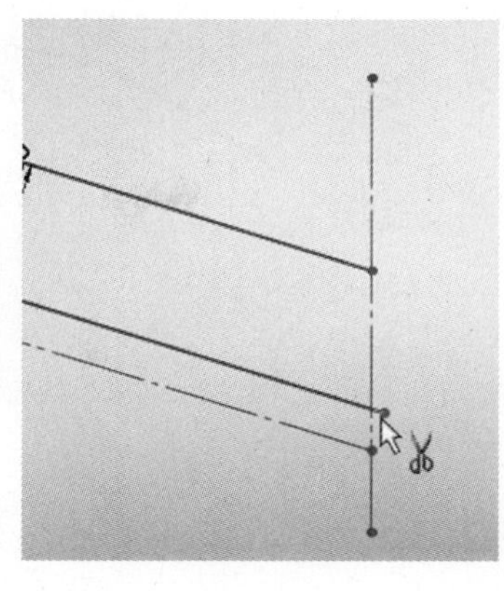
图 5-56

（6）单击（“直线”），分别绘制两条竖直直线（图5-57）。

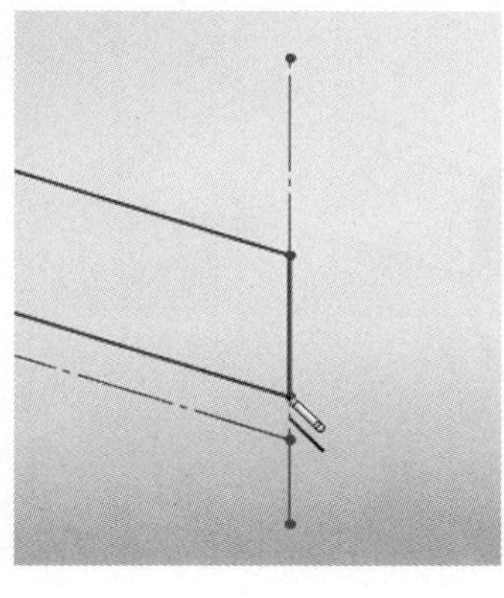
图 5-57

此时草图结果如图5-58所示。

2. 听筒主体

（1）切换到“特征”命令管理器。单击（“拉伸凸台/基体”），在“拉伸”属性管理器，使“从”项下保持默认的“草图基准面”选项，在“方向1”项下，将“终止条件”设定为“给定深度”。在（“深度”）项下的数值输入框中，输入值25。

> 提示：本书中，在建立“拉伸”特征时，如无特别说明，属性管理器中“从”项下，均保持默认的“草图基准面”选项。

（2）在属性管理器左上角处，单击（“确定”），生成拉伸特征（这里为“拉伸1”）。

此时生成的听筒形体结果如图5-59所示。

（3）切换到“草图”命令管理器。在设计树中，点取“前视基准面”。单击（“正视于”），将视图定向到正视于此基准面。

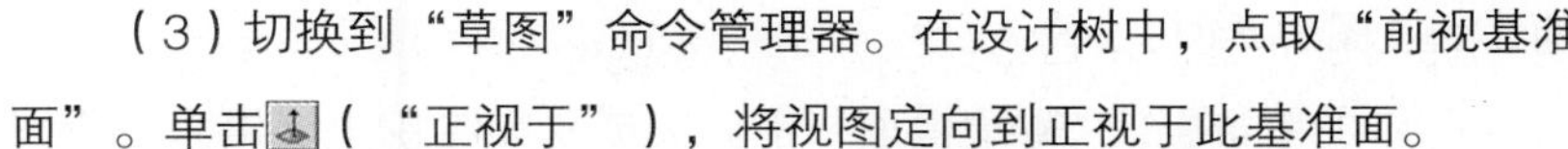

（4）单击（“草图绘制”），进入草图绘制状态。单击（“中心线”），通过捕捉如图5-60所示端点，向上绘制一条竖直方向的中心线。

（5）点取该中心线，如图5-60所示，在显示出的关联工具栏中单击（“使固定”），将此中心线位置固定下来。

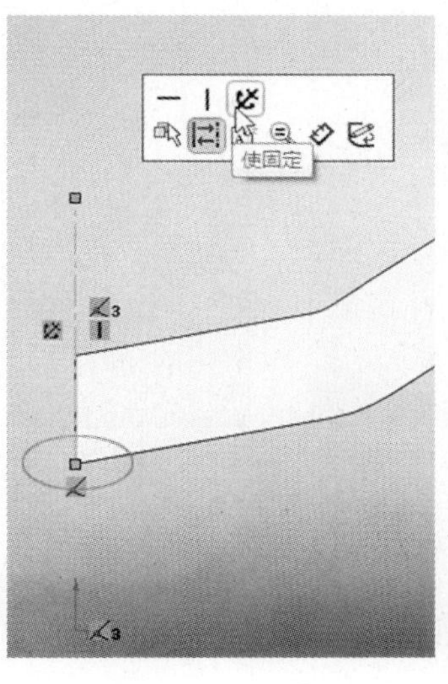

图 5-60

（6）单击（“智能尺寸”），将该中心线高度值标注为30，如图5-61所示。

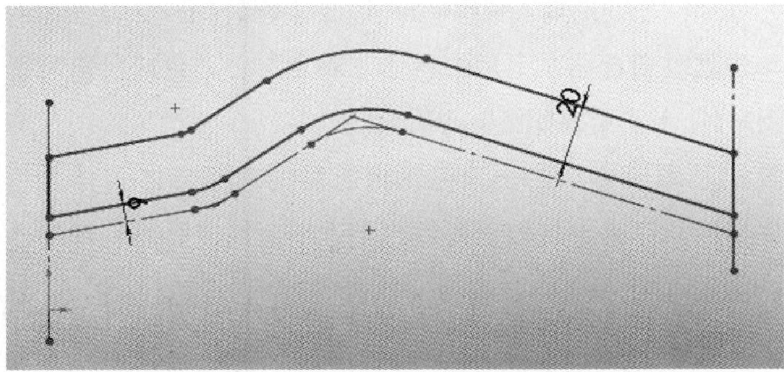

图 5-58

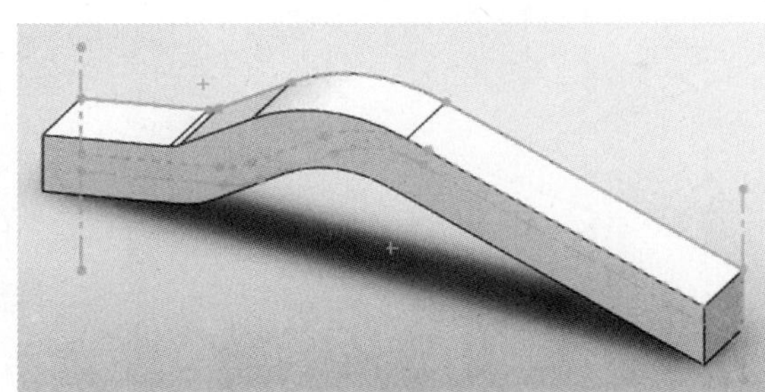
图 5-59

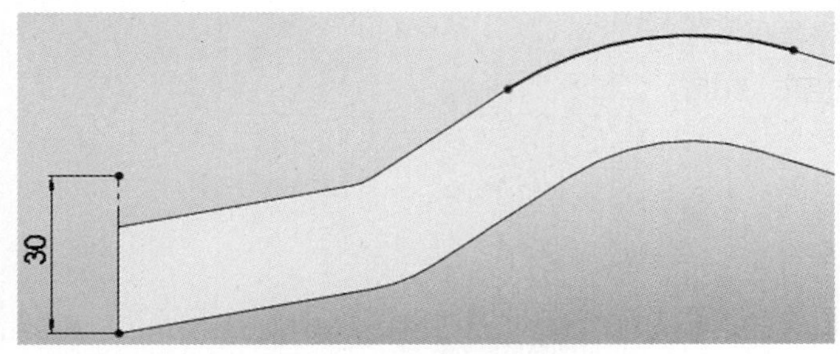

图 5-61

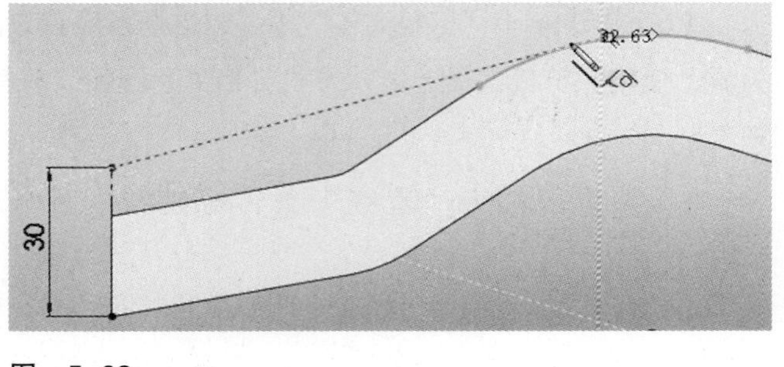

图 5-62

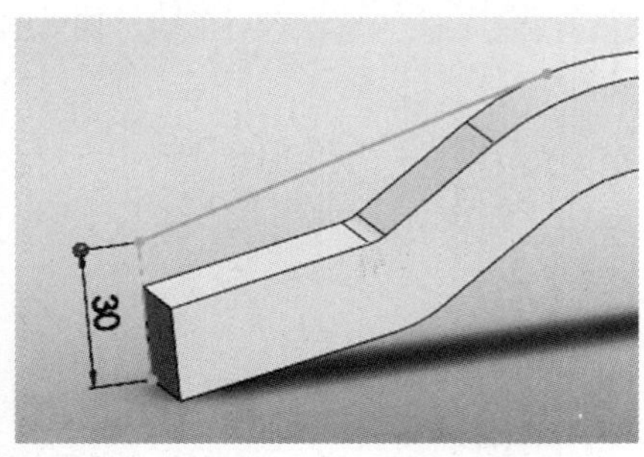

图 5-63

（7）使用（“转换实体引用”）工具，生成如图5-61所示的草图实体。

（8）单击（“直线”），绘制直线，将起点捕捉在刚建立的中心线的上部端点上，终点则捕捉到刚通过转换实体引用而得到的草图实体上，并当出现含有“相切”关系的推理指针时，如图5-62所示，单击确定终点位置，绘制一条直线。结果如图5-63所示。

（9）点取刚才通过转换实体引用而得到的草图实体，按〈Delete〉键，将其删除。此时草图的结果如图5-63所示。

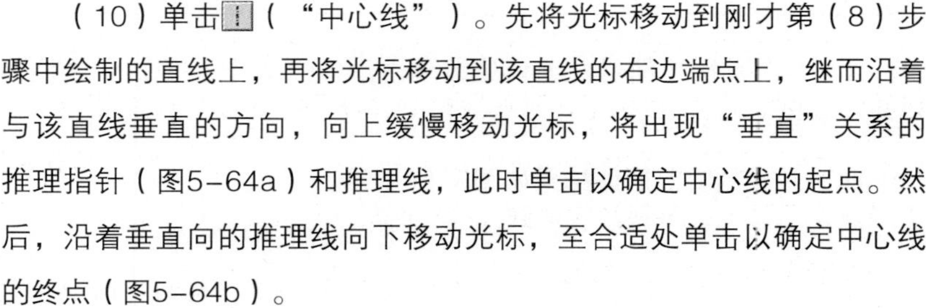

（10）单击（“中心线”）。先将光标移动到刚才第（8）步骤中绘制的直线上，再将光标移动到该直线的右边端点上，继而沿着与该直线垂直的方向，向上缓慢移动光标，将出现“垂直”关系的推理指针（图5-64a）和推理线，此时单击以确定中心线的起点。然后，沿着垂直向的推理线向下移动光标，至合适处单击以确定中心线的终点（图5-64b）。

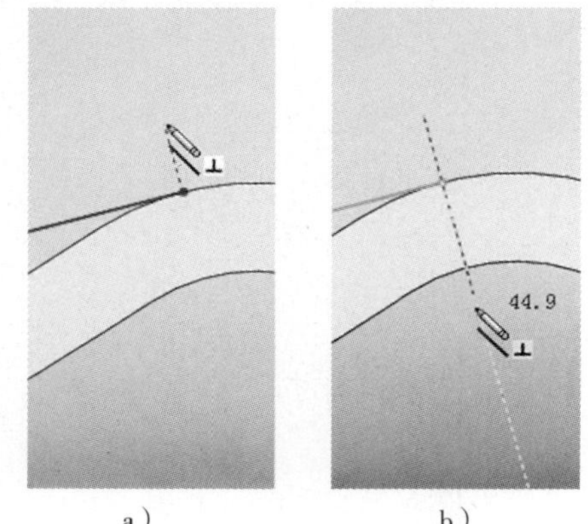

a） b）

图 5-64

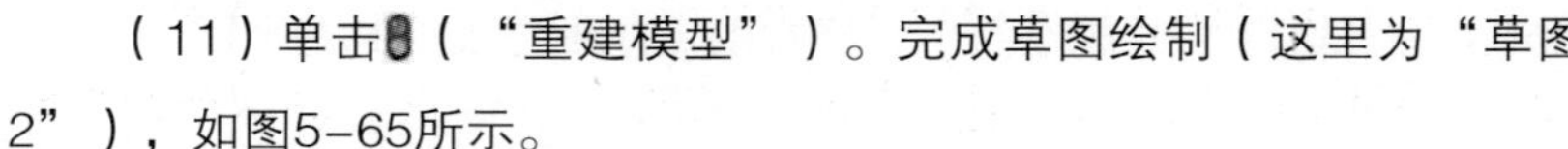

（11）单击（“重建模型”）。完成草图绘制（这里为“草图2”），如图5-65所示。

（12）切换到“特征”命令管理器。在（“圆角”）命令组的下拉列表中，点取（“倒角”，图5-66）。

显示出“倒角”属性管理器，在“倒角参数”项下，选取“距离-距离”方式；在图形区域点取如图5-67所示拉伸体的边线，它列入（“边线和面或顶点”）后列表框；在引出的快捷输入框中，将“距离1”、“距离2”分别输入值8mm、4mm（图5-67）。

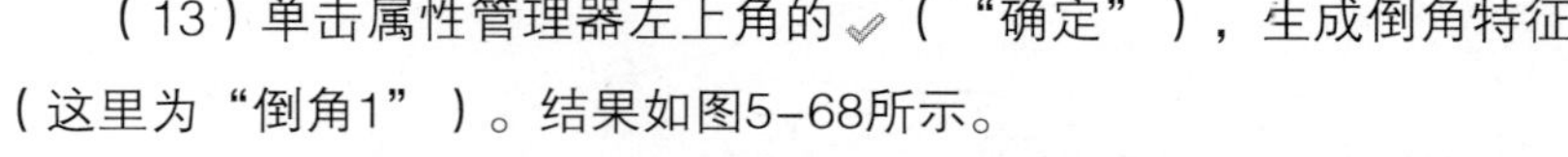

（13）单击属性管理器左上角的（“确定”），生成倒角特征（这里为“倒角1”）。结果如图5-68所示。

这是听筒的基本形体。由于该电话机听筒的前部形体有较大变化，下面要先借助草图来准备若干条线，再进一步完成听筒前部的三维形体。

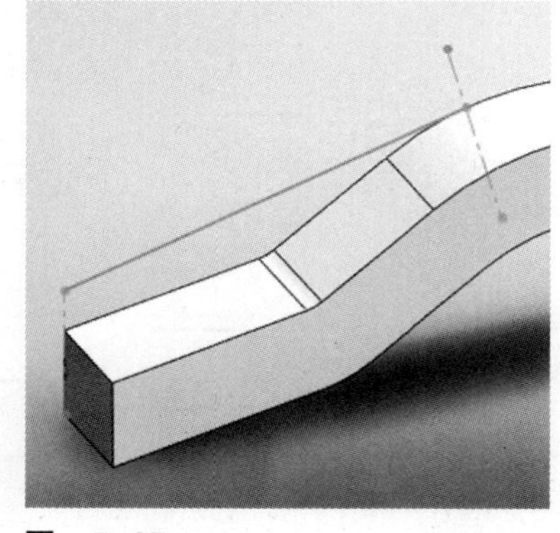

图 5-65

（14）在图形区域中点取如图5-68所示的面。单击（“正视于”），将视图定向到正视于此面。

（15）切换到“草图”命令管理器。单击（“草图绘制”），进入草图绘制状态（这里为“草图3”）。

（16）使用（“转换实体引用”）工具，生成如图5-69所示的几段草图实体。

（17）点取第（10）步骤中建立的（“草图2”中的）中心线。单击（“转换实体引用”），在当前草图中生成直线草图实体。

（18）点取该直线草图实体。单击（“构造几何线”），将它转化成构造几何线，如图5-70所示。

（19）单击（“剪裁实体”），使用“剪裁到最近端”方式将图5-70所示草图实体加以剪裁。结果如图5-71所示。

（20）单击（“重建模型”）。完成草图绘制（这里为“草图3”）。

为了顺利进行后续建模，这里先将设计树中已有项目（即建模次序）做一点调整。

（21）在设计树中，在“草图2”项目上单击并保持，将其向下移动到“倒角1”项目之下，释放鼠标。过程及结果如图5-72所示。

（22）在图形区域中，再次点取如图5-68所示的面。单击（“正视于”），将视图定向到正视于此面。

（23）单击（“草图绘制”），进入草图绘制状态。

（24）使用（“转换实体引用”）、（“构造几何线”）、（“剪裁实体”）等工具，采用与第（16）~（19）步骤相类似的方法和过程，生成草图。

结果如图5-73所示。

（25）单击（“重建模型”），完成草图绘制（这里为“草图4”）。

下面要建立的草图，其草图实体的形状与“草图4”的相同。正好可以借此看看“派生草图”的方法。

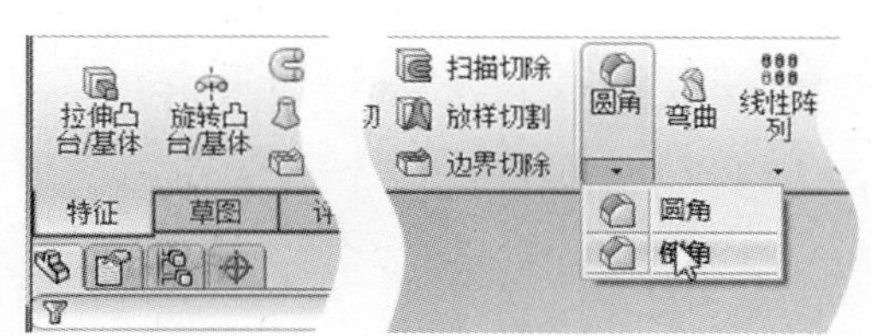

图 5-66

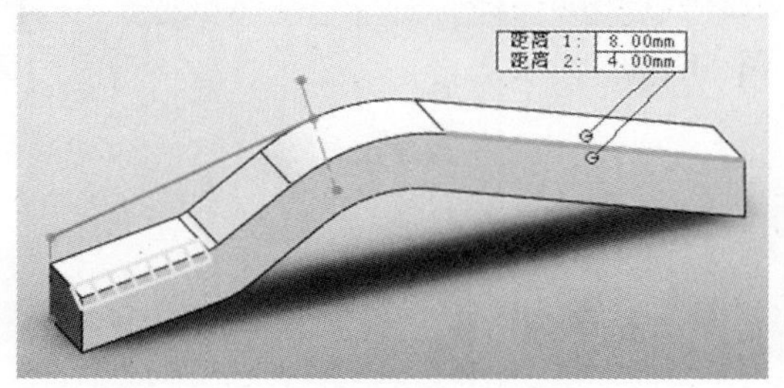

图 5-67

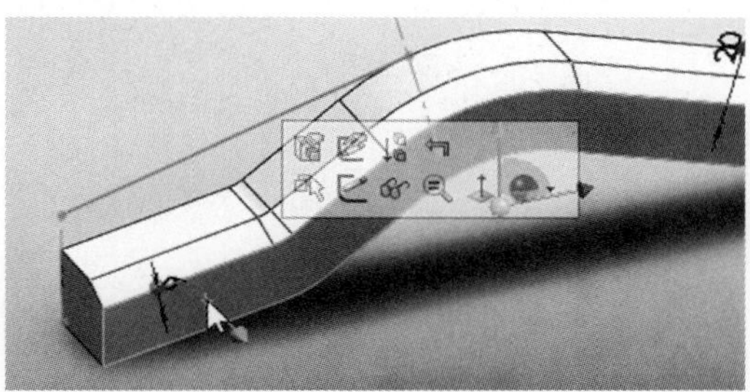
图 5-68

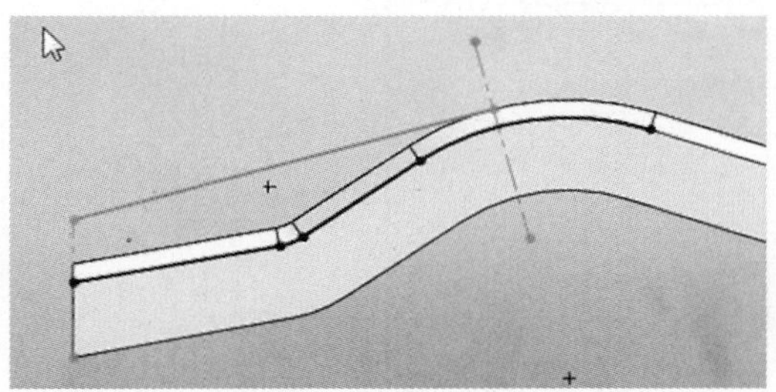
图 5-69

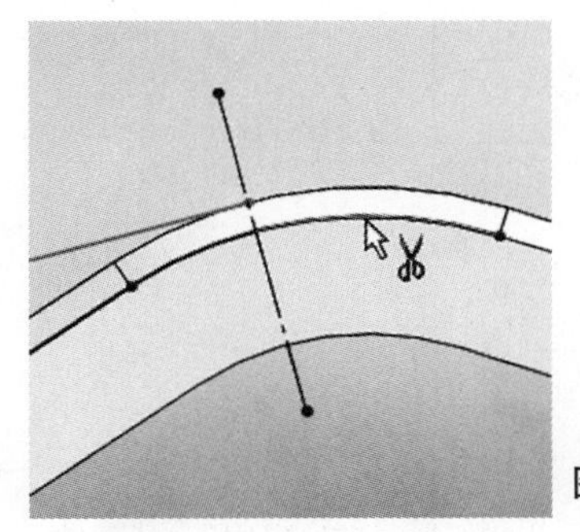
图 5-70

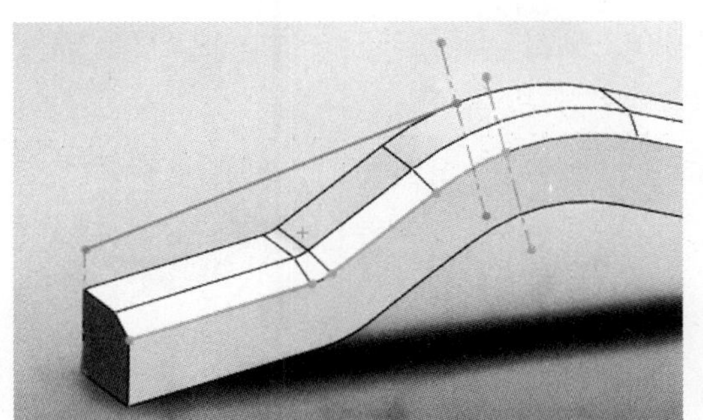
图 5-71

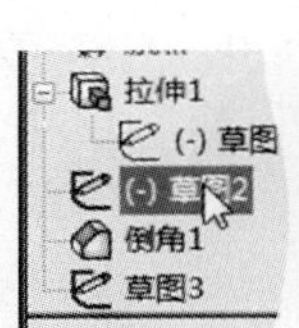

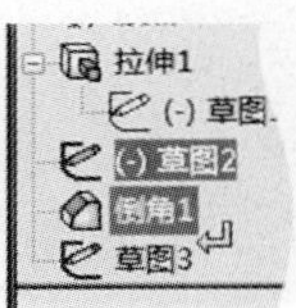

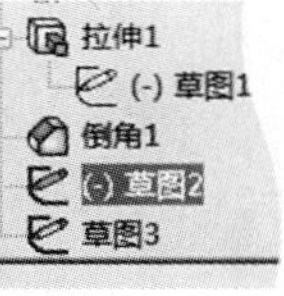

图 5-72

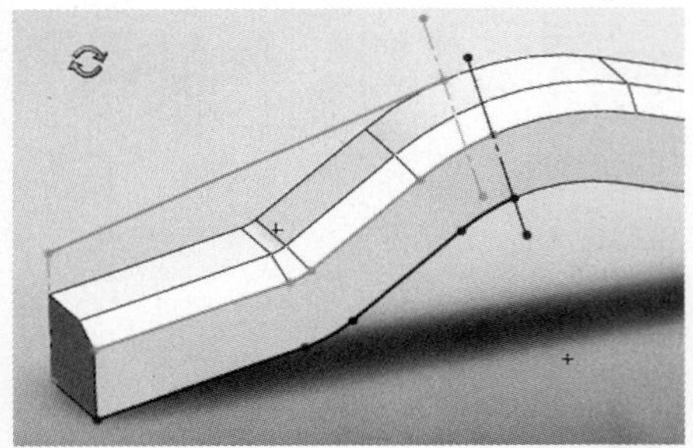
图 5-73

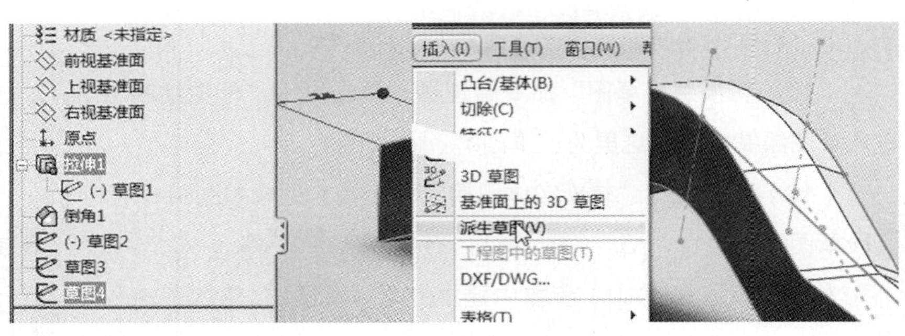

图 5-74

（26）如图5-74所示，将视图转到合适的视点方向。按下〈Ctrl〉键，在图形区域中点取“拉伸1”内侧的面，再在设计树中点取“草图4”。

（27）单击主菜单栏上“插入”→“派生草图”，如图5-74所示，生成名为“草图5派生”的新草图。

（28）单击（“重建模型”）。

至此，为清晰起见，不妨回顾一下新近建立的4个草图。在设计树中同时点取这4个草图，它们在图形区域中以浅蓝色显示出来，如图5-75所示。

为了生成听筒前部较有变化的形体，下面还要继续建立草图。

（29）切换到“特征”命令管理器。在（“参考几何体”）命令组的下拉列表中，点取（“基准面”）。

“基准面”属性管理器显示出来，在“选择”项下，选取（“曲面切平面”）方式（图5-76）。

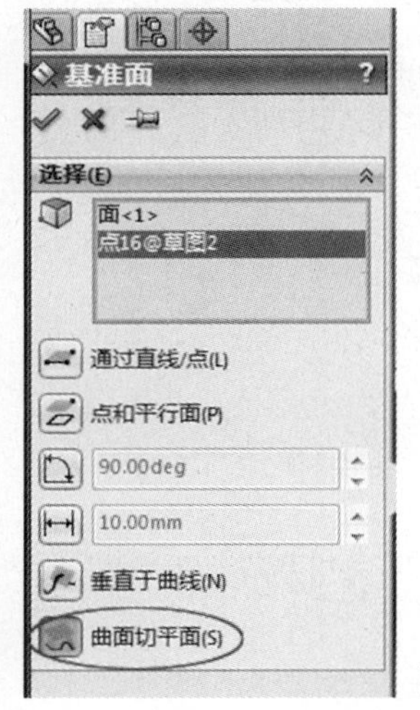

图 5-76

在图形区域中，点取如图5-77所示的曲面和点之后[它们在属性管理器（“参考实体”）项后列表框中列出]，出现新的基准面特征预览。

（30）此时光标也显示为符号，右键单击，或在属性管理器上，单击（“确定”），生成一个新的基准面（这里为“基准面1”）。

（31）单击（“正视于”），将视图定向到正视于此面。

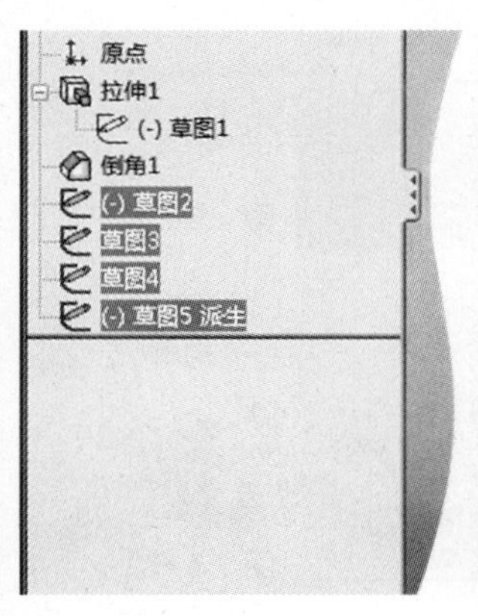

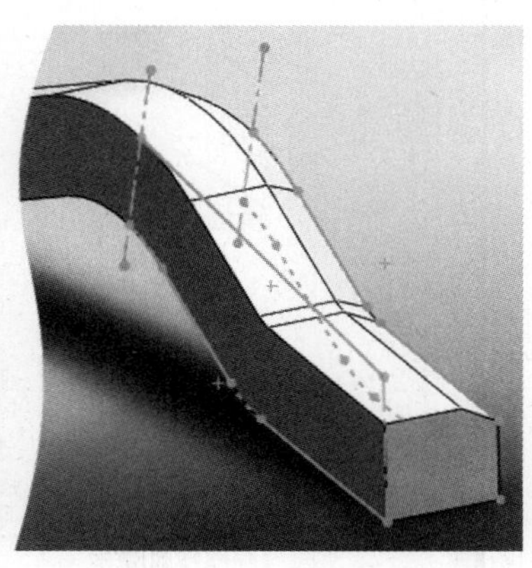
图 5-75

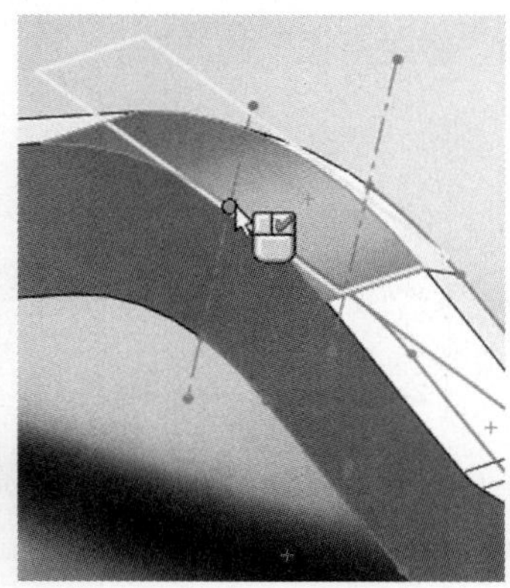
图 5-77

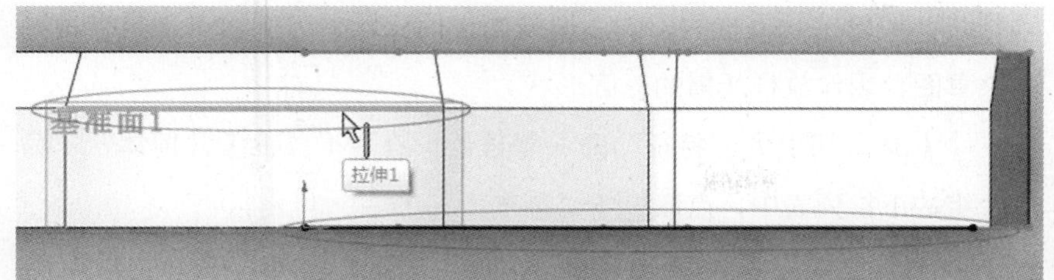

图 5-78

> 提示：刚完成“基准面1”的建立时，在设计树中，它仍是被选取的。

（32）切换到“草图”特征管理器。单击（“草图绘制”），进入草图绘制状态。

（33）使用（“转换实体引用”）工具，如图5-78所示，生成两条直线草图实体，上方和下方各一条。

（34）单击（“直线”），绘制直线。其起点，与下方直线左端点竖向对齐（图5-79），并捕捉到（位于）上方直线上（图5-80，此时的推理指针含有“竖直”和“在线上”关系）。其终点，与下方直线右端点竖向对齐（图5-81，此时的推理指针含有“竖直”关系）。实际上绘制出一条直的斜线（图5-81）。

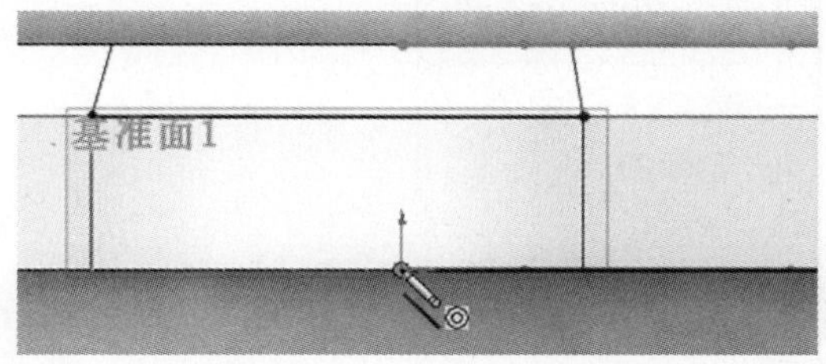

图 5-79

（35）单击（“智能尺寸”），标注、确定该斜线的右端点与下方直线右端点的竖直距离值为1.5，如图5-81所示。

（36）使用（“构造几何线”），将上方和下方两条直线，转换为几何构造线。

（37）单击（“重建模型”）。完成该草图的绘制（这里为“草图6”）。从透视角度看，如图5-82所示。

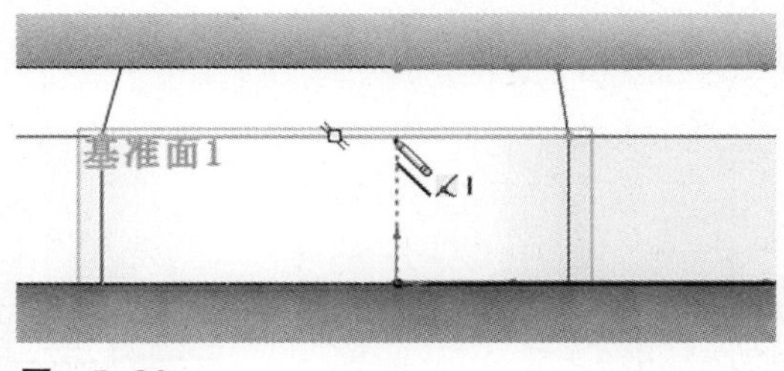

图 5-80

至此阶段，完成了五个草图的建立过程。从透视角度看，各草图形状与位置如图5-83所示。在后面建立听筒前部形体的过程中，将使用“放样”特征，那时这五个草图（五条线）将用来作为放样时的引

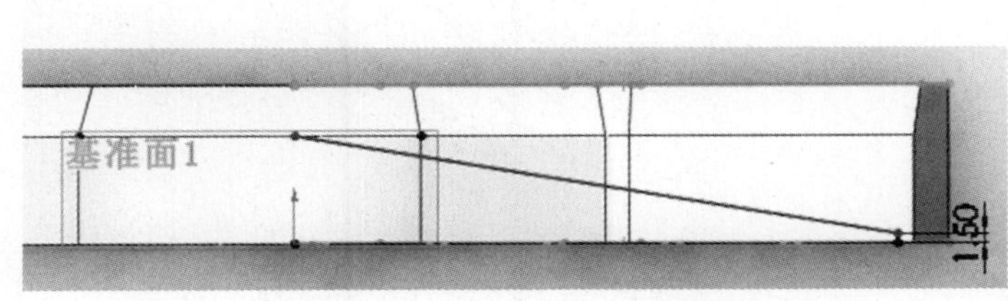

图 5-81

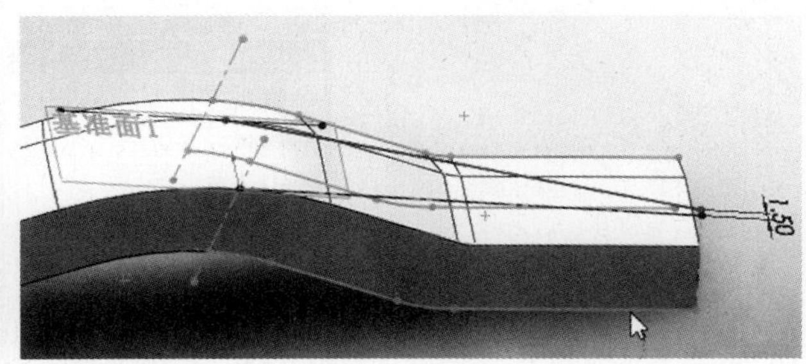

图 5-82

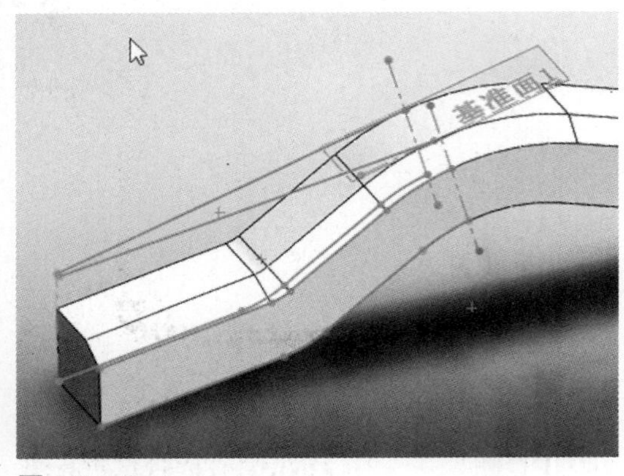

图 5-83

导线，用以控制放样的轮廓（即截面）间变化的方式。下面再准备两个草图，用作放样所需的轮廓形状。

（38）切换到“特征”命令管理器。在（“参考几何体”）命令组的下拉列表中，点取（“基准面”）。

“基准面”属性管理器显示出来，在“选择”项下，选取（“垂直于曲线”）方式（图5-84），并确保勾选“将原点设在曲线上”选项。

在图形区域中，点取如图5-85所示的曲线[它在属性管理器（“参考实体”）项后列表框中列出]，出现新的基准面特征预览。

（39）在属性管理器上，单击（“确定”），生成一个新的基准面（这里为“基准面2”）。

图 5-84

（40）切换到“草图”命令管理器。在设计树中点取刚建立的基准面。

（41）单击（“交叉曲线”，图5-86）。显示出“交叉曲线”属性管理器（图5-87）。

在图形区域中，点取如图5-88所示区域的一整圈的五个面，它们在“交叉曲线”属性管理器“选取实体”项下的列表框中一一列出。

> 提示：当然，在选取一圈的面的过程中，对背面看不到的面，按下鼠标中键旋转视图后，再继续选取即可。
>
> 如果草图命令管理器中没有列出（“交叉曲线”）图标，则通过自定义工具，将其显示在草图工具栏中。

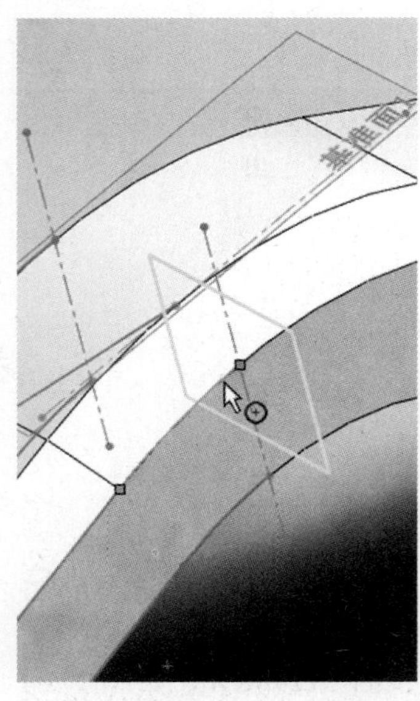

图 5-85

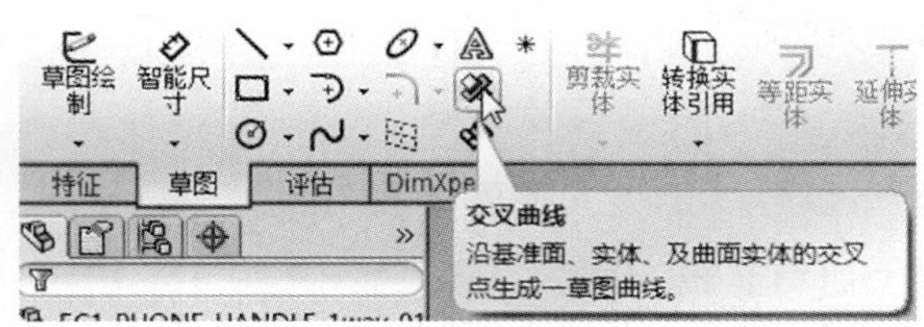

图 5-86

图 5-87

图 5-88

（42）在属性管理器上，单击✓（“确定”），生成一个新草图，如图5-89所示，它是封闭的，将在放样时用作一个轮廓草图。

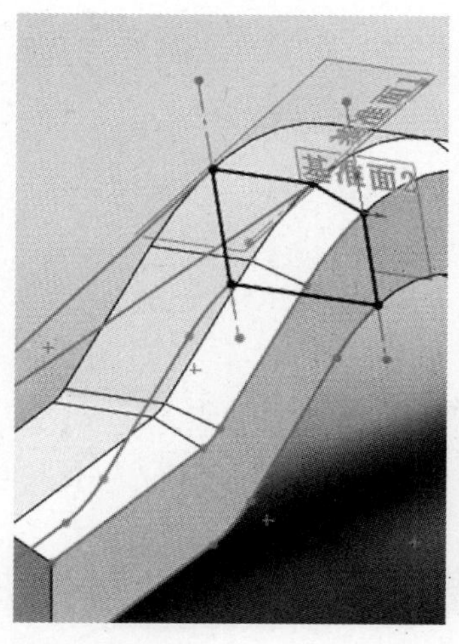

图 5-89

> 提示：此时，与通常情况有点不同的是，属性管理器不会随即关闭，需单击属性管理器左上角的✖（“取消”），来关闭它。

（43）当然，可直接单击8（“重建模型”），完成该草图的绘制（这里为“草图7”）。

下面再建立另一个轮廓草图。

（44）切换到“特征”命令管理器。在（“参考几何体”）命令组的下拉列表中，点取（“基准面”）。

“基准面”属性管理器显示出来，在“选择”项下，选取（“通过直线/点”）方式（图5-90）。

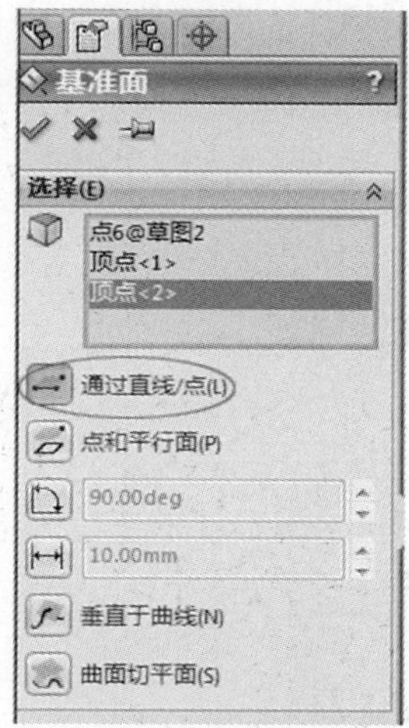

图 5-90

在图形区域中，点取如图5-91所示的三个点[它们在属性管理器（“参考实体”）项后列表框中列出，图5-90]，出现一个新基准面特征的预览。

（45）此时光标也显示为符号，右键单击，或在属性管理器上，单击✓（“确定”），生成一个新的基准面（这里为“基准面3”）。

（46）切换到“草图”命令管理器。确保在设计树中选取刚建立的基准面。单击（“正视于”），将视图定向到正视于此基准面。

（47）单击（“草图绘制”），进入草图状态。

（48）点取如图5-92所示的端面。

（49）单击（“转换实体引用”），如图5-93所示，借助此端面的边线，生成一封闭草图实体。

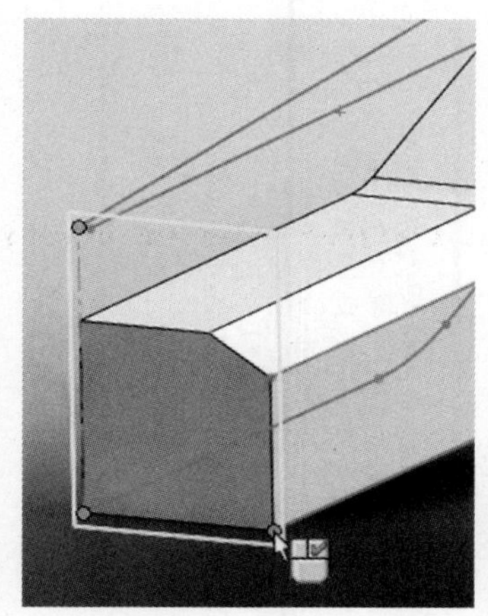
图 5-91

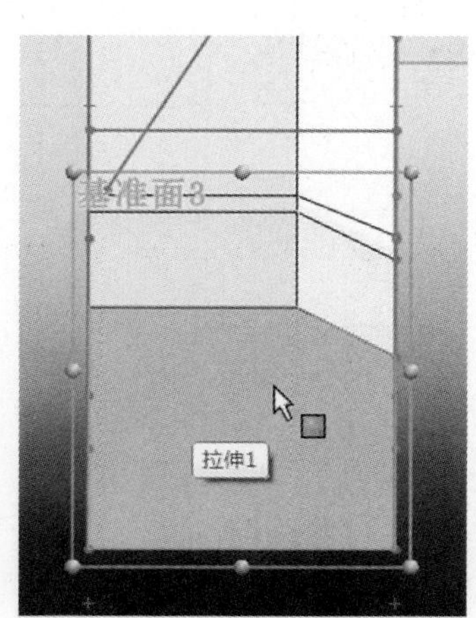

图 5-92

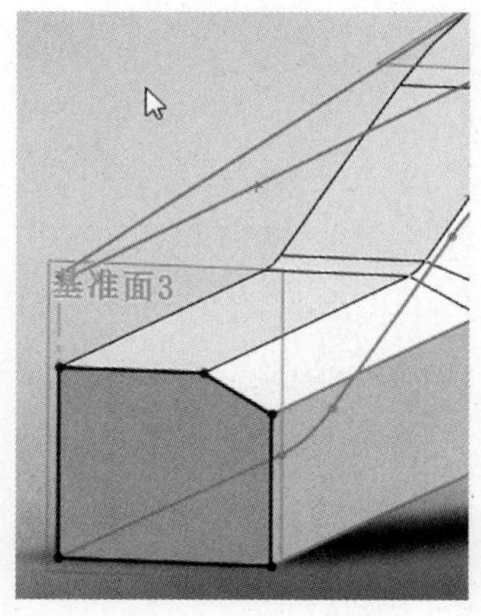

图 5-93

此时仍处在当前草图的绘制、编辑状态中。在设计树中将新近生成的“基准面3”隐藏起来，使其在图形区域不显示出来。

（50）单击（“直线”），绘制直线。其起点和终点分别捕捉到两个草图实体的端点上（图5–94）。

（51）点取刚通过转换实体引用得到的封闭草图实体中的两段直线（图5–95），按〈Delete〉键将其删除。

（52）单击（“剪裁实体”），使用“强劲剪裁”方式，将左边竖直线向上延伸（图5–96），再使用“剪裁到最近端”方式，将上部多余段剪裁掉。结果如图5–97所示。

（53）单击（“样条曲线”），这里用四个控制点定义、绘制如图5–97所示的样条曲线。其起点捕捉到第（50）步骤所绘制直线的右端点，终点捕捉到如图5–97所示的直线端点上。通过调整，确保样条曲线光顺。

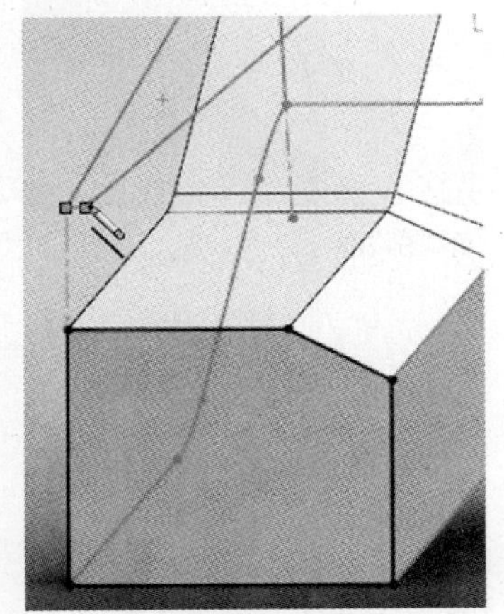

图 5–94

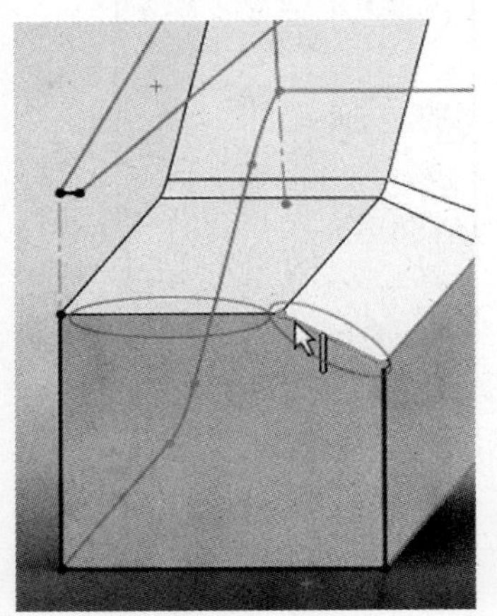

图 5–95

提示：该样条曲线两端分别与直线相连接。本可以分别将样条曲线与它们定义“相切”几何关系。但考虑到后面倒圆角过程，这里不这么做；而仅使用样条曲线工具，细致地调整该样条曲线，保证其自身的光顺性。

（54）单击（“重建模型”）。完成该草图的绘制（这里为“草图8”）。

至此，用于建立听筒前部形体的草图全部完成。为观看清晰起见，在设计树中，将“基准面1”和“基准面2”也加以隐藏（图5–98）。

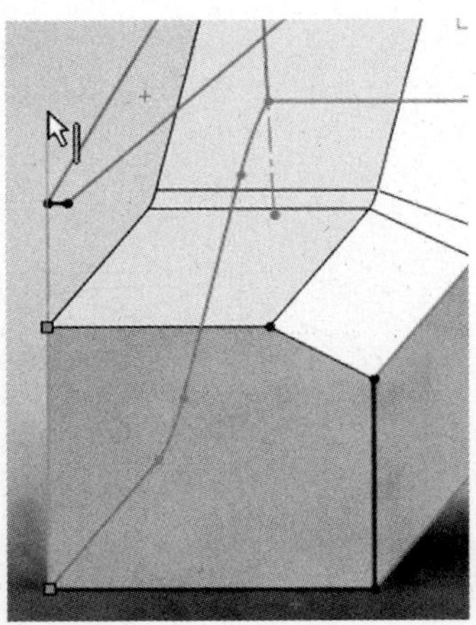

图 5–96

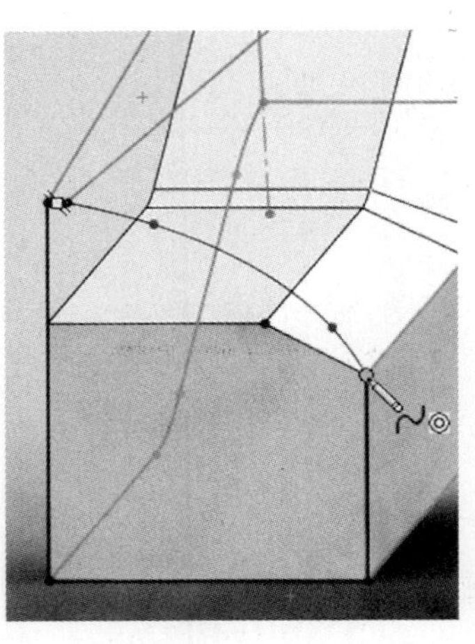

图 5–97

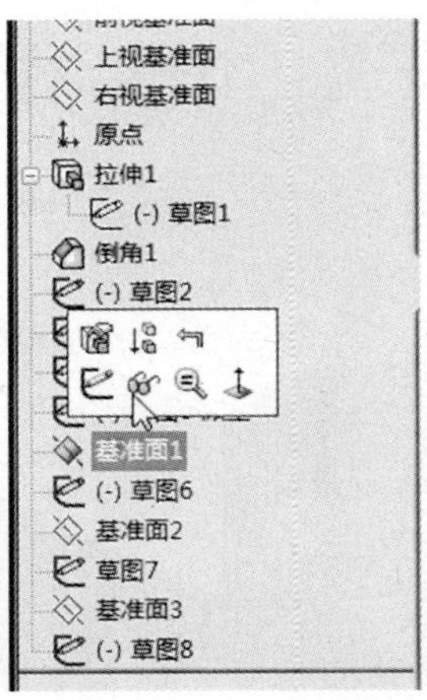

图 5–98

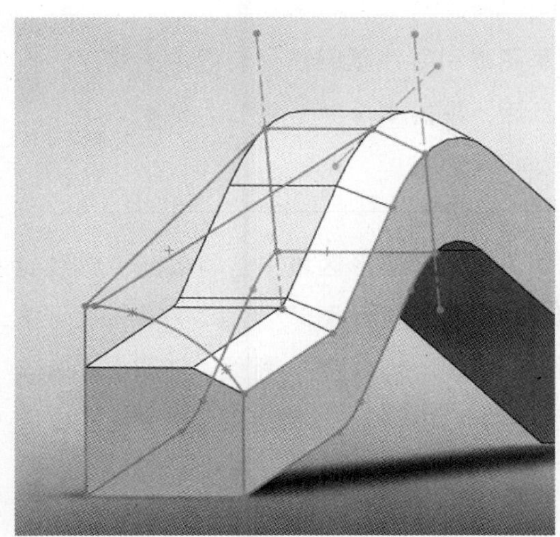

图 5-99

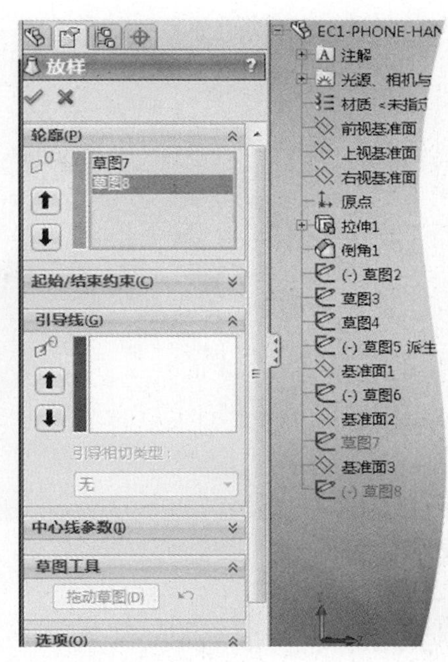

图 5-100

这七个草图（这里为“草图2”~“草图8”）最终结果如图5-99所示。下面终于可以建立听筒前部三维形体了。

（55）切换到“特征”命令管理器。单击（“放样凸台/基体”）。

“放样”属性管理器显示出来。展开图形区域中的设计树，点取那两个封闭的草图（这里为“草图7”和“草图8”）。在设计树中，它们以浅蓝色高亮地显示，同时在属性管理器“轮廓”项下（“轮廓”）右侧的列表框中列出，如图5-100所示。

（56）此时图形区域中放样特征的预览如图5-101所示。显然，形体网格发生了扭曲，因此不要确认。

预览中还显示出很多虚线，以及两个较大的标记点（一个绿色圆环，一个绿色圆点）。实际上，它们提示着放样时轮廓（断面形状）草图的点之间的对应关系。

因此，通过调整对应点的位置，就能得到正确的形体结果。

在其中一个标记点上单击并保持（此时光标显示为符号，标记点显示为橙色，图5-102），拖动鼠标，则能顺着该草图上的线段实体，将该标记点移动到下一位置上，如图5-103所示，此时预览结果改变。

继续，直到得到三维形体的正确预览（图5-104）。

（57）单击属性管理器中“引导线”项下（“引导线”）右侧的列表框。如图5-105所示，在图形区域展开的设计树中，依次点取一圈引导线（这里依次为“草图2”、“草图6”、“草图3”、“草图4”、“草图5”）。这些项目在设计树中以浅蓝色高亮地显示，并列入对应的列表框中。

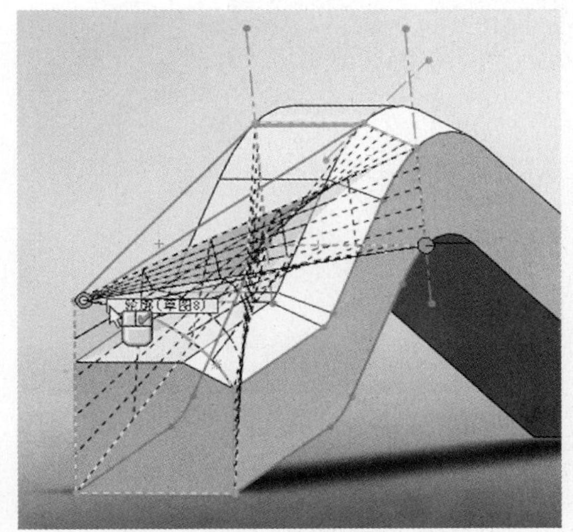

图 5-101

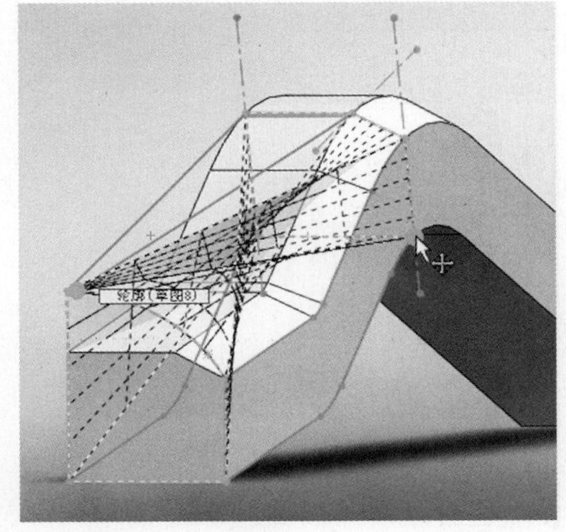

图 5-102

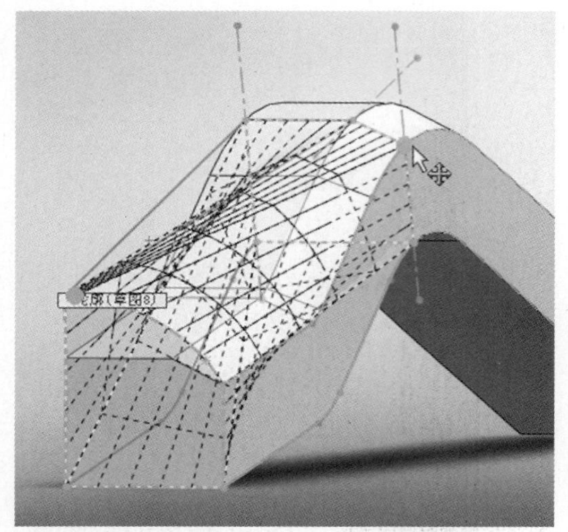

图 5-103

> 提示：要调整轮廓草图或引导线草图在列表框中的次序，在列表框中点取草图项目后，单击⬆（“上移”）或⬇（“下移”）按钮，使其向上或向下移位。

在轮廓列表框中点取项目后，在图形区域中它将以蓝色粗线显示；在引导线列表框中点取项目（例如“草图5”）后，在图形区域中它将以紫色粗线显示，如图5-105所示。同时，粗线上还引出标有该项目名称及作用（轮廓或引导线）的标签。这都有助于清楚地观察所选取的草图项目。

这里，“放样”属性管理器中“起始/结束约束”项下，对“起始约束”、“结束约束”项下均使用默认的“无”选项；“引导线”项下，“引导线感应类型”项也使用默认的“到下一引线”选项；对“中心线参数”项下，未加设定。

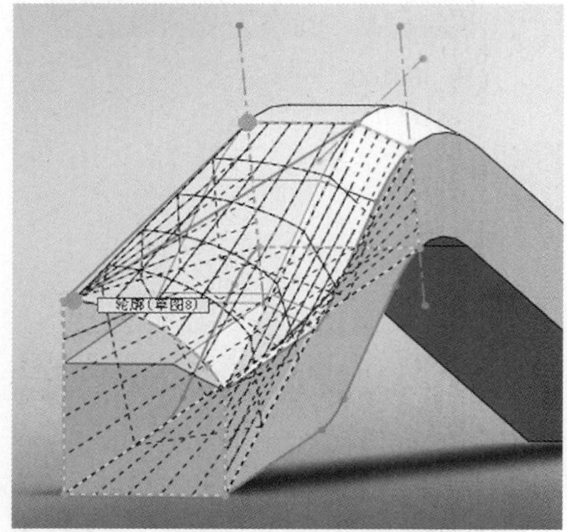

图 5-104

（58）在属性管理器“选项”项下，将默认勾选“显示预览”项。取消勾选（图5-106），对预览显示刷新的速度则有所助益，此时预览如图5-107所示。

重新勾选此选项，又能预览看到放样得到的三维形体（图5-108，另一角度）。在三维形体预览中，可以看到引导线的作用：三维放样特征形体的起始、结束断面是由轮廓草图决定的；引导线则决定了起始、结束断面之间的三维形体的断面形状，如图5-105、图5-108所示。

（59）在属性管理器上，单击✓（“确定”），生成一个放样特

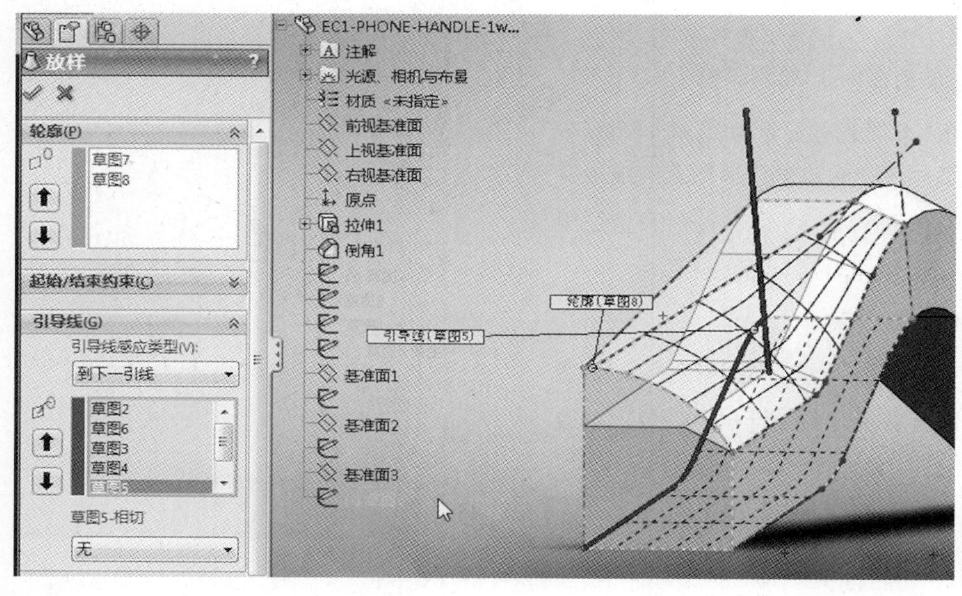

图 5-105

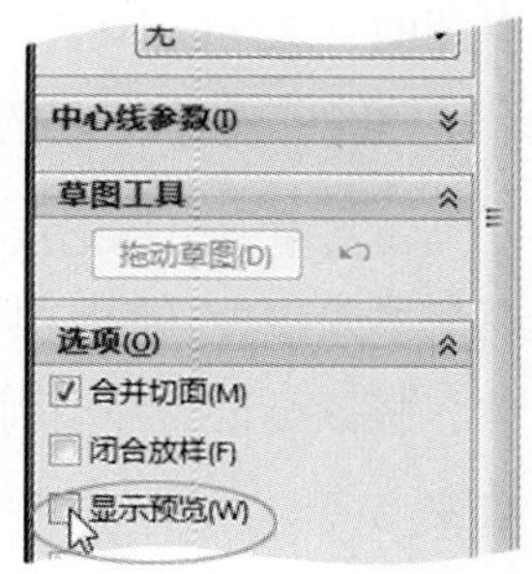

图 5-106

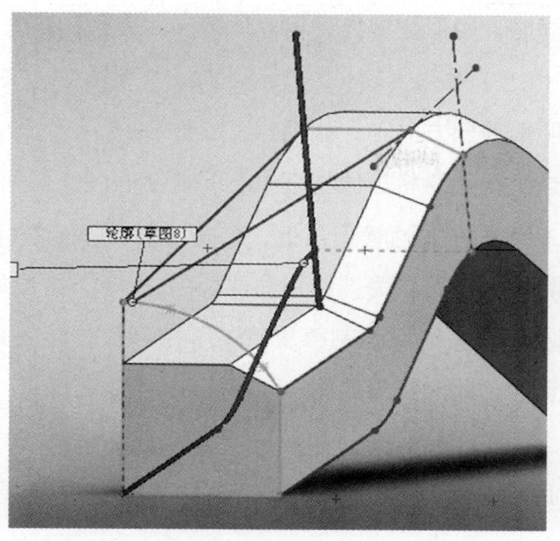

图 5-107

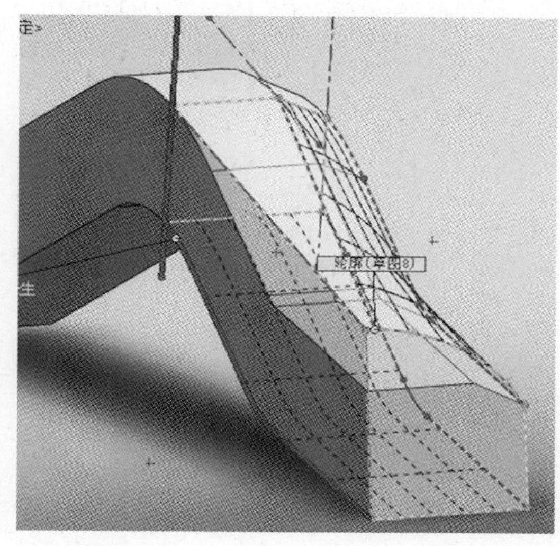

图 5-108

征（这里为“放样1”）的形体。结果如图5-109所示。

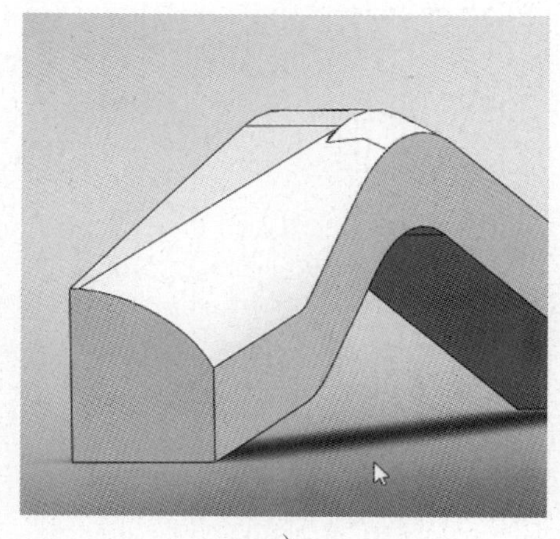
a)

b)

图 5-109

从图5-109所示的形体结果可以看到，放样得到的听筒前部形体与拉伸和倒角得到的听筒基本形体之间，形体过渡得不是很顺，另外，也有重叠的形体部分。下面对此加以改进。

（60）编辑“放样1”特征，在放样属性管理器的“选项”项下，取消勾选“合并结果”选项。然后退出对此特征的编辑。

（61）在设计树中，将退回控制棒向上移动到“放样1”项目之前，将建模过程退回。

（62）在设计树中，点取“基准面2”。单击主菜单栏上“插入”→“切除”→“使用曲面”，如图5-110所示。

此时，显示出“使用曲面切除”属性管理器。其中，“曲面切除参数”项下列表框中已列入所选基准面的名称，如图5-111所示。

图 5-110

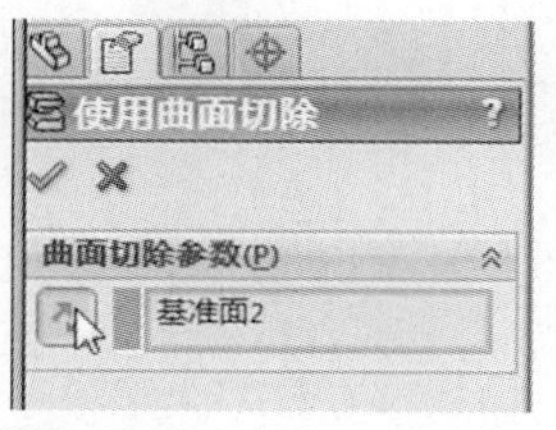

图 5-111

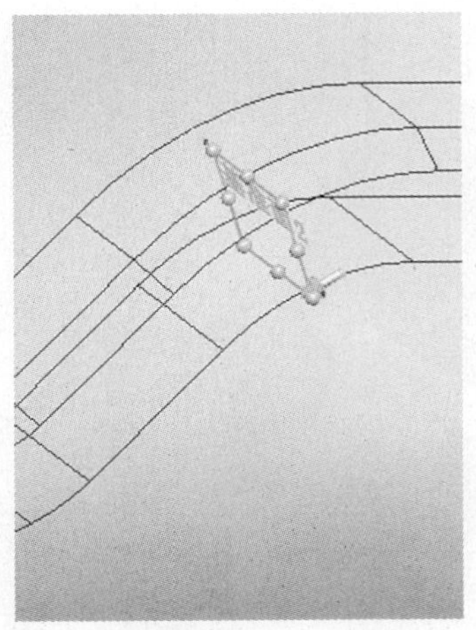
图 5-112

同时，图形区域出现粗立体箭头，表示切除方向。

（63）单击（“反向”），粗立体箭头反转方向，指向左边（即听筒前部方向），如图5-112所示。

这里正是要将拉伸特征中听筒前部一侧的形体切除掉。

（64）在属性管理器上，单击（“确定”），生成一个使用曲面切除特征（这里为“使用曲面切除1”），结果如图5-113所示。

（65）将退回控制棒重新向下拉到放样特征之下（图5-114）。模型重建。此时结果如图5-115所示。

图 5-113

此时，修改并完善了听筒形体，不过，只是一半形体。下面继续。

（66）仍在“特征”命令管理器下，在（“线性阵列”）命令组的下拉列表中，点取（“镜像”），如图5-116所示。

（67）旋转视图到合适的视点。如图5-117所示，在图形区域中展开设计树，点取已有的一半形体中所含有的拉伸、倒角、使用曲面切除、放样四个特征，作为“要镜像的特征”；点取图中所示的几何模型平面，作为“镜像面/基准面”。

显示出镜像预览，被选取的对象同时也列入属性管理器对应的列表框中，如图5-117所示。

属性管理器中，“选项”项下的“几何体阵列”选项，默认状态下是被勾选的。确保此选项被勾选。此外，在“特征范围”项下，勾选“自动选择”选项，如图5-118所示。

（68）单击（“确定”），生成镜像特征（这里为“镜像1”）。

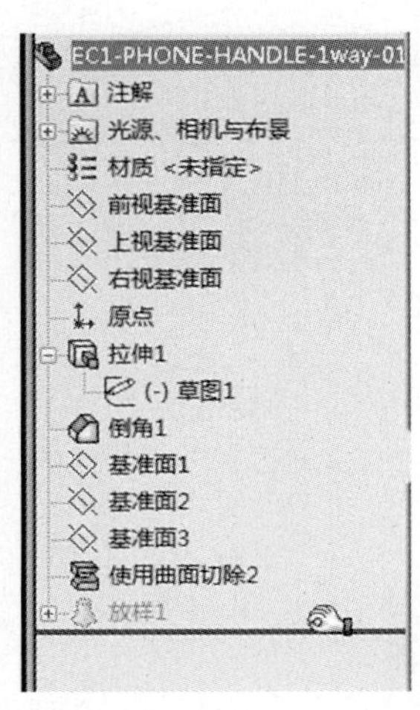

图 5-114

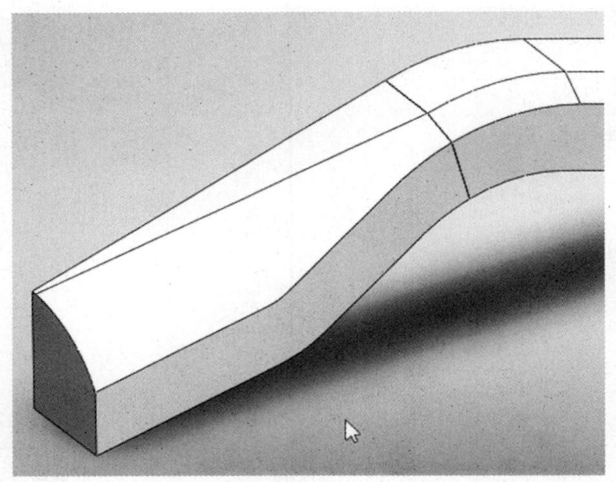
图 5-115

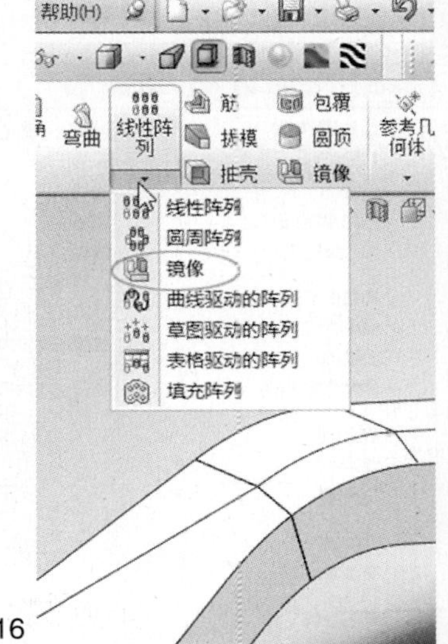

图 5-116

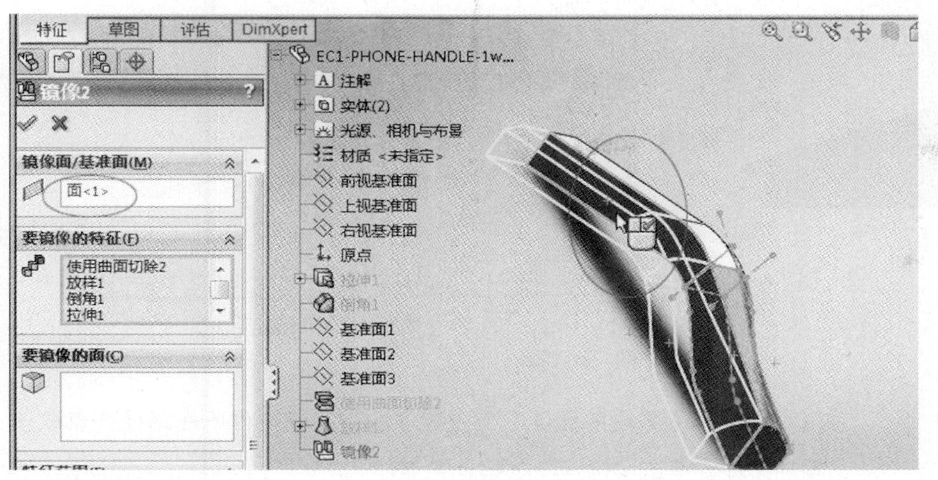

图 5-117

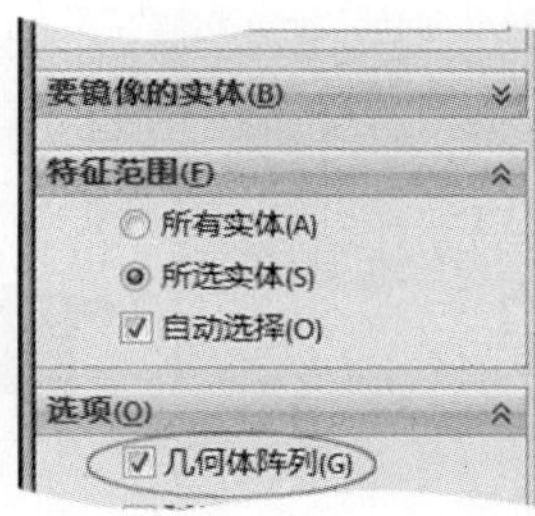

图 5-118

至此，完成听筒基本形体的建模，结果如图5-119所示。当然，与底座形体一样，还有一些细节（如圆角等）需要进一步建立。但这里暂时按下不表，放在后面再做。

总之，由于听筒是搁置在底座之上的，这两者之间也就存在形体上面的吻合关系，即听筒和底座具有扣合关系。在将听筒作为独立的零部件进行建模的思路下，实现扣合关系依靠的是草图实体及尺寸上的对应。

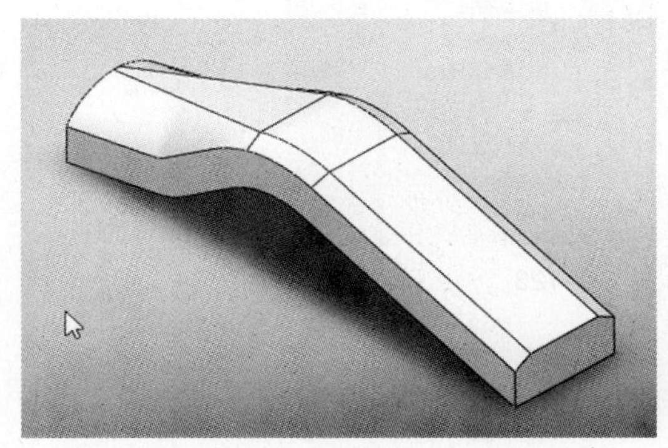

图 5-119

自下而上与自上而下——电话机装配体

• 电话机装配体（思路一）——自下而上设计方法

通过调用已有的底座和听筒两个零件，组装整部电话机。

1. 开始装配体

（1）单击主菜单栏上“文件”→“新建”，或单击标准工具栏上的（“新建”），弹出“新建SolidWorks文件”对话框。点取“装配体”文件类型，单击“确定”按钮，新建一个装配体文档。

（2）SolidWorks系统自动切换到“装配体”命令管理器，同时显示出“开始装配体”属性管理器，如图5-120所示。

其中“信息”项下是简要的说明文字。“要插入的零件/装配体”项下“打开文档”的列表框当前为空，没有零件项目。

（3）如图5-120所示，单击“浏览”按钮，弹出文件浏览器窗

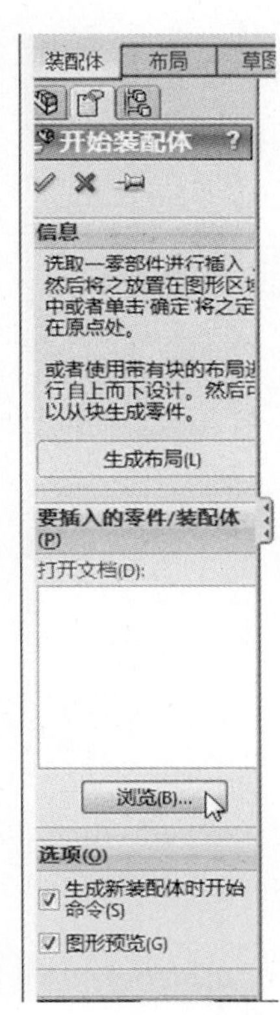

图 5-120

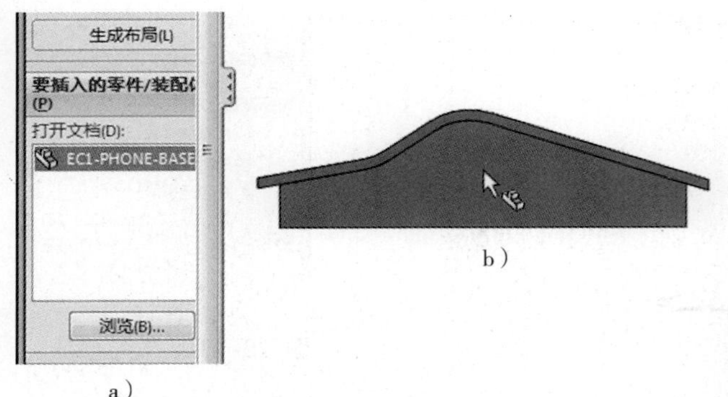

a) b)

图 5-121

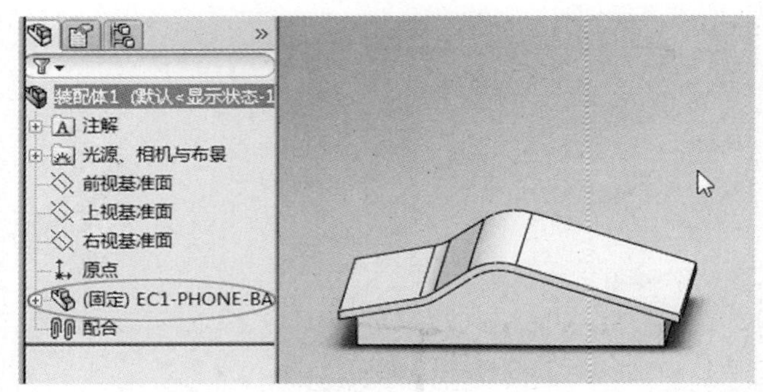

图 5-122

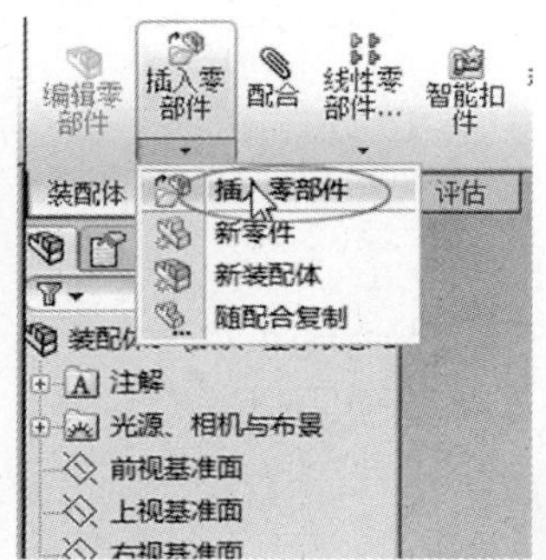

图 5-123

口。浏览至（采用前面任一方法建立的）底座零件所在路径并点取该零件文件，单击“打开”按钮。

（4）文件浏览器窗口自动关闭。图形区域中底座零件显示出来，拖动鼠标就能自由地移动该零件；同时，属性管理器的“打开文档”项下的列表框中，该零件的名称显示出来（这里为“EC1-PHONE-BASE”），如图5-121所示。

（5）在图形区域中单击，底座零件则被放置到图形区域中，就像被放到装配工作台上一样。

如图5-122所示，设计树中，显示“EC1-PHONE-BASE”零件项，且是“固定”状态（系统使第一个零部件固定）；顶级项目（装配体项）则显示为“装配体1”，这是系统默认的对装配体的命名。

（6）仍在“装配体”命令管理器下。在（“插入零部件”）命令组的下拉列表中，点取（“插入零部件”），如图5-123所示。

显示出“插入零部件”属性管理器，其内容与“开始装配体”属性管理器的内容相同。

（7）单击“浏览”按钮，弹出文件浏览器窗口。浏览至听筒零件所在路径并点取该零件文件，单击“打开”按钮。

（8）同样，文件浏览器窗口自动关闭。图形区域中听筒零件显示出来，拖动鼠标就能自由地移动该零件；同时，属性管理器的“打开文档”项下的列表框中，该零件的名称显示出来（这里为“EC1-PHONE-HANDLE”），如图5-124所示。

同样，在图形区域中，将听筒移到底座上方，单击，听筒零件则被放置到图形区域中。

（9）单击主菜单栏上“文件”→“另存为”，将当前装配体文档另存为“EC1-PHONE.sldasm”。设计树中，顶级项目现在显示为“EC1-PHONE”装配体项。

在设计树中，单击“EC1-PHONE-BASE”和“EC1-PHONE-HANDLE”项之前的⊞符号，可分别展开和看到这两个零件自身的建模过程。可看到装配体和零件都有自身的坐标系，如图5-125所示。

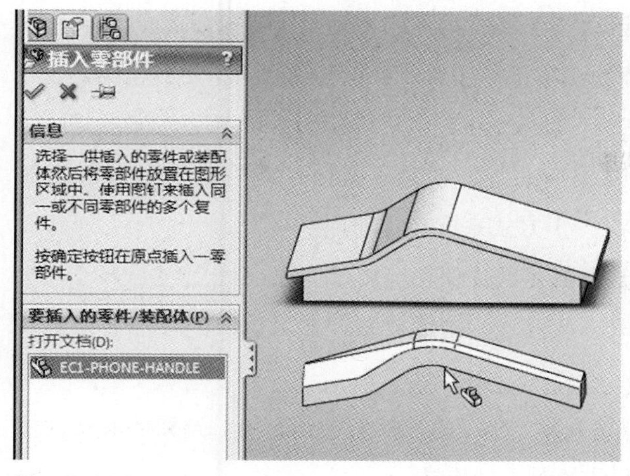

图 5-124

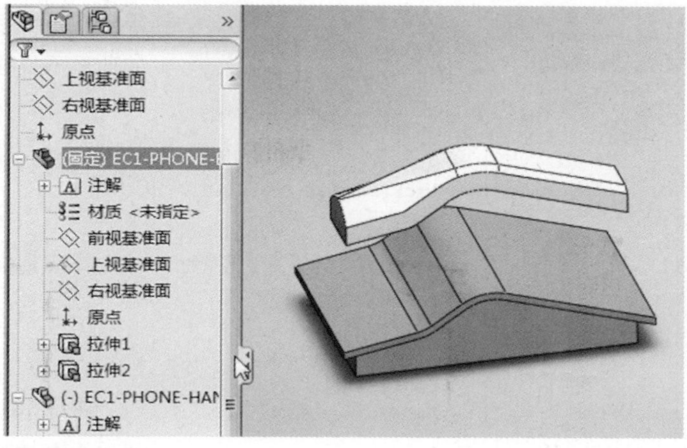

图 5-125

在设计树中点取零件项目（例如“EC1-PHONE-BASE”，图5-125），该零件体在图形区域中以蓝色对应地显示出来。

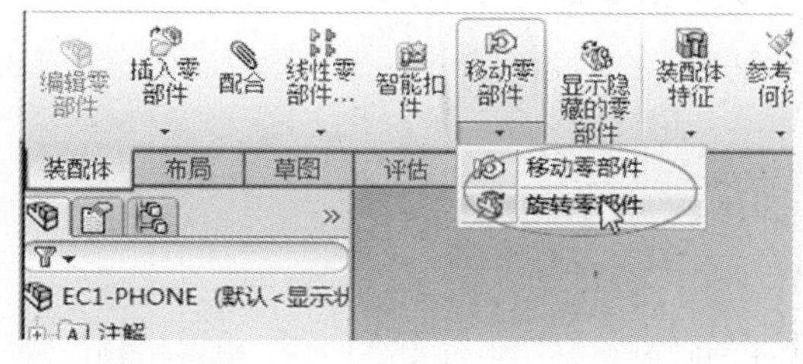

图 5-126

2.适当定位零件

可以先在设计树中点取零部件，然后在“装配体”命令管理器下，在（“移动零部件”）命令组的下拉列表中，点取（“移动零部件”）、（“旋转零部件”）工具（图5-126），对装配体中的零部件进行移动（光标显示为符号），旋转（光标显示为符号，图5-127）等变换。

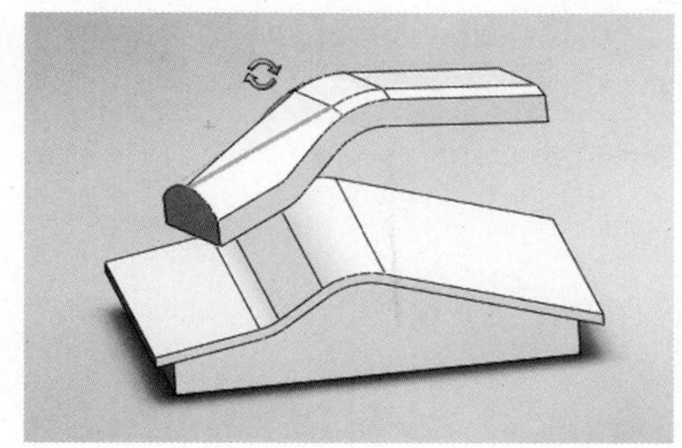

图 5-127

> 提示：与平移、旋转视图只是改变视点位置不同的是，移动或旋转某一零部件，将改变该零部件在装配体坐标系中的位置或方位。

对应地，还将显示出“移动零部件”、“旋转零部件”属性管理器（图5-128、图5-129）。

可以选取“自由拖动”、“沿装配体XYZ”、“沿实体”、“由三角形XYZ”（应为“由Delta XYZ”），或“到XYZ位置”方式来移动零部件：

自由拖动：将选取的零部件沿任何方向移动。

沿装配体XYZ：将选取的零部件沿装配体的X、Y或Z方向拖动。

沿实体：选取实体，可将选取的零部件沿该实体拖动。如果实体是一条直线、边线或轴，所移动的零部件具有一个自由度。如果实体是一个基准面或平面，所移动的零部件具有两个自由度。

由Delta XYZ：输入X、Y或Z坐标方向的相对移动值，然后应用此值，将零部件沿对应轴轴向移动。

到XYZ位置：选取零部件的一点，输入X、Y或Z坐标，然后应用此

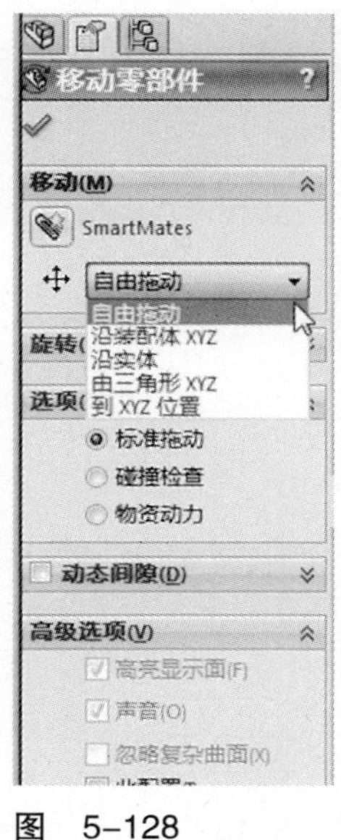

图 5-128

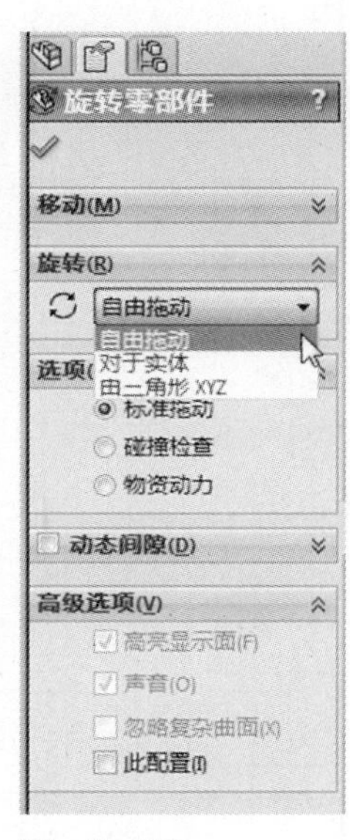

图 5-129

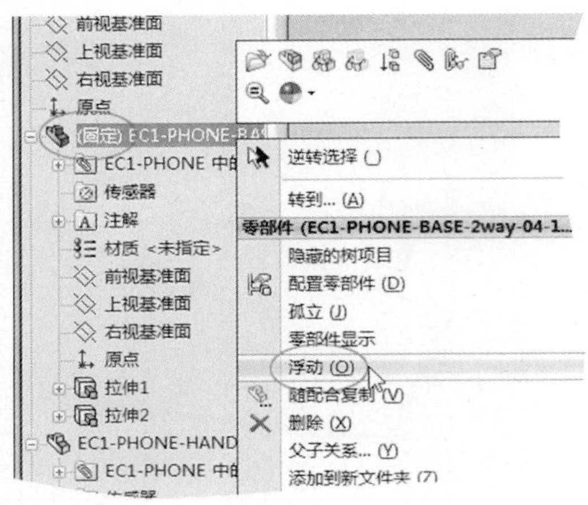

图 5-130

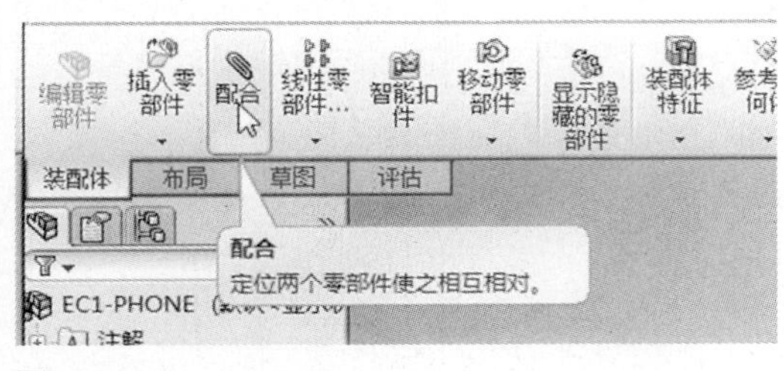

图 5-131

图 5-132

坐标值。零部件的该点移动到所指定的（绝对）坐标位置。如果选取的项目不是顶点或点，则零部件的原点会被移动到所指定的坐标处。

也可以选取“自由拖动”、“对于实体”或“由三角形XYZ”（应为“由Delta XYZ”）方式来旋转零部件：

自由拖动：将选取的零部件任意旋转。

对于实体：选取一条直线、边线或轴，然后选取的零部件围绕其旋转。

由Delta XYZ：输入X、Y或Z值，然后应用此值。选取的零部件按此指定角度值绕装配体的对应轴旋转。

> 提示：有必要说明的是，中文版SolidWorks中，偶而出现用词令人费解的情形。上述下拉列表项“由三角形XYZ”（图5-128、图5-129）即是一例，其中所谓“三角形”实际是指意为相对量的“Delta”。

完成移动或旋转操作后，单击属性管理器左上角的（“确定”），完成操作[此后还可单击（“重建模型”），重建模型]。

总之，通过适当移动、旋转零部件，使参与装配的零部件处于合适的位置和位置关系，以便于顺利地进行后续装配。

> 提示：如果零部件处于“固定”状态，是不能对其进行移动或旋转的。要解除其固定状态，在设计树中右键单击该项目，在右键快捷菜单中点取“浮动”子菜单项（图5-130，这里，仍保持底座的固定状态，不要改动）；反之，如果要将可移动和旋转的零部件（在设计树中，其左边没有“固定”两个字）的位置加以固定，则在右键快捷菜单中点取“固定”项。

3. 借助配合进行装配

下面着手来把底座和听筒装配到一起。

（1）在“装配体”命令管理器下，单击（“配合”，图5-131）。

显示出“配合”属性管理器，如图5-132所示，并默认地处在“配合选择”项下（“要配合的实体”）的列表框。

这里先要让电话机底座与听筒沿前视基准面平行、对正。要选取这两个零件的前视基准面，先在显示于图形区域的设计树中，展开两

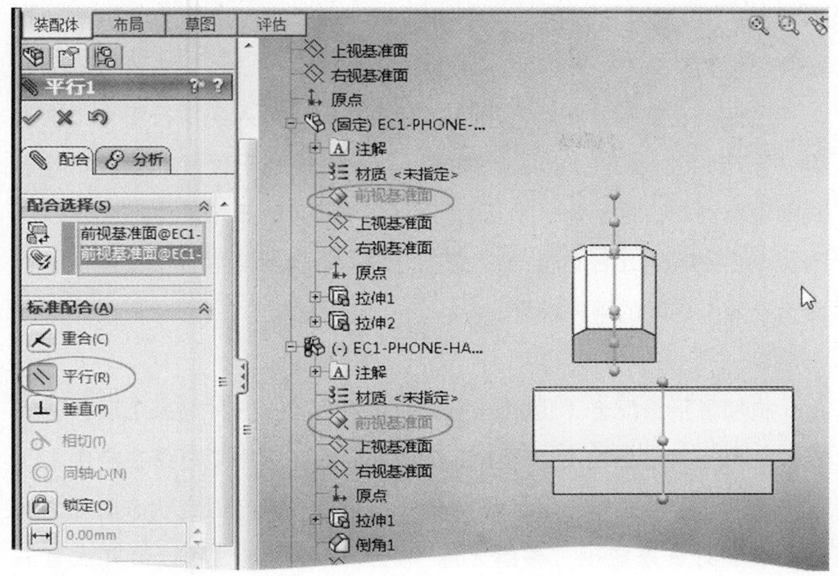

图 5-133

个零件的设计树（图5-133）。

（2）在展开的设计树中，依次点取两个零件的前视基准面，它们随即列入“要配合的实体”列表框，并以一种很利于理解的直观名称形式出现。例如，这里其中一个为“前视基准面@EC1-PHONE-BASE”，意为EC1-PHONE-BASE零件上的前视基准面，如图5-133所示。

（3）在属性管理器的“标准配合”项下，点取⧅（“平行”）配合方式。

即使经过先前移动、旋转等操作后两个零件处在杂乱的空间位置关系，此时图形区域中这两个零件也会沿着前视基准面进行平行对正（图5-133）。

仔细观察会发现是听筒零件发生位置变化，其前视基准面与底座零件的前视基准面对正。这是因为底座是固定的，听筒是浮动的（图5-125）。

图 5-134

实际上，这两个基准面之间除了有平行关系外，还保持特定的距离。

（4）如图5-134所示，点取⟷（“距离”）配合方式，根据针对两个零件位置关系的设计意图，在其后的数值输入框中输入表达式“157/2-25-12”，按〈Enter〉键，框中显示为该表达式的结果“41.50mm”。此距离指定了两个前视基准面之间的横向距离。

同时图形区域中听筒零件向一侧移动此距离。观察听筒移动的方向是否符合要求。必要时勾选位于此配合方式下方的“反转尺寸”选项。这里，无须勾选。

预览如图5-135所示。

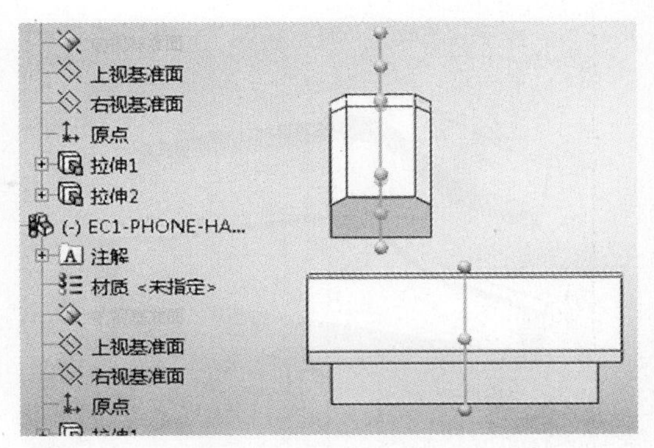

图 5-135

图 5-136

（5）在属性管理器上，单击✔（“确定”），建立了一个“平行”配合关系。

现在，在它的“配合”项下的列表框内，列入了平行配合（这里为“平行1”，图5-136）。同样，以一种很利于理解的直观名称形式出现。例如，这里为“平行1（EC1-PHONE-BASE〈1〉，EC1-PHONE-HANDLE〈1〉），意指底座零件与听筒零件（以前视基准面为参照）之间的平行配合。

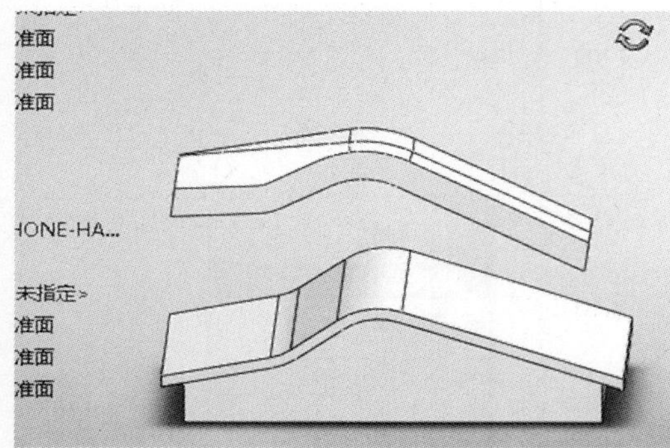

图 5-137

施加了平行配合（也相当于一种几何关系，一种约束）后，听筒零件还具有其它自由度，可上下移动（例如，它不能总悬在空中）、前部上翘（图5-137）等。需要多对它施加一些与固定状态底座之间的配合。好在系统挺“善解人意”，“配合”属性管理器并没有关闭，并仍然默认地处在“配合选择”项下（“要配合的实体”）的列表框状态，为继续添加配合提供了便利。

（6）将视图旋转到合适角度。点取如图5-138所示的两个面，这一次，在显示出的关联工具栏上，点取（“重合”）配合方式。

（7）此时光标显示为符号，右键单击，或单击关联工具栏上的✔（“添加/完成配合”），或在属性管理器上，单击✔（“确定”），均可施加重合配合。

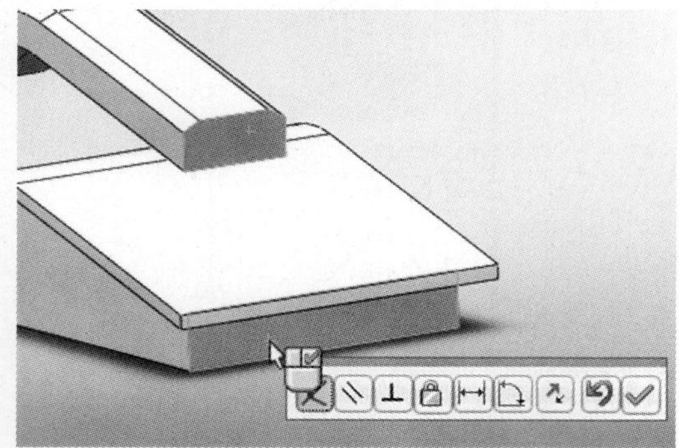

图 5-138

（8）将视图旋转到合适角度。点取如图5-139、图5-140所示的两个面，再施加一个重合配合关系。

现在，听筒零件与底座零件间的位置关系完全确定下来。

此时设计树底部，“配合”项下列出全部三个配合关系（图5-141），点取配合后，图形区域中分别以橙色和紫色显示定义此配合的几何体（图5-142）。

电话机装配体的结果如图5-143所示。

配合关系是对产品制造中零部件装配过程的反映。系统有标准配合、高级配合和机械配合（图5-136）几种。标准配合下有“重合”、“平行”、“垂直”、“相切”、“同轴心”、“锁定”、

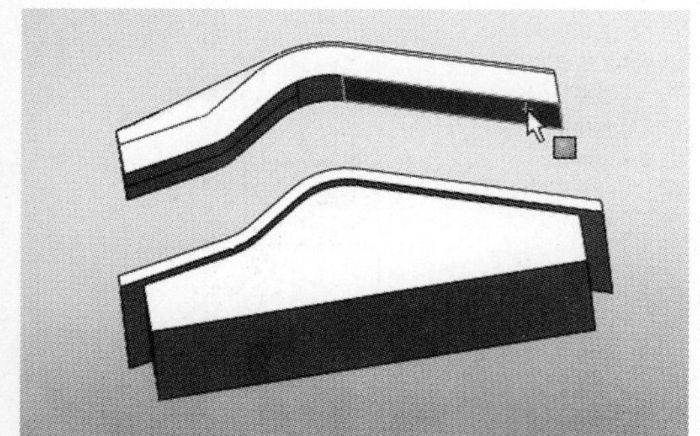

图 5-139

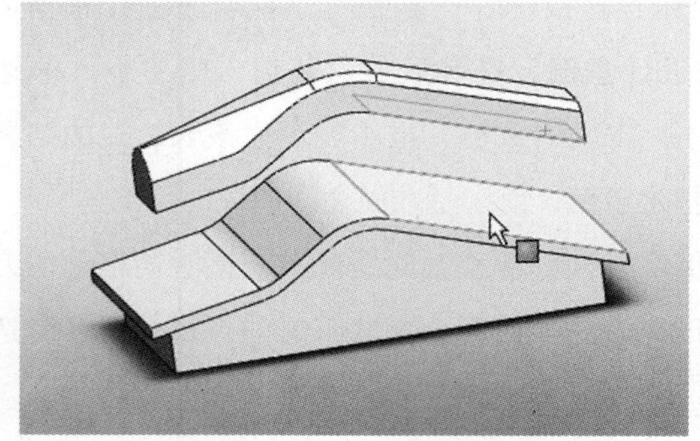

图 5-140

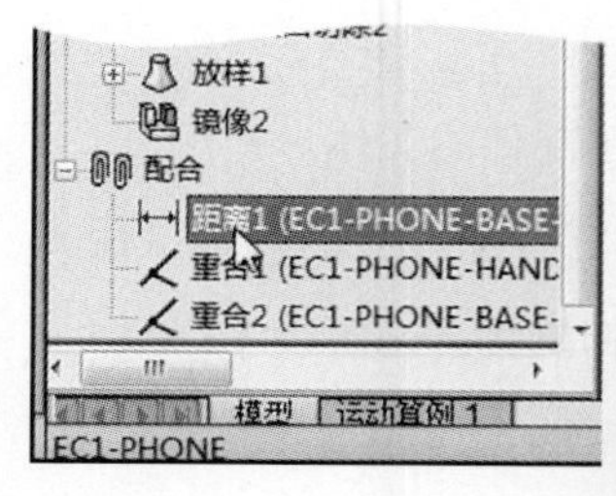

图 5-141

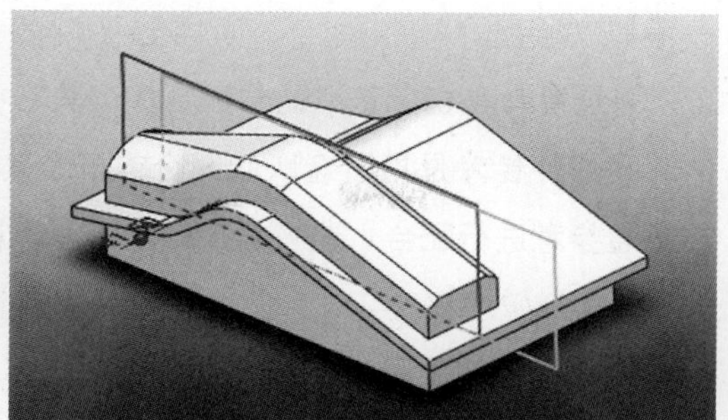

图 5-142

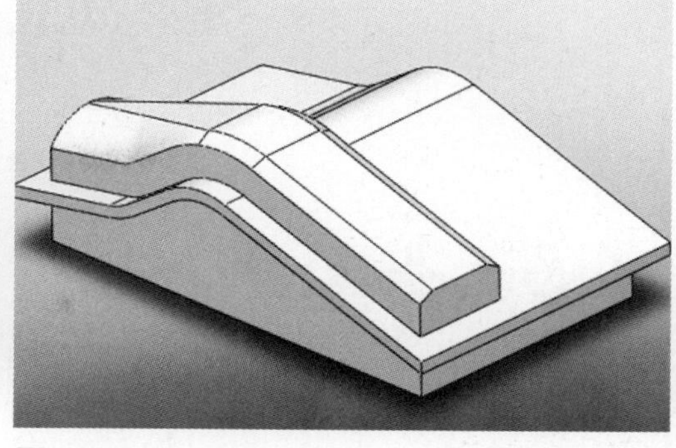

图 5-143

“距离”、“角度”等配合方式。

（“重合”）：将所选的顶点、面、边线及基准面定位到重合。

（“平行”）：使所选项之间保持等间距的平行关系。

（“垂直”）：使所选项之间保持90°角度的垂直关系。

（“相切”）：使所选项之间保持相切关系（至少有一项必须是圆柱面、圆锥面或球面）。

（“同轴心”）：使所选项保持共享同一中心线的关系。

（“锁定”）：保持两个零部件之间的相对位置和方向。

（“距离”）：使所选项之间保持指定的距离。

（“角度”）：使所选项之间保持指定的角度。

正如不同的几何实体之间，可具有的几何关系不同一样，选取不同的几何实体进行配合，可以施加的配合也是不同的。以平行和垂直配合为例，图5-144列出了可以施加这两个配合的几何体对。

	圆锥	圆柱	拉伸	直线	平面
圆锥	✓	✓		✓	
圆柱	✓	✓	✓	✓	
拉伸	✓	✓	✓	✓	
直线	✓	✓	✓	✓	✓
平面				✓	✓

注：圆柱指的是圆柱的轴：拉伸指的是拉伸实体或曲面特征的单一面。不可使用拔模拉伸。

图 5-144

“标准配合”项最后，还有“配合对齐”项，其下有“同向对齐”、“反向对齐”两种方式。当选取好要配合的实体后，变得可用（图5-145）。

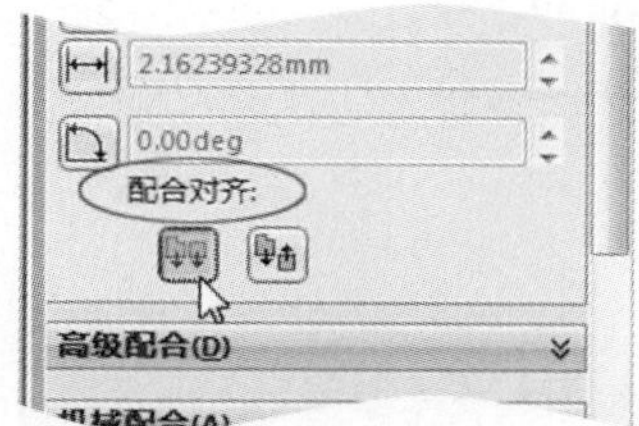

图 5-145

（“同向对齐”）：使所选取面的法向指向同一方向（图5-146）。

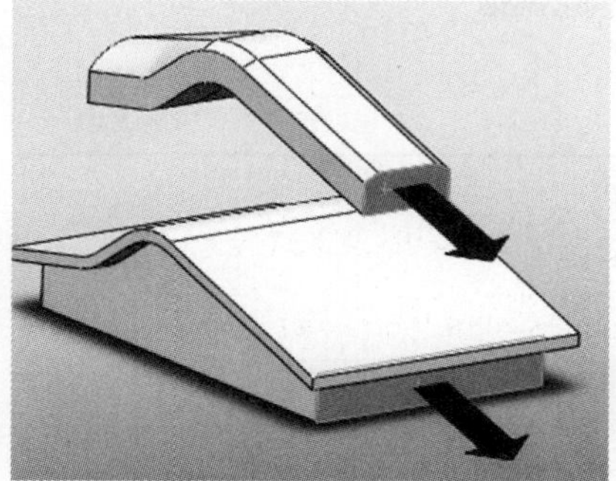

图 5-146

（“反向对齐”）：使所选取面的法向指向相反方向（图5-147）。

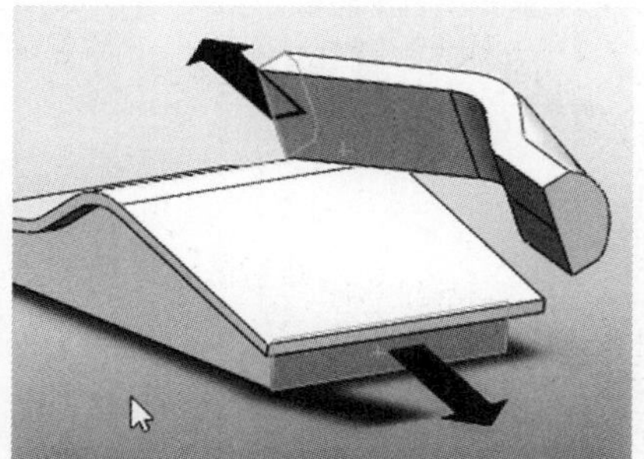

图 5-147

对于圆柱特征，轴向量（无法看见或确定）被同向对齐或反向对齐。单击（“同向对齐”）或（“反向对齐”）获取所需对齐方式。

在“配合”属性管理器（图5-132）的“配合选择”项下，如果点取（“多配合模式”），则可用单一操作将多个零部件与一普通

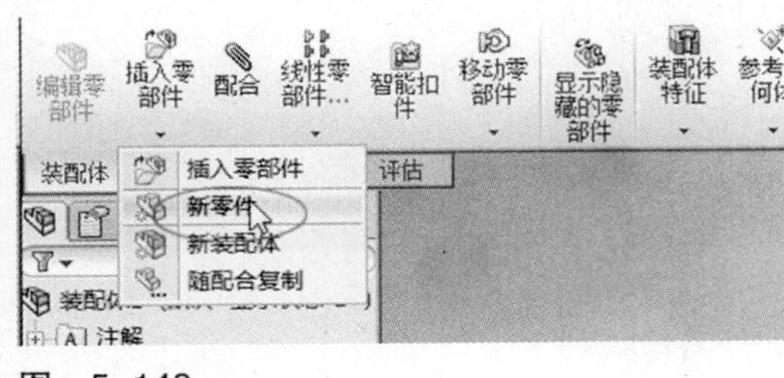

图 5-148

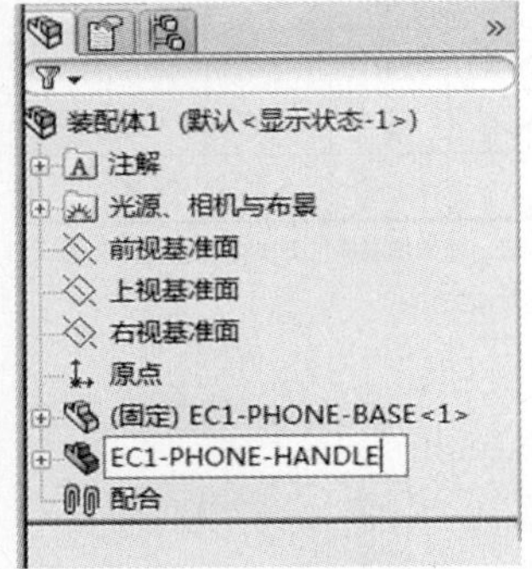

图 5-149

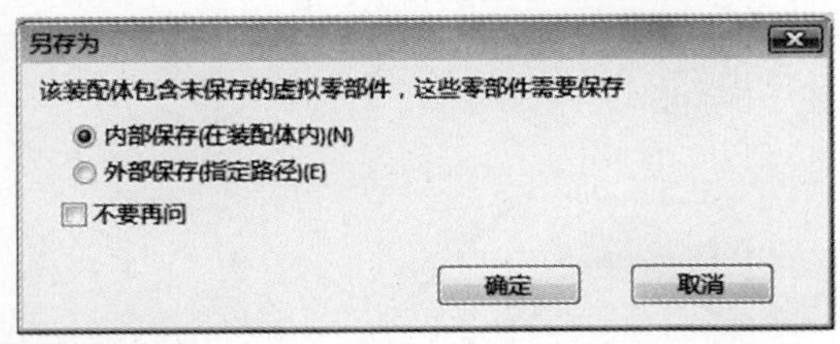

图 5-150

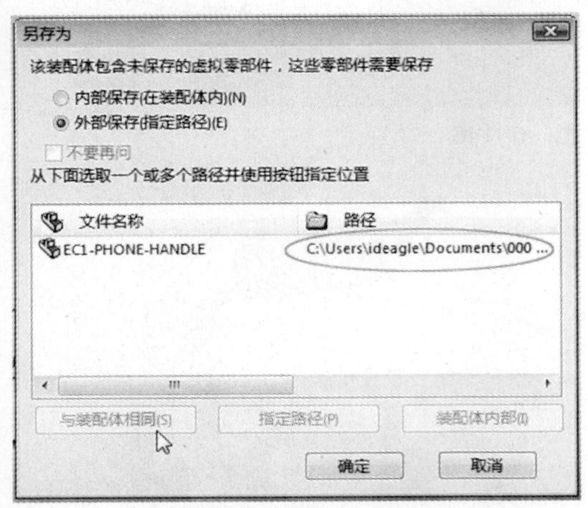

图 5-151

参考加以配合。

普通参考是指所选取的想配合多个其它零部件的实体。

零部件参考是指所选取的两个或多个其它零部件上的实体，用来与普通参考进行配合。这将为每个零部件添加配合。

至此，调用现有的两个零部件，完成了电话机装配体。这是自下而上的设计与建模方法。这里仍暂不对细节形体进行刻画。

• 电话机装配体（思路二）——自下而上+自上而下的设计方法

通过调用已有的底座零件，并在装配体中新建听筒零件的方式，组装整部电话机。

1. 开始装配体

（1）参见前面相关内容。单击主菜单栏上“文件”→“新建”，或单击标准工具栏上 （“新建”），新建一个装配体文件。浏览至（采用前面任一方法建立的）底座零件所在路径并点取该零件文件。将底座零件放置到图形区域中。此时系统将装配体自动命名为“装配体1”；而设计树中各项目均以黑色显示（图5-152）。

（2）在“装配体”命令管理器下，在 （“插入零部件”）命令组的下拉列表中，点取 （“新零件”），如图5-148所示。

（3）在图形区域单击，装配体中插入了自动命名为“零件1”的零部件，并处于“固定”状态。这里，将其重新命名为“EC1-PHONE-HANDLE”，如图5-149所示。

（4）单击主菜单栏上“文件”→“另存为”。在“另存为”浏览器中，定位到一定路径（由于练习不同的建模思路，最好到新的路径），命名文件为“EC1-PHONE.sldasm”后，单击“保存”按钮。

此时显示出“另存为”对话框，提示当前装配体内包含未保存的零部件，并让用户选择该零部件的方式：是在装配体内“内部保存”，还是在指定路径“外部保存”（图5-150）。

（5）如图5-151所示。这里，选择“外部保存”选项。对话框下部出现列表框，列出未保存的零件，即“EC1-PHONE-HANDLE”。点取它，对话框底部的“与装配体相同”、“指定路径”按钮变得可用；单击前者，将此（空的）听筒零件保存到与装配体相同的路径（显示在“路径”类目之下。图1-151），单击后者则弹出“浏览文件夹”窗口，可另行指定保存路径。

单击“确定”按钮完成保存。

（6）设计树中，装配体名称改为“EC1-PHONE”。听筒零件设计树中，目前只有坐标体系，没有任何几何实体，如图5-152所示。

在设计树中同时选取底座和听筒零件的前视基准面，在图形区域中可以看到两者是重合的。

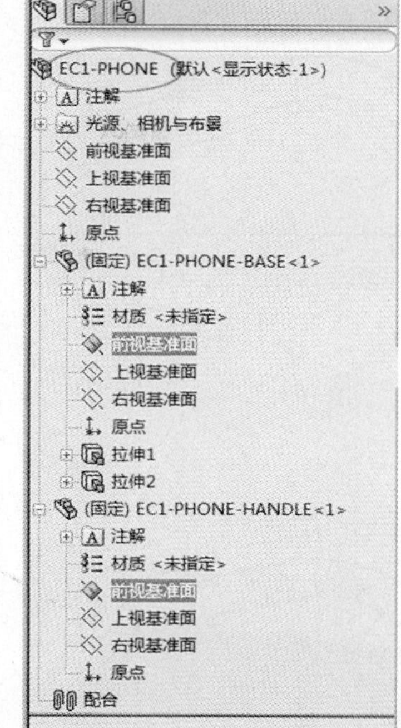

图 5-152

上述过程中，将已有的底座零部件装入装配体的过程，是自下而上的过程；而在装配体中新建听筒零部件的过程，则是自上而下的过程，即从装配体层次到零部件层次。

2. 电话机听筒

下面从零开始，在装配体中建立听筒零件。可视为建立听筒形体的第二种思路。

（1）在设计树中选取听筒零件后，单击，在关联工具栏上单击（“编辑零部件”，图5-153），或在“装配体”命令管理器上单击（“编辑零部件”），进入编辑零部件的状态，从装配体层次进入零部件层次。

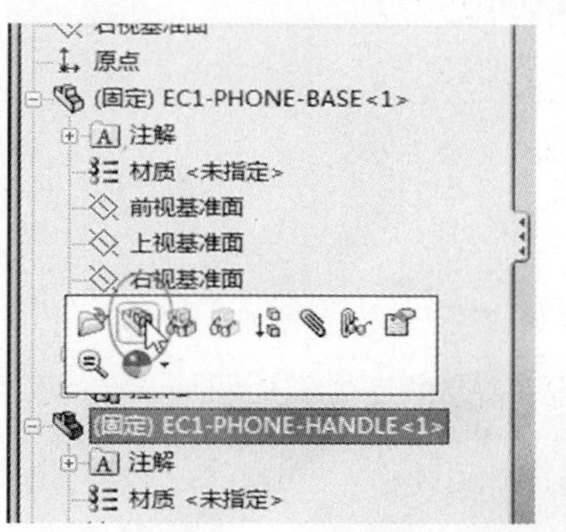

图 5-153

此时，设计树中听筒（“EC1-PHONE-HANDLE”）零部件名称以及其下的设计树项目，改变为以蓝色显示；图形区域中，其它零部件则改变为以黑色线框模式显示。

命令管理器上（“编辑零部件”）图标处于被按下状态，并隐藏“装配体”名称，而出现“特征”、“草图”等管理器名称，如图5-154所示。

下面的建模及设计树描述，都是指听筒零件层次上而言的。

（2）在设计树中点取前视基准面，单击（“正视于”），将视图定向到正视于此基准面。

图 5-154

（3）在“草图”命令管理器中，单击（“草图绘制”），进入草图绘制状态，如图5-154所示。

（4）如图5-155所示，点取底座零件上的边线后，使用（“转换实体引用”）工具，生成草图实体，结果如图5-156所示。

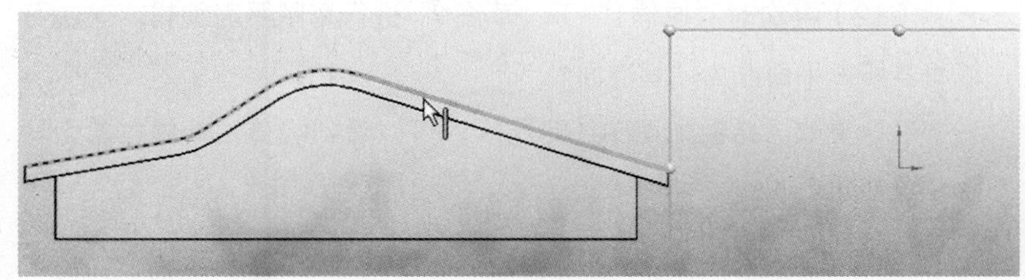
图 5-155

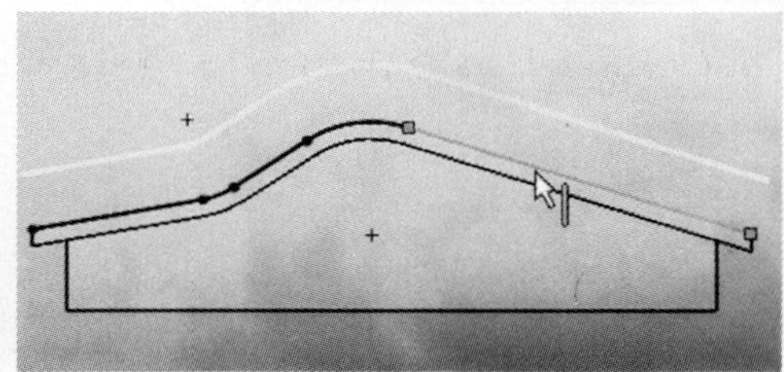
图 5-156

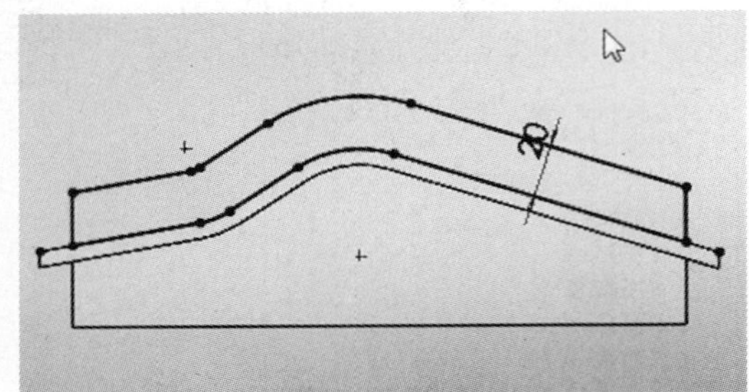

图 5-157

（5）单击［图标］（“等距实体”），设定等距距离值为20，预览如图5-156所示。

（6）参照前面的相关内容，使用［图标］（“直线”）、［图标］（“剪裁实体”）等工具，完成该草图（这里为听筒零部件的“草图1”），结果如图5-157所示。

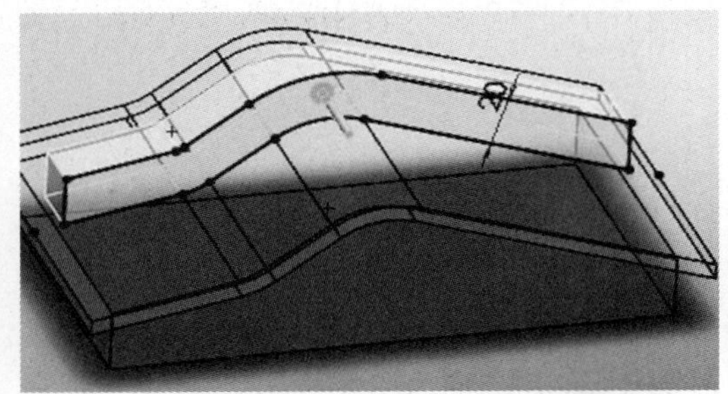

图 5-158

（7）切换到“特征”命令管理器。单击［图标］（“拉伸凸台/基体”），在“方向1”项下，设定拉伸深度值为25。单击［图标］（“反向”），使拉伸体从草图平面向底座外侧拉伸，预览如图5-158所示。

完成此拉伸特征（这里为“拉伸1”）。

（8）在设计树点取“前视基准面”后，在［图标］（“参考几何体”）命令组的下拉列表中，点取［图标］（“基准面”）。

选取［图标］（“等距距离”）方式，并在其右侧的数值输入框中输入表达式“157/2-25-12”，按〈Enter〉键确认。新的基准面预览结果如图5-159所示。

生成此基准面（这里为“基准面1”）。

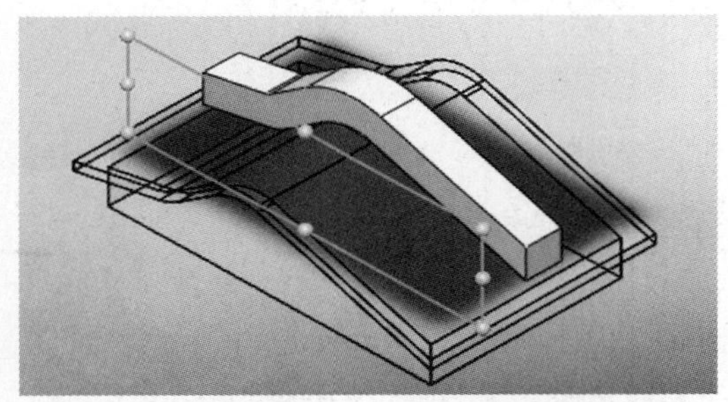

图 5-159

（9）在设计树中展开“拉伸1”，在它下面的“草图1”上单击，在关联工具栏上单击［图标］（“编辑草图平面”）。

显示出“草图绘制平面”属性管理器。很简单，只有“草图基准面/面”一项，其下只有［图标］（“草图基准面/面”）项及列表框（图5-160）。

目前，列表框中列出“前视基准面@EC1-PHONE-HANDLE”，直观表示出此基准面的依附关系。

（10）单击列表框中的项目（它随即在图形区域中以蓝色粗线突出显示）。在图形区域中展开设计树，试图点取“基准面1”项用来作为草图平面。但是选取不了它。实际上，在设计树中它以灰色显示，已经是对其不可用状态的暗示，如图5-161所示。

拉伸及其所含草图是在“基准面1”之前建立的，这是该基准面此时不可用的原因。

（11）取消“编辑草图平面”的操作。在设计树中，将“基准面1”拖放到“拉伸1”之前。

“基准面1”仅与“前视基准面”相关，因此可作上述操作。

（12）再次对“拉伸1”下“草图1”进行草图平面编辑。这次可以将其所在平面改为“基准面1”了。

确认更改。结果如图5-162所示，可以看到听筒拉伸体也随之发生位置变化。

图 5-160

（13）为了与先前听筒的建模过程对应上，对前面第（7）步骤的“反向”操作进行修改。

编辑“拉伸1”特征，在属性管理器中再次单击（“反向”），使拉伸方向反向。确认此修改。结果如图5-163所示。

接下来，可以参照先前建立独立听筒零件时的过程，完成听筒零件的建模，如倒角、听筒前部的放样特征形体等。具体过程在此无须重复叙述。

完成后，再单击（“编辑零部件”），使之弹起。从零部件层次又回到装配体层次。

听筒形体的结果如图5-164所示，应与图5-119所示形体是一致的。装配体形体的结果则应与图5-143所示形体是一致的。

> 提示：建模过程中，隐藏底座零部件（“EC1-PHONE-BASE”），以简化图形区域的显示，提高效率。

• 电话机装配体（思路三）——自上而下的设计方法

前面较为详尽地讲述了装配方法的两种思路。对于电话机装配体，还可以完全从零开始，即新建装配体文档后，完全在装配体层次从零开始完成建模。具体地讲，就是通过两次在装配体中，使用（“插入零部件”）命令组的下拉列表中的（“新零件”）工具，装入两个空零部件（所谓“虚拟零部件”），以此为基础逐步建模，分别完成底座和听筒（建立底座和听筒零部件的方法，与前面讲述内容相同）。

这种以空的装配体为起点，从装配体层次开始，完成下一级的零部件建模的过程，正是所谓自上而下的设计方法。

在这里，对此电话机产品，略去对自上而下方法的具体讲解。这种方法过程，将在后面详细讲解。

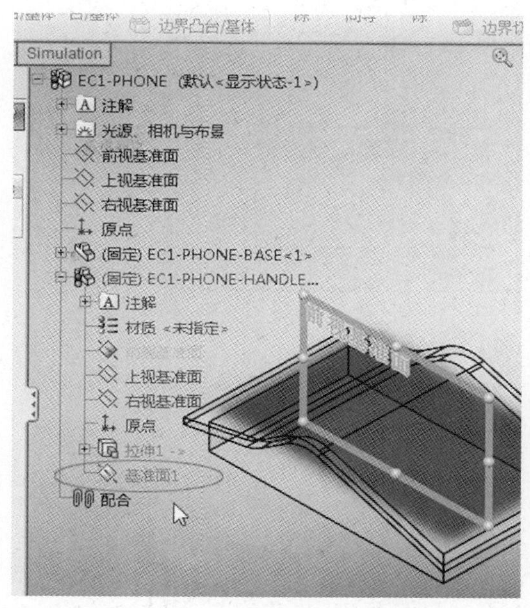

图 5-161

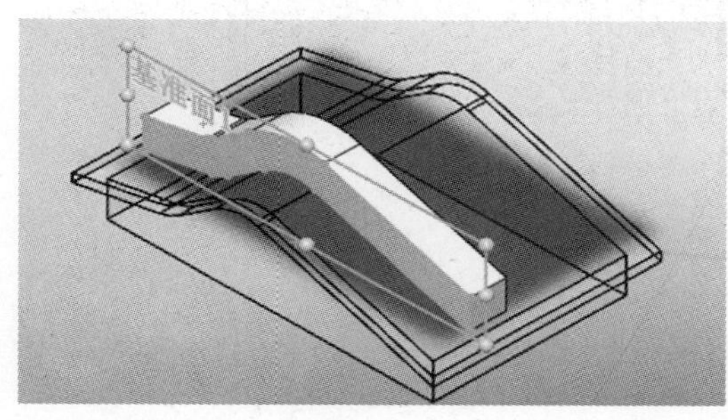

图 5-162

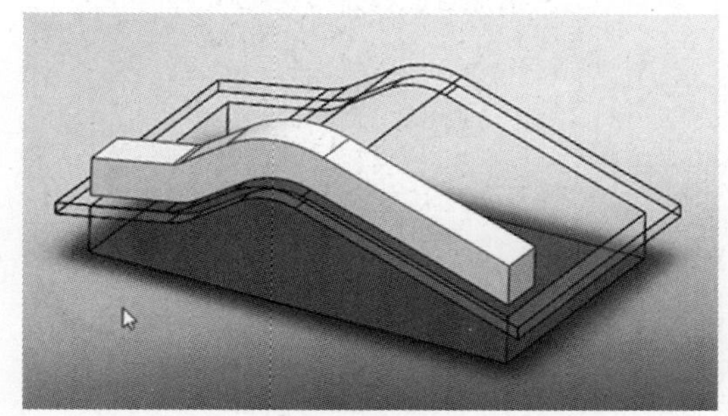

图 5-163

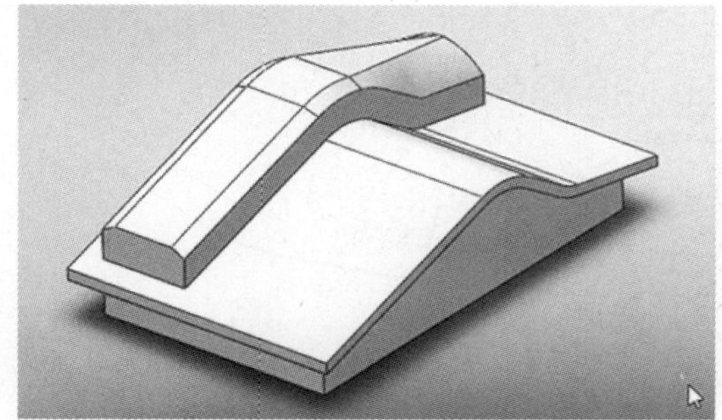

图 5-164

在零件与装配体层次之间切换——局部形体

• 电话机底座局部形体——与听筒扣合区域

在底座前侧，有一凸起的球冠形体，在后侧，有一凹陷的柱状形体，分别与听筒前部的凹陷球冠形体、尾部的凸起柱状形体相扣合，以定位听筒。

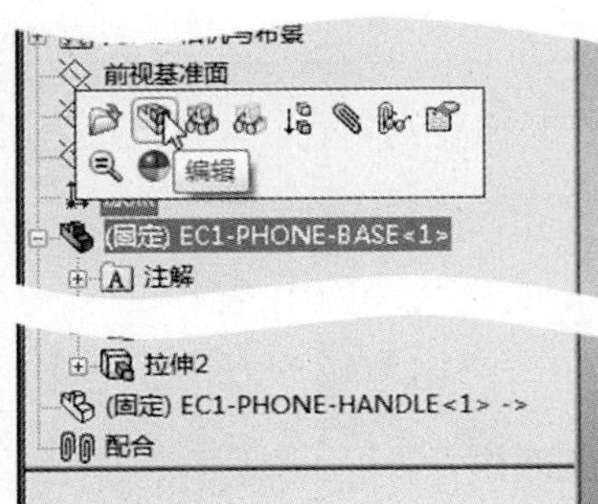

图 5-165

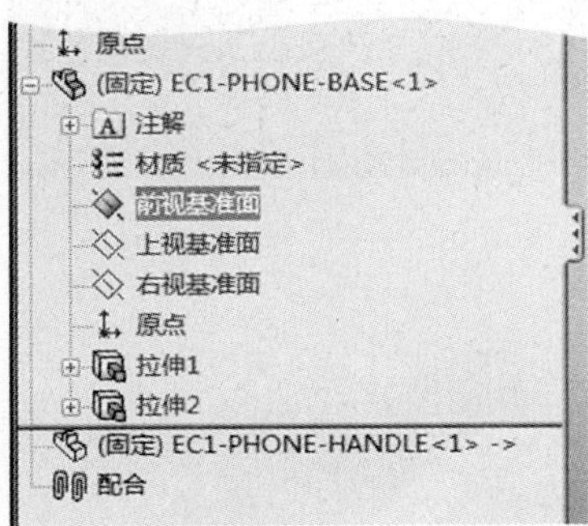

图 5-166

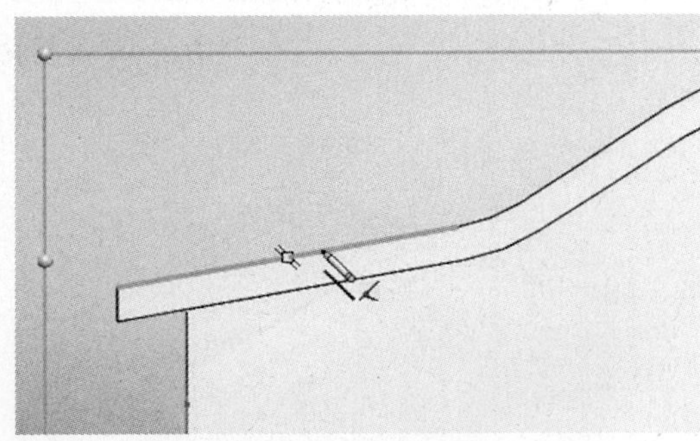
图 5-167

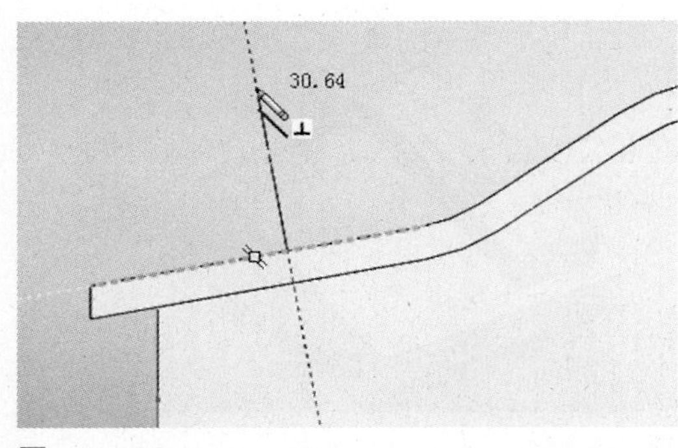

图 5-168

1. 凸起的球冠形体

（1）在设计树中的“EC1-PHONE-HANDLE”项（即听筒）上单击，在关联工具栏上单击（“隐藏零部件”），将听筒零件隐藏，以便于后续操作。

在设计树上“EC1-PHONE-BASE”项（即底座）上单击，在关联工具栏上单击（“编辑”，图5-165），从装配体层次进入零部件层次。对底座局部形体进一步建模。

此时，“EC1-PHONE-HANDLE”项前的零件符号显示为线形，该项的名称显示为灰色。“EC1-PHONE-BASE”项及其设计树显示为蓝色。并且，退回控制棒处于“EC1-PHONE-HANDLE”项之前，如图5-165、图5-166所示。

（2）在底座零件的设计树中，先点取“前视基准面”。确认切换到“特征”命令管理器。

在（“参考几何体”）命令组的下拉列表中，点取（“基准面”）。

在“基准面”属性管理器中，选取（“等距距离”）方式，并在其右侧的数值输入框中输入表达式“157/2-25-12”，按〈Enter〉键确认输入。

单击（“确定”），生成新的基准面（这里为“基准面1”）。

（3）刚生成的新基准面处在被选取状态。单击（“正视于”），将视图定向到正视于该基准面。

（4）切换到“草图”命令管理器。单击（“草图绘制”），进入草图绘制状态。底座零件的设计树中新增一草图（底座零件中已有两个拉伸特征，各有一个草图。这一新增草图为“草图3”）。

（5）单击（“中心线”）。先把光标放在如图5-167所示的边线上，再将光标沿着该边线的大致垂直方向向上移动，会出现“垂直”关系推理指针和推理线，此时，沿着推理线继续向上移动光标至合适处（图5-168），单击，确定中心线的起点。然后沿着推理线向下移动光标、穿过边线后至合适处，单击，确定中心线的终点（图5-169）。

右键单击，在右键快捷菜单中点选“选择”项，完成中心线的绘制。

（6）单击（“智能尺寸”），标注如图5-170所示尺寸，将中心线与实体边线的交点至草图原点的水平距离值设为24。 中心线发生一点移动。

（7）删除此尺寸标注。单击该中心线，在关联工具栏上单击

（“使固定”），将此中心线位置固定下来，如图5-171所示。

（8）使用（“圆”）工具，绘制一个圆，如图5-172所示，绘制时，使圆心捕捉、位于中心线上。使用（“智能尺寸”）工具，标注、确定圆的直径值为45，圆心到前述边线的平行距离值为12。

（9）点取如图5-172所示边线，使用（“转换实体引用”）工具，生成直线草图实体。

（10）使用（“剪裁实体”）工具进行剪裁，使用（“直线”）工具，借助捕捉，绘制与中心线重合的一段直线。结果如图5-173所示。

（11）此时，设计树中有多处、多个项目前有需要重建的提示，自顶级到下级依次为装配体“EC1-PHONE”，以及零部件“EC1-PHONE-BASE”和其下的草图“草图3”。

切换到“特征”命令管理器。最左边的“编辑零部件”命令图标处于按下状态，提示出是在装配体中对零部件进行建模和编辑。

单击（“旋转凸台/基体”），在“旋转”属性管理器的“旋转参数”项下，对于（“旋转轴”）项，在图形区域点取中心线，并确认勾选“合并结果”选项。

（12）单击（“确定”）。生成底座上凸起的球冠形体（这里为“旋转1”特征）。

结果如图5-174所示。

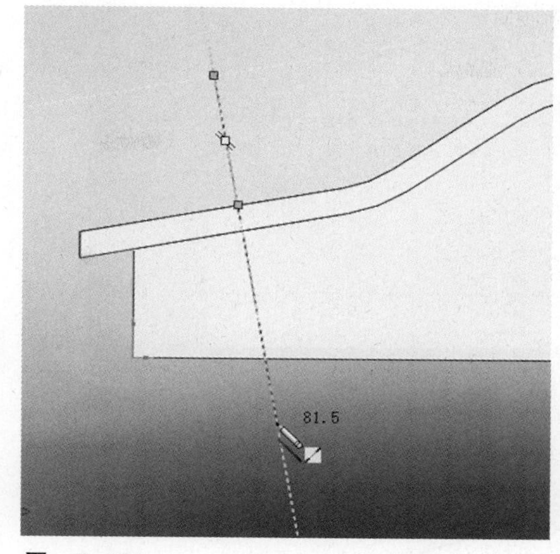

图 5-169

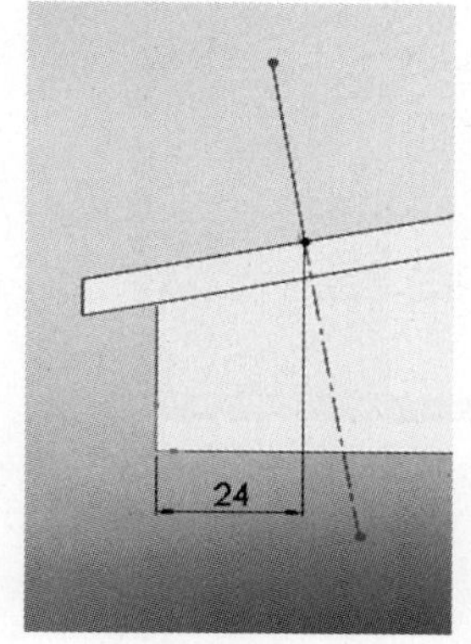

图 5-170

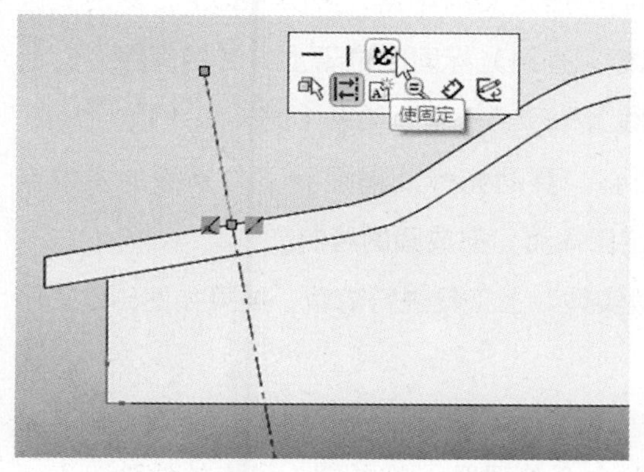

图 5-171

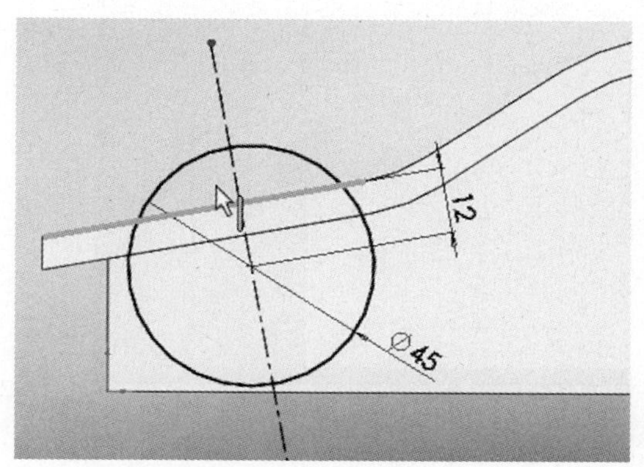

图 5-172

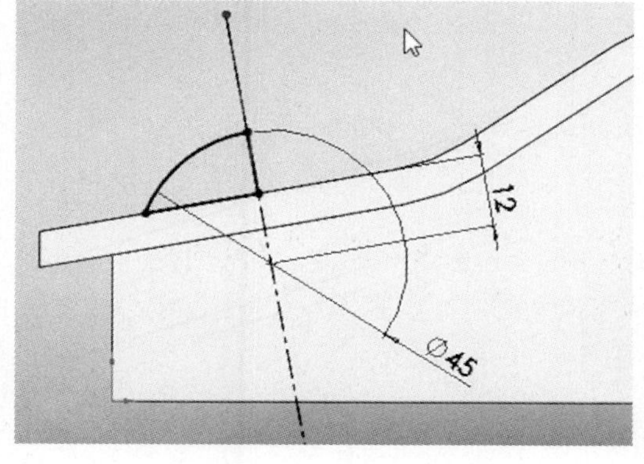

图 5-173

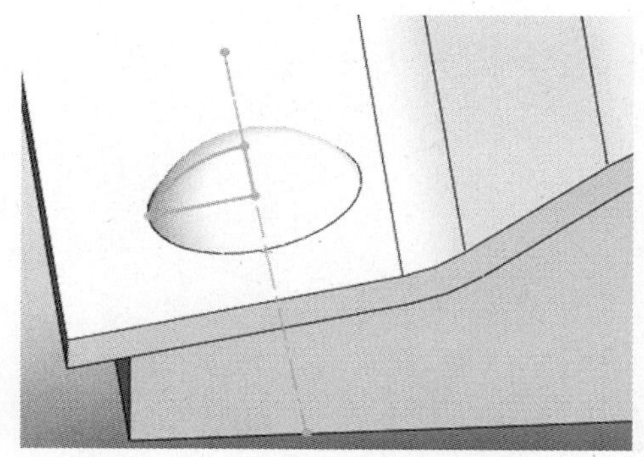

图 5-174

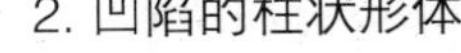

2. 凹陷的柱状形体

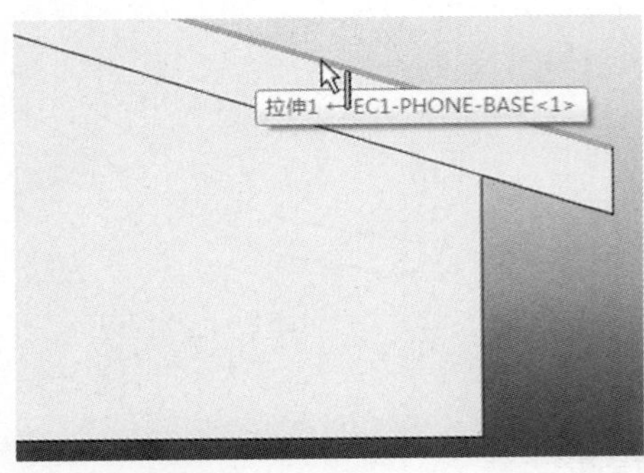

图 5-175

（1）在设计树中再次点取“基准面1”，单击（“正视于”），将视图定向到正视于它。

切换到“草图”命令管理器，单击（“草图绘制”），进入草图绘制状态。

（2）使用（“转换实体引用”）工具，生成直线草图实体。如图5-175所示，结果如图5-176所示。

（3）单击（“直线”），如图5-176所示方位，确定直线起点后向左上移动光标。

将光标移动到刚才“转换实体引用”生成的直线上，如图5-177所示，显示出平行和垂直关系推理线。

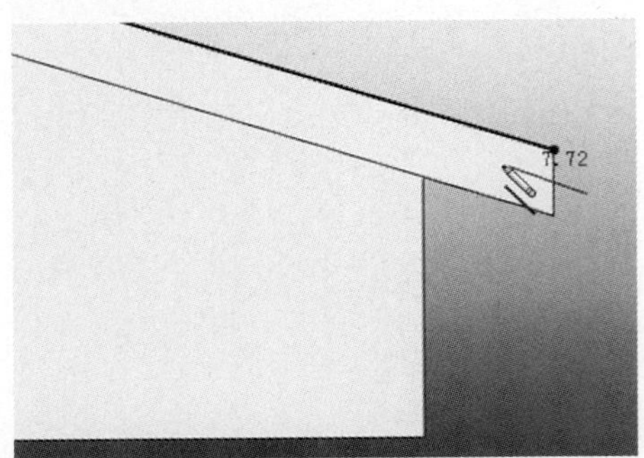

图 5-176

顺着平行关系推理线，向左上移动光标至合适处（图5-178），单击，确定终点。右键单击，在右键快捷菜单中点取“选择”，完成直线绘制。

（4）使用（“转换实体引用”）工具，生成竖向的短直线草图实体。结果如图5-179所示。

（5）单击（“智能尺寸”），标注如图5-179所示尺寸，即两平行直线间平行距离值为5，[第（3）步骤所绘制的]下方直线的长度值为45。

（6）单击（“圆”），绘制一个圆。绘制时，先将光标捕捉到下方直线的左端点（即绘制时所定义的终点，图5-180），然后大致沿着该直线的垂向移动光标，直到光标同时位于上方长的直线上，此时推理指针同时含有“在线上”和“垂直”关系（图5-181）。

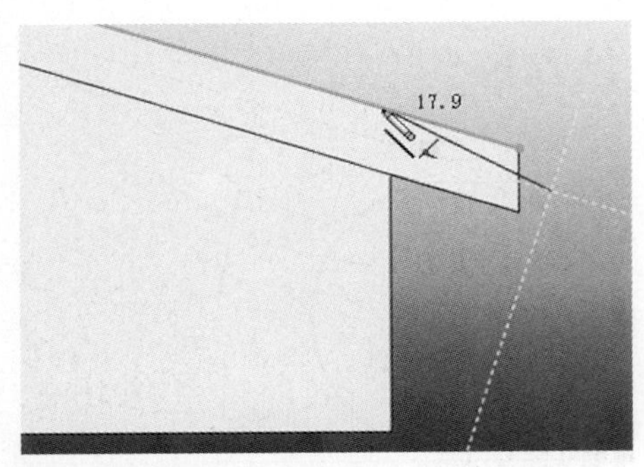

图 5-177

此时，单击，确定圆心。移动光标，捕捉到下方直线的左端点（图5-182），单击，确定圆周点。完成圆的绘制。

（7）使用（“剪裁实体”）工具进行剪裁，结果如图5-183所示。

（8）切换到“特征”命令管理器。单击（“旋转切除”），

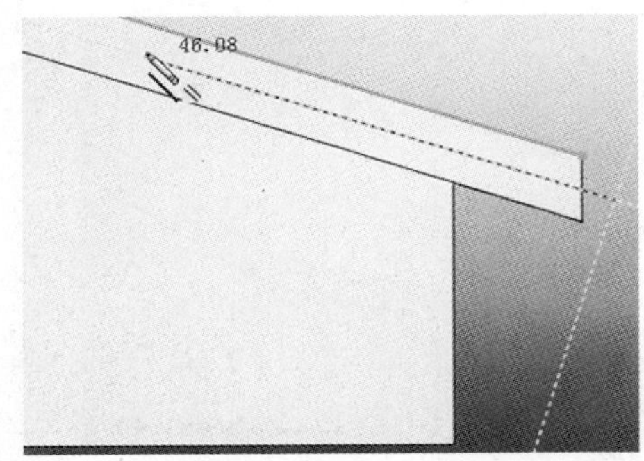

图 5-178

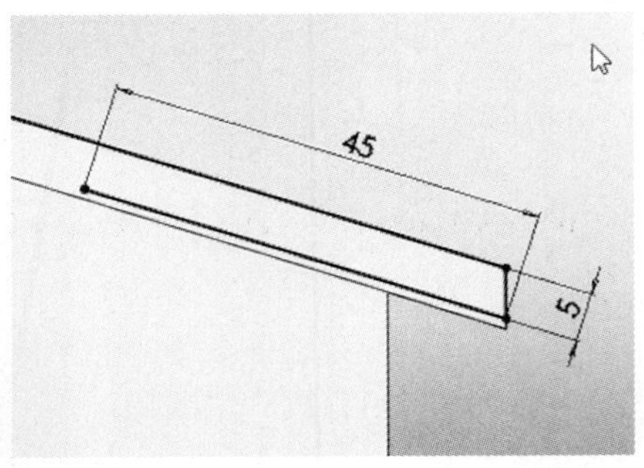

图 5-179

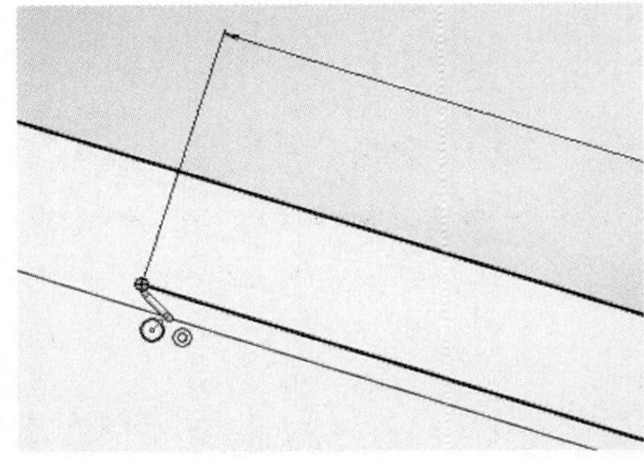

图 5-180

在“切除-旋转”属性管理器的“旋转参数”项下，对于（“旋转轴”）项，在图形区域点取上方长直线。

（9）光标显示为符号时右键单击，或在属性管理器上，单击（“确定”）。生成底座上凹陷的柱状形体（这里为“切除-旋转1”特征）。结果如图5-184所示。

（10）在命令管理器上，单击最左边的（“编辑零部件”），使之弹起（即取消其按下状态），则完成对底座零部件的编辑，从零部件层次回到装配体层次。

（11）单击（“重建模型”）。至此，完成了底座上的两个重要局部形体（图5-185）。

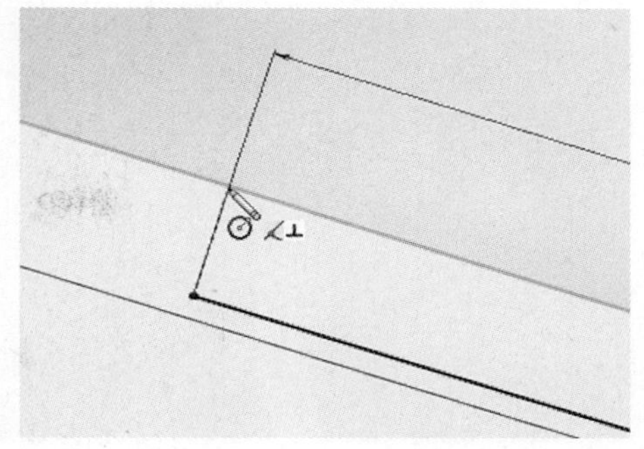

图 5-181

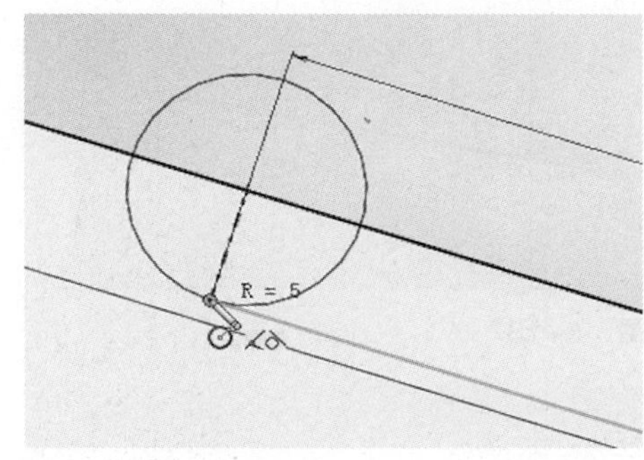

图 5-182

• 电话机听筒局部形体——与底座扣合区域

听筒上有两个局部形体，正与底座上上述两处局部形体虚实反向地相对应。这样听筒能稳定地搁置于底座之上。

1. 凹陷的球冠形体

（1）在设计树中的“EC1-PHONE-HANDLE”项（即听筒）上单击，在关联工具栏上单击（“显示零部件”），将听筒零件显示出来。

将几何模型显示样式更改为“线架图”显示模式。在设计树中点取“EC1-PHONE-HANDLE”项，在命令管理器上单击（“编辑零部件”），从装配体层次进入零部件层次，对听筒局部形体进一步建模。

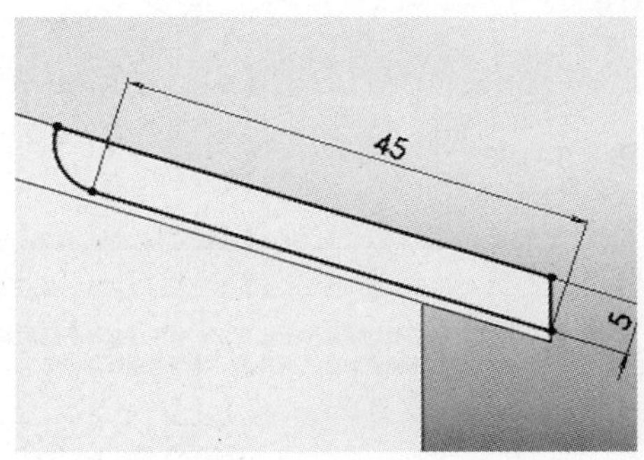

图 5-183

> 提示：针对零部件当前的显示或隐藏状态，关联工具栏上的意义对应地为“隐藏零部件”或显示“显示零部件”。

（2）在听筒零件的设计树中，点取“基准面1”，单击（“正视于”），将视图定向到正视于它。

（3）切换到“草图”命令管理器。单击（“草图绘制”），进入草图绘制状态。

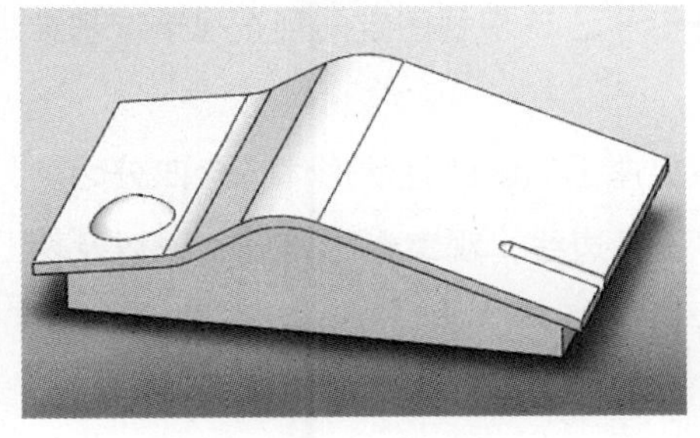

图 5-185

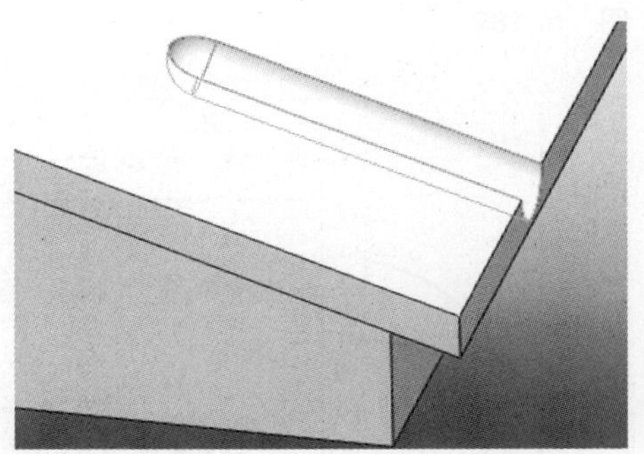

图 5-184

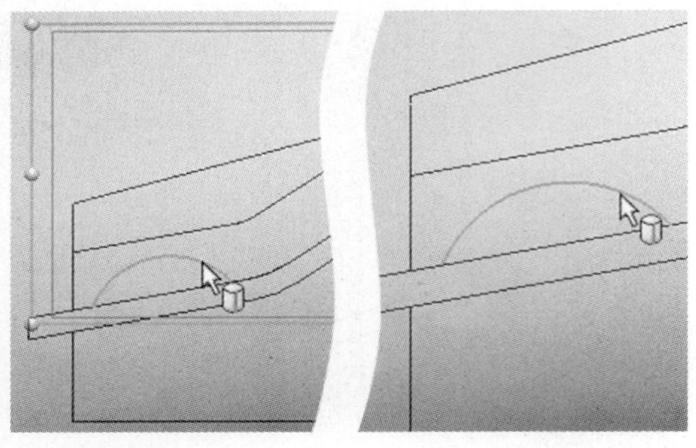

图 5-186

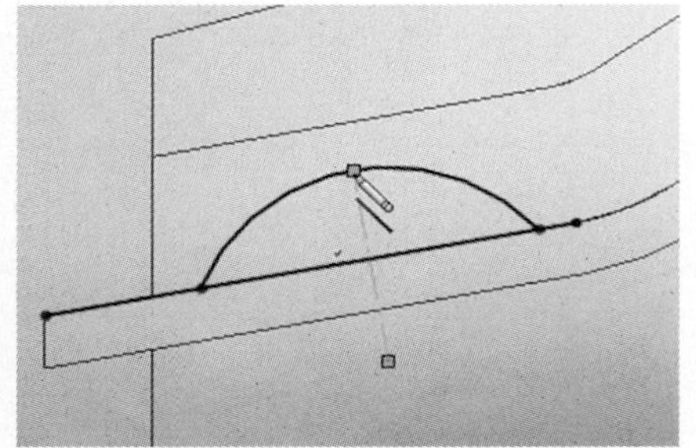

图 5-187

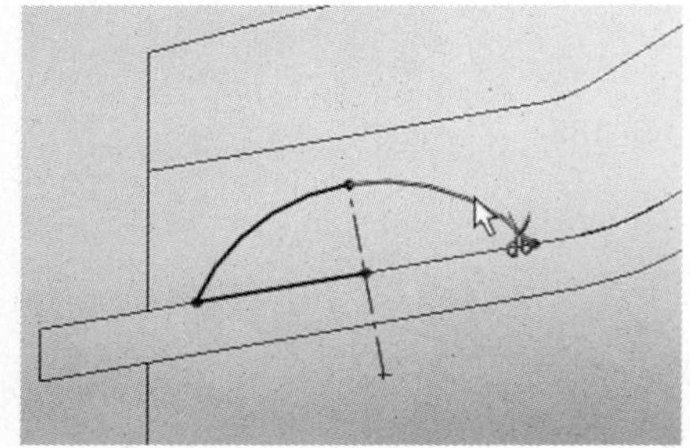

图 5-188

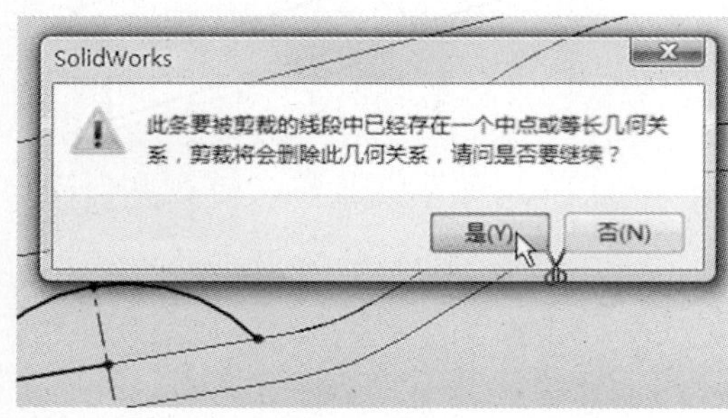

图 5-189

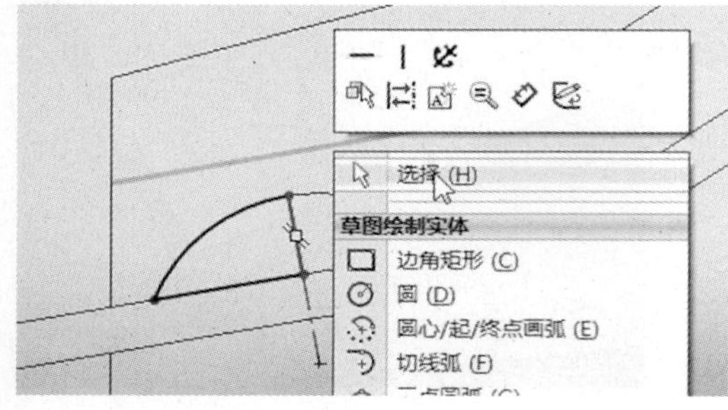

图 5-190

（4）点取如图5-186所示底座球冠形体在此视图方向的轮廓线（不是边线。观察推理指针的形式），使用（“转换实体引用”）工具，生成圆弧草图实体。再次使用（“转换实体引用”）工具，生成直线草图实体。结果如图5-187所示。

（5）使用（“中心线”）工具，捕捉圆弧的圆心和象限点（圆弧的平分处），绘制一条中心线（图5-187）。

（6）使用（“剪裁实体”）工具进行剪裁。当剪裁圆弧草图实体时（图5-188），弹出警示框，提示剪裁操作将删除现有的几何关系（图5-189）。单击“是”按钮。

单击（“确定”），完成剪裁。

（7）单击（“直线”），如图5-190所示，绘制时，起点和终点分别捕捉中心线与通过转换实体引用生成的直线和圆弧线的交点。

右键单击，在右键快捷菜单上点取“选择”（图5-190），完成绘制，生成新的草图（这里为“草图9”）。

观察此时“草图9”的位置：它处在听筒零件的设计树中、退回控制棒之下，如图5-191所示。

（8）为了便于后续建模，在设计树中，点取底座零件（即“EC1-PHONE-BASE”），在关联工具栏上单击（“隐藏零部件”，图5-192），将底座零件在图形区域中隐藏起来。

（9）此时仍处在草图（“草图9”）状态。切换到“特征”命令管理器。

单击（“旋转切除”），在“切除-旋转”属性管理器的“旋转参数”项下，对于（“旋转轴”）项，在图形区域点取中心线。

（10）旋转视图观察一下预览。

在属性管理器上，单击（“确定”）。生成听筒上凹陷的球冠形体（这里为听筒零件的“切除-旋转1”特征）。结果如图5-202所示。

2. 凸起的柱状形体

（1）将底座零件重新显示出来。

（2）当前仍在编辑听筒零件的状态。在听筒零件的设计树中点取“基准面1”。单击（“正视于”），确保视图定向到正视于该基准面。

（3）按下〈Ctrl〉键，点取底座上凹陷的柱状形体（含四分之一球冠形体）的两条轮廓线（同样不是边线，观察光标符号），以及两条直的边线（图5-193）。

使用（“转换实体引用”）工具，生成多个草图实体。结果如

图5-194所示。

（4）使用（“剪裁实体”）工具，对多处进行剪裁（图5-194）。结果如图5-195所示。

（5）将底座零件重新隐藏起来（图5-195）。

（6）切换到“特征”命令管理器。单击（“旋转凸台/基体”），在“旋转”属性管理器的“旋转参数”项下，对于（“旋转轴”）项，在图形区域点取位于上方的长直线，并确认勾选“合并结果”选项。

（7）光标显示为符号时右键单击，或在属性管理器上，单击（“确定”）。生成听筒上凸起的柱状形体（这里为听筒零件中的“旋转1”特征），结果如图5-196所示。

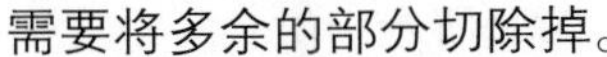

需要将多余的部分切除掉。

（8）点取如图5-196a所示的面，在显示出的关联工具栏上单击（“草图绘制”），如图5-196b所示，进入草图绘制状态。

（9）系统随之切换到“草图”命令管理器。单击（“正视于”），确保视图定向到正视于该平面。

（10）点取图5-197所示边线，单击（“转换实体引用”），生成直线草图实体。

使用（“剪裁实体”）工具，在“强劲剪裁”方式下，对此直线进行剪裁，使其向下延长至穿过柱状形体的合适处，如图5-198所

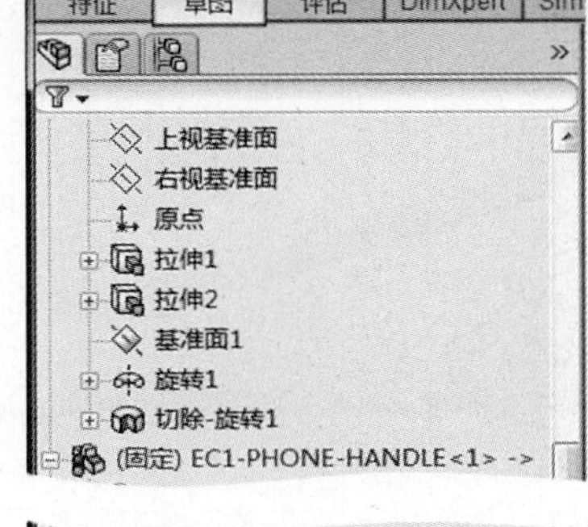

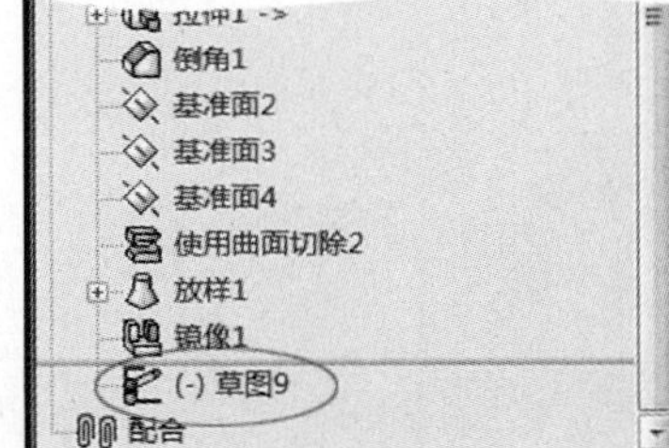

图 5-191

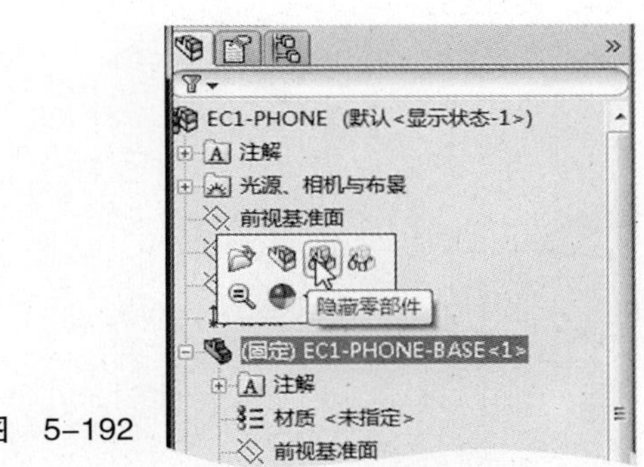

图 5-192

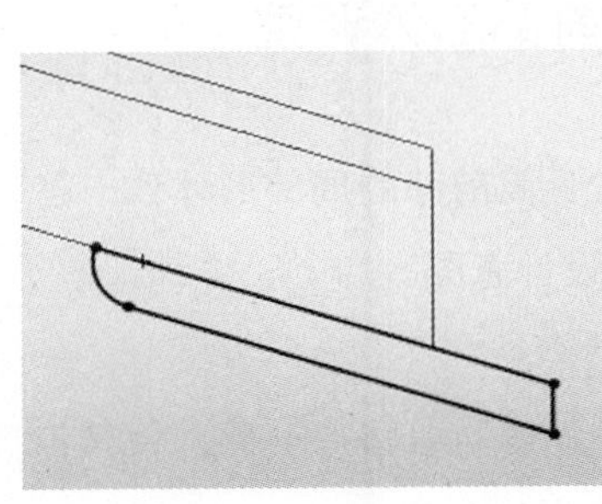

图 5-195

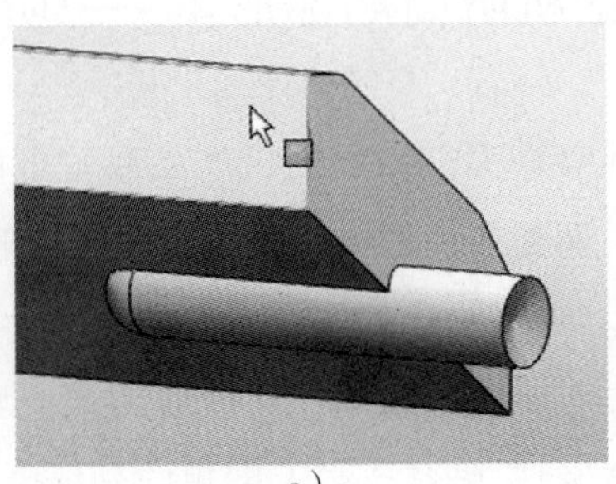

a）

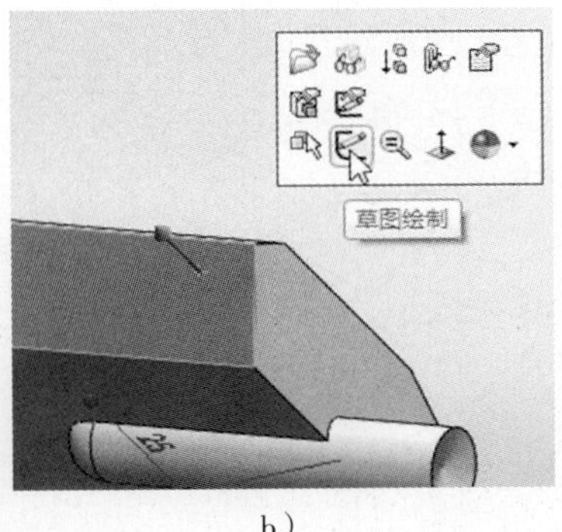

b）

图 5-196

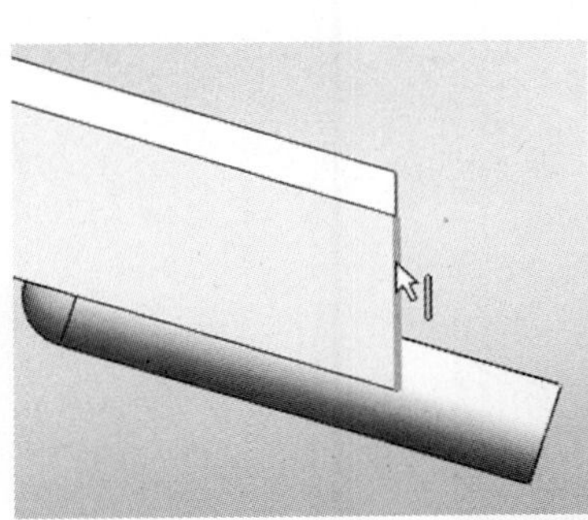

图 5-197

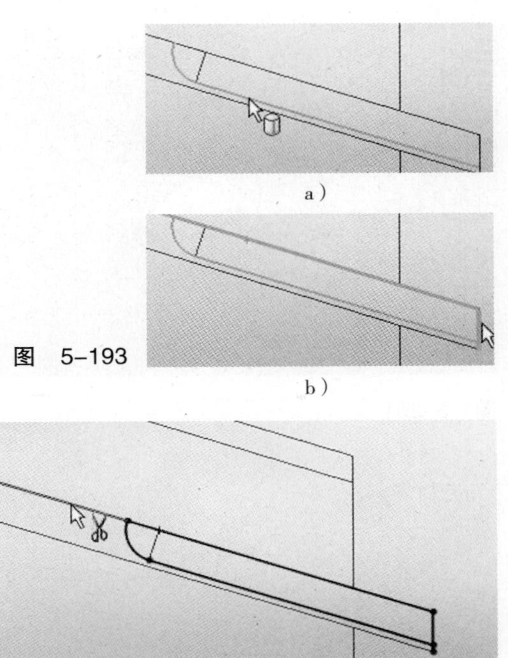

a）

b）

图 5-193

图 5-194

示。

（11）切换到“特征”命令管理器。单击（“拉伸切除”），在“切除-拉伸”属性管理器中，可以看到“方向2”项是默认地被勾选的，且“方向1”、“方向2”项下拉伸终止条件均默认地设定为“完全贯穿”。

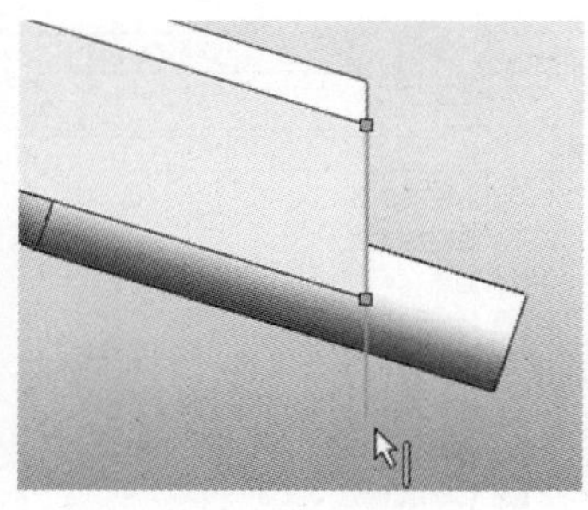

图 5-198

此时图形区域的预览如图5-199所示。较长的带有单箭头和双箭头的粗立体箭头，分别表示两个方向上的拉伸切除。很短的单箭头粗立体箭头，表示拉伸切除的侧向，当前是指向听筒里侧的。

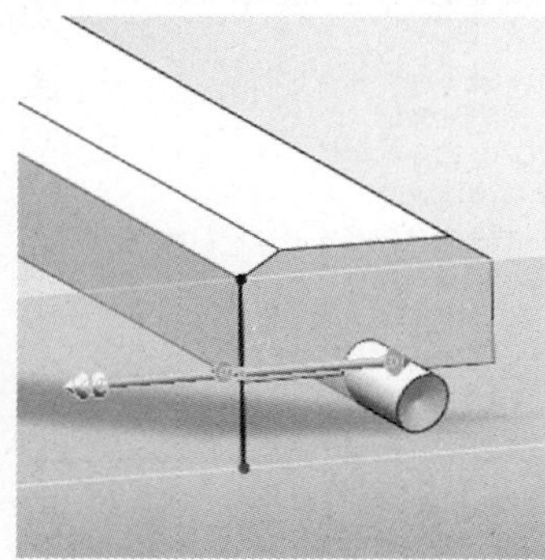

图 5-199

（12）实际上这里只需要一个拉伸切除方向。在属性管理器上取消勾选“方向2”项。预览如图5-200所示。

（13）在图形区域单击表示拉伸切除侧向的粗立体箭头（即很短的那个），如图5-200所示。此操作等同于在属性管理器上勾选（“方向1”项下）“反侧切除”选项。

它将反向地指向听筒的外侧，如图5-201所示。

（14）单击（“确定”），将切除柱状形体露在听筒外侧的尾巴。

结果如图5-202所示。

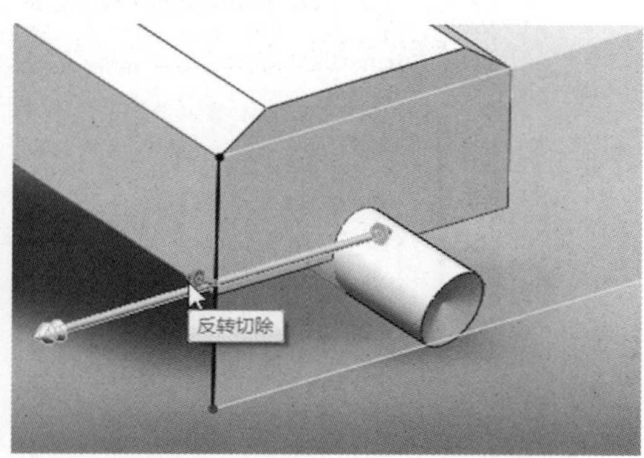

图 5-200

至此，完成了底座与听筒之间两个扣合区域的形体建模表达。此时，电话机形体（显示出底座零件，且几何模型显示样式改为“隐藏线可见”）结果如图5-203所示。

• 电话机听筒局部形体——听筒前部形体调整

观察真实EC1电话机产品后，下面对听筒前部的局部形体作一些修改、调整，使形体建模更准确传达形体设计意图。

（1）当前仍处于编辑听筒零部件的状态。

如图5-204所示，再次隐藏底座零件。拖动退回控制棒，使其位于“镜像1”特征之前，即退回到镜像特征操作之前。

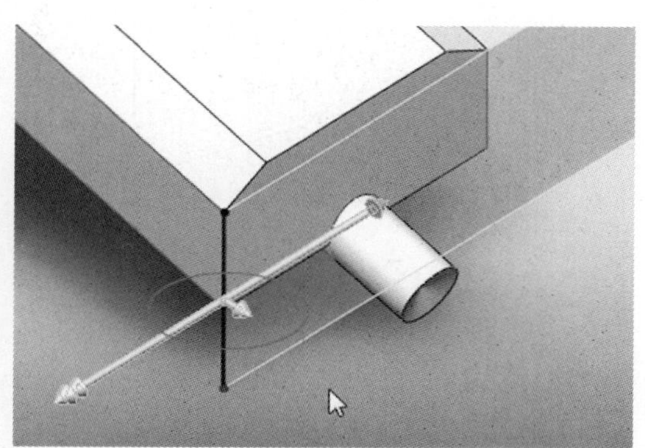

图 5-201

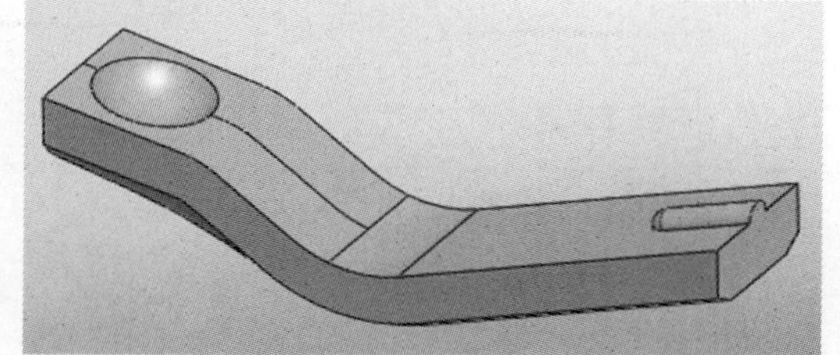

图 5-202

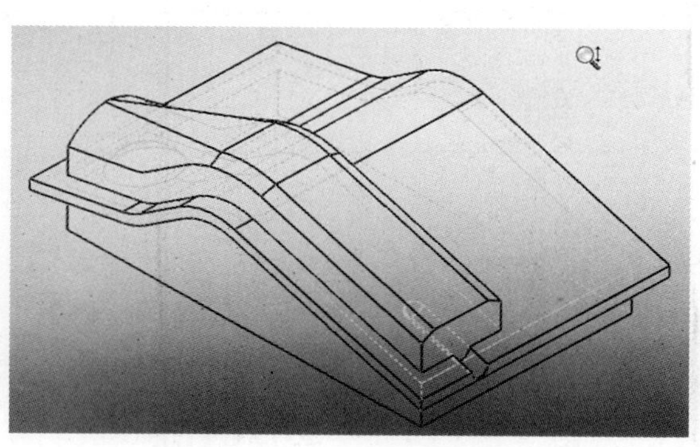

图 5-203

（2）如图5-205所示，在设计树中展开“放样1”，单击其下的“草图6”项目，在关联工具栏上单击（“编辑草图”），进入该草图状态。

（3）单击（“正视于”），视图定向到正视于该草图。

（4）单击（“样条曲线”），这里用四个控制点定义、绘制样条曲线。其中起点（图5-206）、终点捕捉到当前草图已有直线的起点、终点上。

（5）如图5-207所示，同时点取该样条曲线、听筒几何体的边线，显示出“属性”属性管理器和关联工具栏（图5-207），在关联工具栏上单击（“相切”），使样条曲线在其起点处与听筒边线保持相切关系（图5-208）。

此时，在“属性”属性管理器的“所选实体”项下已相应地列入“边线〈1〉@EC1-PHONE-HANDLE-1”、“样条曲线1”两个项目。在“现有几何关系”项下则可见“相切1”新增列入。

（6）点取直线草图实体并删除它。此时的草图仅含有样条曲线草图实体（图5-208）。

（7）单击（“重建模型”）。“放样1”特征发生重建。

（8）将退回控制棒重新拖回到听筒零件设计树的底部。模型更新。

此时，听筒前部局部形体结果如图5-209所示。显示底座零部件，回到装配体层次，电话机形体建模表达的结果如图5-210所示。

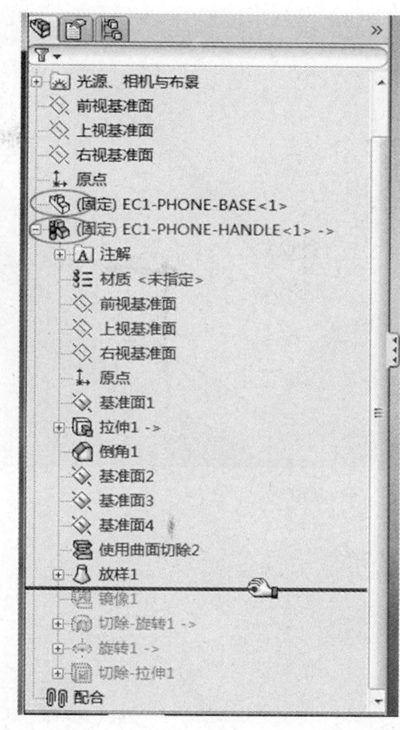

图 5-204

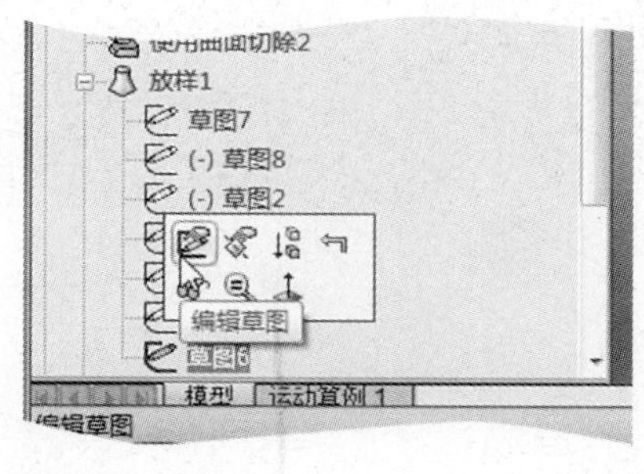

图 5-205

• 电话机底座局部形体——按键槽

在底座上切除出放置电话机按键的按键槽。

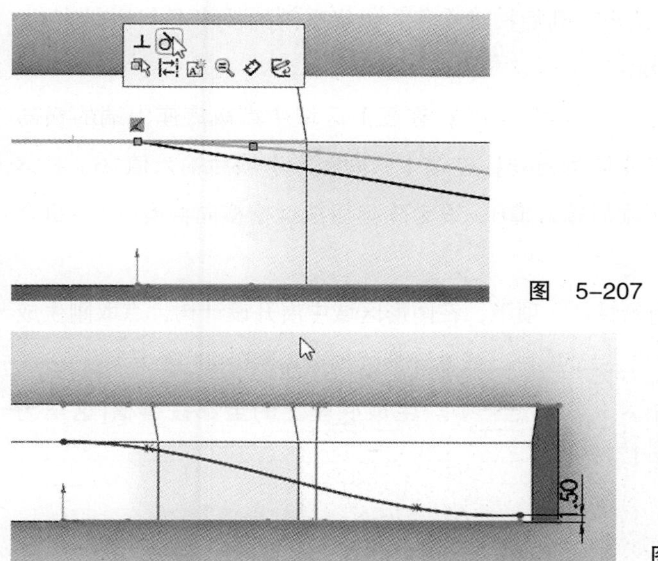

图 5-207

图 5-208

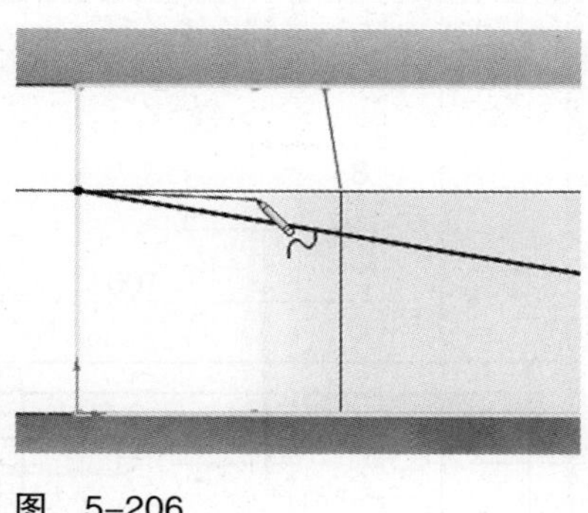

图 5-206

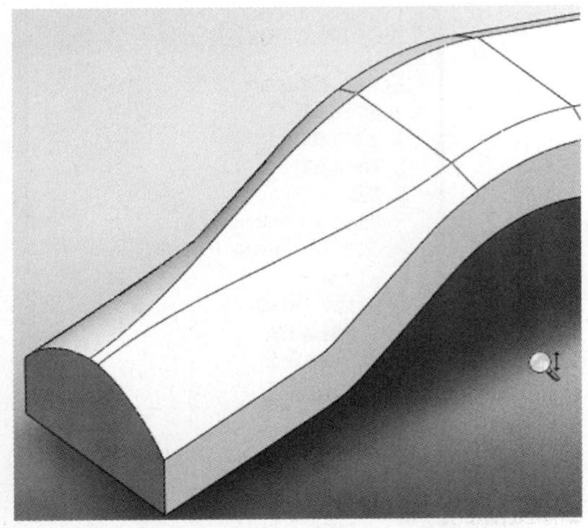

图 5-209

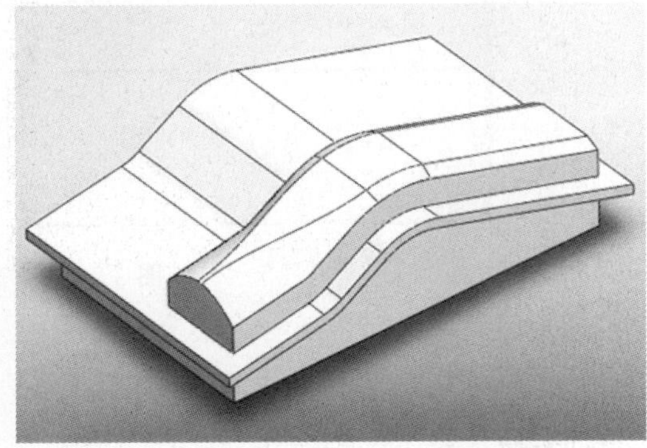

图 5-210

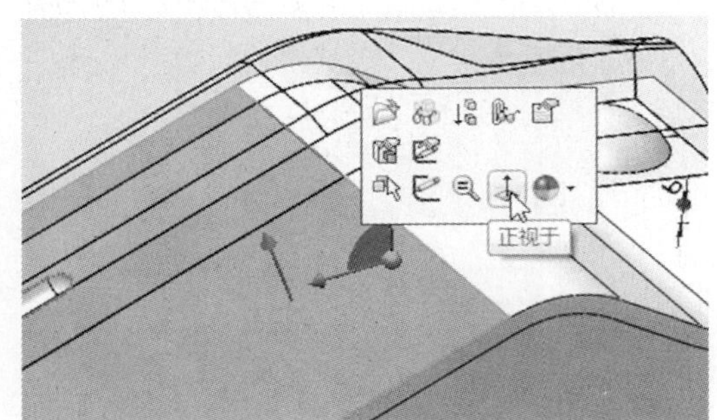

图 5-211

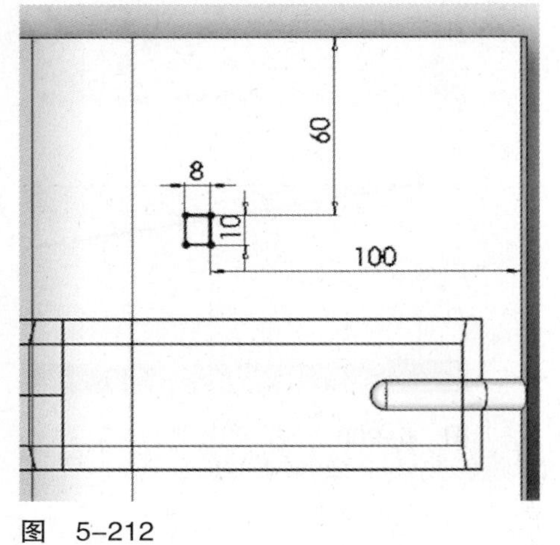

图 5-212

（1）在设计树中点取“EC1-PHONE-BASE”（底座零部件），单击“装配体”命令管理器上的（“编辑零部件”），进入底座零部件编辑状态，并且系统自动处在“草图”命令管理器上。

（2）在图形区域中点取如图5-211所示的底座几何体的平面，在显示出的关联工具栏上单击（“正视于”），视图定向到正视于该平面（图5-212）。

（3）单击（“草图绘制”），进入草图绘制状态，建立新草图（这里为底座零件的“草图5”）。

（4）使用（“边角矩形”）工具，绘制一个矩形。使用（“智能尺寸”）工具，标注该矩形的宽度值为8，高度值为10，标注矩形上边至底座上端横向边线的距离值为60，矩形右边至底座右端竖向边线的距离值为100，如图5-212所示。

这样，矩形的大小和位置都固定下来。

（5）切换到“特征”命令管理器。单击（“拉伸切除”），在“切除-拉伸”属性管理器中，在“方向1”项下设定拉伸终止条件为“给定深度”，并将拉伸的（“深度”）项的值设定为合适值（这里设定为5）。

（6）单击（“确定”）。生成底座上的一个按键槽（这里为“切除-拉伸1”特征）。

（7）在（“线性阵列”）命令组的下拉列表中，点取（“线性阵列”）。

显示出“线性阵列”属性管理器。如图5-213、图5-214所示，在“方向1”项下，在图形区域中点取底座右端的竖向边线，作为第一个阵列方向，在（“间距”）项后输入值18，在（“实例数”）项后输入值3，设定阵列后按键槽竖向（指当前的视图下）共有3个，每个的间距为18mm。

类似地，在“方向2”项下，在图形区域中点取底座上端的横向边线，作为第二个阵列方向，在（“间距”）项后输入值16，在（“实例数”）项后输入值6，设定阵列后按键槽横向共有6个，每个的间距为16mm。

在“要阵列的特征”项下，在图形区域中展开设计树，点取刚生成的“切除-拉伸1”特征项目。线性阵列的预览如图5-214所示。

（8）单击（“确定”）。生成底座上的全部按键槽[这里为“阵列（线性）1”特征]。

图 5-213

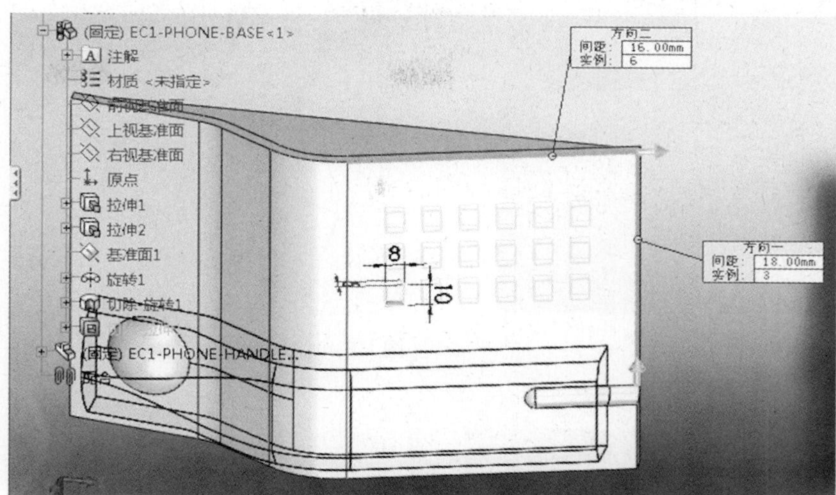

图 5-214

• 电话机底座局部形体——按键

完全可以将按键作为独立的零部件来参与电话机的装配。由于先前已决定由底座和听筒两部分组成电话机，这里仍将按键作为底座零件上的特征来处理。

（1）当前仍处于编辑底座零件的状态。切换到“草图”命令管理器。

在图形区域中，点取第一个按键槽的深度立面（图5-215），单击（“正视于”），视图定向到正视于该平面。

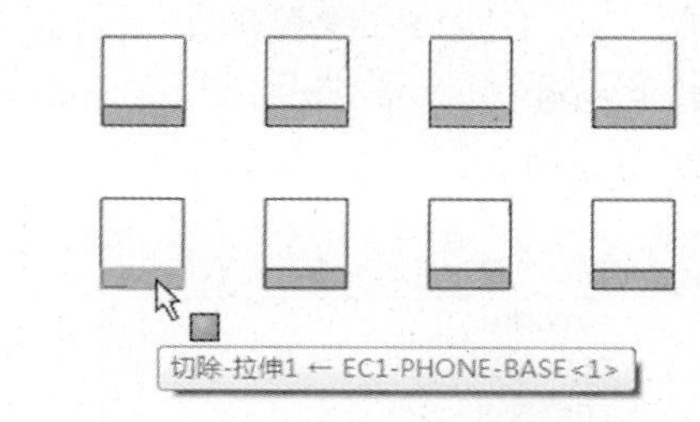

图 5-215

（2）单击（“草图绘制”），进入草图绘制状态，建立新草图（这里为底座零件的“草图6”）。

（3）借助按键槽的三根边线，使用（“转换实体引用”）工具，生成三条直线草图实体。使用（“智能尺寸”）工具，标注两竖向直线的长度值为6.5。使用（“3点圆弧”）工具，绘制一段圆弧（以两竖向直线的端点为第1、2点），并使用（“智能尺寸”）工具，标注其半径值为6。结果如图5-216所示。

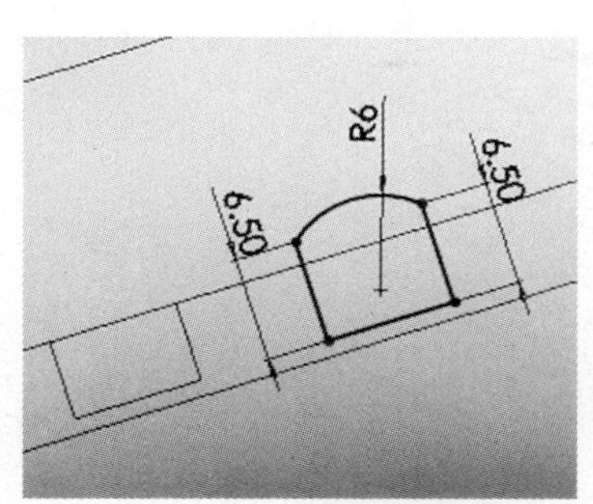

图 5-216

（4）切换到“特征”命令管理器。单击（“拉伸凸台/基体”）。在“拉伸”属性管理器中，在“方向1”项下，将“拉伸终止条件”设定为“成形到一面”；在（“面/平面”）项，点取图形区域中与草图所在面相对的深度立面（图5-217）；取消勾选“合并结

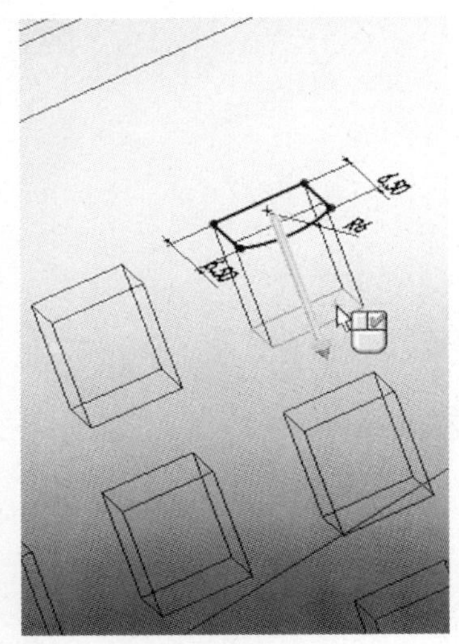

图 5-217

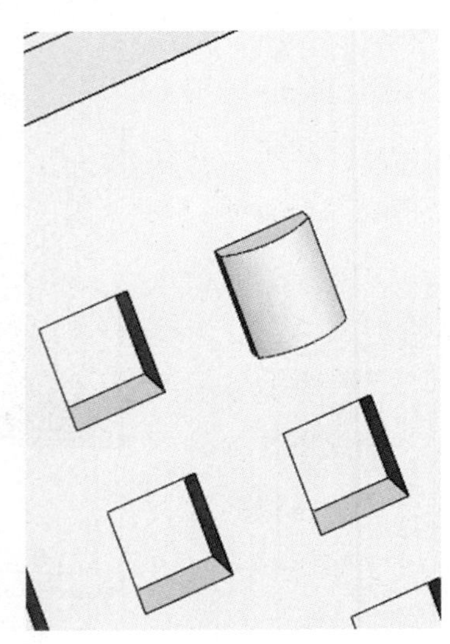

图 5-218

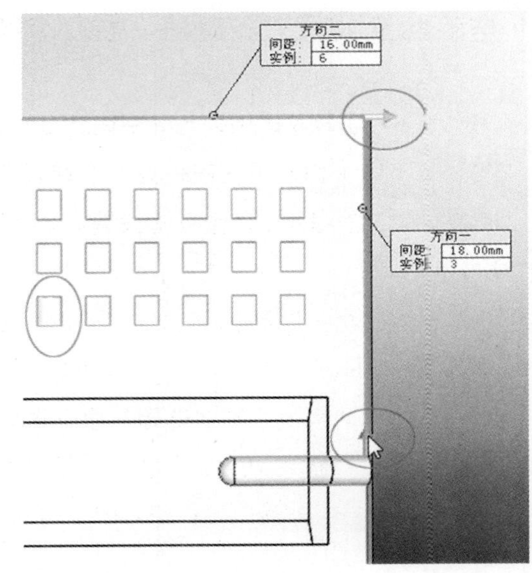

图 5-219

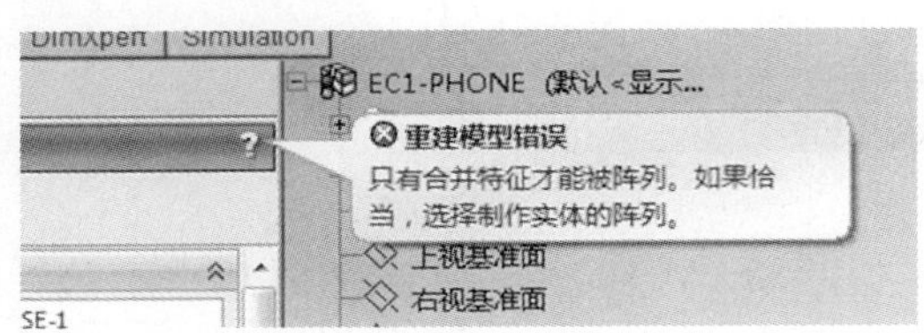

图 5-220

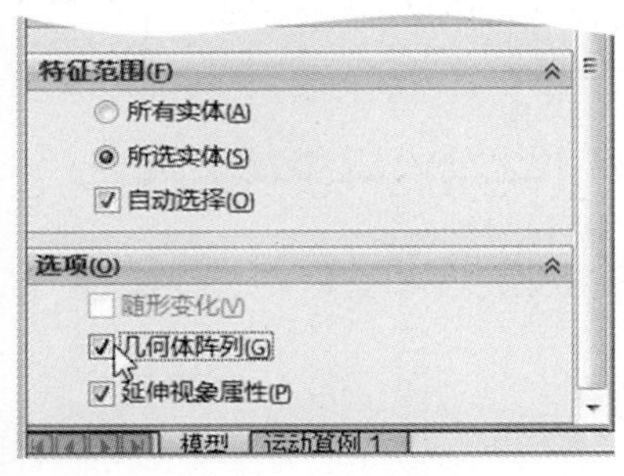

图 5-221

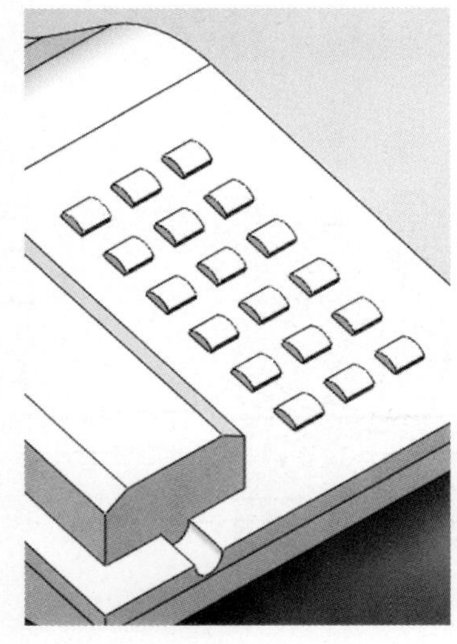

图 5-222

果”选项。

（5）单击✓（“确定”）。生成底座的一个按键（这旦为底座中的“拉伸3”特征）。结果如图5-218所示。

这样，建立了第一个按键。下面同样通过对此按键形体进行线性阵列操作，生成全部按键。

（6）单击▦（“线性阵列”）。对于属性管理器中“方向1”、“方向2”项下的各项设定，分别与前面对按键槽进行线性阵列时的相应设定一致。

可以看到图形区域中两个粗立体箭头直观地表示出第一、第二阵列方向（图5-219）。

在“要阵列的特征”项下，在图形区域中展开设计树，点取刚生成的“拉伸3”特征（即第一个按键）。

（7）光标显示为符号，似乎一切俱备。右键单击，或单击✓（“确定”）。

在属性管理器右上侧，却弹出了“重建模型错误”警示信息，提示“只有合并特征才能被阵列”（图5-220）。

（8）向下拖动属性管理器右侧的滑杆，在“选项”项下，勾选“几何体阵列”选项，如图5-221所示。

（9）单击✓（“确定”）。成功地生成底座的全部按键[这里为“阵列（线性）2”特征]。

结果如图5-222所示。

• 电话机底座局部形体——按键字符

连续操作了较长时间，也许中途退出了操作，活动了一下，喝了点茶……不管怎样，现在确保是处在编辑底座零部件的状态，并在“特征”命令管理器上。借助对按键上的字符进行建模，下面将引入一些新的工具。

（1）在（“参考几何体”）命令组的下拉列表中，点取（“基准面”）。

在属性管理器中，在“选择”项下选取（“点和平行面”）方式，在（“参考实体”）项，在图形区域中点取底座倾斜的上表面（图5-223，与图5-211所示表面相同），点取弧线的中点（图5-224）。

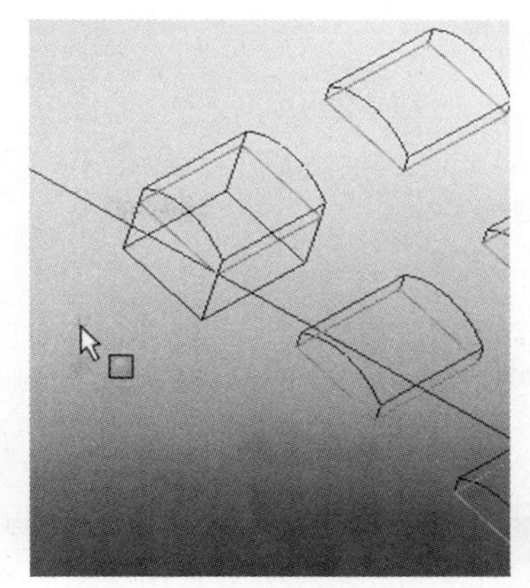

图　5-223

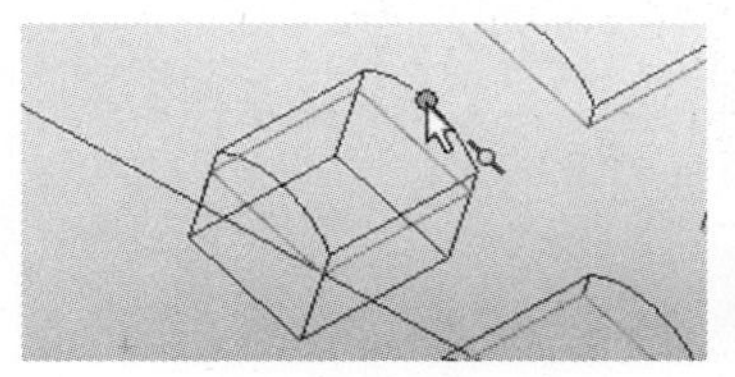

图　5-224

（2）光标显示为符号，右键单击，或单击（“确定”）。生成新的基准面（这里为“基准面2”）。

换个视角，该基准面看得更清楚，如图5-225所示。

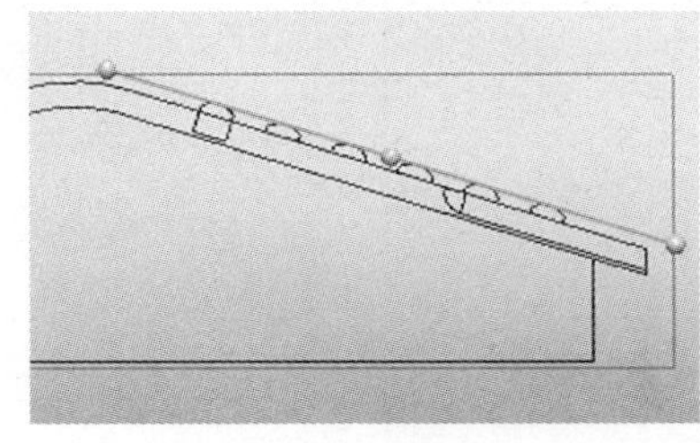

图　5-225

（3）切换到“草图”命令管理器。在设计树中点取刚生成的基准面，并确保将视图定向到正视于它。

（4）单击（“草图绘制”），进入草图绘制状态。

先来建立按键上的字符“1”。

（5）单击（“文字”）。

显示出“草图文字”属性管理器（图5-226）。在“文字”项下键入1。

取消勾选“使用文档字体”（图5-226）后，“字体”按钮则可用，单击它，打开“选择字体”对话框（图5-227），进行字体、字体样式、高度等方面的设定。这里，采用“Arial Black”字体、“粗体”的字体样式，高度值以“单位”定义，并设定为3.5mm。单击“确定”按钮，确认设定并退出对话框，如图5-227所示。

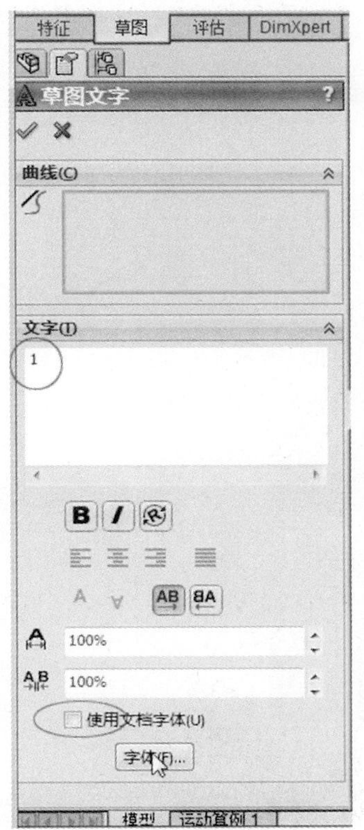

图　5-226

此时，草图文字“1”如图5-228所示，处于当前草图的原点处。它是直立的，与电话机按键的方向不符合，需对其进行旋转。

（6）如图5-229所示，在“文字”项下输入框，在文字上单击并保持，选中文字“1”（此时文字底色为蓝色），单击（“旋转”）。

（7）此时“文字”项下输入框中改变为“〈r30〉1〈/r〉”（图5-230a）。将其中的“30”修改为“-90”，使输入框中内容为“〈r-90〉1〈/r〉”（图5-230b）。

（8）此时预览结果看起来有点乱（图5-231a）。单击属性管理

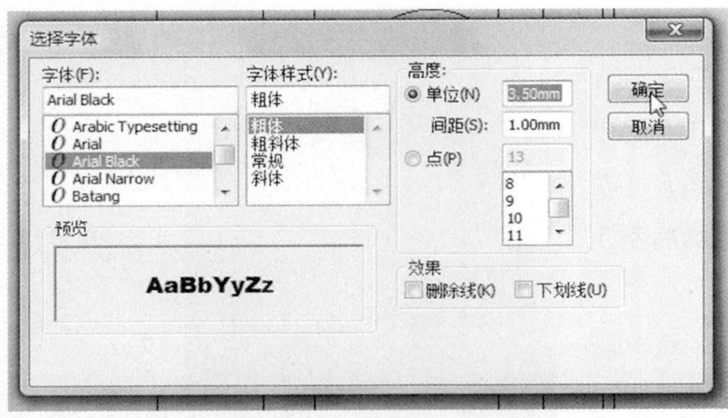

图 5-227

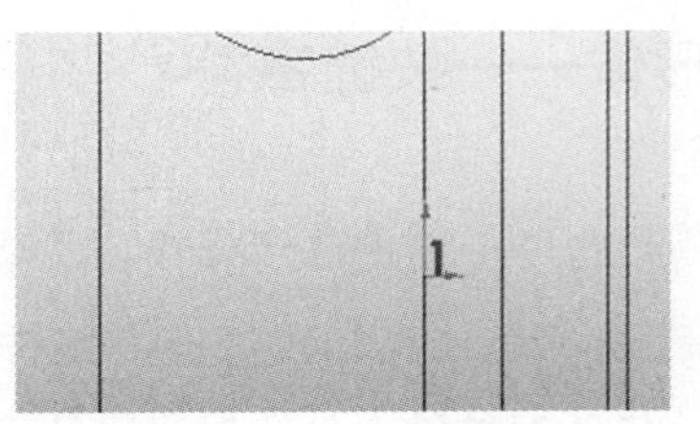

图 5-228

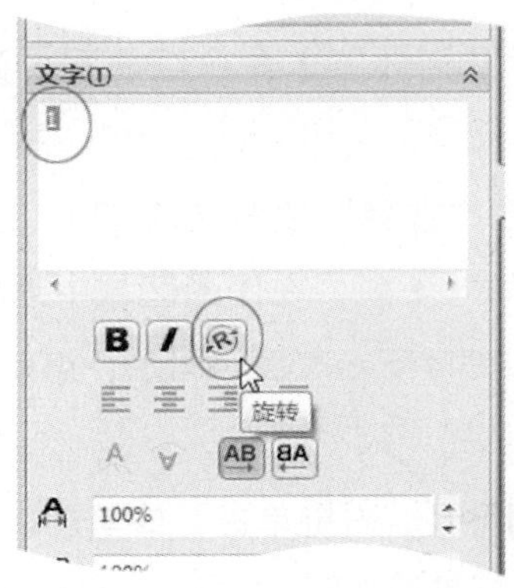

图 5-229

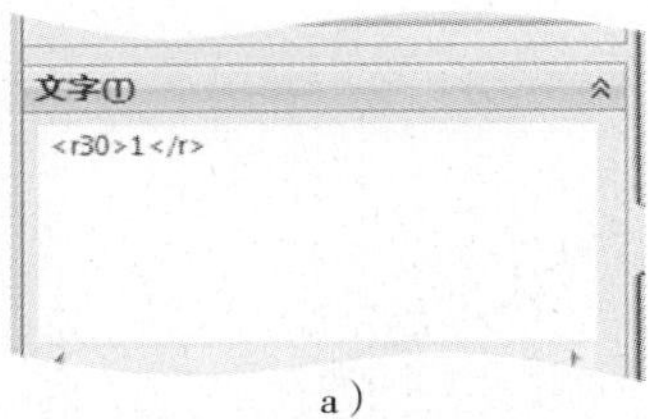

a）

b）

图 5-230

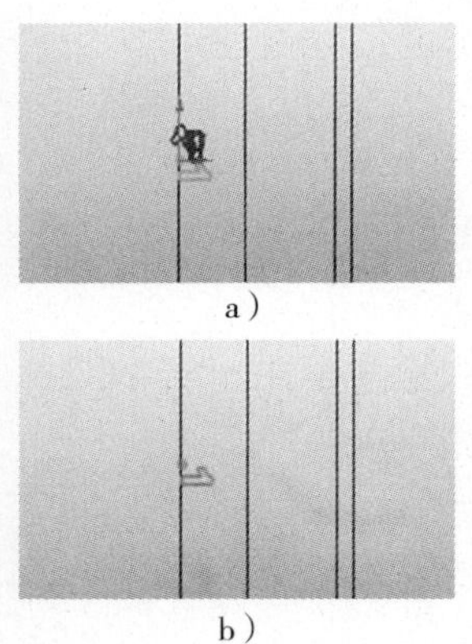

a）

b）

图 5-231

器上的（“确定”），生成新草图（这里为“草图7”，此时结果看起来仍是乱的）。

（9）单击（“重建模型”）。现在字符“1”顺时针转了90°（刚才输入-90的结果），显示正确（图5-231b）。

字符“1”的位置与它对应的按键的位置还不吻合。下面将它移动到相应的按键上方。

（10）再次编辑文字草图，即“草图7”，进入草图状态。

单击（“正视于”），视图定向到正视于其草图平面。

（11）在（“移动实体”）命令组的下拉列表中，点取（“移动实体”），显示的“移动”属性管理器如图5-232所示。

在“要移动的实体”项下的（“草图项目或注解”）项，在图形区域点取文字草图。它随即列入该项后的列表框中。

此时光标也显示为符号，右键单击，系统转到“参数”项下“基准点”项后的列表框（在“参数”项下，默认地选取了“从/到”选项）。

在草图中字符“1”旁的圆点（此时应与草图原点重合）上单击，它被作为移动的基准点，“基准点”项后列表框显示“从所定义的点”。此时移动光标，字符“1”随之移动。然后，缩放、移动视图至看到第一个按键，并在该按键内部合适处（图5-233）单击，字符“1”将被从光标上“释放”，并在新位置定位。此时光标也显示为符号，右键单击，完成对文字草图的移动。

最后，单击（“重建模型”）。

“参数”项下有“从/到”、“X/Y”两个选项，含义如下：

“从/到”：如刚才看到的，将以“基准点”为参照，将草图实体“从”基准点的起始位置移动“到”新指定的位置。

“X/Y”：点取该选项后，出现“Delta X”、“Delta Y”两项，在其后输入框设定相对移动量，将草图实体从当前位置在X、Y轴分别移动设定的距离值。每单击下面的“重复”按钮一次，可再次移动一次。

图 5-232

（12）仍处在编辑底座零部件的状态。在设计树中，点取文字草图（“草图7”）。

（13）单击主菜单栏上“插入”→“曲线”→“分割线”。显示出“分割线”属性管理器，如图5-234所示，在“分割类型”项下，保持选取默认的“投影”选项。在“选择”项下，“草图7”已列入（“要投影的草图”）项后的列表框。

且系统已处在（“要分割的面”）项后的列表框。在图形区域中，点取第一个按键的顶部弧曲表面，它随即列入此列表框。

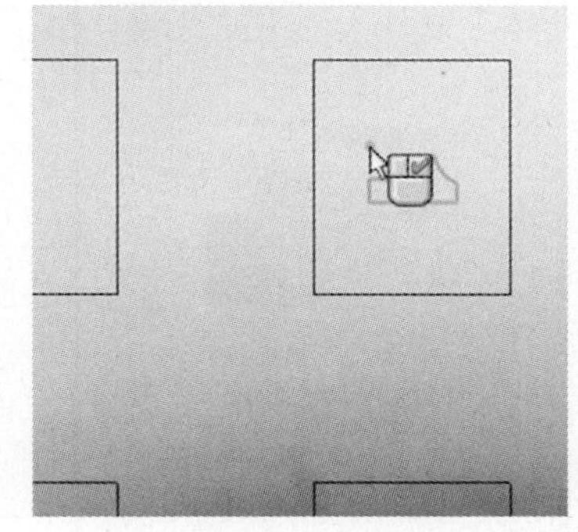

图 5-233

（14）此时光标显示为符号，右键单击，或在属性管理器上，单击（“确定”）。生成新特征（这里为“分割线1”）。

（15）单击（“重建模型”）。完成对底座零部件的重建（但仍处在编辑此零部件的状态）。

（16）将几何模型显示样式改为“带边线上色”显示样式。

（17）在图形区域中，在第一个按键顶部弧曲面的字符“1”处，右键单击，可以看到只有字符“1”以内的表面区域被选取而变为蓝色显示。这也直观地表明，现在按键的顶部弧曲面已被分割出按键符号“1”。

此时，显示出关联工具栏和右键快捷菜单，如图5-235所示。

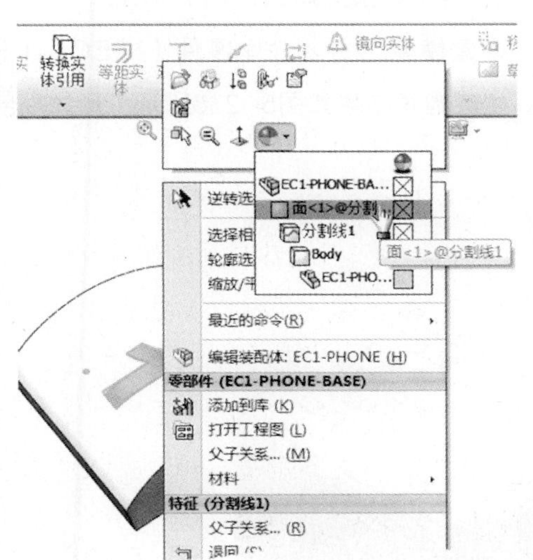

图 5-235

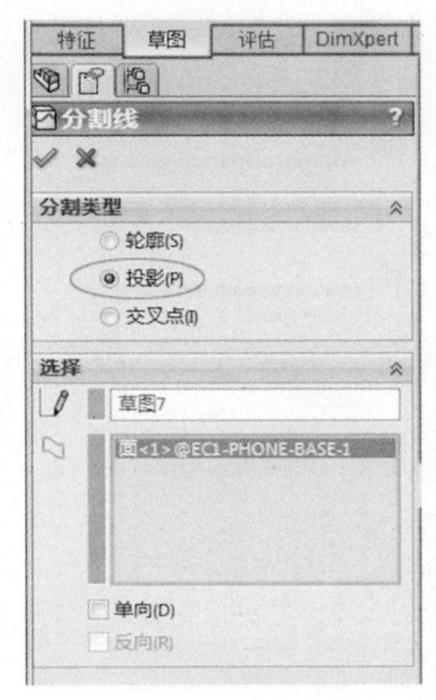

图 5-234

这里，顺便了解一下此时关联工具栏上的（“外观”）工具的功能。

在关联工具栏上单击（“外观”）工具的下拉三角箭头，点取下拉列表中的“面〈1〉@分割线1”项，如图5-235所示。

显示出“外观”属性管理器，可以拖动属性管理器右侧的滑杆看到各项参数。完整的“外观”属性管理器如图5-236所示。它含有“所选几何体”、“外观”、“颜色”、“配置”等项，在其中可以对当前点取的对象的外观、透明度等进行设定；借助调色板或设定RGB或HSV（即色相、纯度、明度）值，对此对象的颜色进行设定。

图 5-236

对于其它按键上对应的按键符号，如“2”~“9”、“#”和“*”等，可以类似方法加以完成。这里不加以重复详述。

> 提示：对于像“4”、“6”、“8”、“9”、“0”、“#”等符号，分别是由一条以上的封闭线组成的。可以考虑使用曲线描摹符号后，借助相应曲线得到分割线。

• 电话机局部形体——底座和听筒的圆角

下面来对底座和听筒的一些圆角细节进一步建模。

（1）确保在编辑底座零部件的状态，切换到“特征”命令管理器。使用（“圆角”）工具，用“手工”倒圆角方式，使用“圆角类型”项下的“等半径”选项。在“圆角项目”项下，在（“半径”）项后，输入值0.5；处在（“边线、面、特征和环”）项时，在图形区域中，依次点取底座形体上的相应边线。随着被点取，它们逐一被列入该项后的列表框中。预览如图5-237所示。

（2）单击（“重建模型”）。底座零件（“EC1-PHONE-BASE”）得到重建。生成圆角结果如图5-238所示（形体局部）。

图 5-237

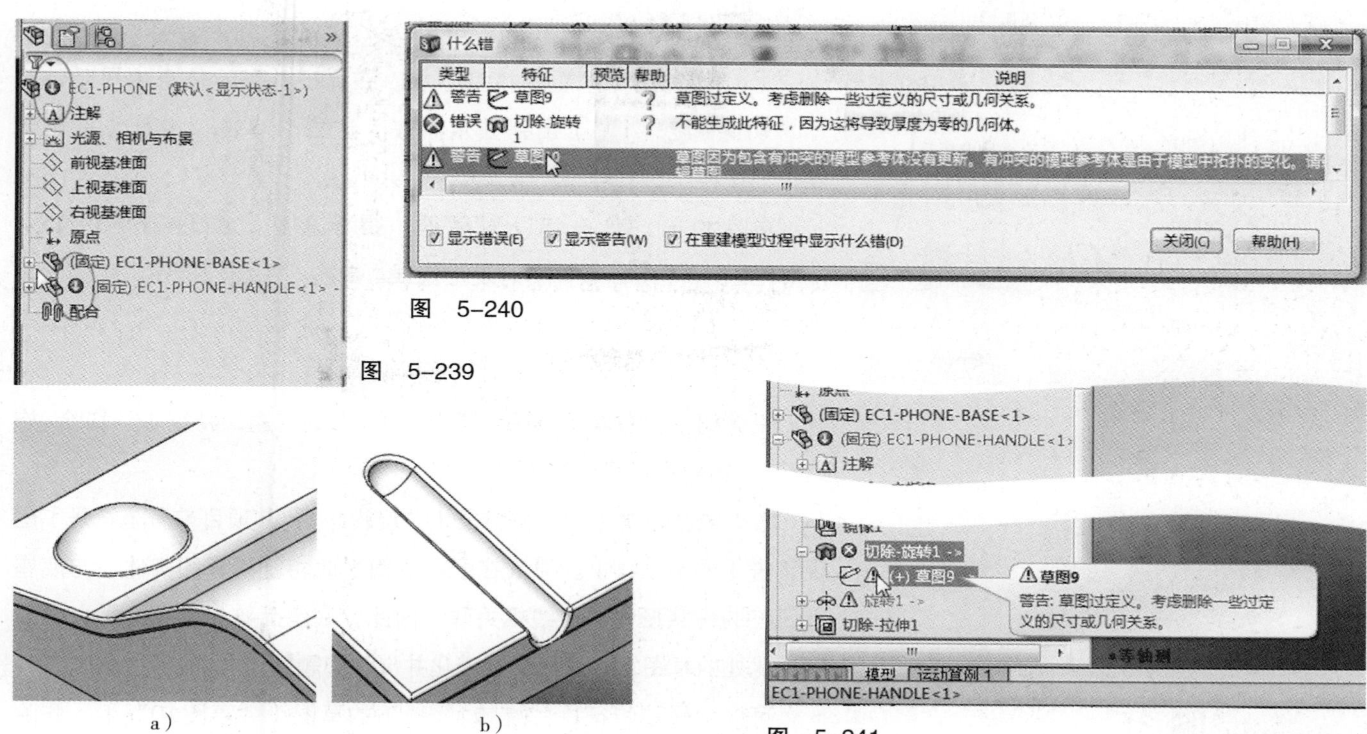

图 5-240

图 5-239

图 5-238

图 5-241

但观察此时设计树，在听筒零件（“EC1-PHONE-HANDLE”）项目前及装配体（“EC1-PHONE”）项目前，均出现了❶符号，表示“模型有错”（图5-239）。同时，弹出“什么错”对话框（图5-240），系统提示了错误发生在什么项目和特征上，并且用文字说明了出错原因以及纠错的可能途径。

进入编辑听筒零件的状态。展开其设计树，可看到模型出错是由于一个特征（“切除-旋转1”。项目前有⊗符号，表示“特征有错”）出错引起的，而该特征出错是由于其下草图（“草图9”，其项目前有⚠符号，表示“特征有警告”）有问题，如图5-241所示。

点取该草图时，会提示具体的问题所在（图5-241）。

原因在于：圆弧线等草图实体是从底座边线经转换实体引用而得来的（参见前面听筒的建模过程），因此，底座上该处倒圆角后，导致听筒此处的草图发生变化并出现问题，即转换实体引用得来的圆弧线草图实体向上缩短了，转换实体引用得来的直线草图实体的左端点也随即移动了（图5-242）。

（3）编辑该草图（“草图9”）。

删除转换实体引用得到的那条直线。使用▢（“转换实体引用”）工具，重新生成直线草图实体。使用▢（“剪裁实体”）工具，以“强劲剪裁”方式，向下延长圆弧草图实体。使用▢（“剪裁实体”）工具，以“剪裁到最近端”方式，相互剪裁草图实体后，结果如图5-243所示。

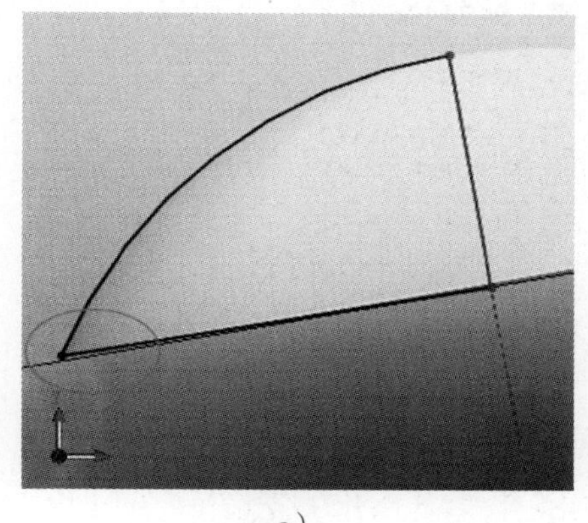

a）

b）

图 5-242

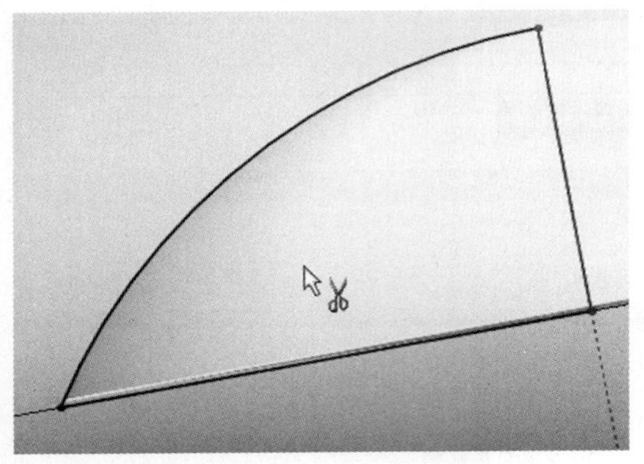
图 5-243

单击✔（“确定”）。

（4）单击🔴（“重建模型”）。在弹出的警示信息中提示特征（“切除-旋转1”）出错并未解决。这里，单击“继续（忽略错误）”按钮。

再次弹出“什么错”对话框，提示重建“EC1-PHONE-HANDLE”（听筒零件）时发生错误。单击“关闭”按钮，关闭此对话框。

设计树中，可看到草图（“草图9”）的问题、特征（“切除-旋转1”）的问题都得到解决。

模型出错也是由于另一特征（“旋转1”，其项目前有⚠符号）出现警告（图5-241）。原因在于：听筒上此特征的草图实体，与底座上凹陷的柱状形体的边线相关联。因此，底座上该处倒圆角后，导致听筒此处的草图发生几何关系变化并出现问题。

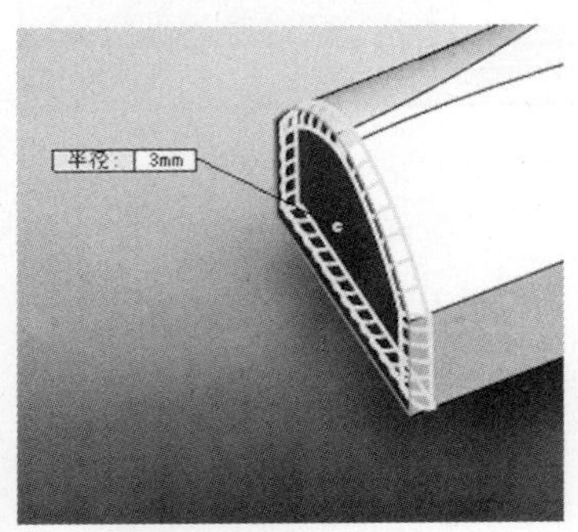

图 5-244

可以编辑该特征（“旋转1”）下的草图（“草图10”），删除对应直线草图实体的“在边线上”的几何关系，然后进行“手工修复”，使该草图找到一个有效解。

现在可对听筒进行圆角处理了。先倒大半径的圆角，再建立小半径圆角。

（5）使用（“圆角”）工具，以半径值3对如图5-244所示区域倒圆角。

（6）使用（“圆角”）工具，以半径值1对如图5-245所示多个区域倒圆角。

电话机形体建模表达的结果如图5-246、图5-1所示。说明一下，实际产品上，出于制造方面的考虑，听筒形体并不与底座形体完全扣合，而有一段间隙区。这里未对此作出处理和表达。

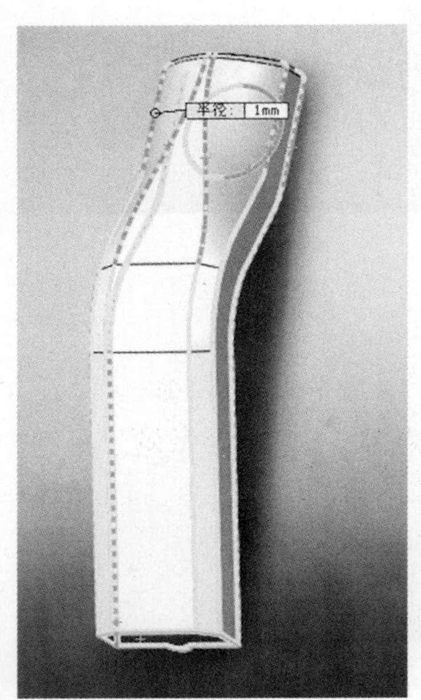

图 5-245

图 5-246

总结——主要思路及其比较图

本部分结合电话机（作为装配体）形体的建模与表达过程，重点地对比、分析了零件建模、装配体建模的多种主要思路，以及这些思路之间的差异。依据不同的设计意图，有必要选择不同的思路及方法。

本部分包括了从零件建模向装配体建模过渡的重要内容。

图5-247总结地表达了本部分所涉及的主要思路及其关系。它有助于加深对本部分内容、思路分析和选择过程的理解。

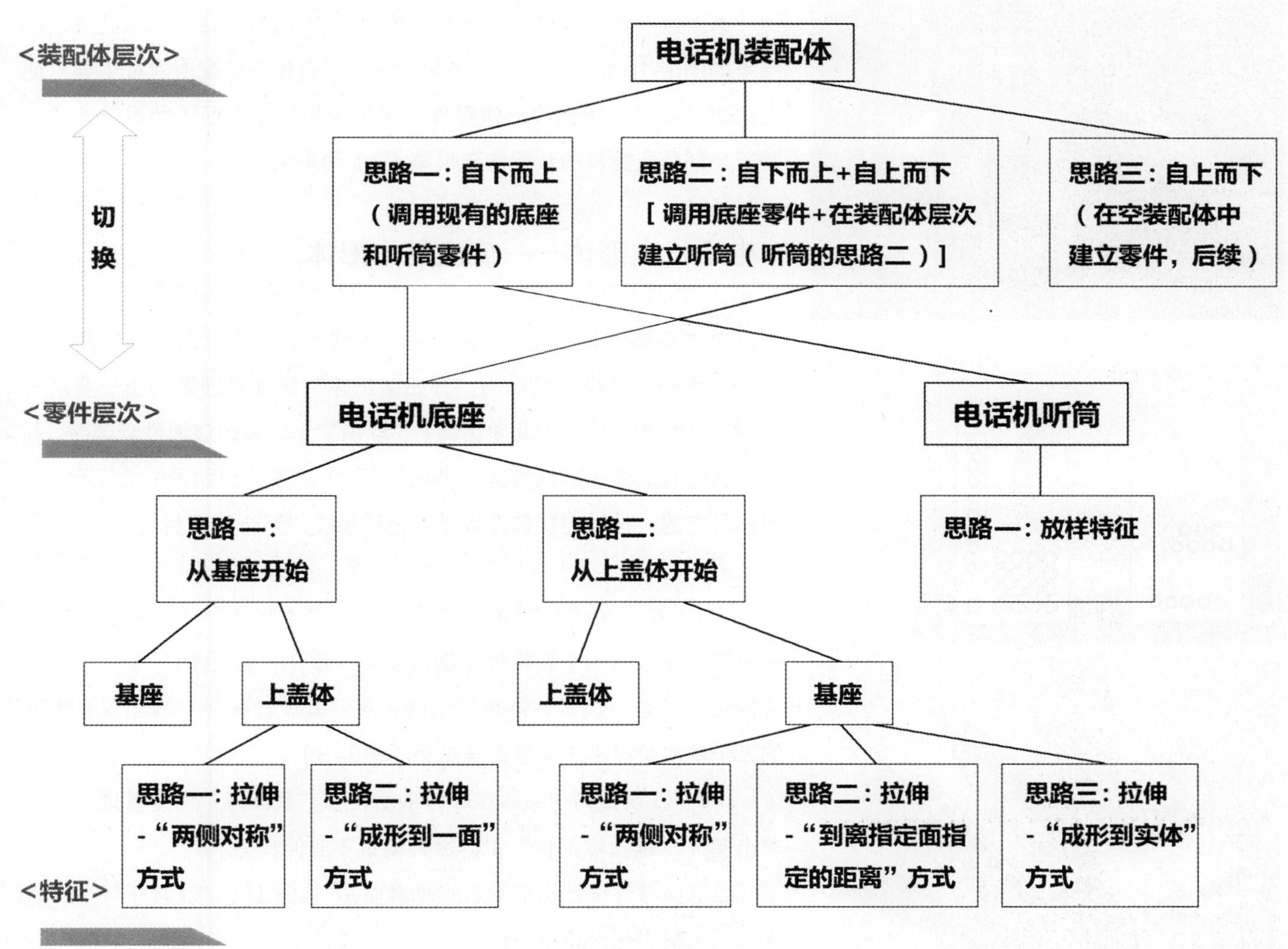

图 5-247

在装配层次开始
——电话机建模

自上而下——在装配体中建立零件

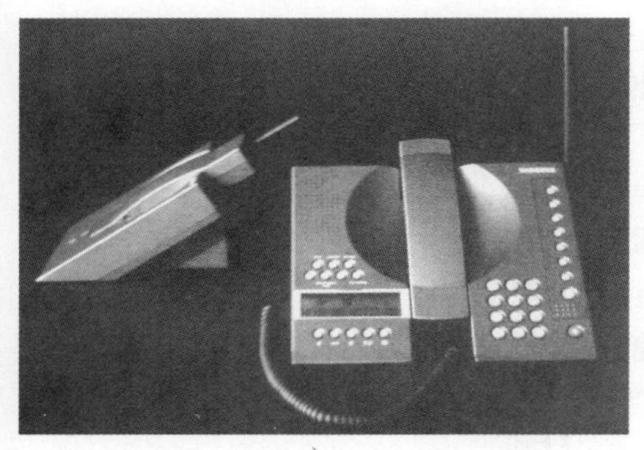

a）

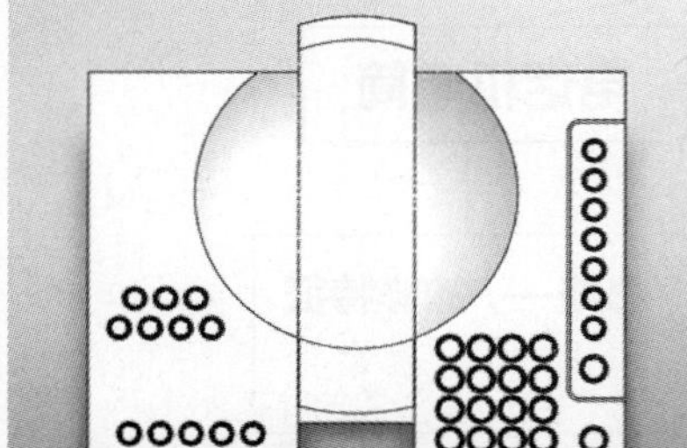

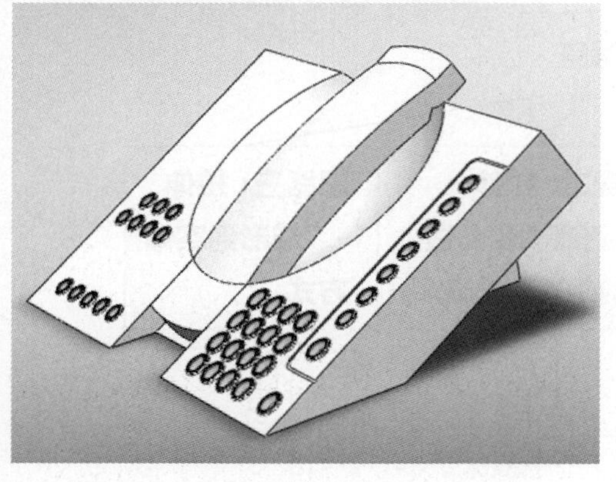

b）

图　6-1

这里以一款电话机产品为原型产品参考（图6-1a，形体建模表达结果如图6-1b所示），从空装配体开始，直接在装配层次往下建立此电话机的底座、听筒等形体零件。这里使用了自上而下的设计方法，即前一部分所提及的装配体建模第（3）种思路。

• 电话机主形体——底座基本形体

在主菜单栏上单击“文件”→“新建”，选择“装配体”类型，新建一装配体文档。显示出“开始装配体”属性管理器。由于要从一个空的装配体开始，因此单击✖（“取消”），关闭该属性管理器。

此时装配体（默认地为“装配体1”）的设计树如图6-2所示，装配体是空的，设计树仅包含有基本坐标系统、配合等项目。

（1）在主菜单栏上单击“插入”→“零部件”→“新零件”。在装配体中装入一个新零件（默认地为“零件1^装配体1”），它处于“固定”状态，该零件体也是空的，展开其设计树，可看到仅有零件的三个基本坐标平面和原点等项目（图6-3）。

（2）在设计树中点取该零件项后，在“装配体”命令管理器上，单击 （“编辑零部件”），进入编辑零部件状态。

点取该零件设计树下的右视基准面，单击 （“正视于”），将视图定向到正视于该基准面。

（3）切换到“草图”命令管理器。单击 （“草图绘制”），进入草图绘制状态。

（4）在 （“边角矩形”）命令组的下拉列表中，点取 （“3

点边角矩形”）。

如图6-4所示，绘制时，捕捉草图的坐标原点作为第一点，随后向右上方移动光标至合适处确定矩形的第二点，再向右下方移动光标，可以看到矩形的预览，至合适处单击，确定第三点，完成矩形的绘制。通过“3点边角矩形”方式，绘制出一个从左下向右上倾斜的矩形（这里为“草图1”）。

（5）单击（“智能尺寸”），分别标注矩形的边长值为180（从左下到右上的边）、40。

可继续点取从左下到右上的边中的一条，在显示出的“线条属性”属性管理器中“参数”项下的（“角度”）项后，输入角度值30，定义矩形的倾斜程度。

（6）切换到“特征”命令管理器。单击（“拉伸凸台/基体”）。在“拉伸”属性管理器的“方向1”项下，将终止条件设定为“两侧对称”，在（“深度”）项后输入值210。

（7）在属性管理器上，单击（“确定”），生成拉伸特征（这里为“拉伸1”）。结果如图6-5所示。

（8）系统仍处在编辑零部件的状态。在图形区域中，点取如图6-5所示（位于左下方的）平面。

（9）单击（“正视于”），视图定向到正视于此平面。

为了清晰起见，可将几何模型显示样式改为“线架图”样式。

（10）切换到“草图”命令管理器。单击（“草图绘制”），进入草图绘制状态。

（11）单击（“边角矩形”），绘制一个矩形（这里为“草图2”）。如图6-6所示，绘制时，使矩形的左上角捕捉到当前草图的坐标原点。

（12）单击（“智能尺寸”），如图6-6所示，分别标注矩形的横向边长值为28，竖向边长值为14。

（13）切换到“特征”命令管理器。单击（“拉伸切除”），在“切除-拉伸”属性管理器中“方向1”项下，将终止条件设定为“完全贯穿”。

（14）单击属性管理器上的（“确定”），生成切除-拉伸特征（这里为“切除-拉伸1”）。结果如图6-7所示。

（15）展开“切除-拉伸1”特征，编辑其下的“草图2”。进入草图状态。

（16）单击（“正视于”），视图定向到正视于该草图，即正

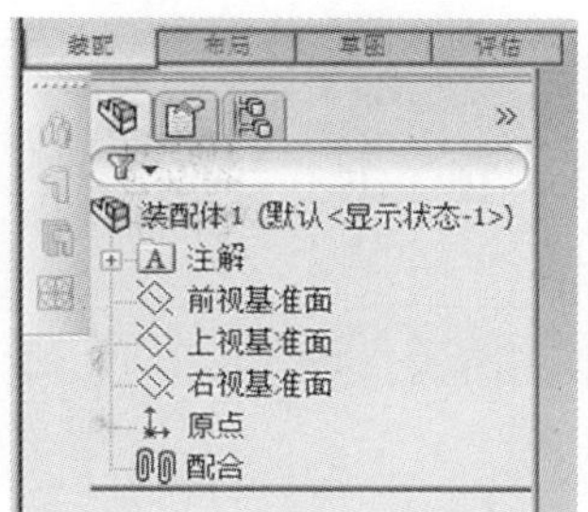

图 6-2

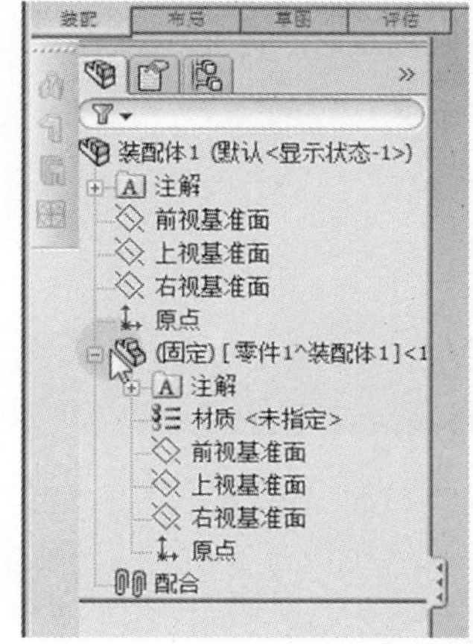

图 6-3

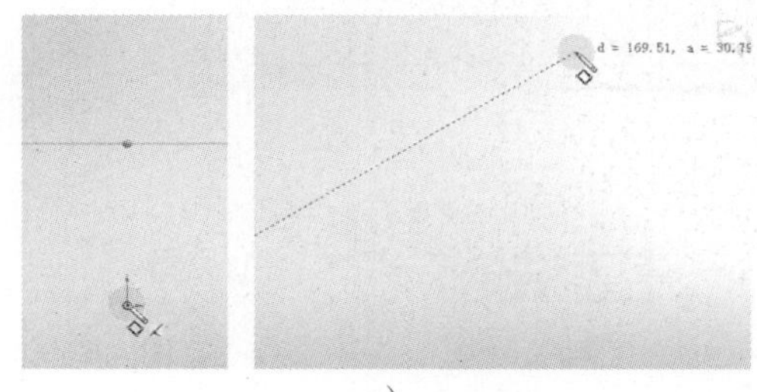

a）

b）

图 6-4

图 6-5

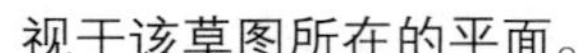

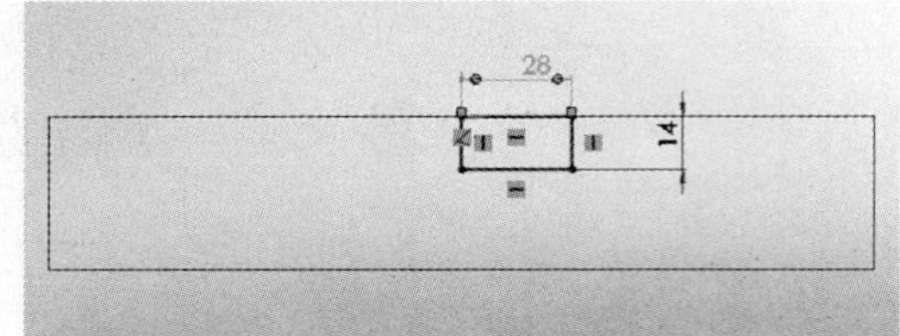

图 6-6

图 6-7

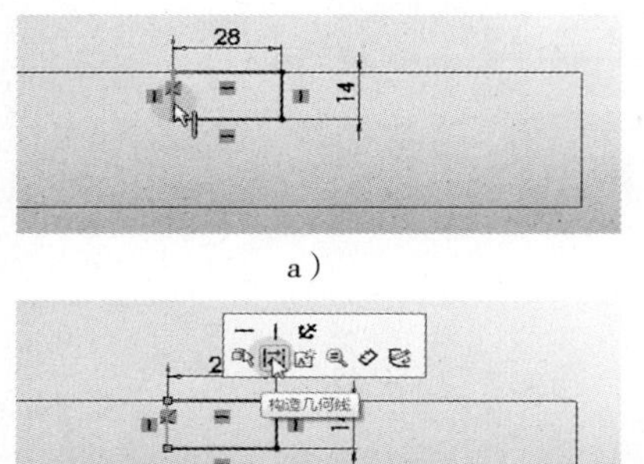

a）

b）

图 6-8

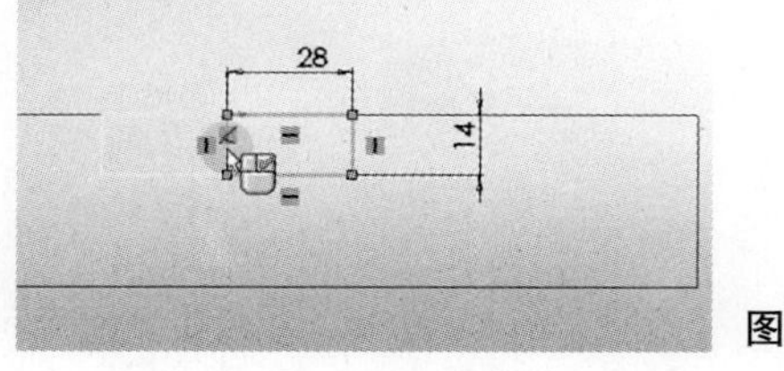

图 6-9

视于该草图所在的平面。

（17）如图6-8a所示，点取矩形草图实体左侧的边。在显示出的关联工具栏上单击（“构造几何线”，图6-8b），将该边转化为构造几何线。

（18）单击（“镜像实体”）。以该构造几何线作为“镜像点”所用的线性实体，以其它三边作为“要镜像的实体”。

（19）光标显示为符号，右键单击，或在属性管理器上，单击（“确定”），生成了镜像的对称草图实体。预览如图6-9所示。

（20）单击（“重建模型”）。此时切除拉伸特征的宽度加大（图6-10）。

底座上的这个凹槽是放置电话机听筒的地方。

（21）系统仍处在编辑零部件的状态，且在“草图”命令管理器上。在零件的设计树中点取右视基准面。单击（“正视于”），视图定向到正视于该基准面。

（22）单击（“草图绘制”），进入草图绘制状态。

（23）如图6-11所示的大致位置，借助推理和捕捉，使用（“中心线”）工具，绘制一条与图中所示边线相垂直的中心线。

（24）单击（“圆心/起/终点画弧”），绘制圆弧线。如图6-12所示大致位置，绘制时，使圆心捕捉到中心线，起点捕捉到边线上，终点大致位置则如图6-13所示。

（25）单击（“智能尺寸”），如图6-14所示，标注中心线与矩形右侧竖向边的距离值为62。

（26）使用（“剪裁实体”）工具，剪裁掉圆弧线位于中心线右侧的一段。结果如图6-14所示。

（27）使用（“直线”）工具，绘制如图6-14所示的呈直角的两条直线，与圆弧线一起围成三角区域，完成当前草图（这里为“草图3”）。

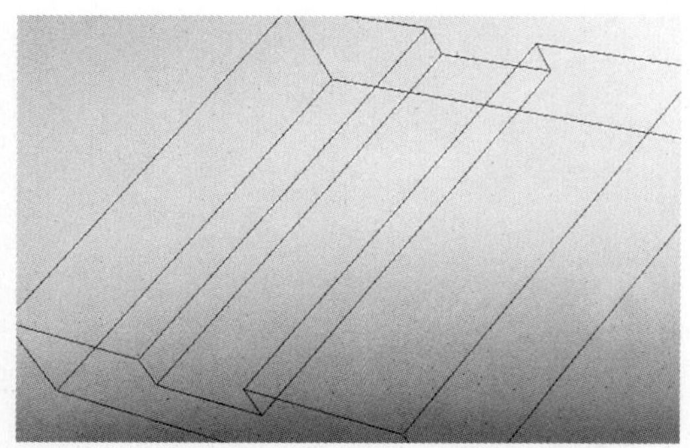

图 6-10

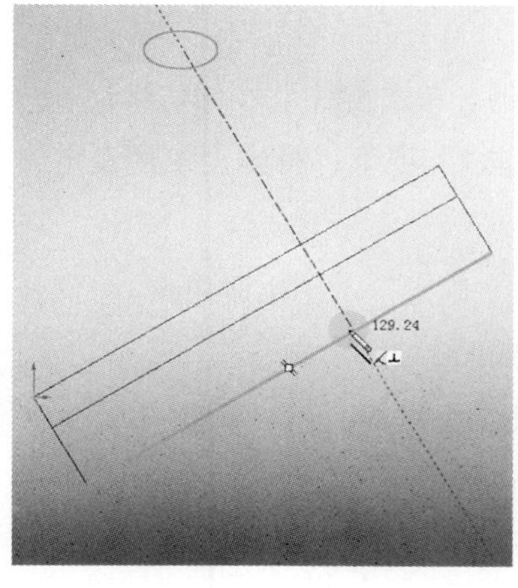

图 6-11

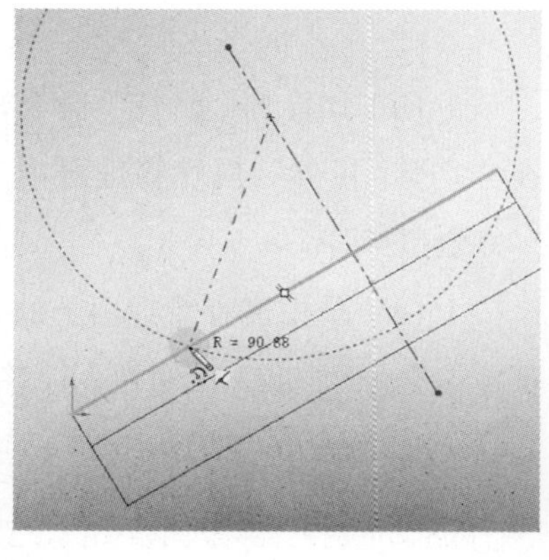

图 6-12

从形体上看，该电话机底座上有一个重要设计特点，即向下凹陷的球冠状虚空间。

（28）切换到“特征”命令管理器。单击（“旋转切除”），以中心线作为旋转轴，生成切除-旋转特征（这里为“切除-旋转1”）。

结果如图6-15所示。

（29）编辑该切除-旋转特征下的草图（这里即“草图3”），进入草图状态。

使用（“智能尺寸”）工具，标注如图6-16所示的尺寸值，即将圆弧的圆心在另一方向的距离值设定为70，将圆弧半径值设定为105。这样，将此草图加以完全定义。

> 提示：要关闭草图实体的几何关系图标（图6-16等）的显示，在主菜单项下单击“视图”→“草图几何关系”。

（30）单击（“重建模型”）。此时退出草图状态，且切除-旋转特征和零件模型得到重建。

将几何模型显示样式改为“带边线上色”显示样式，并打开“透视图”显示形式。此时底座形体如图6-17所示。

虽然至此电话机底座形体还没有完全完成，但还是暂时放下，进入听筒零件的建模。

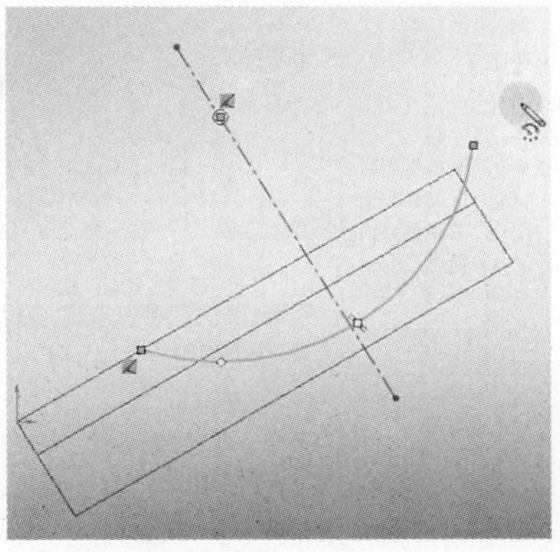

图 6-13

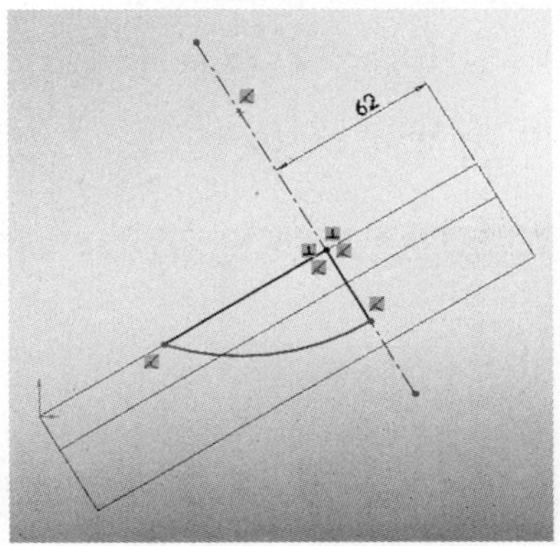

图 6-14

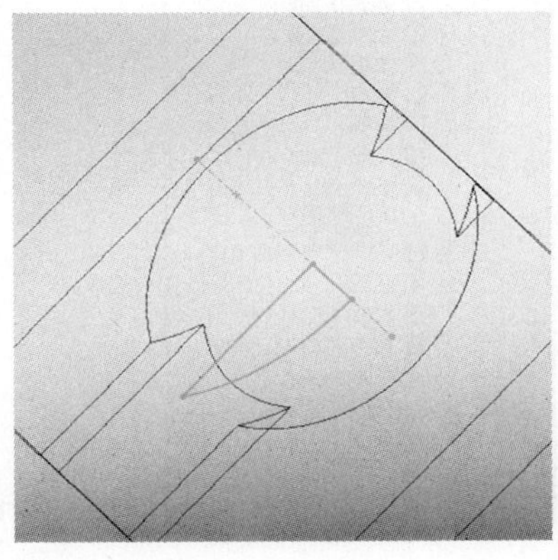

图 6-15

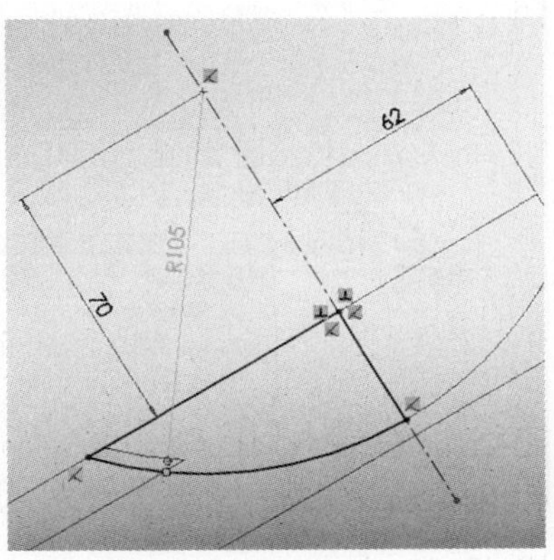

图 6-16

• 电话机主形体——听筒基本形体

先退出编辑底座零部件状态，并在主菜单栏上单击“文件”→“另存为”。在文件浏览器中设定好路径和文件名（如“电话机_01.sldasm”），单击“保存”按钮。在弹出的“另存为”对话

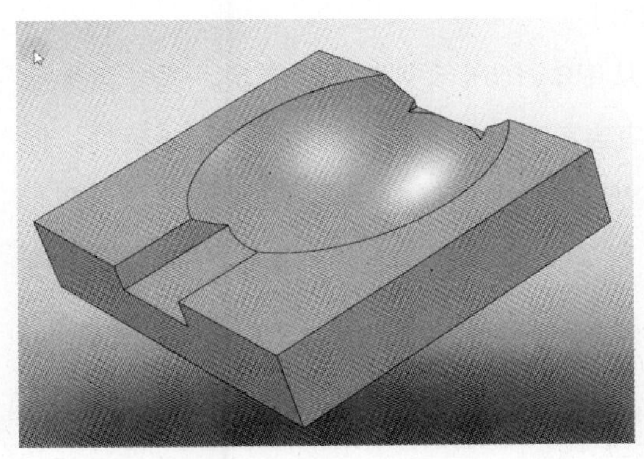

图 6-17

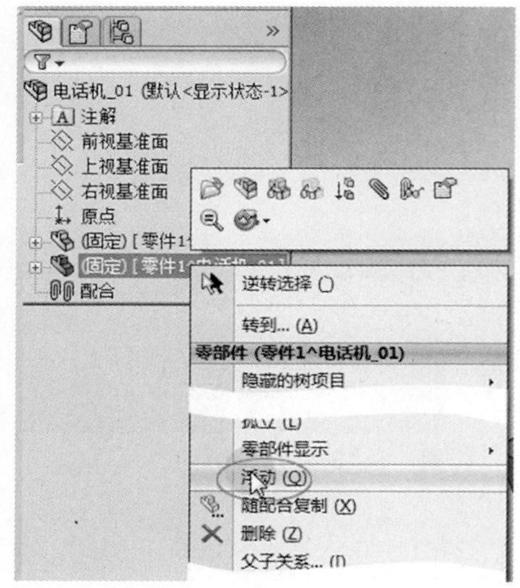

图 6-18

框中，这次选择“内部保存（在装配体内）”选项，单击“确定”按钮。

（1）在主菜单栏上单击“插入”→“零部件”→“新零件”。一个新零件（假如前面将装配体文档保存为“电话机_01.sldasm”，则此时默认地为“零件1^电话机_01”），它处于“固定”状态，该零件体也是空的，其设计树中同样仅有基本项目。

（2）可改变该零件（作为听筒零件）的固定状态。在设计树该零件项目上，右键单击，在弹出的右键快捷菜单上点取“浮动”项（图6-18）即可。现在，该项目之前的“（固定）”变更为“（-）”符号。

（3）编辑此听筒零件（这里为“零件1^电话机_01”），进入编辑零部件状态。展开两个零件的设计树，确保底座零件中切除-旋转特征下的草图（这里为“草图3”）可见。

（4）按住〈Ctrl〉键，在设计树中，点取当前听筒零件的“右视基准面”，以及底座零件的“草图3”，使两者同时被点取（图6-19）。

（5）在主菜单栏上单击“插入”→“派生草图”。此时（在当前听筒零件中）生成一个新的草图（这里默认地为“草图1-〉派生”，如图6-20所示。

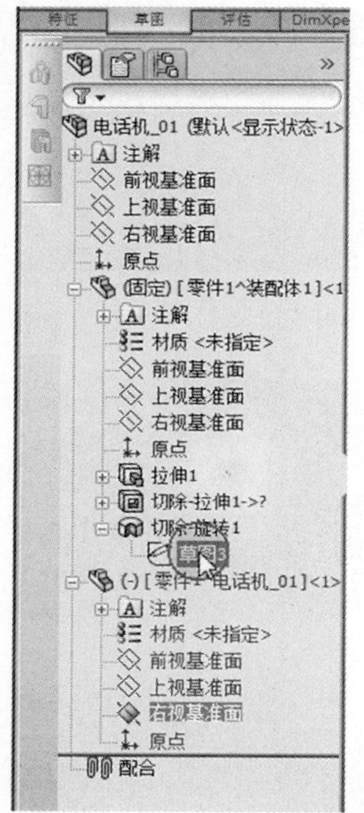

图 6-19

> 提示：可从属于同一零件的另一草图派生草图，也可从同一装配体中的另一草图派生草图。虽然可使用尺寸或几何关系重新定位派生草图，但是不能在派生的草图中添加或删除草图实体。派生的草图与其父草图之间存在链接，因此，当更改原来的父草图时，派生的草图将自动更新。

为了进一步对此派生而来的草图进行修改，需要先断开它与其父草图（这里即为底座零件下的“草图3”）的链接。

（6）在设计树中的此派生草图上右键单击，在右键快捷菜单上点取“解除派生”项（图6-20）。

该草图的形状、尺寸从图6-16所示父草图的形状、尺寸派生而来。解除派生关系后，两者当前虽然在形状、尺寸上仍是一致的，但该草图接下来可单独地加以修改了。

（7）该草图的名称自动变为“草图1”。单击 8（“重建模型”）。

强调一下：通过派生草图的操作，可看到当前草图中已有一条圆弧线、两根直线草图几何体（围成类似三角的形状），以及一条

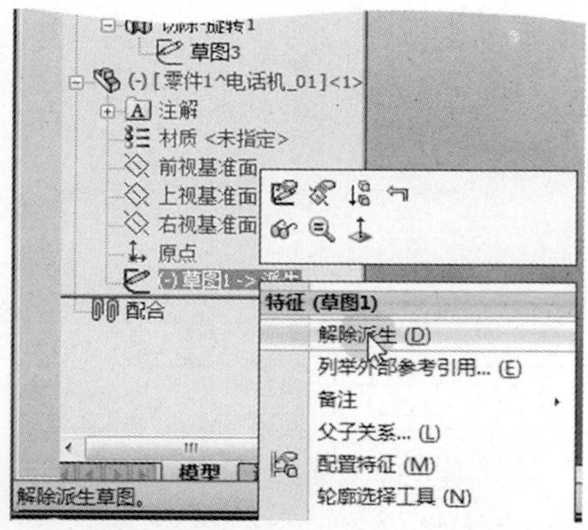

图 6-20

中心线。

（8）进入对该草图的编辑状态，并正视于它。

为了清晰起见，可将几何模型显示样式再改为“线架图”显示样式。

（9）借助如图6-21所示的两条边线，使用（“转换实体引用”）工具，生成两条新的直线。

（10）使用（“直线”）工具，在合适间距之处确定起点，如图6-22a所示，借助推理和捕捉，绘制一条斜向、与图中所示边线平行的直线。

同理绘制如图6-23白色插图箭头所指位置的另一条直线（并可标注它与矩形左侧竖向边的距离值为一定值）。

（11）在（“剪裁实体”）命令组的下拉列表中，点取（“延伸实体”）工具。

对刚才通过“转换实体引用”操作（图6-21）得来的两条直线，分别进行一次和两次延伸。操作预览如图6-24、图6-25所示。

（12）使用（“镜像实体”）工具，以中心线作为“镜像点”所用的线性实体，以圆弧线作为“要镜像的实体”，生成另一段圆弧线。预览如图6-26所示。

（13）使用（“剪裁实体”）工具，对草图实体进行一定剪裁。结果如图6-27所示。

（14）在（“圆心/起/终点画弧”）命令组的下拉列表中，点取（“3点圆弧”）工具。

借助捕捉，分别以如图6-28a、c、b所示之处为第一点、第二点、第三点，绘制向上拱起的一条圆弧（“3点圆弧”）。

（15）采用相同方法，绘制另一条类似的圆弧（“3点圆弧”），并使两条圆弧线之间大致等距，或在中间之处距离略大一些（但这里并未对它们进一步标注精确的半径尺寸）。此时两条均向上拱起的圆弧线结果如图6-29白色插图箭头所指。

（16）使用（“剪裁实体”）工具，对草图实体进行剪裁，结

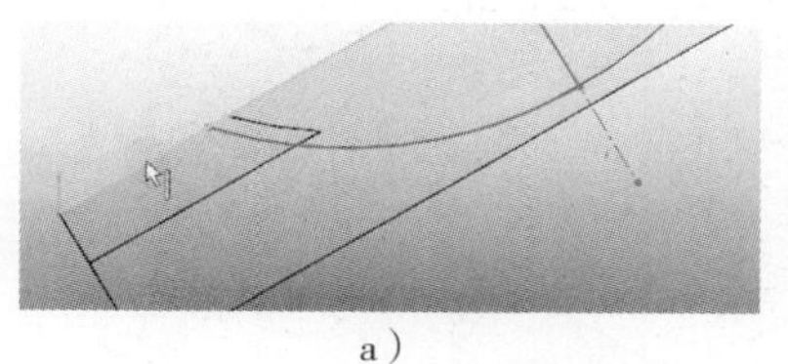

a）

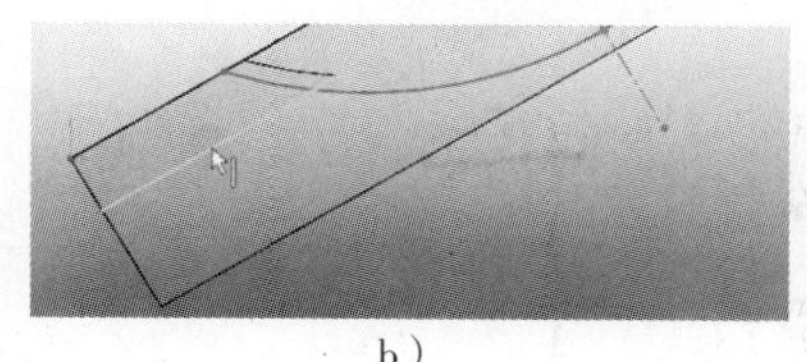

b）

图 6-21

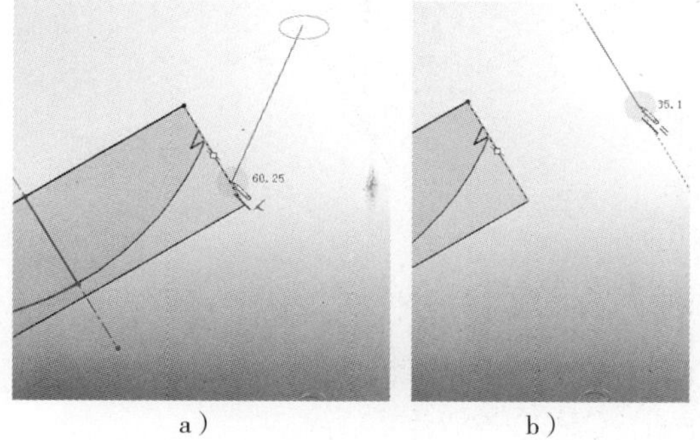

a）　b）

图 6-22

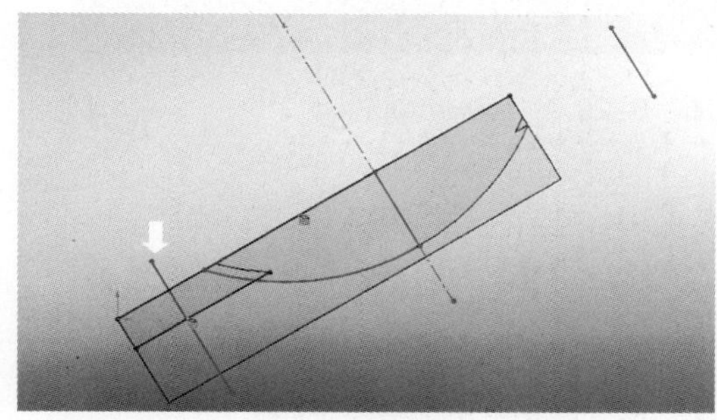

图 6-23

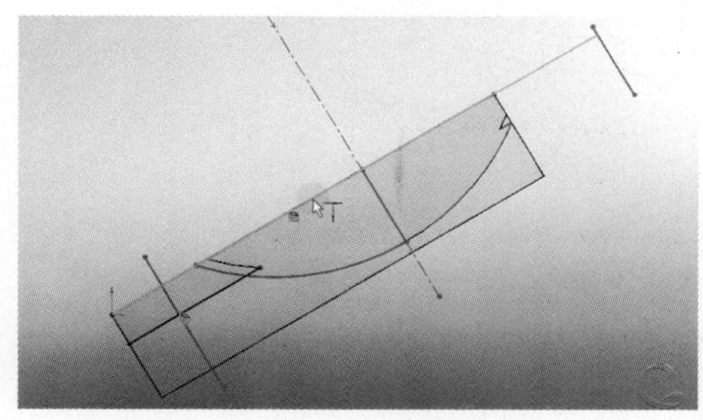

图 6-24

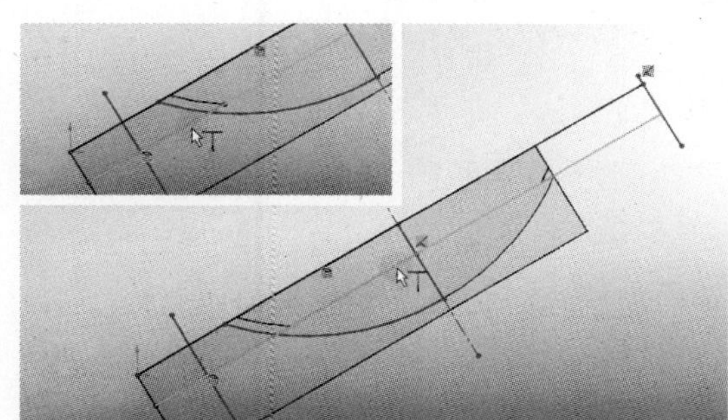

图 6-25

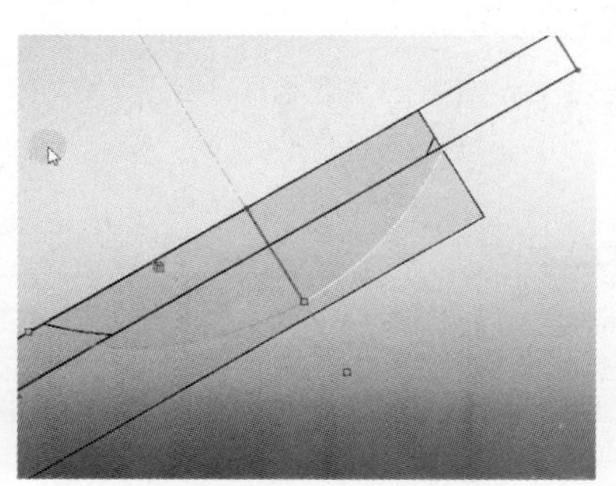

图 6-26

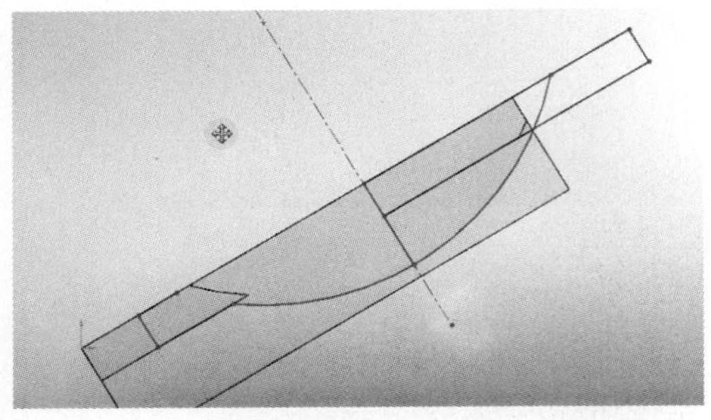
图 6-27

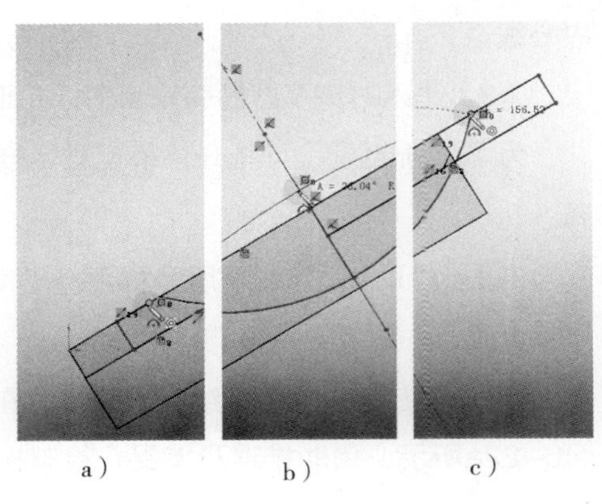
a） b） c）

图 6-28

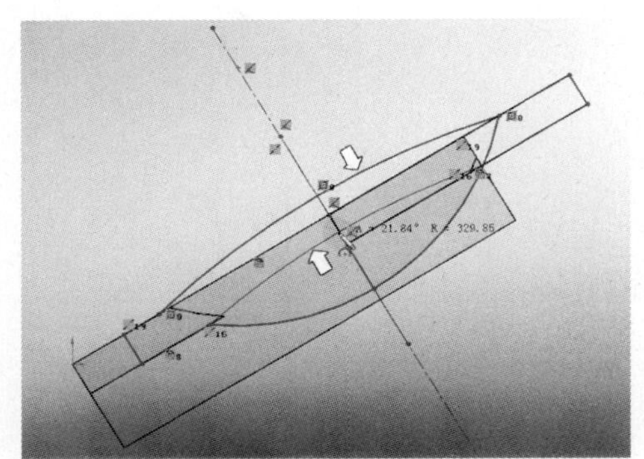
图 6-29

果如图6-30所示。剪裁时，确保将与中心线重合的直线也剪裁干净。此时，草图的形状不是封闭的，在中心线处是开口的。

（17）使用（"直线"）工具，绘制一条直线，将中心线处的开口封闭。此时草图如图6-31所示。

草图准备好了。下面用它制作听筒形体。

（18）切换到"特征"命令管理器。单击（"旋转凸台/基体"），以草图中的中心线作为"旋转轴"，生成如图6-31所示旋转特征（这里为听筒零件中的"旋转1"）。

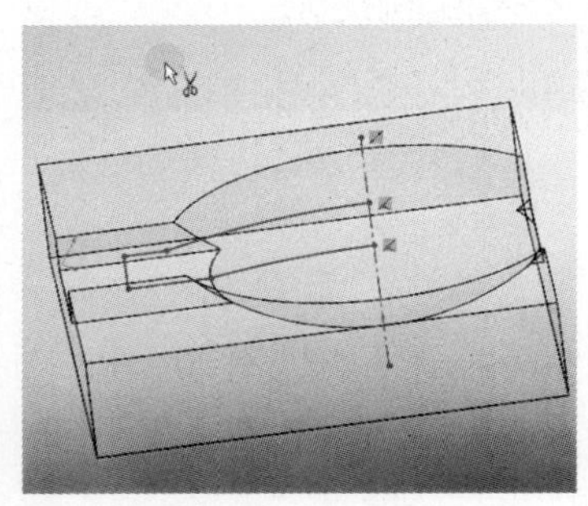
图 6-30

（19）在图形区域中，点取如图6-32所示平面。

（20）单击（"草图绘制"），进入草图绘制状态。

（21）单击（"正视于"），视图定向到正视于该平面。

（22）单击（"边角矩形"），绘制如图6-33所示矩形。绘制时，先捕捉底座上凹槽的左下角顶点，然后向左上方移动光标，绘制出一个矩形。矩形的大小虽然没有特别的关系，但要确保至少向左、向上框住旋转特征。

（23）切换到"特征"命令管理器。单击（"拉伸切除"），在"切除-拉伸"属性管理器中"方向1"项下，将终止条件设定为"完

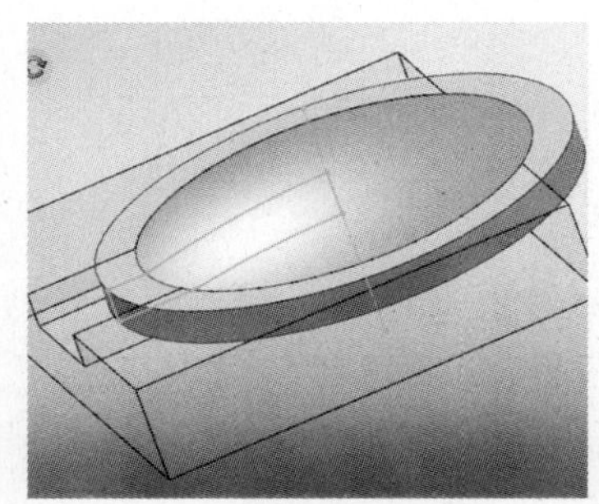
图 6-31

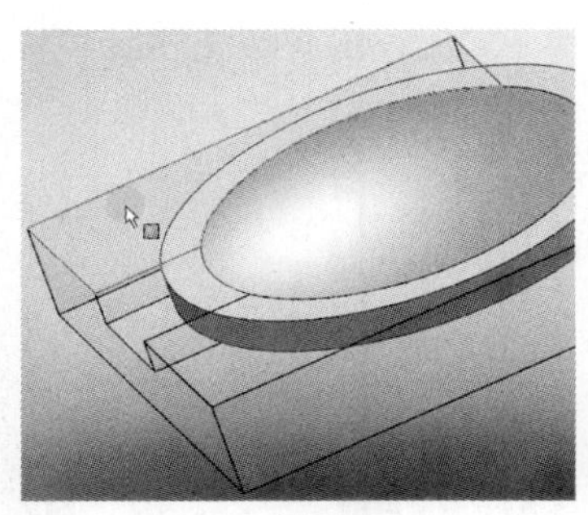
图 6-32

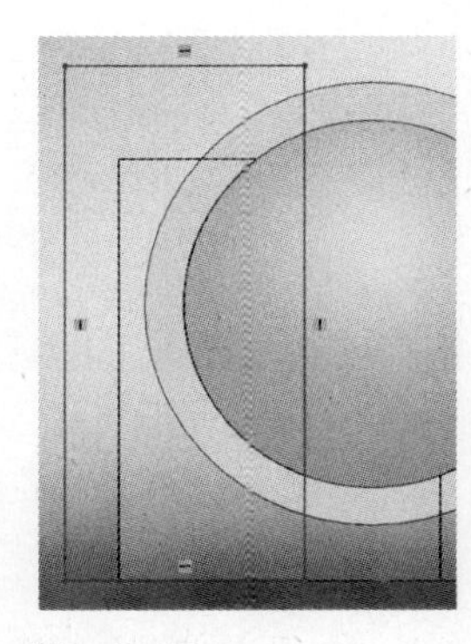
图 6-33

全贯穿”。勾选“方向2”项，将其终止条件也设定为“完全贯穿”。

此时预览如图6-34所示。

（24）单击属性管理器上的✔（“确定”），生成切除-拉伸特征（这里为“切除-拉伸1”）。

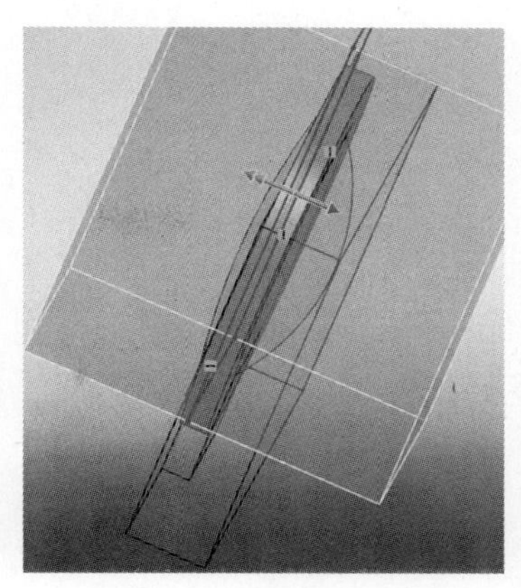

图 6-34

（25）以与第（19）步骤~第（24）步骤相同的过程，生成位于另一侧的切除-拉伸特征（这里为“切除-拉伸2”）。

两次拉伸切除操作后，形体建模表达的结果如图6-35所示，形成了听筒零件的基本形体。

> 提示：建立听筒零件形体时，这里采用“旋转凸台/基体”的方式，而不是“拉伸凸台/基体”等方式，原因在于要表达此产品中听筒形体的一个重要设计特点，如图6-36白色插图箭头所示，即听筒与底座上圆形态相呼应以呈现产品整体感的重要特点。因此建立听筒形体时要选择适当的工具，确保表达此设计意图和形体特点。

（26）单击（“重建模型”）。听筒零件模型得到重建。在“装配体”命令管理器上，单击（“编辑零部件”），使之浮起，退出零部件编辑状态，回到装配体层次。

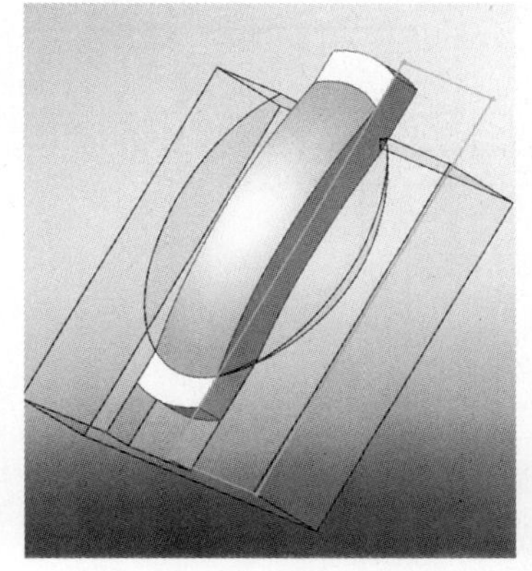

图 6-35

在过程中解决新问题——形体深化

此时，电话机形体建模结果如图6-36所示。

将此时的形体建模结果与原型产品形体对比一下，可看到底座下端显得短了一些。下面作出一点修改：

（1）在设计树中点取底座零件后，在“装配体”命令管理器上单击（“编辑零部件”），或在设计树中点取底座零件，在显示出的关联工具栏上单击（“编辑”）。进入编辑该零部件的状态。

（2）展开底座零件的设计树，点取其第一个特征（这里即“拉伸1”）下的草图（这里即“草图1”），在显示出的关联工具栏上单击（“编辑草图”），进入草图绘制状态。

（3）单击（“正视于”），确保视图定向到正视于该草图。

(4)在图形区域中点取矩形右侧的边(图6-37a)，在显示出的关联工具栏上单击(“使固定”，图6-37b)。对该矩形的边施加“固定”几何关系。

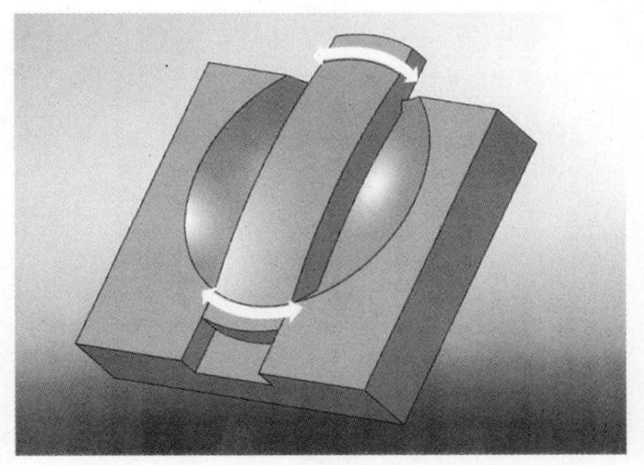

图 6-36

由于该矩形草图原来已经是完全定义的，在对其一边添加“固

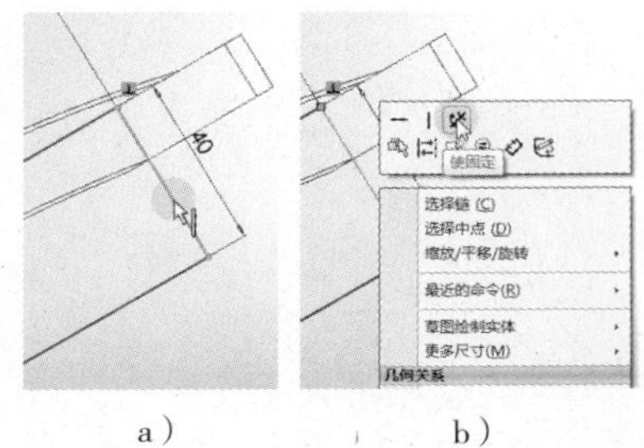
a） b） 图 6-37

定”几何关系后，就使其处于“过定义”状态了。现在，图形区域中，系统以多种方式（但均以浅棕色或浅棕色底色显示）提示矩形草图的过定义状态，例如“固定”几何关系图标、过定义的草图实体及其对应的尺寸标注、“线条属性”属性管理器中“现有几何关系”项下列出的现有几何关系，系统还在底部状态栏的右端，显示“⚠过定义”的警示信息。部分提示方式如图6-38、图6-39所示。

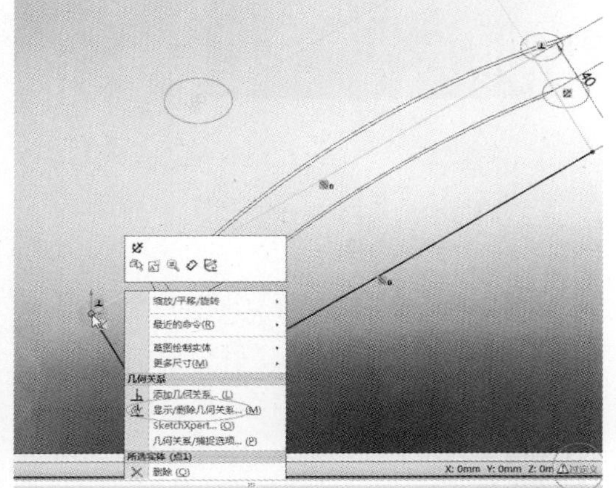
图 6-38

（5）在如图6-38所示的矩形边角点上右键单击，在右键快捷菜单上点取“显示/删除几何关系”项。

在显示出的“显示/删除几何关系”属性管理器的“几何关系”项下，列表框中列出了该点目前具有的四个几何关系（以浅棕色底色显示，图6-39）。

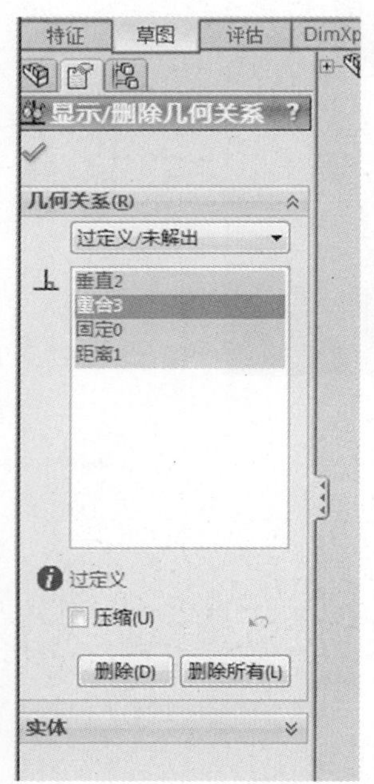

图 6-39

（6）如图6-39所示，在列表框中点取“重合”几何关系。图形区域中，该点的“在线上”几何关系图标改以紫色底色显示（图6-40）。

按〈Delete〉键，删除几何关系。

（7）单击✔（“确定”）。现在矩形草图解除了过定义，图形区域中解除了过定义的提示显示方式。

下面来改变矩形的尺寸，以改变、加长底座的下端。

（8）在边长标注“180”处双击，在显示出的“修改”对话框中输入新的值，单击对话框上 （“以当前的数值重建模型”）按钮（图6-41），观察更新后的矩形边长是否合意。

这里，输入新值200。单击对话框上✔（“保存当前的数值并退出此对话框”）按钮，以确认尺寸修改，并退出和关闭对话框。

由于刚才解除了矩形边角点与坐标原点的重合关系，加上矩形右侧边现在处于“固定”状态，因此，现在矩形边角点向坐标原点的左下方移动（图6-41）。

（9）单击“尺寸”属性管理器左上角的✔（“确定”），完成尺寸修改。

图 6-40

观察此时的设计树（图6-42）中，当前草图（这里为“草图1”）之前和之后的多个项目，都显示为有待重建。装配体和听筒零件项目还被警示为 （表示“模型有错”）。这些信息表明，对当前草图的尺寸修改可能出现各种问题，另一方面，也标示出与当前草图有关联影响的项目。

此时设计树中，装配体项目（即“电话机_01”）和听筒零件项目（即“零件1^电话机_01”），都以深红色显示。

（10）单击（“重建模型”）。此时退出草图状态（但仍在“编辑零部件”状态），几何模型得到重建。

设计树也显示正常了。

这样，将底座下端加长了一些，与原型产品比例更接近。

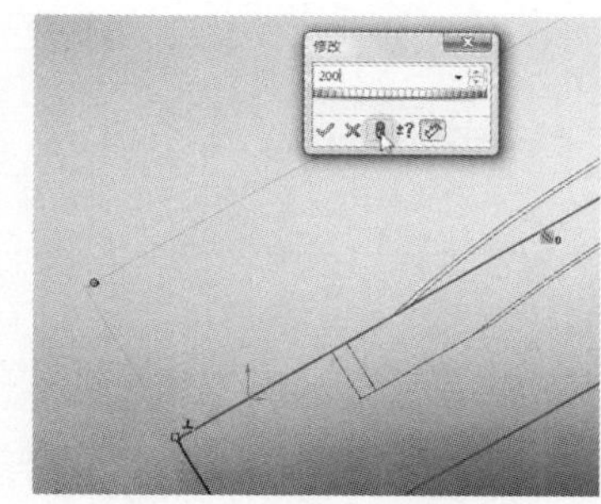

图 6-41

下面进一步建立底座局部形体。

（11）在底座零件设计树中点取“右视基准面”，并确保正视于该基准面。

（12）单击（“草图绘制”），进入草图绘制状态。

（13）单击（“边角矩形”），绘制矩形。绘制时，先捕捉底座上顶点（图6-43所示顶点），然后向右下方移动光标，绘制出一个矩形。至于矩形的大小，在水平方向上要确保穿越拉伸特征（图6-43）。

（14）切换到“特征”命令管理器。单击（“拉伸切除”），在“切除-拉伸”属性管理器中勾选“方向2”项，并在“方向1”项、“方向2”项下，将终止条件都设定为“完全贯穿”。

（15）单击（“确定”）。生成拉伸切除特征（这里为“切除-拉伸2”）。结果如图6-44所示，它对底座下端进行了一个切削，形成一个水平向的平面。

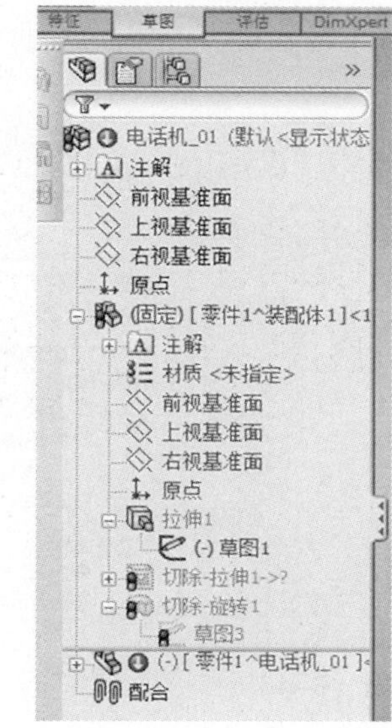

图 6-42

观察此时的设计树。其中，在底座零件项目上显示有待重建，而装配体和听筒零件项目则被警示为（表示“模型有错”）。

（16）单击（“重建模型”）。

弹出“什么错”对话框，警示听筒零件“发生重建模型的错误”。

同时，设计树中装配体和听筒零件项目的警示改变，被警示为（表示“特征有错”）。同样，装配体项目和听筒零件项目都以深红色显示。

先单击对话框上的“关闭”按钮，关闭“什么错”对话框。

（17）实际上，这些符号和警示信息都提示出问题的所在。展开听筒零件的设计树。

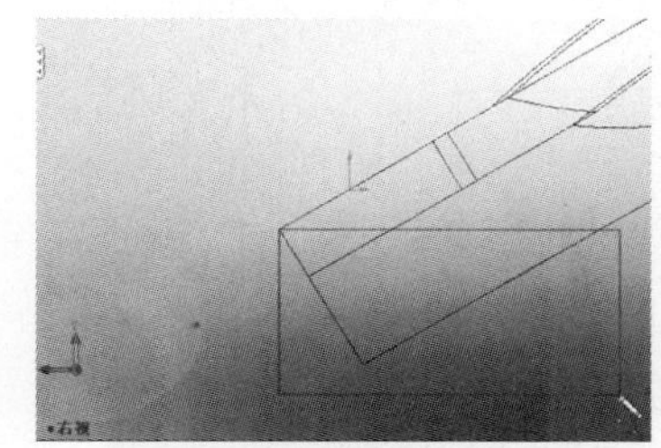

图 6-43

提示：由于当前仍在编辑底座零部件状态，建模次序在后的听筒零件的设计树处于退回控制棒之下，如图6-45所示。

可看到（听筒零件的）一个切除-拉伸特征（这里为“切除-拉伸2”）项目及其下的草图（这里为“草图3”），被警示为（表示“特征有错”。草图也是特征），如图6-45所示。

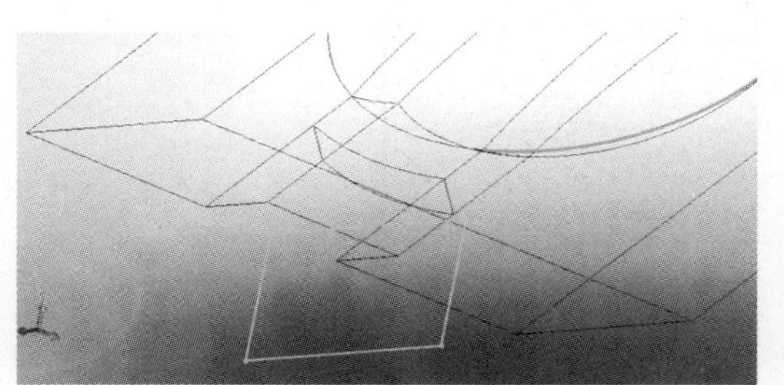

图 6-44

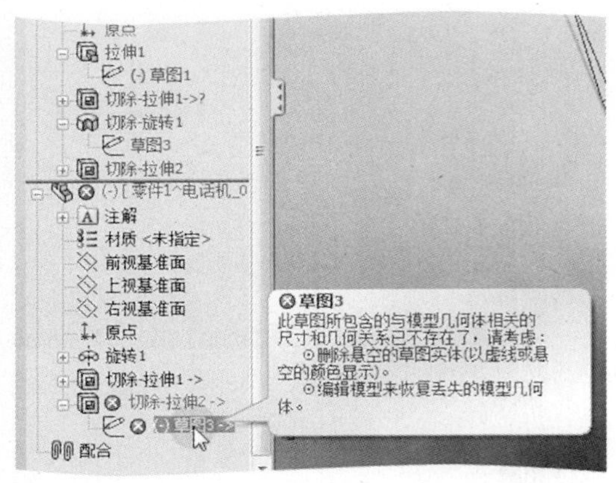

图 6-45

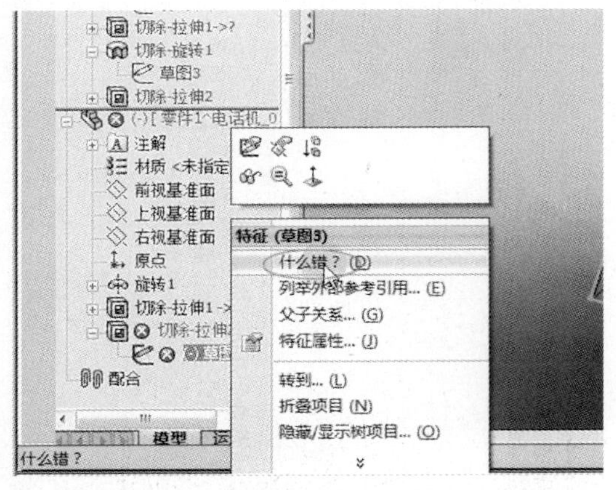

图 6-46

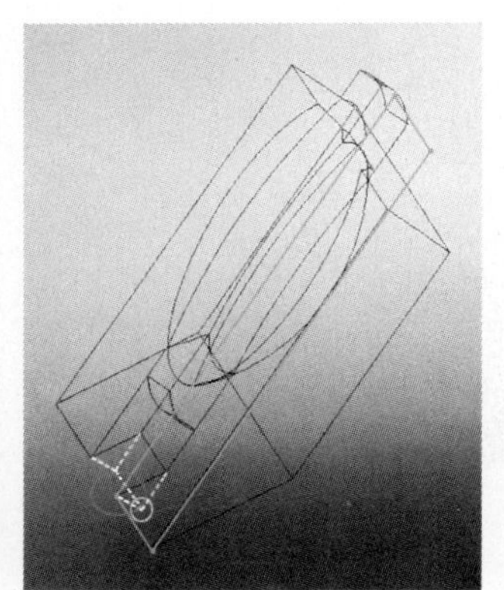

图 6-47

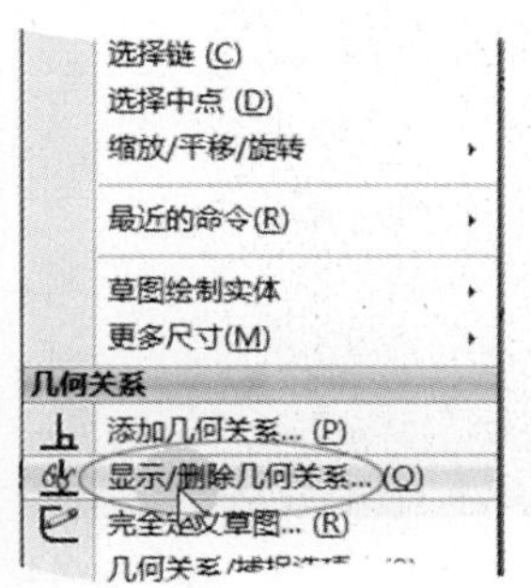

图 6-48

分析并解决了该草图的出错问题后，往上，就自然解决了特征、零件继而装配体的出错问题。

将光标放在该草图（即“草图3”）项目上，如图6-45所示，显示出提示信息，提示该草图所包含的与模型几何体相关的尺寸和几何关系已不存在了，还给出了解决问题的建议。

或在该草图项目上右键单击，在右键快捷菜单上点取“什么错”项（图6-46），在弹出的“什么错”对话框，同样可以看到上述提示信息。当然，这些提示信息可能带有一定概括性。

实际上，这里的问题具体是：前面使用两个切除-拉伸特征以切出听筒形体；在绘制用于生成第二个切除-拉伸特征的矩形时，左下方的矩形边角点（即所定义的第一个边角点，图6-47），恰巧捕捉到了底座凹槽底部的顶点（图6-47中白色图线）。而这个顶点，在刚才用来建立底座局部形体的第（14）步骤（拉伸切除操作）中，被切削掉而不存在了。这导致这个边角点原有的一些几何关系现在不存在了。

（18）点取该草图，在关联工具栏上单击（“编辑草图”），进入编辑该草图的状态。

此操作导致退出编辑底座零部件的状态，而进入编辑听筒零部件的状态。

（19）在该边角点上右键单击，在右键快捷菜单上点取“显示/删除几何关系”项（图6-48）。

在显示出的“点”属性管理器的“现有几何关系”项下，在列表框中列出了该点现有的几何关系。

点取其中的“重合”几何关系（图6-49），按〈Delete〉键将其删除。

（20）在属性管理器上，单击（“确定”）。完成对草图的修改。

（21）单击（“重建模型”）。

现在问题得到解决，设计树显示正常。

（22）在命令管理器上，单击（“编辑零部件”），使之浮起，退出零部件编辑状态，回到装配体层次。

此时电话机形体建模表达结果如图6-50所示。

接下来继续完成底座形体。

（23）在设计树中点取底座零件，单击（“编辑零部件”），使之压下。进入零部件编辑状态，向下来到零部件层次。

（24）在底座零件的设计树中，点取“右视基准面”。单击（“正视于”），视图定向到正视于该基准面。

（25）单击（“草图绘制”），进入草图绘制状态。

（26）使用（“直线”）工具，借助捕捉、推理，绘制如图6-51所示含有三条直线的草图（这里为“草图5”。三条直线围成一个直角三角形）。

（27）切换到“特征”命令管理器。单击（“拉伸凸台/基体”）。

在“拉伸”属性管理器的“方向1”项下，将终止条件设定为“两侧对称”，观察原型产品，在（“深度”）项后输入合适值（这里输入值130）。并确认勾选了“合并结果”选项。

（28）单击（“确定”）。生成新的拉伸特征（这里为“拉伸2”）。

（29）单击（“重建模型”）。底座零件模型得到重建。单击（“编辑零部件”），使之浮起，退出零部件编辑状态，回到装配体层次。

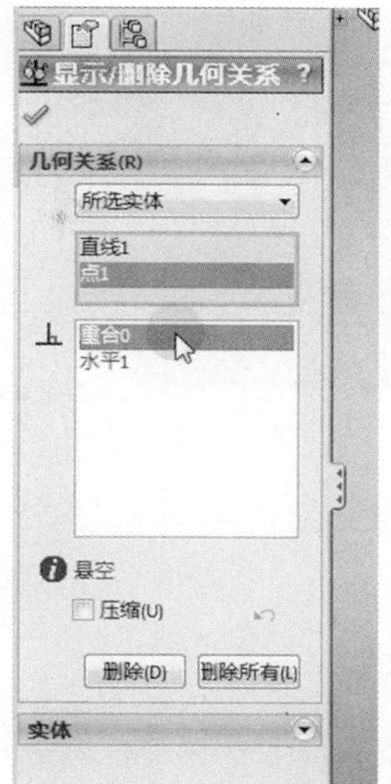

图 6-49

至此，基本完成了电话机形体的主体部分。此时底座和整个电话机形体结果如图6-52所示。

图 6-50

配合——定位听筒

现在电话机听筒看似稳妥地搁置在底座之上。但是实际上它的位置并未固定住。

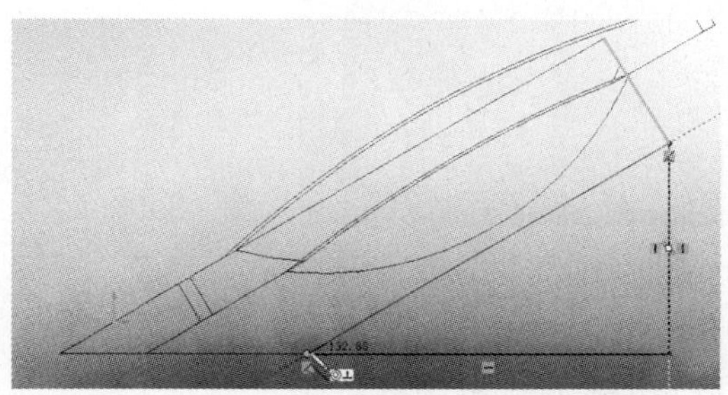
图 6-51

（1）当前处在装配体层次。在设计树中点取听筒零件，图形区域中它以深蓝色显示（图6-53）。

单击（“移动零部件”）。保持“移动零部件”属性管理器的默认设定，即“移动”项下设定为“自由拖动”方式、“选项”项下

图 6-52

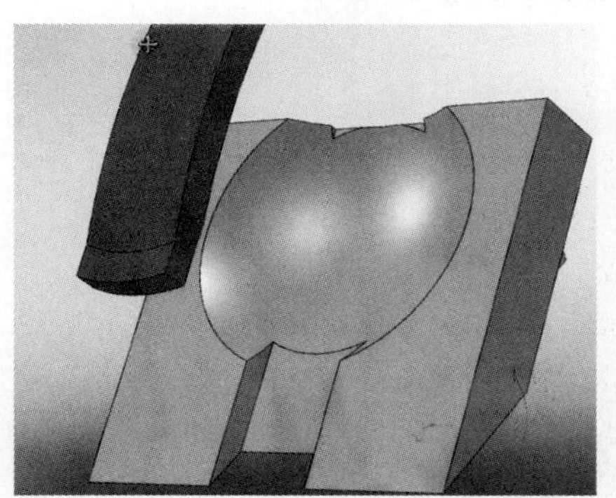
图 6-53

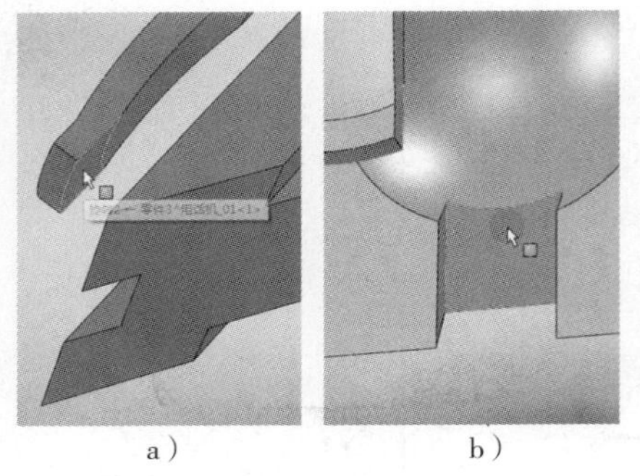

a)　　b)

图 6-54

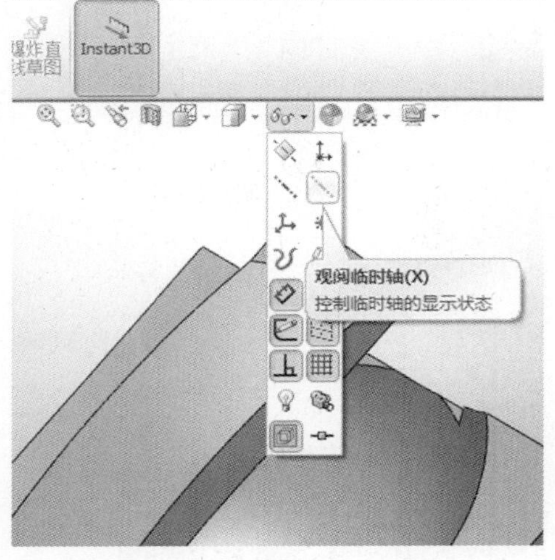

图 6-55

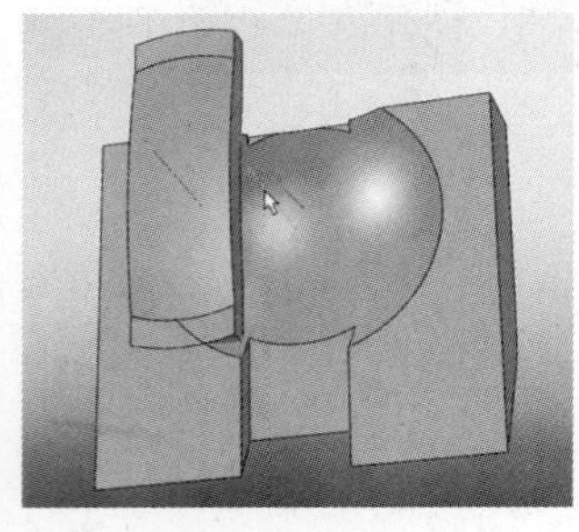

图 6-56

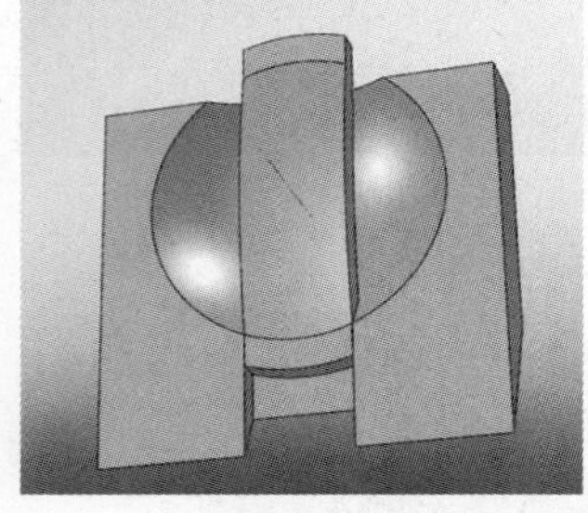

图 6-57

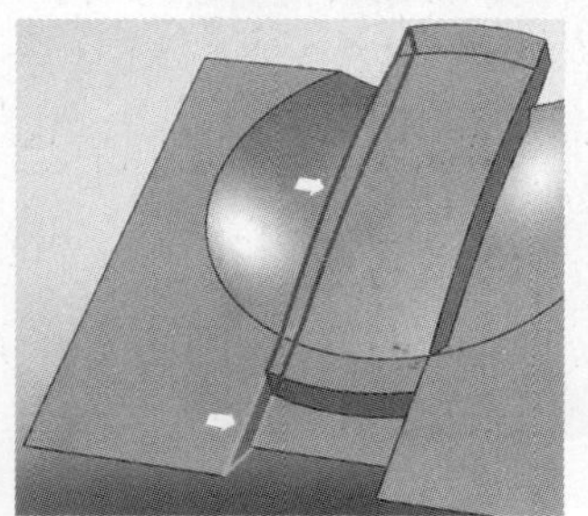

图 6-58

点取“标准拖动”。

（2）在图形区域中，光标显示为符号（图6-53）。单击并保持，移动鼠标，可看到听筒零件随之移动。

将听筒零件移动到合适处（图6-53），释放鼠标，放下听筒。

（3）单击（“确定”），定位听筒，关闭“移动零部件”属性管理器。

（4）在主菜单栏上单击“插入”→“配合”，或在“装配体”命令管理器上单击（“配合”）。

（5）通过旋转视图，点取如图6-54所示两个平面。将对它们施加“重合”配合关系。

（6）在主菜单栏上单击“视图”→“临时轴”，或在位于图形区域上部的前导视图工具栏上，在（“隐藏/显示项目”）工具组下拉列表中单击（“观阅临时轴”），如图6-55所示。

（7）回旋类几何模型上将临时地显示出旋转轴（图6-56）。

点取如图6-56所示的两个旋转轴（一为听筒旋转特征的，一为底座切除-旋转特征的），对它们施加“重合”配合关系。结果如图6-57所示。

在主菜单栏上单击“视图”→“临时轴”，或在前导视图工具栏的（“隐藏/显示项目”）工具组下单击（“观阅临时轴”），使临时轴不显示出来。

至此，仍没有完全定位住听筒零件，因为它可以在如图6-54b所示被点取的平面上，作旋转运动。

（8）点取如图6-58中白色插图箭头所示的侧面平面，对它们施加“重合”配合关系。

结果如图6-59所示。现在通过施加适当的（这里为三个）配合关系，听筒以唯一位置搁放在底座上。

（9）单击（“关闭”），关闭“配合”属性管理器。

图 6-59

完成装配体——按键形体

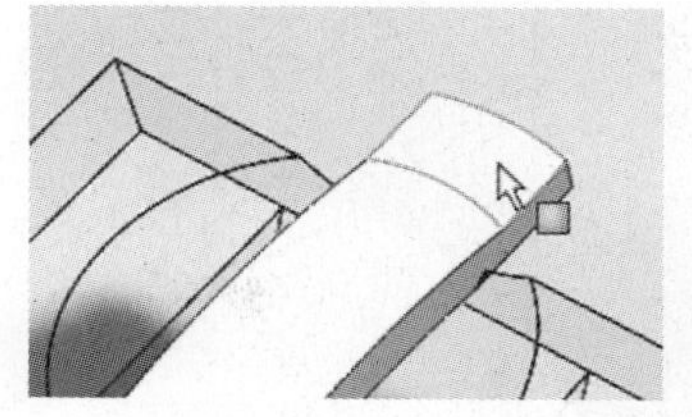
图 6-60

• 细节刻画——听筒形体调整

对照原型产品，可看到听筒上端向外延伸部位较底端的要短一些。

（1）在设计树中点取“零件1^电话机_01”（即听筒）零件，将其更名为“零件2^电话机_01”。在“装配体”命令管理器上，单击（“编辑零部件”），进入编辑零部件状态，对“零件2”进行编辑。

（2）在图形区域中点取该零件上端的平面，如图6-60所示。单击（“正视于”），将视图定向到正视于该平面。

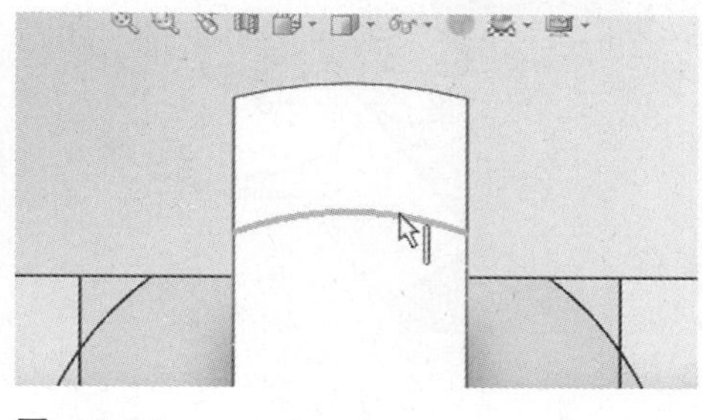
图 6-61

（3）确认切换到“草图”特征管理器。单击（“草图绘制”），进入草图绘制状态。

（4）点取如图6-61所示听筒几何体的边线，使用（“转换实体引用”）工具，生成一条新的曲线草图实体。

（5）单击（“关闭”），关闭“转换实体引用”属性管理器。

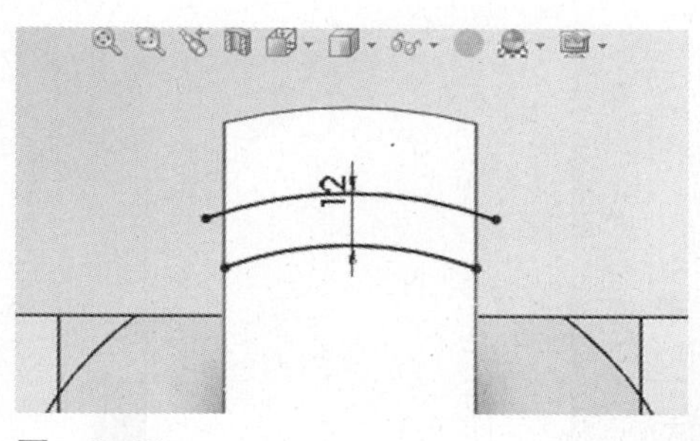

图 6-62

（6）点取该曲线草图实体，使用（“等距实体”）工具，并设定距离值12。

（7）单击（“确定”）。生成的新曲线如图6-62所示。

（8）使用（“构造几何线”）工具，将下方曲线草图实体转化为构造几何线。

（9）如图6-63所示，点取左、右竖向几何体边线，使用（“转换实体引用”）工具，生成两条新的竖向直线实体。

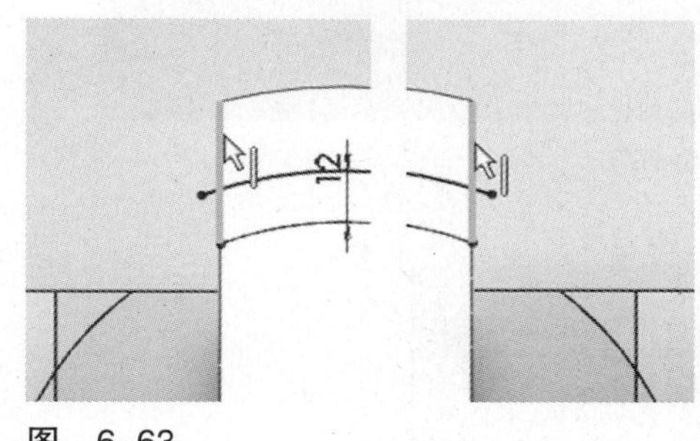

图 6-63

（10）使用（“剪裁实体”）工具，对草图实体进行剪裁，结果是仅留下两条曲线草图实体，并使上方曲线草图实体伸出听筒几何体之外的部分也被剪裁掉。结果如图6-64所示。

（11）如图6-64所示，使用（“直线”）工具，借助推理和捕捉，绘制几条直线，与上方曲线草图实体一起，形成封闭区。

这样完成草图的绘制（这里为听筒即“零件2”中的“草图4”）。

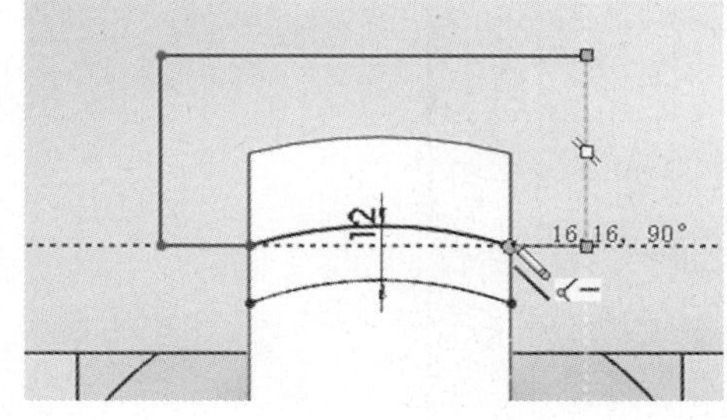

图 6-64

（12）切换到“特征”命令管理器，单击（“拉伸切除”）。

在“切除-拉伸”属性管理器“方向1”项下，将终止条件设定为“完全贯穿”。

（13）单击（“确定”）。生成新的拉伸切除特征（这里为“切除-拉伸3”），它将听筒上端切短一些，结果如图6-65所示。

（14）单击（“编辑零部件”），使之浮起，退出编辑零部件状态。

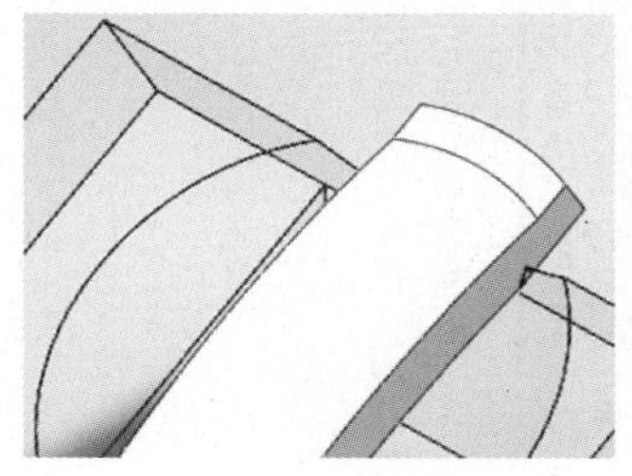
图 6-65

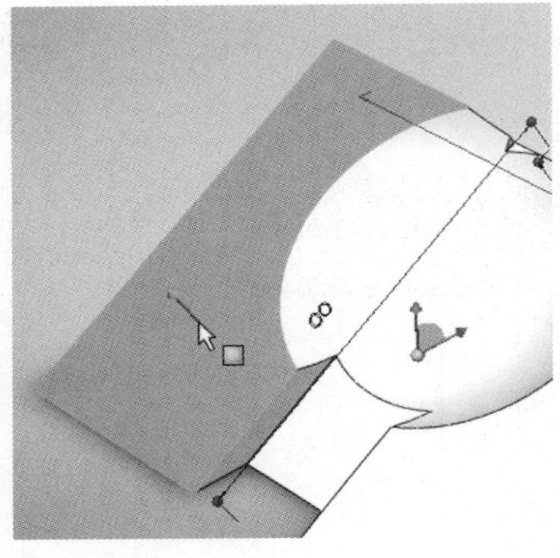

图 6-66

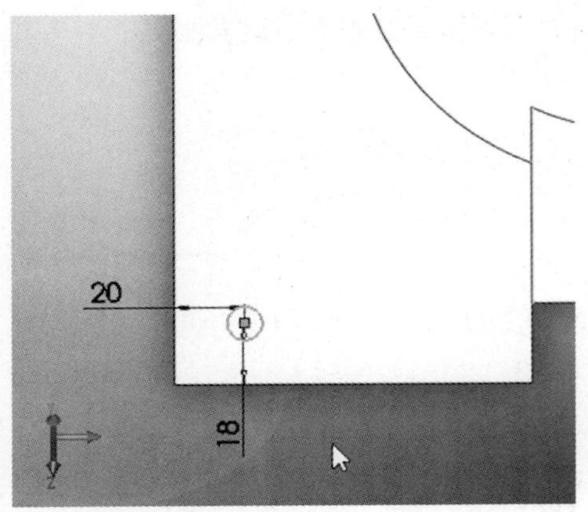

图 6-67

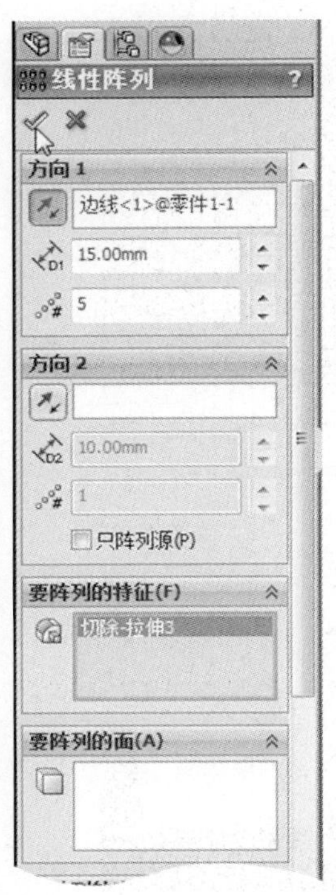

图 6-68

• 准备按键槽——底座形体修改

接下来，在建立和安装按键之前，先在底座形体上生成所有装入按键的按键槽。

（1）为了便于观察和操作，先将听筒（即“零件2”）隐藏起来。

（2）在设计树中点取底座（即“零件1”）项后，在“装配体”命令管理器上，单击（“编辑零部件”），使之压下，进入编辑零部件状态。

（3）在图形区域中点取如图6–66所示的底座形体上的平面。单击（“正视于”），将视图定向到正视于该平面。

（4）切换到“草图”命令管理器。单击（“草图绘制”），进入草图绘制状态。

（5）使用（“圆”）工具，在如图6–67所示的大致位置，绘制一个圆，并在“圆”属性管理器的“参数”项下，在（“半径”）项后输入值5。

（6）使用（“智能尺寸”）工具，如图6–67所示，将圆心的位置加以标注、定义。

（7）单击（“确定”），关闭“圆”属性管理器。

这样生成一个新的草图（这里为“零件1”中的“草图6”）。

（8）切换到“特征”命令管理器，单击（“拉伸切除”）。

在“切除–拉伸”属性管理器“方向1”项下，将终止条件设定为“给定深度”，并在（“深度”）项后输入值5。

（9）单击（“确定”）。生成新的拉伸切除特征（这里为“零件1”中的“切除–拉伸3”），它形成以后安装按键的第一个按键槽。下面借助它，生成一横排按键槽。

当前该切除拉伸特征还处在被选取的状态。

（10）单击（“线性阵列”），显示出“线性阵列”属性管理器（图6–68）。

系统处在“方向1”项下（“反向”)项后的“阵列方向”列表框，在图形区域中点取如图6–69所示的边线，出现粗立体箭头指示阵列方向；应使表示阵列方向的粗立体箭头如图6–69所示指向右边，即朝向底座的中间[必要时，可单击（“反向”）]。

如图6–68所示，在（“间距”）项后，输入阵列实例之间的距离值为15；在（“实例数”）项后，阵列复制的实例数量为5（此数量包含源特征在内）。当然，也可在作为阵列方向的边线上引出的快捷输入框中输入上述两项的值，按〈Enter〉键确认输入值，其中的值与属性管理器对应值是相互联动的；在“要阵列的特征”项下的列表框中，已列入“切除-拉伸3”特征。

此时预览如图6-69所示。

（11）单击✔（“确定”），生成一个线性阵列特征[这里为“阵列（线性）1”]，形成一横排用来安装按键的按键槽，结果如图6-70所示。

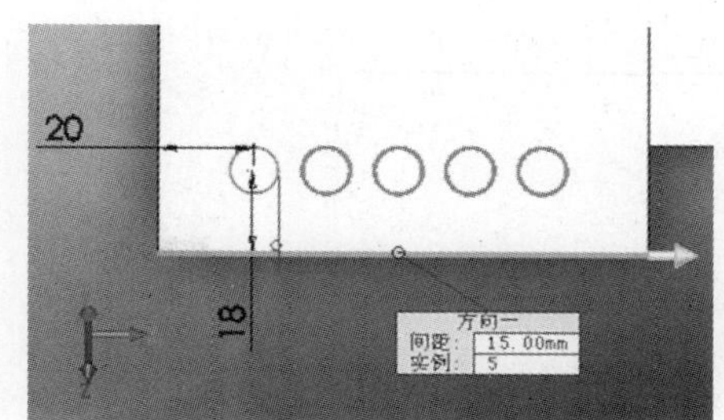

图 6-69

图 6-70

下面以类似的方法和操作过程，完成其它按键槽的负空间形体。

（12）采用上述步骤（3）~步骤（11）的方法过程、参数设定，生成新的按键槽及阵列，但是，将（“实例数”）项后的实例数量设定为7[这里设计树中新项目依次为“草图7”、“切除-拉伸4”和“阵列（线性）2”]。预览和尺寸标注等如图6-71所示。

（13）同样，生成新的按键槽及阵列，但是，将（“实例数”）项后的实例数量设定为4[这里设计树中新项目依次为“草图8”、“切除-拉伸5”和“阵列（线性）3”]。预览和尺寸标注等如图6-72所示。

（14）继续生成新的按键槽及阵列，但是，将（“实例数”）项后的实例数量设定为3[这里设计树中新项目依次为“草图9”、“切除-拉伸6”和“阵列（线性）4”]。预览和尺寸标注等如图6-73所示。

（15）继续生成一个新的按键槽及阵列，但是这一次，绘制圆草图实体时，将其半径值设定为6；进行阵列时，从两个方向进行阵列，并将两个方向的实例数量均设定为4，将两个方向的阵列实例之间的距离值均设定为15[这里设计树中新项目依次为“草图10”、“切除-拉伸7”和“阵列（线性）5”]。预览和尺寸标注等如图6-74所示。

（16）继续生成新的按键槽及阵列，但是这一次，绘制圆草图实

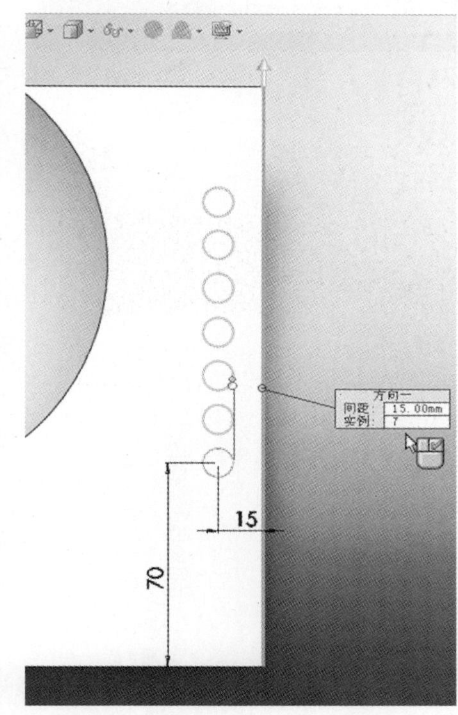

图 6-71

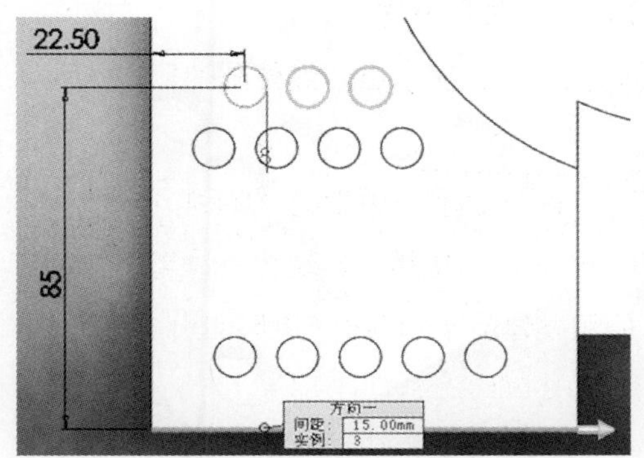

图 6-73

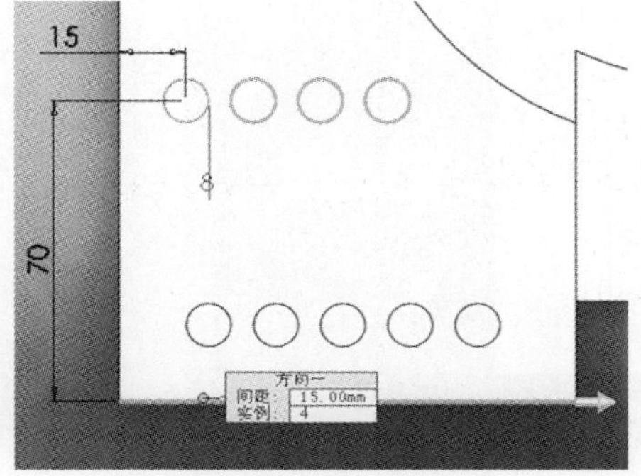

图 6-72

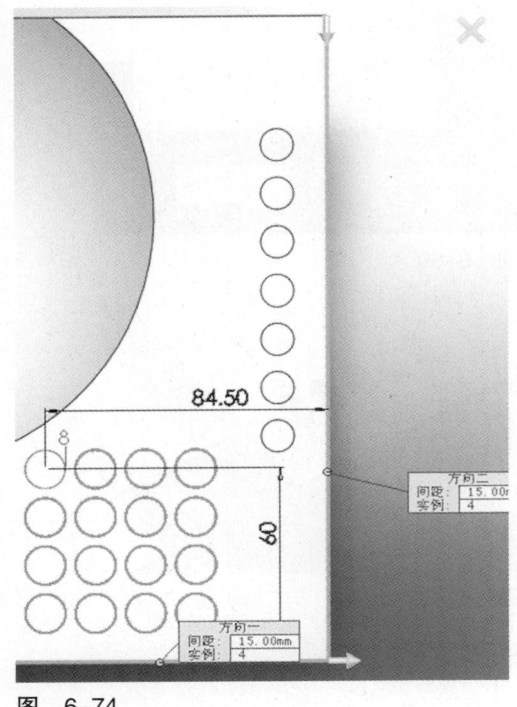

图 6-74

体时，将其半径值设定为6；沿一个方向进行阵列，且将（“实例数”）项后的实例数量设定为2，在（“间距”）项后设定阵列实例之间的距离值为35[这里设计树中新项目依次为“草图11”、“切除-拉伸8”和“阵列（线性）6”]。预览和尺寸标注等如图6-75所示。

这样，完成了底座上所有的（共37个）按键槽形体。结果如图6-76所示。

（17）单击（“倒角”），显示出“倒角”属性管理器。在“倒角参数”项下，确认处在默认的“角度距离”方式，并在（“距离”）项后设定距离值为1，在（“角度”）项后保持默认角度值45。

在（“边线和面或顶点”）项后的列表框上单击，然后在图形区域中，逐一点取所有按键槽槽口的圆周边线，【局部】预览如图6-77所示。

（18）单击（“确定”）。这样生成一个倒角特征（这里为“倒角1”），形成所有按键槽槽口小的过渡面。结果如图6-78所示。

（19）单击（“编辑零部件”），使之浮起，退出编辑零部件状态。

这样，完成了底座上所有按键槽的负空间形体。

• 完成装配体——按键形体

接下来，在装配体层次开始，建立按键形体。

（1）在主菜单栏上单击“插入”→“零部件”→“新零件”。在装配体中装入一个新零件，它处于“固定”状态，该零件体也是空的

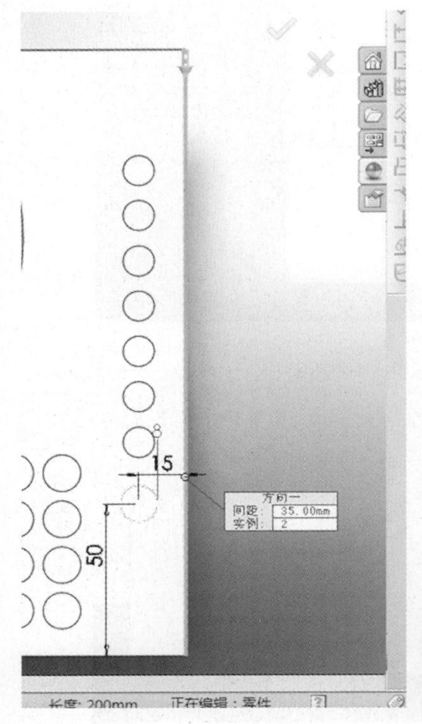

图 6-75

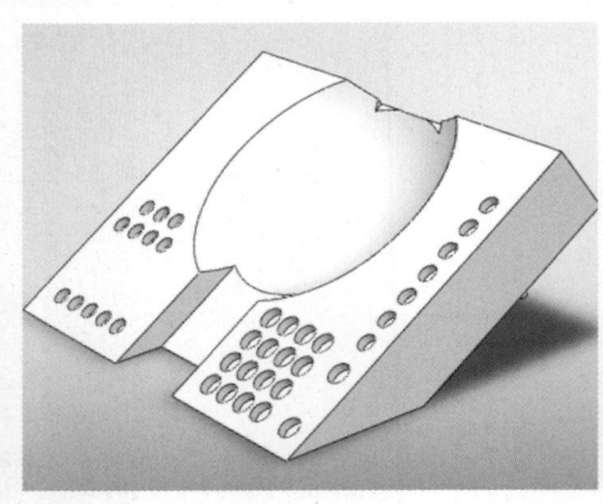

图 6-76

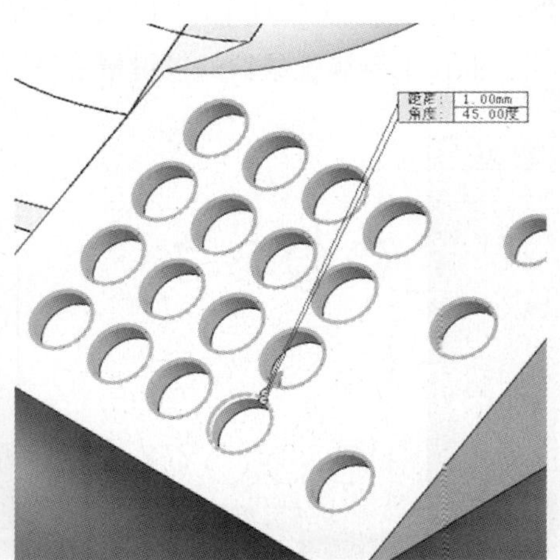

图 6-77

（图6–79）。这里，在设计树中将此零件更名为“零件3”。

（2）在设计树中点取该零件项后，在“装配体”命令管理器上，单击（“编辑零部件”），使其压下，进入编辑零部件状态。

（3）如图6–79所示，在图形区域中，点取前面建模过程中在底座上生成的第一个按键槽的槽底圆形的平面。

单击（“正视于”），将视图定向到正视于该平面。

（4）切换到“特征”命令管理器。在（“参考几何体”）命令组的下拉列表中，点取（“基准面”）。“基准面”属性管理器显示出来，如图6–80所示，“第一参考”项下（“参考实体”）项后的列表框中，该平面项已列入。

点取（“重合”）基准面生成方式。

（5）在属性管理器上，单击（“确定”）。生成新基准面（这里为“零件3”中的“基准面1”）。结果如图6–81所示。

（6）确认在设计树中点取该基准面。单击（“正视于”），将视图定向到正视于该基准面，如图6–82所示。

（7）切换到“草图”命令管理器，单击（“草图绘制”），进入草图绘制状态。

（8）在图形区域中，点取如图6–83所示的按键槽槽底边线，使用（“转换实体引用”）工具，生成新的草图实体（这里为“零件

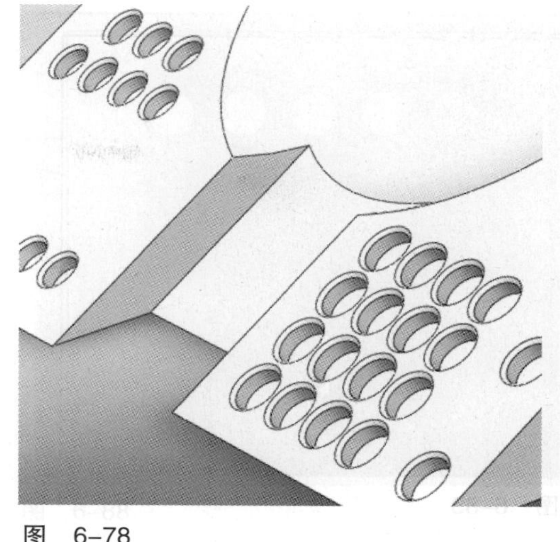

图 6–78

图 6–80

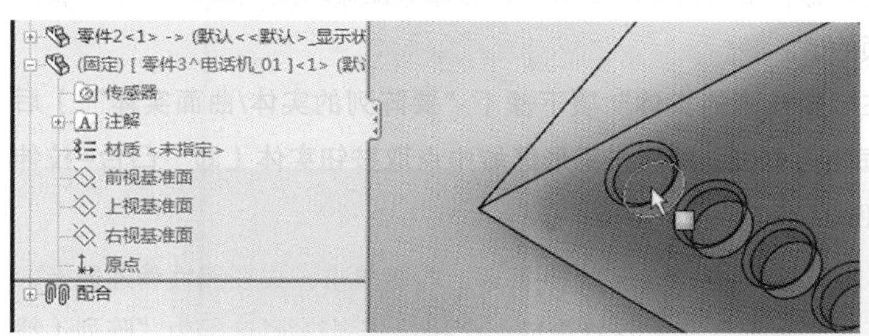

图 6–79

图 6–81

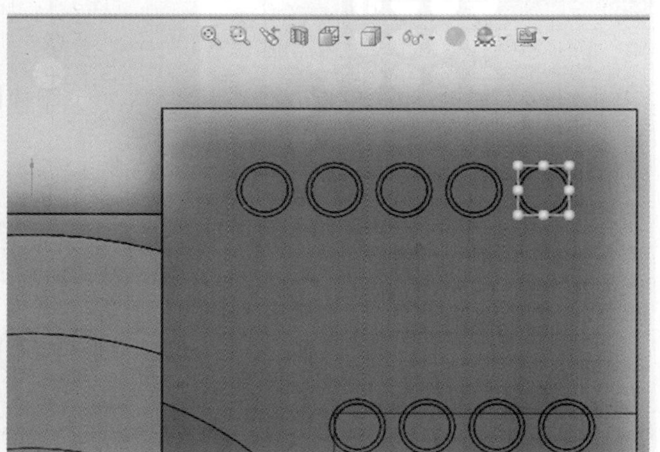

图 6–82

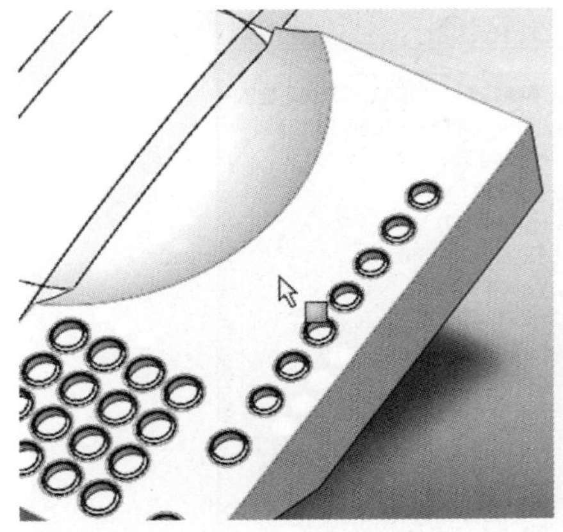

图 6-101

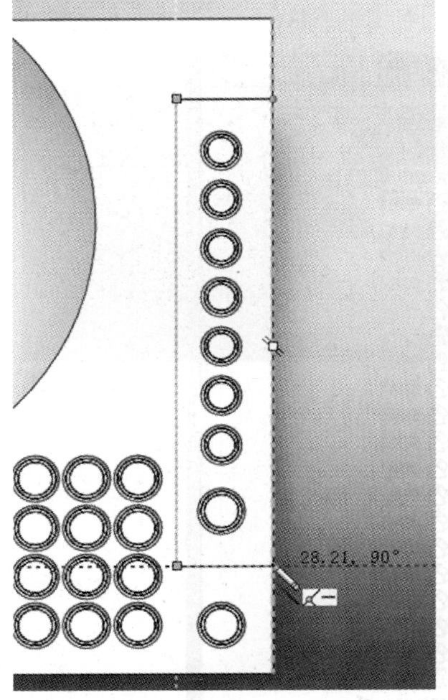

图 6-102

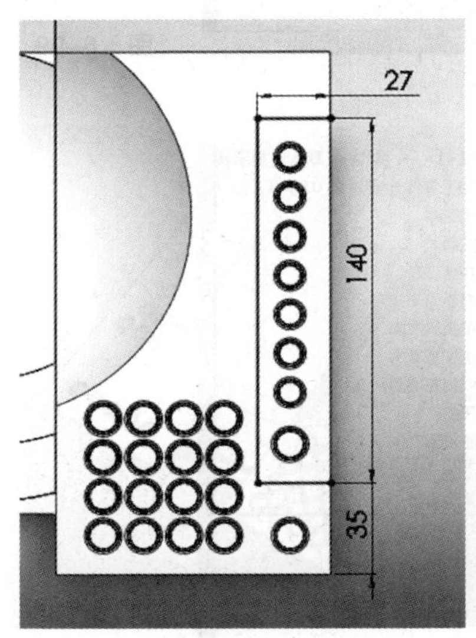

图 6-103

• 底座细节——扫描切除特征

继续在底座上增加一点细节，使用扫描切除特征。

（1）在设计树中点取“零件1”（即底座形体）项，在显示出的关联工具栏上单击（“编辑”），则退出对“零件3”（即按键形体）的编辑状态，并进入编辑“零件1”的状态[“装配体”命令管理器上的（“编辑零部件”）命令图标随之压下]。

（2）在图形区域中点取如图6-101所示的平面。单击（“正视于”），将视图定向到正视于该平面。

（3）切换到“草图”命令管理器。单击（“草图绘制”），进入草图绘制状态。

（4）使用（“直线”）工具，如图6-102所示大致位置，借助推理和捕捉，绘制三条直线。绘制时，使两水平直线的右侧端点捕捉到底座边线。

（5）使用（“智能尺寸”）工具，如图6-103所示，分别标注下方的水平直线与底座平面的竖直距离值为35，竖向直线的长度值为140，水平直线的宽度值为27。

（6）使用（“绘制圆角”）工具，在三条直线的两两交接处，分别绘制半径值为5的两个圆角（图6-104）。

（7）单击（“重建模型”），退出草图状态。完成新的草图（这里为“零件1”中的“草图12”）的绘制。

（8）在图形区域中点取如图6-105所示的底座右侧的立面。单击（“草图绘制”），进入草图绘制状态。

（9）使用（“圆”）工具，如图6-106所示，先绘制一个圆。绘制时，使圆心捕捉“草图12”中直线的端点。

然后，在显示出的“圆”属性管理器中，将（“半径”）项的值设定为2。

（10）单击属性管理器左上角的（“确定”）。生成新的草图

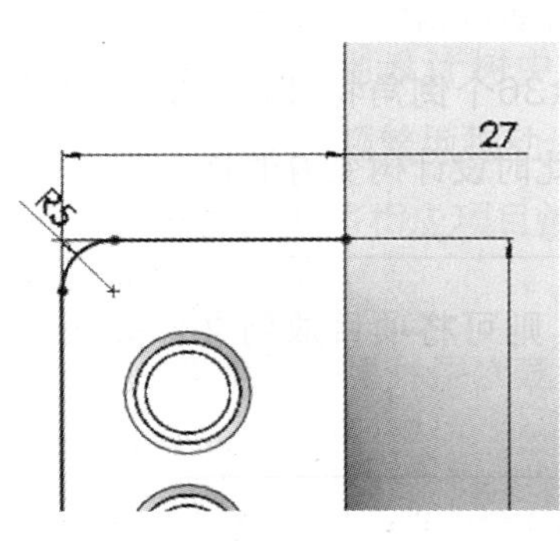

图 6-104

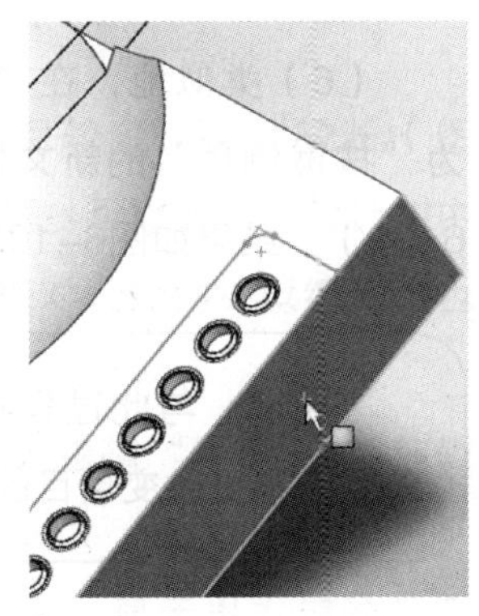

图 6-105

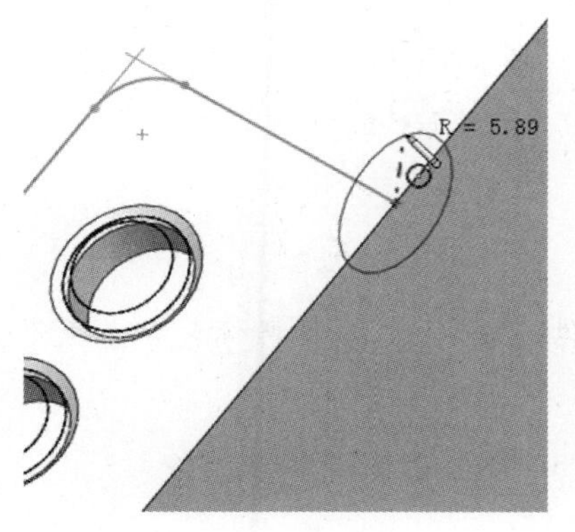

图　6-106

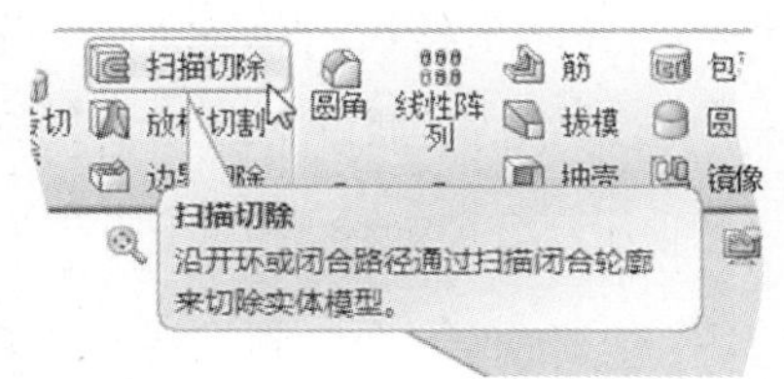

图　6-107

图　6-108

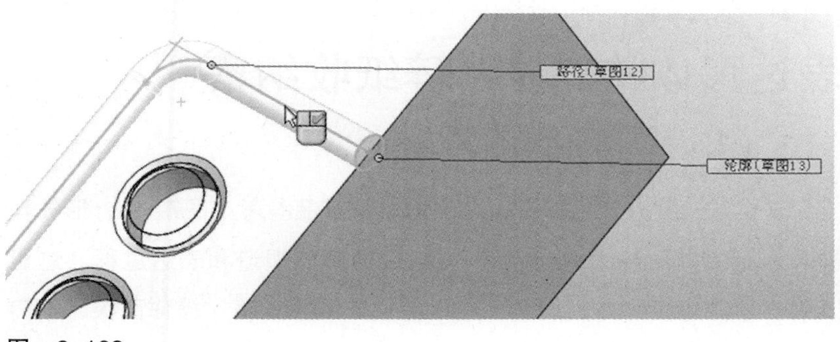

图　6-109

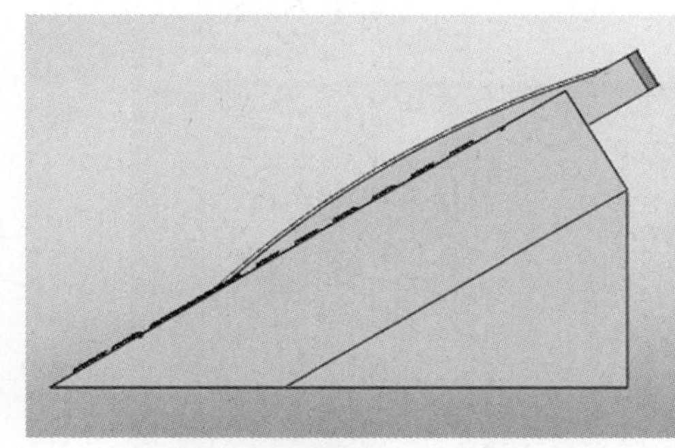
图　6-110

（这里为“草图13”）。

（11）单击（“退出草图”），或单击（“重建模型”），确保退出草图状态。

（12）切换到“特征”命令管理器。如图6-107所示，单击（“扫描切除”），显示出“切除-扫描”属性管理器（图6-108）。

在图形区域中依次点取圆（“草图13”）、直线（“草图12”），分别作为扫描的轮廓和路径。扫描切除的预览如图6-109所示。

（13）感觉将要形成的凹槽较粗。单击属性管理器上的（“取消”），不生成扫描切除特征。

（14）进入编辑“草图13”状态，标注圆草图实体的直径值为1.5后，重建模型，退出草图状态。

（15）如上，再次进行扫描切除特征操作，生成一个扫描切除特征（这里为“切除-扫描1”）。

（16）单击（“重建模型”），重建模型。在“装配体”命令管理器上，单击（“编辑零部件”），使之浮起，退出零部件编辑状态，退回到装配层次。

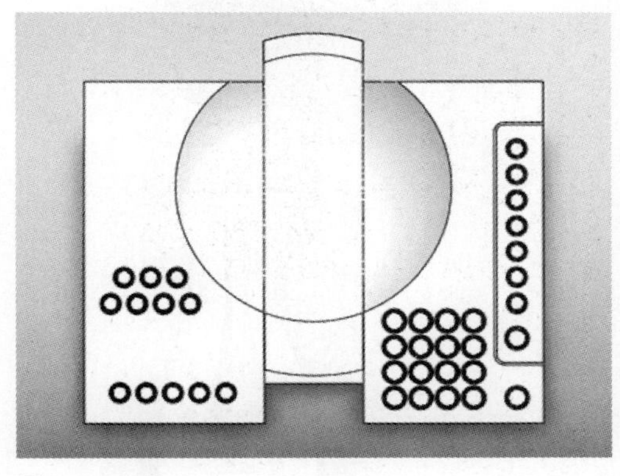
图　6-111

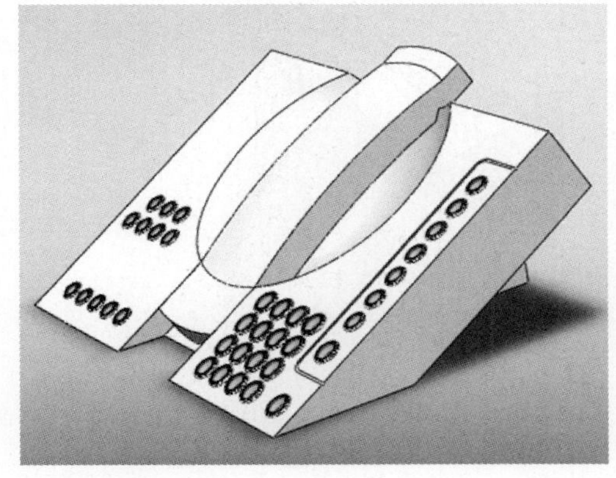
图　6-112

至此，完成整个电话机形体的建模表达（可往下完成显示屏、适当圆角等细节，这里省略），结果如图6-110、图6-111、图6-112所示。

柔曲实体塑造
——碎纸机建模

a）

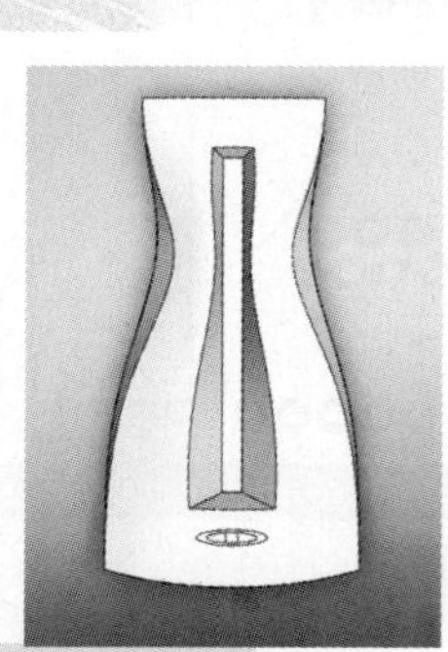

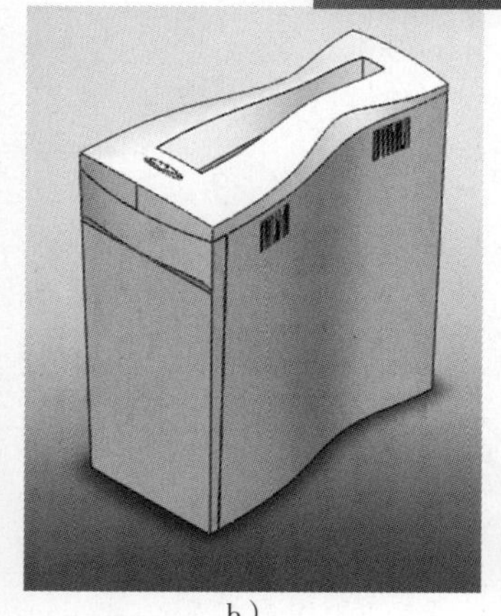

b）

图 7-1

表达形体特点——碎纸收纳箱

这里以一款办公用碎纸机产品为原型产品参考（图7-1a，形体建模表达结果如图7-1b所示），完成柔曲实体塑造和表达过程。这里以单一零件建模的方式展开，逐一完成碎纸收纳箱、操作面板、箱门等形体（当然，完全可以使用装配方法来完成该产品形体的塑造与表达）。

• 弧曲箱体——样条曲线草图

这里，碎纸机的碎纸收纳箱是主形体。从它开始展开建模过程。

在主菜单栏上单击“文件”→“新建”，选择“零件”类型，新建一零件文档；再单击“文件”→“另存为”，将此文件保存。例如，另存为“PaperShredder.sldprt”。

（1）在设计树中，点取“上视基准面”。单击（“正视于”），将视图定向到正视于该基准面。

（2）在“草图”命令管理器上，单击（“草图绘制”），进入草图绘制状态。为清晰起见，可将“应用布景”设定为“单白色”，使图形区域背景显示为纯白色。

单击（“中心线”），捕捉草图坐标原点，并在竖直方向上跨过原点绘制一条竖直向的中心线（图7-2）。

（3）单击（“样条曲线”），这里用四个控制点定义、绘制处于如图7-2所示大致位置的一条样条曲线。定义和绘制四个控制点后，右键单击，并点取“选择”项，完成样条曲线的绘制。

绘制的结果如图7-3所示，可以看到，样条曲线的起点、终点用

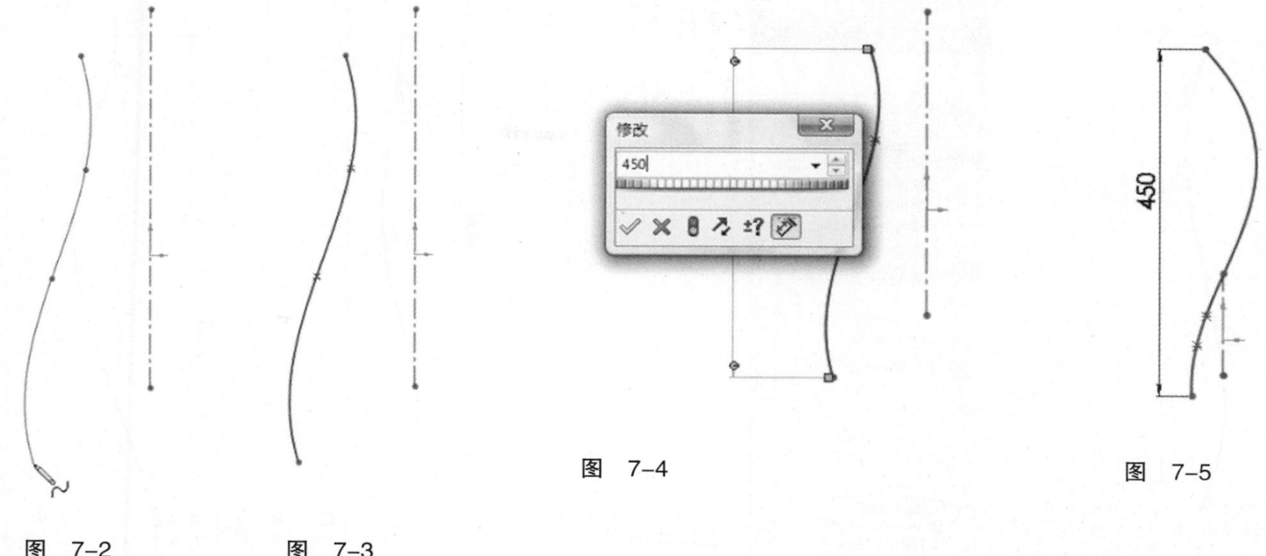

图 7-2　　图 7-3　　图 7-4　　图 7-5

圆点表示，中间两个控制点用“*”符号表示。

（4）单击（“智能尺寸”），依次点取样条曲线的起点、终点，设定两者竖直方向距离值为450（图7-4）。单击（“保存当前的数值并退出此对话框”），确认尺寸的修改，并退出和关闭对话框。

单击“尺寸”属性管理器上（“关闭对话框”），完成尺寸标注。样条曲线结果如图7-5所示。

> 提示：放置距离值标注位置时，右键单击，解开标注位置的锁定，然后可任意改变标注位置。

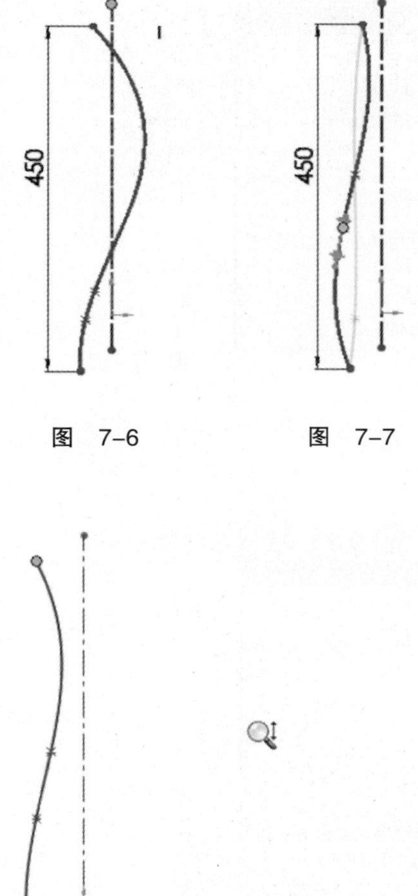

图 7-6　　图 7-7

图 7-8

（5）在所绘制中心线的上部端点上单击并保持，向上移动鼠标，同时保持中心线的竖直几何关系，至合适处释放鼠标，将中心线向上变长。结果如图7-6所示。

（6）在样条曲线的控制点上，单击并保持，移动鼠标，改变相应控制点的位置，同时也改变了整个样条曲线的形状。此过程中，样条曲线原来的形状以淡的灰蓝色显示，便于使用者对比样条曲线的改变及其程度（图7-7）。

样条曲线经调整后的形状大致如图7-8所示。

（7）点取样条曲线的上部端点（即起点），它的控标显示出来。控标由三个图标组成，在其中的任意一个图标上单击（图7-9），显示出“样条曲线”属性管理器。

向下拖动属性管理器右侧的滑杆，在“参数”项下，勾选“相切

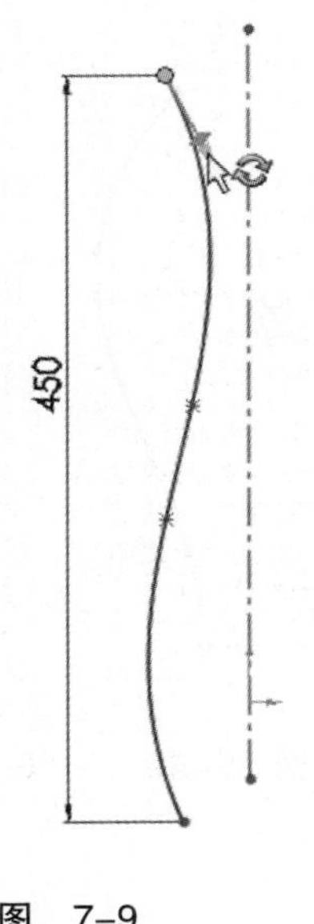

图 7-9

图 7-10

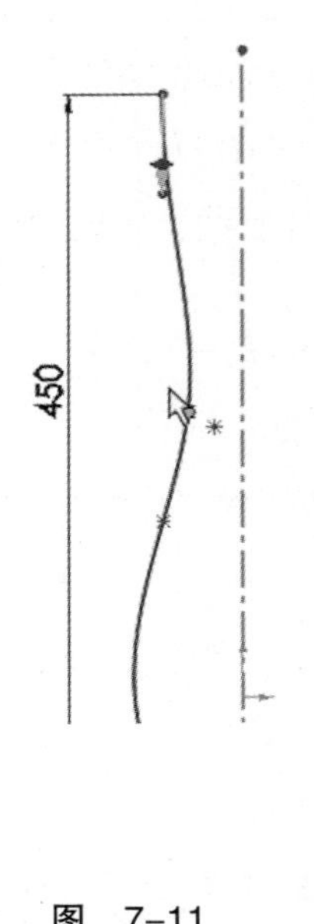

图 7-11

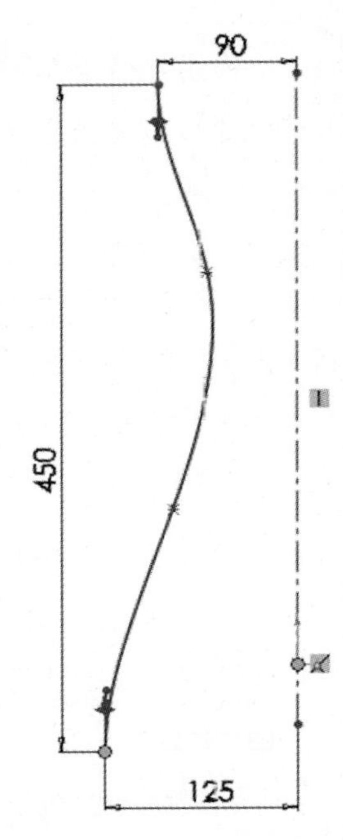

图 7-12

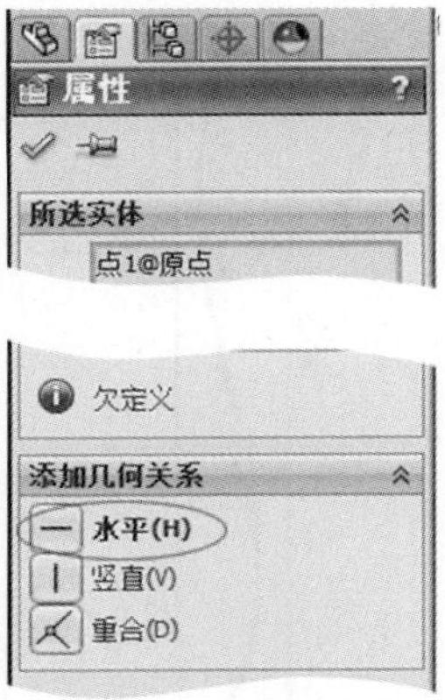

图 7-13

驱动”，并在（“相切径向方向”）后面的数值输入框中，输入值“-90”，如图7-10所示。

单击属性管理器左上角的（“关闭对话框”）。

（8）如图7-11所示，该端点的控标竖直地指向下方。

（9）对于样条曲线的下部端点（即终点），作同样的处理。结果如图7-12所示。

（10）单击（“智能尺寸”），对样条曲线的起点、终点，分别标注、设定其与中心线的水平距离值为90、125，如图7-12所示。

（11）点取样条曲线的第二个控制点（即两个中间控制点中上面的那个），使用上述类似方法，设定其控标方向为竖直向的指向。

随后关闭“样条曲线”属性管理器。

（12）按住〈Shift〉键的同时，点取草图坐标原点、样条曲线的下部端点，显示出“属性”属性管理器。在“添加几何关系”项下，单击（“水平”，图7-13）。这使得该端点向上移动，与草图坐标原点保持水平。

（13）再次点取第二个控制点，显示出“点”属性管理器。在“参数”项下，将该点的X、Y坐标值分别设定为“-75”、“300”（图7-14）。

属性管理器仍然显示。点取第三个控制点（即两个中间控制点中下面的那个），将该点的X、Y坐标值分别设定为“-110”、“160”。

随后单击（“关闭对话框”），关闭“点”属性管理器。

图 7-14

（14）使用（“直线”）、（“镜像实体”）等工具，绘

提示：这里设定的控制点位置供对照地练习时作为参考。严格地讲，应单击主菜单“工具”→“样条曲线工具”→“显示曲率”（图7-15），显示出梳状线，以便对照着梳状线来调整曲线的形状。

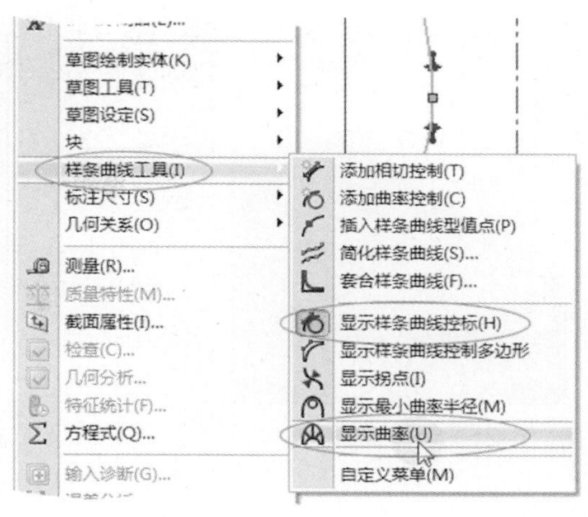

图 7-15

制、生成如图7-16所示的草图。

至此，完成了该草图（这里为“草图1”）。

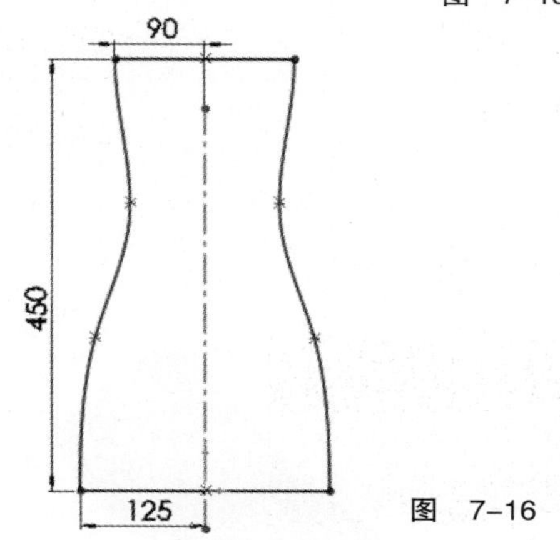

图 7-16

提示：如果要不显示草图实体的几何关系，单击主菜单“视图”→“草图几何关系”（图7-17），使该项的图标浮起，从而关闭图形区域中几何关系显示。

如果要不显示样条曲线的控标图标，单击主菜单“工具”→“样条曲线工具”→“显示样条曲线控标”（图7-15），使该项的图标浮起，从而关闭图形区域中控标图标的显示。

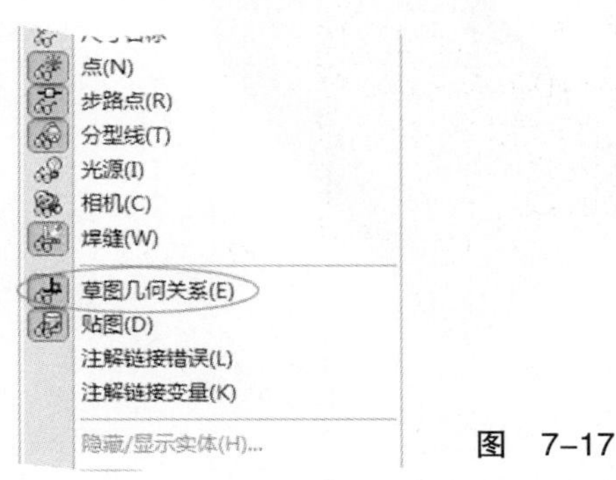

图 7-17

• 碎纸收纳箱形体——拔模特征

（1）切换到“特征”命令管理器。单击（“拉伸凸台/基体”），出现拉伸特征预览。在“方向1”项下，单击（“反向”），使拉伸方向朝下；对拉伸的（“深度”）项，在其数值输入框中输入值500后按〈Enter〉键。

预览如图7-18所示。

单击“凸台-拉伸”属性管理器左上角的（“确定”），生成碎纸收纳箱拉伸实体（这里为“拉伸1”）。

碎纸收纳箱的箱体向底部方向有所收窄。

（2）如图7-19所示，单击（“拔模”），显示出属性管理器。单击“手工”按钮，切换到以手工方式进行拔模。此时“拔模”属性管理器如图7-20所示。

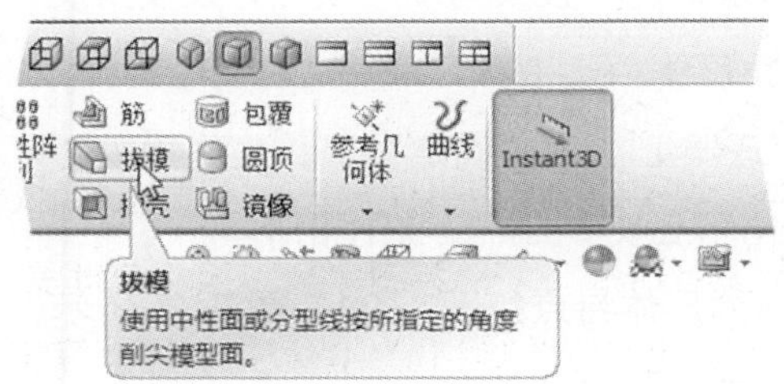

图 7-19

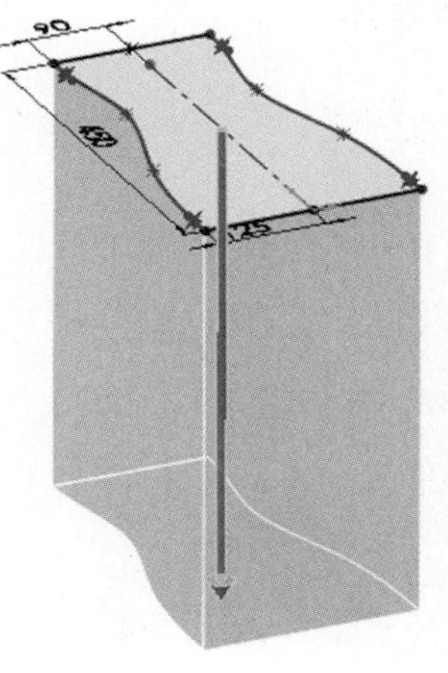

图 7-18

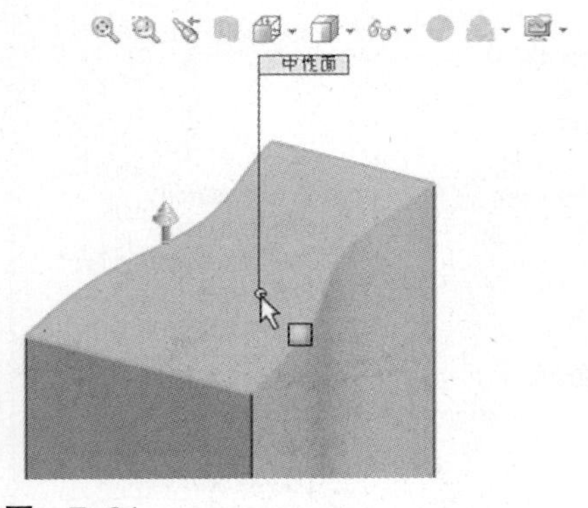

图 7-21

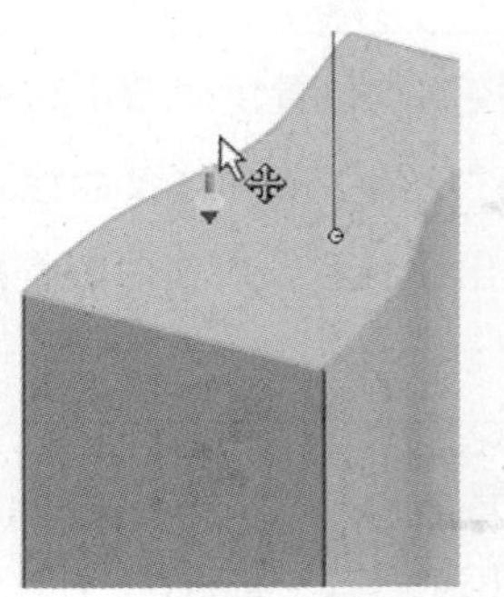

图 7-22

图 7-20

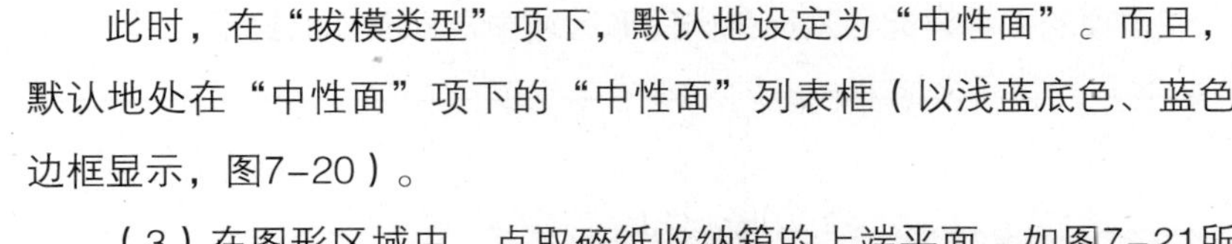

此时，在“拔模类型”项下，默认地设定为“中性面”。而且，默认地处在“中性面”项下的“中性面”列表框（以浅蓝底色、蓝色边框显示，图7-20）。

（3）在图形区域中，点取碎纸收纳箱的上端平面。如图7-21所示，显示出默认地指向上方的粗立体箭头，代表拔模方向。

同时，上端平面的名称（这里为“平面1”）列入到“中性面”列表框中（图7-22）；图形区域中它以浅紫色显示，并向外引出一个含有“中性面”字样的标签（图7-21）。

（4）单击粗立体箭头，或在属性管理器的“中性面”项下单击（“反向”），使拔模方向朝下（图7-22）。

（5）此时系统自动地处在“拔模面”项下的“拔模面”列表框（以浅蓝底色、蓝色边框显示，图7-22）。

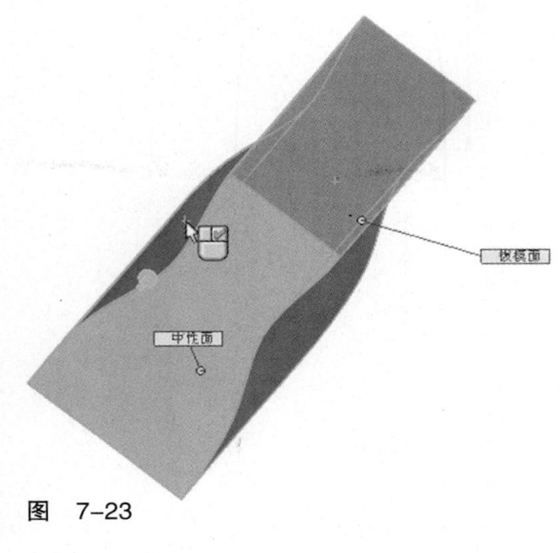

图 7-23

此时，在图形区域中，依次点取如图7-23所示收纳箱实体的三个侧面。它们列入到“拔模面”列表框中；图形区域中它们则以深蓝色显示，并向外引出一个含有“拔模面”字样的标签（图7-23）。中性面仍以浅紫色显示，并以“中性面”字样的标签加以标明。

（6）此时光标显示为符号。

这里，先不进行右键单击动作。

在“拔模”属性管理器的“拔模角度”项下，拔模角度默认地设定为1度。这里，输入角度值1.5，按〈Enter〉键确认。

（7）单击属性管理器上（“确定”），生成拔模特征（这里为“拔模1”），形成向箱底收窄的碎纸收纳箱形体。

此时箱体正视方向的形体特点如图7-24、图7-25所示，拔模后的箱体形体如图7-26所示。

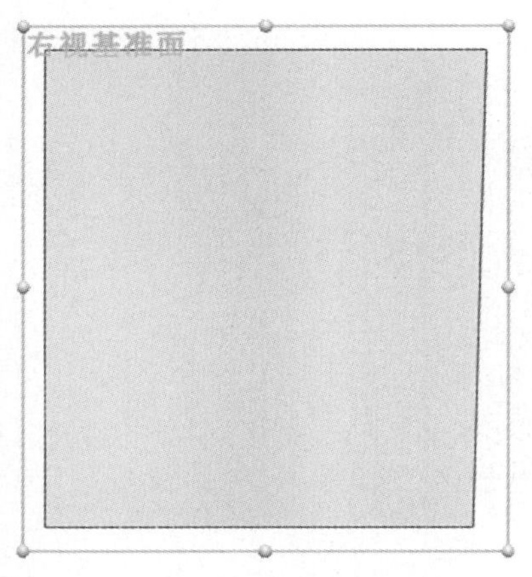

图 7-24

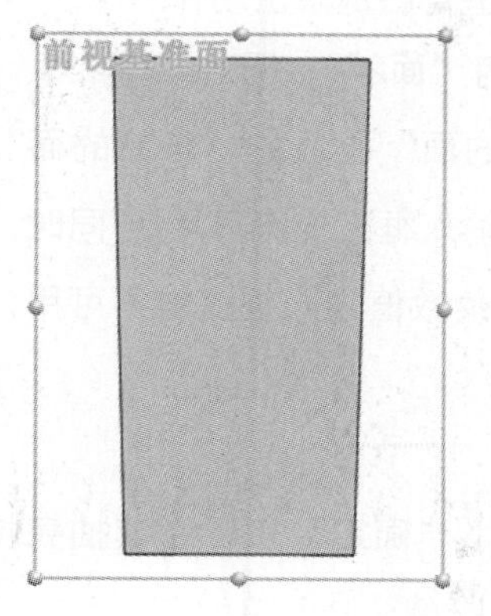

图 7-25

图 7-27

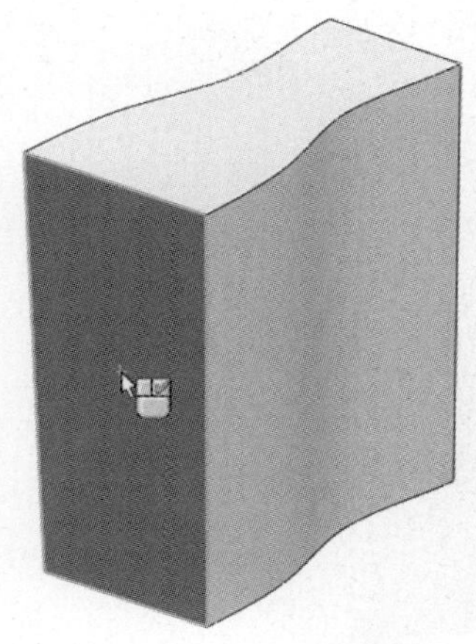

图 7-26

> 提示：这里只选取箱体的两个侧面及背面进行拔模，是由于箱体的前立面要保持直立，并用来安装箱门。
>
> 这也是专门使用拔模特征、而不是在先前的拉伸特征中设定拔模角度参数来处理箱体形体的原因。

• 碎纸收纳空间——抽壳特征

继续建模，形成碎纸收纳的负空间形体。

（1）如图7-27所示，在“特征”命令管理器上，单击（“抽壳”）。

显示出“抽壳”属性管理器。此时系统自动地处在“参数”项下（“移除的面”）项后的“移除的面”列表框，“参数”项下（“厚度”）的值默认地设定为10mm。

（2）在图形区域中点取如图7-26所示的箱体前立面。此时光标显示为符号。这里，先不进行右键单击动作。

该前立面列入“移除的面”列表框中（这里为“面1”，图7-28）。如图7-28所示，勾选“显示预览”选项，预览如图7-29所示。

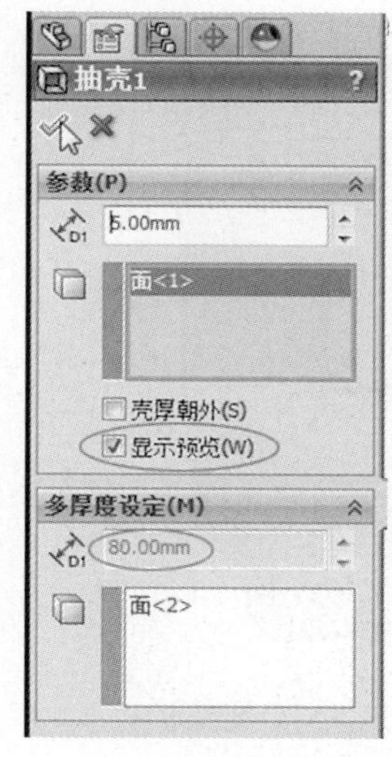

图 7-28

箱体上部区域内部还要容纳结构部件，故此区域要留有一定厚度不被移除。

（3）单击“多厚度设定”项下（“多厚度面”）后的“多厚度面”列表框。此时，（“多厚度”）后的数值输入框变得可用（同时，“参数”项下（“厚度”）后的数值输入框变得不可用），输入值“80”后按〈Enter〉键。

（4）在图形区域中点取箱体的上部平面。

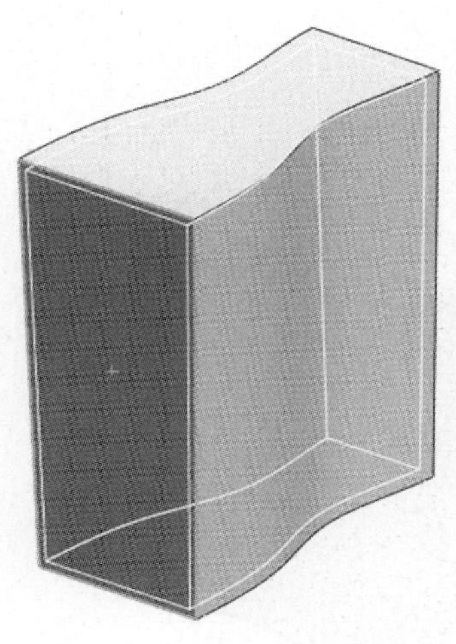

图 7-29

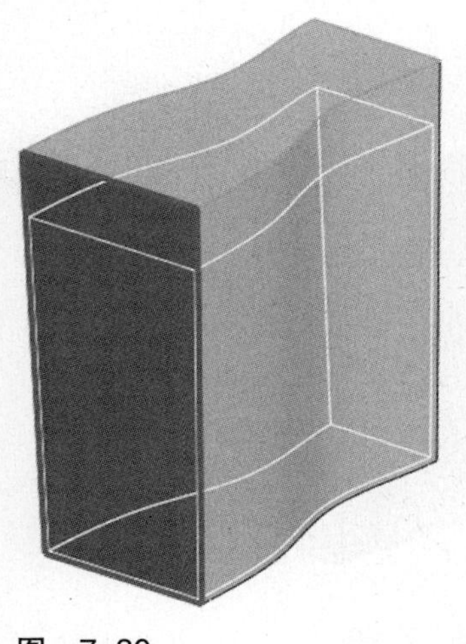

图 7-30

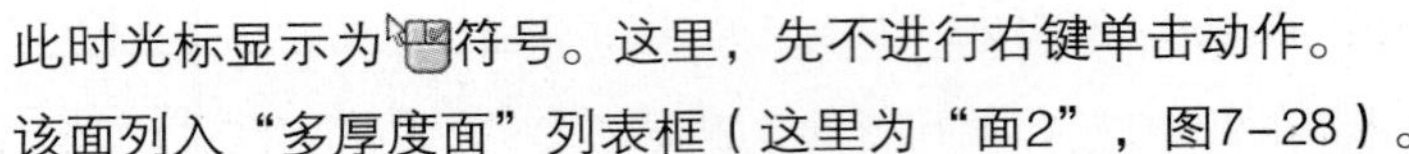

此时光标显示为符号。这里，先不进行右键单击动作。

该面列入“多厚度面”列表框（这里为“面2”，图7-28）。

（5）单击“参数”项下（“移除的面”）后的“移除的面”列表框。此时，（“厚度”）后的数值输入框又变得可用了[同时，“多厚度设定”项下（“多厚度”）后的数值输入框变得不可用，图7-28]，输入值5后按〈Enter〉键。

此时预览如图7-30所示。

（6）单击“抽壳”属性管理器上（“确定”），生成抽壳特征（这里为“抽壳1”），形成碎纸收纳箱收纳空间的负形体。

结果如图7-31所示。

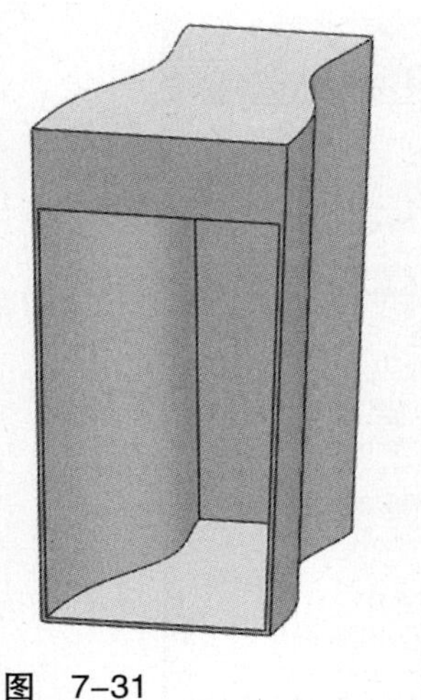

图 7-31

高质量样条曲线——柔曲的操作面板

从功能使用和形体特色的角度来看，该碎纸机上部柔曲的操作面板是重要的形体。

• 与箱体弧曲相呼应——确保样条曲线质量

（1）在图形区域中，点取箱体的前立面。在（“参考几何体”）命令组的下拉列表中，点取（“基准面”）。

显示出“基准面”属性管理器。在“第一参考”项下，使用“偏移距离”方式并输入值45（图7-32），按〈Enter〉键，图形区域中

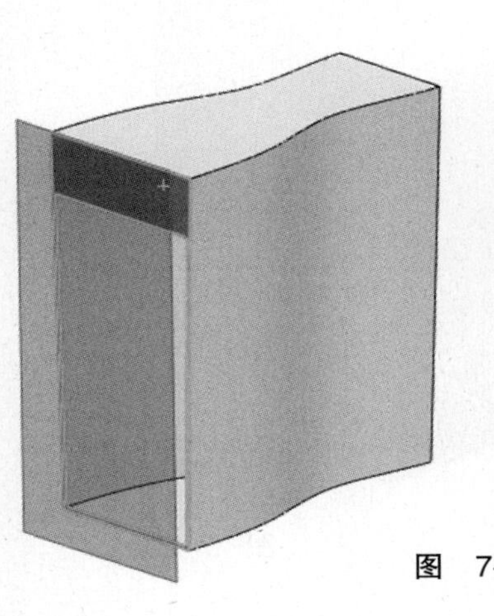

图 7-33

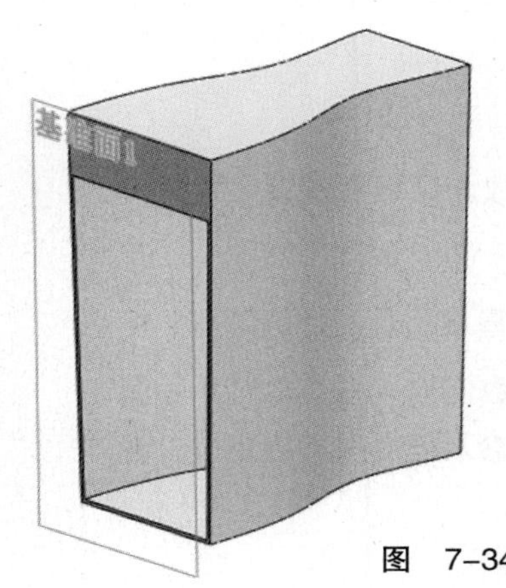

图 7-34

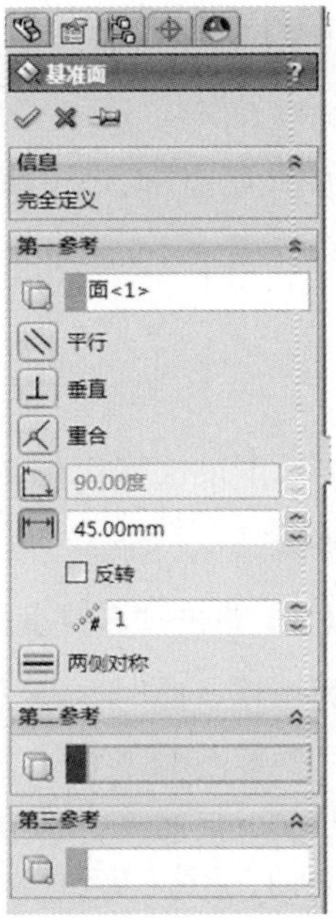

图 7-32

出现预览，如图7-33所示。

（2）单击✓（“确定”），生成一个基准面（这里为“基准面1”）。

结果如图7-34所示。

（3）类似地，在图形区域中点取箱体的背面（注意它是拔模角度为1.5°的倾斜面）。在（“参考几何体”）命令组的下拉列表中，点取（“基准面”）。在“基准面”属性管理器的“第一参考”项下，使用“偏移距离”方式，输入距离值0后按〈Enter〉键。生成与箱体背面重合的基准面（这里为“基准面2”）。

结果如图7-35所示。

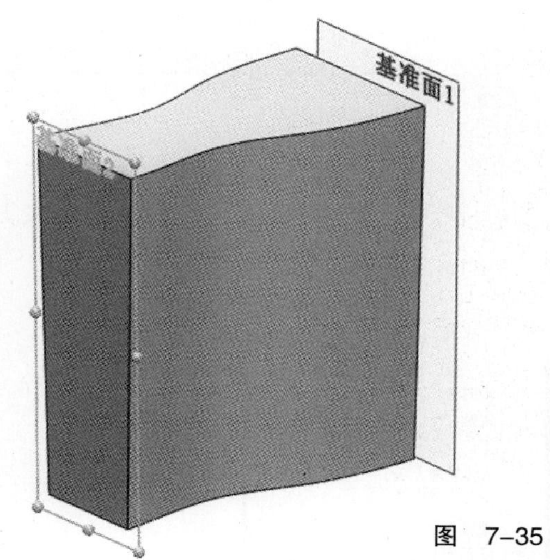

图 7-35

（4）在设计树中点取“基准面1”。切换到“草图”命令管理器，单击（“草图绘制”），进入草图绘制状态。

单击（“正视于”），将视图定向到正视于该基准面。

（5）使用（“转换实体引用”）工具，生成一条直线草图实体，结果如图7-36所示。

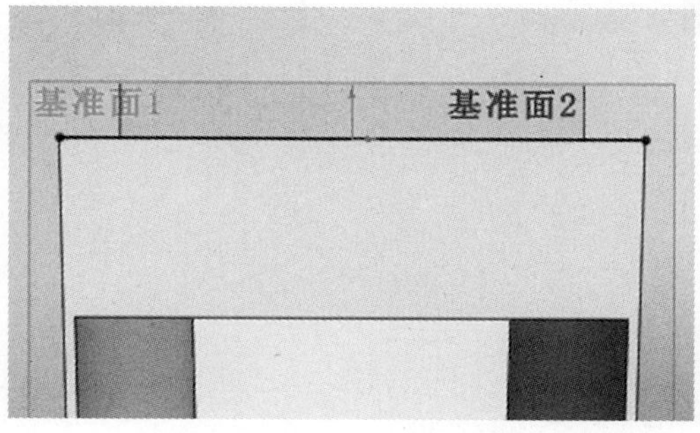

图 7-36

（6）单击（“直线”），以由转换实体引用得到的直线左端点为起点，绘制一条直线。结果如图7-37所示。

（7）按住〈Shift〉键，如图7-37所示点取刚绘制的直线以及几何模型的边线。

此时显示出“属性”属性管理器。在“添加几何关系”项下，点取“共线”几何关系（图7-38）。

（8）单击✓（“关闭对话框”）。绘制的直线与几何模型边线相对齐，如图7-39所示。

（9）单击（“中心线”），捕捉、跨过草图坐标原点绘制一条竖直方向的中心线。结果如图7-40所示。

（10）单击（“样条曲线”），用三个控制点定义、绘制一条样条曲线。绘制时，使其起点捕捉到所绘制直线的上端点、终点捕捉到中心线上。

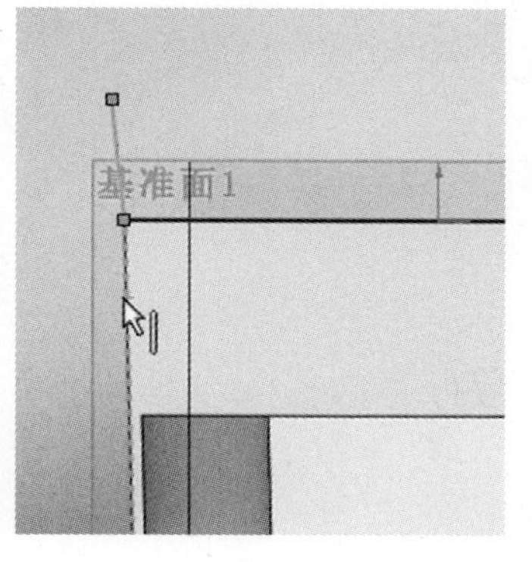

图 7-37

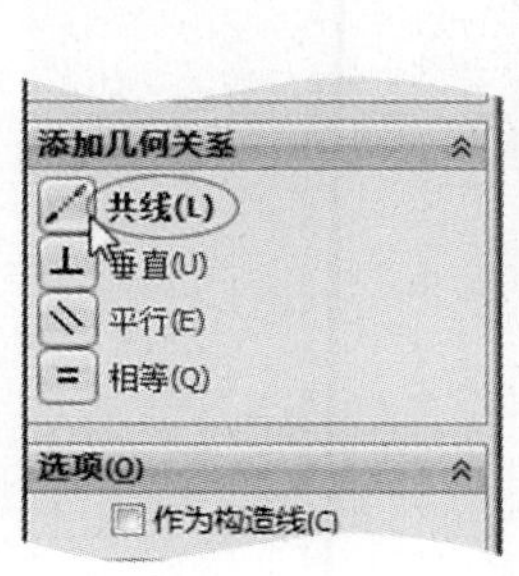

图 7-38

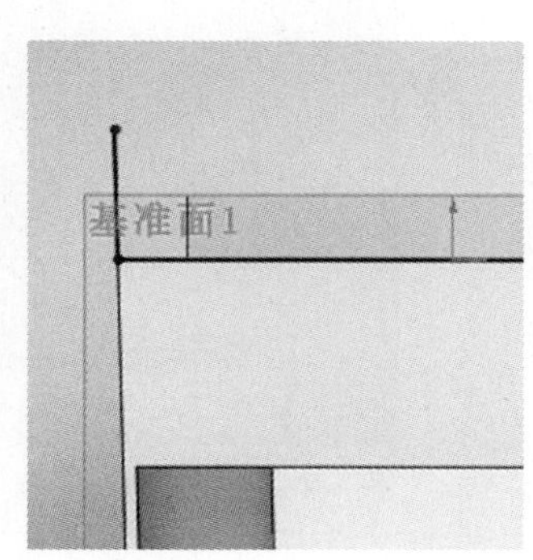

图 7-39

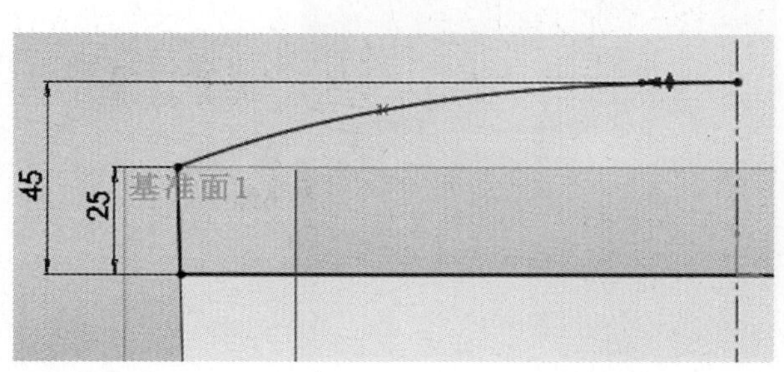

图 7-40

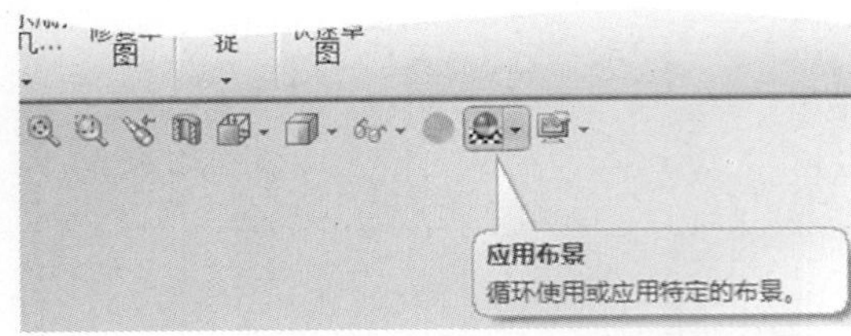

图 7-41

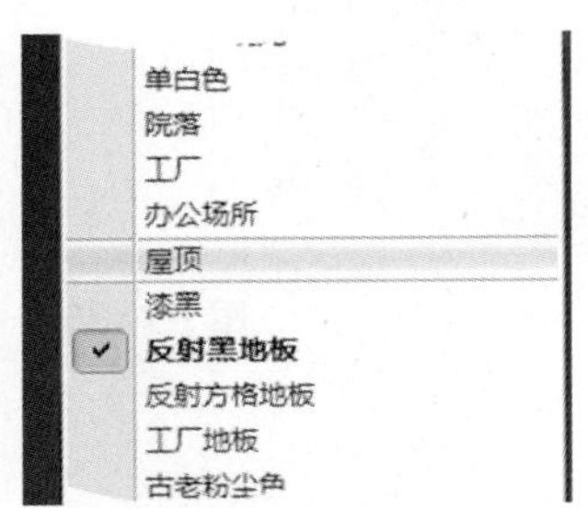

图 7-42

（11）使用（“智能尺寸”）工具，相对于草图坐标原点，分别对样条曲线的起点、终点，标注、设定竖直方向的距离值为25、45（图7-40）。

（12）点取样条曲线位于中心线上的端点（终点），它的控标显示出来。控标由三个图标组成，在其中任意一个图标上单击，显示出“样条曲线”属性管理器。在“参数”项下，勾选“相切驱动”，并在（“相切径向方向”）后面的数值输入框中，输入值0。单击（“关闭对话框”）。结果如图7-40所示，该端点的控标水平地指向左方。

（13）单击并保持中间的那个控制点，移动鼠标，将样条曲线大致地调整光顺（图7-40）。

下面将对该样条曲线进行较为精确的调整，以保证得到高质量样条曲线。

（14）为了更好看清曲率检查及其结果，先使用前导视图工具栏上的“应用布景”（图7-41），将图形区域背景显示由“屋顶”改为“反射黑地板”（图7-42）。

（15）在样条曲线上右键单击，在右键快捷菜单上点取“显示曲率检查”（图7-43）选项。此时，“反射黑地板”背景上清晰地看到浅黄色的梳状线（图7-44）。

（16）单击并保持中间的那个控制点，移动鼠标，样条曲线形状以及相应梳状线也发生变化。

根据梳状线的变化连续性情况，可判断样条曲线的光顺程度。当认可样条曲线时，释放鼠标，确定样条曲线的形状。

这里，作为参照，可将中间控制点的X、Y坐标值分别设定为-78、38（具体方法同前）。

这样，完成样条曲线的形状调整。

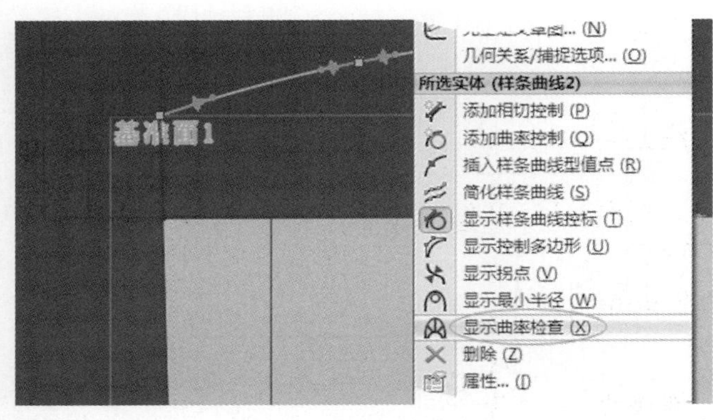

图 7-43

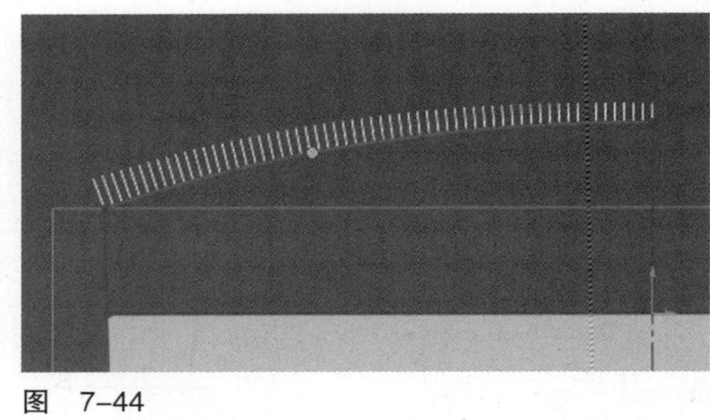

图 7-44

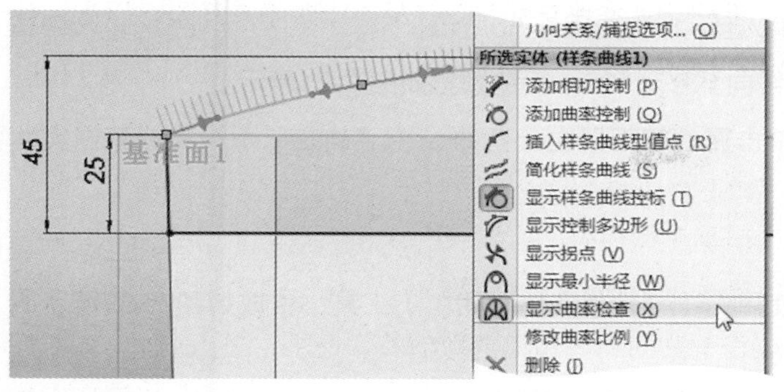

图 7-45

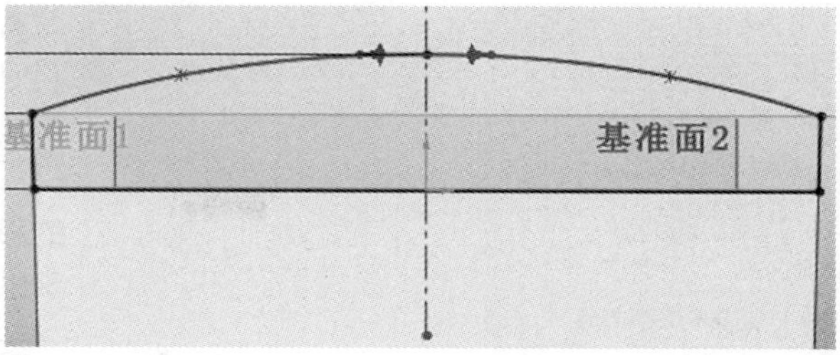

图 7-46

（17）再次使用“应用布景”（图7-41），将图形区域背景显示由“反射黑地板”改为“屋顶”或其它（如“单白色”，图7-42）。

在样条曲线上右键单击，在右键快捷菜单上再次点取“显示曲率检查”（图7-45）选项，关闭曲率检查，使其不显示出来。

（18）使用（“镜像实体”）工具，镜像复制样条曲线以及绘制的那条短的直线，生成如图7-46所示的草图。

（19）单击（“重建模型”），以退出草图状态。

至此，完成了该草图（这里为“草图2”）。

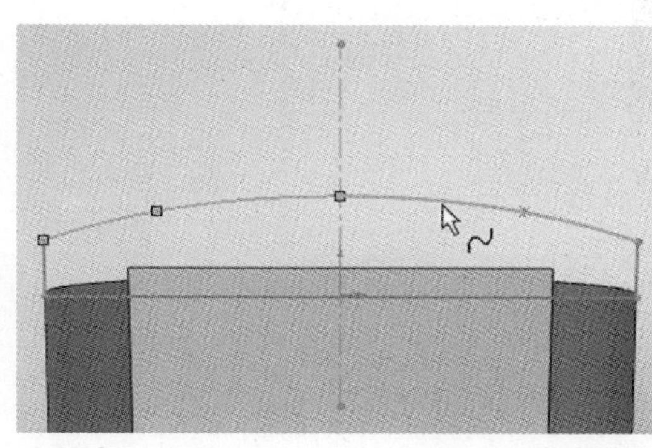

图 7-47

• 操作面板基本形体——生成其它草图

（1）在设计树中点取“基准面2”，单击（“正视于”），将视图定向到正视于该基准面。

（2）在“草图”命令管理器上，单击（“草图绘制”），进入草图绘制状态。

（3）在图形区域中，点取如图7-47所示的曲线后，单击（“转换实体引用”），生成草图实体。结果如图7-48所示。

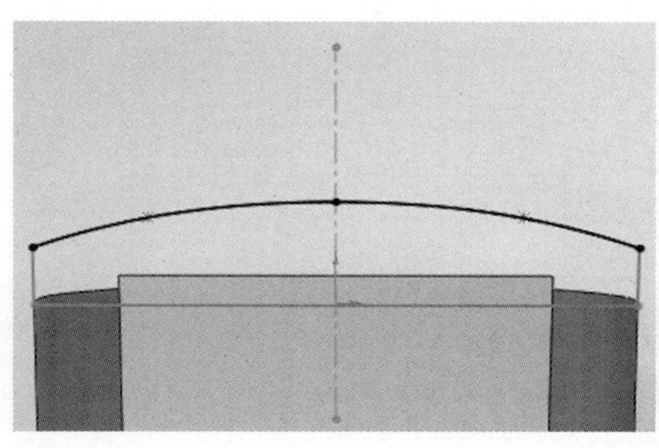

图 7-48

（4）点取通过转换实体引用而得到的、位于左侧的曲线，显示出“样条曲线”属性管理器（图7-49），在“现有几何关系”项下，列出了其目前具有的“在边线上”几何关系。在列表框中点取该几何关系（这里为“在边线上1”），然后按〈Delete〉键，将其删除。

（5）类似地，对于位于右侧的曲线，同样删除其“在边线上”（这里为“在边线上0”）的几何关系。

单击（“关闭对话框”），关闭“样条曲线”属性管理器。

（6）再次点取这两条曲线。在“草图”命令管理器上单击（“移动实体”）。

显示出“移动”属性管理器，所点取的草图实体已列入“要移动的实体”项下的列表框中。在“参数”项下，点取“X/Y”选项，并对

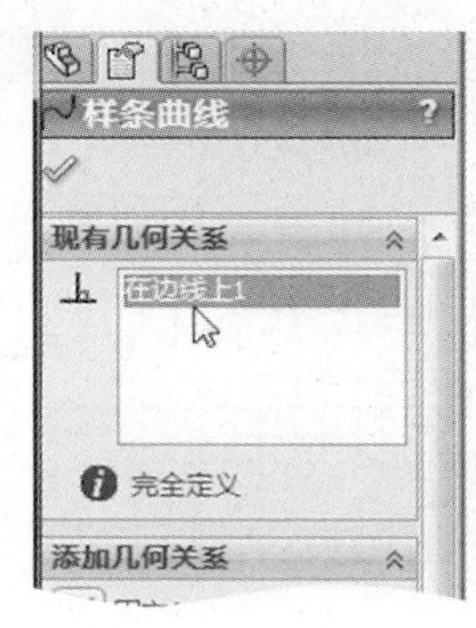

图 7-49

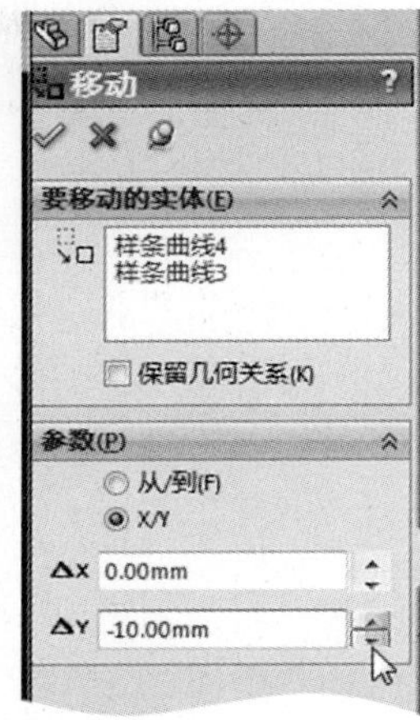

图 7-50

“ΔY”项输入值-10，如图7-50所示。

此时曲线向下移动10mm后的预览如图7-51所示。

（7）单击属性管理器左上角的✓（“确定”），完成草图实体的移动。

（8）使用（“转换实体引用”）工具，生成如图7-52所示的两个草图实体。

（9）单击（“延伸实体”），将刚通过转换实体引用而得到的、竖向的那个草图，延伸至位于其上方的曲线上。预览如图7-53所示。

（10）单击（“剪裁实体”），以“剪裁到最近端”方式对左侧的草图实体加以剪裁，形成如图7-54所示的结果。

（11）使用（“中心线”）工具，跨过草图原点绘制一根竖直中心线。再使用（“镜像实体”）工具，将（剪裁后的）曲线和竖向短线镜像并复制到右侧。

生成的草图（这里为“草图3”）如图7-55所示。

单击（“重建模型”），以退出草图状态。

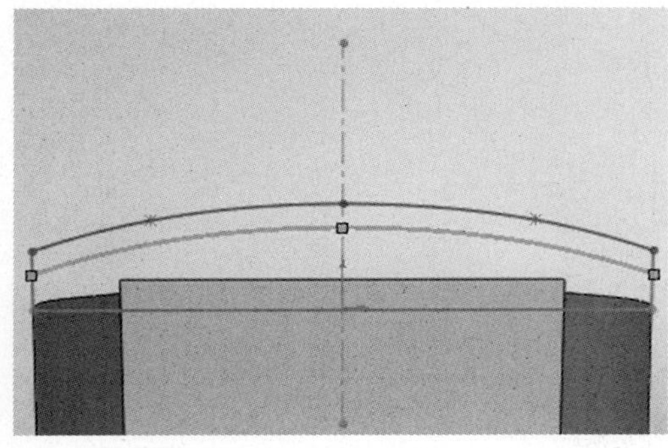

图 7-51

继续为建立操作面板实体准备草图。

（12）在设计树中点取“右视基准面”。在“草图”命令管理器上，单击（“草图绘制”），进入草图绘制状态。

（13）单击并保持鼠标中键，移动鼠标将视点转到合适角度。

单击（“样条曲线”），用三个控制点定义、绘制一条样条曲线。绘制时，使其起点捕捉到“草图2”、“草图3”中曲线实体的对称点处，过程如图7-56所示。

生成的样条曲线结果如图7-57和图7-58所示。

（14）通过打开“显示曲率检查”，对照梳状线的变化，调整中间控制点（第二个控制点）的位置，使该样条曲线保持较高质量，如图7-58所示。

随后，关闭“显示曲率检查”。

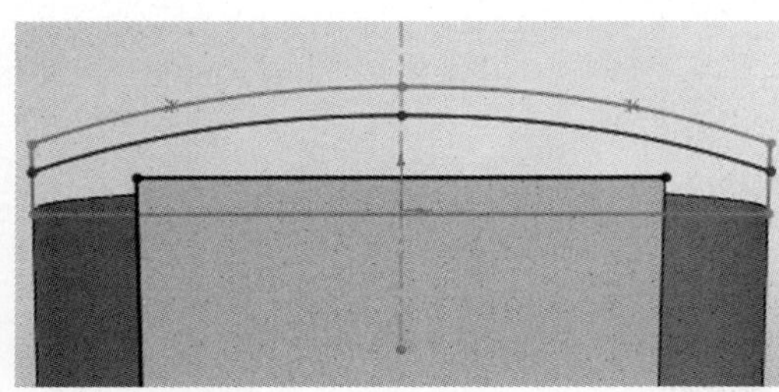

图 7-52

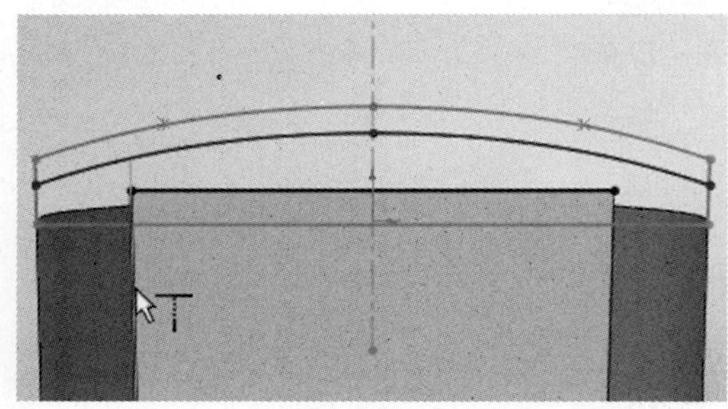

图 7-53

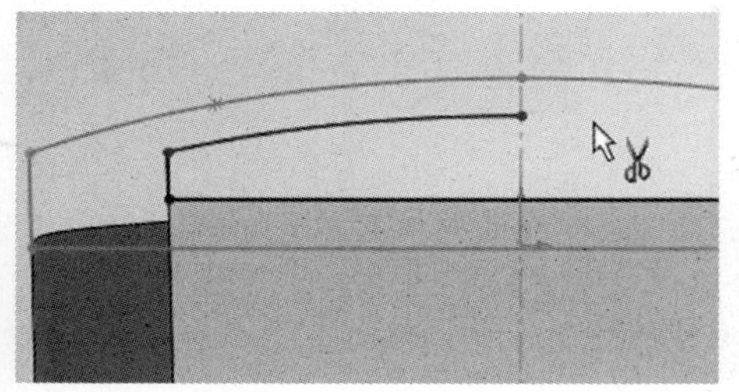

图 7-54

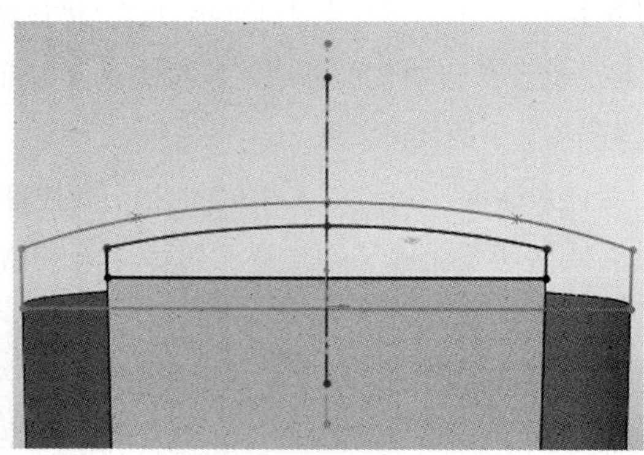

图 7-55

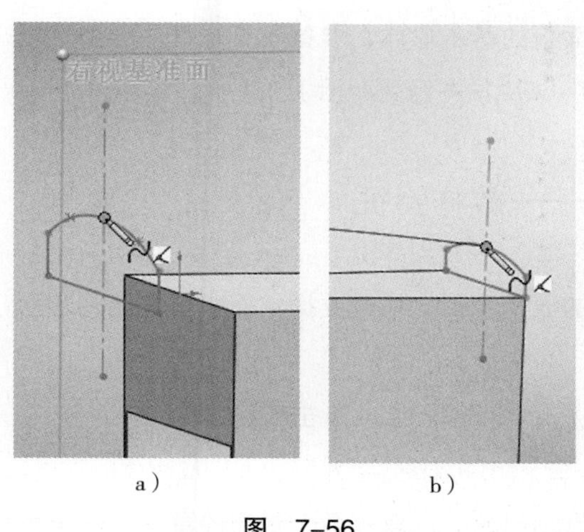

a）　　b）

图 7-56

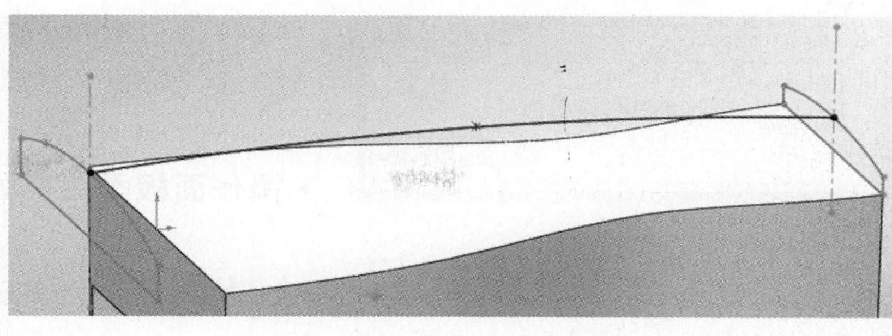
图 7-57

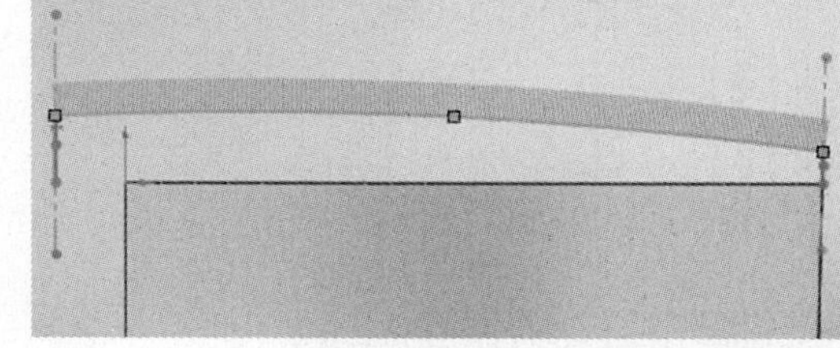
图 7-58

（15）单击（“重建模型”），以退出草图状态。

这样，生成了一个新的草图（这里为“草图4”）。

继续为建立操作面板实体生成新的草图。

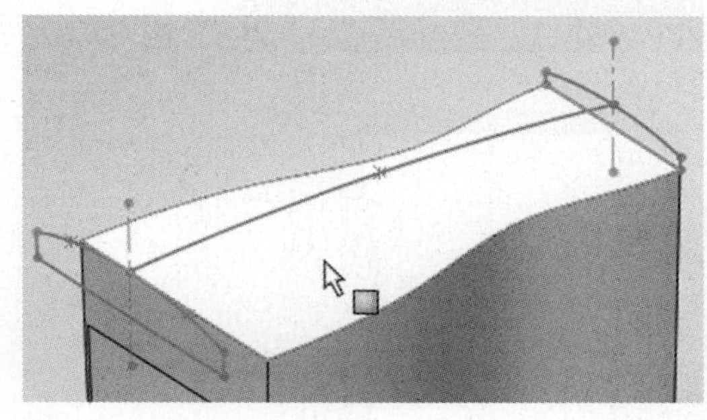
图 7-59

（16）在图形区域中点取如图7-59所示的平面。单击（“正视于”），将视图定向到正视于该平面。

（17）在“草图”命令管理器上，单击（“草图绘制”），进入草图绘制状态。

（18）在图形区域中点取如图7-60所示的边线，使用（“转换实体引用”）工具，生成新的草图实体（图7-61）。

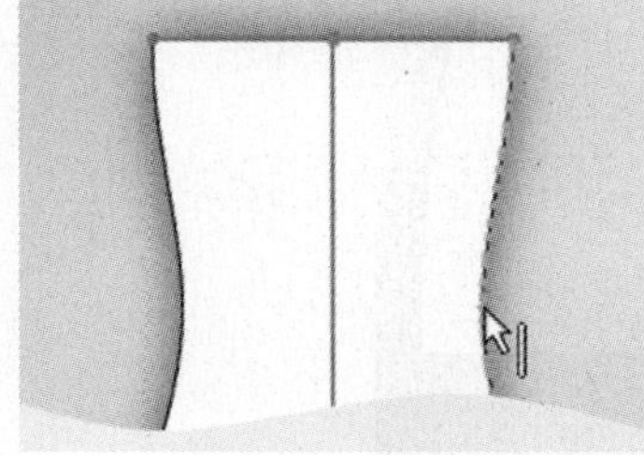
图 7-60

（19）点取如图7-61所示的实体，使用（“转换实体引用”）工具来生成草图实体。

此时如果出现“解决模糊情形”对话框，如图7-62所示，点取“单一段落”选项后，单击“确定”按钮。生成草图实体结果如图7-63所示。

（20）使用（“延伸实体”）工具，将竖向的曲线向下延伸，预览如图7-63所示。

（21）使用（“剪裁实体”）工具，剪裁掉通过转换实体引用而得到的、水平向的直线草图实体。

最终该草图如图7-64所示。

（22）单击（“重建模型”），以退出草图状态。

这样就生成了一个新的草图（这里为“草图5”）。

类似地，在另一侧对称于此“草图5”生成一个新的草图（这里为“草图6”）。结果如图7-65所示。

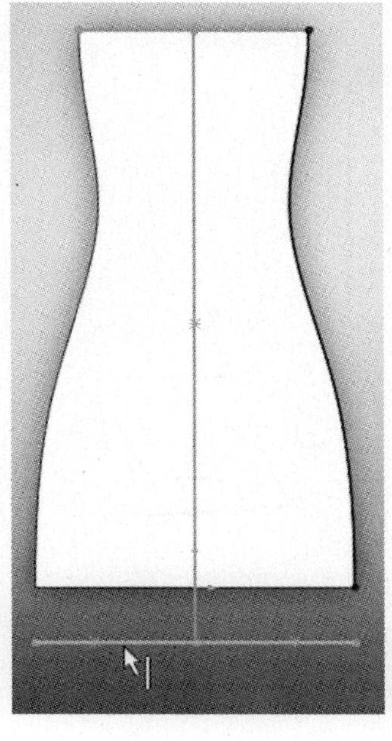
图 7-61

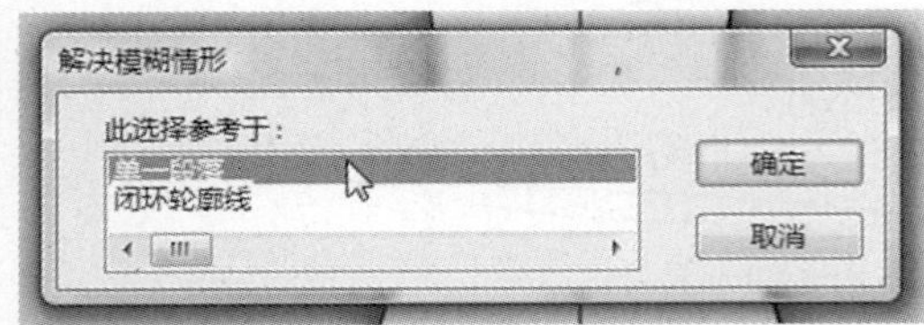

图 7-62

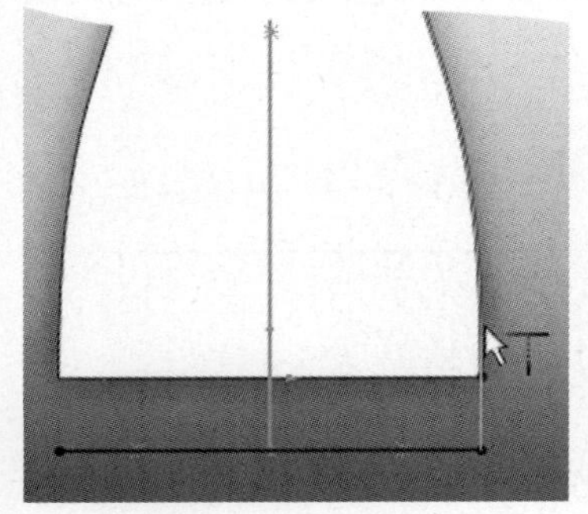

图 7-63

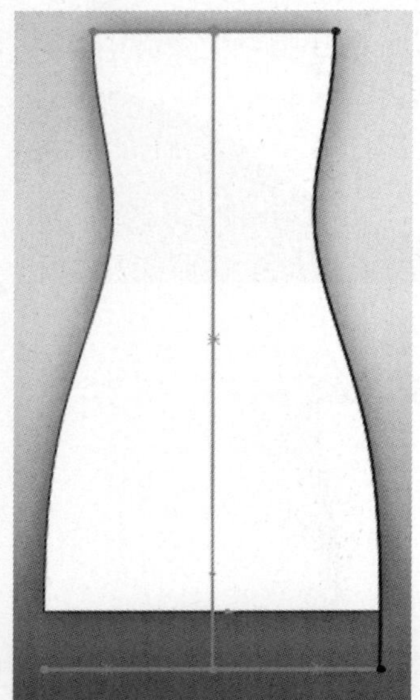

图 7-64

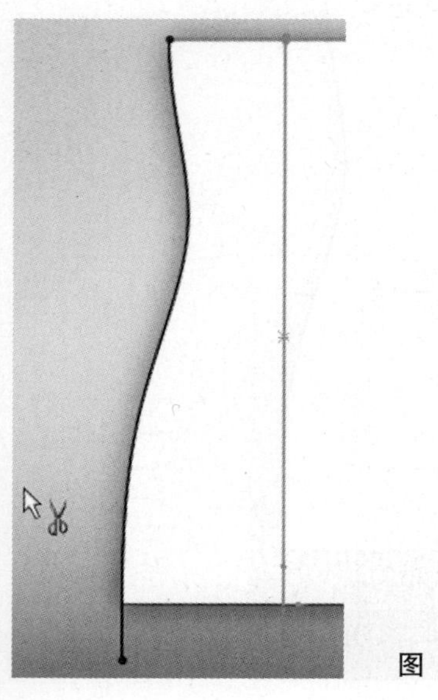

图 7-65

至此，为了生成操作面板的基本形体，准备了五个草图（即“草图2”至“草图6”，如图7-66中插图箭头所示）。

• 操作面板柔曲形体——放样特征

下面利用前面准备好的五个草图，来建立操作面板弧曲的基本形体。

（1）切换到“特征”命令管理器。单击（“放样凸台/基体”）。

“放样”属性管理器显示出来。点取那两个封闭的草图（这里为“草图3”和“草图2”），它们在属性管理器“轮廓”项下（“轮廓”）后的列表框中列出，如图7-67所示。

（2）此时图形区域中放样特征的预览如图7-68所示。可以看到，两个草图截面形状是以直线相连接形成放样特征的。当然，这还不符合此处形体建模意图。

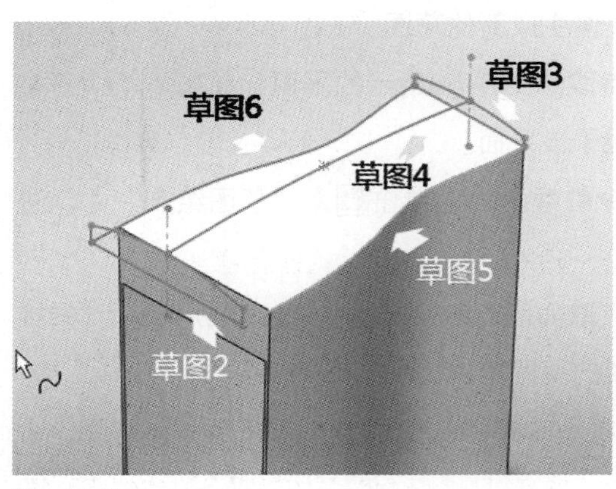

图 7-66

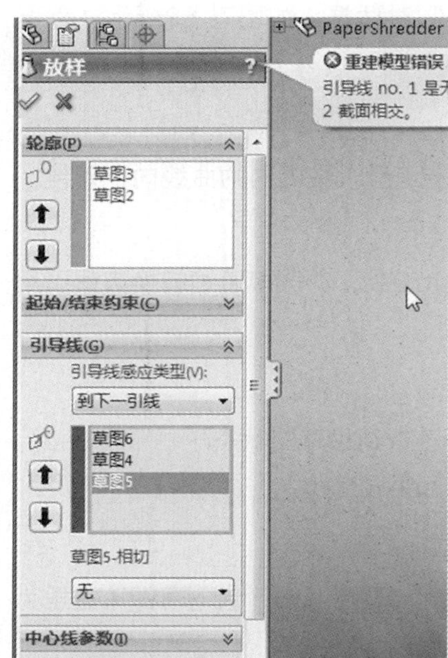

图 7-67

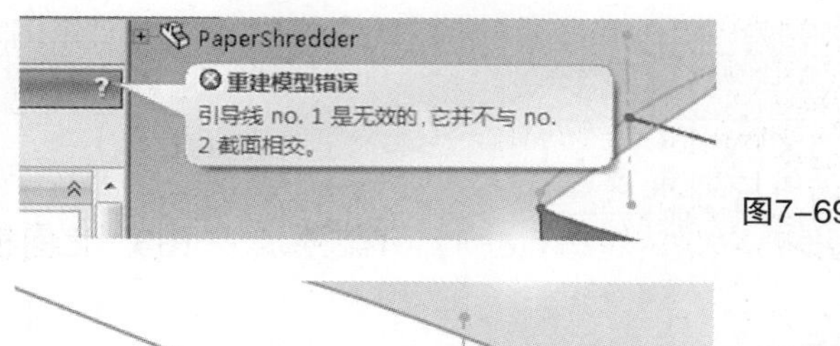

图7-69

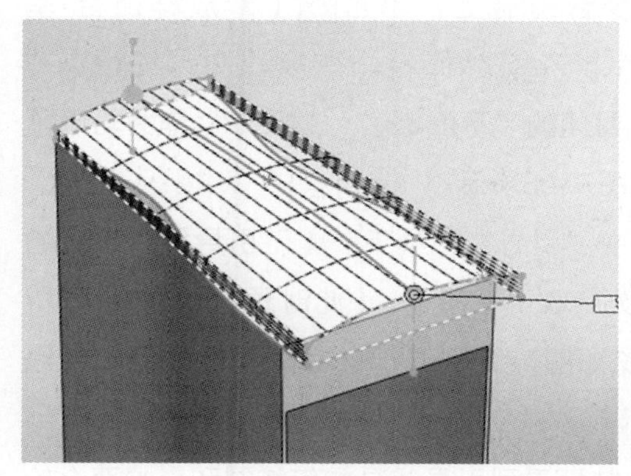
图 7-68

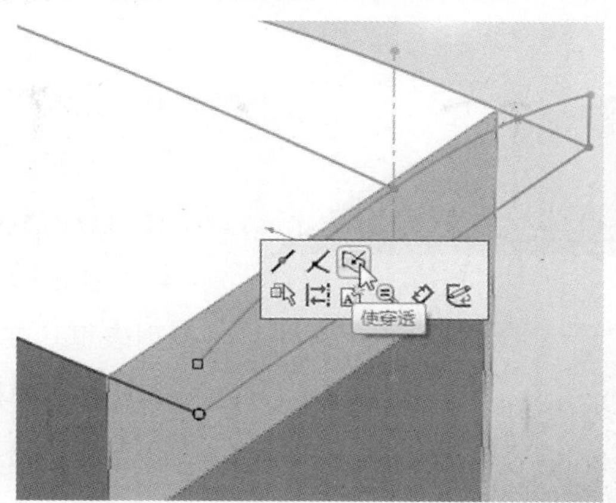

图 7-70

（3）单击属性管理器中“引导线”项下（“引导线”）后的列表框。在图形区域中依次点取三个引导线（这里依次为“草图6”、“草图4”、“草图5”），它们列入对应的列表框中，如图7-67所示。这些引导线将控制两个轮廓草图（分别作为起始、结束处的截面）之间放样特征的截面形状。

（4）在属性管理器上，单击✓（“确定”）。

但是如果此时出现如图7-69所示的“重建模型错误”警示对话框（实际操作中，在2010版中出现，在2011版中未出现），提示“引导线no.1是无效的，它并不与no.2截面相交。”需要先解决此问题，具体地讲，这里“引导线no.1”是指“草图6”，“no.2截面”是指“草图2”（图7-66）。从CAD数据定义上，这里系统并不认定它们是相交的。

如果出现该问题，需要使用一个新的工具来解决问题。

（5）在“放样”属性管理器上单击✖（“取消”），退出“放样”操作。单击8（“重建模型”）。

（6）在设计树中点取“草图6”并进入草图编辑状态。如图7-70所示，在图形区域中，点取“草图6”与“草图2”看似相交的那个端点，按下〈Shift〉键，点取“草图2”中的竖向短直线。

图形区域中显示出关联工具栏（图7-70），也显示出“属性”属性管理器（图7-71）。在属性管理器“添加几何关系”项下单击（）（“穿透”），或在关联工具栏上单击（“使穿透”），使“草图6”与“草图2”相交。在属性管理器上，单击✓（“确定”）。

为确保放样操作的成功，采用类似方法过程，确保“草图6”的另一

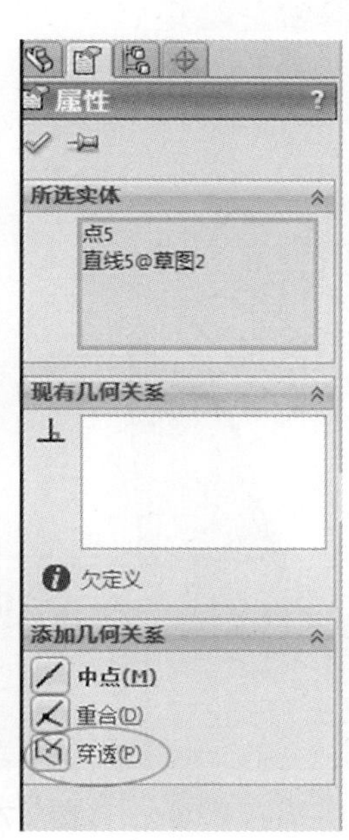

图 7-71

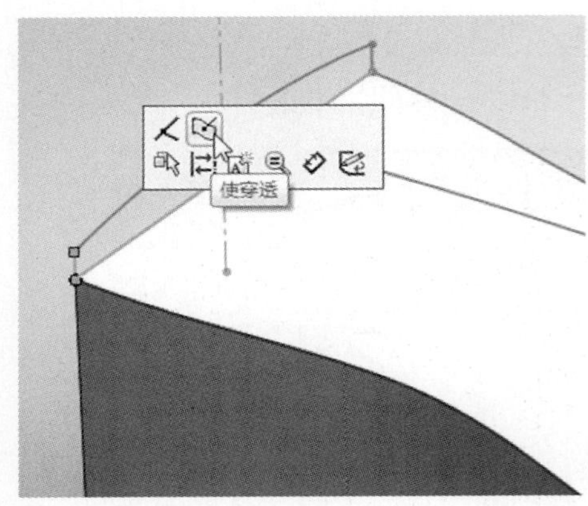

图 7-72

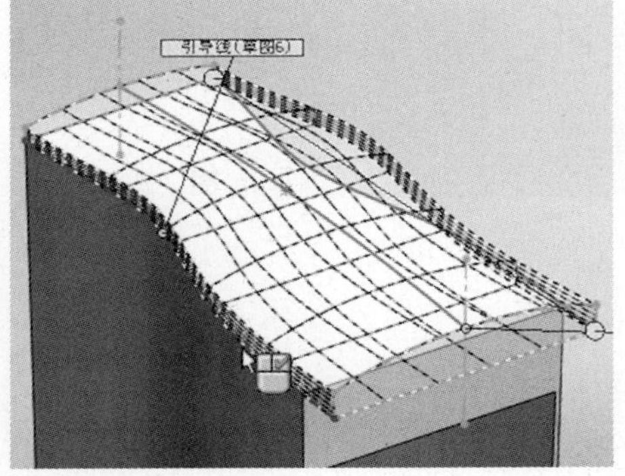

图 7-73

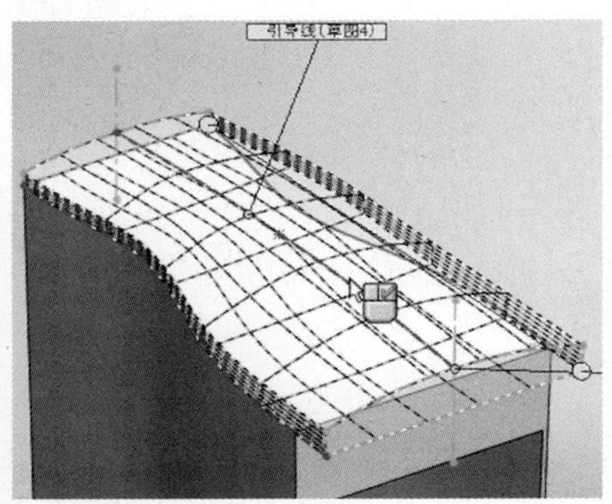

图 7-74

端与“草图3”之间（图7-72）相穿透（相交）。然后退出草图状态。

对“草图5”进行类似操作，确保其两端分别与“草图2”和“草图3”之间相交。

（7）在“特征”命令管理器上，单击（“放样凸台/基体”）。

在图形区域中依次点取封闭的“草图3”、“草图2”作为轮廓草图。此时放样特征的预览如图7-68所示。

（8）单击属性管理器中“引导线”项下（“引导线”）后的列表框。在图形区域中依次点取“草图6”（此时预览如图7-73所示）、“草图4”（此时预览如图7-74所示）、“草图5”作为引导线（至此，预览如图7-75所示）。

从这个过程中，可以清楚地看到引导线是如何控制和影响两个轮廓草图之间放样特征的截面形状的。

（9）此时，光标也显示为符号，右键单击，或在属性管理器上，单击（“确定”），生成放样特征（这里为“放样1”）。

此时，设计树中仍处在该放样特征上，图形区域中的放样特征及其所含草图如图7-76所示。

这样，生成了碎纸机上端操作面板的基本形体。至此，碎纸机形体表达的结果如图7-77所示。

• 柔曲形体的强化——操作面板的腰身形体

该碎纸机产品的操作面板在侧面具有很柔美而有特色的腰身状形体。下面先生成所需要的草图。

（1）以合适的视角，在图形区域中点取操作面板的底部平面（图

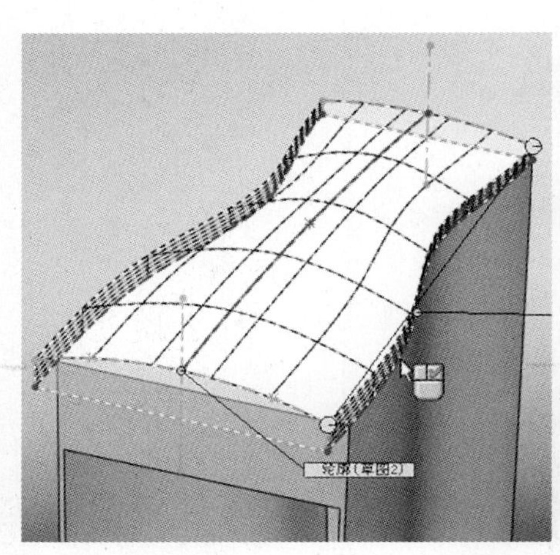

图 7-75

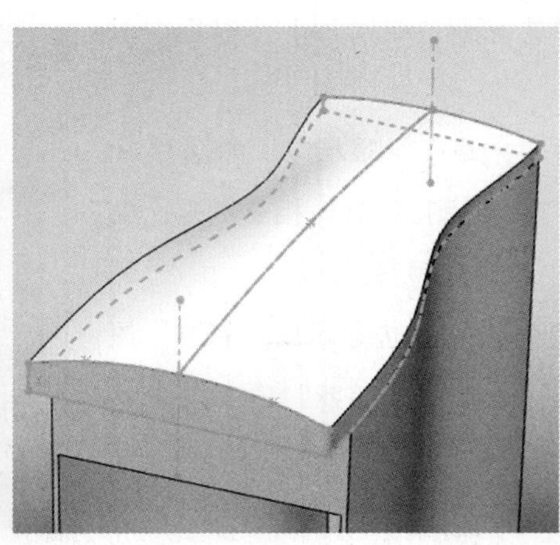
图 7-76

图 7-77

7-78）。单击（“正视于”），将视图定向到正视于该平面。

（2）切换到“草图”命令管理器上，单击（“草图绘制”），进入草图绘制状态。

（3）点取如图7-79所示的边线后，使用（“转换实体引用”）工具，生成新的草图实体（这里为“草图7”），结果如图7-80所示。

退出草图状态。

（4）切换到“特征”命令管理器。在（“参考几何体”）命令组的下拉列表中，点取（“基准面”）工具，借助操作面板的底部平面（图7-78）、“草图2”左右曲线相接的中心点（图7-56a），生成一个新的基准面（这里为“基准面3”）。结果如图7-81中白色插图箭头所示。

（5）单击（“正视于”），将视图定向到正视于该基准面。

（6）切换到“草图”命令管理器上，单击（“草图绘制”），进入草图绘制状态。

（7）使用（“样条曲线”）工具，如图7-82所示，用四个控制点定义、绘制一条样条曲线。绘制时，使其起点、终点捕捉到几何模型的顶点；并对其起点、第三个控制点、终点分别进行调整，使其控标指向竖直方向。

可以打开“显示曲率检查”，以显示出梳状线，对比着梳状线来调整第二、第三个控制点的位置，以确保曲线的质量。这里，作为参照，可设定第二个控制点的X、Y坐标为（90，-170），第三个控制点的坐标为（45，-295）。

（8）单击（“重建模型”），以退出草图状态。

这样就生成了一个新的草图（这里为“草图8”）。此时“草图7”、“草图8”的结果如图7-83中白色插图箭头所示。

为了便于后面的操作，先在设计树中对“基准面3”、“草图8”加以隐藏。

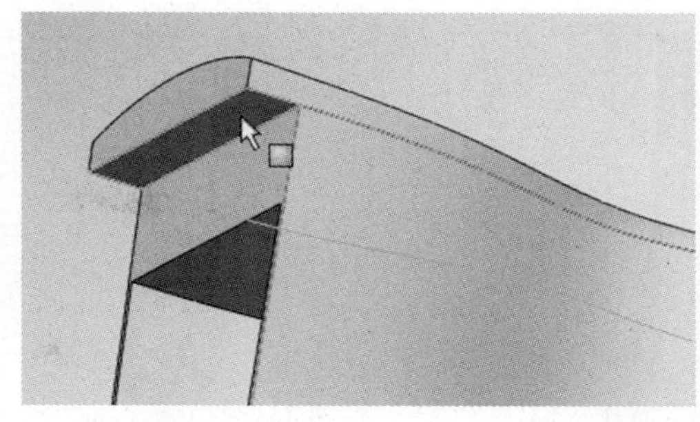
图 7-78

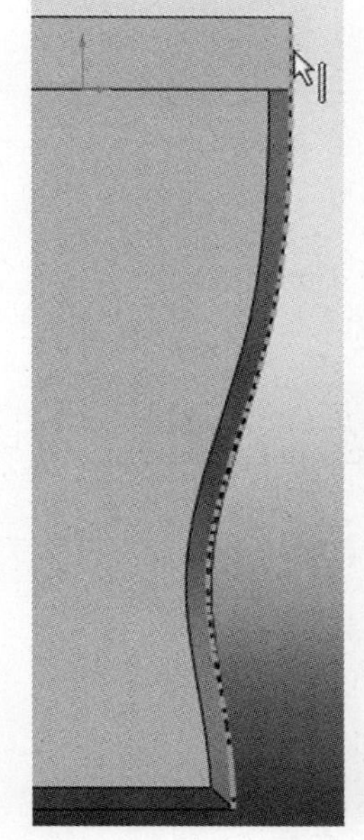
图 7-79

图 7-80

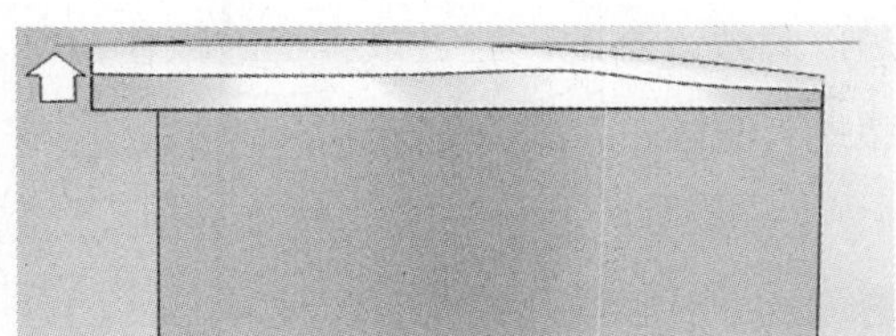
图 7-81

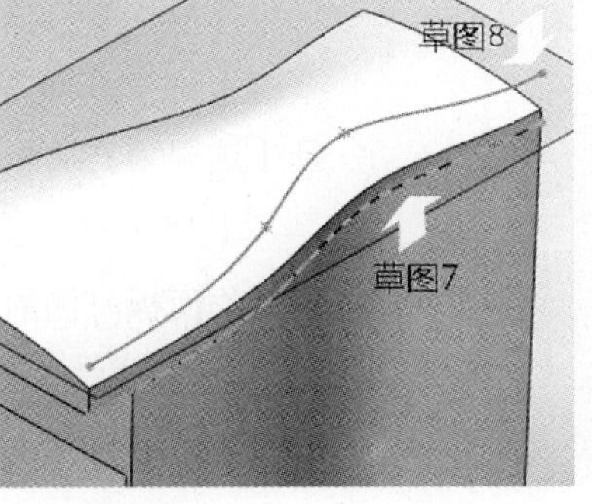

图 7-83

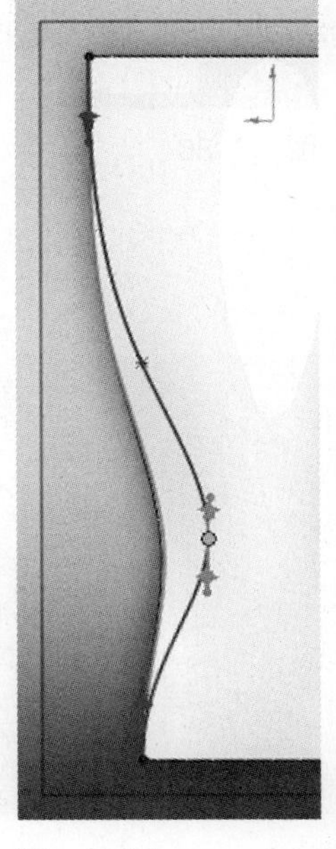
图 7-82

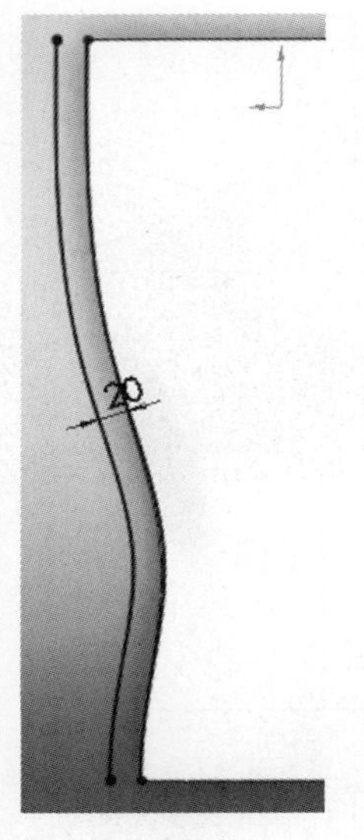

图 7-84

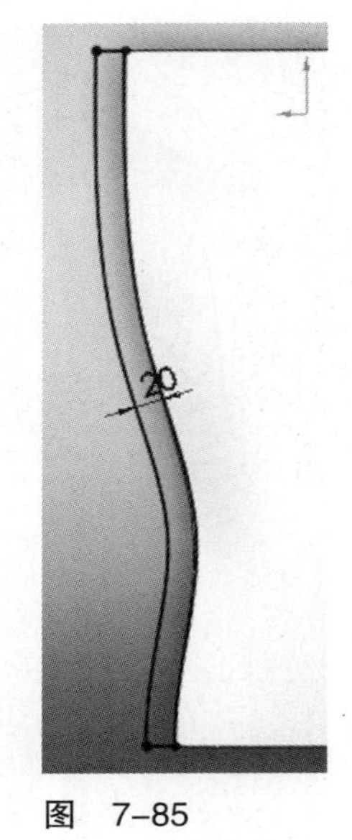

图 7-85

（9）进入编辑“草图7”的状态。两次单击（“正视于”），将视图定向到从背后正视于该草图的平面。

（10）点取该草图的曲线草图实体后，单击（“等距实体”），在“参数”项下（“等距距离”）选值框（或称为数值输入框）内输入值20。

在属性管理器上，单击（“确定”）。生成新的曲线草图实体，结果如图7-84所示。

（11）使用（“直线”）工具，绘制两条水平向短直线，分别将草图中两条曲线的上部端点、下部端点连接起来，形成封闭的草图实体。结果如图7-85所示。

（12）单击（“重建模型”），完成对“草图7”的修改并退出草图状态。

在设计树中显示出“草图8”（以及“基准面3”），进行类似的生成等距实体（必要时，在“等距实体”属性管理器的“参数”项下，勾选“反向”选项，确保如图7-84那样朝外生成等距实体）、绘制两直线的修改操作。结果如图7-86所示。

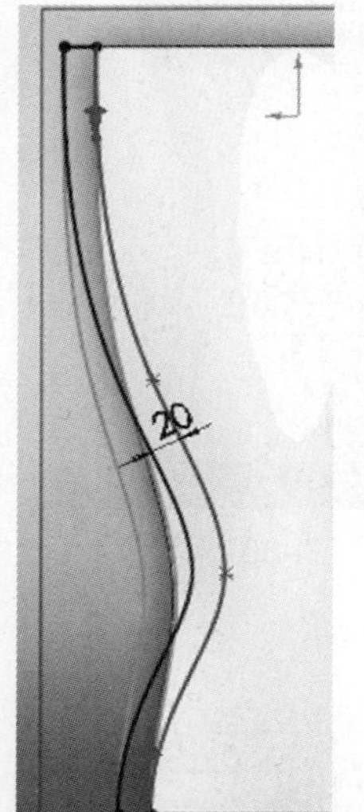

图 7-86

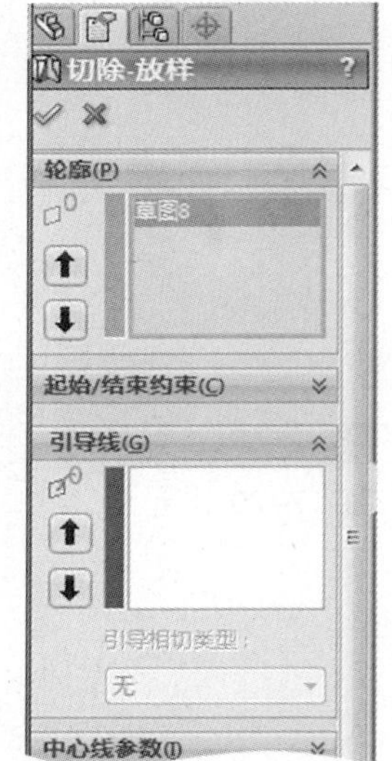

图 7-88

退出草图状态。此时修改后的这两个草图，结果如图7-87所示。

接下来，使用“放样切除”特征，在现有形体上减除材料，形成“腰身”形体。

（13）切换到“特征”命令管理器。单击（“放样切除”），显示出“切除-放样”属性管理器（图7-88）。在图形区域中依次点取“草图8”、“草图7”（图7-87）作为起始、结束截面草图。

预览如图7-89所示，可看到目前形体不正确。预览中显示的两个较大的绿色标记点提示着放样时轮廓（截面形状）草图的点之间的对应关系。通过调整对应点的位置，就能得到正确的形体结果。

在下方的（“草图7”的）标记点上单击并保持（此时光标显示为符号），拖动鼠标，将该标记点移动到与上方的（“草图8”的）标记点对应的位置处（图7-90），此时预览改变，可看到形体正确。

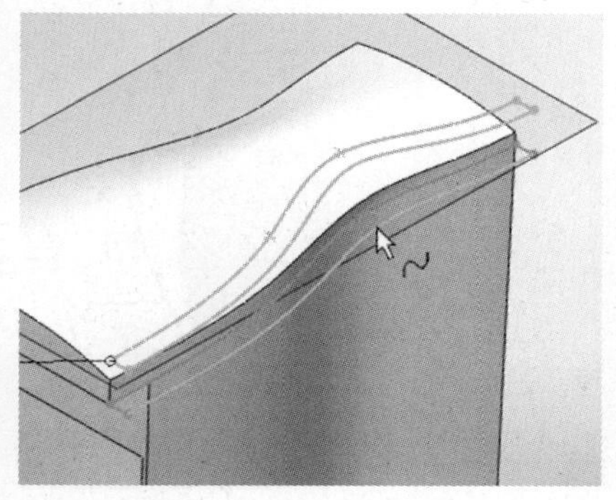
图 7-87

（14）在属性管理器上，单击（“确定”），生成放样切除特征（这里为“切除-放样1”）。

（15）将“基准面3”加以隐藏。至此，经过放样切除操作，得到操作面板一侧的柔曲的“腰身”形体，如图7-91所示。

通过镜像，生成另一侧的“腰身”形体。

（16）目前仍处在“特征”命令管理器。单击（“镜像”），

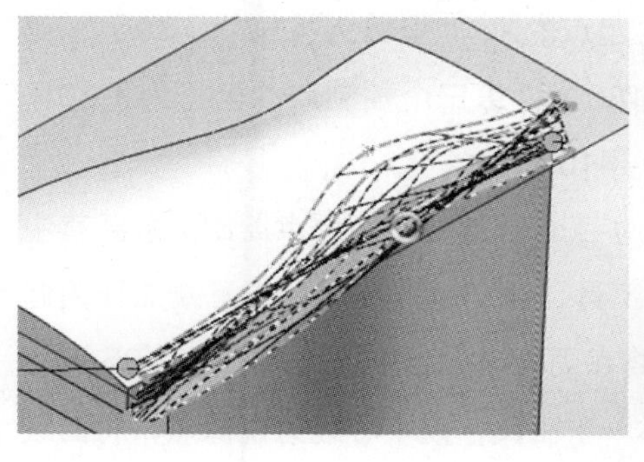

图 7-89

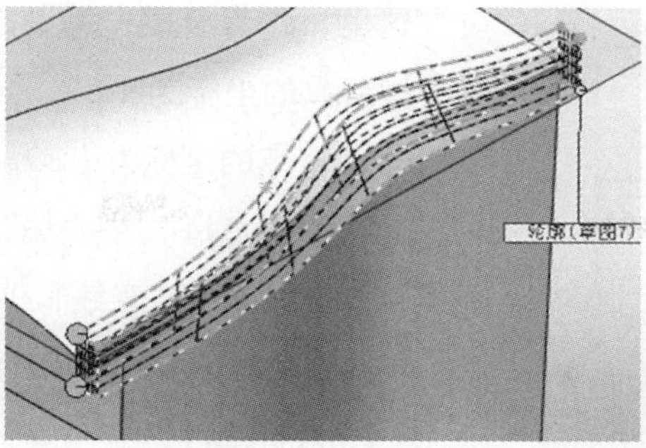

图 7-90

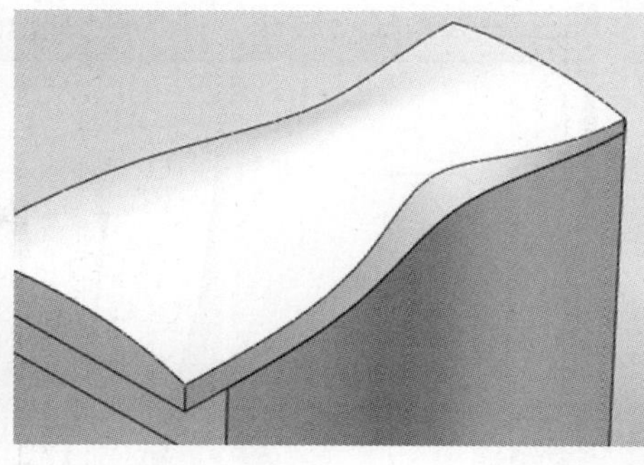

图 7-91

显示出“镜像”属性管理器。展开此时显示在图形区域中的设计树，对于属性管理器的（“镜像面/基准面”）项，在设计树中点取“右视基准面”；对于（“要镜像的特征”）项，在设计树中点取刚生成的“切除-放样1”特征。预览如图7-92所示。

（17）在属性管理器上，单击（“确定”），生成镜像特征（这里为“镜像1”）。

至此，完成碎纸机操作面板形体上柔曲的、有特色的腰身形体，以及整个碎纸机形体，结果如图7-93所示。

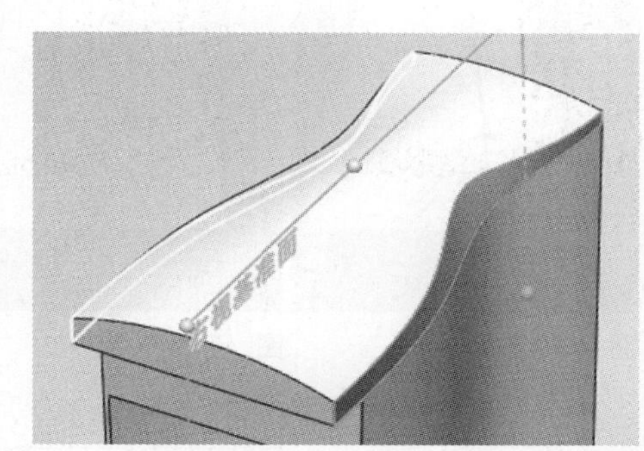

图 7-92

• 与操作面板形体相呼应——投纸口形体

从造型方面来看，此产品最大特色在于整个操作面板的形态。与操作面板及其腰身形体相呼应的是投纸口形体。

为生成投纸口形体，先准备必要的草图实体。

（1）在设计树中点取“基准面3”。

在（“参考几何体”）命令组的下拉列表中，点取（“基准面”）工具，使用（“等距距离”）的生成方法，设定距离值20并勾选“反向”，以确保朝上生成。

（2）在属性管理器上，单击（“确定”），生成一个新的基准面（这里为“基准面4”）。结果如图7-94所示。

（3）两次单击（“正视于”），将视图定向到（从操作面板上方往下）正视于该基准面。

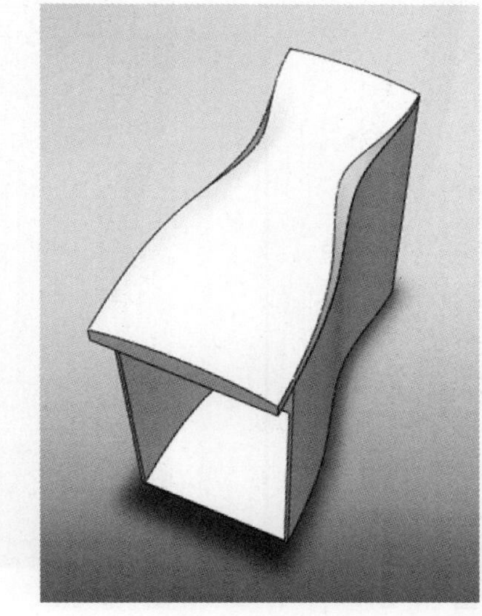

图 7-93

（4）切换到“草图”命令管理器上，单击（“草图绘制”），进入草图绘制状态。

（5）使用（“样条曲线”）工具，用四个控制点定义、绘制一条样条曲线。绘制（图7-95）后，对其起点、第三个控制点、终点，分别使它们的控标指向竖直方向。

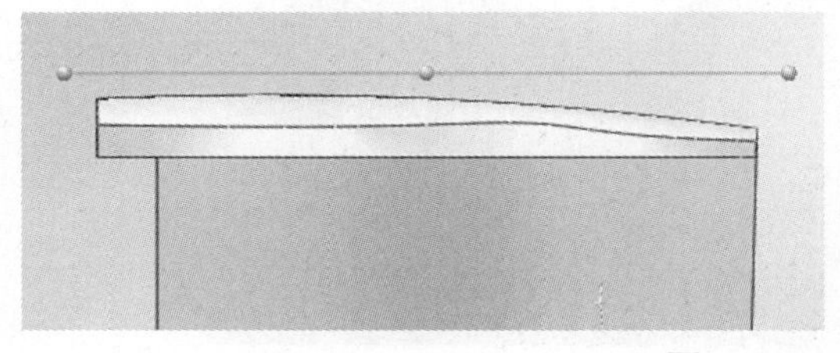

图 7-94

可以打开“显示曲率检查”，对比着梳状线来调整并确保曲线的质量，并且确保第三个控制点的位置与腰身形体的最细处大致对

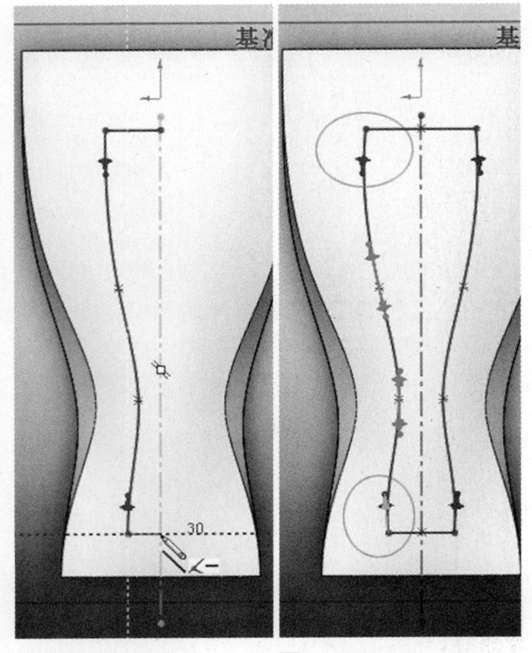

图 7-95　　图 7-96

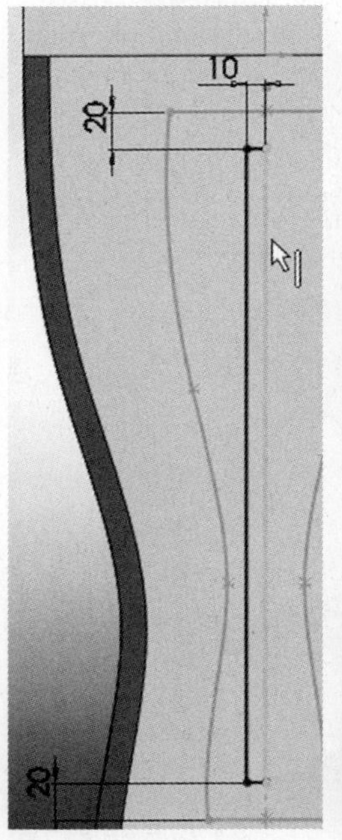

图 7-97

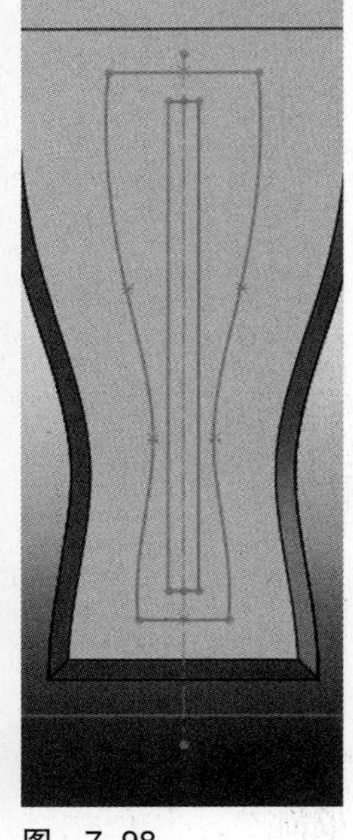

图 7-98

图 7-99

应。这里，作为参照，可设定起点的X、Y坐标为（50，-30），第二个控制点的坐标为（38，-180），第三个控制点的坐标为（20，-285），终点的坐标为（30，-410）。

（6）使用（“中心线”）工具，跨过草图原点绘制一条竖直中心线。再使用（“直线”）工具，分别以曲线的上、下端点作为起点，向右绘制两条水平直线，终点则均捕捉到中心线上（图7-95）。

（7）使用（“镜像实体”）工具，以中心线为镜像点，将曲线和两条水平直线镜像并复制到右侧。

为使草图中曲线更有张力，并与其外围的操作面板形体更协调，对当前草图进行一点微调。

（8）对如图7-96所示左侧曲线的上、下端点，分别调整其控标，指向角度为-85°、-95°，使它们均以5°倾斜角度值稍微偏离竖直向而指向外侧。

（9）单击（“重建模型”），退出草图状态。

生成一个新的草图（这里为“草图9”）。

接下来继续生成两个草图。

（10）在图形区域中点取操作面板的底部平面（图7-78）。

单击（“正视于”），将视图定向到正视于该平面。

（11）此时仍处在“草图”命令管理器。单击（“草图绘制”），进入草图绘制状态。

（12）单击（“边角矩形”），绘制一个矩形。如图7-97所示，绘制时使右侧竖直边捕捉到已有草图（即“草图9”）的中心线上。

（13）使用（“智能尺寸”）工具，分别对应地标注矩形的上、下水平边与“草图9”中的上、下水平直线之间的竖向距离值为20。另外，标注矩形两竖直边之间的水平向距离为10，如图7-97所示。

（14）如图7-97所示，点取矩形的右侧竖直边，单击（“构造几何线”），将其转化为构造几何线。

（15）使用（“镜像实体”）工具，以构造几何线为镜像点，镜像复制矩形的左侧竖直边及两条水平边。

（16）单击（“重建模型”），退出草图状态。

完成了该草图（这里为“草图10”），它是一个封闭的矩形。此时，“草图9”、“草图10”结果如图7-98所示。

（17）转到合适视角，在图形区域中点取如图7-99所示的碎纸收纳箱的平面。

（18）按下〈Shift〉键，在设计树中点取刚生成的草图项（即“草图10”）。在主菜单栏上单击“插入”→“派生草图”。

生成了新的草图（这里为“草图11 派生”）。系统自动进入草图状态，并处在该派生草图上（图7-100）。

（19）单击（“重建模型”），退出草图状态。

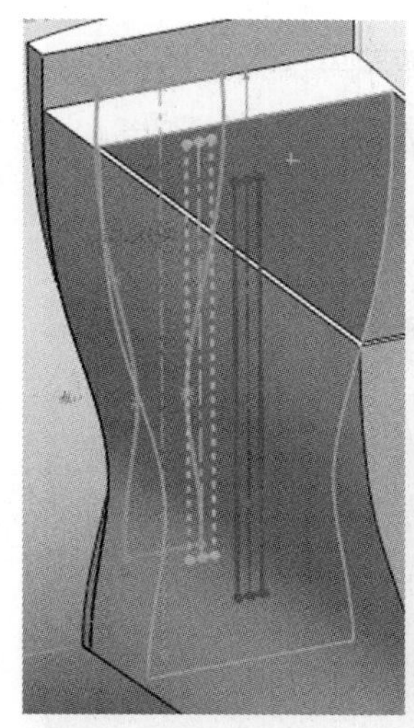
图 7-100

（20）类似地，借助操作面板的底部平面（图7-78）、“草图10”，生成一个新派生草图（这里为“草图12 派生”）。

这样就为生成投纸口形体准备好了草图。在前导视图工具栏上，将显示样式设定为“线架图”，并在设计树中隐藏相关基准面，可更清晰地看到草图及其位置关系（图7-101、图7-102）。

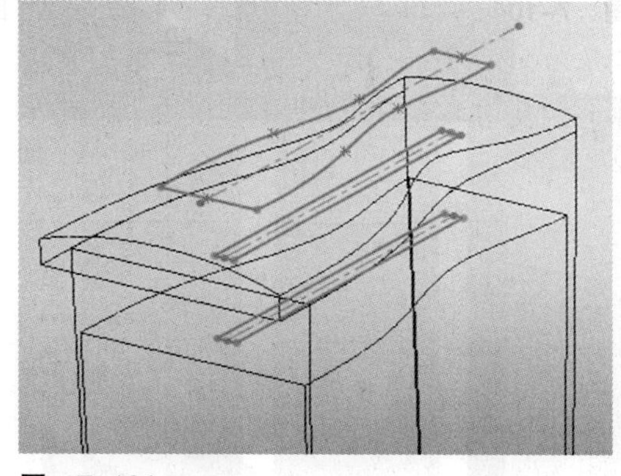
图 7-101

下面来生成投纸口形体。

（21）在前导视图工具栏的“视图定向”中，转到“右视”视图方向（图7-102）。在设计树中点取“基准面4”，可看到它目前离操作面板顶部还有一段距离。

在当前建模思路及草图前提条件下，为了使投纸口在操作面板顶部弧面上的轮廓形状，将来能与“基准面4”上准备的“草图9”（图7-96）的形状更相像，这里，使该基准面（并带动草图）尽量与操作面板顶部弧面接近一些。

进入编辑“基准面4”特征状态。在“基准面4”属性管理器中，将（“等距距离”）项后的距离值改小（但应使得该基准面仍完全处于面板顶部弧面之上。这里，作为参照，将原来距离值20改变，并重新设定距离值为10）。

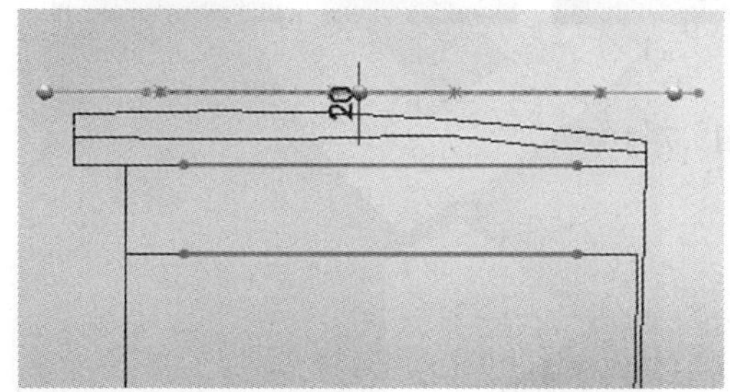

图 7-102

（22）在属性管理器上，单击（“确定”）。

提示：可借助投影曲线，主动地控制、精确地定义两条位于3D弧曲面板上的投纸口边界形状（参见“特征组成零件（二）——壶具建模”部分的相关内容）；它们是空间曲线，可作为放样操作时的引导线草图（而非轮廓草图）。

（23）切换到“特征”命令管理器。单击（“放样切除”），在图形区域中依次点取“草图9”、“草图10”作为起始、结束截面草图。

预览如图7-103所示，可看到目前形体正确。

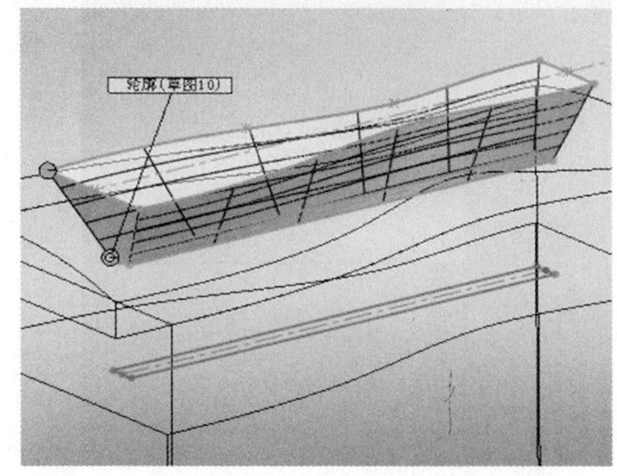

图 7-103

（24）在属性管理器上，单击（“确定”），生成新的放样切除特征（这里为“切除-放样2”）。

（25）类似地，使用（“放样切除”）工具，使用“草图12 派生”、“草图11 派生”，生成又一个新的放样切除特征（这里为“切

图 7-112

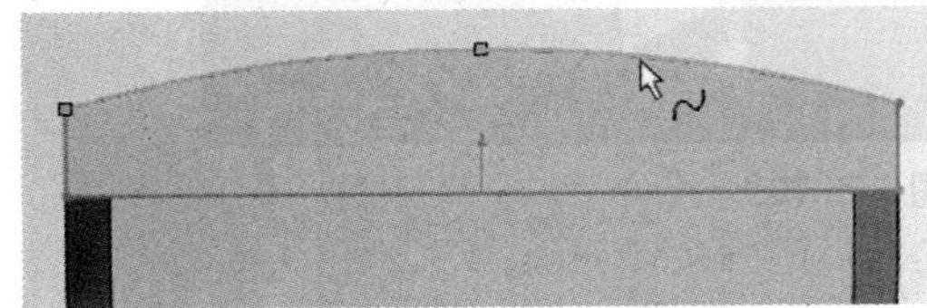
图 7-113

（“正视于”），将视图定向到正视于该平面。

（6）在“草图”命令管理器上，单击（“草图绘制”），进入草图绘制状态。

（7）点取如图7-113所示的曲线边线，使用（“转换实体引用”）工具来生成两段曲线草图实体。

（8）使用（“移动实体”）工具，将得到的两段曲线草图实体向下移动15mm（“ΔY”项输入值-15）。结果如图7-114所示。

（9）使用（“直线”）工具，捕捉几何模型端点绘制一条长的水平直线，再通过捕捉水平直线的两个端点，分别绘制两条竖直方向的直线，如图7-114所示。

（10）使用（“剪裁实体”）工具，对竖直直线与曲线的两个交叉点处分别进行剪裁（图7-115），结果如图7-116所示。

（11）单击（“重建模型”），退出草图状态。

这样就生成了一个新的草图（这里为“草图15”），结果如图7-116所示。

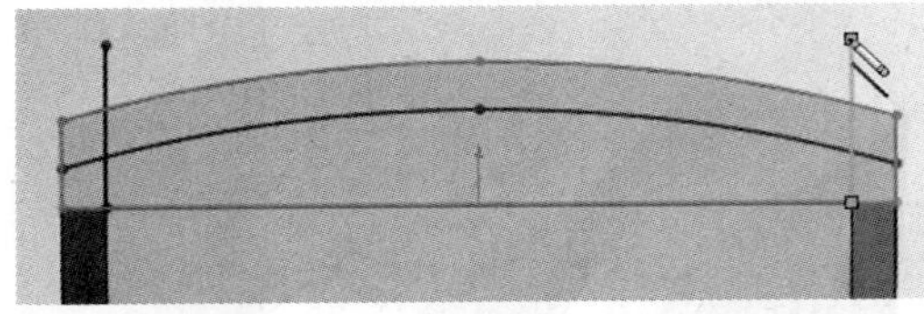
图 7-114

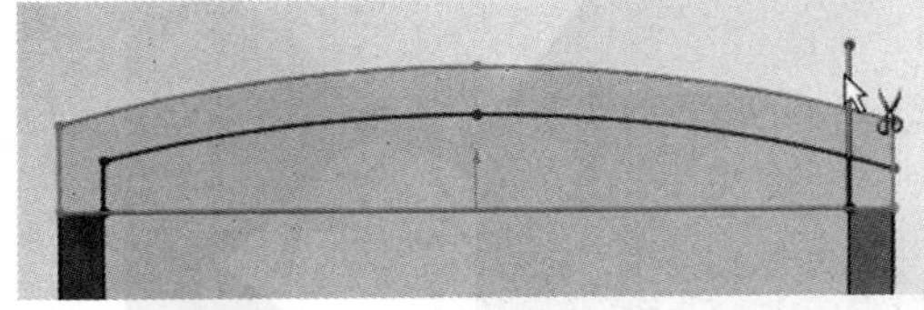
图 7-115

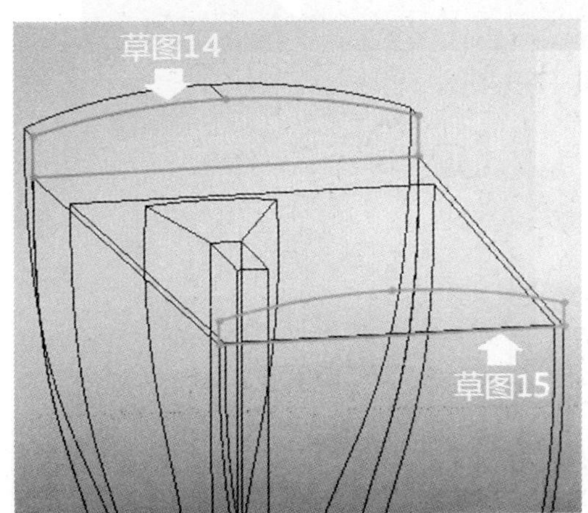

图 7-116

（12）在设计树中点取“右视基准面”。单击（“正视于”），将视图定向到正视于该基准面。

（13）单击（“草图绘制”），进入草图绘制状态。

（14）使用（“样条曲线”）工具，用三个控制点定义、绘制一条样条曲线。绘制时，使其起点、终点分别捕捉到如图7-117a、b所示的“草图14”、“草图15”的曲线段中间交点处。

调整其起点的控标指向，使控标竖直地指向下方，结果如图7-118所示。

借助打开曲线的“显示曲率检查”等，移动中间控制点使样条曲线获得较高质量。这里，作为参照，可将中间控制点的X、Y坐标值设定为（-43，-225）。

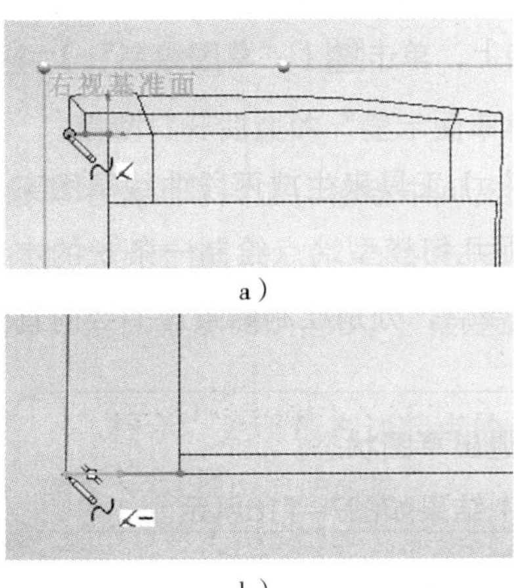

a）

b）

图 7-117

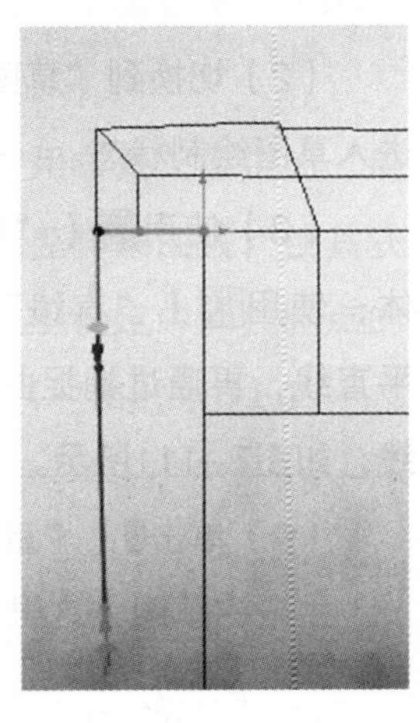
图 7-118

曲线结果如图7-119所示。

（15）单击（“重建模型”），退出草图状态。

这样就生成了一个新的草图（这里为“草图16”）。

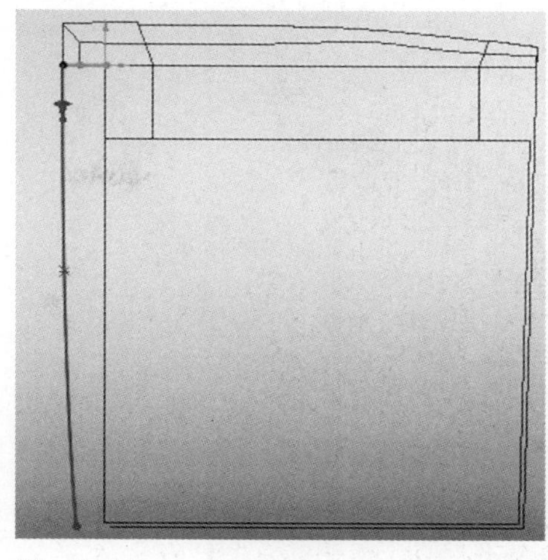
图 7-119

（16）在设计树中点取“右视基准面”。单击（“正视于”），将视图定向到正视于该基准面。

（17）单击（“草图绘制”），进入草图绘制状态。

（18）使用（“直线”）工具，在“草图14”、“草图15”的两条长水平直线之间绘制一条直线。

绘制时，捕捉“草图14”的长水平直线实体的中点作为起点（图7-120）。对于终点，则这样来捕捉和确定：先捕捉到下方“草图15”的曲线段中间交点处（图7-121），再朝着“草图15”的长水平直线实体移动鼠标，如图7-122所示，当光标在该直线实体上且光标符号显示为同时含有水平、竖直关系的推理指针时，单击以确定直线的终点。

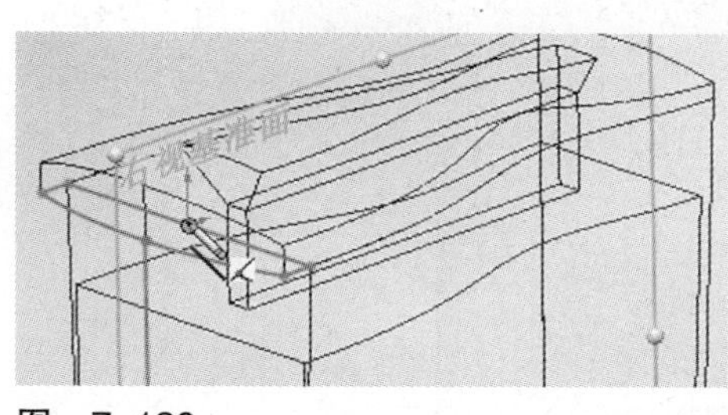

图 7-120

这样绘制了一个新的草图（这里为“草图17”）。

应保证此直线终点与“草图15”切实地相交。

（19）此时仍处于当前草图（即“草图17”）状态。如图7-123所示，在图形区域中点取刚绘制直线的终点，按住〈Shift〉键再点取“草图15”的长直线段，显示出“属性”属性管理器。在其“添加几何关系”项下（或在关联工具栏上）单击（“穿透”），使“草图17”与“草图15”相交。在属性管理器上，单击（“确定”）。

（20）单击（“重建模型”），退出草图状态。完成该草图（即“草图17”）的绘制。

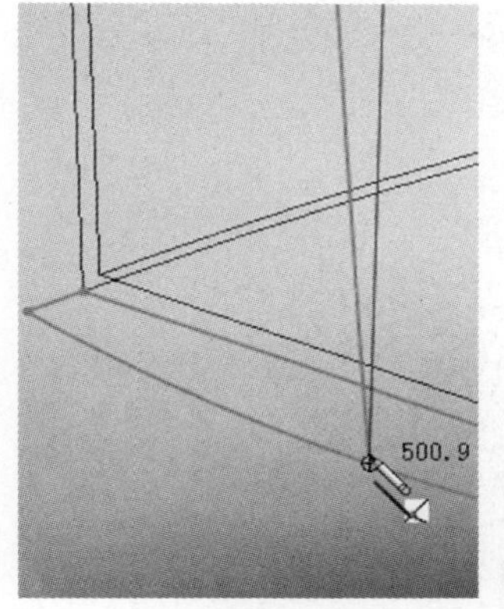

图 7-121

在设计树中，同时点取“草图14”、“草图15”、“草图16”和“草图17”，它们在图形区域中以加粗的线型高亮地显示。此时这四个草图的结果如图7-124白色插图箭头所示。

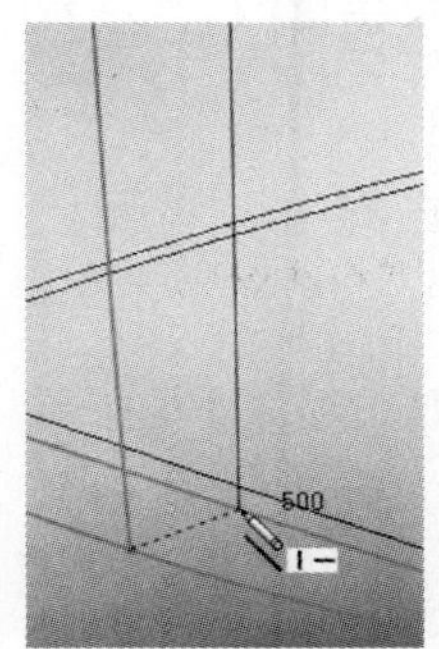

图 7-122

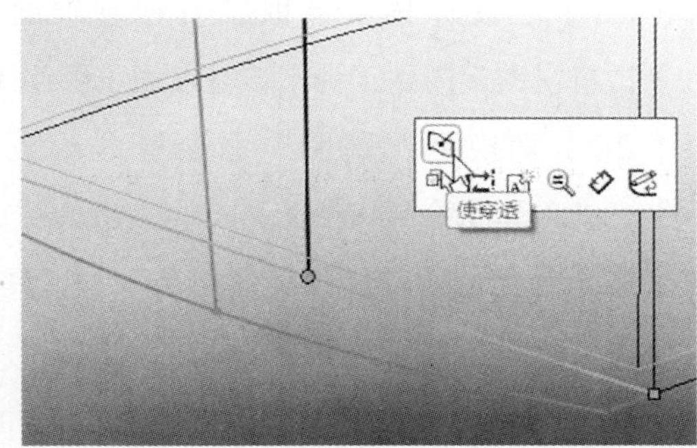

图 7-123

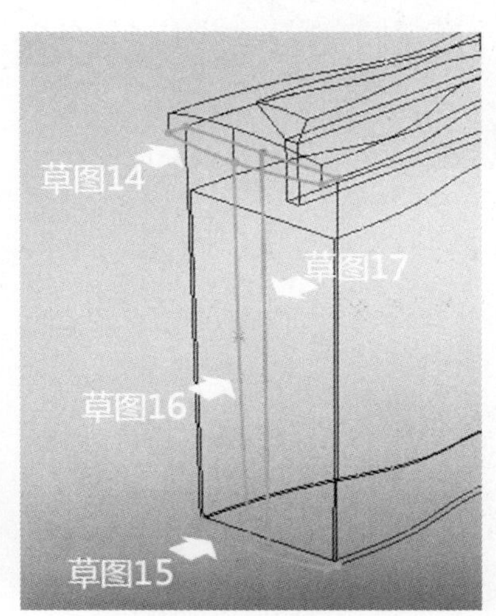

图 7-124

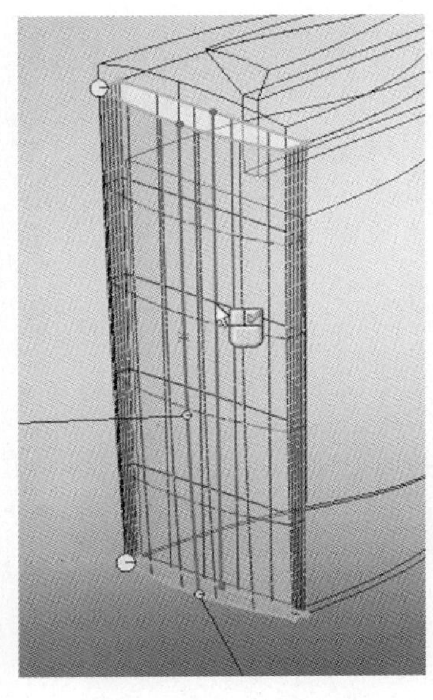
图 7-125

（21）切换到“特征”命令管理器。单击（“放样凸台/基体”）。

点取那两个封闭的草图（即“草图14”和“草图15”），作为轮廓草图，点取曲线和直线（即“草图16”、“草图17”）作为引导线。此时预览如图7-125所示。

（22）此时光标显示为符号，右键单击，或在属性管理器上，单击（“确定”）。

但出现“重建模型错误”警示框，提示将导致厚度为零的几何体，故不能生成此特征。

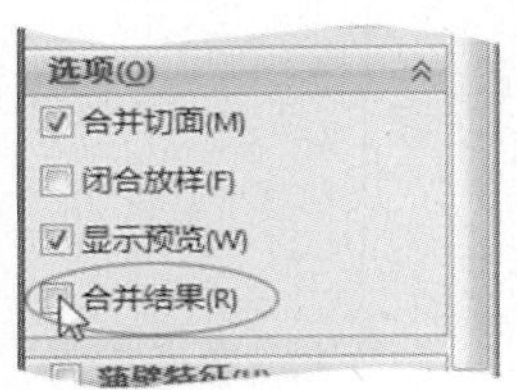

图 7-126

（23）在属性管理器的“选项”项下，取消勾选“合并结果”（图7-126）。

（24）再在属性管理器上，单击（“确定”）。

此时，生成一个新的放样特征（这里为“放样2”），形成收纳箱箱门的基本形体，结果如图7-127所示。

> 提示：如果仅使用当前的“草图16”、“草图17”两个草图作为放样时的引导线，那么严格地看，在放样特征（这里为“放样2”特征，即收纳箱箱门基本形体）与箱体之间，沿着竖直方向将会存在一点点间隙，如图7-130、图7-131中白色插图箭头所示。
>
> 如果想避免此问题从而更精确地建模，可在放样操作前，多准备两个草图。每个草图分别借助箱体的一侧边线（图7-128所指），使用“转换实体引用”的方法生成一条直线草图实体。这样，使用四个非封闭草图作为引导线进行放样，将消除箱门与箱体之间的小缝隙（具体解决过程参见本部分后面内容）。
>
> 这里，先不管这一间隙问题。

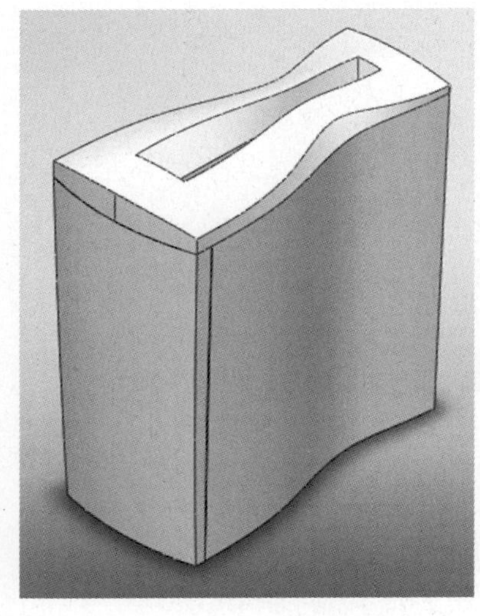
图 7-127

下面继续表达箱门形体特点。

（25）在设计树中点取“右视基准面”。单击（“正视于”），将视图定向到正视于该基准面（图7-129）。

（26）切换到“草图”命令管理器上，单击（“草图绘制”），进入草图绘制状态。

（27）使用（“转换实体引用”）工具，点取如图7-129所示的几何模型边线，生成一个曲线草图实体。

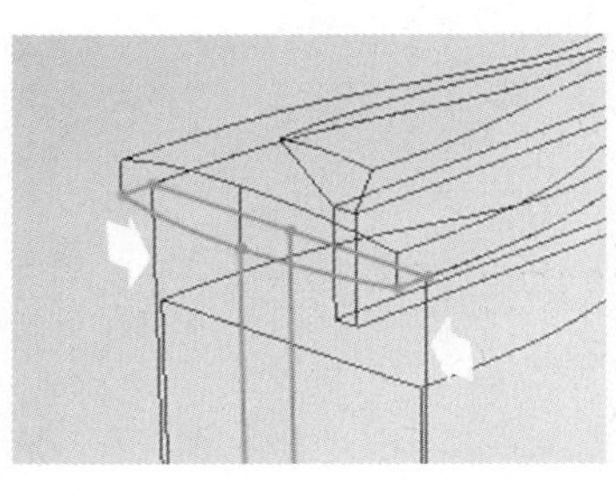
图 7-128

（28）使用（“样条曲线”）工具，如图7-130所示大致位置，用三个控制点定义、绘制一条样条曲线。绘制时，使其起点落在几何模型之外，使其中间控制点捕捉到几何模型边线（图7-130a），终点捕捉到转换而来的曲线草图实体上（图7-130b）。

同样，通过调整来保证曲线质量。但保持其终点与转换实体引用而得到的曲线草图实体的关系。作为位置参照，这里，对样条曲线的起点，设定其X、Y坐标值为（-55，-105）；对其中间控制点，设定其坐标值为（-45，-105）。

（29）使用（“剪裁实体”）工具，对曲线草图实体的上部区域进行剪裁（必要时放大局部区域，剪裁干净，如图7-131所示）。

（30）如图7-132所示，按住〈Shift〉键，点取样条曲线、剪裁后的转换实体引用而得到的曲线草图实体，同时选取它们。在“属性”属性管理器的“添加几何关系”项下单击（“相切”），或在显示出的关联工具栏上单击（“使相切”，图7-132b）。这样，样条曲线与转换而来的曲线草图实体保持相切的光顺过渡。

这样，完成了新的草图（这里为“草图18”）。

（31）切换到“特征”命令管理器，单击（“拉伸切除”）。图形区域生成了拉伸切除特征的预览，此时默认地向左、右两个方向进行切除拉伸，这符合建模意图。并且切除方向以粗立体箭头指向箱门形体内侧，但这不符合建模的意图（图7-133a）。

在属性管理器的“方向1”项下，勾选“反转切除”选项，或在图形区域中单击表示切除方向的粗立体箭头（图7-133a），使切除方向指向箱门形体外侧（图7-133b）。

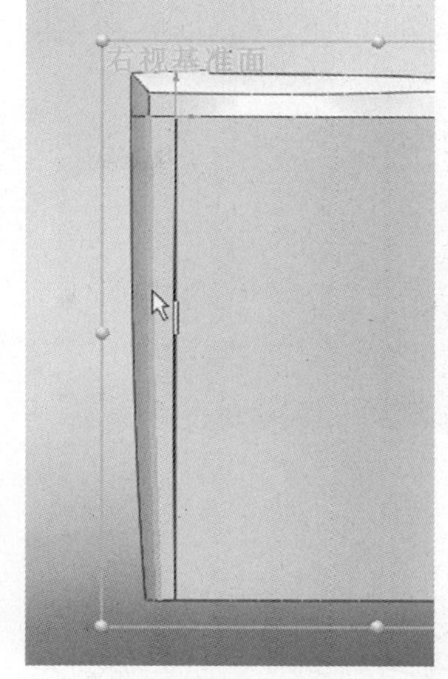

图 7-129

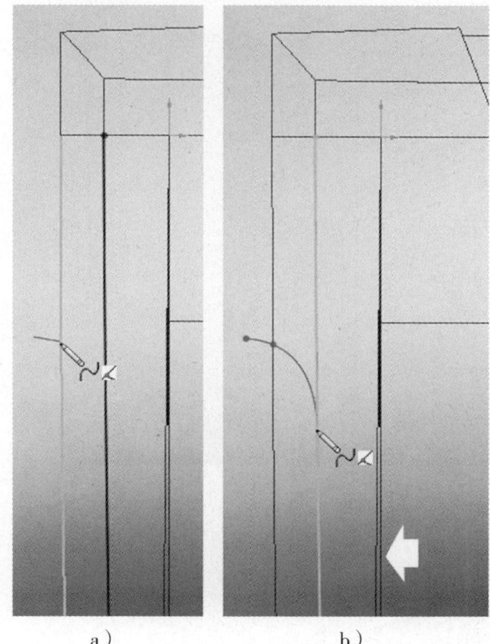
a） b）
图 7-130

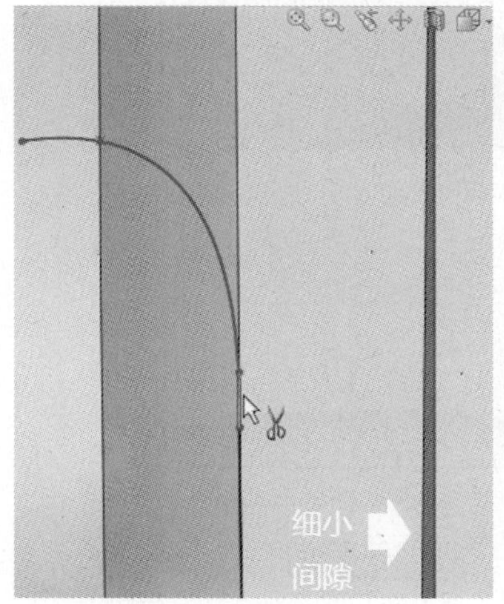

图 7-131

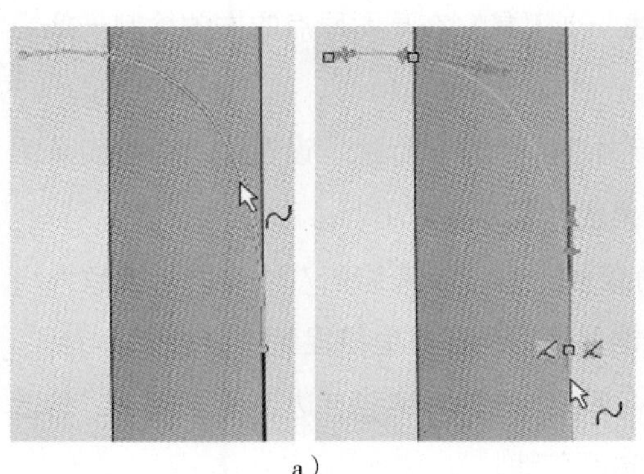
a）

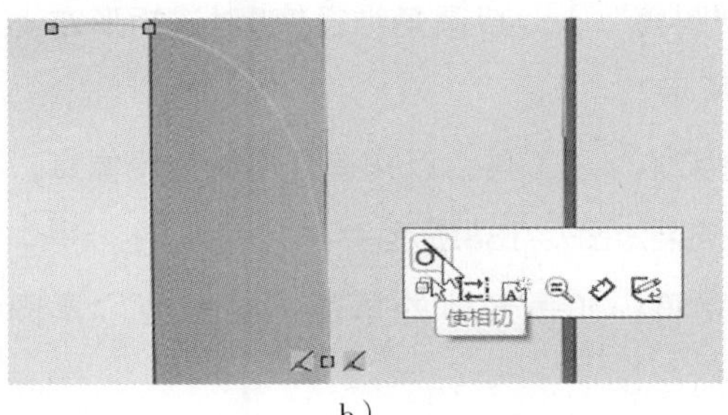

b）
图 7-132

a）

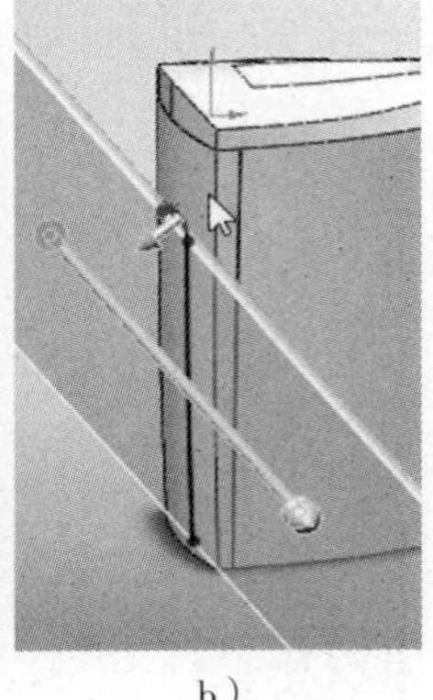
b）

图 7-133

图 7-134

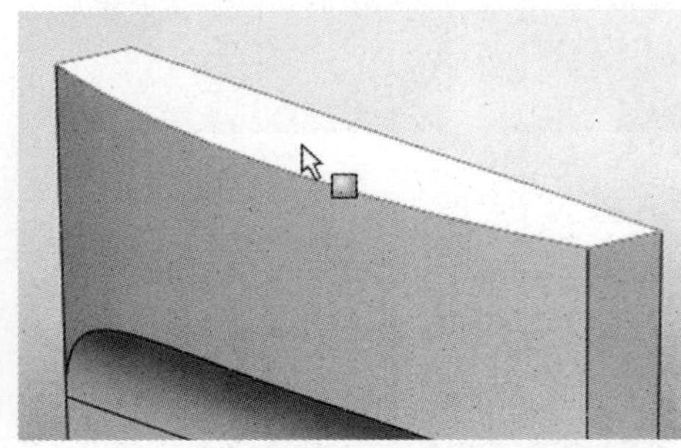
图 7-135

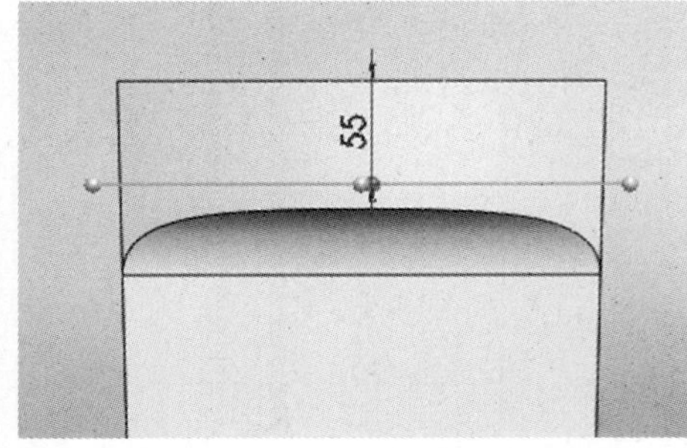

图 7-136

（32）在属性管理器上，单击（“确定”），生成新的拉伸切除特征（这里为“切除-拉伸2”），形成箱门中下部区域的内收形体。

此时，箱门形体结果及碎纸机整体形体如图7-134所示。

• 收纳箱箱门——箱门扣手

接下来，简要地制作出箱门扣手的形体。

（1）在设计树中，将“拉伸1”（即碎纸收纳箱形体）隐藏。看到操作面板也一并被隐藏了，图形区域中仅显示箱门形体（图7-135）。

（2）在图形区域中点取如图7-135所示的箱门上端平面。

在（“参考几何体”）命令组的下拉列表中，点取（“基准面”）工具，使用“偏移距离”方式，输入值55并勾选“反向”选项。

（3）在“基准面”属性管理器上，单击（“确定”）。

生成一个新的基准面（这里为“基准面5”）。结果如图7-136所示。

（4）两次单击（“正视于”），将视图定向到从背面正视于该基准面。

（5）切换到“草图”命令管理器上，单击（“草图绘制”），进入草图绘制状态。

（6）使用（“中心线”）工具，在草图原点的左侧绘制一条竖直的中心线。

（7）使用（“智能尺寸”）工具，标注、设定该中心线到草图坐标原点的水平方向距离值为50（图7-137）。

（8）单击（“边角矩形”），参考如图7-137所示大致大小和位置，绘制一个矩形。绘制时使右侧竖直边捕捉到中心线上。

（9）如图7-137所示，点取矩形的右侧竖直边，单击（“构造几何线”），将其转化为构造几何线。

（10）使用（“绘制圆角”），以圆角半径值5对该矩形左上角倒圆角。结果如图7-138所示。

（11）使用（“镜像实体”）工具，以构造几何线为镜像点，镜像复制左侧部分到右侧。结果如图7-138所示。

这样，完成了用于建立箱门扣手形体的草图（这里为“草图19”）。

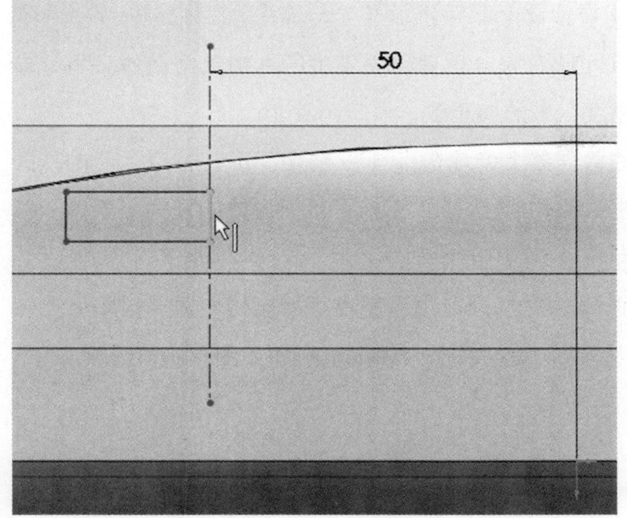

图 7-137

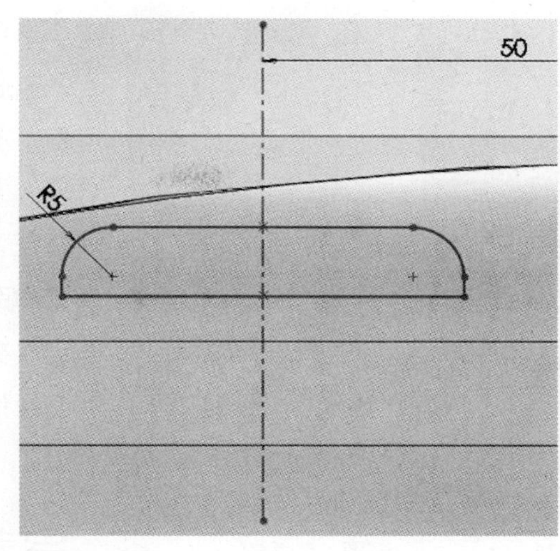

图 7-138

（12）切换到“特征”命令管理器，单击（“拉伸切除”）。显示出属性管理器。在属性管理器的“从”项下的下拉列表中，点取“曲面/面/基准面”选项（图7-139），将默认地从“草图基准面”开始进行拉伸更改为从指定的“曲面/面/基准面”开始进行拉伸。此时，显示出并处在“曲面/面/基准面”列表框。

图 7-139

在图形区域中点取刚才生成的新基准面（即“基准面5”）。预览如图7-140所示。

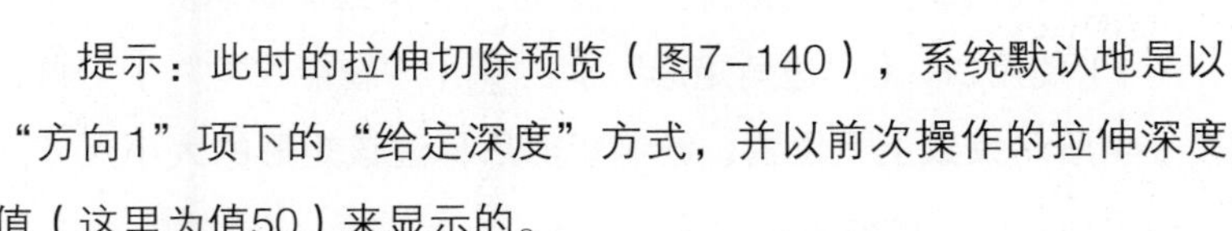

提示：此时的拉伸切除预览（图7-140），系统默认地是以“方向1”项下的“给定深度”方式，并以前次操作的拉伸深度值（这里为值50）来显示的。

此时已经能向下贯穿切除出扣手形体，可不改变拉伸切除操作默认的“给定深度”方式。否则，改而使用“完全贯穿”方式。

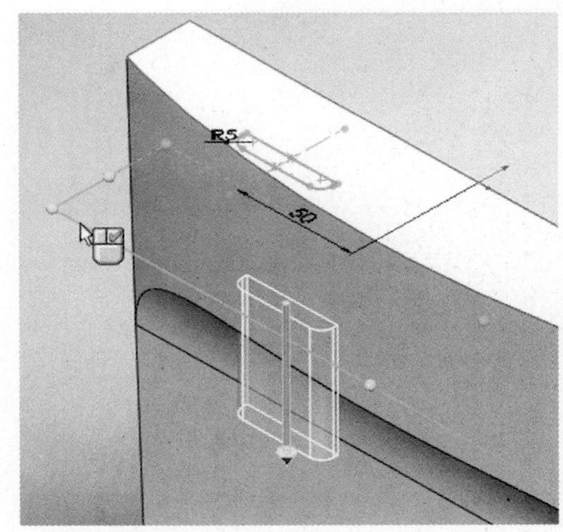

图 7-140

（13）此时光标显示为符号，右键单击，或在属性管理器上，单击（“确定”），生成了新的拉伸切除特征（这里为“切除-拉伸3”），形成箱门扣手形体。

继续生成箱门的壳体形体。

（14）转到合适视角，在图形区域中点取如图7-141所示的箱门背面的平面。

（15）仍在“特征”命令管理器上，单击（“抽壳”）。该平面列入“参数”项下（“移除的面”）项后的“移除的面”列表框

图 7-141

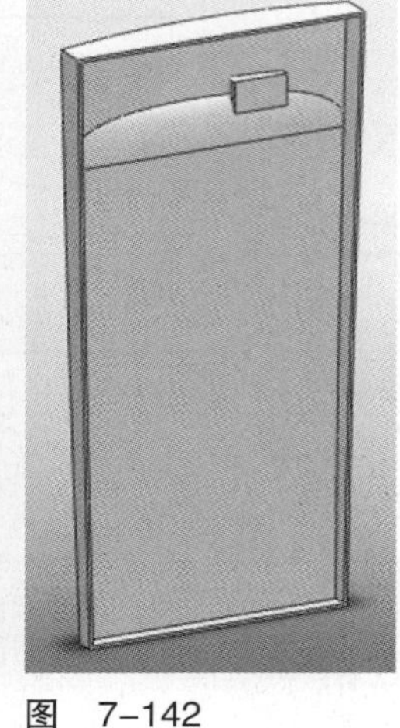
图 7-142

（这里为“面〈1〉”）。

此时光标显示为符号。这里，先不进行右键单击动作。将“参数”项下（“厚度”）的值更改，设定为3mm。

（16）在属性管理器上，单击（“确定”），生成了新的抽壳特征（这里为“抽壳2”）。这样，完成了箱门形体的建模与表达。结果如图7-142所示。

在设计树中显示出“拉伸1”项，则在图形区域中显示出箱体形体与操作面板形体。至此，箱门及整个碎纸机形体如图7-143所示。

完善形体——细节修改与刻画

• 收纳箱箱体细节——散热孔

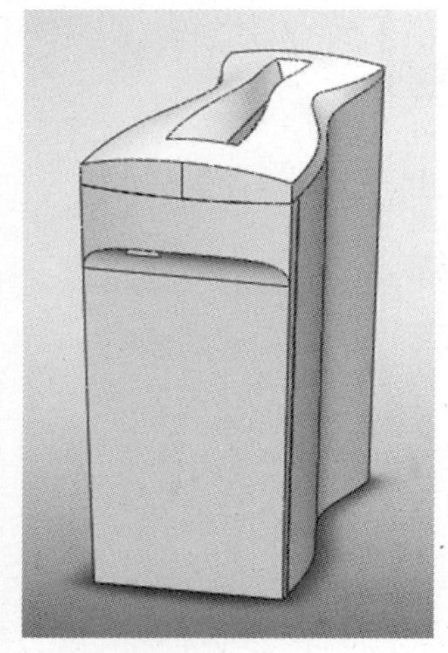
图 7-143

（1）为清晰起见，在设计树中，点取“放样2”项（即收纳箱箱门的基本形体）后将其隐藏起来。

并将“显示样式”从“带边线上色”更改为“线架图”样式。

然后，切换到“草图”命令管理器。

（2）在设计树中点取“右视基准面”，单击（“正视于”），将视图定向到从背面正视于该基准面。

（3）单击（“草图绘制”），进入草图绘制状态。

（4）使用（“边角矩形”）、（“智能尺寸”）工具，如图7-144所示大致上下位置，绘制矩形后标注该矩形的大小尺寸。当然，也可对该矩形的位置加以完全定义。

这样，生成一个新草图（这里为“草图20”）。

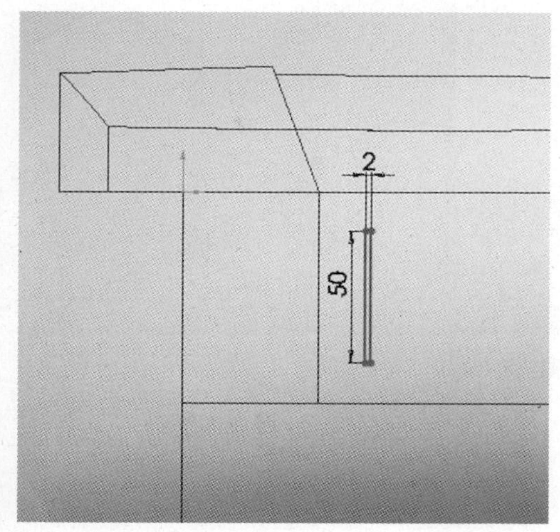

图 7-144

（5）切换到“特征”命令管理器。单击（“拉伸切除”），显示出属性管理器。在属性管理器的“方向1”项下将拉伸终止条件设定为“完全贯穿”；勾选“方向2”项，其终止条件已默认地设定为“完全贯穿”。

此时预览如图7-145所示。

（6）在属性管理器上，单击（“确定”），生成了新的拉伸切除特征（这里为“切除-拉伸4”），形成向左右贯穿箱体的散热孔。

（7）确认在设计树中点取了刚生成的散热孔（即“拉伸5”）。

单击（“线性阵列”），显示出“线性阵列”属性管理器。在“要阵列的特征”项下的列表框中，列出了该特征名称。

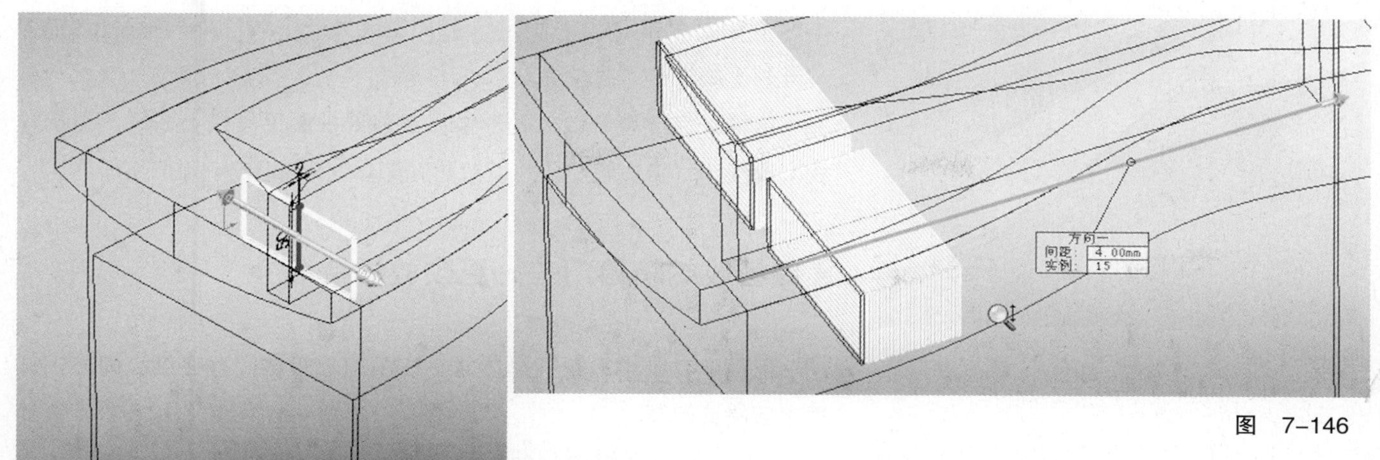

图 7-145

图 7-146

系统自动处在“方向1”项下的“阵列方向”列表框。

在图形区域中点取投纸口模型的边线（图7-146中引出快捷输入框的那条直线边线），作为阵列方向。

粗立体箭头所指示的阵列方向以及阵列预览，都提示结果将不符合建模意图。单击“方向1”项下的（“反向”），使阵列方向如图7-146粗立体箭头所示。

在（“间距”）项后，输入阵列实例之间的距离值为4。在（“实例数”）项后，设定阵列复制的实例数量为15（也可在快捷输入框输入上述两项的值）。

此时预览如图7-146所示。

（8）单击（“确定”），生成一个线性阵列特征[这里为“阵列（线性）1”]，形成一横排散热孔。

（9）确认在设计树中点取了刚生成的一横排散热孔[即“阵列（线性）1”]。

单击（“线性阵列”）。显示出的属性管理器中，系统自动处在“方向1”项下的“阵列方向”列表框。

在图形区域中点取投纸口模型的边线（图7-147中引出快捷输入框的那条直线边线。它也是上次线性阵列操作中所选的边线），作为阵列方向。

同样，单击“方向1”项下的（“反向”），使阵列方向如图7-147粗立体箭头所示。

在（“间距”）项后，输入阵列实例之间的距离值为260。在（“实例数”）项后，设定阵列复制的实例数量为2（也可在快捷输入框输入上述两项的值）。

此时预览如图7-147所示。

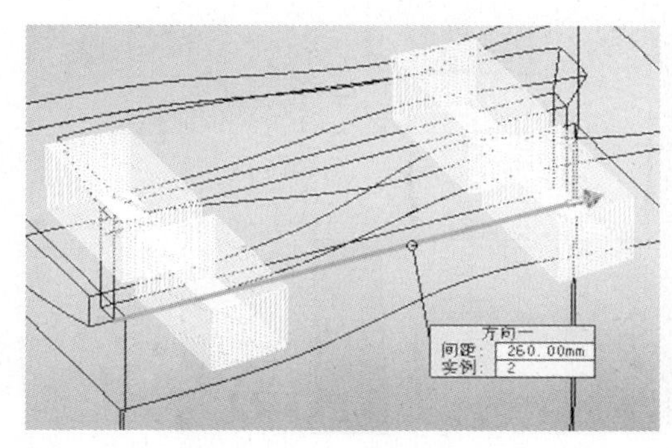

图 7-147

图 7-148

（10）单击（“确定”），生成另一个线性阵列特征[这里为“阵列（线性）2”]。

这样，完成整个散热孔形体。在前导视图工具栏上，将“显示样式”改回为“带边线上色”。散热孔形体结果如图7-148所示。

• 完善收纳箱箱门——更改放样特征

前面建立收纳箱箱门形体时，在箱门与箱体间存在细小间隙。这里来解决该问题。

（1）在设计树中，向上拖动“退回控制棒”到“放样2”项之前、“切除-拉伸1”项之后（图7-149，即退回到箱门基本形体生成之前）。

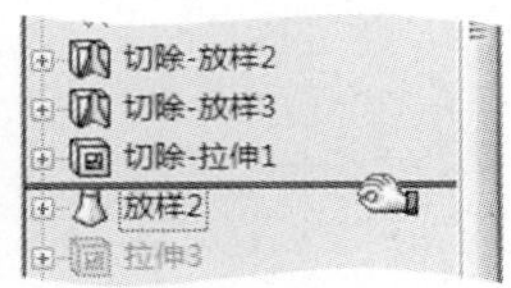

图 7-149

相应地，图形区域中仅显示在该特征项之前建立的箱体和操作面板模型（图7-150）。

（2）点取如图7-150所示的箱体平面。单击（“正视于”），将视图定向到正视于该平面。

（3）确认处在“草图”命令管理器。单击（“草图绘制”），进入草图绘制状态。

（4）在图形区域中点取如图7-151所示箱体模型的边线，使用（“转换实体引用”）工具，生成一个直线草图实体。

（5）单击（“重建模型”），退出草图状态。

这样就生成了含有一条直线草图实体的一个新草图（这里为“草图21”）。

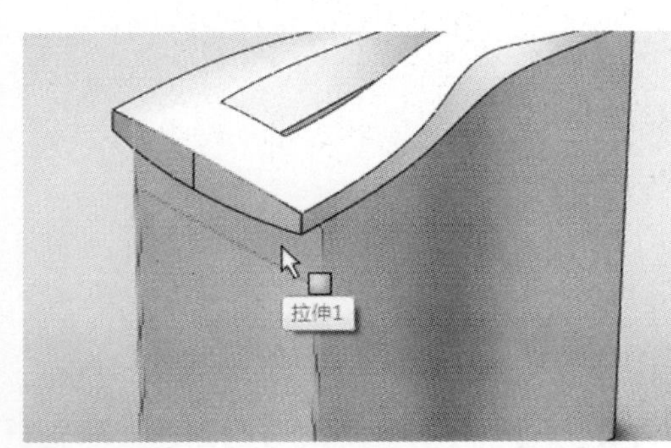

图 7-150

（6）类似地，借助相同的箱体平面、如图7-152所示的箱体几何模型边线和（“转换实体引用”）工具，生成另一个直线草图实体。

单击（“重建模型”），退出草图状态。

这样就生成了含有一条直线草图实体的又一个新草图（这里为“草图22”）。

可看到此时的设计树中，新生成的两个草图（即“草图21”、“草图22”）是处于“放样2”项（即箱门基本形体生成）之前的。

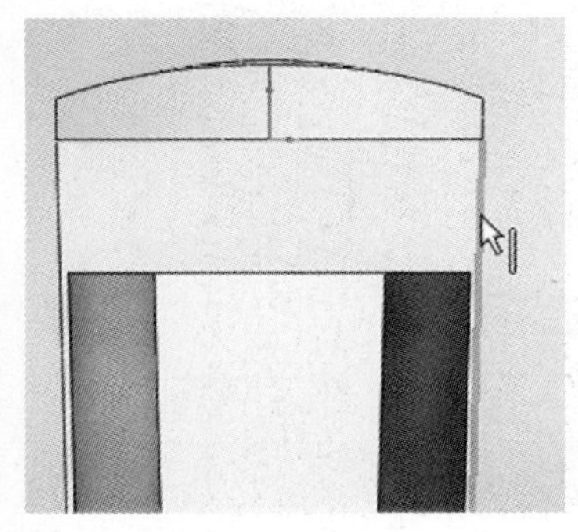
图 7-151

（7）在设计树中，向下拖动“退回控制棒”到“放样2”项之后（即箱门基本形体生成之后）。

（8）在设计树中的“放样2”（即箱门基本形体）项上单击，在显示出的关联工具栏上单击（“编辑特征”）。

显示出“放样2”属性管理器，图形区域中重新显示该特征的预览。

（9）在属性管理器的“引导线”项下，可看到目前“引导线”列表框中有两条引导线（即“草图16”、“草图17”，图7-124）。

确认处在引导线列表框，在图形区域中点取新准备的两个草图（即“草图21”、“草图22”），它们也列入引导线列表框。现在，借助四根引导线来控制放样时两个截面草图之间的形体变化。

使用⬆（“上移”）或⬇（“下移”）工具，对四条引导线的次序进行调整，使得引导线列表框中草图次序为：“草图16”、“草图22”、“草图17”及“草图21”。

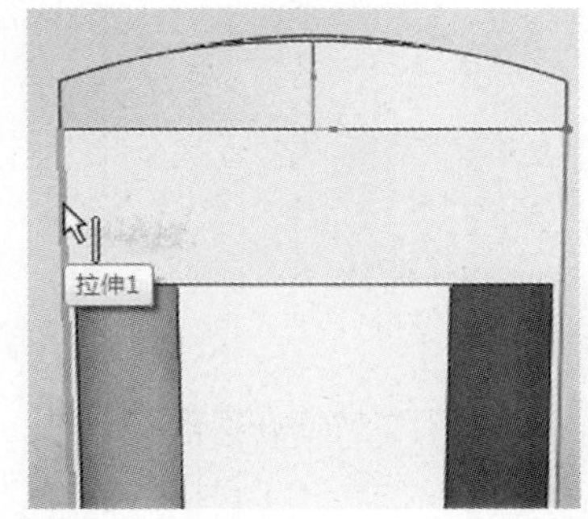

图 7-152

（10）单击属性管理器左上角✔（“确定”），更新生成“放样2”特征（即箱门基本形体）。

此时，在图形区域中可看到箱门与箱体之间就没有了缝隙，如图7-153白色插图箭头所示。

这样就解决了先前存在的缝隙（图7-131）问题。

（11）在设计树中，向下拖动“退回控制棒”到设计树底部。图形区域中模型也得到重建。

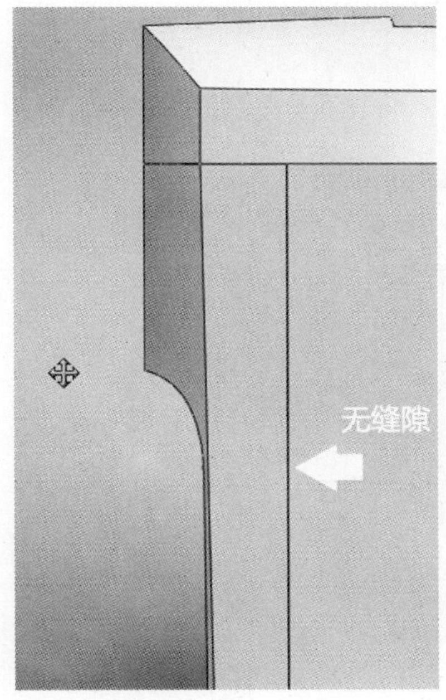

图 7-153

观察设计树，可看到“切除-拉伸2”（其所表达的是箱门中下部区域的内收形体）项名称前出现了⚠（“特征有警告”）符号，说明刚才的建模过程，即对“放样2”特征的修改，引起了其后续的“切除-拉伸2”特征（即箱门中下部区域的内收形体）出现了问题。

在图形区域中，也可看到箱门中下部内收形体出现的问题，如图7-154中白色插图箭头所示（与图7-134对比）。

展开“切除-拉伸2”特征，前面的符号改变而显示为⚠（“节点下有警告”）符号，并且，该特征下的草图（这里为“草图18”，7-132）项名称前也出现了⚠（“特征有警告”）符号。这说明对“放样2”特征的修改，引起该草图发生问题，进而导致相关特征（即“切除-拉伸2”）出现错误。因此，下面来解决该草图的问题。

（12）在设计树中，在该草图（即“草图18”）上单击，显示出关联工具栏，单击✎（“编辑草图”），进入该草图的编辑状态。

（13）确保处于正视于该草图。在图形区域中，点取通过转换实体引用工具生成（图7-129）的曲线草图实体，如图7-155所示。

此时，显示出“样条曲线”属性管理器，在其“现有几何关系”项下的列表框中，有“在边线上”几何关系，并以暗褐色底色显示。

这一几何关系正是问题之所在：箱门基本形体（即“放样2”特征）经过修改并重建后，新的形体及其边线已发生一定改变。

（14）点取该曲线草图实体后，按〈Delete〉键，将其删除。

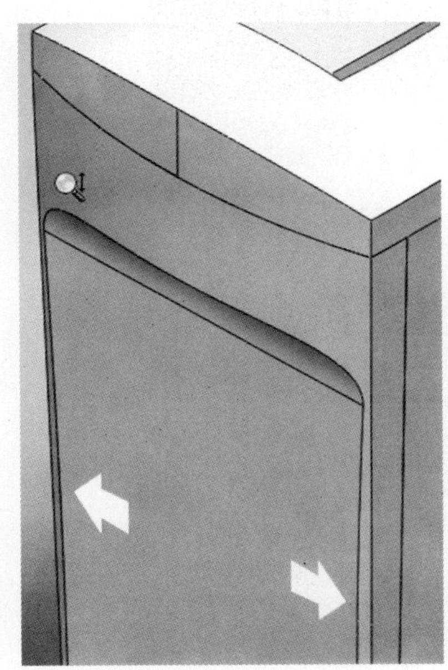
图 7-154

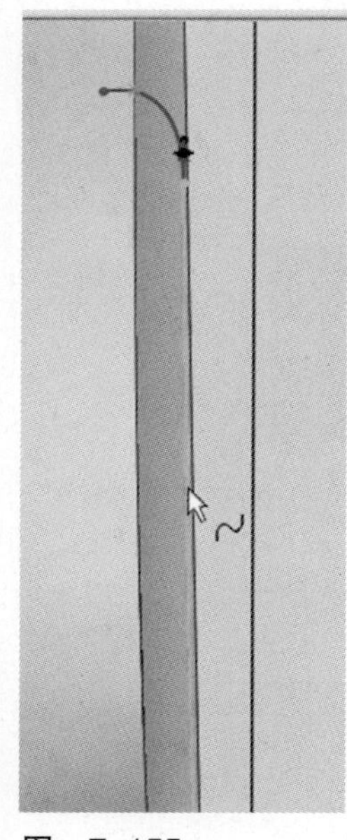

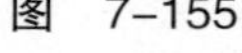
图 7-155

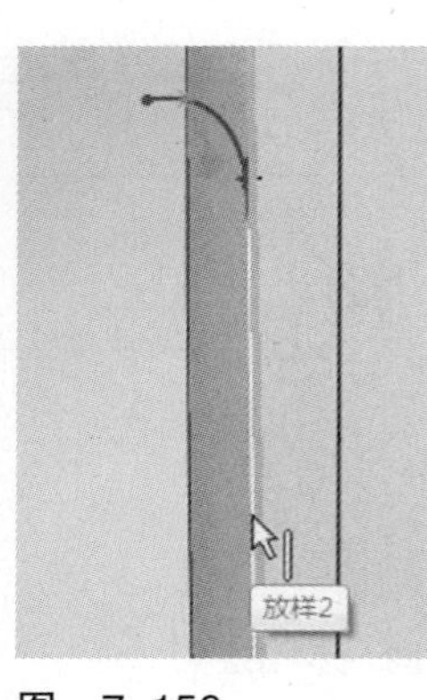

图 7-156

（15）在图形区域中点取如图7-156所示箱门基本形体的新边线，使用（“转换实体引用”）工具，生成新的曲线草图实体。

（16）点取草图中原有的（图7-130）、由三个控制点绘制而生成的样条曲线的下端点（第三个控制点），如图7-157所示，显示出“点”属性管理器。在其“现有几何关系”项下的列表框中，点取“重合”几何关系（当前以暗褐色底色显示）后，按〈Delete〉键，删除该几何关系。

（17）同时点取三控制点样条曲线和曲线草图实体，在显示出的关联工具栏上单击（“使相切”），使得样条曲线在下端点与曲线草图实体保持相切。

（18）使用（“剪裁实体”）工具，对曲线草图实体的上段进行剪裁（必要时先放大局部区域，以保证剪裁干净和正确），如图7-158所示。

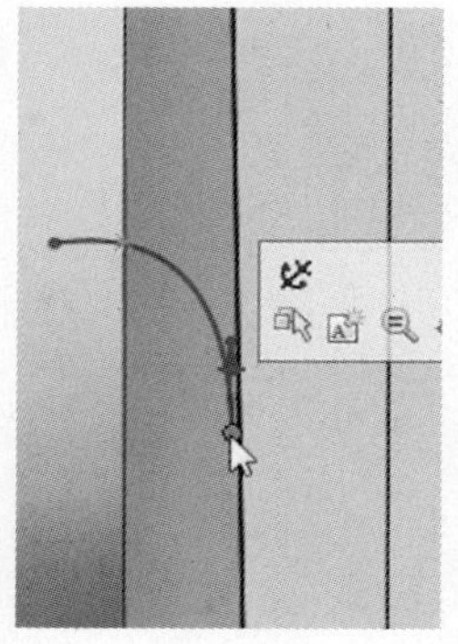
图 7-157

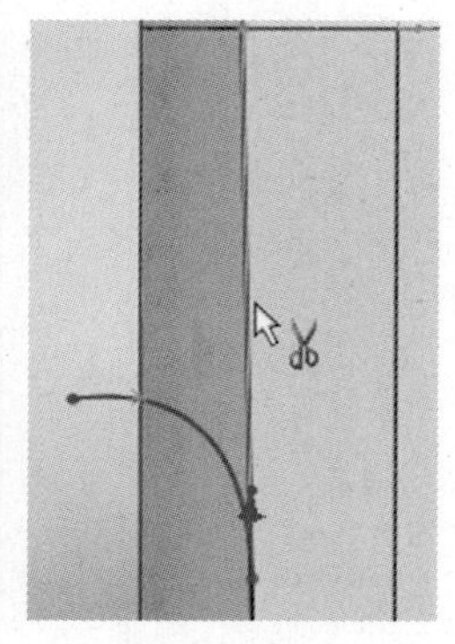
图 7-158

（19）点取三控制点样条曲线的中间控制点，在“点”属性管理器中，删除其所有“重合”几何关系。然后，向左移动该控制点，使其处于箱门基本形体之外，并与左侧的端点（第一个控制点）处于水平对正。

（20）分别调整、设定中间控制点以及左侧端点的控标指向角度为0°，使它们均水平地指向箱体基本形体。结果如图7-159所示。

（21）单击（“重建模型”）。“放样2”特征得到重建，箱门中下部内收形体得到修改，正确的形体结果如图7-160所示。

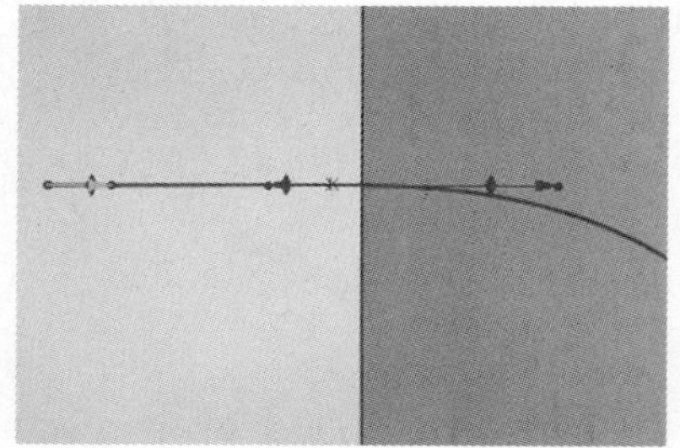
图 7-159

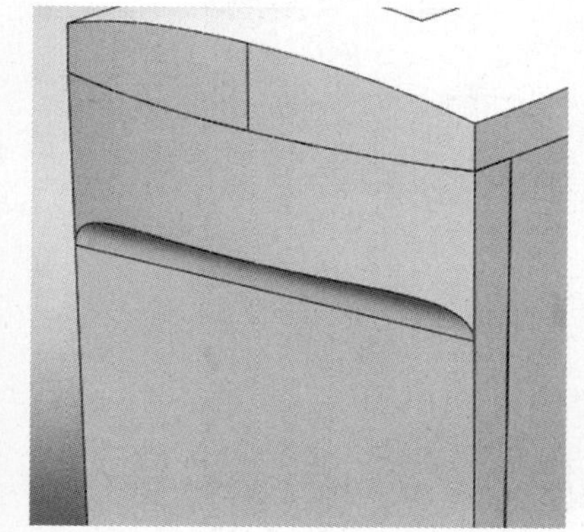
图 7-160

• 碎纸机开关——从指定面开始拉伸

（1）前面在生成投纸口形体时，建立了“基准面4”（图7-94），它位于碎纸机形体之外的上方。现在，在设计树中点取它。

（2）单击（“正视于”）两次，将视图定向到从碎纸机顶部向下正视于该基准面。

（3）确认处在“草图”命令管理器。单击（“草图绘制”），进入草图绘制状态。

（4）单击（“椭圆”），在如图7-161所示与草图坐标原点相

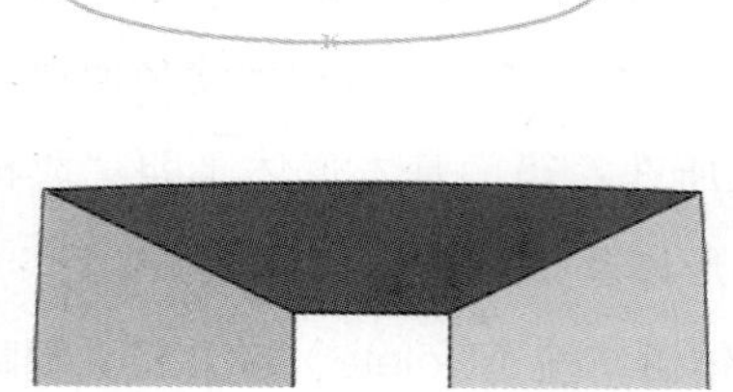
图 7-161

对的大致位置，绘制一个长轴处于水平方向的椭圆。

在“椭圆”属性管理器的“参数”项下，输入、设定该椭圆长轴的值为35，短轴的值为8。

（5）在属性管理器上，单击✓（“关闭对话框”），完成椭圆草图实体（这里为“草图23”）。

（6）同时点取椭圆的中心点和草图坐标原点，如图7-162所示，在显示出的关联工具栏上单击|（“使竖直”）；或在显示出的“属性”属性管理器的“添加几何关系”项下单击|（“竖直”）。

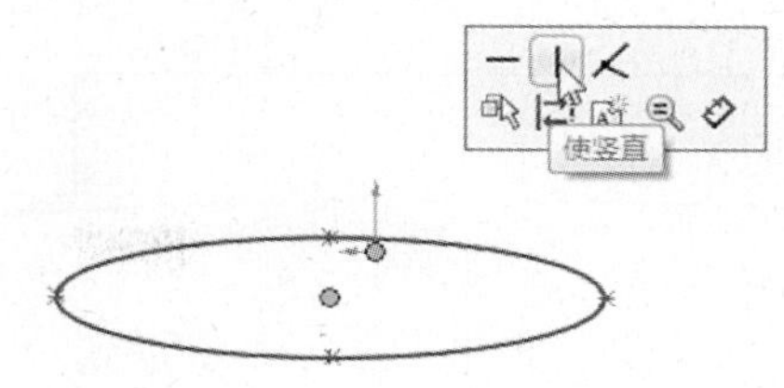

图 7-162

（7）使用◇（“智能尺寸”）工具，标注这两点之间的竖直距离值为5。

（8）切换到“特征”命令管理器，单击▣（“拉伸切除”）。图形区域生成了拉伸切除特征的预览。在图形区域中单击表示切除方向的粗立体箭头，使切除方向向下指向碎纸机形体。

在“拉伸”属性管理器的“方向1”项下，使用默认的“给定深度”拉伸终止条件，并输入、设定（“深度”）项的值为5。

然后，在属性管理器“从”项下，将默认的“草图基准面”更改为“曲面/面/基准面”下拉选项。此时，显示出并处在（“曲面/面/基准面”）项列表框。

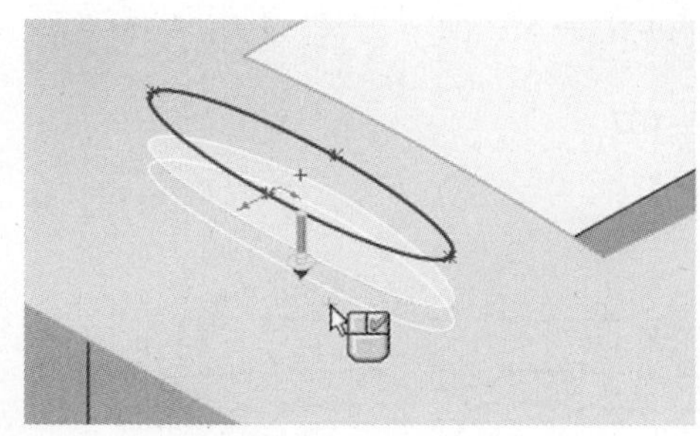

图 7-163

（9）在图形区域中，点取碎纸机操作面板形体的上表面，作为拉伸切除时的开始曲面。预览如图7-163所示。

（10）在属性管理器上，单击✓（“确定”），生成新的拉伸切除特征（这里为“切除-拉伸5”），形成操作面板上安装碎纸机开关的空间，结果如图7-164所示。

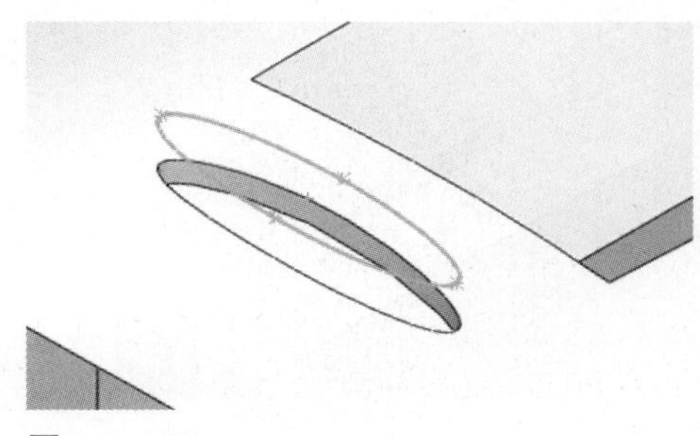

图 7-164

（11）再次在设计树中点取“基准面4”。

（12）单击（“正视于”）两次，同样将视图定向到从碎纸机顶部向下正视于该基准面。

（13）切换到“草图”命令管理器。单击（“草图绘制”），进入草图绘制状态。

（14）单击（“椭圆”），捕捉上一椭圆的圆心点作为圆心，绘制一个长轴处于水平方向的椭圆，并在“椭圆”属性管理器的“参数”项下，输入、设定该椭圆长轴的值为25，短轴的值为5。

（15）在属性管理器上，单击✓（“关闭对话框”），完成该椭圆草图实体的绘制（这里为“草图24”）。结果如图7-165所示。

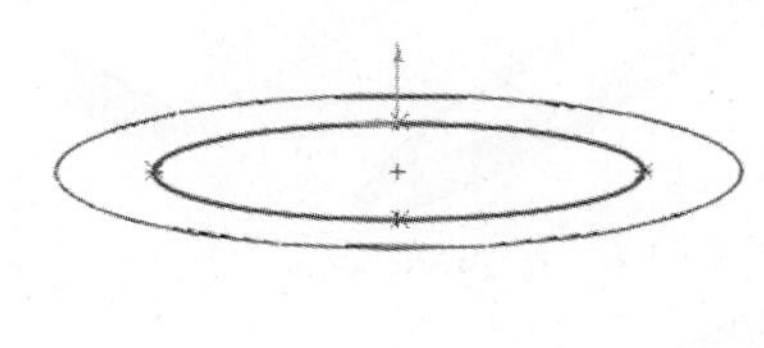

图 7-165

（16）切换到“特征”命令管理器。单击（“拉伸凸台/基体”），显示出“拉伸”属性管理器。

在属性管理器“从”项下，设为默认的“草图基准面”。

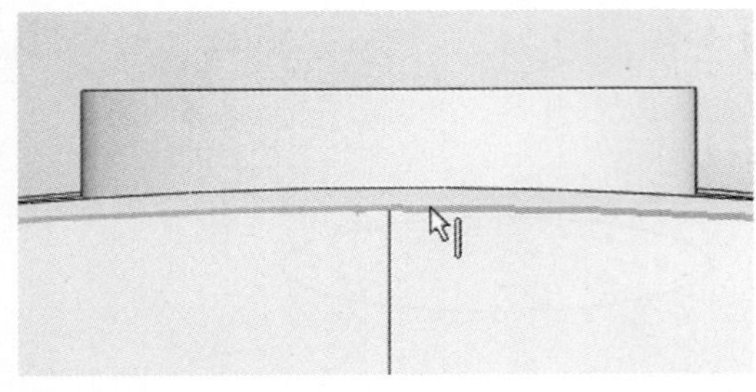
图 7-166

在“方向1”项下，在下拉选项中点取“成形到一面”拉伸终止条件，此时，显示出并处在（“曲面/面/基准面”）项列表框。在图形区域中点取开关空间的底部曲面。

（17）在属性管理器上，单击（“确定”），生成新的拉伸特征（这里为“拉伸2”），形成开关按钮的基本形体。结果如图7-166所示。

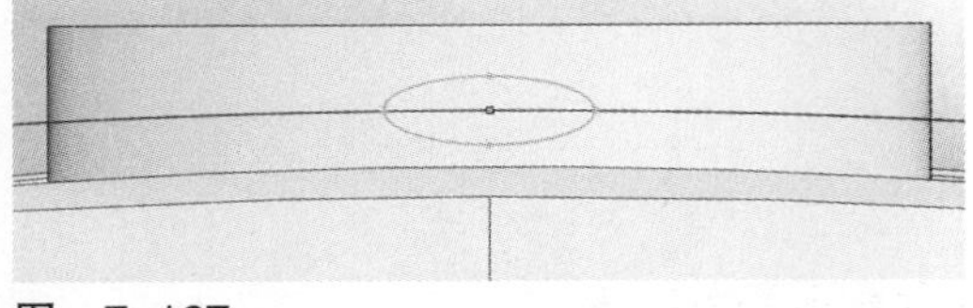
图 7-167

（18）在设计树中点取“前视基准面”。单击（“正视于”），将视图定向到正视于该基准面。

（19）切换到“草图”命令管理器。单击（“草图绘制”），进入草图绘制状态。

（20）在图形区域中，点取如图7-166所示操作面板形体的左右两条边线，使用（“转换实体引用”）工具，生成新的曲线草图实体。

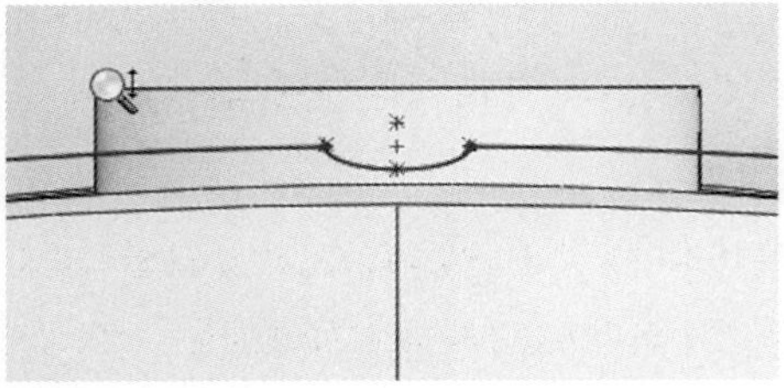

（21）点取新生成的曲线草图实体，单击（“移动实体”）。

在“移动”属性管理器的“参数”项下，点取“X/Y”方式并输入、设定“ΔY”的值为5。结果如图7-167所示。

图 7-168

（22）在属性管理器上单击（“取消”），关闭“移动”属性管理器。

（23）使用（“椭圆”）工具，捕捉曲线实体的中心对称点作为圆心，绘制一个长轴处于水平方向的椭圆，并设定该椭圆长轴的值为6，短轴的值为2。结果如图7-167所示。

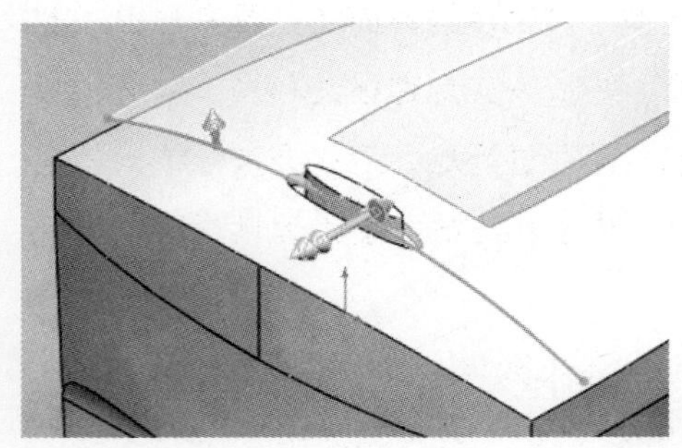
图 7-169

（24）使用（“剪裁实体”）工具，剪裁掉椭圆的上半部分，以及曲线草图实体处于椭圆中间的部分。完成该草图的绘制（这里为“草图25”）。结果如图7-168所示。

（25）切换到“特征”命令管理器。单击（“拉伸切除”）。图形区域生成了拉伸切除特征的预览。在“方向1”下使用“完全贯穿”拉伸终止条件，使切除一侧的方向指向上方，此时预览如图7-169所示。

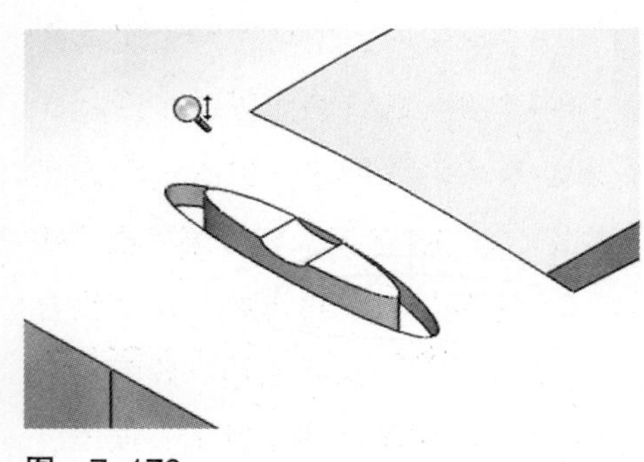
图 7-170

（26）在属性管理器上，单击（“确定”），生成新的拉伸切除特征（这里为“切除-拉伸6”），形成开关按钮形体。结果如图7-170所示。

可以对形体进一步进行适当半径的圆角特征操作。

这样，完成了整个碎纸机形体的建模表达。结果如图7-1b所示。

用曲面特征思维
——剃须刀建模

SolidWorks曲面建模概述

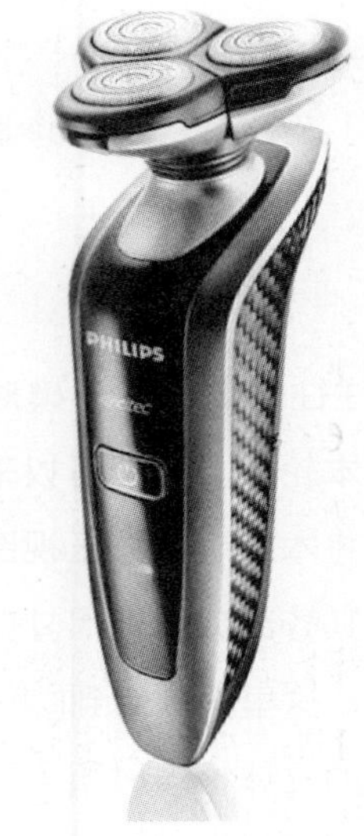

图 8-1

在SolidWorks中，对具有较复杂曲面的产品造型进行建模表达，采用曲面特征建模会更加合适。

曲面特征描述了物体表面的几何形状，它没有厚度、质量、体积，这是与实体特征的不同之处。使用曲面特征进行建模时，往往从点、线开始，通过拉伸曲面、旋转曲面、扫描曲面和放样曲面等曲面特征，构建基本的曲面体，然后通过对曲面加以编辑，进一步控制和深化形体，最后完成产品整体造型。编辑性的曲面特征具有多种，例如圆角曲面、缝合曲面、剪裁曲面等。在实际建模过程中，实体特征造型和曲面特征造型是相辅相成、同时进行的，两种方法可混合使用（例如电脑音箱背面负空间的建模中），这样既能大大地提高建模效率，又能成功地建立复杂的产品形体。

在SolidWorks中，可以通过对草图实体进行扫描或放样，方便地生成曲面特征。在曲面特征建模的前期，一般都是构建曲线，然后再通过一系列曲面命令构建曲面体，因此，曲线的质量是决定曲面质量的先决条件，只有以好的曲线作为“骨架”，才能得到高质量的曲面。前面介绍的2D草图实体，例如直线、圆、圆弧等，是形状比较规则的曲线；草图中的样条曲线也是最为常用的一种曲线创建工具。除此以外，SolidWorks中的曲线功能非常丰富，在主菜单栏“插入”中，有专门的曲线工具，例如“分割线”、“投影线”、“组合线”、“通过参考点的曲线”、“螺旋线”等，这些曲线一般都在一些特殊场合使用（其中一些已在前面介绍的案例中使用过）。使用这种方式建立的草图大都是基于3D空间的。

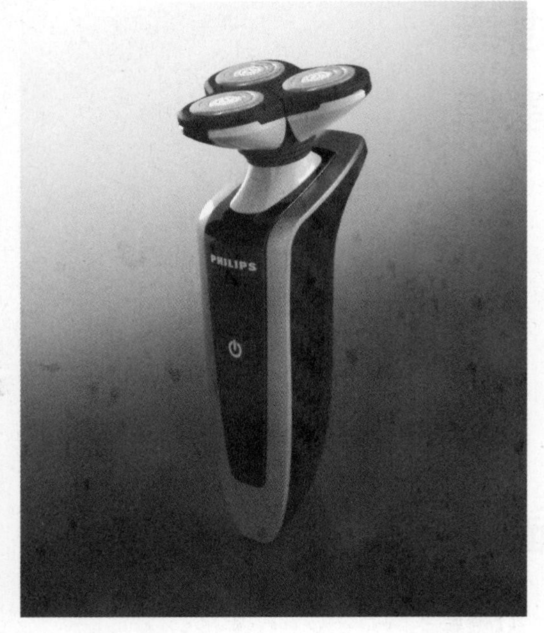

图 8-2

这里，以一款剃须刀产品为原型（图8-1，形体建模表达结果如图8-2所示），介绍主要曲线与曲面形体塑造与建模表达过程。点、线、面的处理要靠经验的积累，这里只是一个引导案例，其中的点、线、面也要不断的调节，才能找出最理想的方案。

这里，将整个形体分为三个部分：机身、机头和外形细节。这款剃须刀产品的形体都由曲面构成，各个部分的曲面在外形形态上流畅地连为一体。总体建模过程为：先从机身曲面形体建模开始，然后完成机身和机头的连接颈部建模，再进行机头建模，最后进行细节处理，从而完成剃须刀的完整形体建模。该款剃须刀产品形体的建模表达特点在于整个造型是一体的，而各个部分的区分是用细缝来表现的（图8-2）。

准备工作

当着手创建一个复杂的产品时，往往需要获取建模对象的基本外形尺寸、各部分的比例关系，以及基本轮廓。这些可以来自于实物测量、手绘草图，或是实物的照片等。将本款剃须刀正视图片插入草图，并根据其实际高度，在草图中确定其各部分比例尺寸，图片的轮廓线在建模过程中还可以起到引导作用。这里又要用到（“草图图片”）工具。就像前面在制作电脑音箱的立体标识时所看到的那样，草图图片可以被用作草图绘制时的参考。一般情况下，在建模过程一开始便插入草图图片，供草图绘制时参照。

图 8-3

（1）在主菜单栏上单击“文件”→“新建”，选择“零件”类型，新建一零件文档；再单击“文件”→“另存为”，将此文件保存。例如，另存为“RQ1050.sldprt”。

（2）以“前视基准面”为草图平面，建立一个草图（这里为“草图1”）。

使用（“中心线”）工具，过草图坐标原点绘制一条中心线。

使用（“中心矩形”）工具，以原点为中心，绘制一个矩形。并使用（“构造几何线”）工具，将此矩形转化为构造几何线。

使用（“智能尺寸”）工具，标注、设定矩形高度为剃须刀的实际高度100mm（宽度不标注），如图8-3所示。

（3）单击（“确定”），完成该草图绘制。

（4）以“前视基准面”为草图平面，再次建立一个草图（这里为“草图2”）。

在“草图”命令管理器上，单击（“草图图片”，必要时，自定义将其放入），或在主菜单栏上单击“工具”→“草图绘制工具”→“草图图片”。

弹出“打开”对话框。在其中浏览到图片文件，然后单击“打开”按钮。图片被插入当前草图（插入后的图片往往非常大）。

同时，显示出“草图图片”属性管理器（图8-4）。在其中“属性”项下，勾选“锁定高宽比例”，并为高度尺寸输入一个合适的近似值，例如118mm。在“透明度”项下，选取“完整图像”项，此后，可设置“透明度”为0.46，如图8-5所示。

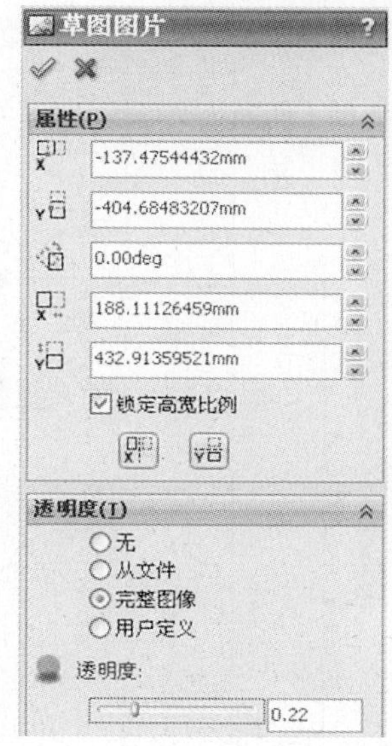

图 8-4

调入图片时，默认状态下其左下角顶点位于原点。

在属性管理器的“属性”项下，可以设置图片的位置、旋转角度和大小。也可以在图形区域中移动、缩放图片，来调整图片的位置、大小，直到匹配草图，以方便建模。

选中“锁定高宽比例”，能防止图片走样。

在“透明度”设置中，可以将图片透明化，更利于后续图片的描绘。

另外，还能由用户自定义颜色，设置一定的匹配公差等。

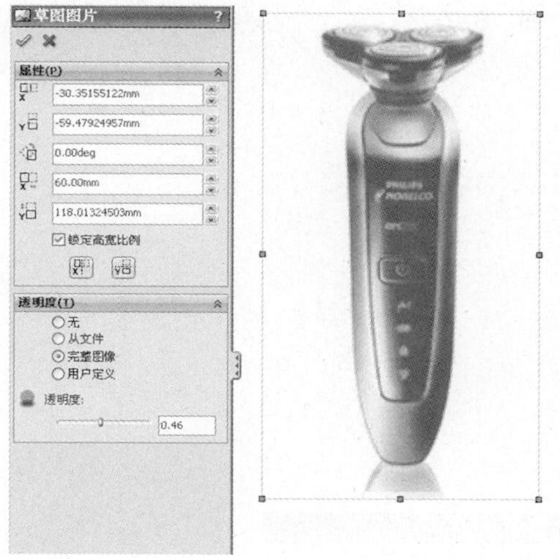

图 8-5

（5）单击（“确定”），退出该草图。

（6）在设计树中，将“草图2”拖放并置于“草图1”之前。

（7）进入编辑“草图1”的草图编辑状态。“草图2”中的图片显示在“草图1”中。

根据矩形的参考尺寸，使用移动、缩放图片工具细致地调整图片位置、大小，直至图片中剃须刀的高度定在矩形框内，调整后的结果如图8-6所示。图片中的剃须刀各部分尺寸和轮廓可以作为后续草图绘制的参考。

根据图片绘制一条机身前曲面的高度线，标注高度尺寸，如图8-7所示。

> 提示：“草图1”和“草图2”也可以合成为一个草图，但在后续建模过程中，有时需要单独显示尺寸参考，或图片轮廓参考，不加以合并可以方便后续操作。

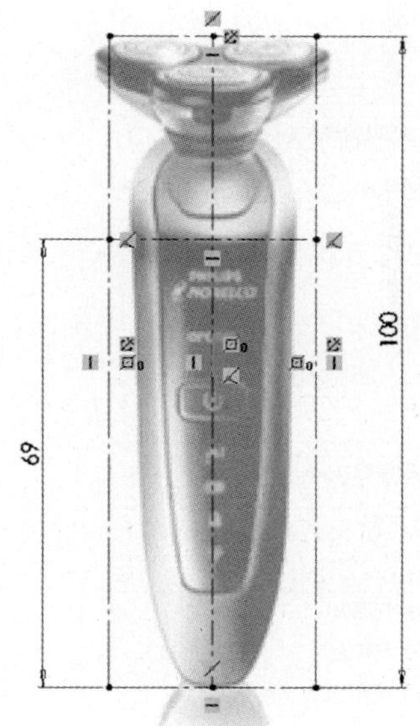

图 8-6

机身建模

从机身外形来看，机身是由机身前曲面、上倾斜曲面、后曲面，以及两侧曲面围合而成的。制作次序为机身前曲面→上倾斜曲面→后曲面→两侧曲面→机身细节处理。

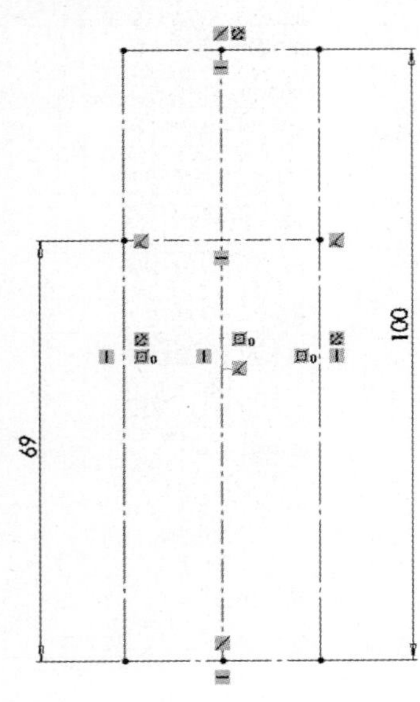

图 8-7

• 机身前曲面和上倾斜曲面

从机身前曲面和上倾斜曲面形状特征来看，可以通过放样曲面得到曲面基体，此后，用剪裁曲面获得所需要的形状。这里需要运用新的曲面特征：曲面放样、曲面剪裁、等距曲面、曲面圆角。

放样曲面的使用常常较为频繁，其强大而灵活的建模方式提供了多种获得曲面基体或者进行曲面处理的方式。在本例剃须刀的建模过程中，有十次运用到了放样曲面技术。它的主要应用在于：①得到曲面基体，能够连接不同形状的截面草图，得到一整块曲面实体；②进行曲面之间的融接，遇到要将两曲面实体加以连接时，它能使曲面实体之间顺滑过渡；③建立形状不规则的曲面实体。

放样曲面能够很灵活地处理复杂的曲面形体，其关键是需要在适当位置建立轮廓草图，反映曲面的截面形状，需要使用引导线来控制放样轮廓间的过渡。“曲面-放样”属性管理器如图8-8所示。

提示：曲面放样的轮廓是由一系列草图构成的，这些草图反映了在不同位置的截面形状。建立这些草图之前，需要建立不同位置的基准面，草图都是依附于这些基准面上的。

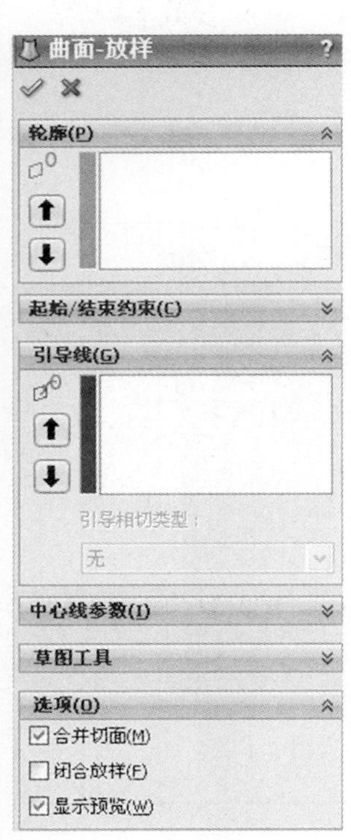

图 8-8

1. 曲面放样建立前曲面基体

该曲面放样需要建立三条轮廓曲线和一条引导线。

（1）建立两个基准面。在曲面工具栏（通过自定义工具栏，使其显示）上，在（“参考几何体”）命令组的下拉列表中，点取（“基准面”）工具；或在主菜单栏上单击“插入”→“参考几何体”→“基准面”。

显示出“基准面”属性管理器。系统默认地处在“第一参考”项下（“第一参考”）项后的列表框上。

展开临时显示于图形区域中的设计树，并点取右视基准面。后者列入列表框。并且，此时列表框下方进一步显示出多种可用来生成基准面的几何关系项。在（“偏移距离”）项后的输入框中，输入值13。注意基准面的方向。

单击（“确定”），生成了一个基准面（这里为“基准面1”），如图8–9所示。

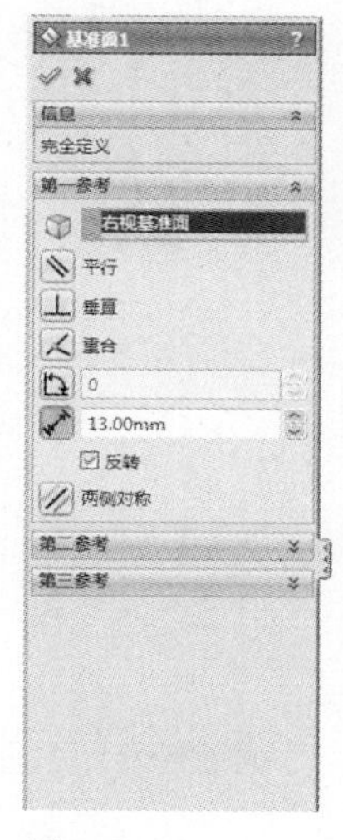

图 8–9

用同样的方法和偏移距离值，在右视基准面的另一侧再次生成一个基准面（这里为“基准面2”），如图8–10所示。

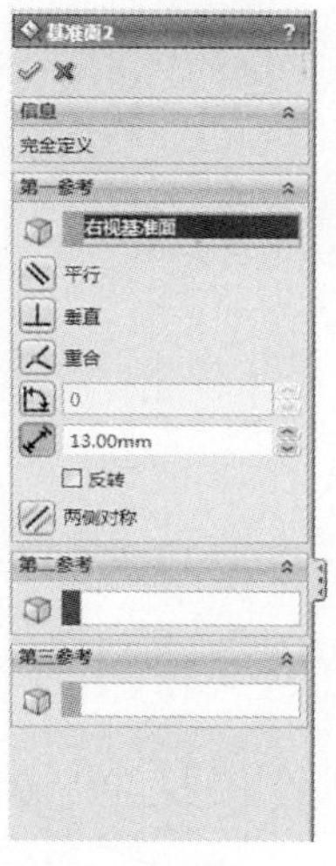

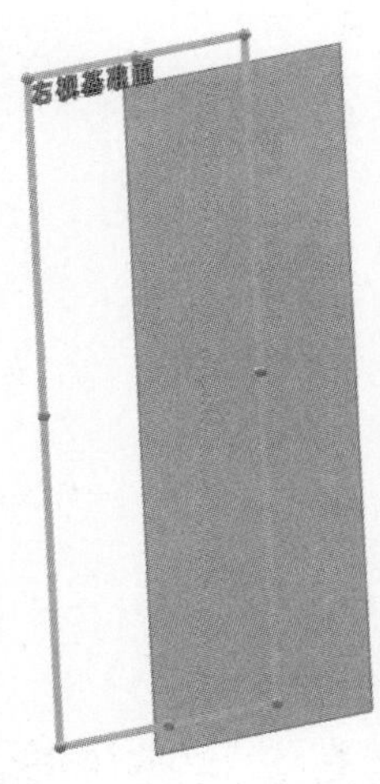

图 8–10

（2）建立第一个轮廓草图。以“基准面1”为草图平面，建立一个新的草图（这里为“草图4”）。绘制样条曲线作为轮廓线，如图8–11所示。

提示：一般而言，放样轮廓的草图均采用单一的样条曲线，而不用直线圆弧的组合，由于样条曲线具有单一性，能够得到单一的曲面实体，有利于后续编辑。

（3）建立第二个轮廓草图。以“基准面2”为草图平面，建立一个新的草图（这里为“草图5”）。点取“草图4”中的样条曲线。在“草图”命令管理器上单击（“转换实体引用”），将“草图4”中的样条曲线转换成当前草图上的草图实体。这样，实现对应草图轮廓的一致性，以保证后续的放样曲面形状是对称的。

提示：对于形状是对称的放样曲面，可以利用对应草图轮廓的一致性来实现。除转换实体引用工具外，还可采用复制实体和派生草图等方式来实现。

（4）建立第三个轮廓草图。以右视基准面作为草图平面，继续建立一个新的草图（这里为“草图6”）。以“草图4”中的曲线为参考，绘制曲线作为第三个轮廓线，如图8–12所示。

提示：为了达到最好的放样效果，轮廓草图应该有同样数量的控制点，并考虑草图元素的对应关系。

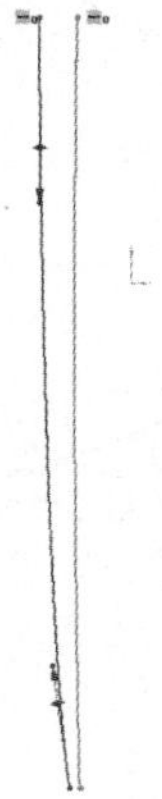

（5）建立第一条引导线。以上视基准面为草图平面，建立新的草图（这里为“草图7”）。绘制一条对称的样条曲线。在该引导线与“草图4”、“草图5”的轮廓线间添加（）（“穿透”）几何关系。

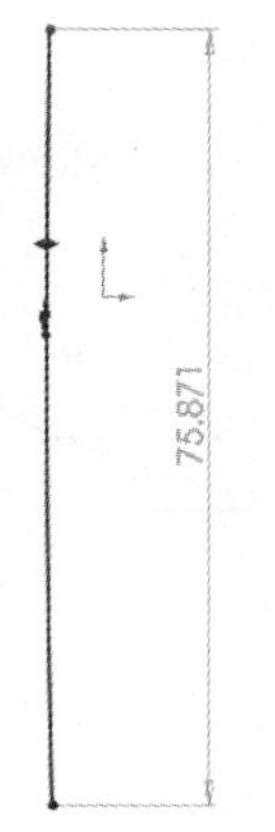

图 8–11

图 8–12

绘制过程如图8-13所示。

> 提示：如果曲线形状对称，可先绘制一条中心线，在中心线一侧画一条样条曲线，并将它镜像到另一侧。然后点取两条曲线，在“属性”属性管理器中添加 （“相等曲率”）几何关系。

a）

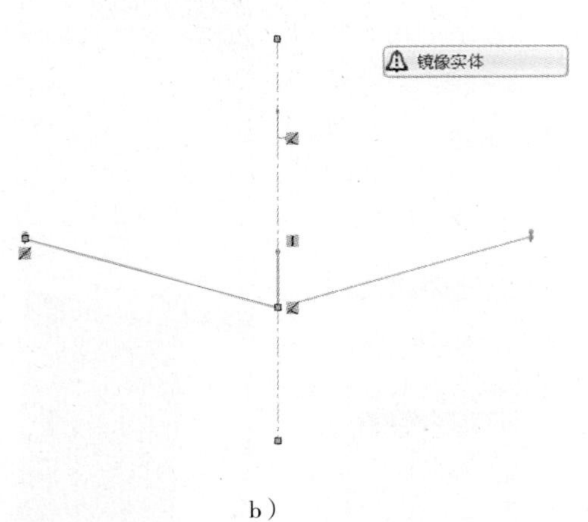

b）

（6）进行曲面放样。在曲面工具栏上单击 （“放样曲面”），或在主菜单栏上单击“插入”→“曲面”→“放样曲面”。

在“曲面放样”属性管理器的 （“轮廓”）项下，依次点取“草图5”、“草图6”和“草图4”，在 （“引导线”）项下，点取“草图7”，并勾选“合并切面”选项，如图8-14所示。

（7）单击 （“确定”），生成一个放样曲面（这里为“曲面-放样1”），形成机身前曲面基体，如图8-15所示。

> 提示：一般而言，曲面基体建得要比实际曲面尺寸大一些，以便能被剪修成所需要的形状。

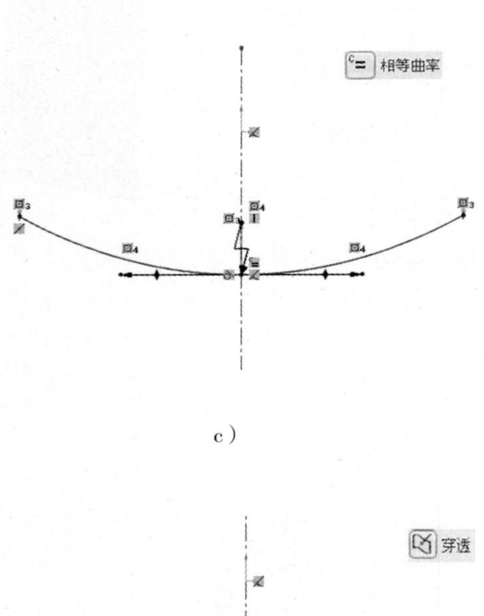

c）

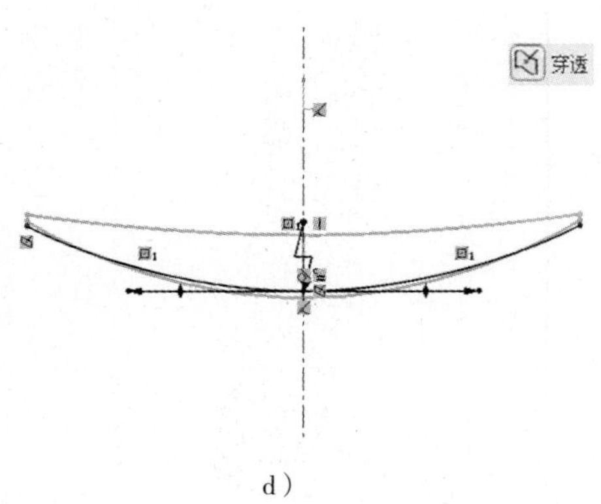

d）

图 8-13

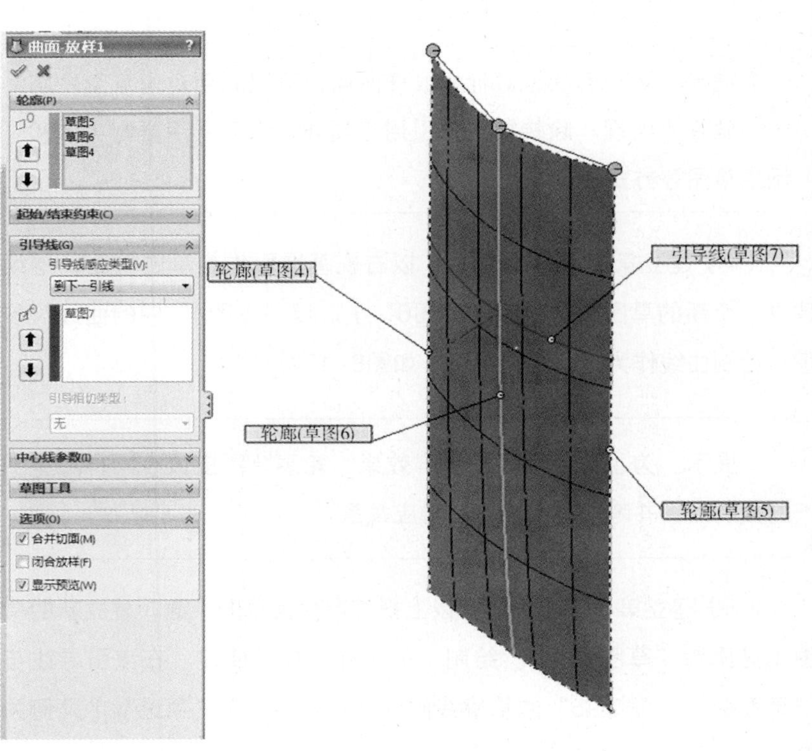

图 8-14

2. 建立机身上倾斜曲面基体

在机身前曲面基础上，用曲面放样建立机身上倾斜曲面，该曲面由三个轮廓曲线放样而成。

（1）建立第一个轮廓草图。以右视基准面作为草图平面，建立一个新草图（这里为“草图8”），绘制曲线作为轮廓线，如图8-16所示。

提示：为了保证上倾斜曲面与前曲面相交的位置，可用“草图1”的尺寸框来辅助绘制。通过在设计树中“草图1”项上右键单击并选取（“隐藏/显示”）项目来显示它（图8-17）。

图 8-15

（2）建立另两个轮廓草图。以“基准面1”作为草图平面，以“草图8”的曲线为参考，绘制曲线作为轮廓线，建立一个新草图（这里为“草图9”），如图8-18所示。

以“基准面2”作为草图平面，同样使用（“转换实体引用”）工具，将“草图9”中的样条曲线转换成草图实体，使得当前草图的曲线与“草图9”中曲线相同，以保证放样曲面对称。建立的新草图（这里为“草图10”）如图8-19所示。

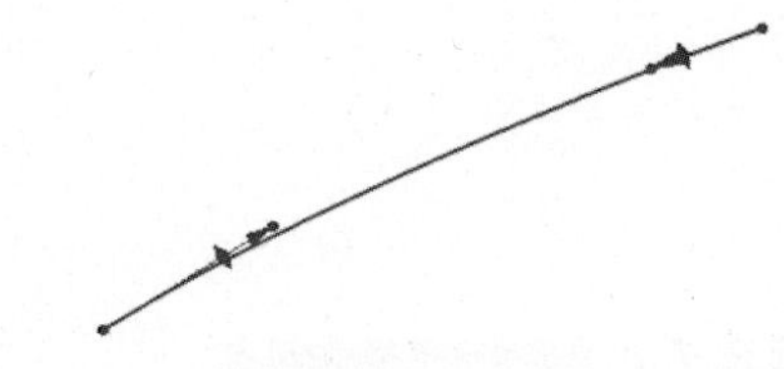

图 8-16

（3）再次进行曲面放样。在曲面工具栏上单击（“放样曲面”），在“曲面放样”属性管理器（“轮廓”）项下依次点取“草图9”、“草图8”和“草图10”，如图8-20所示。

（4）单击（“确定”），生成新的放样曲面（这里为“曲面-放样2”），形成机身上倾斜曲面基体，结果如图8-21所示。

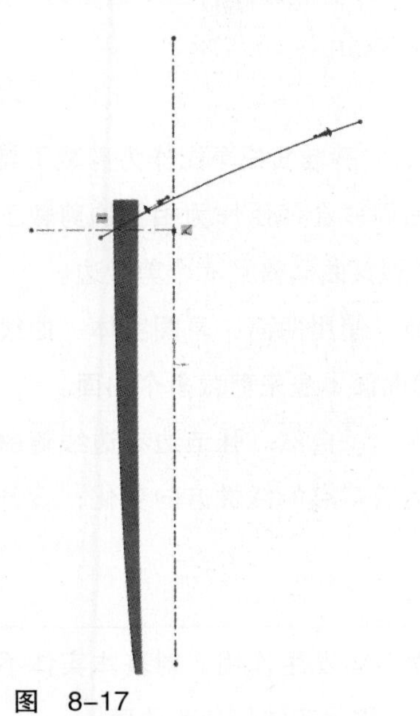

图 8-17

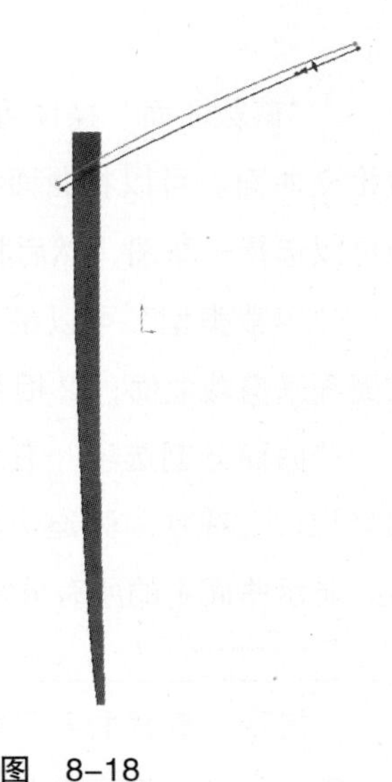

图 8-18

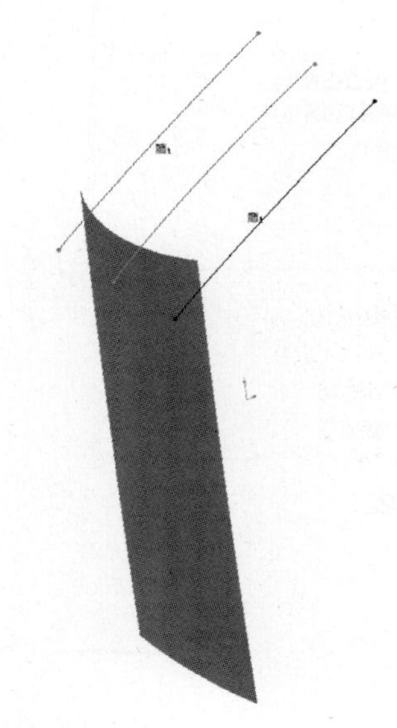

图 8-19

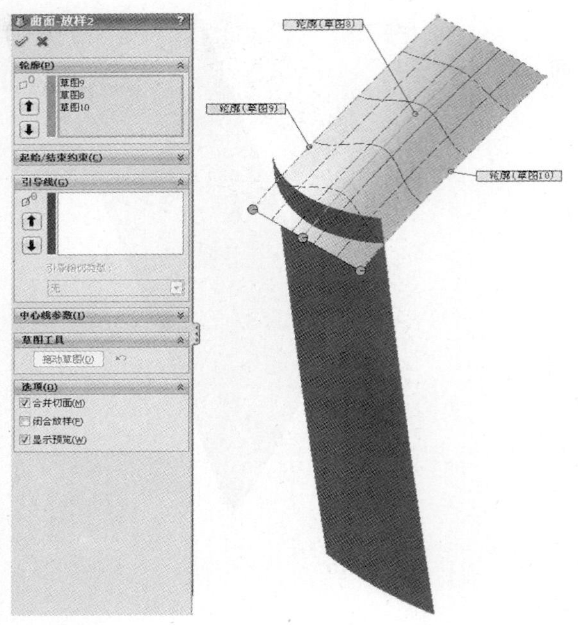

图 8-20

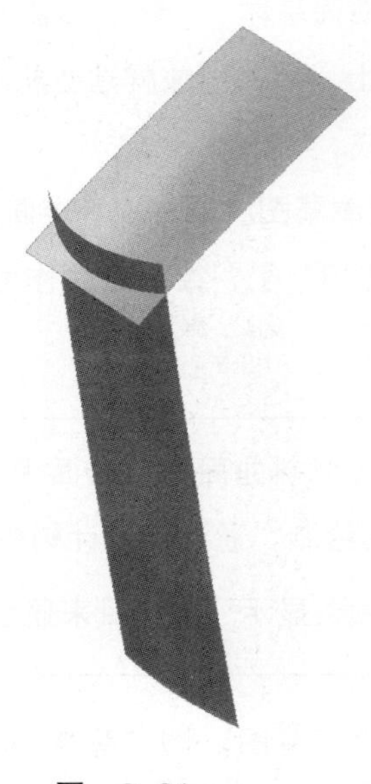

图 8-21

3. 前曲面和上倾斜曲面间修剪整形

将前曲面和上倾斜曲面间进行剪裁，圆角修整形。

（1）剪裁余边。在曲面工具栏上单击（“剪裁曲面”），或在主菜单栏上单击“插入”→“曲面”→“剪裁曲面”。

系统显示出“剪裁曲面”属性管理器（图8-22）。在其“剪裁类型”项下，点取“相互”选项（图8-23）。在“选择”项下的（“剪裁曲面、基准面或草图”）项，点取刚完成的两个放样曲面。

点取“移除选择”选项。在图形区域中点取“放样曲面2”的左侧、“放样曲面1”的上侧部分，移动光标可以看到曲面实体颜色发生变化，移除部分出现在（“要移除的部分”）后的列表框中。

（2）单击（“确定”），生成剪裁曲面特征（这里为“曲面-剪裁1”）。曲面剪裁结果如图8-24所示。

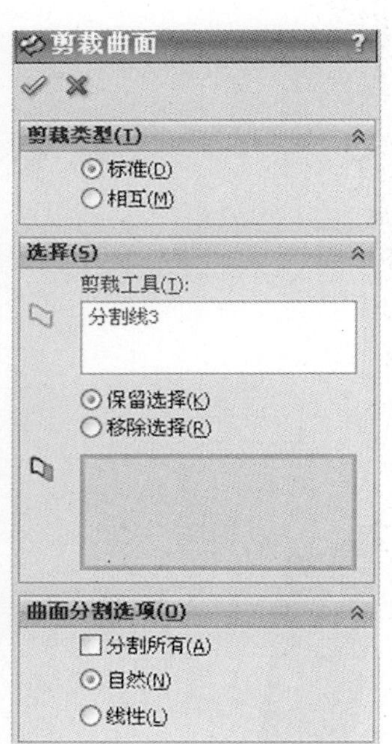

图 8-22

“剪裁曲面”操作可使用曲面、基准面或草图作为剪裁工具来剪裁相交曲面。可以将曲面和其它曲面联合使用作为相互的剪裁工具。也可以选择一草图，然后将它投影到该曲面得到一个剪裁边。

“剪裁类型”可以是：①标准。使用曲面、草图实体、曲线、基准面等来剪裁曲面；②相互。使用曲面本身来剪裁多个曲面。

“曲面分割选项”有三种选择：①自然。强迫边界边线随曲面形状变化；②线性。强迫边界边线随剪裁点的线性方向变化；③分割所有。显示曲面中的所有分割。

提示：剪裁曲面只能对曲面实体发生作用，对基本实体不能使用剪裁，如果要使用剪裁命令，需将实体转化为曲面。

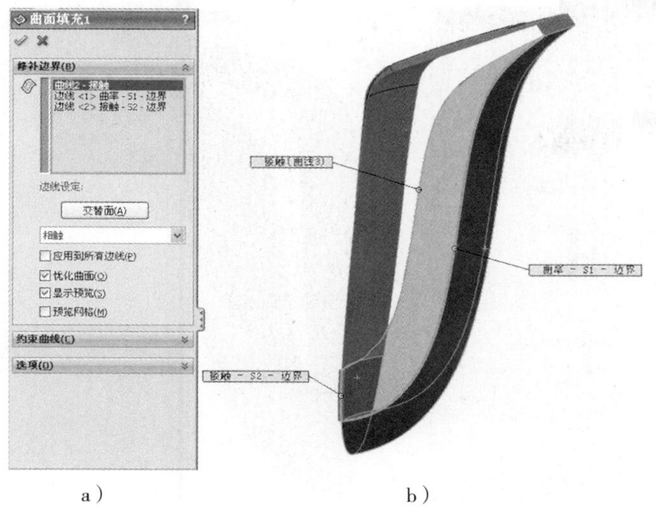
a）　　b）

图　8-66

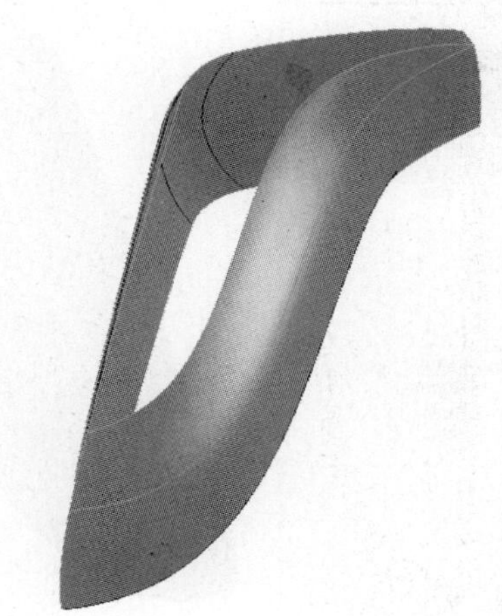
图　8-67

（8）单击（“确定”）。生成一个填充曲面（这里为“曲面填充1”），如图8-67所示。

2. 生成放样曲面

（1）以右视基准面为草图平面，建立新的草图（这里为“草图32”），绘制直线，如图8-68所示。

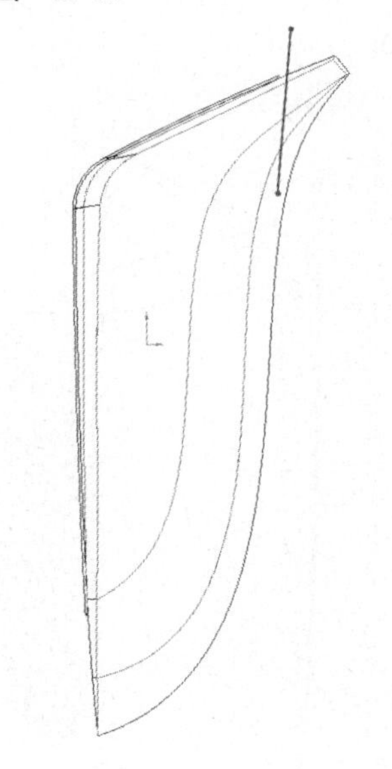
图　8-68

（2）建立新的基准面。单击（“基准面”），在“基准面”属性管理器中，在“第一参考”项下（“第一参考”）项时，选择右视基准面，并点取（“垂直”）几何关系选项；在“第二参考”项下（“第二参考”）项时，点取“草图32”的直线，并点取（“重合”）选项。

（3）单击（“确定”），这样建立了一个新基准面（这里为“基准面5”），如图8-69所示。

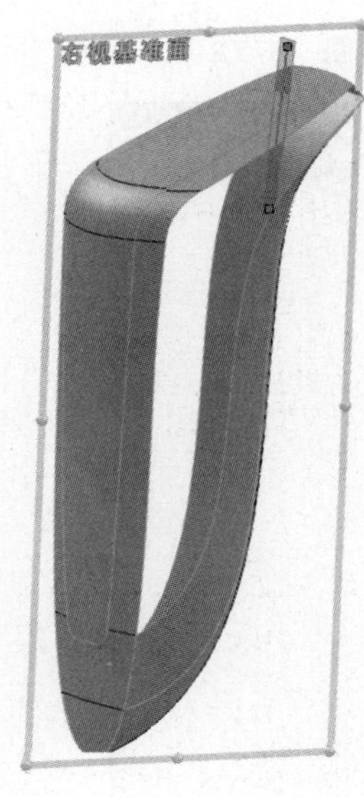
a）　　b）

图　8-69

提示：可将基准面投影到曲面上生成分割线，即基准面与曲面相交产生的交线。

（4）生成分割线。在曲线工具栏上单击（“分割线”），在其属性管理器中，在“分割类型”项下，点取“交叉点”选项（图8-70a）；在（“分割工具”）项下，点选“基准面5”；在（“要分割的面”）项下，选择面1，面2，如图8-70b所示。

（5）单击（“确定”）。生成新的分割线（这里为“分割线2”）。

（6）建立曲面放样。在曲面工具栏上单击（“放样曲面”），在“曲面-放样”属性管理器（“轮廓”）项下，依次选

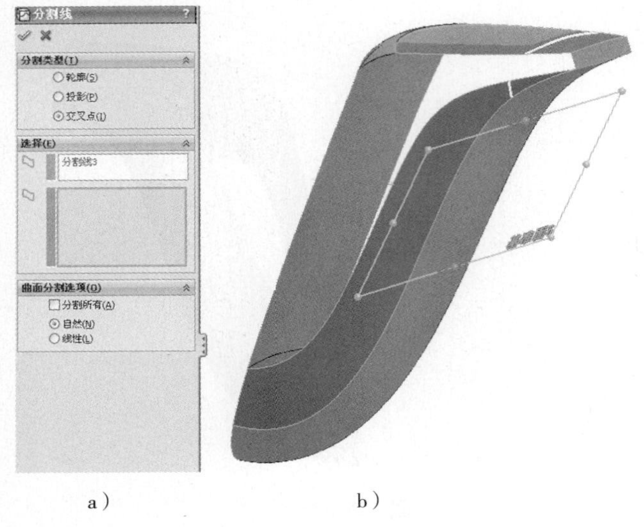

a)　　　　b)

图 8-70

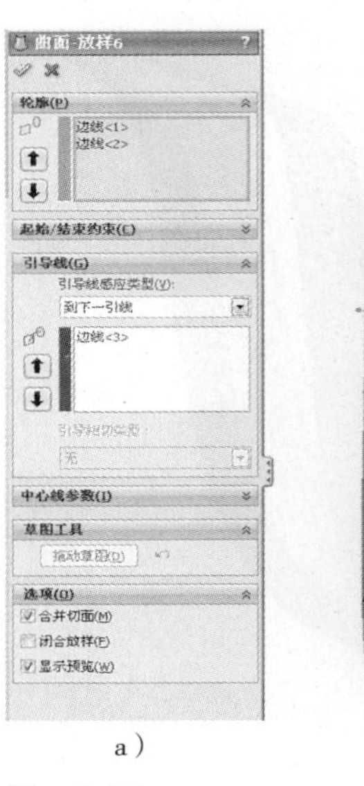

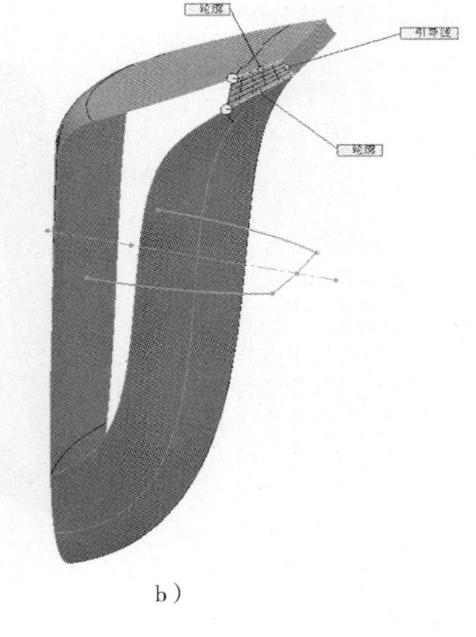

a)　　　　b)

图 8-71

择“边线1”和“边线2”；在（“引导线”）项下，选择“边线3”。勾选“合并切面”选项，如图8-71所示。

（7）单击（“确定”），生成一个放样曲面（这里为“曲面-放样6”）。

> 提示：制作大面积曲面时，如果直接利用填充曲面命令，曲面会发生变形。因此，这里需补充制作一块放样曲面。可以使用已有曲面边界作为轮廓、曲面边线作为引导线来放样曲面。

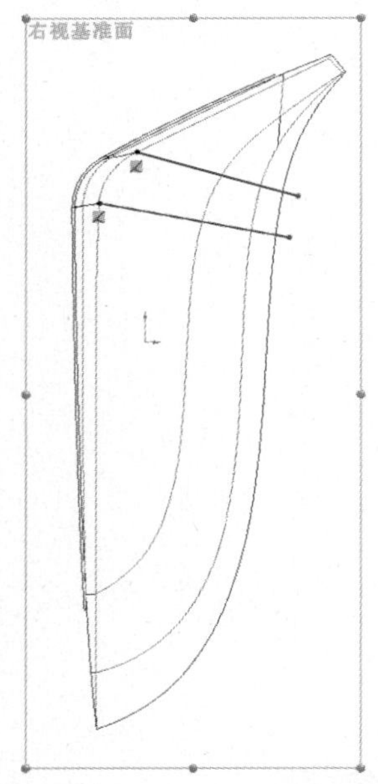

图 8-72

3. 曲面填充2

（1）以右视基准面为草图平面，建立一新草图（这里为“草图39”），绘制两条直线，如图8-72所示。

（2）生成分割线。在曲线工具栏上单击（“分割线”），在“分割线”属性管理器中的“分割类型”项下，默认地处在“投影”选项。在（“要投影的草图”）项下，选择“草图39”，在（“需要分割的面”）项下，在图形区域中选择“面1”，如图8-73所示。

（3）单击（“确定”），生成新的分割线（这里为“分割线3”），如图8-74所示。

（4）绘制3D草图。在草图命令管理器上单击（“3D草图”），或在主菜单栏上单击“插入”→“3D草图”，图形区域变为等轴测视图方向。

单击（“样条曲线”），绘制样条曲线。绘制时，使该曲线两

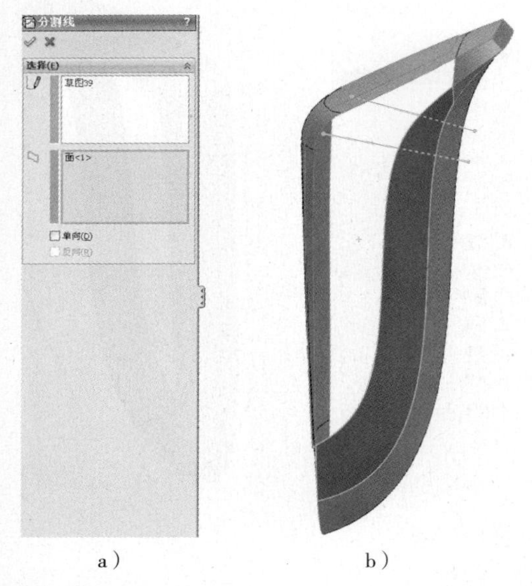

a)　　　　b)

图 8-73

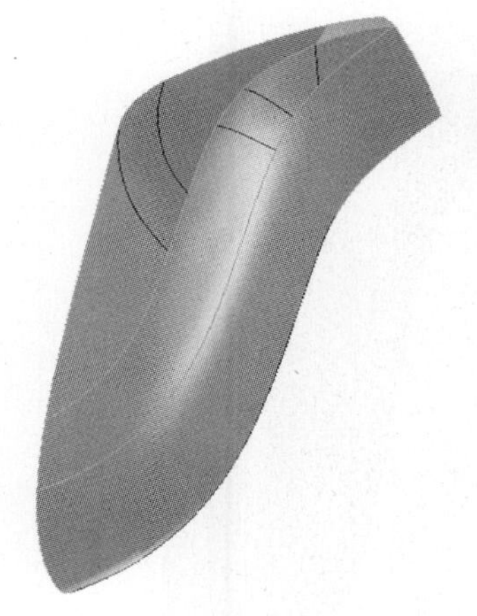

图　8-74

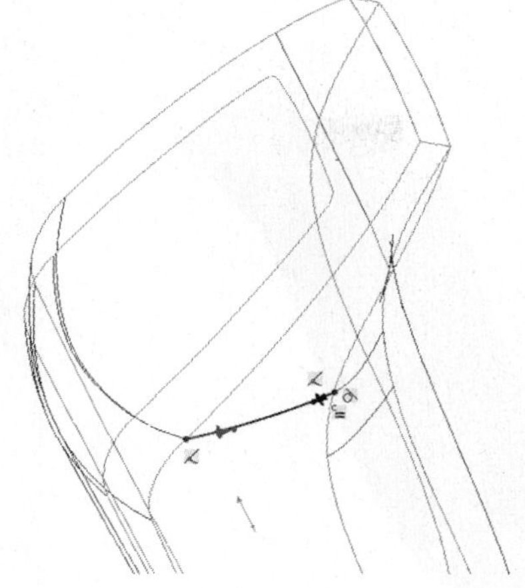

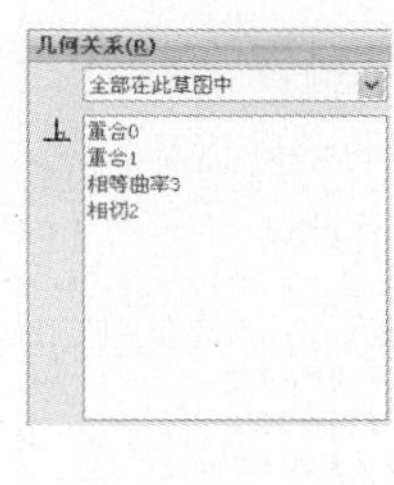

图　8-75

端点分别与前曲面的圆弧过渡线和一条分割线端点“重合”，并与该分割线添加“相切”、“相等曲率”的几何关系。

这样，建立一个3D草图（这里为“3D草图3”），如图8-75所示。

（5）再次绘制3D草图。类似地，再次绘制3D样条曲线，并以相同方式处理其两端点处的几何关系。所建立的3D草图（这里为“3D草图4”）如图8-76所示。

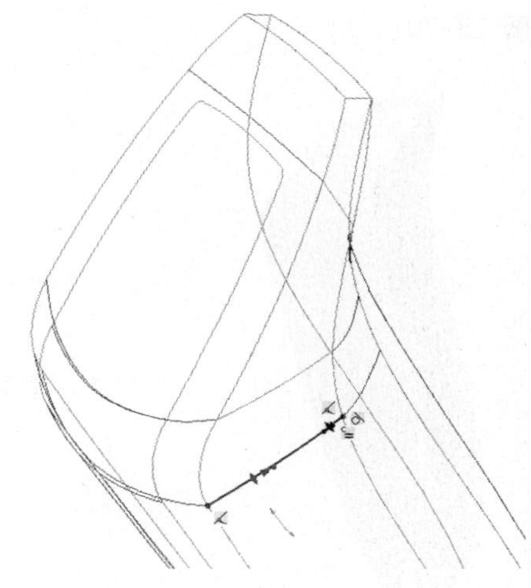

图　8-76

（6）生成曲面填充。在曲面工具栏上单击◈（“填充曲面”），或在主菜单栏上单击“插入”→“曲面”→“填充”。

在“填充曲面”属性管理器的◈（“修补边界”）项下，依次选择七条边线；在“边线设定”中点取“相触”选项；在“约束曲线”项下，选择“3D草图3”和“3D草图4”，如图8-77所示。

（7）单击✓（“确定”），形成填充曲面（这里为“曲面填充2”），如图8-78所示。

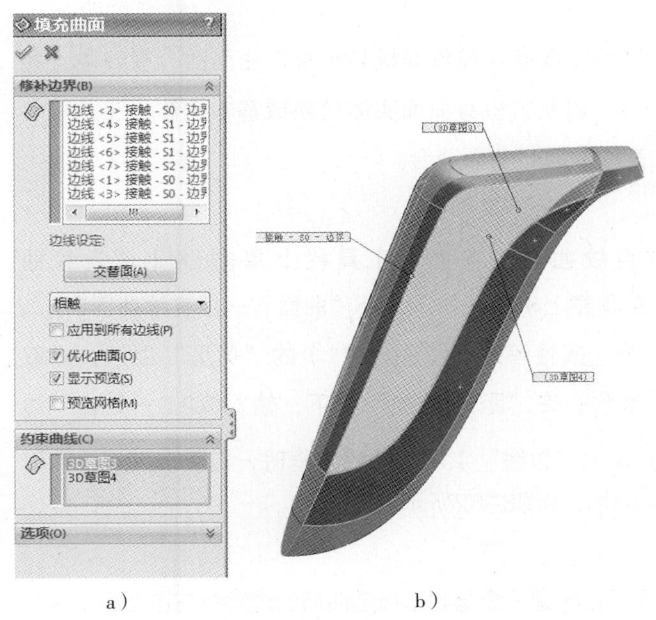

a）　　b）

图　8-77

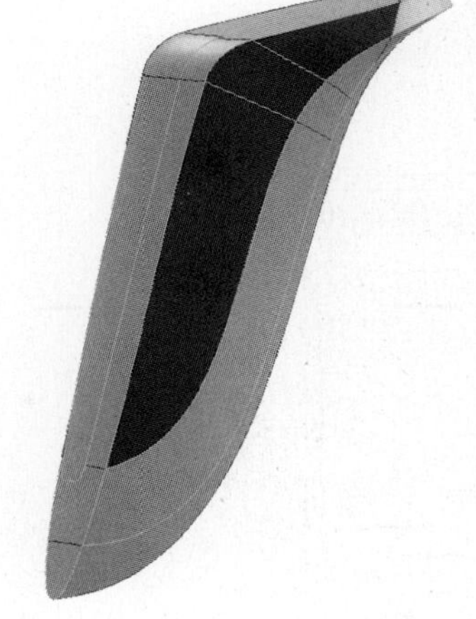

图　8-78

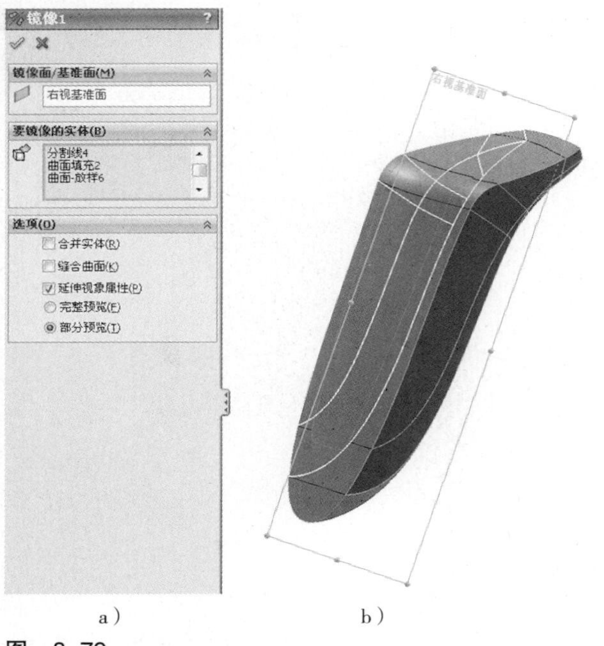

a) b)

图 8-79

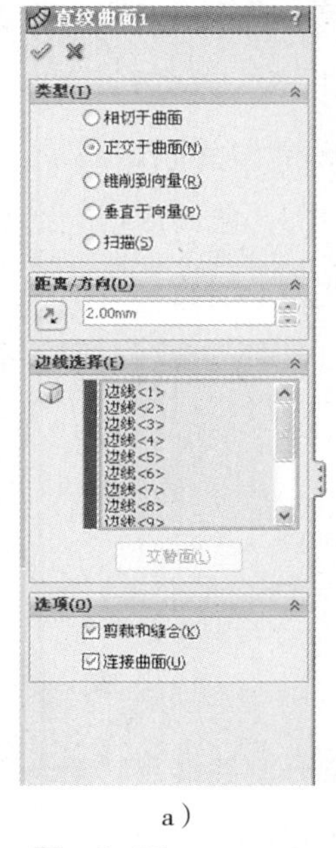

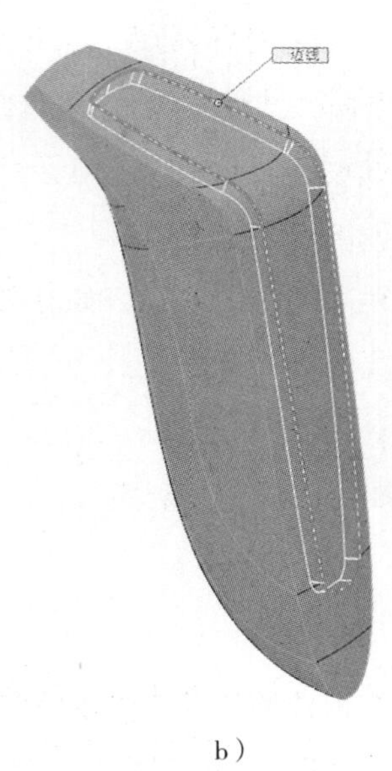

a) b)

图 8-82

图 8-80

（8）向机身的另一侧，镜像侧曲面。在“特征”命令管理器上单击（“镜像”），或在主菜单栏上单击“插入”→“阵列/镜像”→“镜像”。

在“镜像”属性管理器的（“镜像面/基准面”）项下，选择右视基准面，在（“要镜像的实体”）项下，选择“曲面填充1”、“曲面填充2”，以及“曲面-放样6”等，如图8-79所示。

（9）单击（“确定”），形成镜像曲面（这里为“镜像1”），如图8-80所示。

• 机身细节处理

机身细节的制作主要有：操作面板与机身前曲面的分模缝隙、各曲面间的圆角过渡，以及将机身曲面实体转换成基本实体。在这里要用到以下工具：直纹曲面、曲面缝合。

（1）生成直纹曲面。在曲面工具栏上单击（“直纹曲面”），或在主菜单栏上单击“插入”→“曲面”→“直纹曲面”。

在“直纹曲面”属性管理器（图8-81）的“类型”项下，点取“正交于曲面”选项；在“距离/方向”项下，输入值2.0；处在“边线选择”项下的（“边线”）项后的列表框时，在图形区域中点取所要直纹曲面的边线，如图8-82所示。

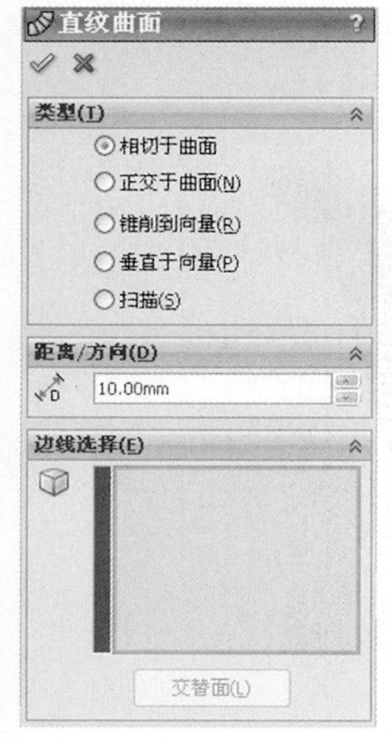

图 8-81

使用直纹曲面可以创建一个起始于所选曲面的边线并与该曲面相垂直或成锥形的新曲面。与其它类型曲面不同，直纹曲面不需要创建草图。

在“类型”项下，各类型的意义如下：①相切于曲面：直纹曲面相切于分享同一条边线的曲面；②正交于曲面：直纹曲面垂直于分享同一条边线的曲面；③锥削到向量：直纹曲面与指定向量成锥形；④垂直于向量：直纹曲面垂直于指定向量；⑤扫描：通过使用边线及引导线扫描生成曲面来创建直纹曲面。

在“距离/方向”项下，如有必要，单击 （“反向”）来更改生成直纹曲面的方向。

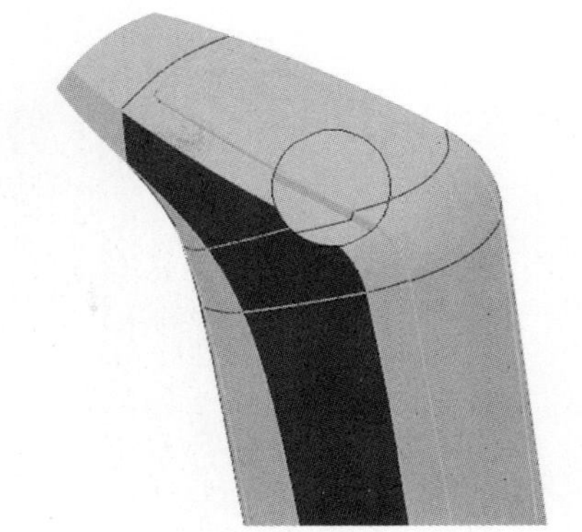

图 8-83

（2）单击 （“确定”），生成直纹曲面（这里为“直纹曲面1”），如图8-83所示。

制作操作面板和前面板之间的缝隙，需要生成两个等距曲面和经过两次相互剪裁，然后将机身缝合成实体。

（3）生成一个等距曲面。在曲面工具栏上单击 （“等距曲面”），在“等距曲面”属性管理器中，在“等距参数”项下的 （“要等距的曲面或面”）项下，在图形区域中点取直纹曲面（三个曲面）；在“等距距离”输入框中输入值0.1，如图8-84所示。

（4）单击 （“确定”），生成等距曲面（这里为“曲面-等距2”），如图8-85所示。

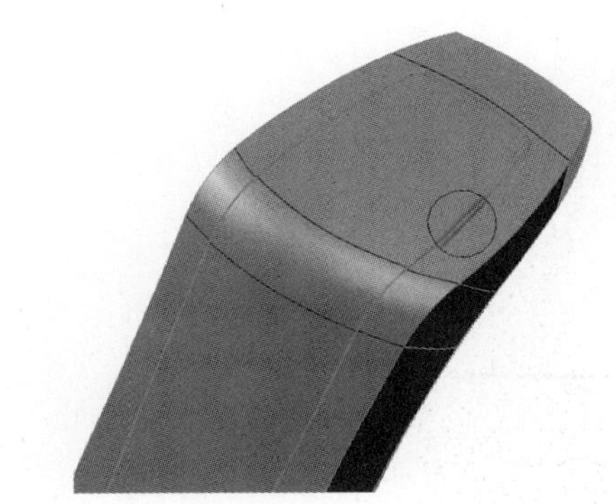

图 8-85

（5）类似地，生成第二个等距曲面。此次，在 （“要等距的曲面或面”）项下，在图形区域中点取机身前曲面，并将“等距距离”设定为1。

（6）单击“确定” ，生成等距曲面（这里为“曲面-等距3”），如图8-86所示。

a）

b）

图 8-84

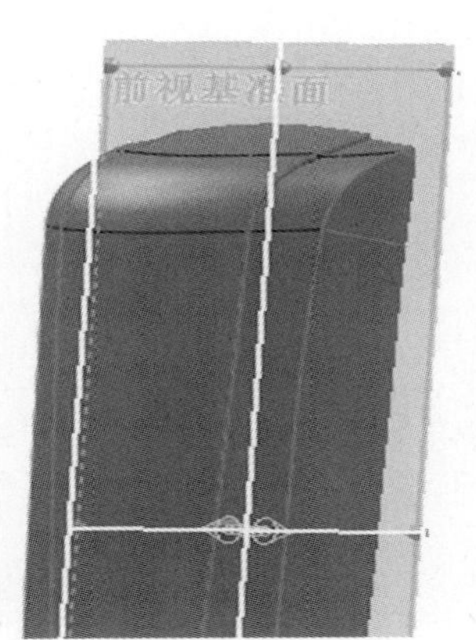

图 8-86

> 提示：由于等距距离小，生成“曲面-等距3”在机身内部，可用前视基准面做剖面，将剖面视图局部放大，可清晰看到，直纹曲面和其“曲面-等距2”，以及机身前曲面和其“曲面-等距3”剖切面的情况，如图8-87所示。方法：在视图工具栏上单击 （“剖面视图”）。

（7）生成剪裁曲面。在曲面工具栏上单击 （“剪裁曲面”），在“曲面-剪裁”属性管理器中，在“剪裁类型”项下，点取“相互”选项，如图8-88所示。在“选择”项下 （“剪裁曲面、基准面或草图”）项，选择“曲面-等距2”和机身前曲面，点取“移除选择”选项，在图形区域中点取“曲面-等距2”和机身前曲面的移除部分。

（8）单击 （“确定”），生成剪裁曲面（这里为“曲面-剪裁7”）。

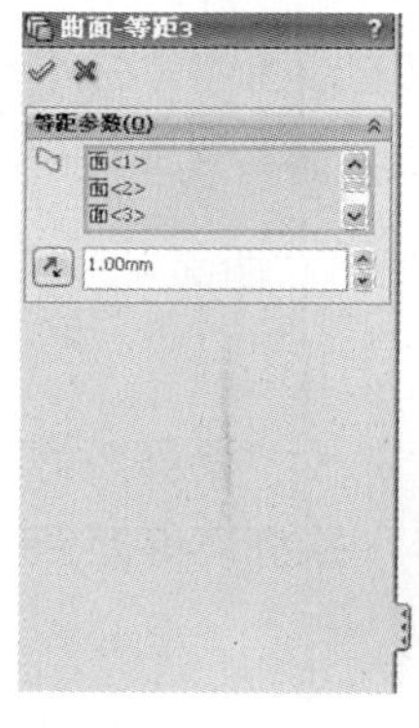

a）

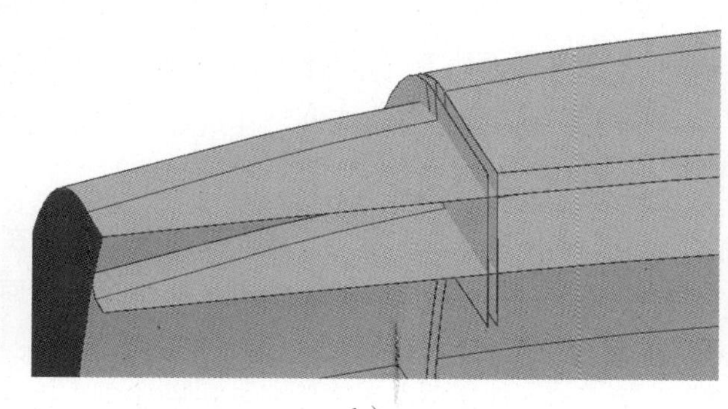

b）

图 8-87

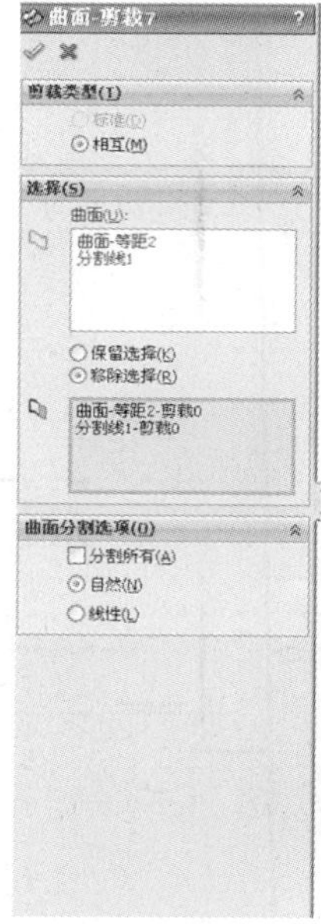

图 8-88

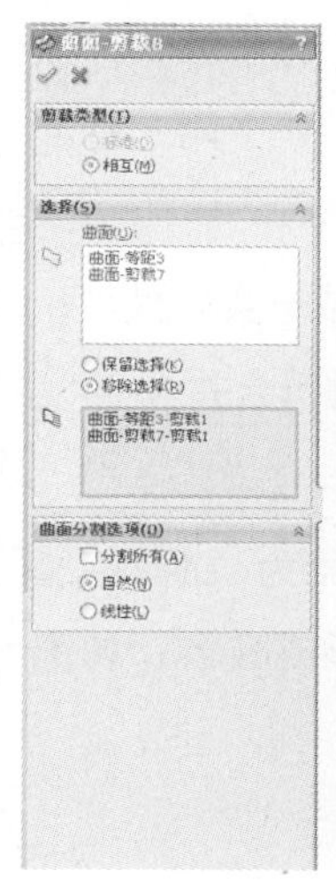

图 8-89

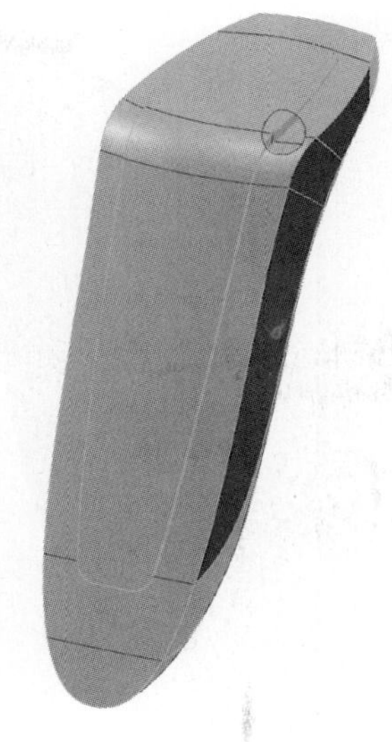

图 8-90

> 提示：剪裁曲面时，需要时可分析该移除或者该保留哪个曲面实体，如果一次不能剪裁，可分多次进行剪裁。

（9）类似地，生成新的剪裁曲面。此次，在“选择”项下的（“剪裁曲面、基准面或草图”）项，点取“曲面–等距2”的保留部分和“曲面–等距3”，点取“移除选择”选项，在图形区域中点取“曲面–等距2”和“曲面–等距3”的移除部分。

（10）单击（“确定”），生成剪裁曲面（这里为“曲面–剪裁8”）。结果如图8–89所示。

制作的操作面板和前面板之间的缝隙，如图8–90所示。

> 提示：曲面造型是为了最终得到实体，由于单一的曲面没有质量、没有厚度，不存在加工信息，须将曲面实体转换为基本实体。“缝合曲面”和“加厚曲面”是将曲面实体转换为基本实体的常用工具。
>
> 在建模中，要了解总共有多少曲面实体，可以通过查看“曲面实体”文件夹来得到，如图8–91所示。

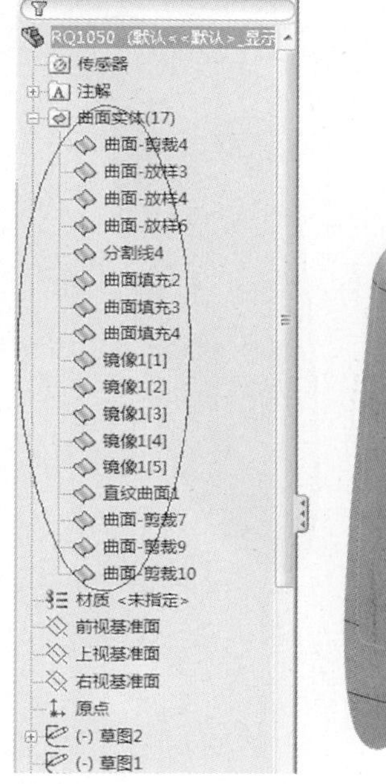

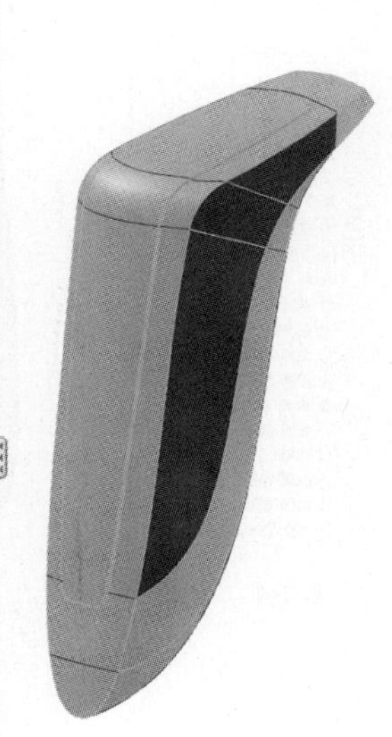

图 8-91

下面来缝合曲面并生成倒角。

（11）生成缝合曲面。在曲面工具栏上单击（“缝合曲面”），或在主菜单栏上单击“插入”→“曲面”→“缝合曲面”。

在“缝合曲面”属性管理器（图8–92）中，在“选择”项下的（“要缝合的曲面和面”）项下，在图形区域中点取所要缝合的曲面和面；勾选“尝试形成实体”和“合并实体”选项，如图8–93所示。

缝合曲面
选择(S)
尝试形成实体(T)
合并实体(M)
缝隙控制(A)
缝合公差(K):
0.0025mm
显示范围中的缝隙(R):
0.0025mm ~ 0.1mm

图 8-92

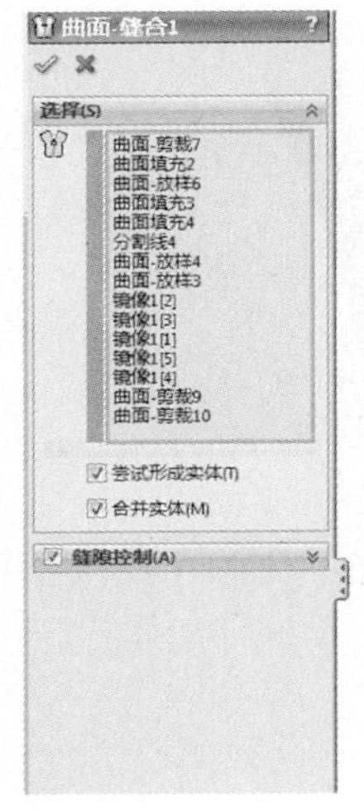

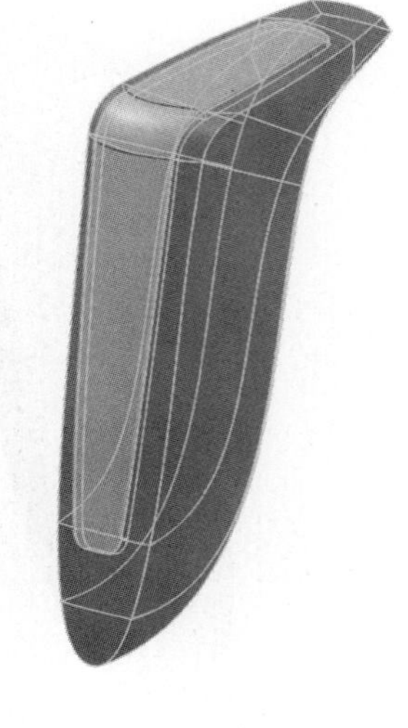

图 8-93

缝合曲面是将多个面体组合在一起形成一个曲面。使用缝合曲面时需注意：曲面的边线必须相邻并且不重叠；曲面不必处于同一基准面上；选择整个曲面实体或选择一个或多个相邻曲面实体。

选择“尝试形成实体”选项，可以从闭合的曲面生成一实体模型；选择“合并实体”选项，可以将面与相同的内在几何体进行合并。

（12）单击（“确定”），生成缝合曲面（这里为“曲面-缝合1”）。除操作面板和直纹曲面外，机身部分合并形成实体，如图8-94所示。

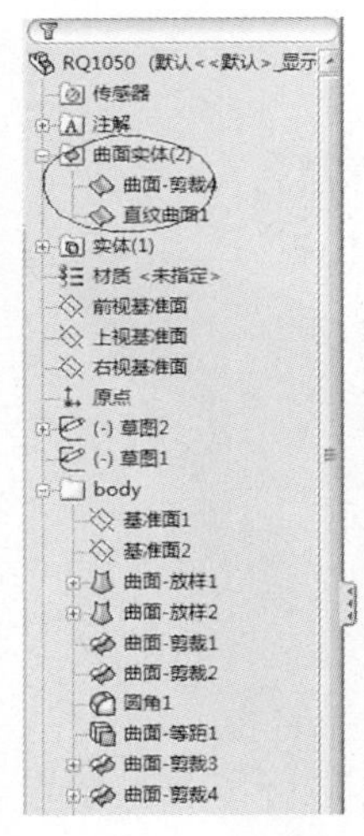

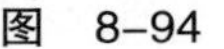

图 8-94

（13）生成倒角。在“特征”命令管理器上单击（“倒角”），或 在主菜单栏上单击“插入”→“特征”→“倒角”。在“倒角”属性管理器中，在“倒角参数”项下的（“要倒角的边线”）项下，如图8-95所示，在图形区域中点取边线1；点取“角度距离”选项，设定（“距离”）值为1.5，（“角度”）值为45。

（14）单击（“确定”）。生成一个倒角（这里为“倒角1”），如图8-96所示。

（15）再次进行曲面的缝合。此次，在（“要缝合的曲面和面”）项下，在图形区域中点取“曲面-剪裁4”和“直纹曲面1”，如图8-97所示。

（16）单击（“确定”），完成曲面缝合（这里为“曲面-缝合2”）。

进一步，生成两个圆角。

（17）生成圆角。在“特征”命令管理器上单击（“圆角”）。

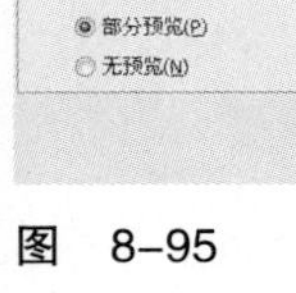

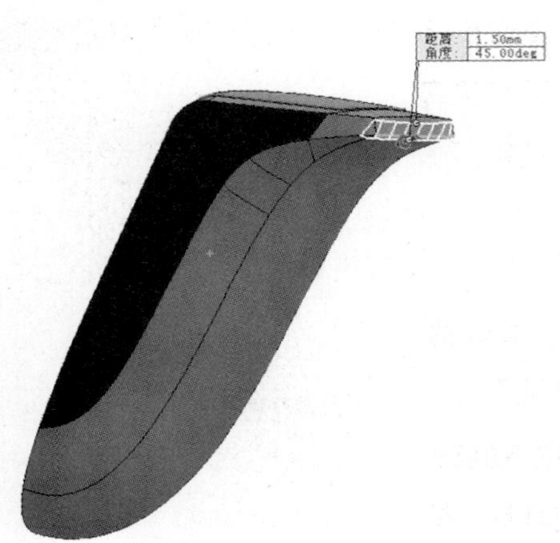

图 8-95

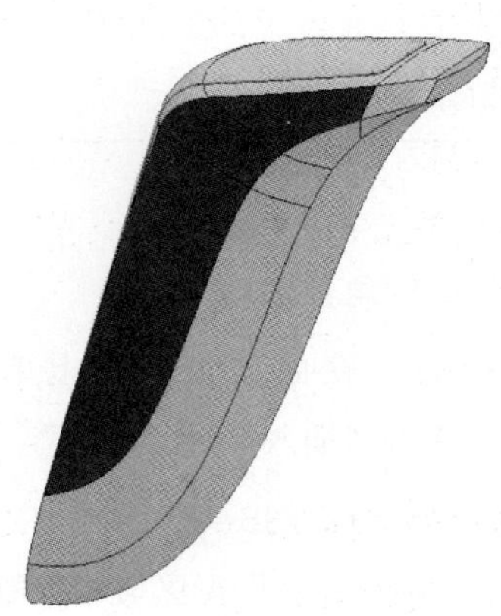

图 8-96

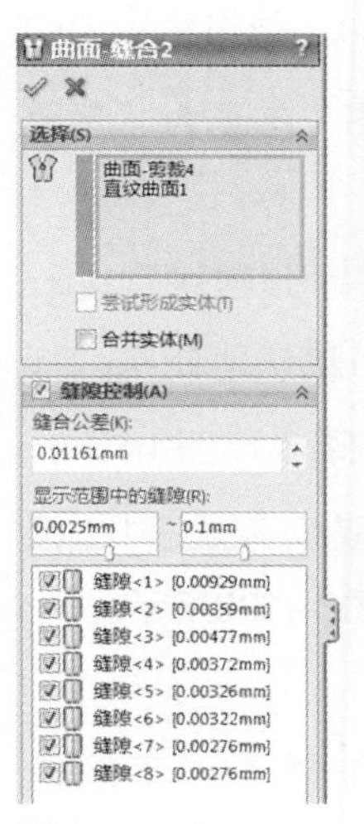

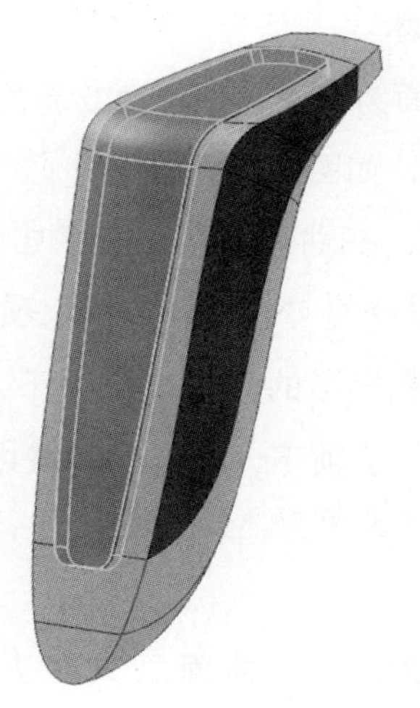

图 8-97

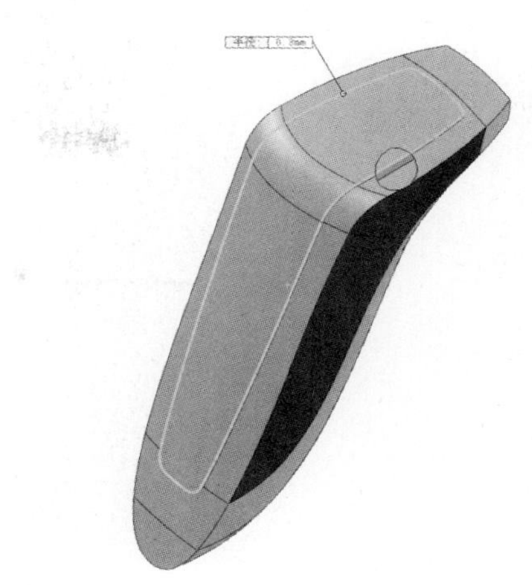

图 8-98

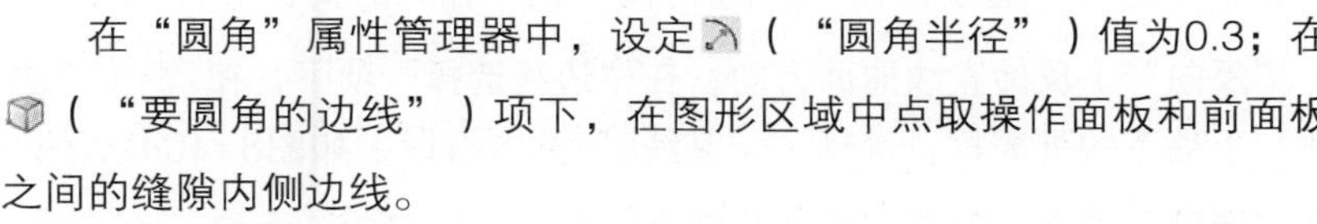

在“圆角”属性管理器中，设定（“圆角半径”）值为0.3；在（“要圆角的边线”）项下，在图形区域中点取操作面板和前面板之间的缝隙内侧边线。

（18）单击（“确定”），如图8-98所示，生成圆角特征（这里为“圆角2”）。

（19）再次倒圆角。此次，设定（“圆角半径”）值为0.2，并在图形区域中点取操作面板和前面板之间的缝隙外侧边线。

（20）单击（“确定”），生成圆角特征（这里为“圆角3”），如图8-99所示。

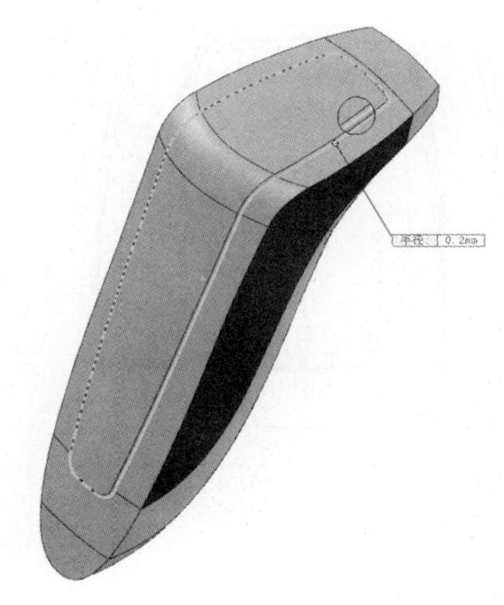

图 8-99

至此，完成了剃须刀机身形体的建模表达，结果如图8-100所示。

机头建模

从形体来看，机头由三个完全相同的机头单元体组成，每个机头单元体又可分为机头座和机头罩两部分。机头通过机颈、机颈与机身连接体来与机身相连。建模过程如下：机颈与机身连接体→机颈→机头座→机头罩→复制机头单元体→机头细节处理。

• 连接体与机颈

从机身与机颈连接体的形体来看，其外形不规则，但外形轮廓曲线是确定的，可以采用“放样曲面”来生成。机颈是一个回转体，可用“旋转曲面”来实现。

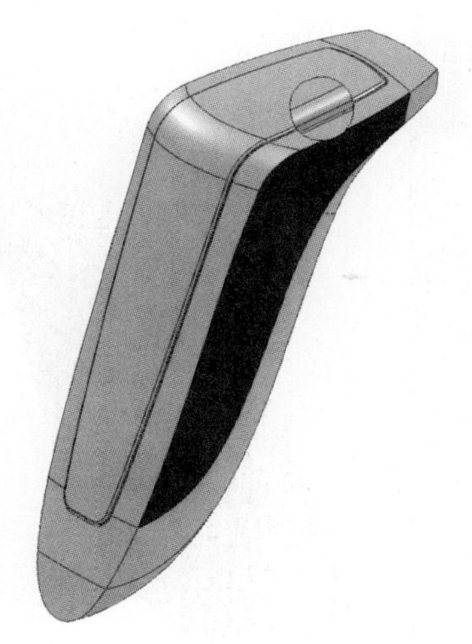

图 8-100

1. 机颈与机身连接体

（1）以右视基准面为草图平面，建立新的草图（这里为“草图44”），绘制封闭曲线，如图8-101所示。

（2）生成分割线。在曲线工具栏上单击（“分割线”）。在“分割线”属性管理器的“分割线类型”项下，默认地处在“标准”选项；在（“要投影的草图”）项下，选择“草图44”；在（“要分割的面”）项下，在图形区域中点取机身顶面1（图8-102），生成分割线（这里为“分割线5”），如图8-103所示。

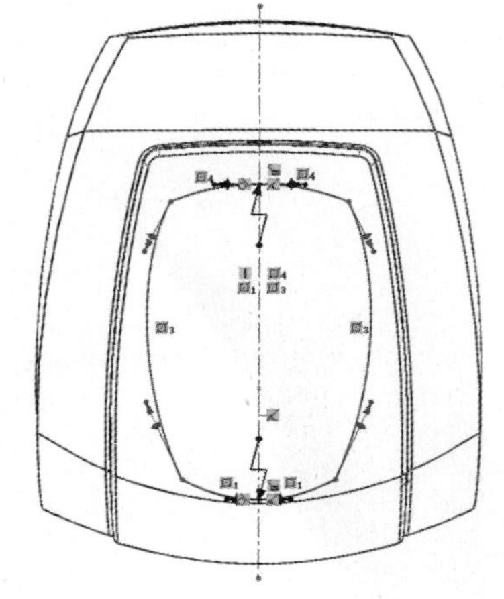

图 8-101

（3）生成直纹曲面。在曲面工具栏上单击（“直纹曲面”）。在“直纹曲面”属性管理器中，在“类型”项下，点取“正交于曲面”选项；在“距离/方向”项下输入距离值0.3，单击（“反向”）反转直纹曲面方向；在“边线选择”项下，在（“边线”）项下的列表框，选择“分割线5”的各线段，如图8-104所示；在“选项”项下，勾选“剪裁和缝合”和“连接曲面”选项。

（4）单击（“确定”），生成直纹曲面（这里为“直纹曲面2”），如图8-105所示。

（5）生成圆角。在“特征”命令管理器上单击（“圆角”）。在“圆角”属性管理器中设定（“圆角半径”）值为2，选择“直纹曲面2”。

（6）单击（“确定”），生成圆角特征（这里为“圆角5”），如图8-105所示。该圆角将操作面板与“直纹曲面2”连成一体。

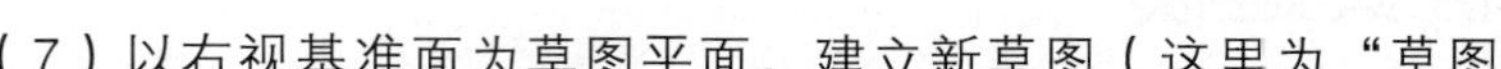

（7）以右视基准面为草图平面，建立新草图（这里为“草图

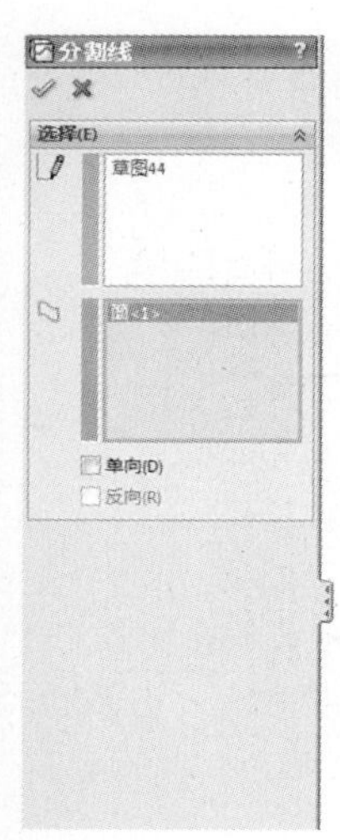

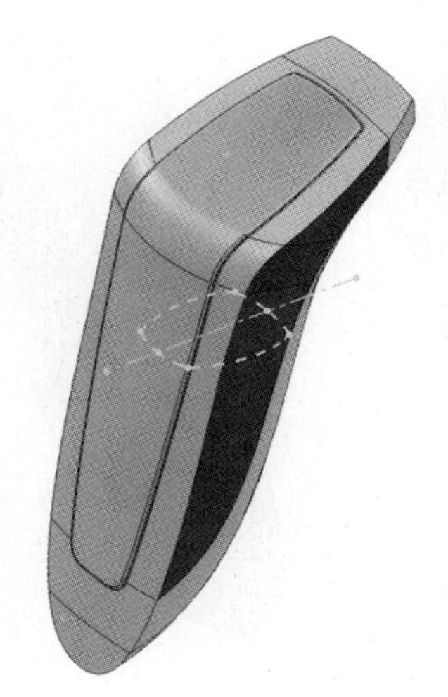

图 8-102

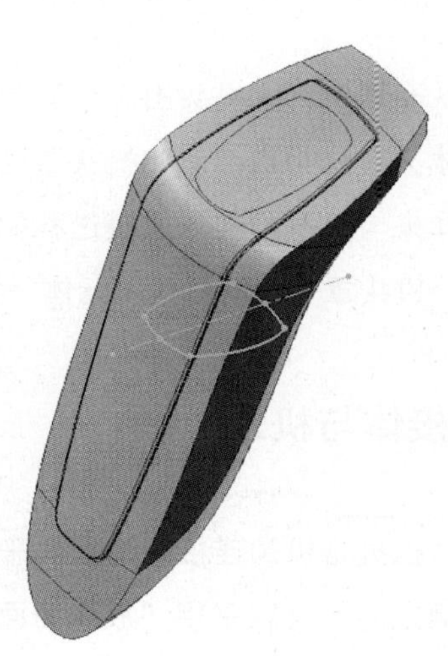

图 8-103

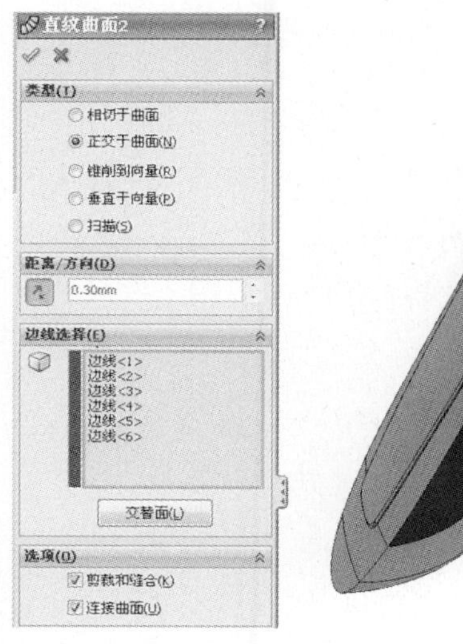

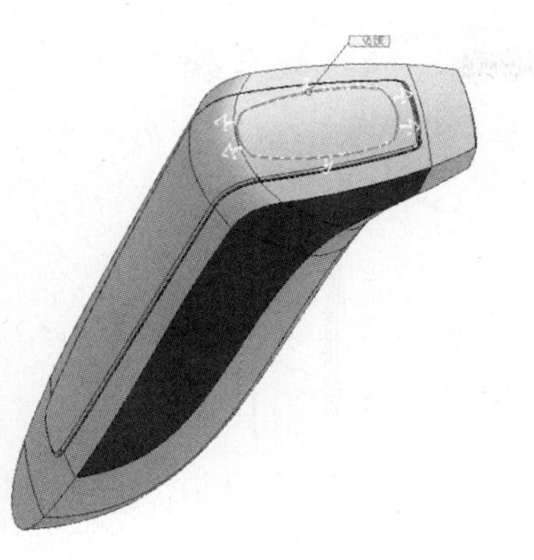

图 8-104

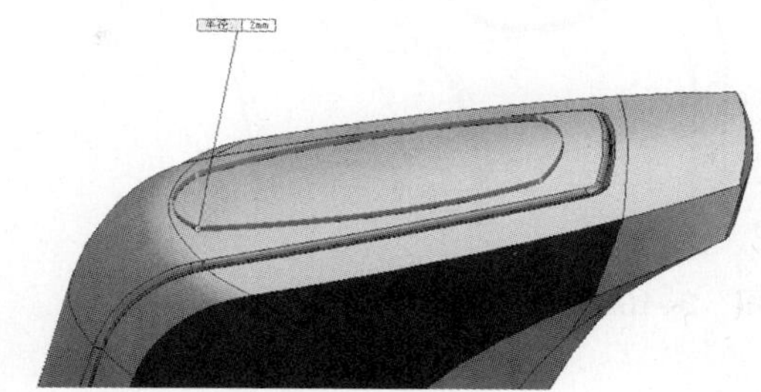

图 8-105

42”），绘制一条直线，如图8-106所示。

（8）新建基准面。在曲面工具栏上单击（“基准面”）。在“基准面”属性管理器中，在“第一参考”项下，在（“第一参考”）项后列表框，选择右视基准面，并点取（“垂直”）几何关系选项；在“第二参考”项下，在（“第二参考”）项后列表框，选择“草图42”的直线，并点取（“重合”）选项。

（9）单击（“确定”），建立新的一个基准面（这里为“基准面8”），如图8-107所示。

（10）生成一个轮廓线草图。在“草图”命令管理器上单击（“3D草图”），进入3D草图绘制状态。

单击（“转换实体引用”），将“直纹曲面2”的边线转换为当前草图的实体，建立一个3D草图（这里为“3D草图5”），如图8-108所示。

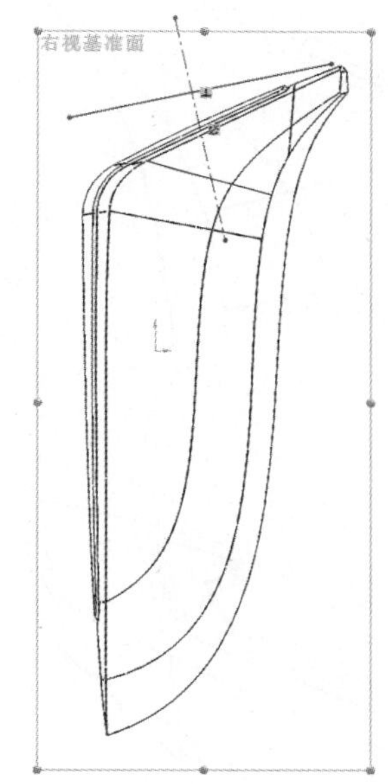

图 8-106

（11）生成另一个轮廓线草图。以“基准面8”为草图平面，建立新草图（这里为“草图43”），绘制一个圆，如图8-109所示。

（12）生成一个引导线草图。以右视基准面为草图平面，绘制新草图（这里为“草图45”）。在“草图45”与上述两个轮廓草图之间，分别添加“穿透”几何关系，如图8-110所示。

（13）生成另一个引导线草图。以右视基准面为草图平面，绘制新草图（这里为“草图46”）。在“草图46”与上述两个轮廓线草图之间，分别添加“穿透”几何关系，如图8-111所示。

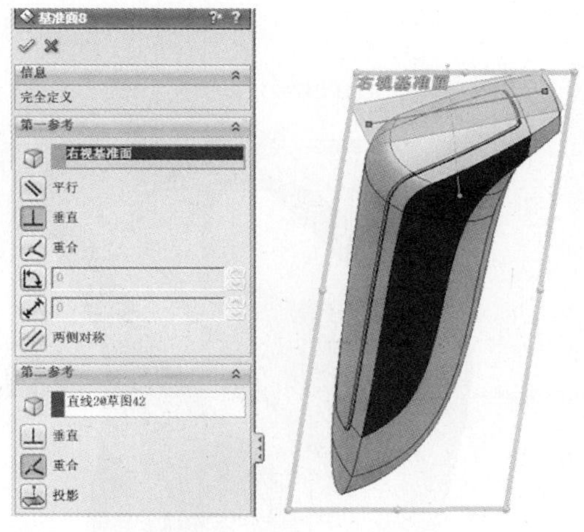

图 8-107

（14）生成放样曲面。在曲面工具栏上单击（“放样曲

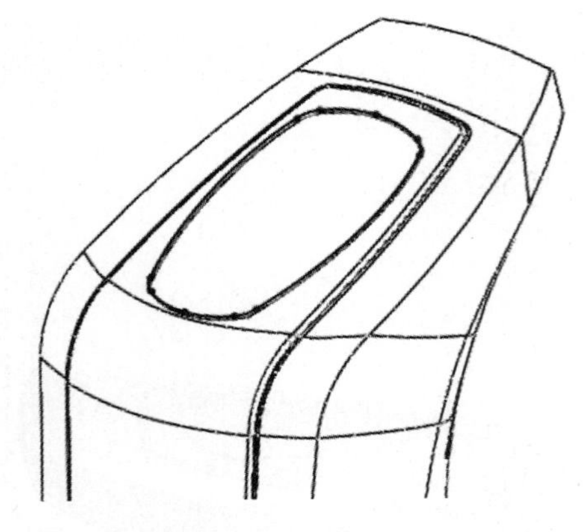

图 8–108

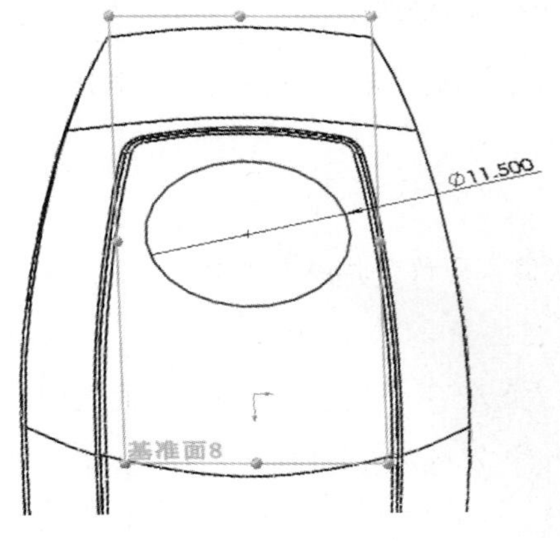

图 8–109

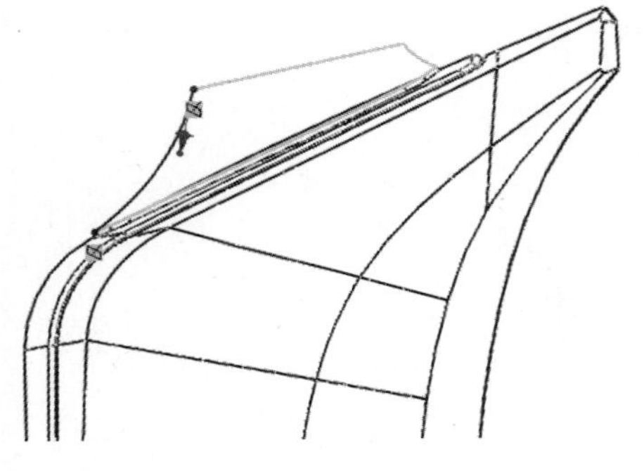

图 8–110

面”）。在“曲面–放样”属性管理器中，在“轮廓”项下的（“轮廓”）项，依次选择“3D草图5”和“草图43”；在“引导线”项下的（“引导线”）项，选择“草图45”和“草图46”；在“选项”项下，勾选“合并切面”选项。预览如图8–112所示。

（15）单击（“确定”），生成放样曲面（这里为“曲面–放样8”）。

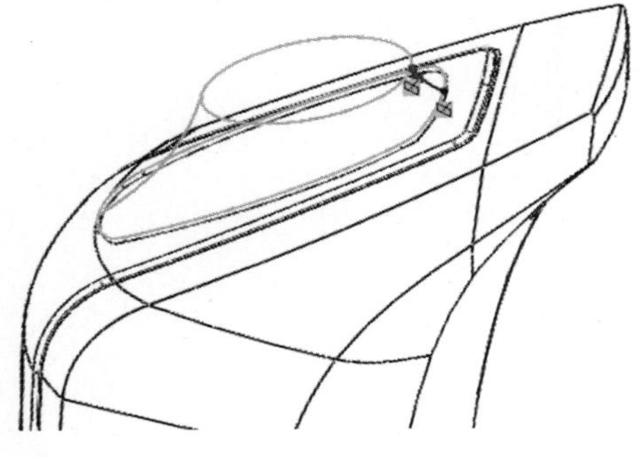

图 8–111

（16）生成缝合曲面。在曲面工具栏上单击（“缝合曲面”）。在“缝合曲面”属性管理器的“选择”项下的（“要缝合的曲面和面”）项，在图形区域中选择“曲面–放样8”和“直纹曲面2”。

（17）单击（“确定”），完成曲面缝合（这里为“曲面–缝合4”）。

（18）生成圆角。在“特征”命令管理器上单击（“圆角”）。在“圆角”属性管理器的“圆角项目”项下，设定（“圆角半径”）值为0.3；在（“边线、面、特征和环”）项的列表

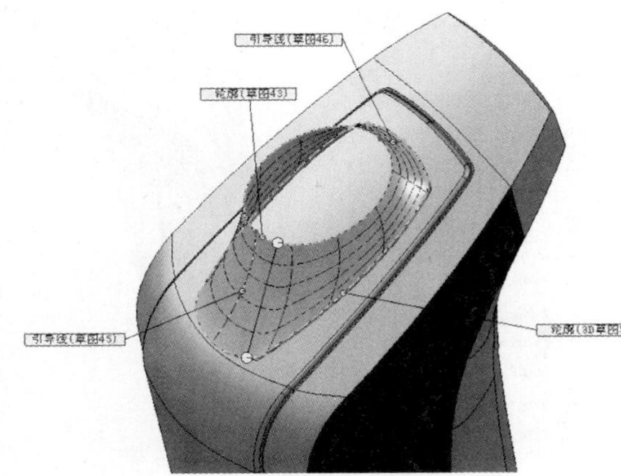

图 8–112

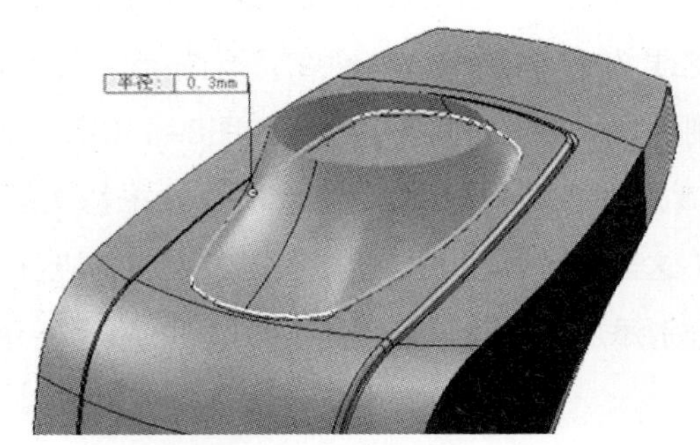

图 8–113

框，在图形区域中选择边线，如图8-113所示。

（19）单击✓（“确定”），生成新的圆角特征（这里为“圆角6”）。

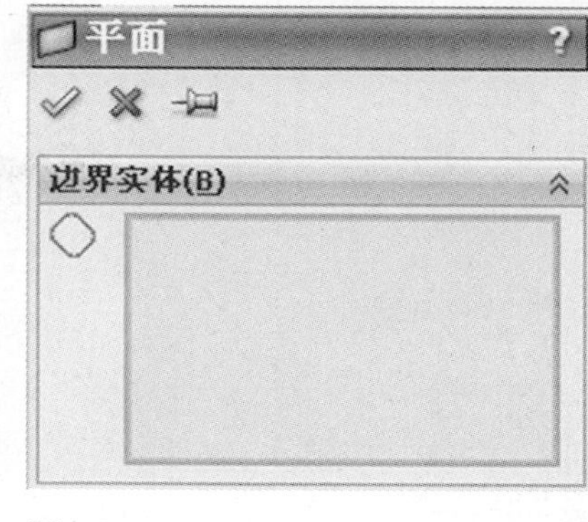

图 8-114

为得到封闭的连接体曲面实体，下面使用“平面区域”工具。

（20）生成平面区域。在曲面工具栏上单击（“平面区域”），或在主菜单栏上单击“插入”→“曲面”→“平面区域”。在“平面”属性管理器（图8-114）的“边界实体”项下◯（“交界实体”）项，在图形区域中选择上缘封闭边线，如图8-115b中白色插图箭头所示。

提示：可从以下项目生成平面区域：非相交闭合草图、一组闭合边线、多条共有平面分型线和一对平面实体，如曲线或边线。

（21）单击✓（“确定”），生成平面区域特征（这里为“曲面-基准面1”）。

提示：为了保证上连接体的外形尺寸及基本轮廓，可用草图2的照片来对比，在设计树中“草图2”项上右键单击，选取（“隐藏/显示”）项目来使“草图2”显示出来，如图8-116所示。

（22）生成缝合曲面。在曲面工具栏上单击（“缝合曲面”）。在（“要缝合的曲面和面”）项下，在图形区域中选择“圆角6”和刚生成的平面区域，如图8-117所示。

（23）单击✓（“确定”），生成缝合曲面（这里为“曲面-缝合5”）。

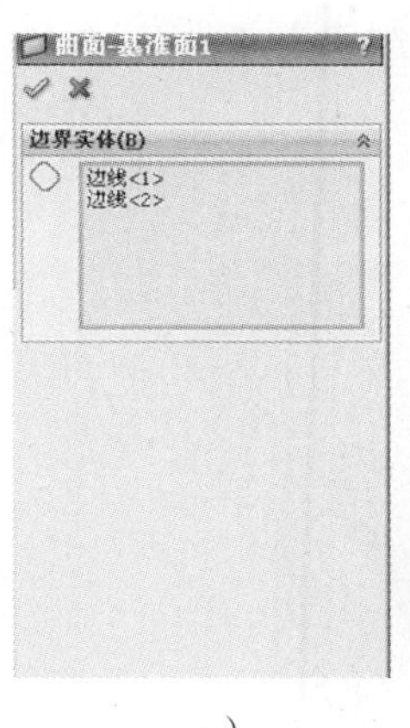

a）

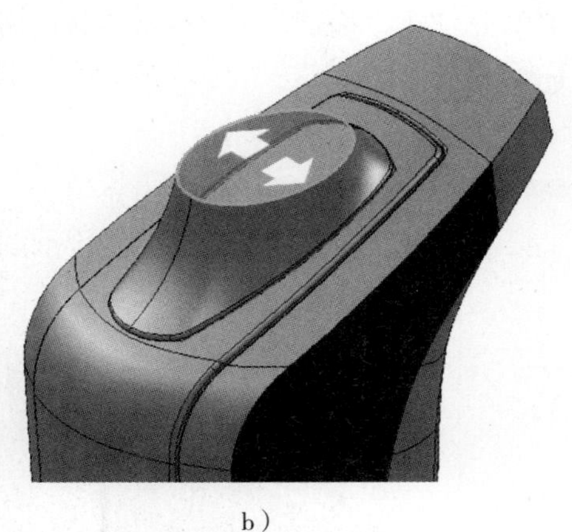
b）

图 8-115

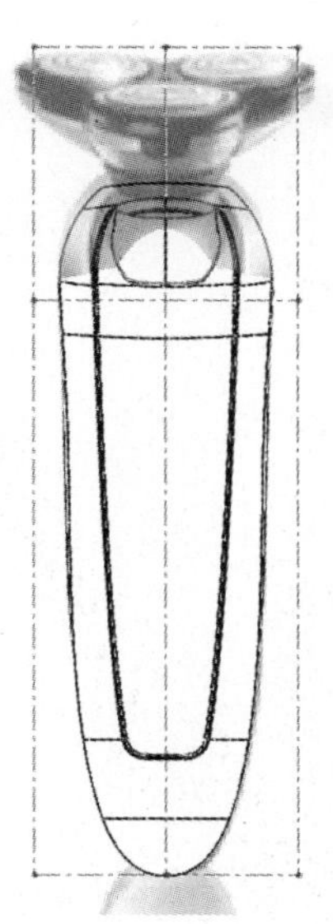
图 8-116

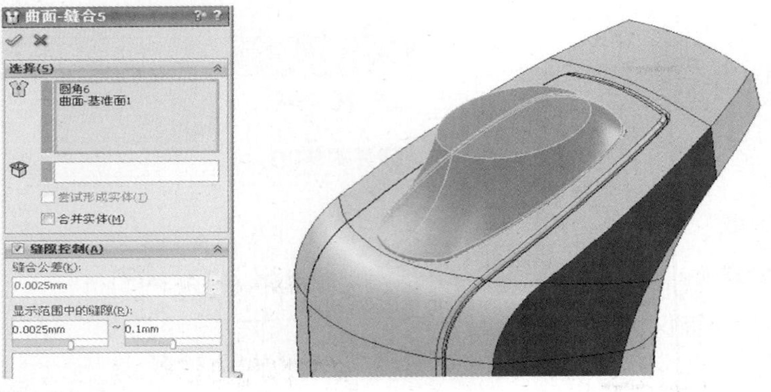

图 8-117

图 8-118

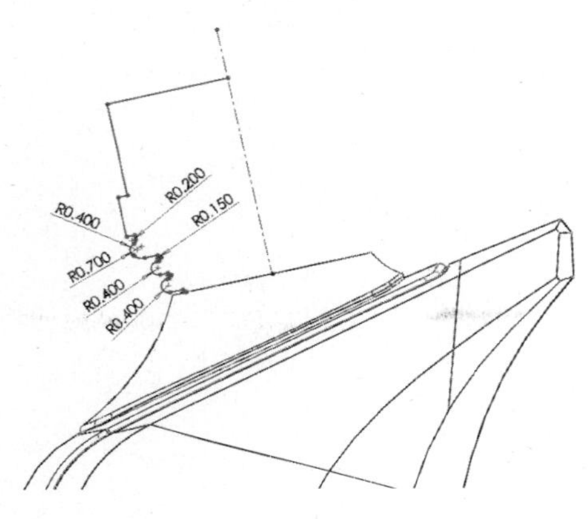

图 8-119

2. 机颈

下面使用（“旋转曲面”）工具，其属性管理器如图8-118所示。

（1）以右视基准面为草图平面，建立新草图（这里为“草图47”），先绘制一条中心线，然后绘制轮廓线，如图8-119所示。

（2）生成旋转曲面。在当前草图状态下，在曲面工具栏上单击（“旋转曲面”）。在“曲面-旋转”属性管理器“旋转参数”项下的（“旋转轴”）项下，在图形区域中选择“草图47”中的中心线；在“旋转类型”下拉列表中选择“单向”。必要时，单击（“反向”）来反转旋转方向；在（“角度”）项下设定角度值360，如图8-120所示。

“旋转曲面”方法与“旋转凸台/基体”方法的各项目含义及其设定类似，在此不再赘述。

（3）单击（“确定”），生成旋转曲面（这里为“曲面-旋转1”），如图8-121所示。

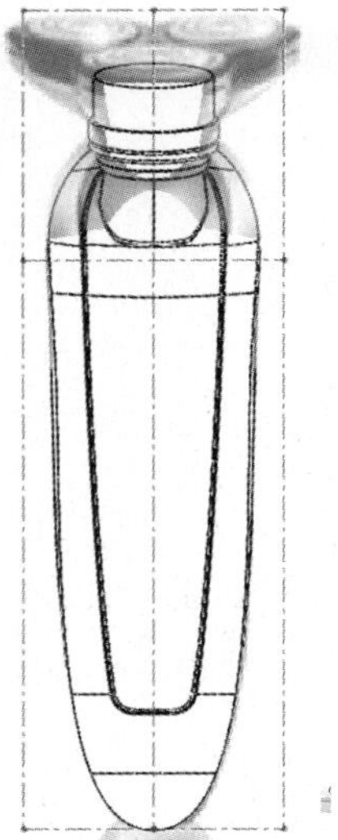

图 8-121

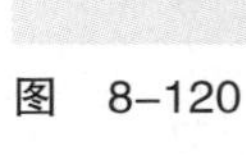

图 8-120

同样可用“草图2”中的图片来检验机颈的外形尺寸，如图8-121所示。

• 机头旋转体座

机头旋转体是一个比较复杂的形体，这里需要用到曲面拉伸、曲面放样等工具。

1. 机头座顶面

（1）建立新的基准面。在曲面工具栏上单击（“基准面”）。在“基准面”属性管理器“第一参考”项下，在项“第一参考”列表框，选择“旋转曲面1”的顶面；设定（“偏移距离”）值为8.0，如图8-122所示。

（2）单击（“确定”），建立一个新基准面（这里为“基准面9”）。

（3）分别以“基准面9”为草图平面，绘制两个草图（这里分别为“草图49”、“草图50”），如图8-123、图8-124所示。

（4）再建立新基准面。在曲面工具栏上单击（“基准面”）。在“基准面”属性管理器“第一参考”项下，在项“第一参考”列表框，选择“基准面9”；设定（“两面夹角”）角度值为2；在“第二参考”项下，在项“第二参考”列表框，选择“草图50”的直线；点取（“重合”）选项，如图8-125所示。

（5）单击（“确定”）。再次建立新基准面（这里为“基准面10”）。

（6）以“基准面10”为草图平面，建立新草图（这里为“草图51”），选择“草图50”的部分曲线，使用（“转换实体引用”）工具，将其转换成当前草图的草图实体，如图8-126所示。

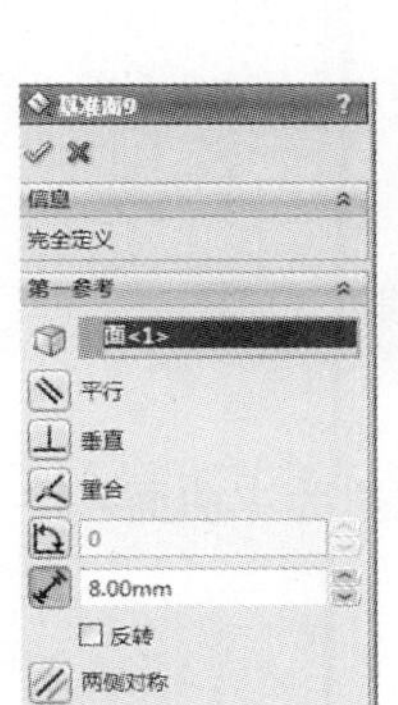

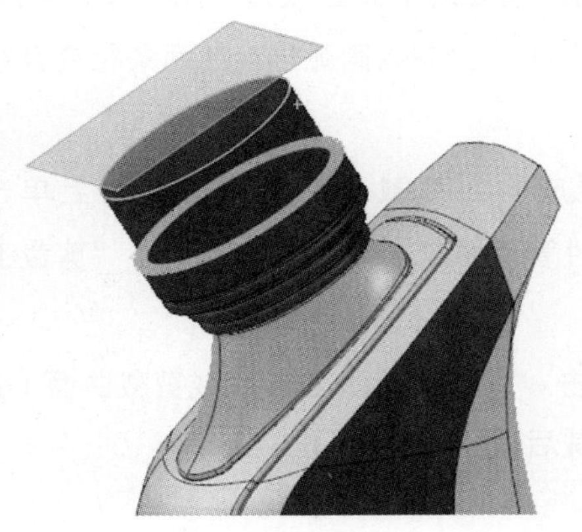

图 8-122

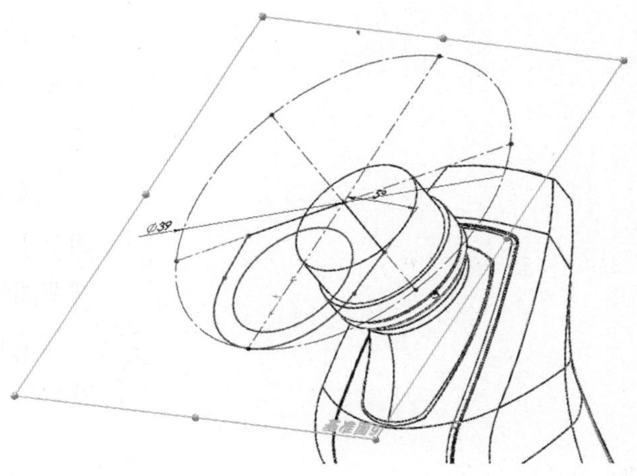

图 8-123

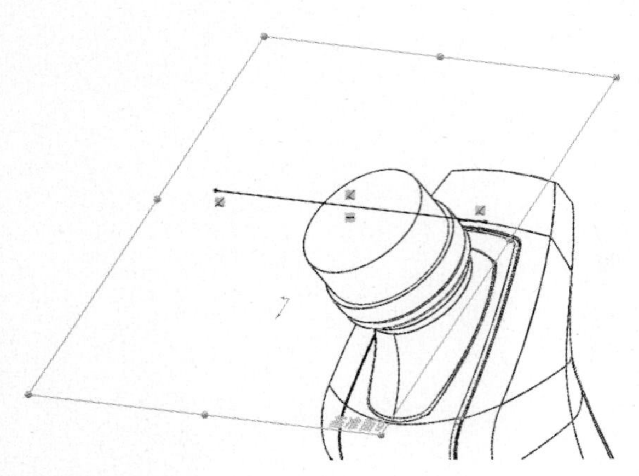

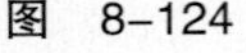
图 8-124

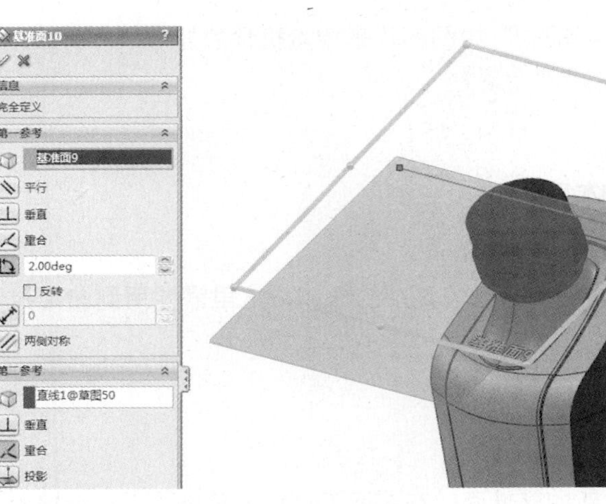

图 8-125

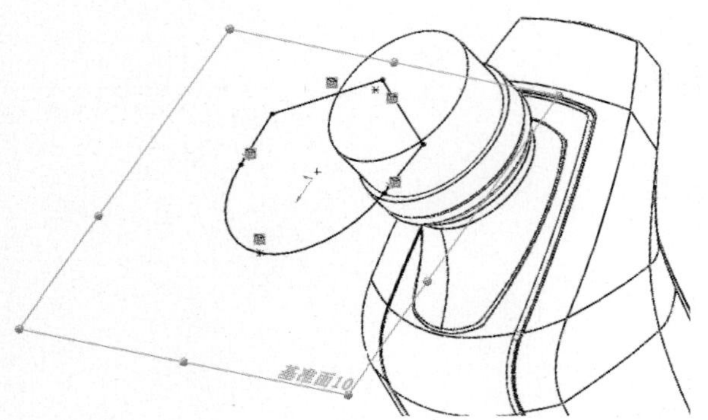

图 8-126

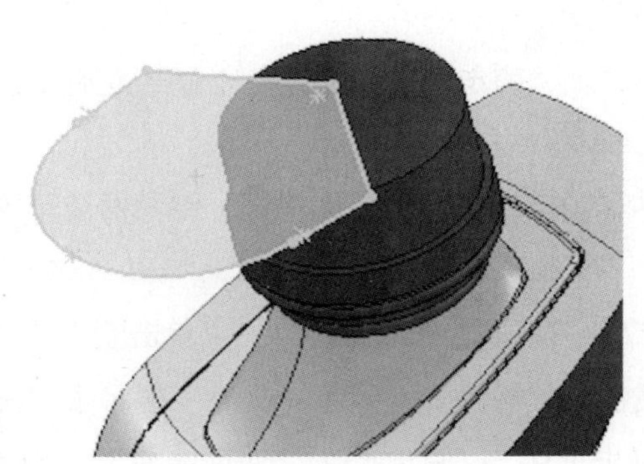

图 8-127

（7）生成平面区域。在曲面工具栏上单击▢（“平面区域”）。在“平面区域”属性管理器“边界实体”项下的◇（“交界实体”）项，选择“草图51”，如图8-127所示。

（8）单击✓（“确定”），建立新的平面区域（这里为“曲面-基准面2”）。

（9）以刚刚建立的平面区域为草图平面，建立一个新草图（这里为“草图52”），绘制以圆弧过渡的两条相交直线，如图8-128所示。

（10）生成曲面剪裁。在曲面工具栏上单击▢（“剪裁曲面”），在属性管理器“选择”项下的▢（“剪裁工具”）项，选择“草图52”。

（11）单击✓（“确定”），生成剪裁曲面（这里为“曲面-剪裁11”），剪裁后成圆角过渡。

2. 机头座体

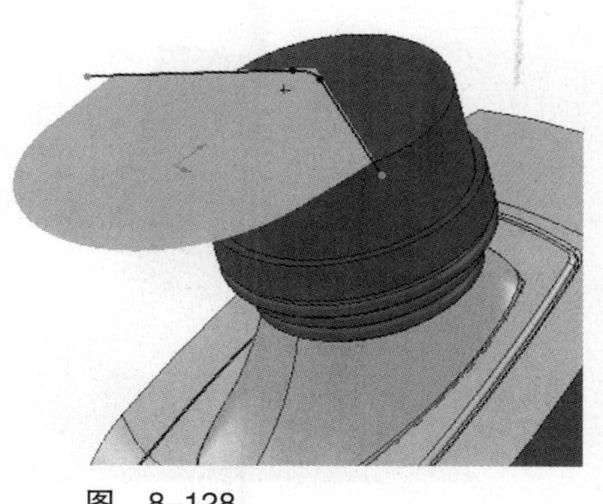
图 8-128

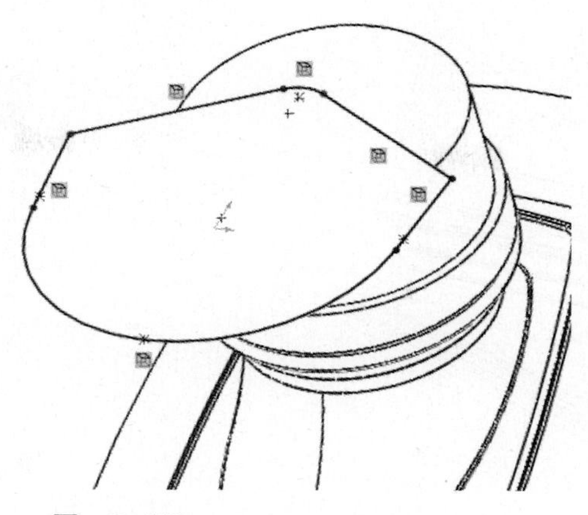
图 8-129

（1）以最近建立的平面区域（即“曲面-基准面2”）为草图平面，建立一个新的草图（这里为“草图54”），选择该曲面的轮廓边线，使用（“转换实体引用”），将其转换成草图实体，如图8-129所示。

（2）生成拉伸曲面。在当前草图状态下，在曲面工具栏上单击（“拉伸曲面”），或在主菜单栏上单击“插入”→“曲面”→“拉伸曲面”。在“曲面-拉伸”属性管理器（图8-130）“方向1”项下，在下拉列表中选择“给定深度”终止条件选项，在（“深度”）项中输入、设定深度值为5。观察预览的拉伸方向箭头，必要时单击（“反向”）反转拉伸曲面方向，预览如图8-131所示。

图 8-130

“拉伸曲面”方法与“拉伸凸台/基体”方法的项目含义及其设定类似，在此不展开说明。

（3）单击（“确定”），建立了一个拉伸曲面（这里为“曲面-拉伸1”）。

（4）以右视基准面为草图平面，建立新的草图（这里为“草图53”），绘制一条直线，如图8-132所示。

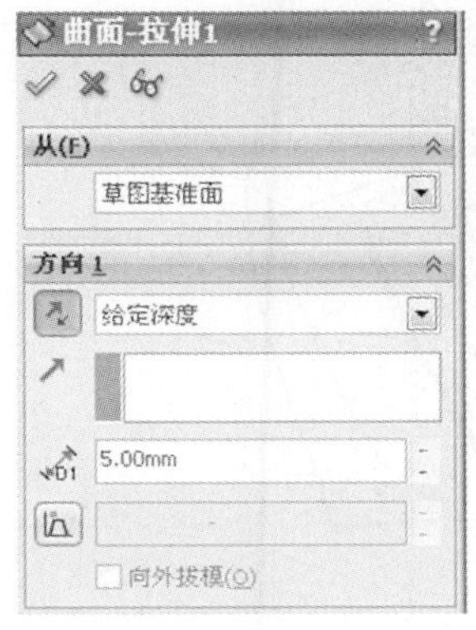

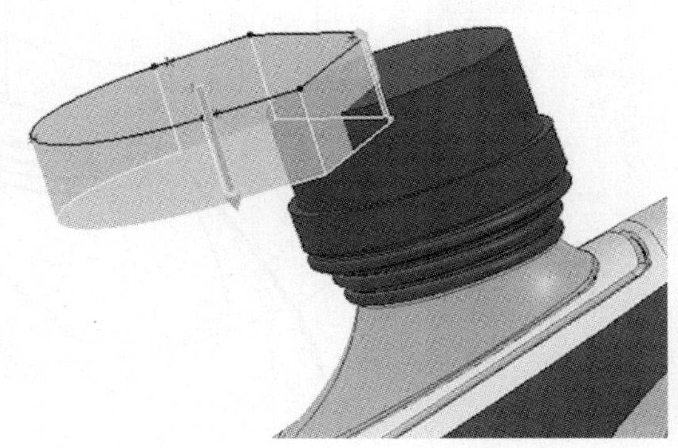
图 8-131

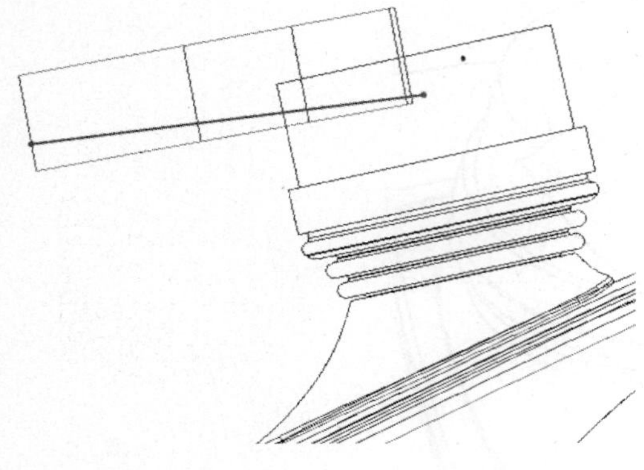

图 8-132

图 8-133

（5）生成剪裁曲面。在曲面工具栏上单击（“剪裁曲面”）。在属性管理器中，以“标准”选项作为剪裁类型。在“选择”项下的（“剪裁曲面、基准面或草图”）项，选择“草图53”，点取“保留选择”选项；在（“保留的部分”）项，在图形区域中选取“曲面–拉伸1”的上部分。

（6）单击（“确定”），生成剪裁曲面（这里为“曲面–剪裁12”），如图8–133所示。

3.放样曲面

（1）建立新基准面。在曲面工具栏上单击（“基准面”）。以右视基准面作为（“第一参考”），并点取（“垂直”）；以边线1作为（“第二参考”），并点取（“重合”）。

（2）单击（“确定”），建立新基准面（这里为“基准面12”），如图8–134所示。

（3）生成第一个轮廓线草图。以“基准面12”为草图平面，建

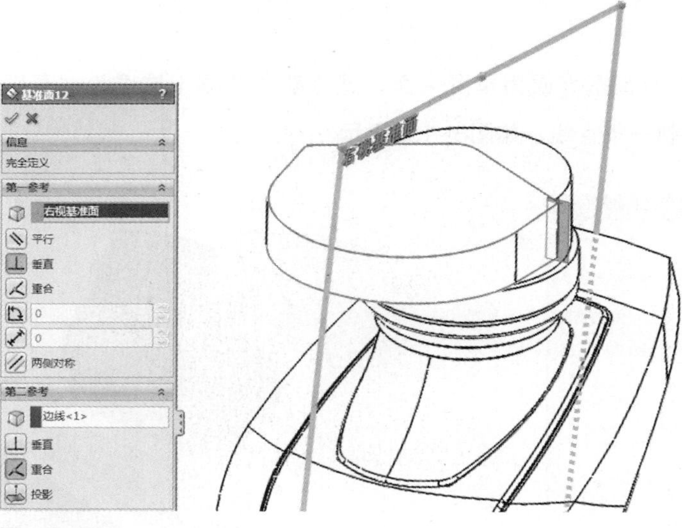

图 8-134

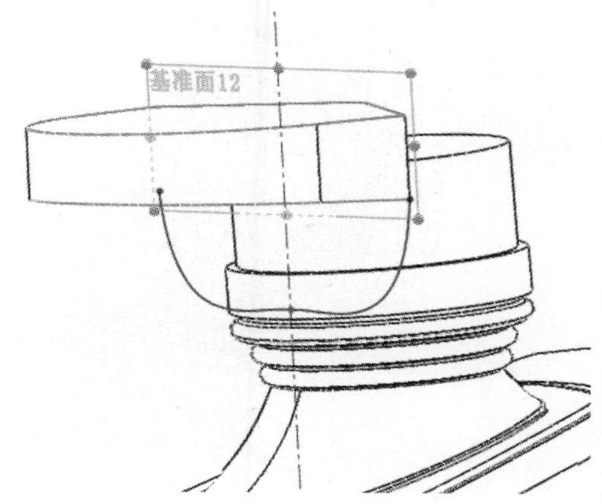

图 8-135

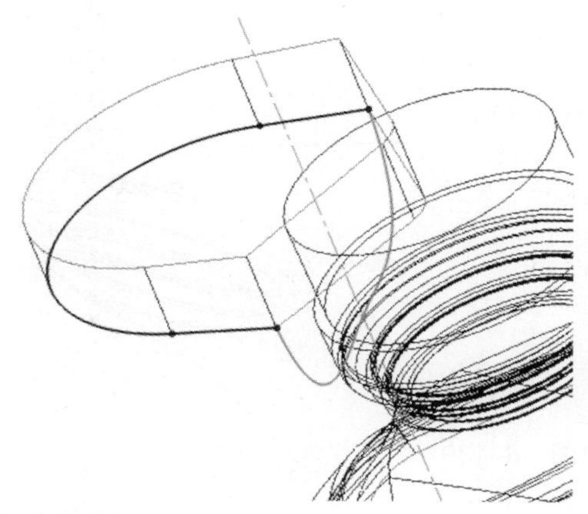

图 8-136

立一个新草图（这里为“草图55”），使用（“样条曲线”），绘制样条曲线，如图8-135所示。

（4）生成第二个轮廓线草图。在“草图”命令管理器上单击（“3D草图”），进入3D草图绘制状态。

在图形区域中，选择经曲面剪裁操作后的拉伸曲面的底边线，使用（“转换实体引用”）工具，将曲面边线转换为草图实体，这样建立新的3D草图（这里为“3D草图6”），结果如图8-136所示。

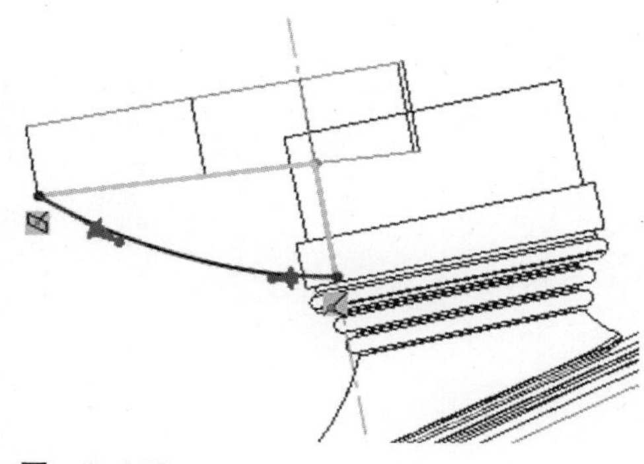

图 8-137

（5）生成引导线。以右视基准面为草图平面，建立新的草图（这里为“草图56”），使用（“样条曲线”）工具，绘制样条曲线，如图8-137所示。

（6）进行曲面放样。在曲面工具栏上单击（“放样曲面”）。在“曲面-放样”属性管理器“轮廓”项下的（“轮廓”）项，依次选择“3D草图6”和“草图55”。在“引导线”项下的（“引导线”）项，选择“草图56”。在“选项”项下，勾选“合并切面”选项，如图8-138所示。

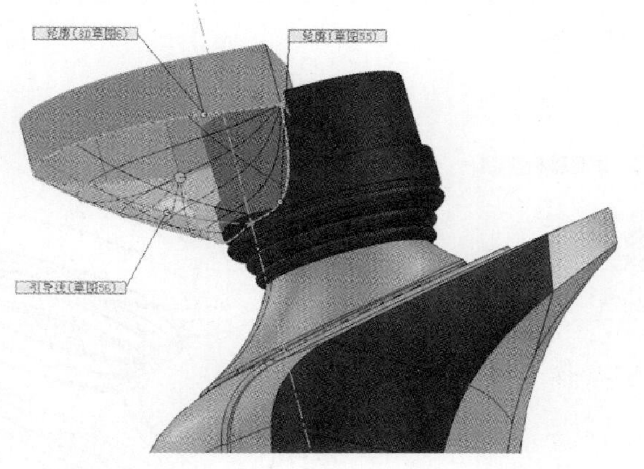

图 8-138

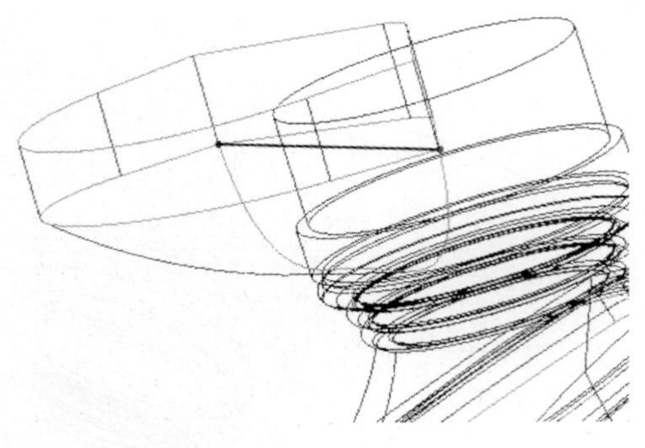

图 8-139

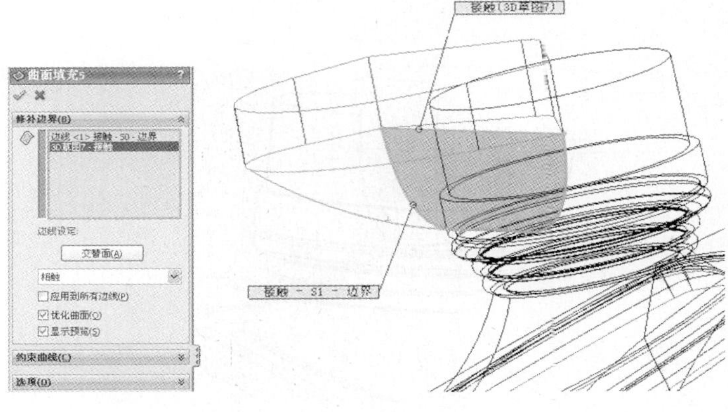

图 8-140

（7）单击✔（“确定”）。生成放样曲面（这里为“曲面-放样10”）。

4. 封闭的机头座曲面实体

（1）新建3D草图。在“草图”命令管理器上单击 （“3D草图”），进入3D草图绘制状态。使用 （“直线”）工具，绘制一条直线，连接两端点（图8-139），建立一个3D草图（这里为“3D草图7”）。

（2）建立填充曲面。在曲面工具栏上单击 （“填充曲面”）。在属性管理器中，在 （“修补边界”）项，选择“3D草图7”和“曲面-放样10”的边线，其它设置如图8-140所示。

（3）单击✔（“确定”），生成曲面填充（这里为“曲面填充5”）。

（4）生成平面区域。在曲面工具栏上单击 （“平面区域”）。在“平面区域”属性管理器“边界实体”项下的 （“交界实体”）项，在图形区域中选择四条边线，如图8-141所示。

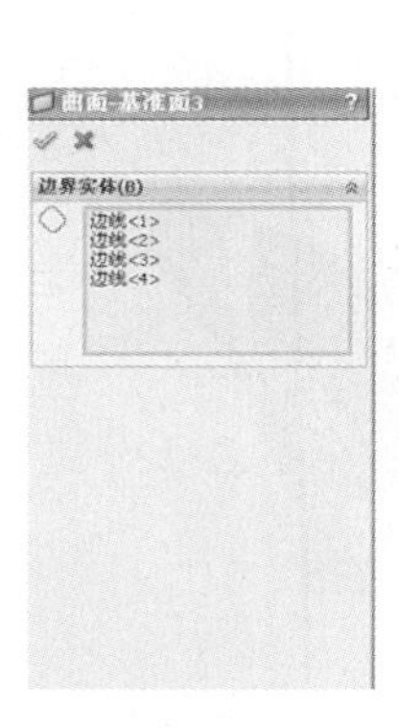

图 8-141

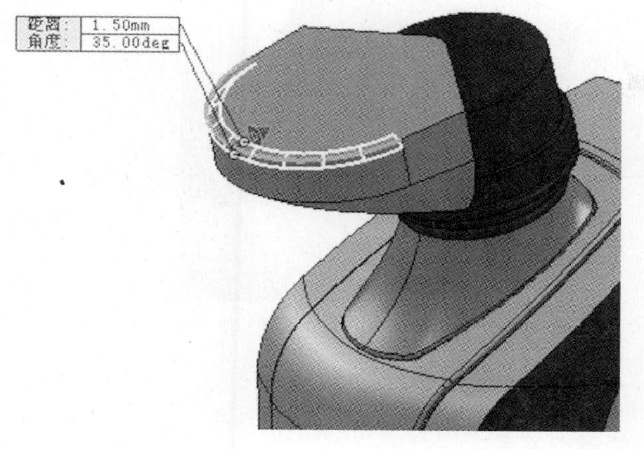

图 8-142

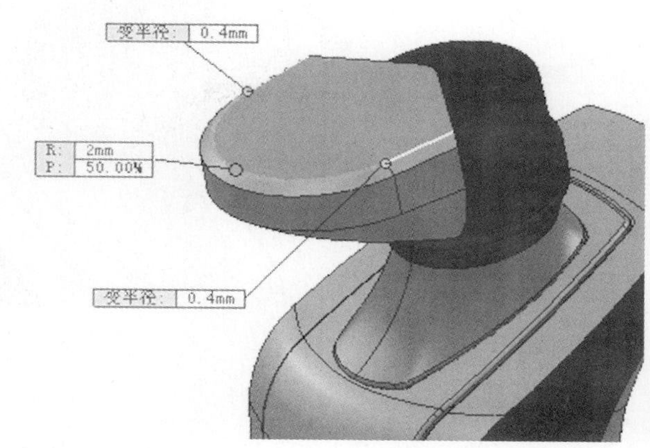

图 8-143

（5）单击（“确定”），建立平面区域（这里为“曲面-基准面3”）。

（6）生成缝合曲面。在曲面工具栏上单击（“缝合曲面”）。在“曲面-缝合”属性管理器“选择”项下的（“要缝合的曲面和面”）项，在图形区域中选择所要缝合的曲面和面，勾选“尝试形成实体”选项。

（7）单击（“确定”），生成缝合曲面（这里为“曲面-缝合6”），使机头座形成实体。

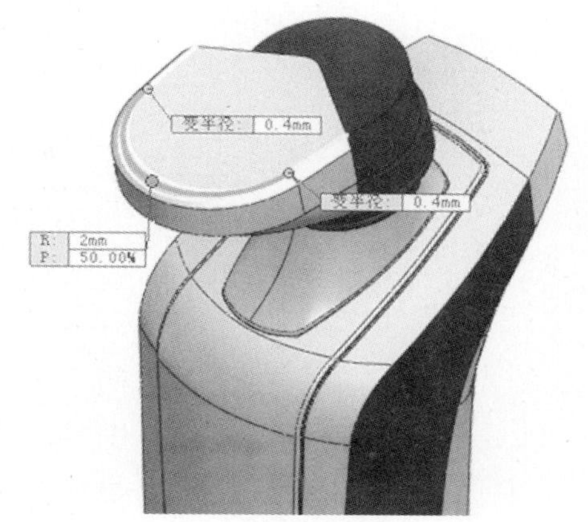

图 8-144

5. 倒角与圆角区域

（1）生成倒角。在“特征”命令管理器上单击（“倒角”）。在“倒角参数”项下的（“边线和面或顶点”）项，在图形区域中选择边线1，如图8-142所示。点取“角度距离”选项，并设定距离值为1.5，角度值为35。

（2）单击（“确定”），生成一个倒角（这里为“倒角3”）。

（3）生成变半径圆角。在“特征”命令管理器上单击（“圆角”），在三段不同边线处设置不同的圆角半径，如图8-143所示。预览如图8-144所示。

（4）单击（“确定”），产生渐变的圆角特征（这里为“变化圆角1”）。

（5）重复“圆角”操作，完成其它边线倒圆角（这里为“圆角7”、“圆角8”），如图8-145所示。

6. 细节处理

旋转体座在外形上造型，应真实表现机头座与机颈间的间隙，以

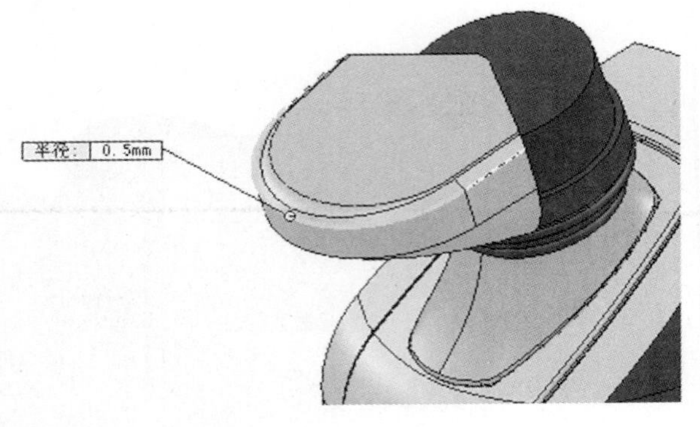

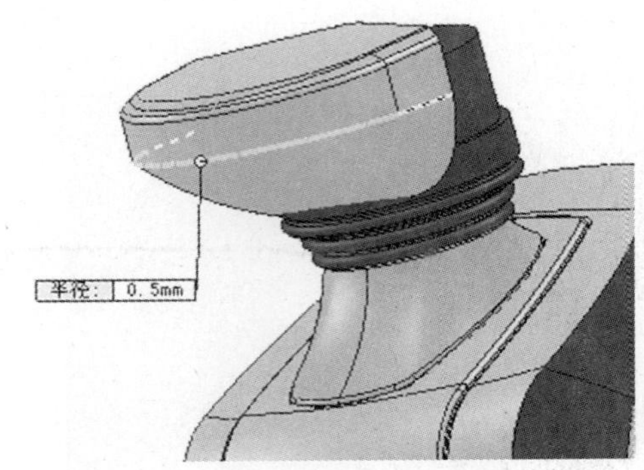

图 8-145

及三个机头座之间的形态关系。

（1）以右视基准面为草图平面，建立新草图（这里为“草图57”）。使用（“直线”）工具，绘制一个矩形。标注并设定矩形的上边和左侧边线与机颈凸台的距离值均为0.15，如图8-146所示。

（2）生成旋转切除。在“特征”命令管理器上单击（“旋转切除”）。在“切除-旋转”属性管理器“旋转参数”项下的（“旋转轴”）项，选择中心线；在“旋转类型”下拉列表中选择“单向”选项；在（“角度”）项，输入值360。在“特征范围”项下的（“要旋转切除实体”）项，在图形区域中选择机头座实体，如图8-147所示。

（3）单击（“确定”），生成旋转切除特征（这里为“切除-旋转1”）。使机头旋转体座与机颈凸台的上方和圆弧侧形成0.15mm的间隙，如图8-148所示。

（4）以右视基准面为草图平面，建立新草图（这里为“草图58”），使用（“直线”）工具，绘制一个三角形，如图8-149所示。

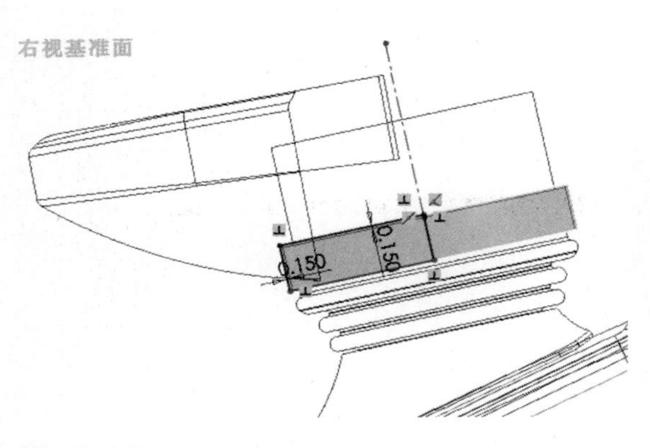

图 8-146

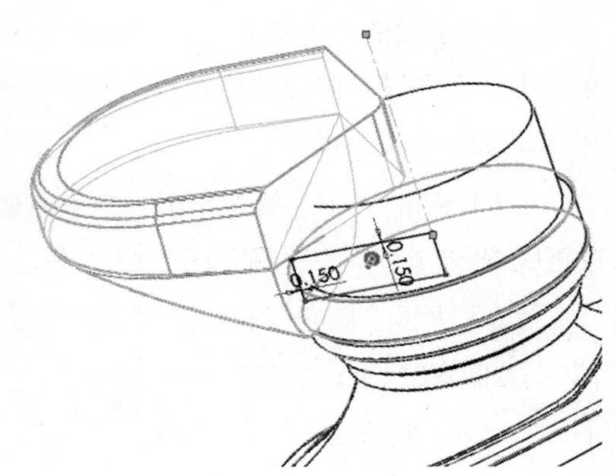

图 8-147

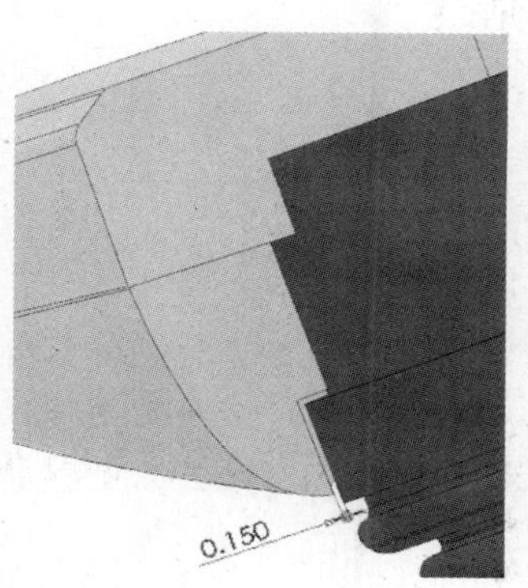

图 8-148

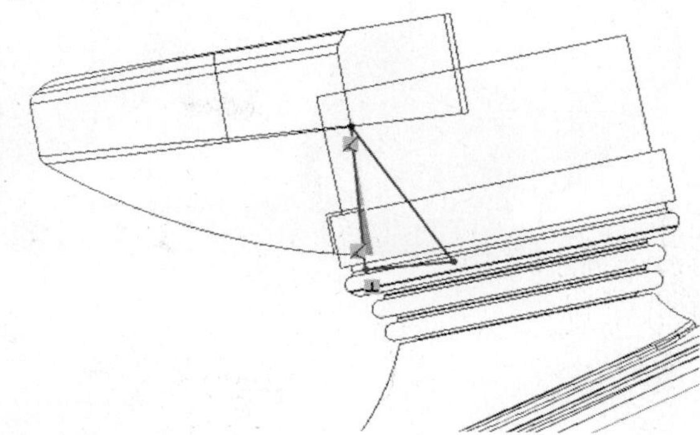

图 8-149

（5）生成拉伸切除。在当前草图状态下，在“特征”命令管理器上单击（“拉伸切除”）。在“切除-拉伸”属性管理器中，在“方向1”项下，在“终止条件”下拉列表中，选择“成形到下一面”选项，在图形区域中点取机头侧面。勾选“方向2”项，在其下同样将“终止条件”设定为“成形到下一面”。在“特征范围”项下的（“要拉伸切除实体”）项，选择机头座实体，如图8-150所示。

（6）单击（“确定”），产生切除拉伸特征（这里为“切除-拉伸1”），如图8-151所示。

（7）继续进行倒角、圆角操作，给机头座各边线进行倒角和圆角修整，分别生成了一个倒角和四个圆角，如图8-152所示，这里不一一展开描述。

（8）以机头座顶面为草图平面，建立新草图（这里为“草图60”），绘制一个圆，如图8-153所示。

（9）生成拉伸切除。在当前草图状态下，使用（“拉伸切

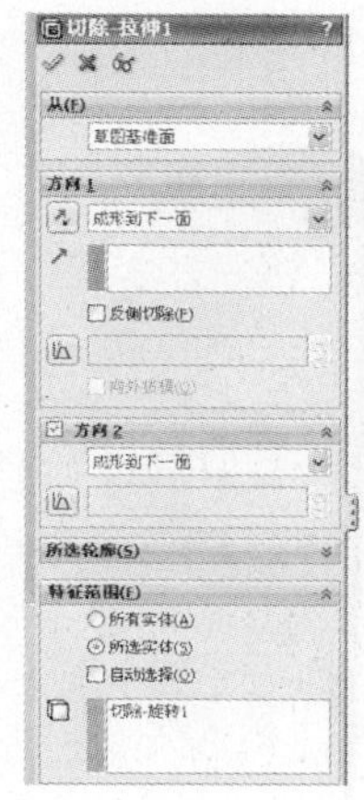

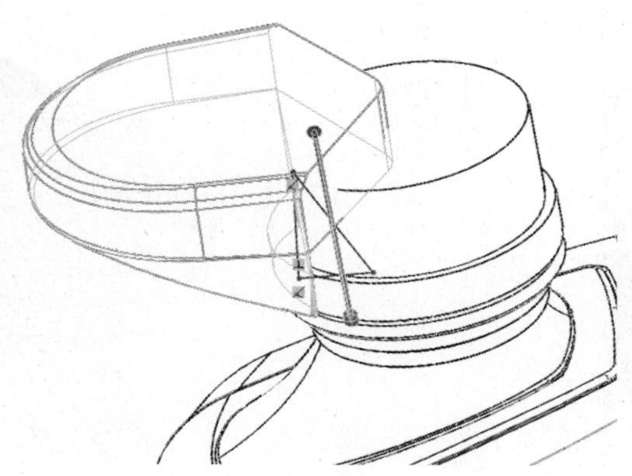

图 8-150

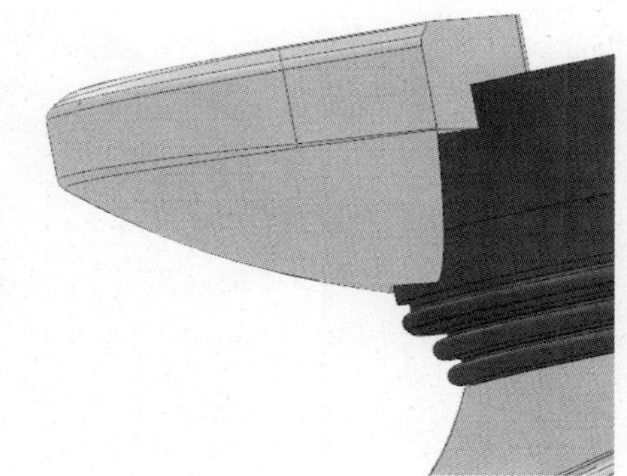

图 8-151

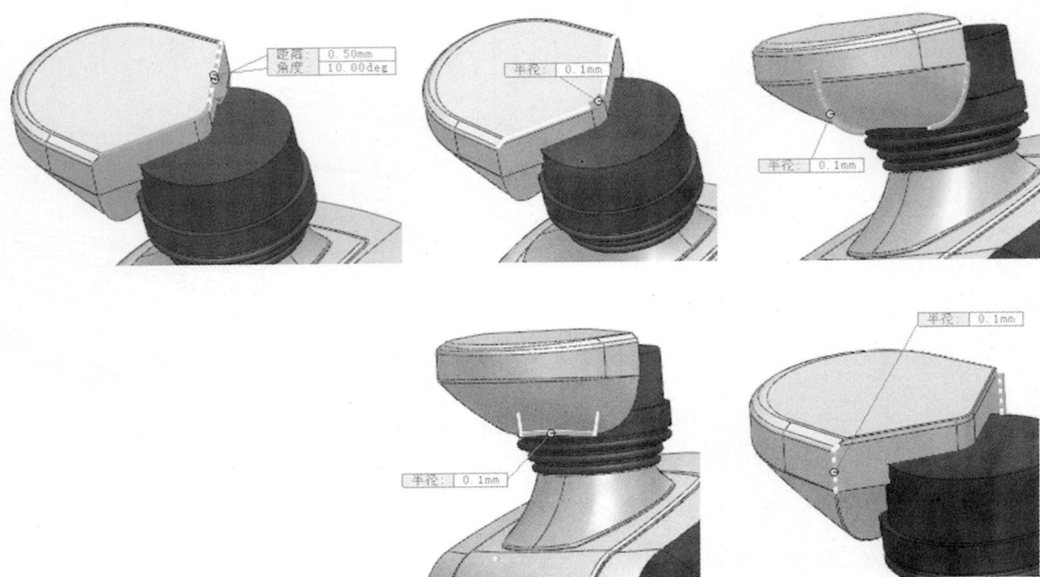

图 8-152

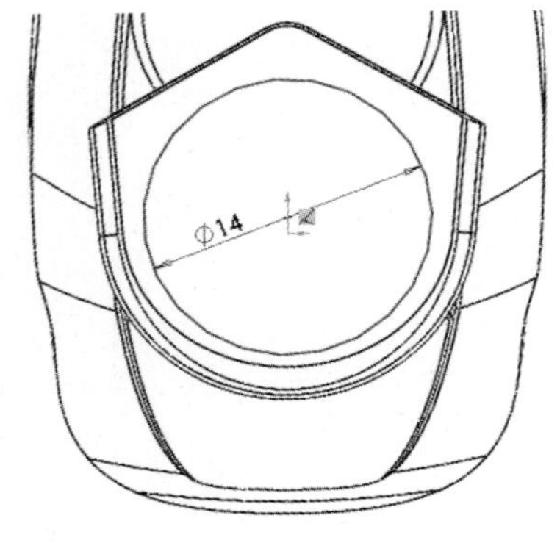

图 8-153

除”）工具。在“切除-拉伸”属性管理器中，在“方向1”项下，选择“给定深度”作为拉伸终止条件，并在（“深度”）项中输入、设定深度值为1。在“特征范围”项下的（“要拉伸切除实体”）项，选择旋转体座实体，如图8-154所示。

（10）单击（“确定”），生成拉伸切除特征（这里为“切除-拉伸2”），形成沉孔，如图8-155所示。

• 机头罩

1. 机头罩网

（1）选取“切除-拉伸2”的沉孔底面为草图平面，建立新草图

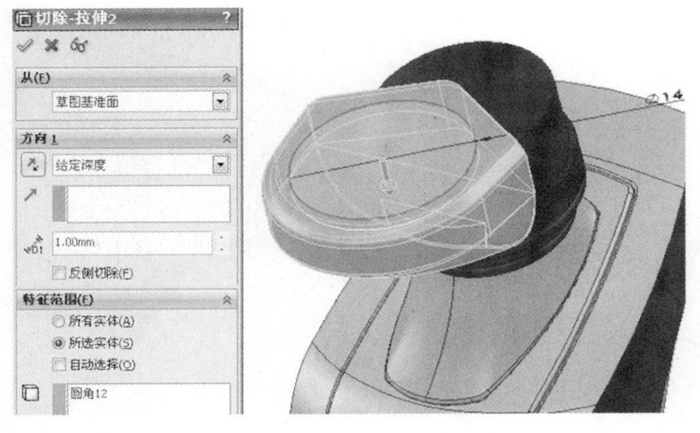

图 8-154

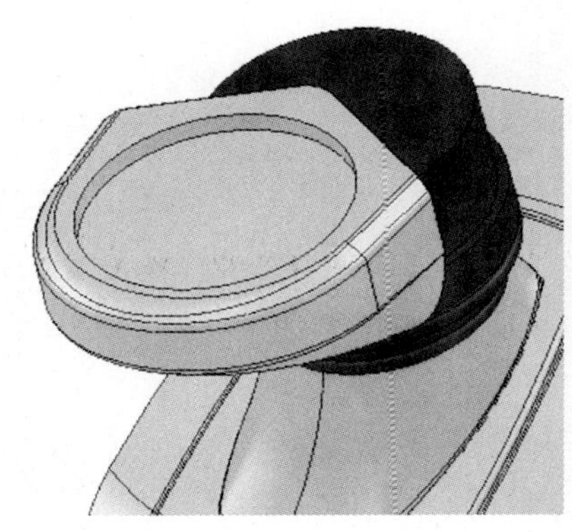

图 8-155

（这里为“草图61”）。选取沉孔的边线；在“草图”命令管理器上单击（“等距实体”）。在“等距实体”属性管理器“参数”项下的（“等距距离”）项输入、设定距离值为0.2，生成从沉孔边线向内缩0.2的圆形，如图8-156所示。

（2）生成拉伸凸台。在当前草图状态下，在“特征”命令管理器上单击（“拉伸凸台/基体”）。在“凸台-拉伸”属性管理器“方向1”项下“终止条件”下拉列表中，选择“给定深度”选项；在（“深度”）项下输入、设定深度值为1.5，如图8-157所示。

（3）单击（“确定”），生成拉伸凸台特征（这里为“凸台-拉伸1”）。

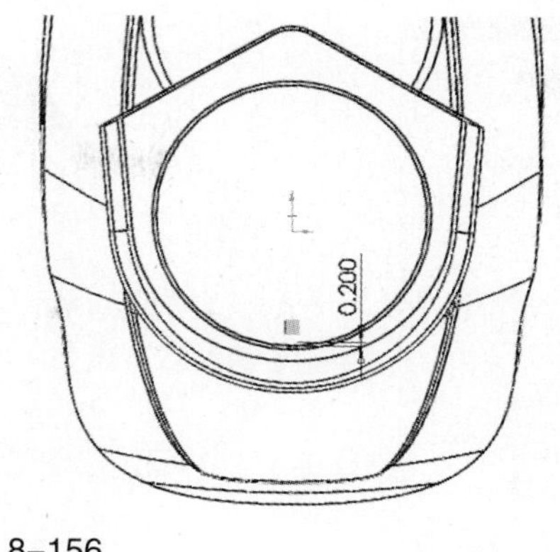

图 8-156

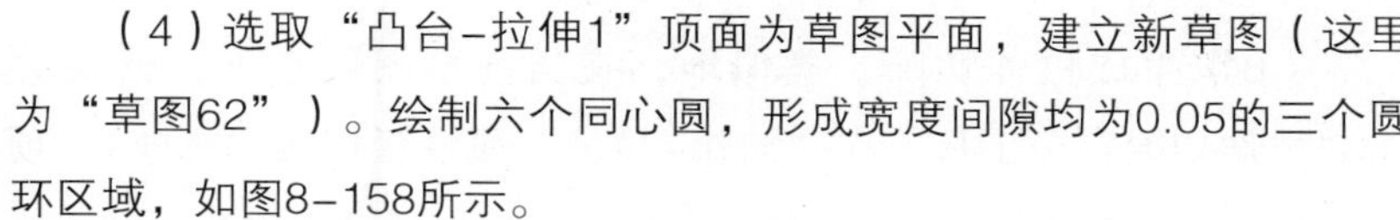

（4）选取“凸台-拉伸1”顶面为草图平面，建立新草图（这里为“草图62”）。绘制六个同心圆，形成宽度间隙均为0.05的三个圆环区域，如图8-158所示。

（5）生成拉伸切除。在当前草图状态下，在“特征”命令管理器上单击（“拉伸切除”）。在“切除-拉伸”属性管理器“方向1”项下，将“终止条件”设定为“给定深度”；在（“深度”）项下输入、设定深度值为0.5。在“所选轮廓”项下的（“所选轮廓”）项，选择“草图62”。在“特征范围”项下的（“所要拉伸切除实体”）项，选择“凸台-拉伸1”实体，如图8-159所示。

（6）单击（“确定”），生成拉伸切除特征（这里为“切除-拉伸3”），形成三个宽度为0.05的细圆环凹槽。结果如图8-159所示。

（7）选取“凸台-拉伸1”顶面为草图平面，绘制新草图（这里为“草图63”），如图8-160所示。

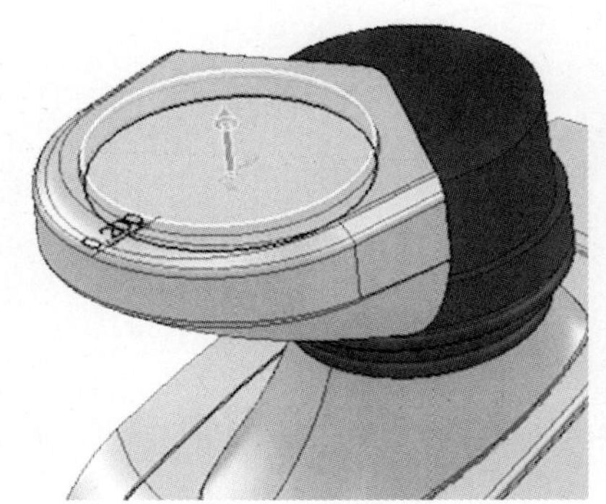

图 8-157

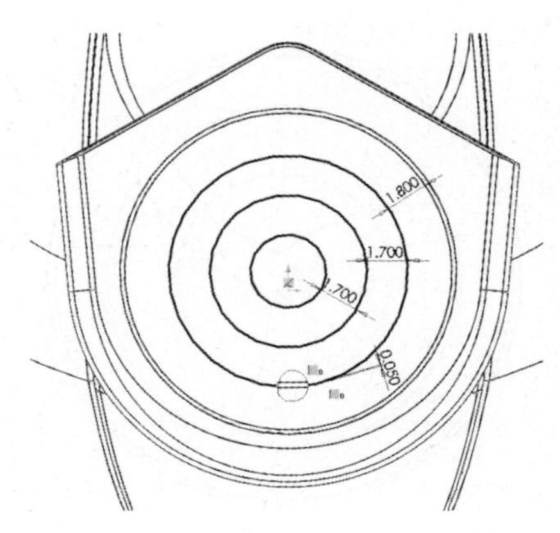

图 8-158

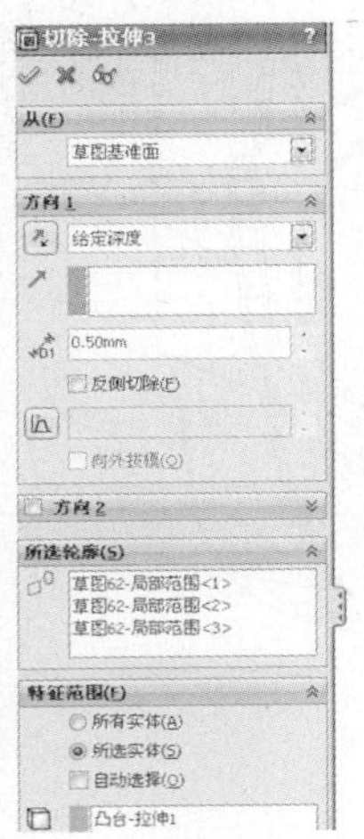

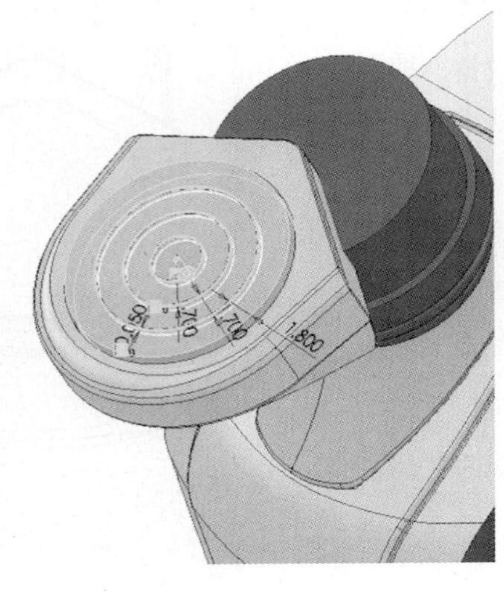

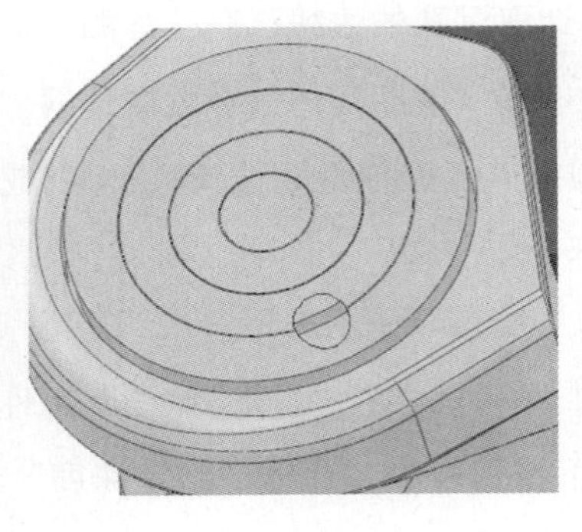

图 8-159

（8）生成拉伸切除。类似地，在当前草图状态下，使用（“拉伸切除”）工具。在“切除-拉伸”属性管理器“方向1”项下，将“终止条件”设定为“给定深度”，在（“深度”）项下输入、设定深度值为0.5。

（9）单击（“确定”），生成拉伸切除特征（这里为“切除-拉伸4”）。切除后的结果如图8-161所示。

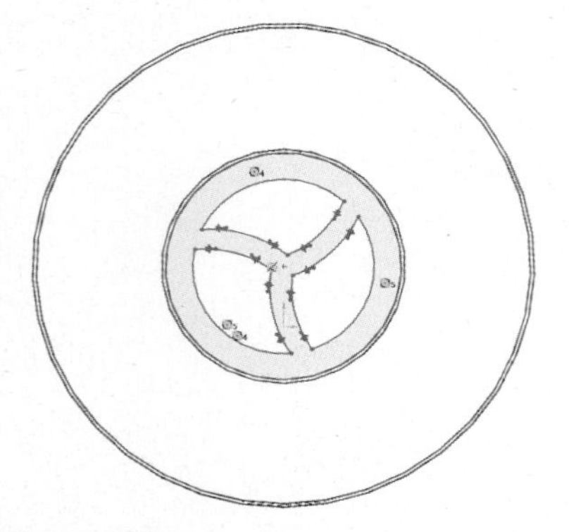

图 8-160

（10）生成分割线。选取“凸台-拉伸1”顶面为草图平面，绘制新草图（这里为“草图64”），如图8-162所示。

（11）在曲线工具栏上单击（“分割线”），在“分割线”属性管理器“选择”项的（“要投影的草图”）项，选择“草图64”；在（“要分割的面”）项，在图形区域中选择顶凹槽面。

（12）单击（“确定”），生成分割线（这里为“分割线6”），这样，将中心部分分离出来，并将其在“外观”上设定为黑色，如图8-163所示。

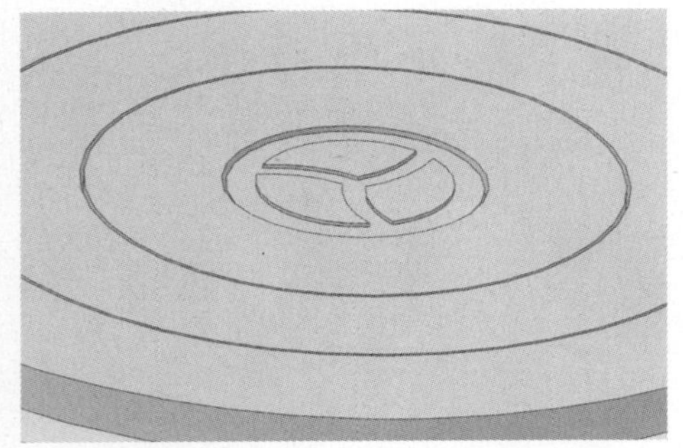

图 8-161

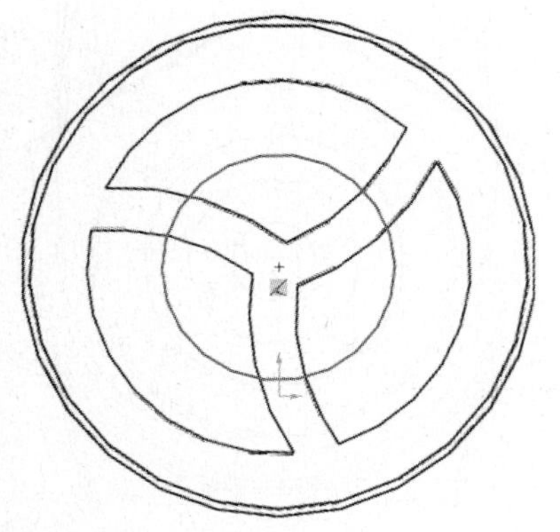

图 8-162

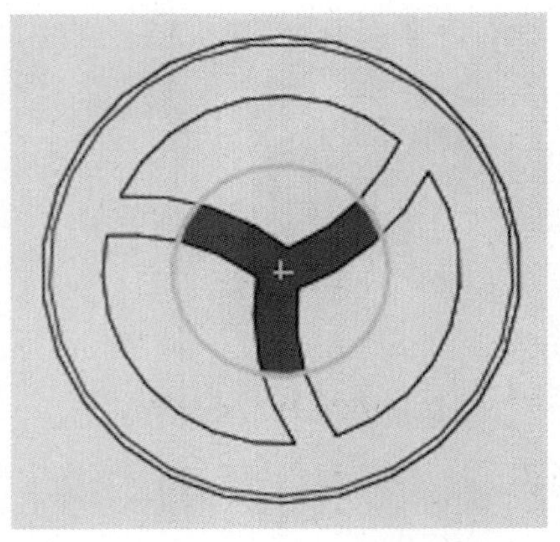

图 8-163

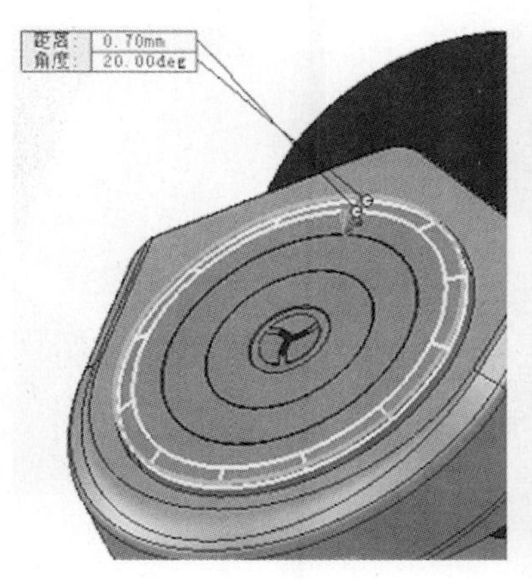

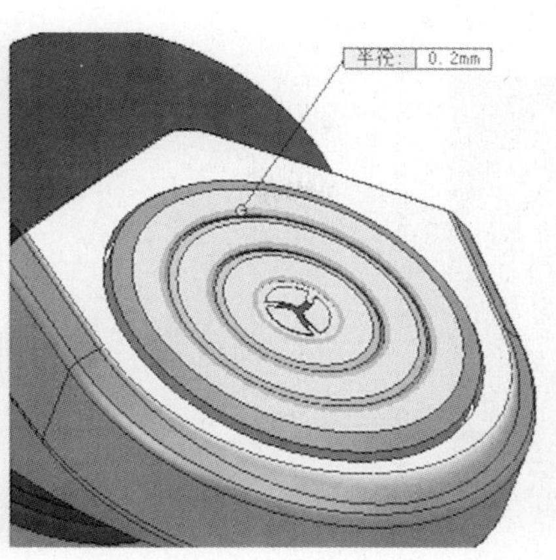

图 8-164

图 8-165

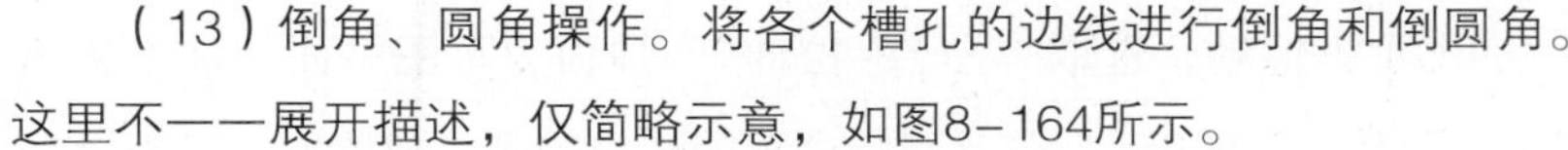

（13）倒角、圆角操作。将各个槽孔的边线进行倒角和倒圆角。这里不一一展开描述，仅简略示意，如图8-164所示。

结果如图8-165所示。

2. 机头罩网眼

（1）选取“凸台-拉伸1”顶面为草图平面，绘制新草图（这里为“草图65”），如图8-166所示。

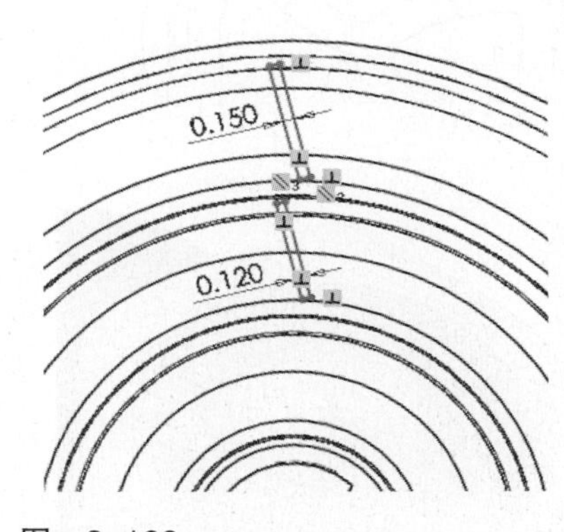

图 8-166

（2）生成拉伸切除。在当前草图状态下，在“特征”命令管理器上单击（“拉伸切除”）。在“切除-拉伸”属性管理器“方向1”项下，将“终止条件”设定为“给定深度”，将（“深度”）项的值设定为0.5。在“特征范围”项下的（“所要拉伸切除实体”）项，选择“凸台-拉伸1”实体。

（3）单击（“确定”），生成拉伸切除特征（这里为“切除-拉伸5”），切出两个小槽，如图8-167所示。

（4）生成圆周阵列。在“特征”命令管理器上单击（“圆周阵列”），或在主菜单栏上单击“插入”→“阵列/镜像”→“圆周阵列”。

在“阵列（圆周）”属性管理器“参数”项下，在（“反向”）项后的“阵列轴”列表框，选择前面显示的基准轴1；在（“总角度”）项后输入、设定角度值为360；在（“实例数”）项后输入、设定实例数为120；勾选“等间距”选项。在“要阵列的特征”项下，在（“要阵列的特征体”）项后的列表框，选择刚建立的“切除-拉伸5”特征，如图8-168所示。

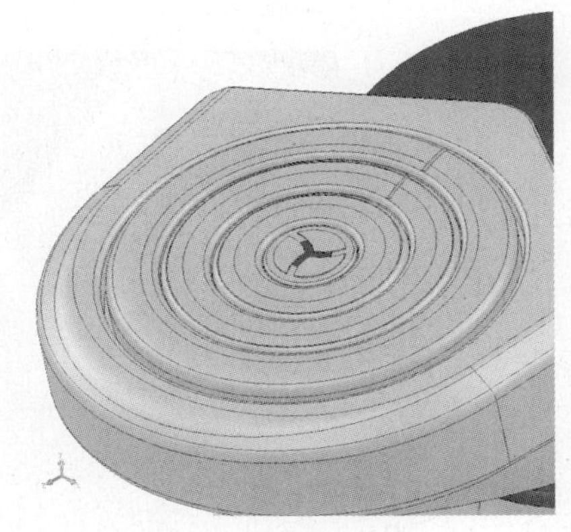

图 8-167

（5）单击（“确定”），生成圆周阵列[这里为“阵列（圆

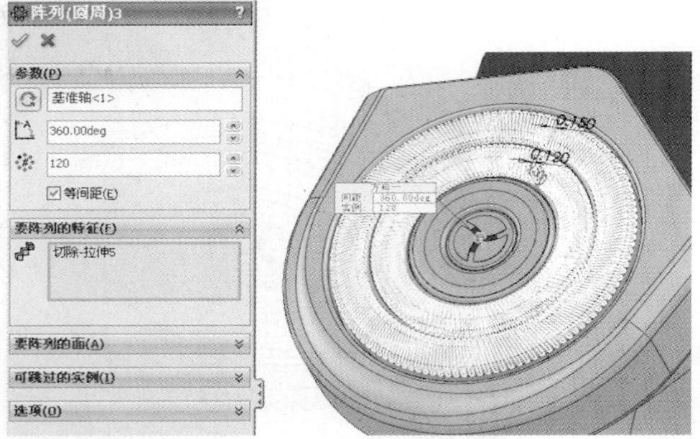

图 8-168

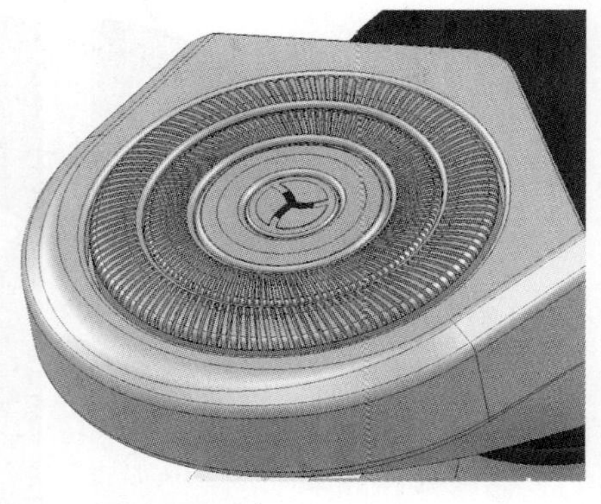

图 8-169

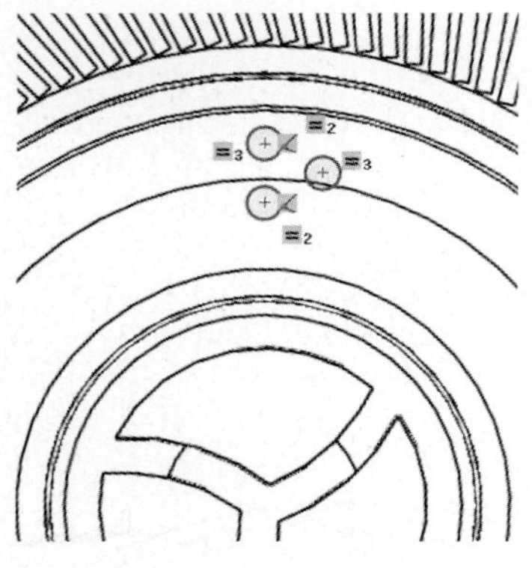

图 8-170

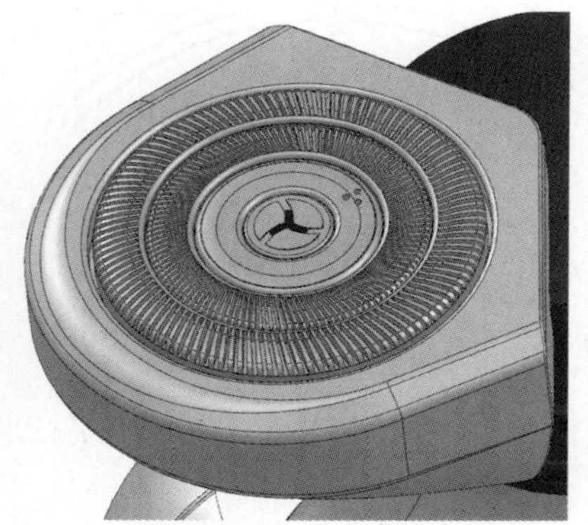

图 8-171

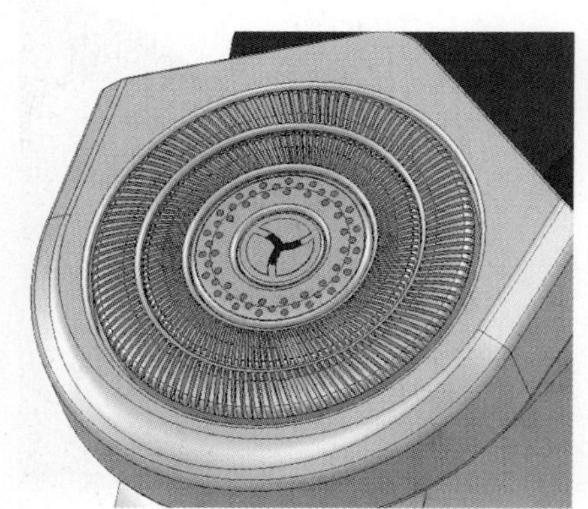

图 8-172

周）3”]，如图8-169所示。

（6）类似地，选取“凸台-拉伸1”顶面为草图平面，建立新草图（这里为“草图66”），绘制3个直径较小的圆，如图8-170所示。

（7）生成拉伸切除。在当前草图状态下，使用（“拉伸切除”）工具，在“凸台-拉伸1”实体上切除深度值为0.5的孔，如图8-171所示。

（8）单击（“确定”），生成特征（这里为“切除-拉伸6”）。

（9）生成圆周阵列。类似地，使用（“圆周阵列”）工具，在“阵列（圆周）”属性管理器“参数”项下，（“实例数”）设定为19，勾选“等间距”选项。在“要阵列的特征”项下，在（“要阵列的特征体”）项，选择最新建立的“切除-拉伸6”。

（10）单击（“确定”），完成圆周阵列[这里为“阵列（圆周）4”]，如图8-172所示。

• 机头细节处理

（1）以右视基准面为草图平面，绘制新的草图（这里为“草图67”），如图8-173所示。

（2）生成拉伸切除。在当前草图状态下，在“特征”命令管理器上单击（“拉伸切除”），在“切除-拉伸”属性管理器“方向1”项下，选择“两侧对称”作为终止条件，在（“深度”）项输入、设定深度值为29.5。在“特征范围”项下，点取“所选实体”选项，在（“要拉伸切除实体”）项，选择机头座实体。

（3）单击（“确定”），生成拉伸切除（这里为“切除-拉伸7”），形成窄缝，如图8-174所示。

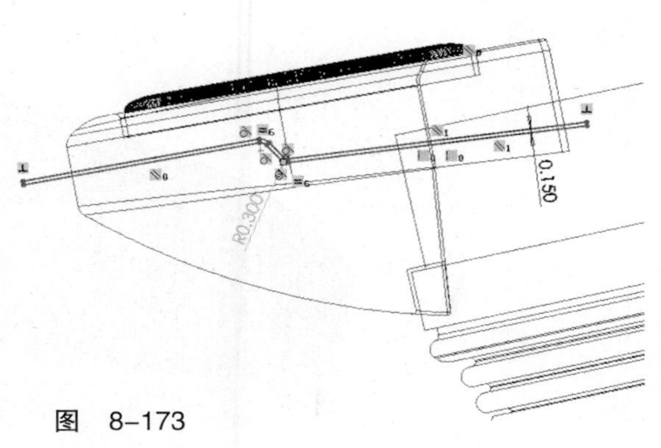

图 8-173

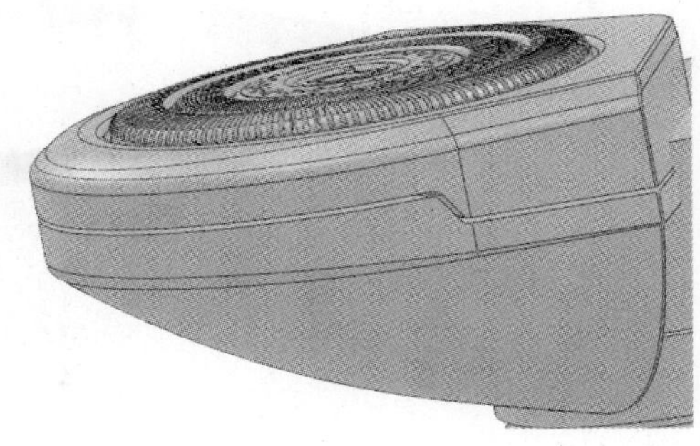

图 8-174

（4）给边线倒圆角，简略示意如图8-175所示。

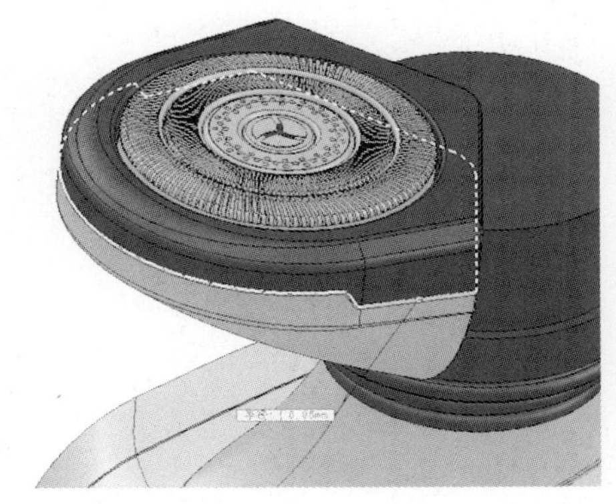

图 8-175

（5）以前视基准面为草图平面，建立新草图（这里为“草图71”），绘制两条直线，如图8-176所示。

（6）生成分割线。在当前草图状态下，在曲线工具栏上单击（“分割线”），在“选择”项下，在（“要投影的草图”）项，选择“草图71”；在（“要分割的面”）项，在图形区域中选择面1。

（7）单击（“确定”），产生分割线（这里为“分割线8”），如图8-177所示。

下面使用（“扫描曲面”）工具继续建模。“扫描”属性管理器如图8-178所示。

（8）以右视基准面为草图平面，绘制新草图（这里为“草图70”），如图8-179所示。

（9）生成扫描曲面。在曲面工具栏上单击（“扫描曲面”），或在主菜单栏上单击“插入”→“曲面”→“扫描曲面”。

在“曲面-扫描”属性管理器“轮廓和路径”项下，在（“轮廓”）项，选取“草图70”为扫描轮廓线；在（“路径”）项，在图形区域中选择边线1为扫描路径，如图8-180所示。

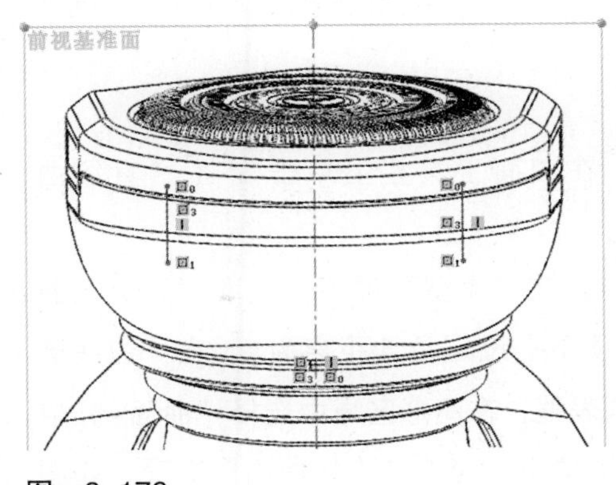

图 8-176

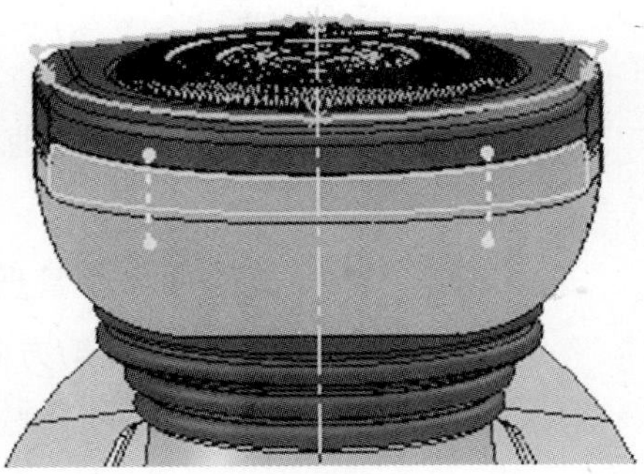

图 8-177

图 8-178

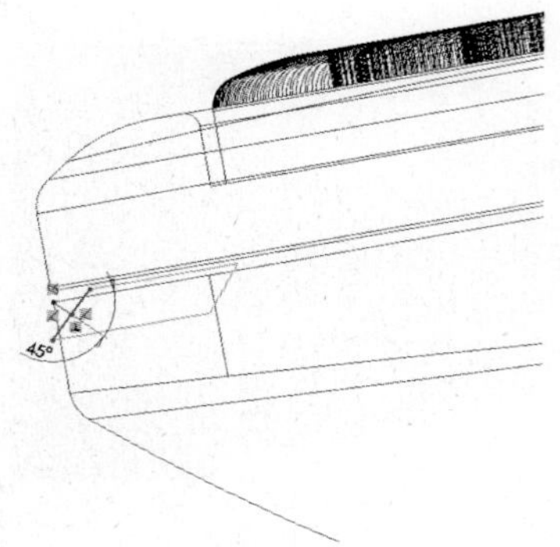

图　8-179

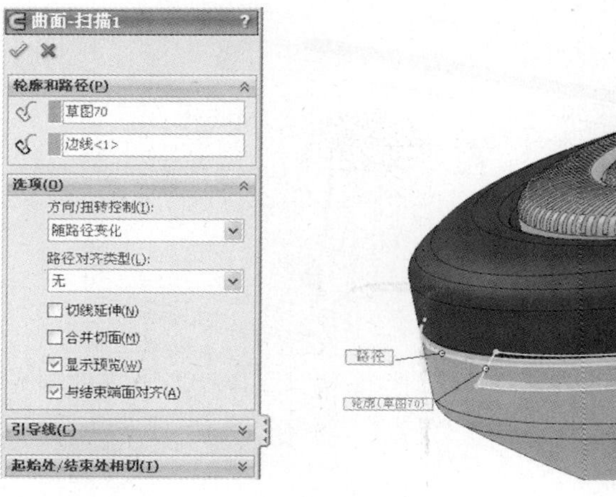

图　8-180

扫描曲面与扫描特征的生成方法类似，都是沿扫描路径所确定的方向上拉伸轮廓，生成曲面，也可以通过引导线扫描。在扫描曲面时，最重要的一点是引导线的端点必须贯穿轮廓草图实体。通常借由一个几何关系（例如“穿透”），确保引导线贯穿轮廓线。

如果需要沿引导线扫描曲面，则在“引导线”项下，使用（“引导线”）项。可单击上移和下移来改变引导线的顺序。

可以使用以下项目作为引导线：绘制的曲线、模型边线或曲线。

扫描曲面时，路径与引导线的长度可能不同。如果引导线比路径长，扫描将使用路径的长度。如果引导线比路径短，扫描将使用最短的引导线的长度。

（10）单击（“确定”），生成扫描曲面（这里为“曲面-扫描1”）。

（11）生成镜像。在“特征”命令管理器上单击（“镜像”）。在“镜像面/基准面”项下的（“镜像面/基准面”）项，选择右视基准面，在“要镜像的实体”项下的（“要镜像的实体/曲面实体”）项，选择刚刚建立的“曲面-扫描1”，如图8-181所示。

（12）单击（“确定”），完成曲面镜像（这里为“镜像3”）。

（13）生成直纹曲面。在曲面工具栏上单击（“直纹曲面”）。

在“直纹曲面”管理器中，在“类型”项下，点取“正交于曲面”选项。在“距离/方向”项下，设定拉伸距离为1。在“边线选择”项下的（“边线”）列表框，在图形区域中选择“曲面-扫描1”两端面的边线。在“选项”项下，勾选“连接曲面”选项，如图8-182所示。

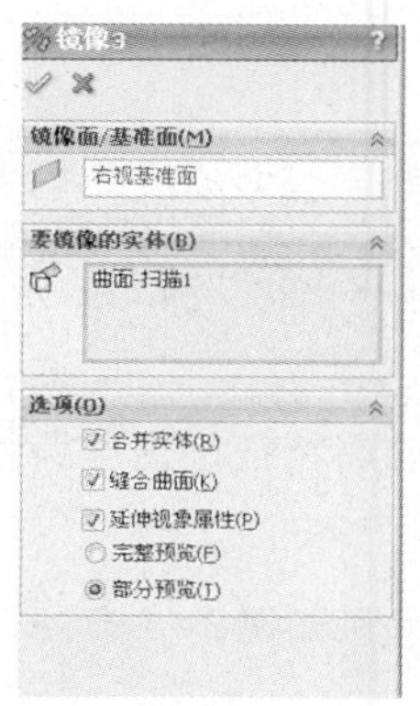

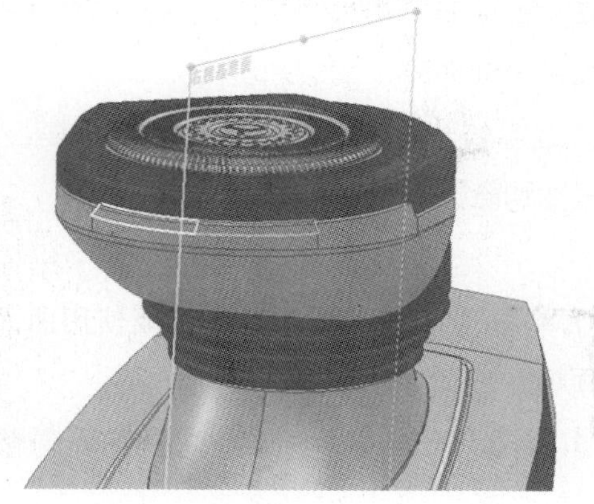

图 8-181

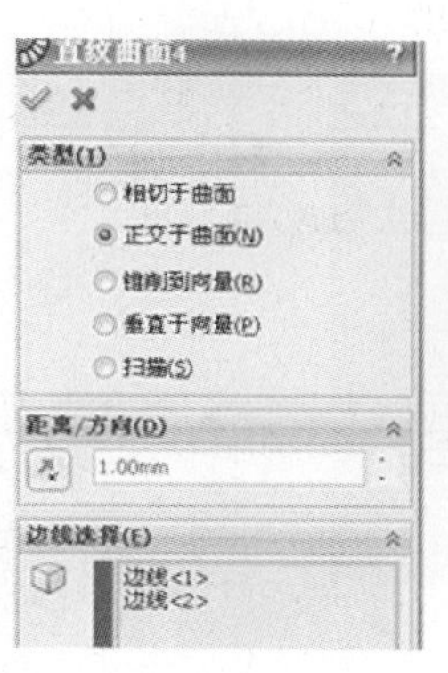

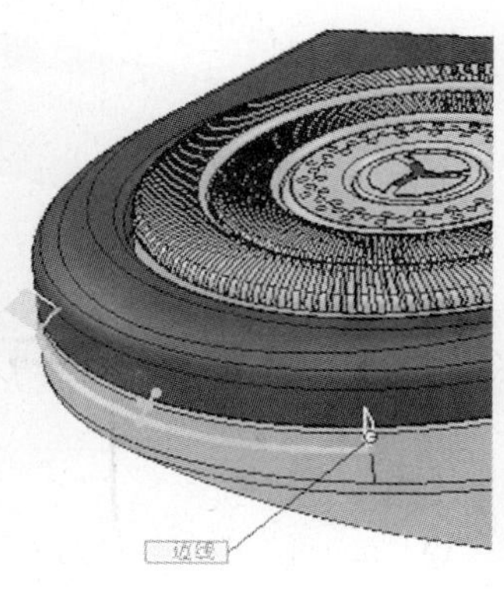

图 8-182

（14）单击（“确定”），生成直纹曲面（这里为“直纹曲面4”），结果如图8-183所示。

图 8-183

（15）生成缝合曲面。在曲面工具栏上单击（“缝合曲面”）。在“曲面-缝合”属性管理器中，在“选择”项下的（“要缝合的曲面和面”）项，在图形区域中选择“曲面-扫描1”及“镜像3”、“直纹曲面4”。

（16）单击（“确定”），完成缝合曲面（这里为“曲面-缝合7”）。

下面使用（“使用曲面切除”）工具，继续建模。

（17）使用曲面切除。在“特征”命令管理器上单击（“使用曲面切除”，可自定义使其显示其上），或在主菜单栏上单击“插入”→“切除”→“使用曲面”。

在“使用曲面切除”属性管理器（图8-184）“曲面切除参数”项下，在“要使用的曲面”列表框，选择刚生成的“曲面-缝合7”。在“特征范围”项下，点取“所选实体”选项；确保取消勾选“自动选择”选项，在显示出的（“要切除的实体”）项，选择机头座下部分，如图8-185所示。

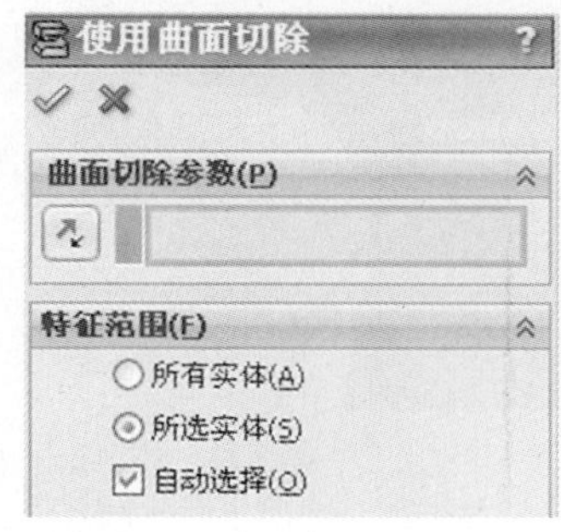

图 8-184

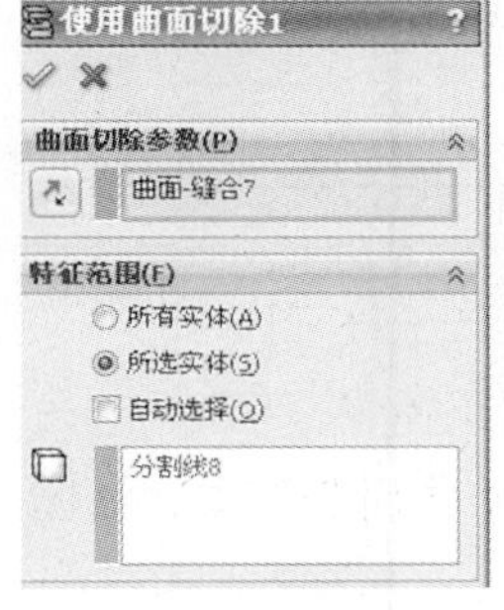

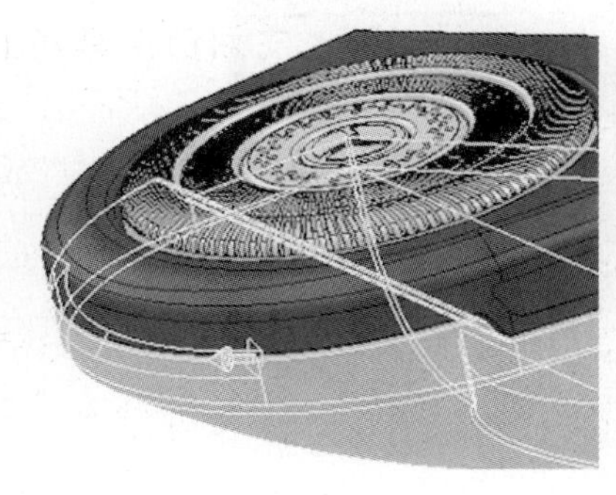

图 8-185

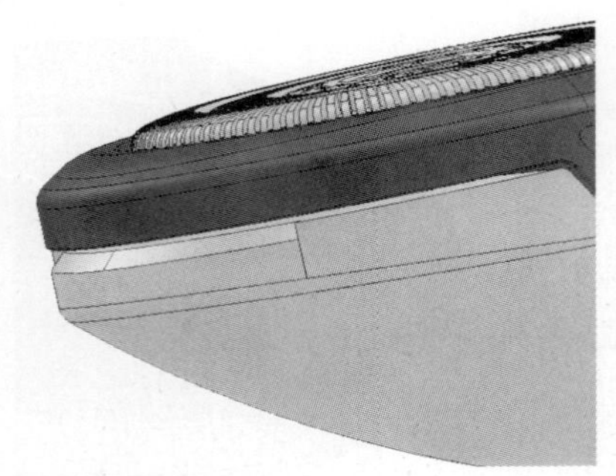

图 8-186

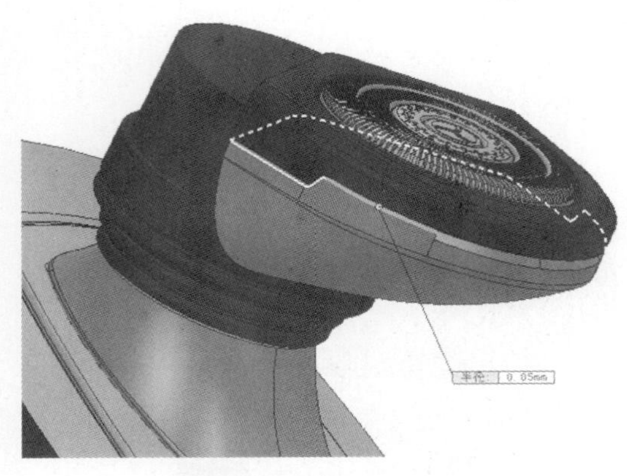

a）

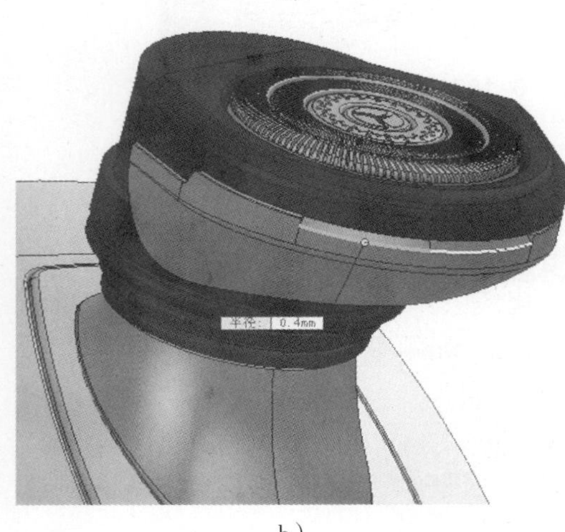

b）

图 8-187

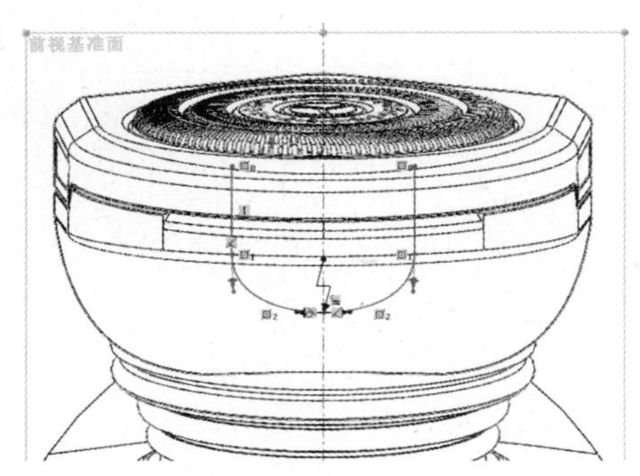

图 8-188

可以使用曲面对实体进行切除，这里的曲面不仅可以是真正的曲面，也可以是参考平面。

图形区域中箭头指示切除方向，如有必要，单击（“反转切除”）来改变切除方向。

（18）单击（“确定”），完成使用曲面切除特征（这里为“使用曲面切除1”），如图8-186所示。

（19）圆角。进一步给各边线倒圆角，简略示意如图8-187所示。

（20）以前视基准面为草图平面，绘制新草图（这里为“草图79”），如图8-188所示。

（21）生成分割线。在曲线工具栏上单击（“分割线”）。在“分割线”属性管理器“选择”项下，在（“要投影的草图”）项，选择“草图79”；在（“要分割的面”）项，在图形区域中选择机头座下部分表面。

（22）单击（“确定”），产生分割线（这里为“分割线11”）。

上色效果如图8-189所示。

• 机头单元体复制

（1）生成圆周阵列。在“特征”命令管理器上单击（“圆周阵列”）。

在“阵列（圆周）”属性管理器中，在（“反向”）项后的“阵列轴”列表框，选择前面显示的基准轴1；在（“总角度”）项后输入、设定角度值为360；在（“实例数”）项后输入、设定实例数为3；勾选“等间距”选项。在“要阵列的实体”项下，在（“要阵列的实体/曲面实体”）项后的列表框，选择机头座和机头罩等实体。预览如图8-190所示。

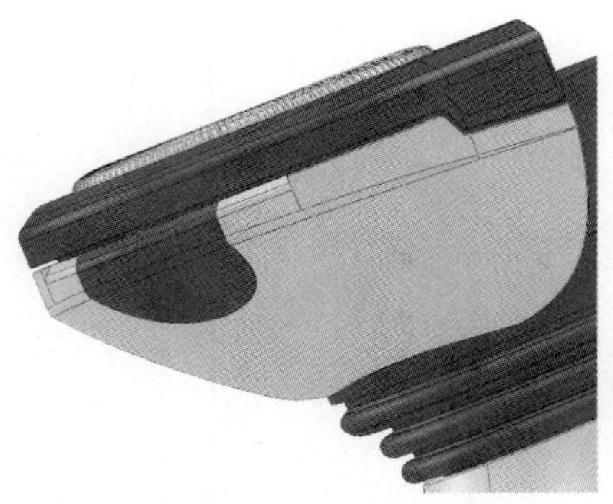

图 8-189

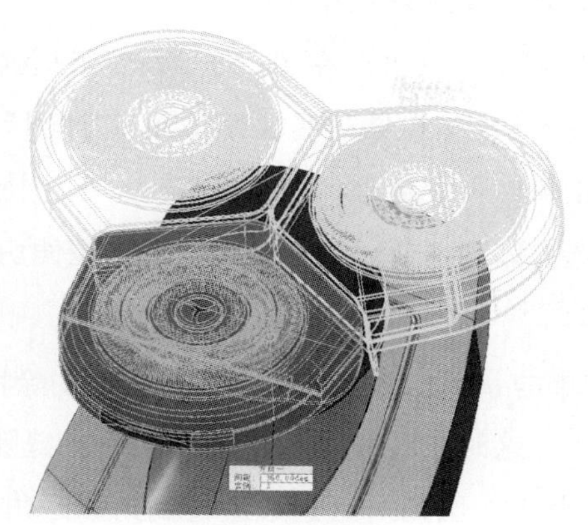

图 8-190

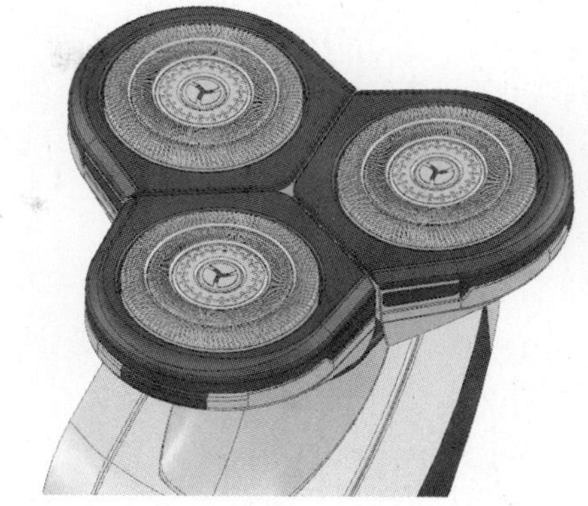

图 8-191

（2）单击 （“确定”），完成圆周阵列[这里为“阵列（圆周）5”]。

至此，完成剃须刀机头形体的建模表达。其结果如图8-191所示。

细节处理

细节处理是产品形体设计、建模与表达时非常重要的一步。前面在机身和机头建模中，细节处理已经实施过，下面对整体形体进行进一步的细节处理。

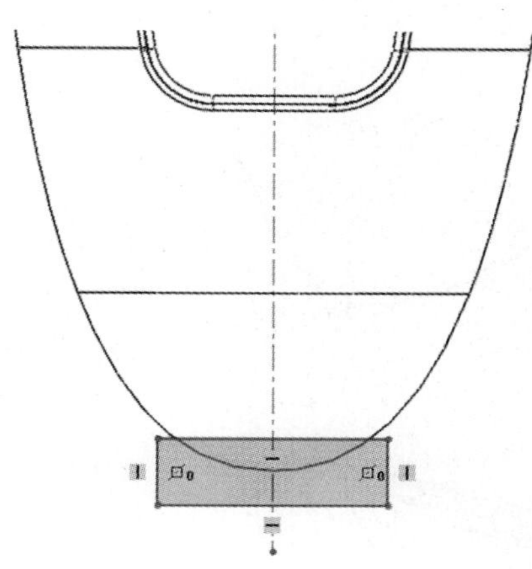

图 8-192

1.机身形体细节处理

（1）以前视基准面为草图平面，绘制新草图（这里为“草图72”），如图8-192所示。

（2）生成切除拉伸。在“特征”命令管理器上单击（“拉伸切除”）。在“切除-拉伸”属性管理器“方向1”项下，将“终止条件”设定为“完全贯穿”。观察显示预览的拉伸切除方向箭头，必要时，单击（“反向”）以反转拉伸切除方向。在“特征范围”项下，确认点取“所选实体”选项，然后在（“要拉伸切除实体”）项，选择机身实体。

（3）单击（“确定”），生成拉伸切除（这里为“切除-拉伸9”）。

（4）对“切除-拉伸9”倒一定的圆角，如图8-193所示。

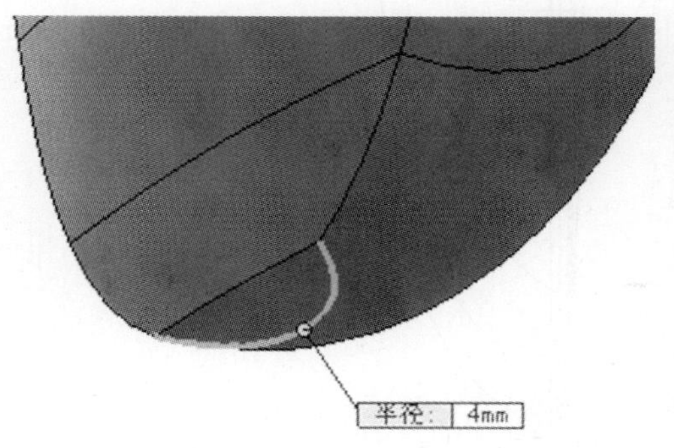

图 8-193

（5）以右视基准面为草图平面，建立新草图（这旦为“草图73”），绘制两条相距0.06mm的线条，如图8-194所示。

（6）生成切除拉伸。在“特征”命令管理器上单击（“拉伸切除”）。在“切除-拉伸”属性管理器“方向1”与“方向2”项下，均将“终止条件”设定为“完全贯穿”。在“特征范围”项下，确认点取“所选实体”选项，然后在（“要拉伸切除实体”）项，选择机身实体。

（7）单击（“确定”），生成拉伸切除特征（这里为“切除-拉伸10”）。这时在机身四周形成0.06mm的缝隙效果。

（8）倒角、圆角。给边线进行倒角和圆角处理。简略示意如图8-195所示。

（9）在曲面工具栏上单击（“基准面”）。在“基准面”属性管理器“第一参考”项下的（“第一参考”）项，选择右视基准面；在（“偏移距离”）项输入、设定距离值为15。建立新的基准面（这里为“基准面13”），如图8-196所示。

（10）以“基准面13”为草图平面，建立新草图（这里为“草图74”），绘制两条相距0.05mm的线条，如图8-197所示。

（11）生成拉伸切除。在当前草图状态下，在“特征”命令管理器上单击（“拉伸切除”）。在属性管理器的“方向1”项下，设定“给定深度”为拉伸终止条件，并在（“给定深度”）项输入、设定深度值为7。在“特征范围”项下，确认点取“所选实体”选项，然后在（“要拉伸切除实体”）项，选择机身实体。

（12）单击（“确定”），生成拉伸切除（这里为“切除-拉伸12”）。其结果是在机身侧面形成宽度为0.05mm的缝隙。

（13）在“特征”命令管理器上单击（“镜像”）。在“镜像”属性管理器“镜像面/基准面”项下（“镜像面/基准面 ”）项

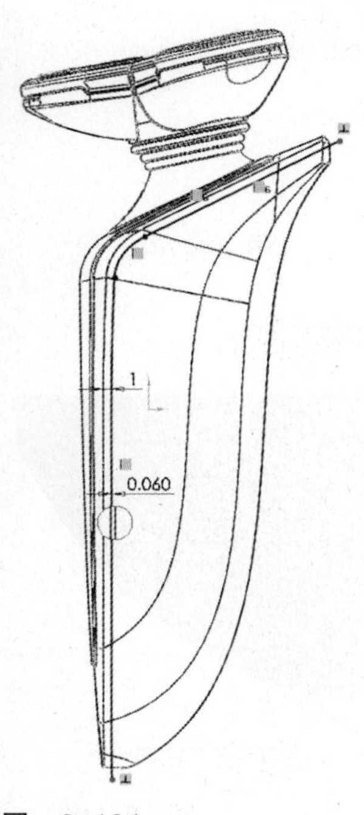

图 8-194

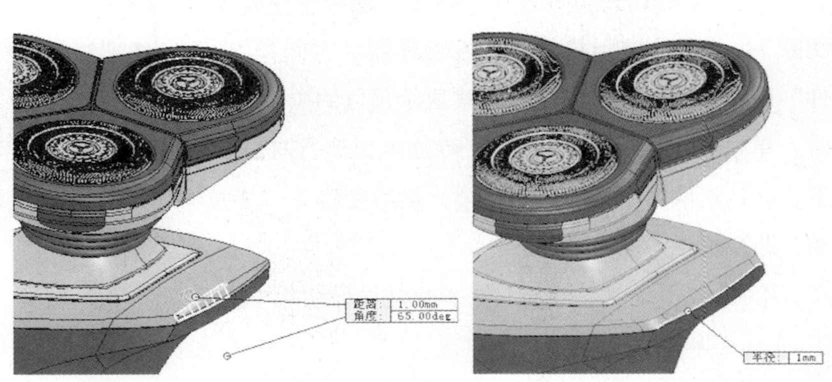

图 8-195

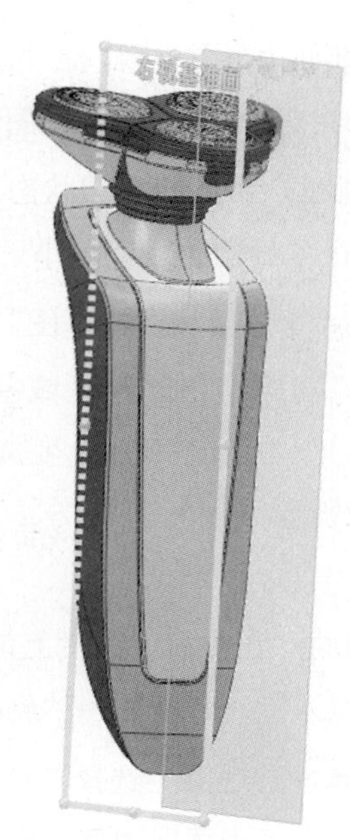

图 8-196

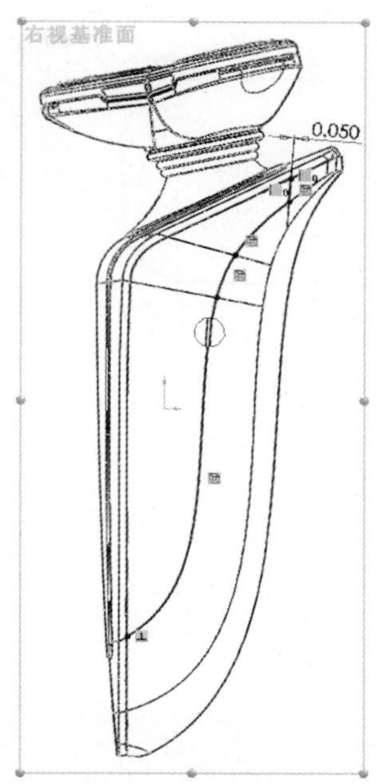

图 8-197

的列表框，选择右视基准面。在“要镜像的特征”项下（“要镜像的特征”）项的列表框，选择刚建立的“切除-拉伸12”。

（14）单击（“确定”），完成镜像（这里为“镜像4”），如图8-198所示。

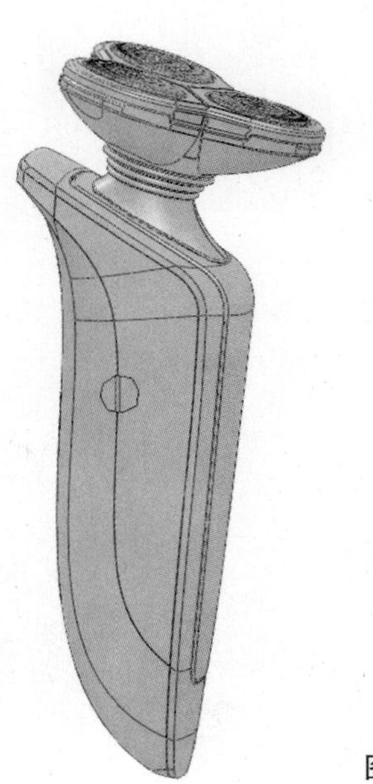

图 8-198

（15）倒圆角处理。给各缝隙的边线倒一定大小的圆角。简略示意如图8-199所示。

2. 按键制作

下面在制作按键时，将使用（“删除面”）工具，其属性管理器如图8-200所示。

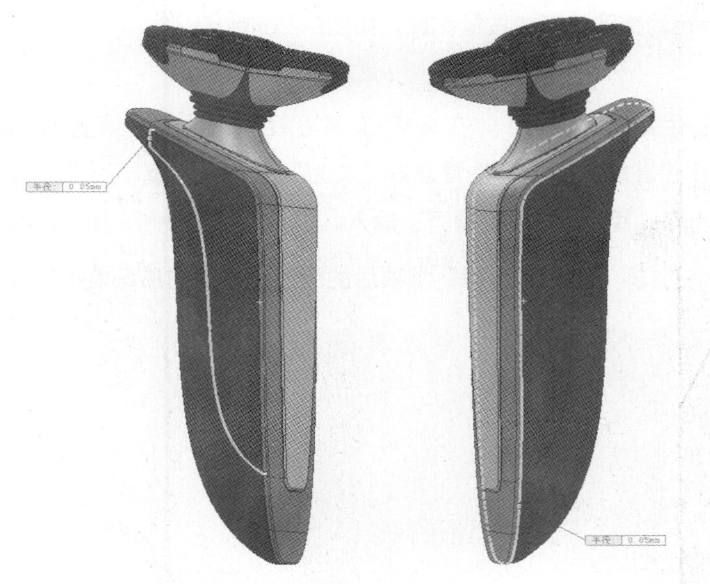

图 8-199

删除面

选择

面<1>

选项(0)

○ 删除

◉ 删除并修补

○ 删除并填补

☐ 显示预览

图 8-200

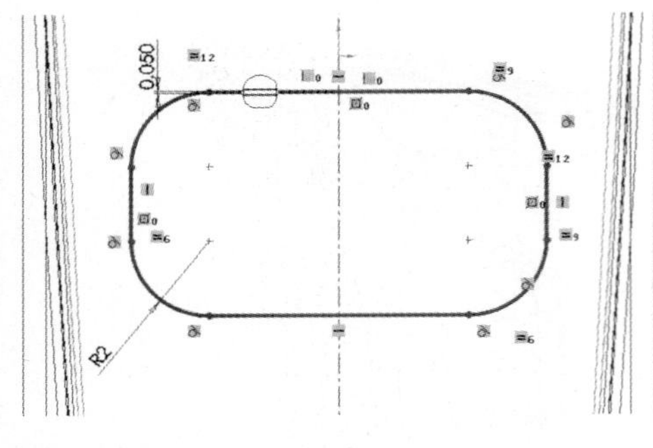

图 8-201

（1）以前视基准面为草图平面，建立新草图（这里为“草图75”），绘制一内、一外两个相距0.05mm的封闭图形，如图8-201所示。

（2）生成分割线。在当前草图状态下，在曲线工具栏上单击（“分割线”），在“分割类型”项下，默认地处在“投影”类型。在“选择”项下的（“要投影的草图”）项，选择“草图75”；在（“要分割的面”）项，在图形区域中选择机身操作面板。

（3）单击（“确定”），生成分割线（这里为“分割线9”），如图8-202所示。

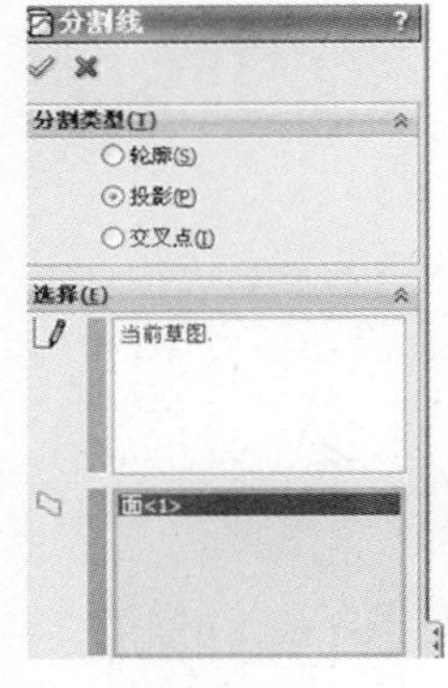

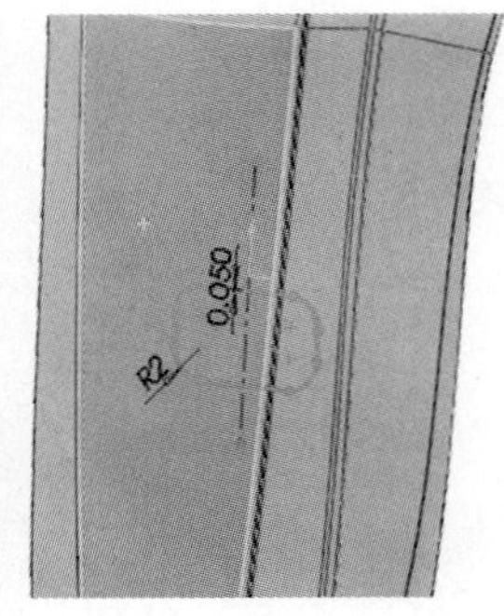

图 8-202

（4）生成删除面。在曲面工具栏上单击（“删除面”），或在主菜单栏上单击“插入”→“面”→“删除面”。

在“删除面”属性管理器“选择”项下的（“要删除的面”）项的列表框，在图示区域中选取操作面板被“分割线9”封闭的区域部分。在“选项”项下，点取“删除”选项，如图8-203所示。

使用该工具，可以对实体中的面进行删除和自动修补。

在“选项”项下：①如果点取“删除”选项，将删除所选曲面；②如果点取“删除并修补”选项，则在删除曲面的同时，对删除后的曲面进行自动修补；③如果点取“删除并填补”选项，则在删除曲面的同时，对删除后的曲面进行自动填充。

（5）单击（“确定”），生成删除面特征（这里为“删除面1”）。

这样，在机身操作面板上产生了形如“草图75”的图形形状、宽度为0.05mm的缝隙，形成按键区域。如图8-204所示。

（6）生成直纹曲面。在曲面工具栏上单击（“直纹曲面”）。在“直纹曲面”属性管理器“类型”项下，点取“正交于曲面”选项。在“距离/方向” 项下，输入、设定距离值为1。在“边线选择”项下的（“边线选择”）项后的列表框，在图形区域中选择

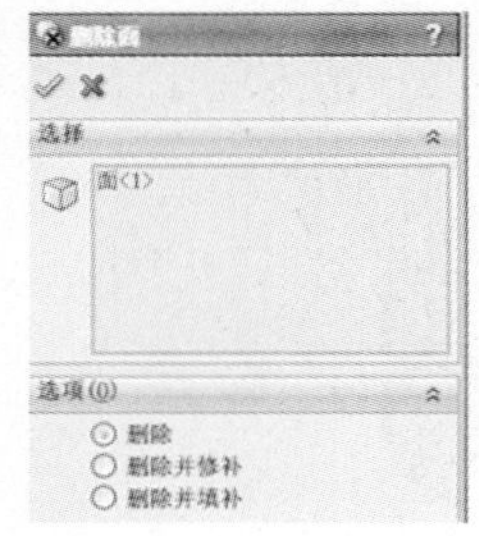

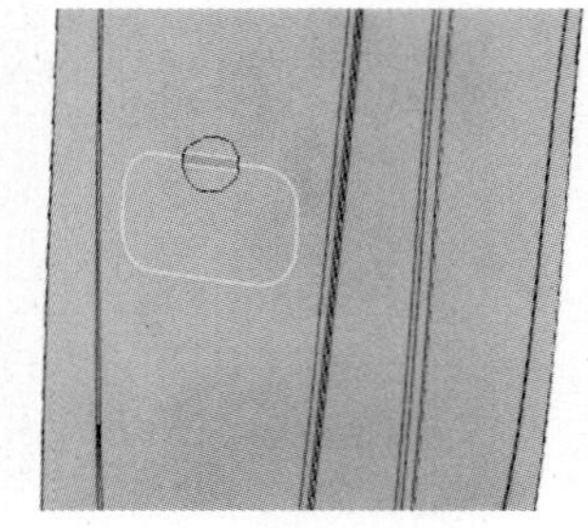

图 8-203

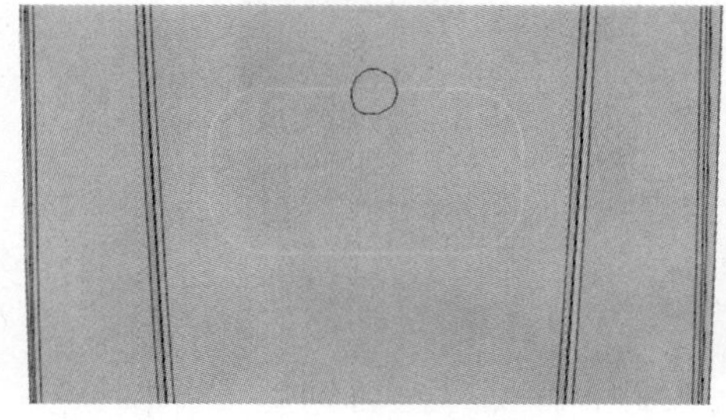

图 8-204

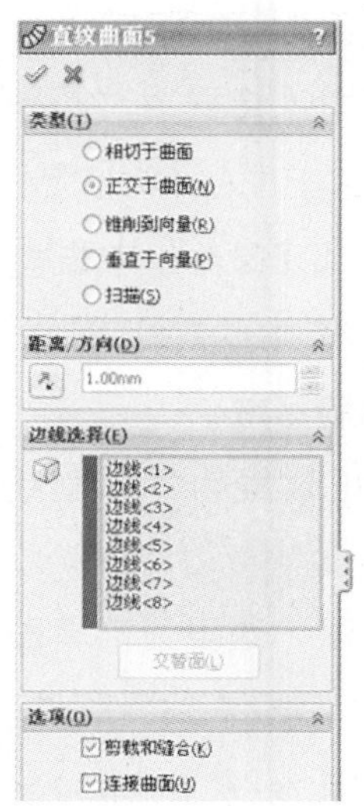

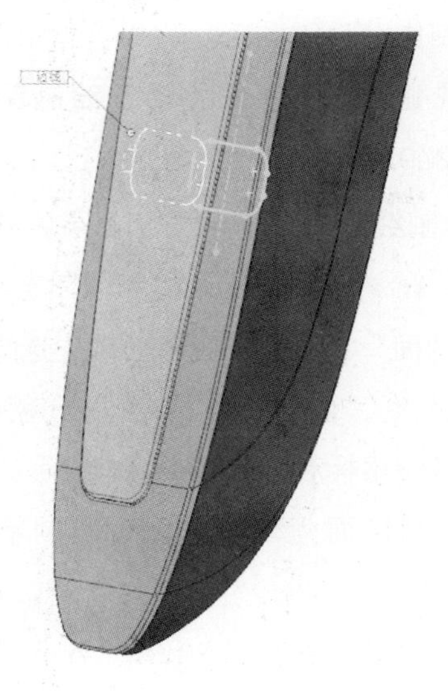

图 8-205

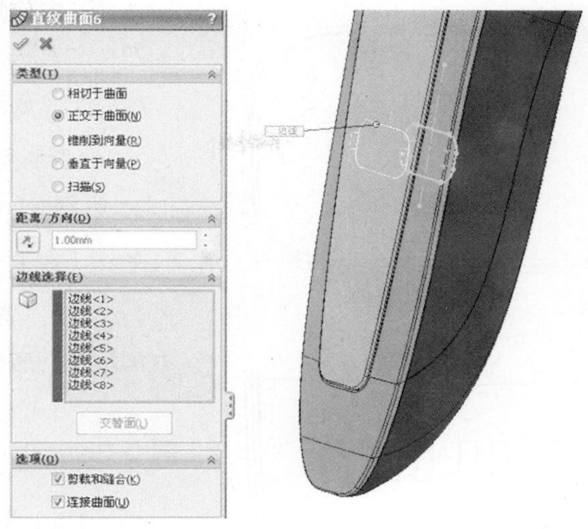

图 8-207

“分割线9”的内侧边线。在“选项”项下，勾选“剪裁和缝合”和“连接曲面”。

（7）单击✓（“确定”），生成一个直纹曲面（这里为“直纹曲面5”），如图8-205所示。

（8）生成面圆角。在曲面工具栏上单击（“圆角”），或在主菜单栏上单击“插入”→“曲面”→“圆角”。

在“圆角”属性管理器“圆角类型”项下，点取“面圆角”选项。此时，在“圆角项目”项下，在（“圆角半径”）项后输入合适值（这里为1.5）；在（“面组1”）、（“面组2”）项下，分别点取两个曲面。可看到（“面组”）图标改而显示为（“反转面法向”）图标（图8-25）。

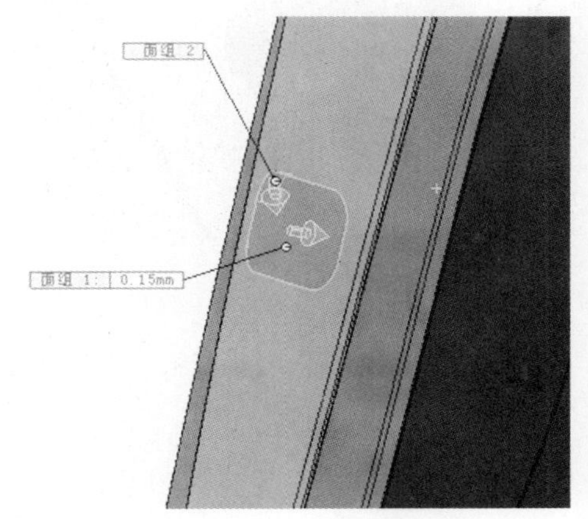

图 8-206

必要时，可单击（“反转面法向”）改变圆角修剪方向。

（9）单击✓（“确定”）。生成一个圆角特征，从而形成两曲面间的圆角过渡，如图8-206所示。

（10）生成直纹曲面。在曲面工具栏上单击（“直纹曲面”）。在“直纹曲面”属性管理器“类型”项下点取“正交于曲面”选项。在“距离/方向”项下，设定距离值为1。在“边线选择”项下的（“边线选择”）项后列表框，在图形区域中选择“分割线9”的外侧边线。在“选项”项下，勾选“剪裁和缝合”和“连接曲面”。

（11）单击✓（“确定”），生成直纹曲面（这里为“直纹曲面6”），如图8-207所示。

（12）类似地，倒一个面圆角，如图8-208所示。

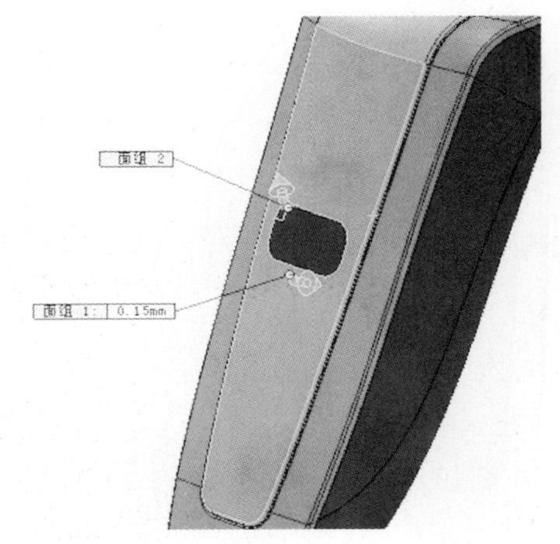

图 8-208

3. 图案标志制作

（1）以前视基准面为草图平面，绘制新草图（这里为“草图76”），如图8-209所示。

（2）生成分割线。在当前草图状态下，在曲线工具栏上单击（“分割线”）。在（“要投影的草图”）项，选择“草图76”，在（“要分割的面”）项，在图形区域中选择按键区域。

（3）单击（“确定”），生成分割线（这里为“分割线10”），形成按键图案标志，如图8-210所示。

（4）以前视基准面为草图平面，绘制新草图（这里为“草图77”），如图8-211所示。

（5）类似地，使用（“分割线”）工具，并在（“要投影的草图”）项，选择“草图77”，在（“要分割的面”）项，在图形区域中选择操作面板。

（6）单击（“确定”），生成分割线（这里为“分割线11”），如图8-212所示，形成剃须刀品牌标志。

至此，完成了整个剃须刀形体的建模表达。最终形体结果如图8-213、图8-214所示。

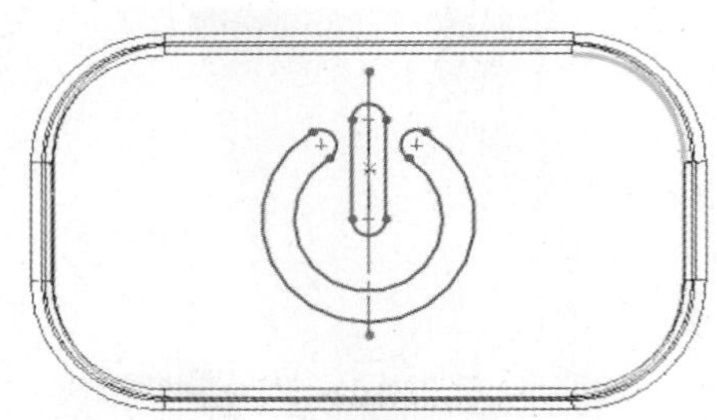

图 8-209

图 8-211

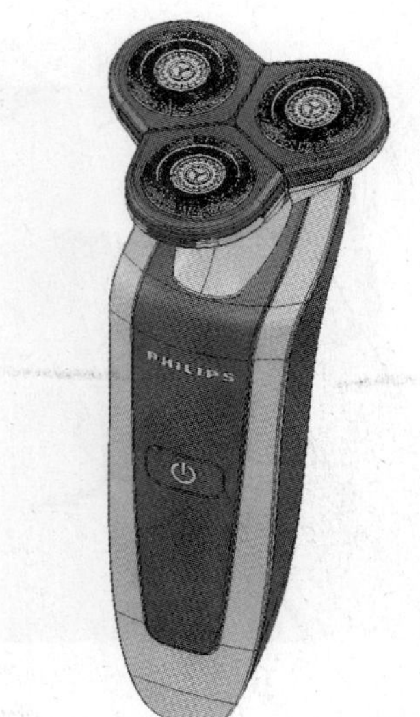

图 8-213

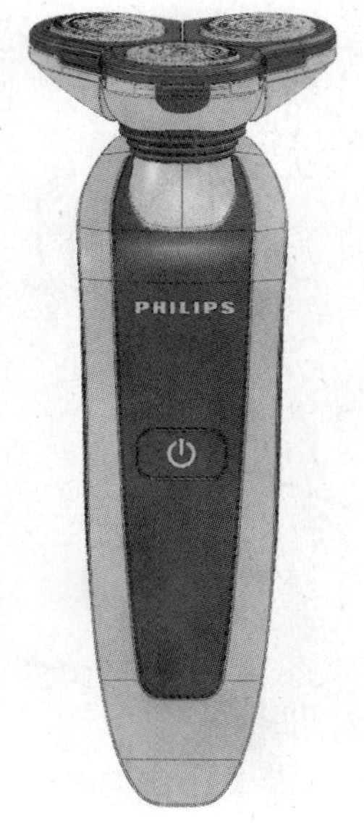

图 8-214

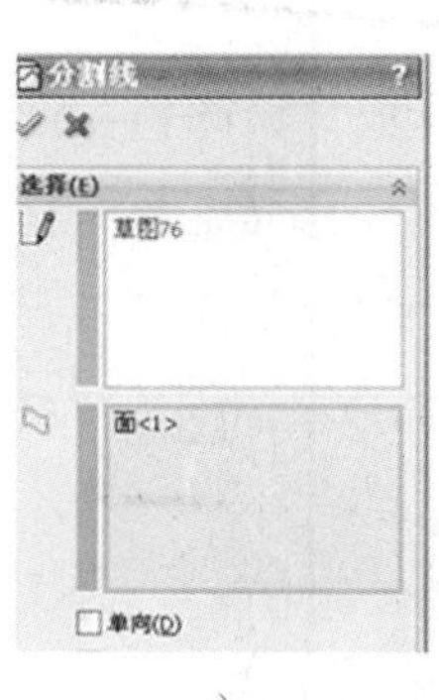

a）

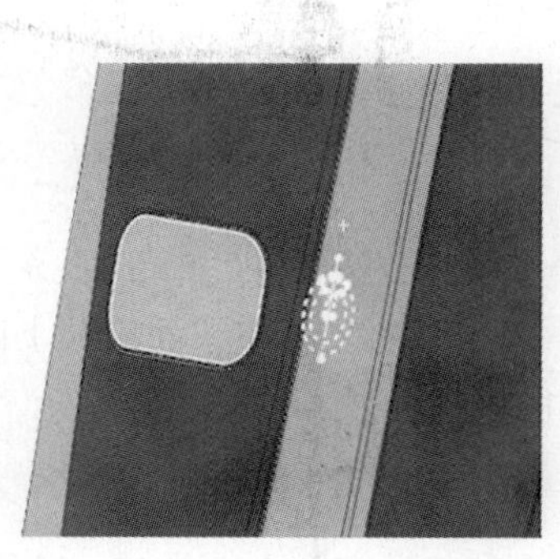

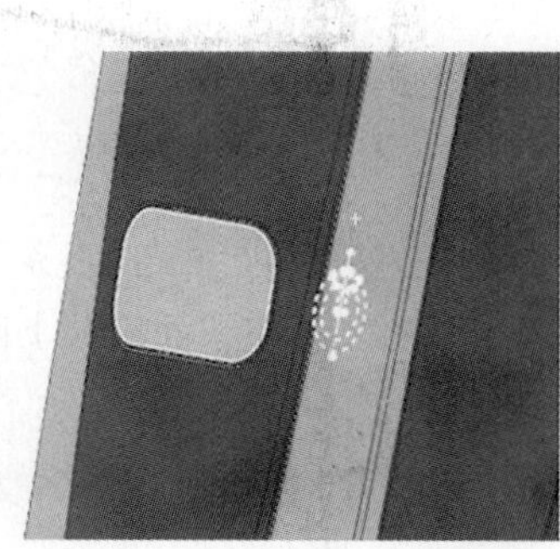

b）

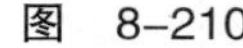

图 8-210

a）

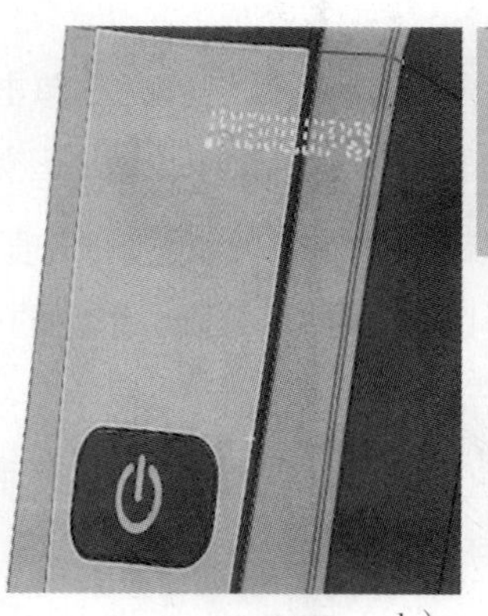

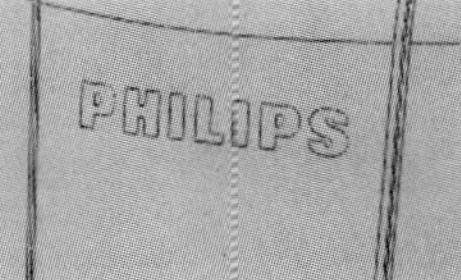

b）

图 8-212